U0389195

UG NX 6.0 工程应用精解丛书

UG NX 软件应用认证指导用书

国家职业技能 UG NX 认证指导用书

UG NX 6.0 模具设计实例精解

（修订版）

展迪优　主编

机 械 工 业 出 版 社

本书是进一步学习应用 UG NX 6.0 进行模具设计的实例图书，所选用的模具设计实例都是生产一线实际应用的各种产品，经典而实用。

本书是根据北京兆迪科技有限公司为国内外几十家不同行业的著名公司（含国外独资和合资公司）编写的培训教案整理而成的，具有很强的实用性和广泛的适用性。本书附带 2 张多媒体 DVD 学习光盘，制作了 139 个 UG 模具设计技巧和具有针对性的实例教学视频并进行了详细的语音讲解，时间长达 10.5 小时（630 分钟）。光盘中还包含本书所有的练习素材文件和已完成的范例文件（2 张 DVD 光盘教学文件容量共计 6.7GB）。另外，为方便 UG 低版本用户和读者的学习，光盘中特提供了 UG NX5.0 版本的素材源文件。

本书章节的安排采用由浅入深、循序渐进的原则。在内容上，针对每一个模具实例先进行概述，再说明该实例模具设计的特点、设计构思、操作技巧和重点掌握内容，使读者对模具设计有一个整体概念，学习也更有针对性。本书内容翔实，图文并茂，操作步骤讲解透彻，引领读者一步一步完成模具设计。这种讲解方法既能使读者更快、更深入地理解 UG 模具设计中的一些抽象的概念和复杂的命令及功能，又能使读者迅速掌握许多模具设计的技巧，还能使读者较快地进入模具设计实战状态。本书可作为广大工程技术人员学习 UG 模具设计的自学教程和参考书，也可作为大中专院校学生和各类培训学校学员的 CAD/CAM 课程上课或上机练习的教材。

图书在版编目（CIP）数据

UG NX 6.0 模具设计实例精解（修订版）/展迪优主编.
—6 版—北京：机械工业出版社，2013.11
（UGNX6.0 工程应用精解丛书）
ISBN 978-7-111-44903-4

Ⅰ. ①U… Ⅱ. ①展… Ⅲ. ①模具—计算机辅助设计
—应用软件 Ⅳ. ①TP391.72

中国版本图书馆 CIP 数据核字（2013）第 283004 号

机械工业出版社（北京市百万庄大街 22 号　邮政编码 100037）
策划编辑：管晓伟　责任编辑：管晓伟
责任印制：乔　宇
北京铭成印刷有限公司印刷
2014 年 1 月第 6 版第 1 次印刷
184mm×260mm · 22.25 印张 · 546 千字
0001—3000 册
标准书号：ISBN 978-7-111-44903-4
　　　　　ISBN 978-7-89405-163-9（光盘）
定价：59.90 元（含多媒体 DVD 光盘 2 张）

凡购本书，如有缺页、倒页、脱页，由本社发行部调换

电话服务	网络服务
社服务中心：（010）88361066	教材网：http://www.cmpedu.com
销售一部：（010）68326294	机工官网：http://www.cmpbook.com
销售二部：（010）88379649	机工官博：http://weibo.com/cmp1952
读者购书热线：（010）88379203	**封面无防伪标均为盗版**

出 版 说 明

制造业是一个国家经济发展的基础，当今世界任何经济实力强大的国家都拥有发达的制造业。美、日、德、英、法等国家之所以称为发达国家，很大程度上是由于它们拥有世界上最发达的制造业。我国在大力推进国民经济信息化的同时，必须清醒地认识到，制造业是现代经济的支柱，加强制造业、提高制造业科技水平是一项长期而艰巨的任务。发展信息产业，首先要把信息技术应用到制造业。

众所周知，制造业信息化是企业发展的必要手段，我国已将制造业信息化提到关系国家生存的高度上来。信息化是当今时代现代化的突出标志。以信息化带动工业化，使信息化与工业化融为一体，互相促进，共同发展，是具有中国特色的跨越式发展之路。信息化主导着新时期工业化的方向，使工业朝着高附加值化发展；工业化是信息化的基础，为信息化的发展提供物资、能源、资金、人才以及市场，只有用信息化武装起来的自主和完整的工业体系，才能为信息化提供坚实的物质基础。

制造业信息化集成平台是通过并行工程、网络技术和数据库技术等先进技术将 CAD/CAM/CAE/CAPP/PDM/ERP 等为制造服务的软件个体有机地集成起来，采用统一的架构体系和统一基础数据平台，涵盖目前常用的 CAD/CAM/CAE/CAPP/PDM/ERP 软件，使软件交互和信息传递顺畅，从而有效提高产品开发、制造各个领域的数据集成管理和共享水平，提高产品开发、生产和销售全过程中的数据整合、流程的组织管理水平以及企业的综合实力，为营造一流的企业提供现代化的技术保证。

机械工业出版社作为全国优秀出版社，在出版制造业信息化技术类图书方面有着独特优势，一直致力于 CAD/CAM/CAE/CAPP/PDM/ERP 等领域的相关技术的跟踪，出版了大量关于学习这些领域的软件（如 UG、Pro/ENGINEER、CATIA、SolidWorks、MasterCAM、AutoCAD 等）的优秀图书，同时也积累了许多宝贵的经验。

北京兆迪科技有限公司位于中关村软件园，专门从事 CAD/CAM/CAE 技术的开发、咨询及产品设计与制造等服务，并提供专业的 UG、Ansys、Adams 等软件的培训。该系列丛书是根据北京兆迪科技有限公司为国内外一些著名公司（含国外独资和合资公司）编写的培训教案整理而成的，具有很强的实用性。中关村软件园是北京市科技、智力、人才和信息资源最密集的区域，园区内有清华大学、北京大学和中国科学院等著名大学和科研机构，同时聚集了一些国内外著名公司，如西门子、联想集团、清华紫光和清华同方等。近年来，北京兆迪科技有限公司充分依托中关村软件园的人才优势，在机械工业出版社的大力支持下，已经推出了或将陆续推出 UG、Ansys、Adams 等软件的“工程应用精解”系列图书，包括：

- UG NX 8.5 工程应用精解丛书
- UG NX 8.0 宝典

- UG NX 8.0 实例宝典
- UG NX 8.0 工程应用精解丛书
- UG NX 7.0 工程应用精解丛书
- UG NX 6.0 工程应用精解丛书
- UG NX 5.0 工程应用精解丛书
- MasterCAM 工程应用精解丛书

“工程应用精解”系列图书具有以下特色：

- **注重实用，讲解详细，条理清晰**。由于作者和顾问均是来自一线的专业工程师和高校教师，所以图书既注重解决实际产品设计、制造中的问题，同时又将软件的使用方法和技巧进行全面、系统、有条不紊、由浅入深的讲解。
- **范例来源于实际，丰富而经典**。对软件中的主要命令和功能，先结合简单的范例进行讲解，然后安排一些较复杂的综合范例帮助读者深入理解、灵活应用。
- **写法独特，易于上手**。全部图书采用软件中真实的菜单、对话框和按钮等进行讲解，使初学者能够直观、准确地操作软件，从而大大提高学习效率。
- **随书光盘配有视频录像**。每本书的随书光盘中制作了超长时间的操作视频文件，帮助读者轻松、高效地学习。
- **网站技术支持**。读者购买“工程应用精解”系列图书，可以通过北京兆迪科技有限公司的网站（http://www.zalldy.com）获得技术支持。

我们真诚地希望广大读者通过学习“工程应用精解”系列图书，能够高效掌握有关制造业信息化软件的功能和使用技巧，并将学到的知识运用到实际工作中，也期待您给我们提出宝贵的意见，以便今后为大家提供更优秀的图书作品，共同为我国制造业的发展尽一份力量。

机械工业出版社
北京兆迪科技有限公司

前　　言

UG 软件的模具功能非常强大，一般读者要在短时间内熟练掌握 UG 的模具设计，只靠理论学习和少量的练习是远远不够的。本书选用的实例都是实际应用中的各种产品，经典而实用，编著本书的目的正是为了使读者通过书中的经典模具实例，迅速掌握各种模具设计方法、技巧和构思精髓，能够在短时间内成为一名 UG 模具设计高手。

本修订版优化了原来各章的结构、进一步加强了本书的实用性，并且由原来的 1 张随书光盘增加到 2 张 DVD 学习光盘（含语音讲解），使读者更方便、高效地学习本书。本书是学习 UG NX 6.0 模具设计方法的实例图书，其特色如下：

- 实例丰富，与其他的同类书籍相比，包括更多的模具实例和设计方法。
- 讲解详细，由浅入深，条理清晰，图文并茂，对于意欲进入模具设计行业的读者，本书是一本不可多得的快速见效的学习指南。
- 实例丰富，覆盖分型面的创建、模具的设计、模座设计等各个环节，对于迅速提高读者的模具设计水平很有帮助。
- 写法独特，采用 UG NX 6.0 软件中真实的对话框、按钮和图标等进行讲解，使初学者能够直观、准确地操作软件，从而大大提高学习效率。
- 附加值高，本书附带 2 张多媒体 DVD 学习光盘，制作了 139 个 UG 模具设计技巧和具有针对性的实例教学视频并进行了详细的语音讲解，时间长达 10.5 小时（630 分钟），2 张 DVD 光盘教学文件容量共计 6.7GB，可以帮助读者轻松、高效地学习。

本书是根据北京兆迪科技有限公司为国内外一些著名公司（含国外独资和合资公司）编写的培训教案整理而成的，具有很强的实用性，其主编和主要参编人员主要来自北京兆迪科技有限公司。该公司专门从事 CAD/CAM/CAE 技术的研究、开发、咨询及产品设计与制造服务，并提供 UG、Ansys、Adams 等软件的专业培训及技术咨询。在编写过程中得到了该公司的大力帮助，在此衷心表示感谢。

本书由展迪优主编，参加编写的人员还有王焕田、刘静、雷保珍、刘海起、魏俊岭、任慧华、詹路、冯元超、刘江波、周涛、赵枫、邵为龙、侯俊飞、龙宇、施志杰、詹棋、高政、孙润、李倩倩、黄红霞、尹泉、李行、詹超、尹佩文、赵磊、王晓萍、陈淑童、周攀、吴伟、王海波、高策、冯华超、周思思、黄光辉、党辉、冯峰、詹聪、平迪、管璇、王平、李友荣。本书已经多次校对，如有疏漏之处，恳请广大读者予以指正。

电子邮箱：zhanygjames@163.com

编　者

丛 书 导 读

（一）产品设计工程师学习流程

1.《UG NX 6.0 快速入门教程（修订版）》
2.《UG NX 6.0 高级应用教程》
3.《UG NX 6.0 曲面设计教程》
4.《UG NX 6.0 钣金设计教程》
5.《UG NX 6.0 钣金实例精解》
6.《UG NX 6.0 产品设计实例精解（修订版）》
7.《UG NX 6.0 曲面设计实例精解》
8.《UG NX 6.0 工程图教程》
9.《UG NX 6.0 管道设计教程》
10.《UG NX 6.0 电缆布线设计教程》

（二）模具设计工程师学习流程

1.《UG NX 6.0 快速入门教程（修订版）》
2.《UG NX 6.0 高级应用教程》
3.《UG NX 6.0 工程图教程》
4.《UG NX 6.0 模具设计教程（修订版）》
5.《UG NX 6.0 模具设计实例精解（修订版）》

（三）数控加工工程师学习流程

1.《UG NX 6.0 快速入门教程（修订版）》
2.《UG NX 6.0 高级应用教程》
3.《UG NX 6.0 钣金设计教程》
4.《UG NX 6.0 数控加工教程（修订版）》
5.《UG NX 6.0 数控加工实例精解》

（四）产品分析工程师学习流程

1.《UG NX 6.0 快速入门教程（修订版）》
2.《UG NX 6.0 高级应用教程》
3.《UG NX 6.0 运动分析教程》
4.《UG NX 6.0 结构分析教程》

本书导读

为了能更好地学习本书的知识，请您仔细阅读下面的内容。

读者对象

本书是学习应用 UG NX 6.0 软件进行模具设计的实例图书，可作为工程技术人员学习 UG 模具设计的自学教程和参考书，也可作为大中专院校的学生和各类培训学校学员的 UG 课程上课或上机练习教材。

写作环境

本书使用的操作系统为 Windows XP Professional，对于 Windows 2000 操作系统，本书的内容和范例也同样适用。本书采用的写作蓝本是 UG NX 6.0 中文版。

光盘使用

为方便读者练习，特将本书所有素材文件、已完成的范例文件、配置文件和视频语音讲解文件等放入随书附带的光盘中，读者在学习过程中可以打开相应素材文件进行操作和练习。

本书附带多媒体 DVD 光盘 2 张，建议读者在学习本书前，先将两张 DVD 光盘中的所有文件复制到计算机硬盘的 D 盘中，然后再将第二张光盘 ug6.6-video2 文件夹中的所有文件复制到第一张光盘的 video 文件夹中。在 D 盘上 ug6.6 目录下共有 3 个子目录：

（1）work 子目录：包含本书的全部已完成的实例文件。

（2）video 子目录：包含本书讲解中的视频录像文件。读者学习时，可在该子目录中按顺序查找所需的视频文件。

（3）before 子目录：为方便 UG 低版本用户和读者的学习，光盘中特提供了 UG NX 5.0 版本素材源文件。

光盘中带有“ok”扩展名的文件或文件夹表示已完成的范例。

本书约定

- 本书中有关鼠标操作的简略表述说明如下：
  - ☑ 单击：将鼠标指针移至某位置处，然后按一下鼠标的左键。
  - ☑ 双击：将鼠标指针移至某位置处，然后连续快速地按两次鼠标的左键。
  - ☑ 右击：将鼠标指针移至某位置处，然后按一下鼠标的右键。
  - ☑ 单击中键：将鼠标指针移至某位置处，然后按一下鼠标的中键。
  - ☑ 滚动中键：只是滚动鼠标的中键，而不能按中键。
  - ☑ 选择（选取）某对象：将鼠标指针移至某对象上，单击以选取该对象。

- ☑ 拖移某对象：将鼠标指针移至某对象上，然后按下鼠标的左键不放，同时移动鼠标，将该对象移动到指定的位置后再松开鼠标的左键。

- 本书中的操作步骤分为 Task、Stage 和 Step 三个级别，说明如下：
  - ☑ 对于一般的软件操作，每个操作步骤以 Step 字符开始。
  - ☑ 每个 Step 操作视其复杂程度，其下面可含有多级子操作，例如 Step1 下可能包含（1）、（2）、（3）等子操作，（1）子操作下可能包含①、②、③等子操作，①子操作下可能包含 a）、b）、c）等子操作。
  - ☑ 如果操作较复杂，需要几个大的操作步骤才能完成，则每个大的操作冠以 Stage1、Stage2、Stage3 等，Stage 级别的操作下再分 Step1、Step2、Step3 等操作。
  - ☑ 对于多个任务的操作，则每个任务冠以 Task1、Task2、Task3 等，每个 Task 操作下则可包含 Stage 和 Step 级别的操作。
- 由于已建议读者将随书光盘中的所有文件复制到计算机硬盘的 D 盘中，所以书中在要求设置工作目录或打开光盘文件时，所述的路径均以“D:”开始。

技术支持

本书的主编和主要参编人员来自北京兆迪科技有限公司，该公司位于北京中关村软件园，专门从事 CAD/CAM/CAE 技术的研究、开发、咨询及产品设计与制造服务，并提供 UG、Pro/ENGINEER、SolidWorks、CATIA、MasterCAM、SolidEdge、AutoCAD 等软件的专业培训及技术咨询。读者在学习本书的过程中遇到问题，可通过访问该公司的网站 http://www.zalldy.com 获得技术支持。

咨询电话：010-82176249，010-82176248。

目　　录

实例 1　用两种方法进行模具设计（一）

本实例将介绍一款肥皂盒的模具设计过程（图 1.1）。该产品模型的边链（最大轮廓处）有一个完全倒圆角的特征，此时，必须将完全倒圆角的面拆分，方能正确地完成模具的开模。通过本实例的学习，读者能够进一步掌握模具设计的一般方法。

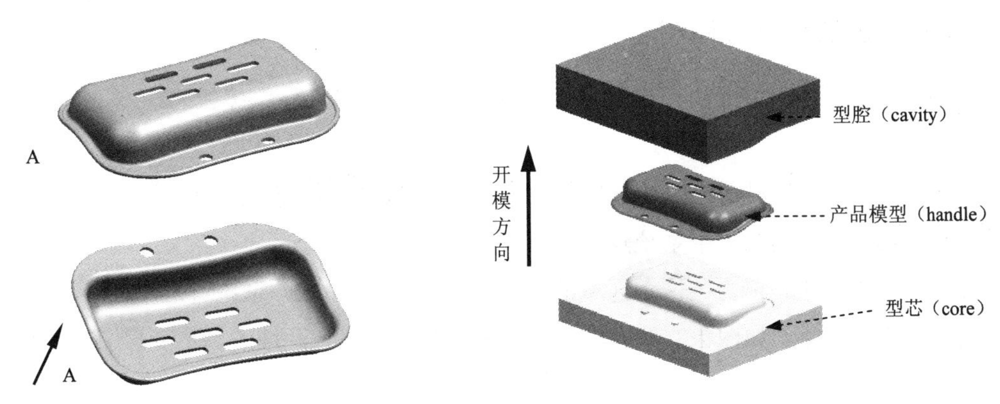

图 1.1　肥皂盒的模具设计

1.1　创建方法一（在 Mold Wizard 环境下进行模具设计）

方法简介：

在利用 Mold Wizard 进行该模具设计时，巧妙地运用了“面拆分”中的“被等斜度线拆分”命令，使拆分面的过程更简单明了，其分型面的创建采用的是“条带曲面”方法。

下面介绍该模具在 Mold Wizard 环境下进行设计的具体过程。

Task1. 初始化项目

Step1. 加载模型。在“注塑模向导”工具条中，单击“初始化项目”按钮；然后选择 D:\ug6.6\work\ch01\fancy_soap_box.prt，单击 OK 按钮，载入模型后，系统弹出“初始化项目”对话框。

Step2. 定义投影单位。在“初始化项目”对话框的项目单位的下拉菜单中选择毫米选项。

Step3. 设置项目路径和名称。接受系统默认的项目路径；在“初始化项目”对话框的 Name 文本框中输入 fancy_soap_box。

Step4. 设置部件材料。在材料下拉列表中选取 ABS 选项，其他采用系统默认设置值。

Step5. 在该对话框中，单击确定按钮，完成初始化项目的设置。

Task2. 模具坐标系

Step1. 旋转模具坐标系。选择下拉菜单格式(R) → WCS → 旋转(R)...命令，在弹出的“旋转 WCS 绕...”对话框中选择 ⊙ + XC 轴单选项，在角度文本框中输入值-90。单击确定按钮，完成坐标系的旋转。

Step2. 锁定模具坐标系。在“注塑模向导”工具条中，单击“模具 CSYS”按钮，在“模具 CSYS”对话框中选中 ⊙ 产品体中心单选项，然后选中 ☑ 锁定 Z 位置复选框，单击确定按钮，完成模具坐标系的定义，结果如图 1.2 所示。

Task3. 创建模具工件

Step1. 选择命令。在“注塑模向导”工具条中，单击“工件”按钮，系统弹出“工件”对话框。

Step2. 在“工件”对话框中的类型下拉菜单中选择产品工件选项，在工件方法下拉菜单中选择用户定义的块选项，其余采用系统默认设置值。

Step3. 修改尺寸。单击定义工件区域的“绘制截面”按钮，系统进入草图环境，然后修改截面草图的尺寸，如图 1.3 所示。在“工件”对话框限制区域的开始和结束后的文本框中分别输入值 35 和 35。

Step4. 单击确定按钮，完成创建后的模具工件如图 1.4 所示。

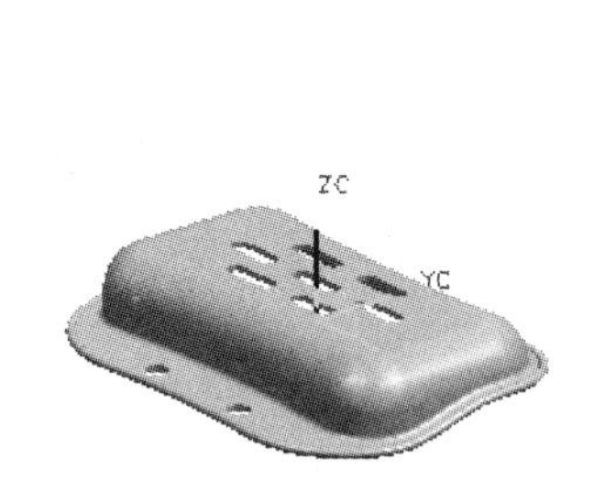

图 1.2　定义后的模具坐标系

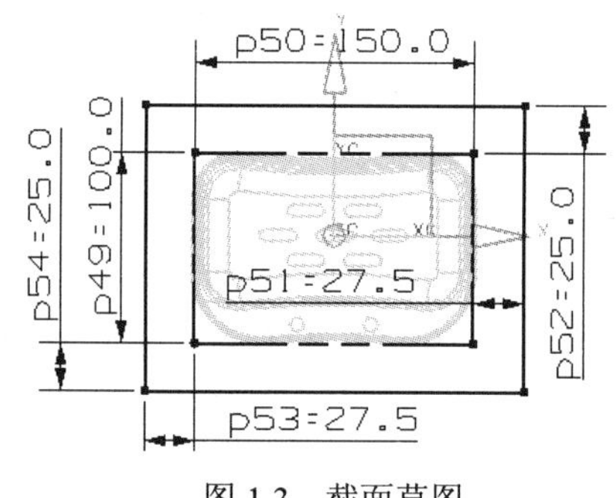

图 1.3　截面草图

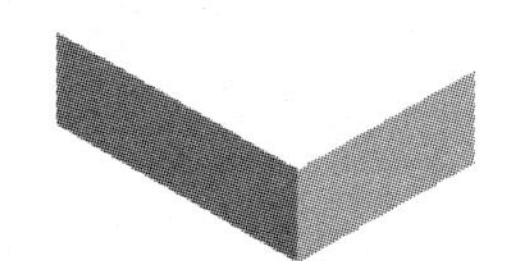

图 1.4　创建后的工件

Task4. 创建拆分面

Step1. 选择命令。在“注塑模向导”工具条中，单击“注塑模工具”按钮，系统弹出图 1.5 所示的“注塑模工具”工具条；在系统弹出的工具条中，单击“面拆分”按钮，系统弹出图 1.6 所示的“面拆分”对话框。

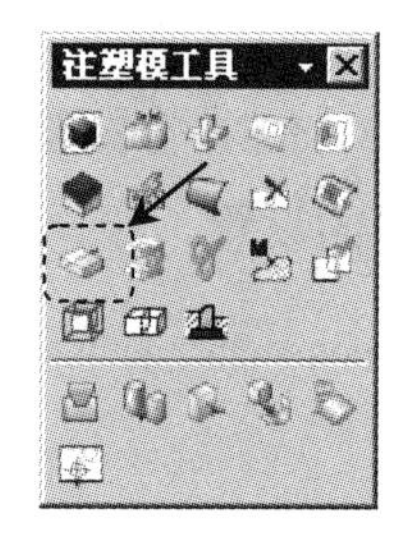

图 1.5　“注塑模工具”工具条

图 1.6　“面拆分”对话框

Step2. 旋转坐标系。选择下拉菜单格式(R) ⟶ WCS ⟶ 旋转(R)...命令；在弹出的“旋转 WCS 绕...”对话框中选择⊙ + XC 轴单选项，在角度文本框中输入值-90；然后单击确定按钮；系统返回至“面拆分”对话框。

Step3. 定义面拆分属性。在“拆分面”对话框中选中☑ 被等斜度线拆分复选框。

Step4. 定义要拆分的面。选取图 1.7 所示的完全倒圆角面为拆分面。

Step5. 单击确定按钮，完成创建面拆分。

Task5. 模具分型

Stage1. 设计区域

Step1. 在“注塑模向导”工具条中，单击“分型”按钮，系统弹出“分型管理器”对话框。

Step2. 在“分型管理器”对话框中单击“设计区域”按钮，系统弹出“MPV 初始化”对话框，同时模型被加亮，并显示开模方向，如图 1.8 所示。

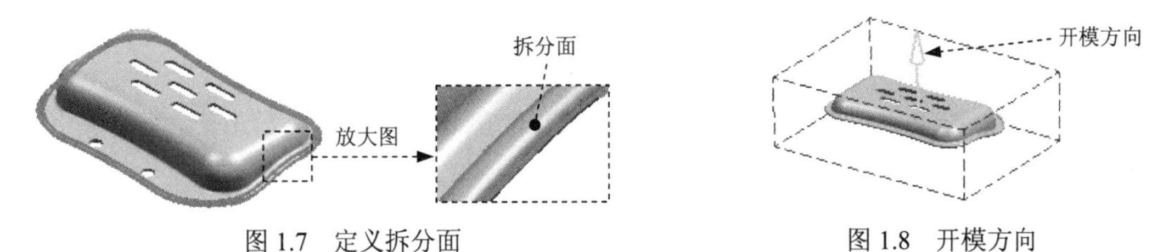

图 1.7 定义拆分面　　　　图 1.8 开模方向

Step3. 在“MPV 初始化”对话框中，选择⊙ 保持现有的单选项，单击确定按钮，系统弹出“塑模部件验证”对话框。

Step4. 在“塑模部件验证”对话框中，单击设置选项卡，在系统弹出的对话框中取消选中□ 内部环、□ 分型边和□ 不完整的环三个复选框。

Step5. 设置区域颜色。在“塑模部件验证”对话框中单击区域选项卡，然后单击设置区域颜色按钮，结果如图 1.9 所示。

Step6. 定义型芯区域和型腔区域。在对话框的未定义的区域区域中，选中☑ 交叉区域面复选框，此时交叉区域面加亮显示，在指派为区域中，选择⊙ 型腔区域单选项，单击应用按钮，此时系统自动将交叉区域面指派到型腔区域中；选中☑ 交叉竖直面复选框，此时交叉竖直面加亮显示，在指派为区域中选择⊙ 型芯区域单选项，单击应用按钮，此时系统自动将交叉竖直面指派到型芯区域中，同时对话框中的未定义的区域显示为“0”，创建结果如图 1.10 所示。

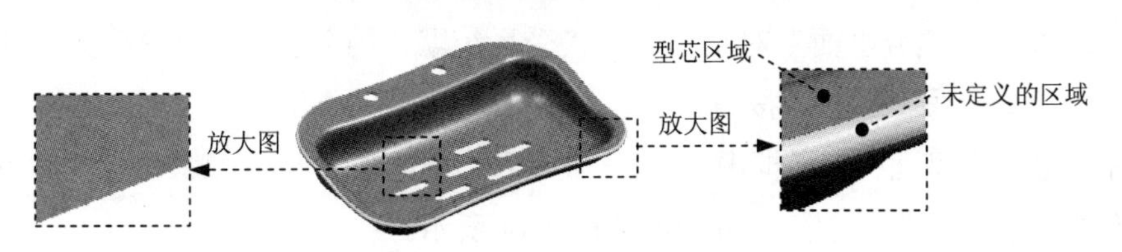

图 1.9 设置区域颜色

Step7. 在“塑模部件验证”对话框中，单击 取消 按钮，系统返回至“分型管理器”对话框。

Stage2. 抽取区域和分型线

Step1. 在“分型管理器”对话框中，单击“抽取区域和分型线”按钮，系统弹出“定义区域”对话框。

Step2. 在“定义区域”对话框中选中 设置 区域的 ☑ 创建区域 和 ☑ 创建分型线 复选框，单击 确定 按钮，完成分型线的抽取，系统返回至“分型管理器”对话框，抽取分型线的结果如图 1.11 所示。

图 1.10 完成区域的定义

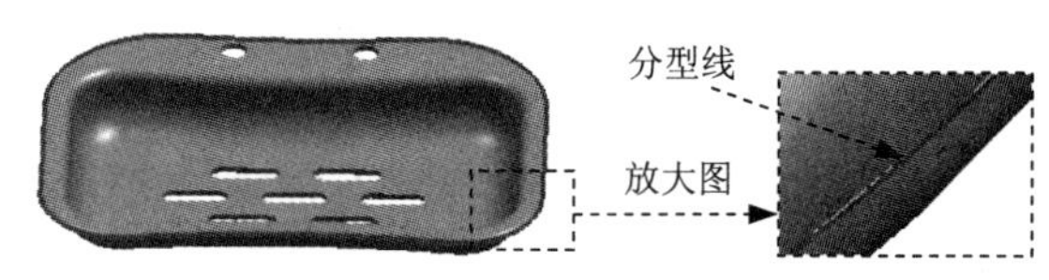

图 1.11 抽取分型线

Stage3. 模型修补

Step1. 在“分型管理器”对话框中，单击“创建/删除曲面补片”按钮，系统弹出“自动修补孔”对话框。

Step2. 定义修补边界。在该对话框的 环搜索方法 区域中，选择 ⊙ 自动 单选项，此时系统将需要修补的破孔处加亮显示出来，如图 1.12 所示。

Step3. 完成自动修补。单击对话框中的 自动修补 按钮，修补结果如图 1.13 所示。

Step4. 单击 后退 按钮，完成模型修补。

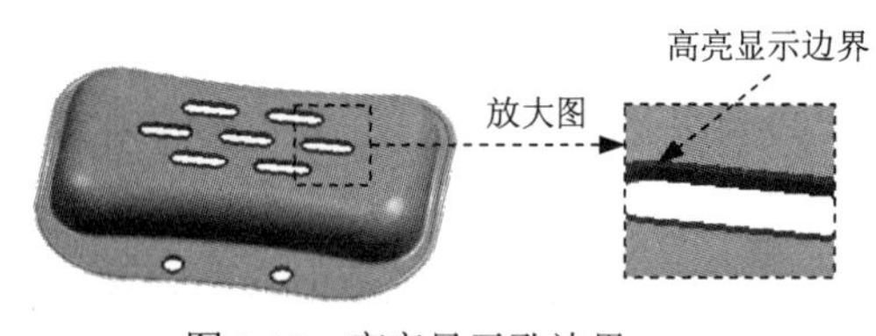

图 1.12 高亮显示孔边界

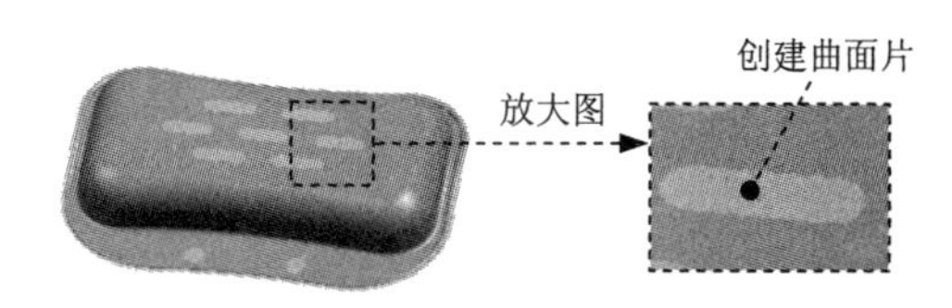

图 1.13 修补结果

Stage4. 创建分型面

Step1. 在“分型管理器”对话框中，单击“创建/编辑分型面”按钮，系统弹出“创建分型面”对话框。

Step2. 在“创建分型面”对话框中，接受系统默认的公差值，在 距离 文本框中输入值 100.0，单击 创建分型面 按钮，系统弹出“分型面”对话框。

Step3. 在“分型面”对话框中，选择 ⊙ 条带曲面 单选项，单击 确定 按钮，系统返回至“分型管理器”对话框，创建的分型面如图 1.14 所示。

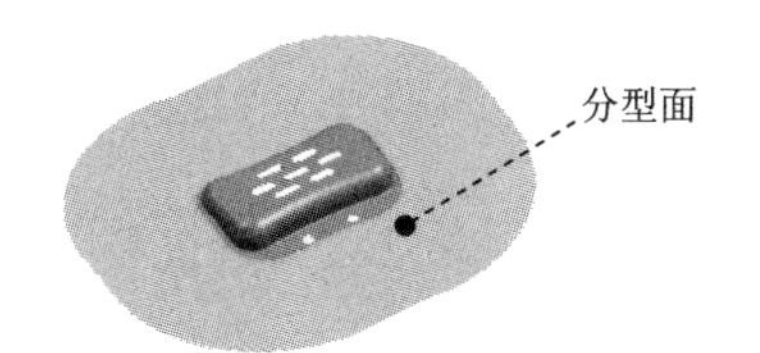

图 1.14　创建分型面

Stage5. 创建型腔和型芯

Step1. 在“分型管理器”对话框中，单击“创建型腔和型芯”按钮，系统弹出“定义型腔和型芯”对话框。

Step2. 创建型腔零件。在“定义型腔和型芯”对话框中选中 Cavity region 选项，单击 确定 按钮（此时系统自动将型腔片体选中）。此时系统弹出“查看分型结果”对话框，接受系统默认的方向。单击 确定 按钮，完成型腔零件的创建，如图 1.15 所示，此时系统返回至“分型管理器”对话框。

Step3. 创建型芯零件。在“分型管理器”对话框中，单击“创建型腔和型芯”按钮，在“定义型腔和型芯”对话框中选中 Core region 选项，单击 确定 按钮（此时系统自动将型芯片体选中）。此时系统弹出“查看分型结果”对话框，接受系统默认的方向。单击 确定 按钮，完成型芯零件的创建，如图 1.16 所示。然后单击 关闭 按钮。

图 1.15　型腔零件

图 1.16　型芯零件

Stage6. 创建模具分解视图

Step1. 切换窗口。选择下拉菜单 窗口(O) → fancy_soap_box_top_010.prt 命令，切换到总装配文件窗口；然后单击屏幕右侧的“装配导航器”按钮，在弹出的“装配导航器”面板中选择☑ fancy_soap_box_top_010 并右击，在弹出的快捷菜单中选择 设为工作部件(W) 命令。

Step2. 新建爆炸图。选择下拉菜单 装配(A) → 爆炸图(X) → 新建爆炸(N)... 命令，系统弹出“创建爆炸图”对话框，接受默认的名字，单击 确定 按钮。

Step3. 编辑爆炸图。选择下拉菜单 装配(A) → 爆炸图(X) → 编辑爆炸图(E)... 命令，选取图 1.17 所示的型腔为移动对象。在该对话框中选择 ⊙ 移动对象 单选项，沿 Z 方向向上移动 100mm，单击 确定 按钮，结果如图 1.18 所示。

Step4. 移动型芯。选择下拉菜单 装配(A) → 爆炸图(X) → 编辑爆炸图(E)... 命令，选取图 1.19 所示的型芯为移动对象。在该对话框中选择 ⊙ 移动对象 单选项，沿 Z 方向向下移动 -100mm，结果如图 1.20 所示。

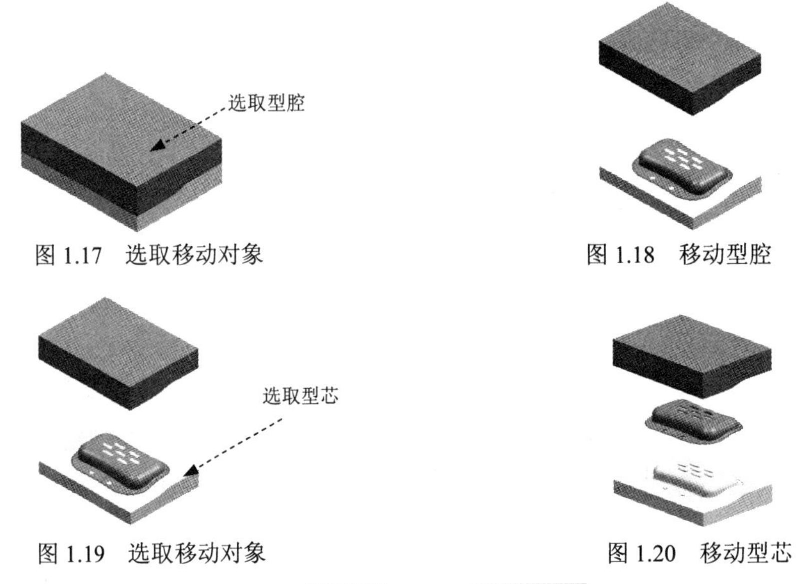

图 1.17 选取移动对象

图 1.18 移动型腔

图 1.19 选取移动对象

图 1.20 移动型芯

Step5. 保存文件。选择下拉菜单 文件(F) → 全部保存(V) 命令，保存所有文件。

1.2 创建方法二（在建模环境下进行模具设计）

方法简介：

在建模环境下进行该模具设计的主要思路：首先，通过“抽取”命令完成分型线的创建；其次，通过“抽取”、“拉伸边界”、“有界平面”和“缝合”等命令完成分型面的创建；再次，通过“求差”和“拆分体”等命令完成型腔/型芯的创建；最后，通过“移动对象”命令来完成模具的开模。

下面介绍该模具在建模环境下进行设计的具体过程。

Task1. 模具坐标

Step1. 打开文件。打开 D:\ug6.6\work\ch01\fancy_soap_box.prt 文件，单击 OK 按钮，进入建模环境。

Step2. 创建坐标系。选择下拉菜单 格式(R) → WCS → 原点(O)... 命令，在“点”对话框中的 YC 文本框中输入值-11.5。单击 确定 按钮，完成坐标系的放置，并关闭该对话框。

Step3. 旋转坐标系。选择下拉菜单 格式(R) → WCS → 旋转(R)... 命令，在弹出的“旋转 WCS 绕…”对话框中选择 - XC 轴 单选项，在 角度 文本框中输入值 90。单击 确定 按钮，完成坐标系的旋转，如图 1.21 所示。

Task2. 设置收缩率

Step1. 选择命令。选择下拉菜单 编辑(E) → 变换(M)... 命令，系统弹出“变换”对话框（一）。

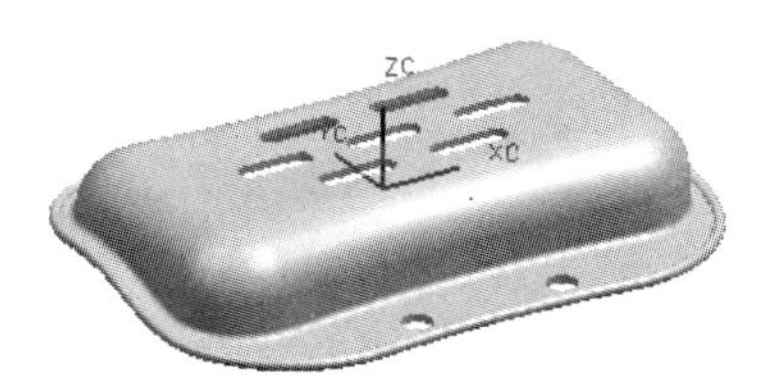

图 1.21　定义模具坐标系

Step2. 定义变换对象。选择零件为变换对象，单击确定按钮，系统弹出“变换”对话框（二）。

Step3. 单击刻度尺按钮，系统弹出“点”对话框。

Step4. 定义变换点。选取坐标原点为变换点，系统弹出“变换”对话框（三）。

Step5. 定义变换比例。在刻度尺文本框中输入值 1.006，单击确定按钮，系统弹出“变换”对话框（四）。

Step6. 单击确定按钮，系统弹出“变换”对话框（五）。

Step7. 单击移除参数按钮，完成收缩率的设置，然后单击取消按钮，关闭该对话框。

Task3. 创建模具工件

Step1. 选择命令。选择下拉菜单插入(S) ➡ 设计特征(E) ➡ 拉伸(E)...命令，单击按钮，接受系统默认的草图平面，单击确定按钮，进入草图环境。

Step2. 绘制草图（显示坐标系）。绘制图 1.22 所示的截面草图；单击完成草图按钮，退出草图环境。

Step3. 定义拉伸方向。在指定矢量(1)的下拉列表中，选择 ZC↑ 选项。

Step4. 确定拉伸开始值和结束值。在“拉伸”对话框的限制区域的开始下拉列表中选择对称值选项，并在其下的距离文本框中输入值 30，在布尔区域的布尔下拉列表中选择无，其他采用系统默认设置值。

Step5. 单击确定按钮，完成图 1.23 所示的拉伸特征的创建。

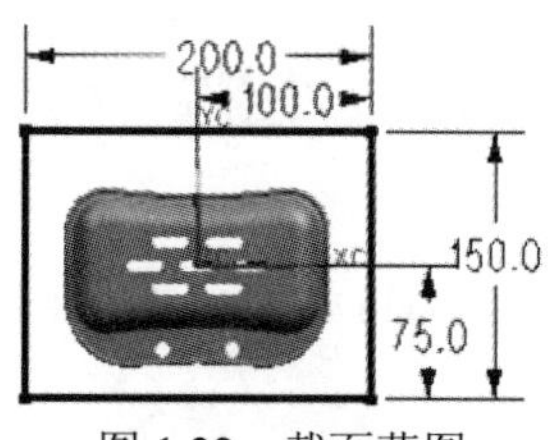

图 1.22　截面草图

图 1.23　模具工件

Task4. 创建分型面

Stage1. 创建轮廓线

Step1. 将视图定位到前视图。在“视图”工具条中单击按钮（隐藏工件）。

Step2. 选择命令。选择下拉菜单插入(S) ➡ 来自体的曲线(U) ➡ 抽取(E)...命令，系统弹出“抽取曲线”对话框。

Step3. 在该对话框中单击轮廓线按钮。

Step4. 选取抽取对象。选取图 1.24 所示的产品模型，完成轮廓线的创建，如图 1.24 所示，并关闭该对话框。

Stage2. 创建抽取特征 1

Step1. 选择命令。选择下拉菜单插入(S) → 关联复制(A)▸ → 抽取(E)...命令，系统弹出“抽取”对话框。

Step2. 在“抽取”对话框的类型下拉列表中选择面区域选项；在设置区域中选中☑ 固定于当前时间戳记复选框和☑ 隐藏原先的复选框，其他采用系统默认设置值。

Step3. 定义种子面。选取图 1.25 所示的面为种子面。

Step4. 定义边界面。选取图 1.26 所示的面为边界面。

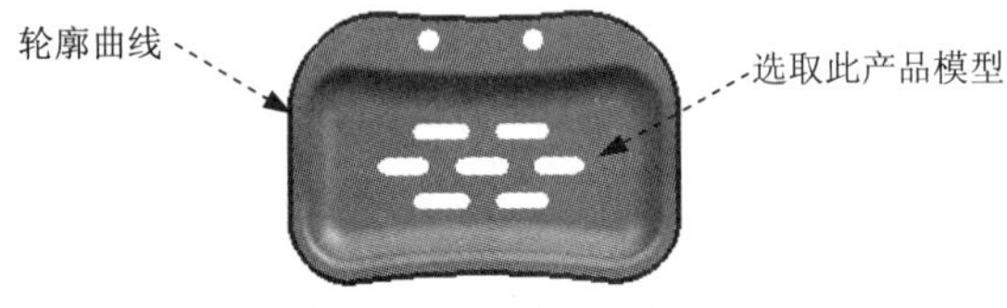

图 1.24 创建轮廓线

图 1.25 定义种子曲面

Step5. 单击确定按钮，完成抽取特征 1 的创建，如图 1.27 所示（隐藏产品模型）。

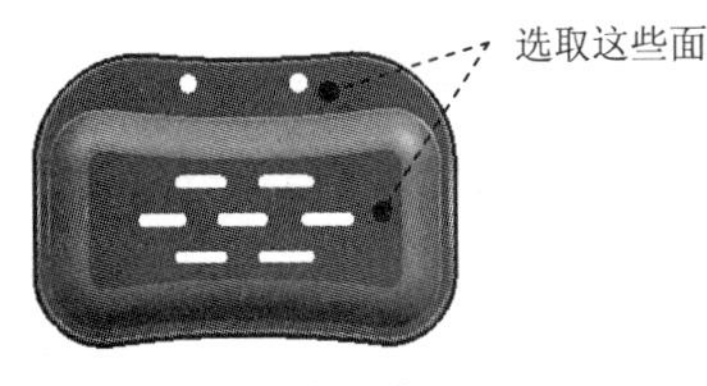

图 1.26 定义边界曲面

图 1.27 创建抽取特征 1

Stage3. 修剪片体

Step1. 选择命令。选择下拉菜单插入(S) → 修剪(T)▸ → 修剪的片体(R)...命令，系统弹出“修剪的片体”对话框。

Step2. 定义目标体和边界对象。选取图 1.28a 所示的片体为目标体，单击中键确认；选取轮廓曲线为边界对象。

Step3. 设置对话框参数。在区域区域中选择⊙ 保持单选项，其他采用系统默认设置值。

Step4. 在该对话框中单击确定按钮，完成片体的修剪，如图 1.28b 所示（隐藏轮廓曲线）。

Stage4. 创建抽取特征 2

Step1. 显示实体。在部件导航器中选取☑体(1)选项并右击，从弹出的下拉菜单中选择显示(S) 命令。

图 1.28　创建修剪特征

Step2. 创建抽取特征。选择下拉菜单插入(S) → 关联复制(A) → 抽取(E)... 命令，在系统弹出“抽取”对话框类型区域的下拉列表中选择面选项；在设置区域中选中☑ 固定于当前时间戳记复选框和☑ 隐藏原先的复选框；选取图 1.29 所示的所有破孔侧面（共 30 个面）为抽取对象。单击确定按钮，完成抽取特征 2 的创建，如图 1.30 所示（隐藏产品模型）。

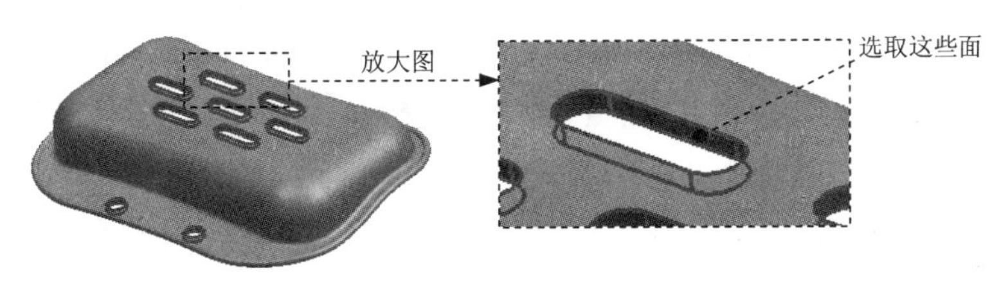

图 1.29　定义抽取对象

Stage5. 创建有界平面 1

Step1. 选择命令。选择下拉菜单插入(S) → 曲面(R) → 有界平面(B)... 命令，系统弹出“有界平面”对话框。

Step2. 定义边界。选取图 1.31 所示的边界环为有界平面边界。

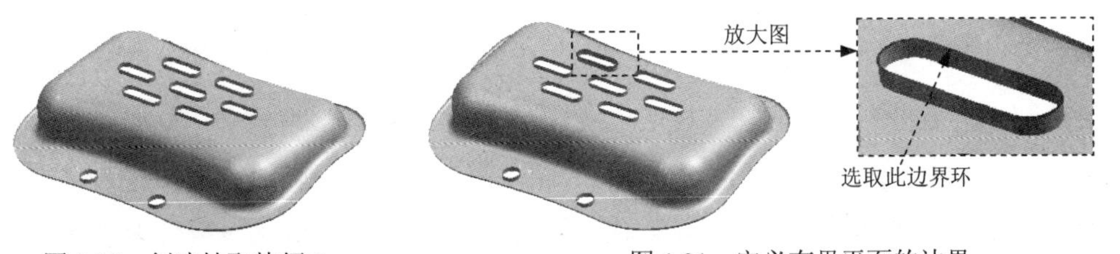

图 1.30　创建抽取特征 2　　图 1.31　定义有界平面的边界

Step3. 在“有界平面”对话框中单击确定按钮，完成有界平面 1 的创建。

Stage6. 创建其余有界平面

参见 Stage5 的方法创建图 1.32 所示的其余有界平面。

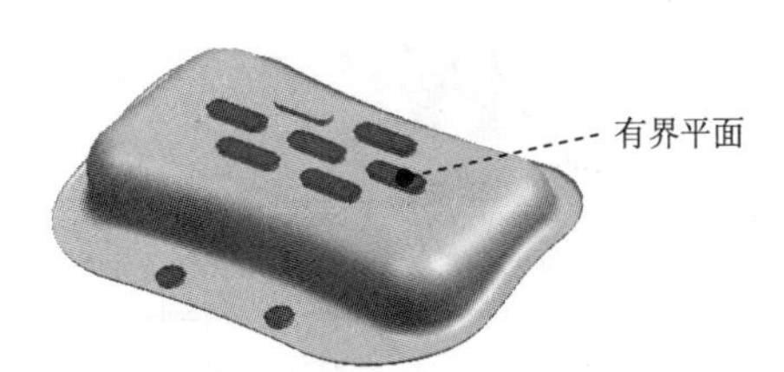

图 1.32　创建其余有界平面

Stage7．创建拉伸面

Step1．创建拉伸特征 1。选择下拉菜单插入(S) ⟶ 设计特征(E) ⟶ 拉伸(E)...命令，选取图 1.33 所示的片体边链为拉伸对象；在指定矢量(1)的下拉列表中选择选项；在限制区域的开始下拉列表中选择值选项，并在其下的距离文本框中输入值 0；在结束下拉列表中选择值选项，并在其下的距离文本框中输入值 100；其他采用系统默认设置值。单击确定按钮，完成图 1.34 所示的拉伸特征 1 的创建。

注意：在“选项杆”的下拉列表中选择单条曲线选项，再选取拉伸对象。

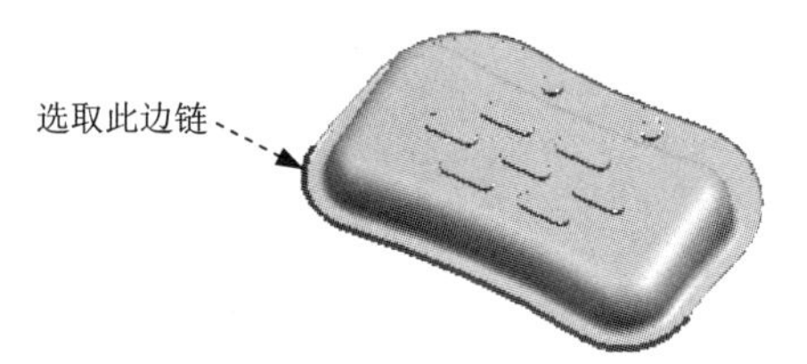

图 1.33　定义拉伸对象 1

图 1.34　创建拉伸特征 1

Step2．创建拉伸特征 2。选择下拉菜单插入(S) ⟶ 设计特征(E) ⟶ 拉伸(E)...命令，选取图 1.35 所示的片体边链为拉伸对象；在指定矢量(1)的下拉列表中选择选项；在限制区域的开始下拉列表中选择值选项，并在其下的距离文本框中输入值 0；在结束的下拉列表中选择值选项，并在其下的距离文本框中输入值 100；其他采用系统默认设置值。单击确定按钮，完成图 1.36 所示的拉伸特征 2 的创建。

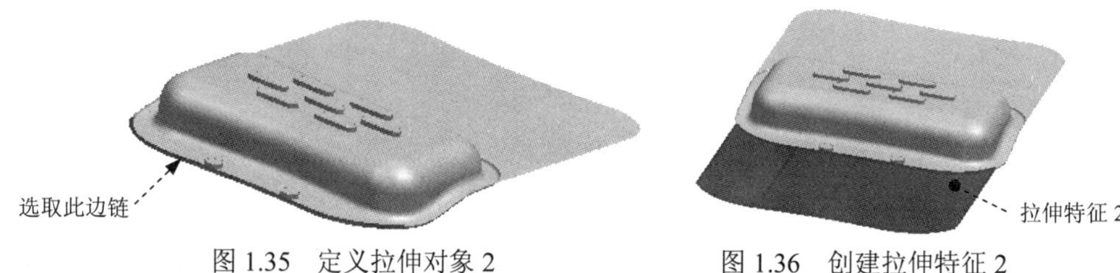

图 1.35　定义拉伸对象 2　　图 1.36　创建拉伸特征 2

Step3．创建拉伸特征 3。选择下拉菜单插入(S) ⟶ 设计特征(E) ⟶ 拉伸(E)...命令，选取图 1.37 所示的片体边链为拉伸对象；在指定矢量(1)的下拉列表中选择选项；在限制区域的开始下拉列表中选择值选项，并在其下的距离文本框中输入值 0；在结束下拉列表中选择值选项，并在其下的距离文本框中输入值 100；其他采用系统默认设置值。单击确定按钮，完成图 1.38 所示的拉伸特征 3 的创建。

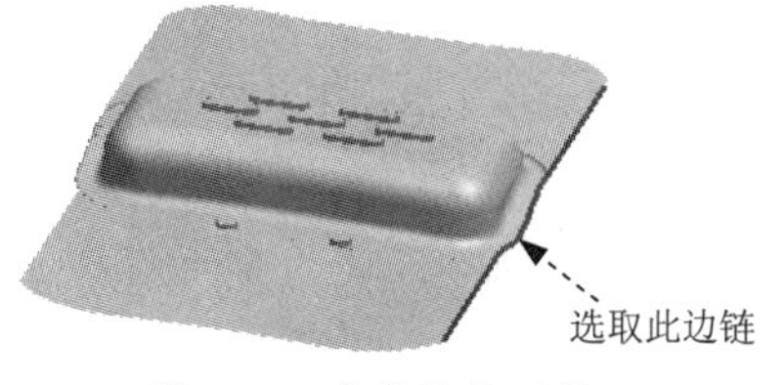

图 1.37　定义拉伸对象 3

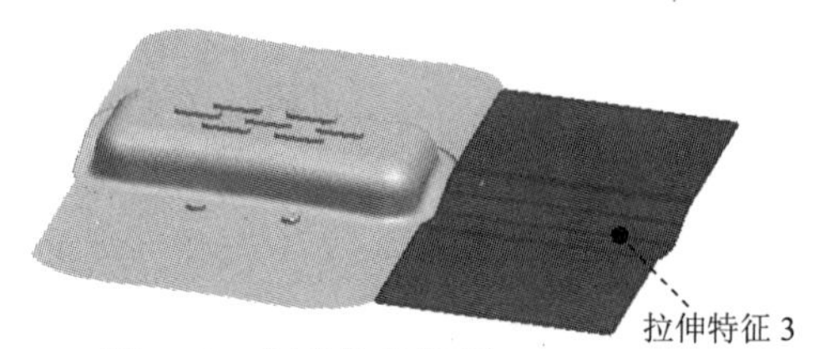

图 1.38　创建拉伸特征 3

Step4. 创建拉伸特征 4。选择下拉菜单插入(S) → 设计特征(E) → 拉伸(E)...命令，选取图 1.39 所示的片体边链为拉伸对象；在指定矢量(1)的下拉列表中选择-X选项；在限制区域的开始下拉列表中选择值选项，并在其下的距离文本框中输入值 0；在结束下拉列表中选择值选项，并在其下的距离文本框中输入值 100；其他采用系统默认设置值。单击确定按钮，完成图 1.40 所示的拉伸特征 4 的创建。

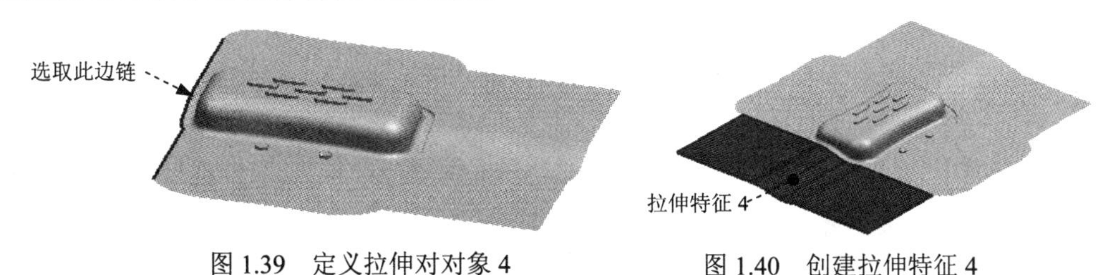

图 1.39 定义拉伸对对象 4　　图 1.40 创建拉伸特征 4

Stage8. 创建缝合特征

Step1. 选择命令。选择下拉菜单插入(S) → 组合体(B) → 缝合(W)...命令，系统弹出“缝合”对话框。

Step2. 设置对话框参数。在类型区域下拉列表中选择图纸页选项，其他采用系统默认设置值。

Step3. 定义目标体和工具体。选取拉伸特征 1 为目标体，选取其余所有片体为工具体。

Step4. 单击确定按钮，完成曲面缝合特征的创建。

Task5. 创建模具型芯/型腔

Step1. 编辑显示和隐藏。选择下拉菜单编辑(E) → 显示和隐藏(H) → 显示和隐藏(O)...命令，在系统弹出 “显示和隐藏”对话框中单击实体后的 + 按钮。单击关闭按钮，完成编辑显示和隐藏的操作。

Step2. 创建求差特征。选择下拉菜单插入(S) → 组合体(B) → 求差(S)...命令，选取图 1.41 所示的工件为目标体，产品模型为工具体。在设置区域中选中☑ 保持工具复选框，其他采用系统默认设置值。单击确定按钮，完成求差特征的创建。

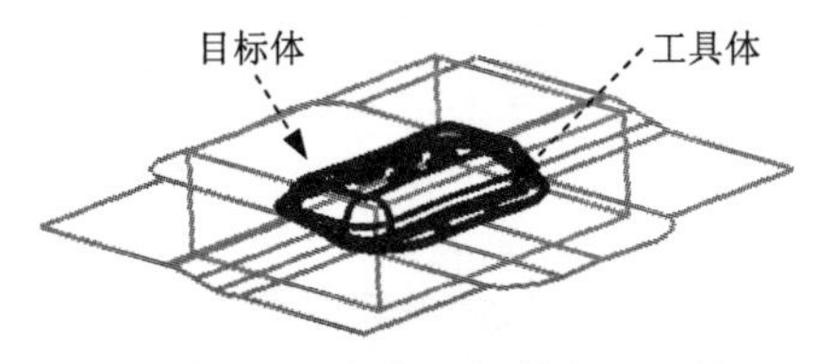

图 1.41 定义目标体和工具体

Step3. 拆分型芯/型腔。选择下拉菜单插入(S) → 修剪(T) → 拆分体(P)...命令，选取图 1.42 所示的工件为拆分体，单击鼠标中键，然后选取图 1.43 所示的片体为拆分面。单击确定(O)按钮，完成型芯/型腔的拆分操作。

Step4. 隐藏拆分面。在拆分面上右击，在弹出的快捷菜单中选择 隐藏(H) 命令。

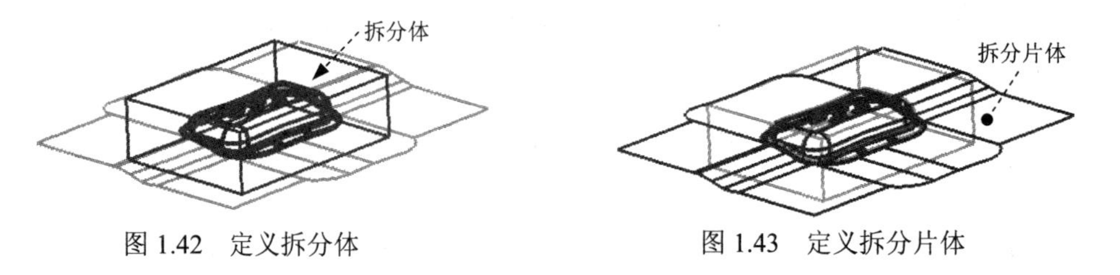

图 1.42　定义拆分体　　图 1.43　定义拆分片体

Task6. 创建模具分解视图

在 UG NX6.0 中，常常使用“移动对象”命令中的“距离”类型来创建模具分解视图，移动时需先将工件参数移除，这里不再赘述。

实例2　用两种方法进行模具设计（二）

本实例将介绍图 2.1 所示的儿童玩具——螺旋桨的模具设计过程，该模具设计的重点和难点在于分型面的设计，此设计是否合理是模具能否开模的关键。通过对本实例的学习，希望读者能够体会出以下两种设计方法的精髓之处，并能根据实际情况，灵活地进行运用。

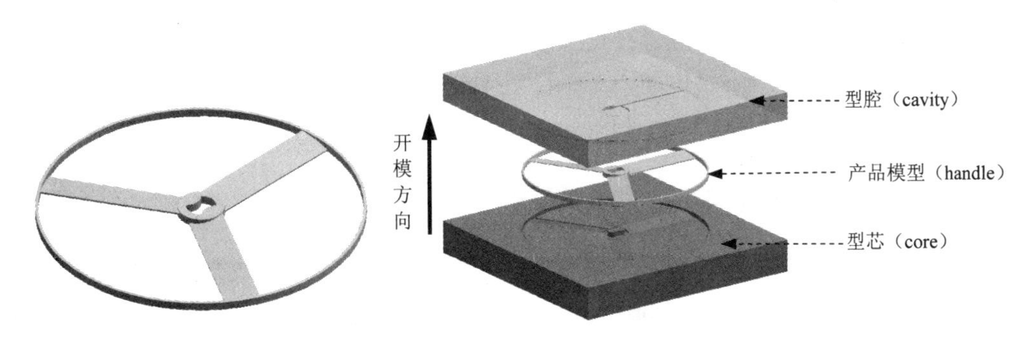

图 2.1　螺旋桨的模具设计

2.1　创建方法一（在 Mold Wizard 环境下进行模具设计）

方法简介：

采用此方法设计该零件模具的思路与前面的两个实例相类似，不同的是，在定义型腔/型芯区域面时，需要创建辅助线段来完成，相对来说要比较复杂。希望读者通过对本实例的学习能完全掌握这种定义型腔/型芯区域面的方法，并可以灵活运用。

下面介绍该模具在 Mold Wizard 环境下进行设计的具体过程。

Task1. 初始化项目

Step1. 加载模型。在“注塑模向导”工具条中，单击“初始化项目”按钮，系统弹出“打开部件文件”对话框，选择 D:\ug6.6\work\ch02\airscrew.prt，单击 OK 按钮，加载模型，系统弹出“初始化项目”对话框。

Step2. 定义投影单位。在“初始化项目”对话框的项目单位的下拉菜单中选择毫米选项。

Step3. 设置项目路径和名称。接受系统默认的项目路径；在“初始化项目”对话框的 Name 文本框中，输入 airscrew_mlod。

Step4. 在该对话框中单击 确定 按钮，完成项目路径和名称的设置。

Task2. 模具坐标系

Step1. 在“注塑模向导”工具条中，单击“模具 CSYS”按钮，系统弹出“模具 CSYS”

对话框。

Step2. 在“模具 CSYS”对话框中选择 ⊙当前 WCS 单选项，单击 确定 按钮，完成坐标系的定义，如图 2.2 所示。

Task3. 设置收缩率

Step1. 定义收缩率类型。在“注塑模向导”工具条中，单击“收缩率”按钮，产品模型会高亮显示，在“缩放体”对话框的 类型 下拉列表中选择 均匀 选项。

Step2. 定义缩放体和缩放点。接受系统的默认设置值。

Step3. 在“缩放体”对话框的 比例因子 区域的 均匀 文本框中输入数值 1.006。

Step4. 单击 确定 按钮，完成收缩率的位置。

Task4. 创建模具工件

Step1. 在“注塑模向导”工具条中，单击“工件”按钮，系统弹出“工件”对话框。

Step2. 在“工件”对话框的 类型 下拉菜单中选择 产品工件 选项，在 工件方法 的下拉菜单中选择 用户定义的块 选项，其余采用系统默认设置值。

Step3. 单击 确定 按钮，完成创建后的模具工件如图 2.3 所示。

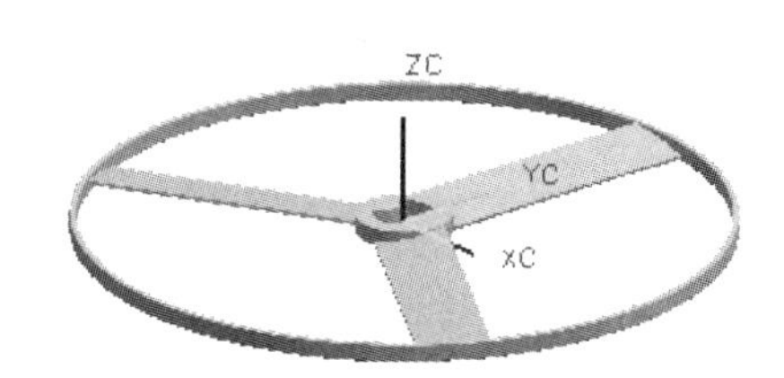

图 2.2 定义模具坐标系

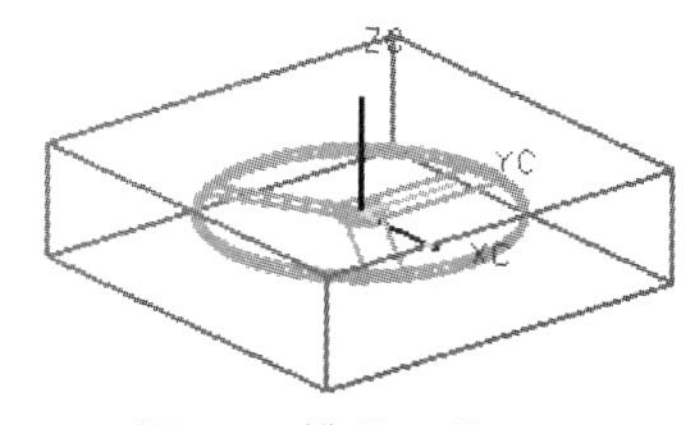

图 2.3 模具工件

Task5. 创建曲面补片

Stage1. 创建曲线

Step1. 选择窗口。选择下拉菜单 窗口(O) → airscrew_parting_036.prt 命令。

Step2. 选择命令。选择下拉菜单 开始 → 建模(M)... 命令，进入到建模环境中（隐藏工件）。

Step3. 创建直线 1。选择下拉菜单 插入(S) → 曲线(C) → 基本曲线(B)... 命令，在“基本曲线”对话框中单击“直线”按钮，选取图 2.4 所示的点。单击 取消 按钮完成直线 1 的创建，如图 2.5 所示。

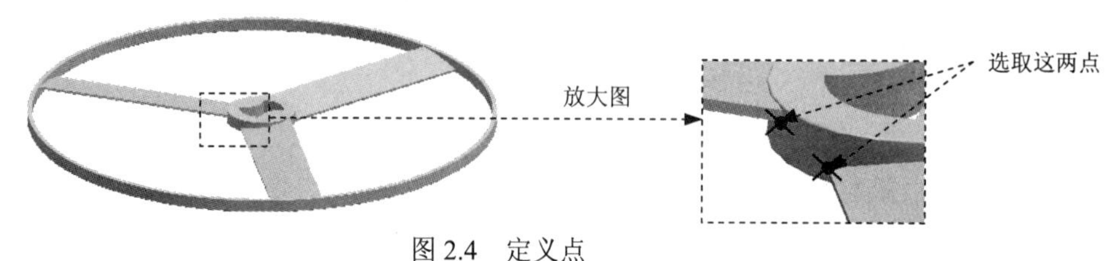

图 2.4 定义点

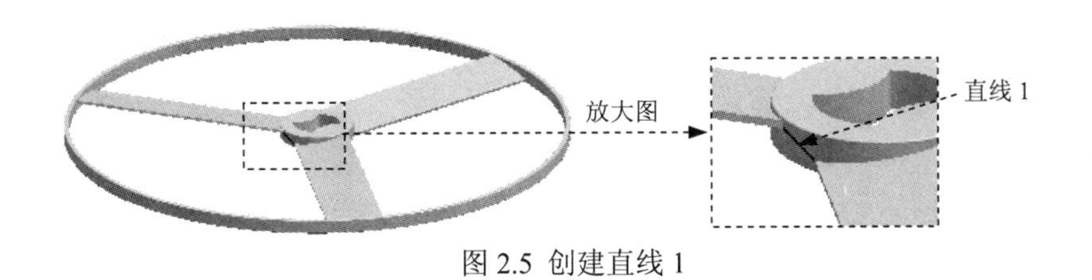

图 2.5 创建直线 1

Step4. 创建投影曲线 1。选择下拉菜单 插入(S) → 来自曲线集的曲线(F) → 投影(P)... 命令，选取直线 1 为要投影的曲线；选取图 2.6 所示的曲面作为投影曲面；在“投影曲线”对话框的 方向 下拉列表中选择 沿面的法向 选项。单击 确定 按钮，完成曲线的投影，如图 2.7 所示。

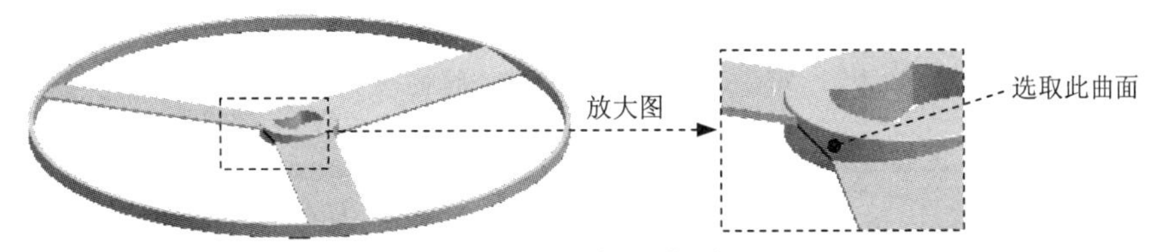

图 2.6　定义投影曲面

说明：为了使投影曲线显示得更清楚，可将直线 1 隐藏。

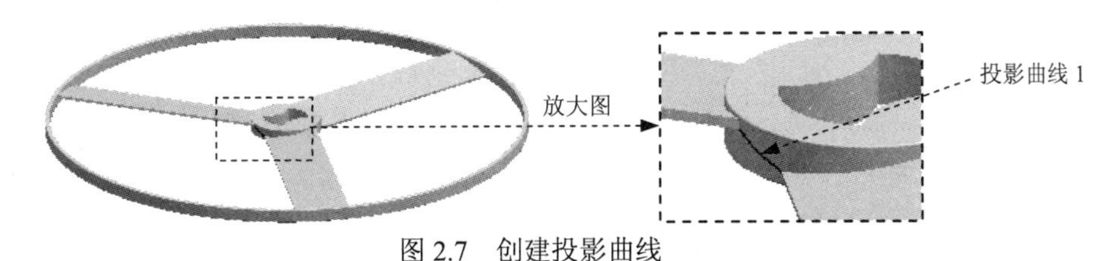

图 2.7　创建投影曲线

Step5. 创建直线 2。选择下拉菜单 插入(S) → 曲线(C) → 基本曲线(B)... 命令，在“基本曲线”对话框中单击“直线”按钮，选取图 2.8 所示的点。单击 取消 按钮，完成直线 2 的创建，如图 2.9 所示。

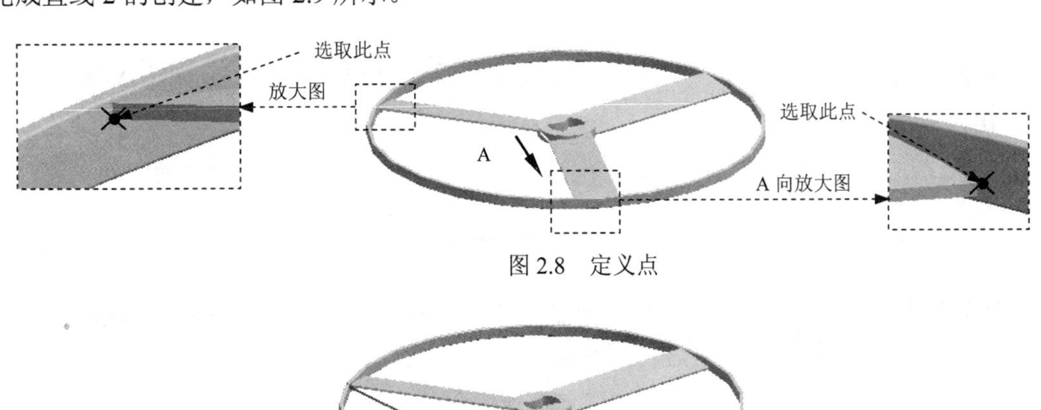

图 2.8　定义点

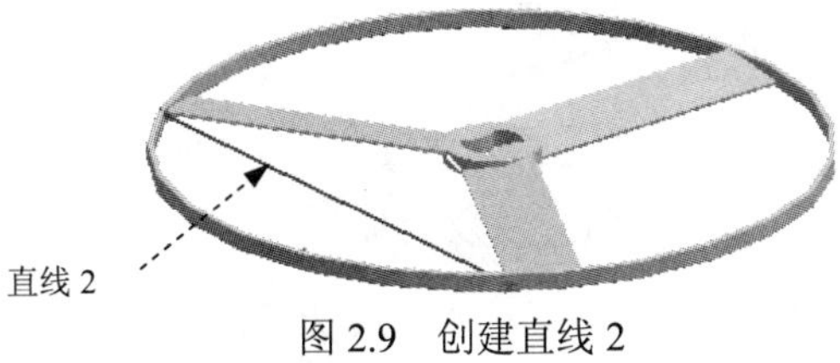

直线 2

图 2.9　创建直线 2

Step6. 创建投影曲线 2。选择下拉菜单 插入(S) → 来自曲线集的曲线(F) → 投影(P)... 命令，选取直线 2 为要投影的曲线；选取图 2.10 所示的曲面为投影曲面；在“投影曲线”对话框的 方向 下拉列表中选择 沿面的法向 选项。单击 确定 按钮，完成曲线的投影如图 2.11 所示。

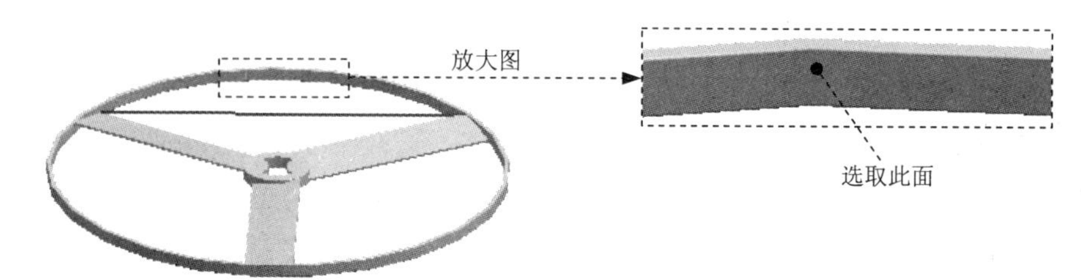

图 2.10 定义投影曲面

说明：为了显示得清楚，创建投影曲线 2 后可将直线 2 隐藏。

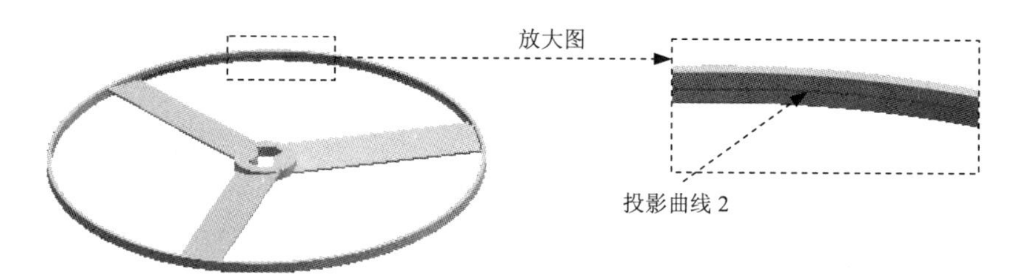

图 2.11 创建投影曲线 2

Stage2. 创建图 2.12 所示的网格曲面

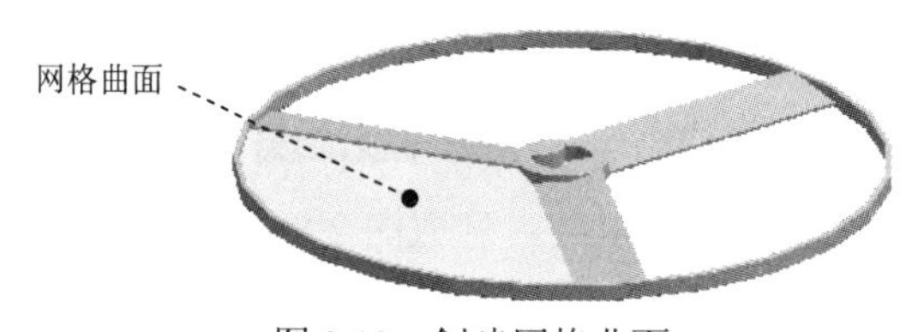

图 2.12 创建网格曲面

Step1. 选择下拉菜单 插入(S) → 网格曲面(M) → 通过曲线网格(M)... 命令，系统弹出“通过曲线网格”对话框。

Step2. 选取主曲线。选取图 2.13 所示的投影曲线 1 和投影曲线 2 为主曲线。

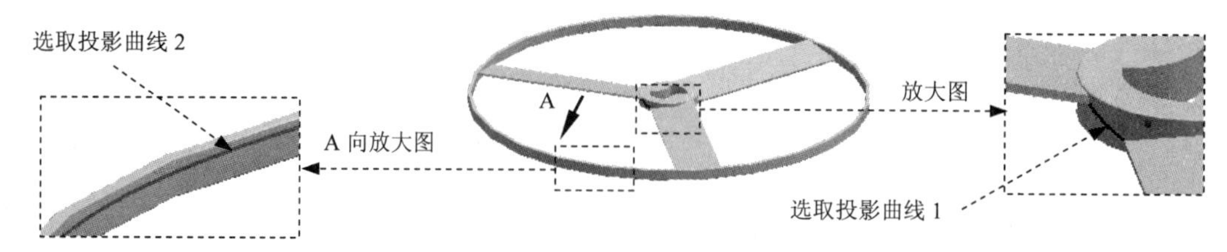

图 2.13 定义主曲线

Step3. 选取交叉曲线。选取图 2.14 所示的曲线为交叉曲线。

说明： 为了显示得更清楚，可将直线1和直线2全部隐藏。

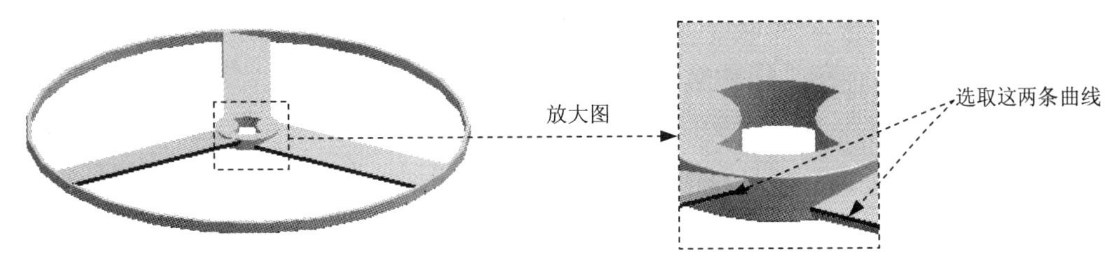

图 2.14　定义交叉曲线

Step4. 在“网格曲面”对话框中单击 确定 按钮，完成曲面的创建。

Stage3. 创建图 2.15 所示的移动对象特征

图 2.15　移动对象特征

Step1. 选择命令。选择下拉菜单 编辑(E) → 移动对象(O)... 命令，此时系统弹出图 2.16 所示的“移动对象”对话框。

Step2. 定义移动片体。选择图 2.17 所示的面为移动对象。

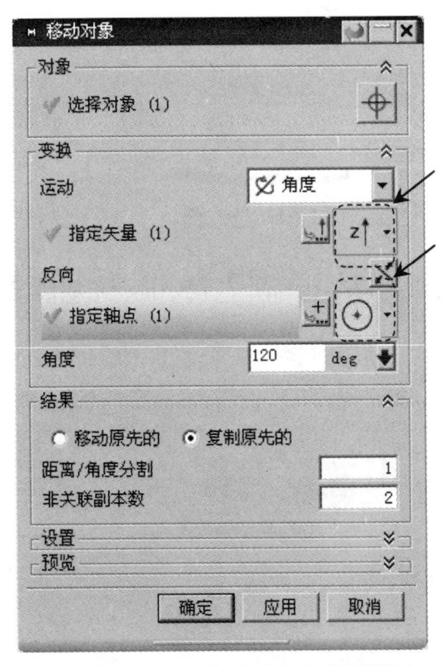

图 2.16　“移动对象”对话框

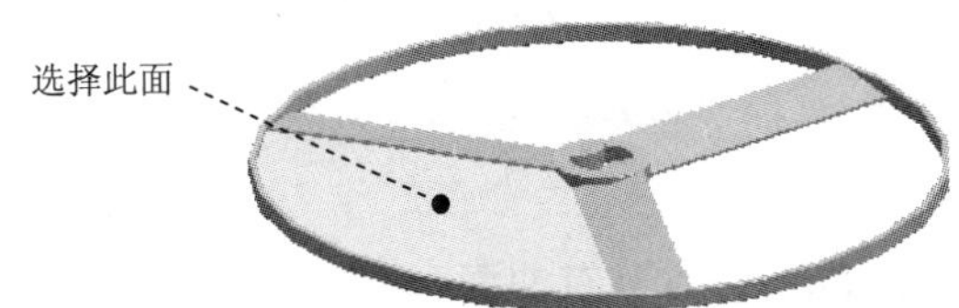

图 2.17　定义移动片体

Step3. 定义变换。在“移动对象”对话框的 变换 区域的 运动 下拉列表中选择 角度；

选择图 2.18 所示的轴为矢量方向；在“指定轴点”的下拉列表中选择，选择图 2.19 所示的圆（此时系统自动捕捉到圆心）；在角度文本框中输入 120。

Step4. 定义结果。在“移动对象”对话框的结果区域中选择复制原先的单选项，在距离/角度分割文本框中输入 1；在非关联副本数文本框中输入 2。

Step5. 在“移动对象”对话框中单击确定按钮，完成对象的移动。

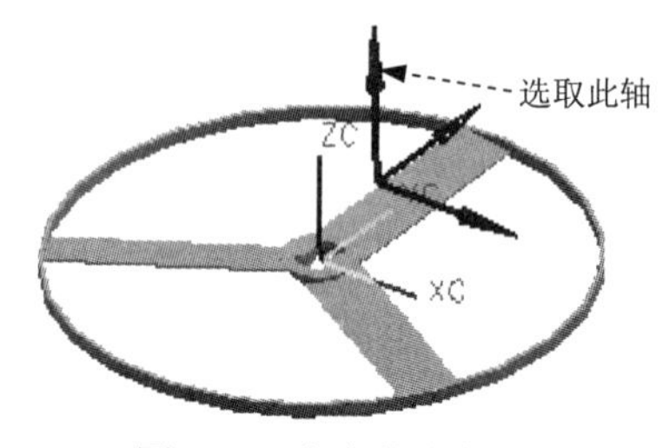

图 2.18　定义指定矢量

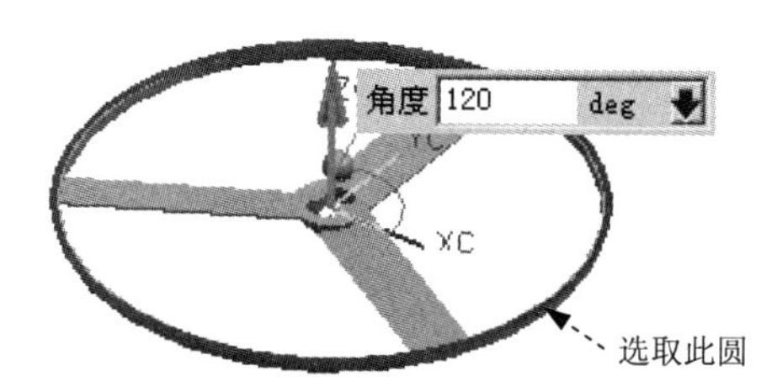

图 2.19　定义指定轴点

Stage4. 创建填充孔

Step1. 在“注塑模向导”工具条中，单击“注塑模工具”按钮，系统弹出“注塑模工具”工具条。

Step2. 在“注塑模工具”工具条中，单击“Surface Patch”按钮，系统弹出图 2.20 所示的“选择面”对话框。

Step3. 选取面。选取图 2.21 所示的面，系统弹出“选择孔”对话框。

图 2.20　“选择面”对话框

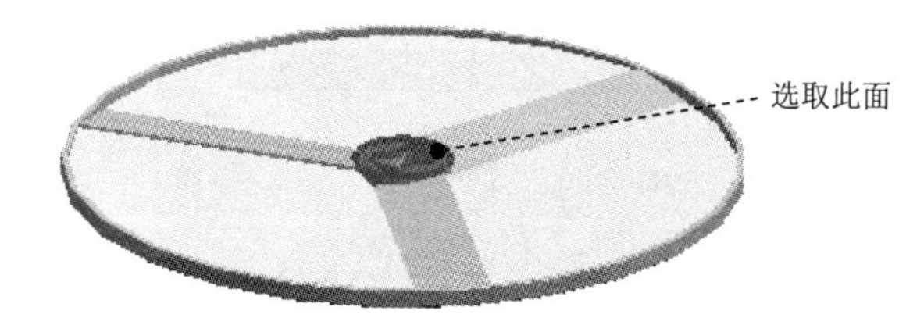

图 2.21　选取面

Step4. 在“选择孔”对话框中单击确定按钮，再单击取消按钮，完成图 2.22 所示曲面的创建。

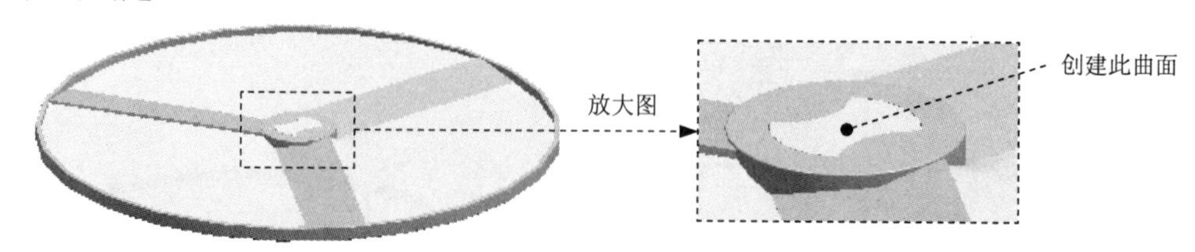

图 2.22　创建填充孔

Stage5. 添加现有曲面

Step1. 在“注塑模工具”工具条中，单击“现有曲面”按钮，系统弹出图 2.23 所示的“选择片体”对话框。

Step2. 选取片体。在屏幕中框选，选取所有曲面。

Step3. 单击 确定 按钮，完成添加现有曲面的操作。

Stage6. 创建拆分面 1

Step1. 在“注塑模工具”工具条中，单击“面拆分”按钮，系统弹出图 2.24 所示的“面拆分”对话框。

图 2.23　“选择片体”对话框

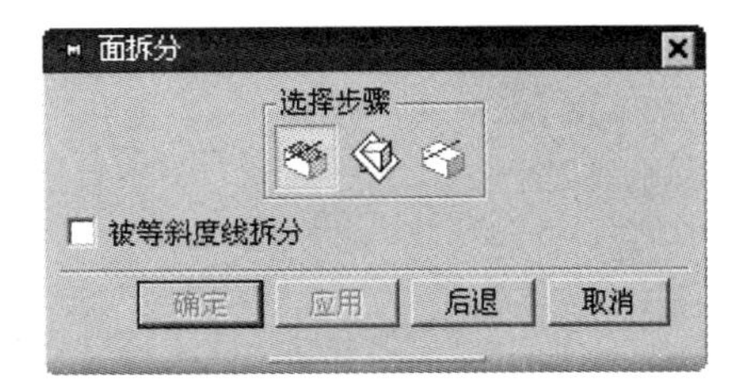

图 2.24　“面拆分”对话框

Step2. 定义拆分对象。选取图 2.25 所示的面为拆分面的对象。

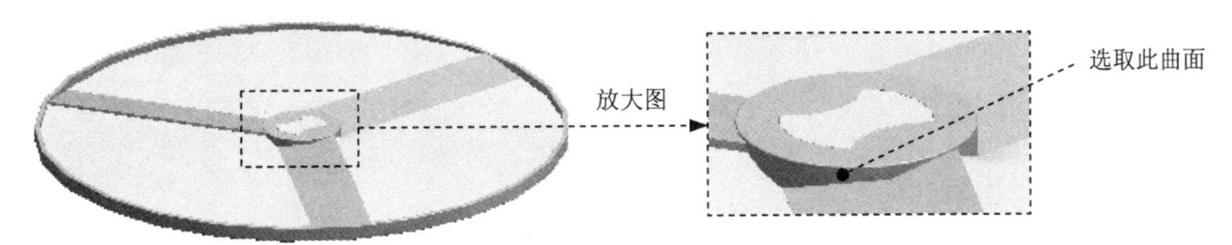

图 2.25　定义拆分面

Step3. 定义拆分边缘。单击对话框中的“选择曲线/边”按钮，在对话框中选择 现有的曲线/边缘 单选项，选取图 2.26 所示的三条曲线为拆分边缘。

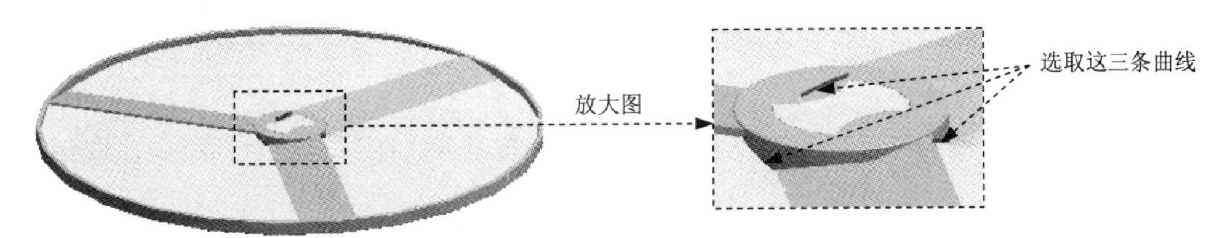

图 2.26　定义拆分边缘

Step4. 在对话框中，单击 确定 按钮，系统返回至“面拆分”对话框。

Step5. 在对话框中，单击 确定 按钮，完成面拆分。

Stage7. 创建拆分面 2

Step1. 在“注塑模工具”工具条中，单击“面拆分”按钮，系统弹出“面拆分”对话框。

Step2. 选取图 2.27 所示的面为拆分面的对象。

Step3. 定义创建曲线方法。单击对话框中的“选择曲线/边”按钮，在对话框中选择 现有的曲线/边缘 单选项，选取图 2.28 所示的曲面边缘。

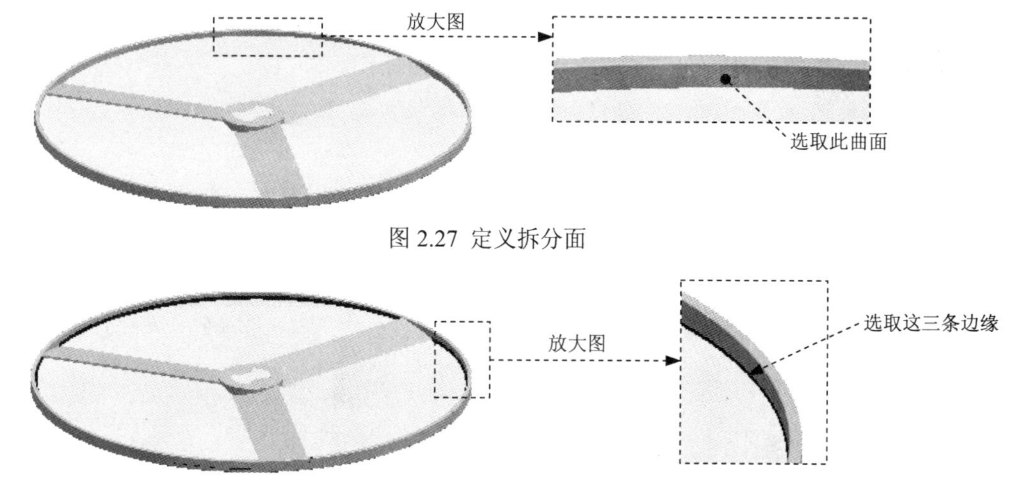

图 2.27 定义拆分面

图 2.28 定义拆分边缘

Step4. 在对话框中，单击 确定 按钮，系统返回至“面拆分”对话框。

Step5. 在对话框中，单击 确定 按钮，完成面拆分。

Task6. 模具分型

Stage1. 设计区域

Step1. 在“注塑模向导”工具条中，单击“分型”按钮，系统弹出“分型管理器”对话框。

Step2. 在“分型管理器”对话框中单击“设计区域”按钮，系统弹出“MPV 初始化”对话框，同时模型被加亮，并显示开模方向，如图 2.29 所示。单击 确定 按钮，系统弹出“塑模部件验证”对话框。

Step3. 在“塑模部件验证”对话框中单击 设置 选项卡，在弹出的对话框中，取消选中 □ 内部环 、□ 分型边 和 □ 不完整的环 三个复选框。

Step4. 设置区域颜色。在“塑模部件验证”对话框中单击 区域 选项卡，然后单击 设置区域颜色 按钮，来设置区域颜色。

Step5. 定义型腔区域。在“塑模部件验证”对话框的 未定义的区域 中选中 ☑ 交叉竖直面 复选框，同时未定义的面被加亮。在 指派为 区域中选择 ⊙ 型腔区域 单选项，单击 应用 按钮，系统自动将未定义的区域指派到型腔区域，同时对话框中的 未定义的区域 显示为“0”，创建结果如图 2.30 所示。

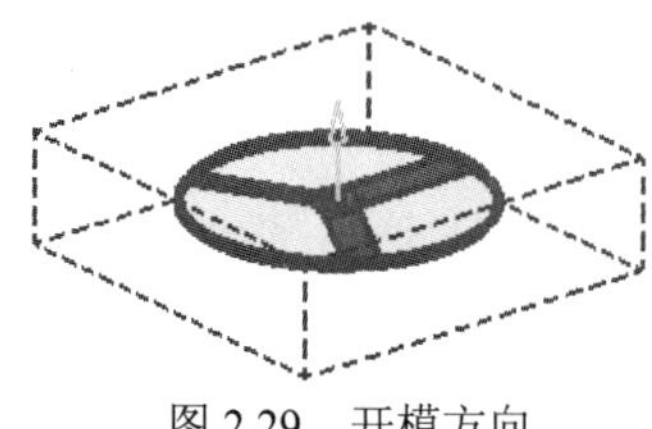

图 2.29 开模方向

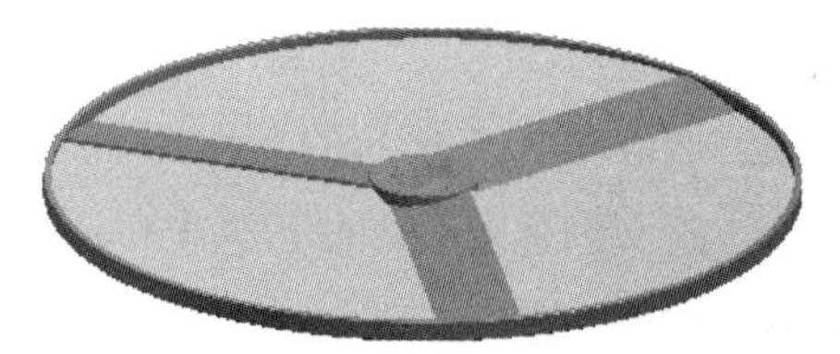

图 2.30 定义型腔区域

Step6. 定义型芯区域。在“塑模部件验证”对话框中，在指派为区域中选择 ⊙型芯区域 单选项，选取图 2.31 所示的面。单击 应用 按钮，系统自动将未定义的区域指派到型芯区域。

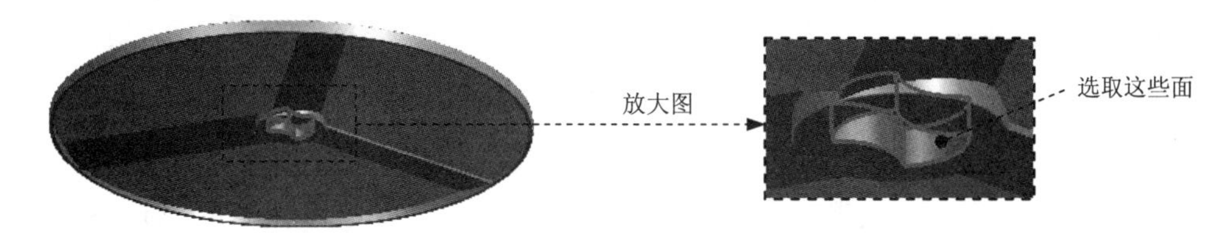

图 2.31　定义型芯区域

Step7. 在“塑模部件验证”对话框中，单击 取消 按钮，系统返回至“分型管理器”对话框。

Stage2. 抽取区域和分型线

Step1. 在“分型管理器”对话框中，单击“抽取区域和分型线”按钮，系统弹出“定义区域”对话框。

Step2. 在“定义区域”对话框的设置区域中选中 ☑创建区域 复选框和 ☑创建分型线 复选框，单击 确定 按钮，完成区域和分型线的抽取，系统返回至“分型管理器”对话框，抽取的分型线如图 2.32 所示。

图 2.32　分型线

Stage3. 创建分型面

Step1. 在“分型管理器”对话框中单击“创建/编辑分型面”按钮，系统弹出“创建分型面”对话框。

Step2. 接受系统默认的公差值；在距离文本框中输入值 60，单击 创建分型面 按钮，系统弹出“分型面”对话框。

Step3. 创建有界平面。在“分型面”对话框中，选择 ⊙有界平面 单选项，单击 确定 按钮。系统自动完成分型面的创建，如图 2.33 所示。

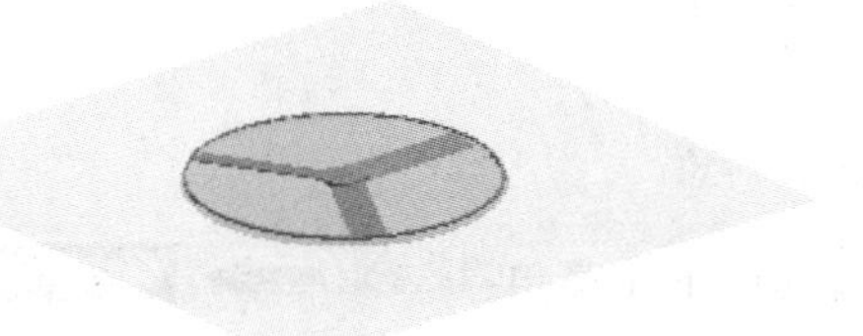

图 2.33　分型面

Stage4. 创建型腔和型芯

Step1. 在“分型管理器”对话框中单击“创建型腔和型芯”按钮，系统弹出“定义型腔和型芯”对话框。

Step2. 在“定义型腔和型芯”对话框中选取 选择片体 区域下的 All Regions 选项，单击 确定 按钮，系统弹出“查看分型结果”对话框并在图形区显示出创建的型腔，单击“查看分型结果”对话框中的 确定 按钮，系统再一次弹出“查看分型结果”对话框。

Step3. 在“查看分型结果”对话框中单击 确定 按钮，系统返回至”分型管理器”对话框，在”分型管理器”对话框中单击 关闭 按钮，关闭“分型管理器”对话框。

Step4. 查看型腔和型芯。选择下拉菜单 窗口(O) → 2. airscrew_mold_cavity_068.prt 命令，系统显示型腔工作零件，如图 2.34 所示；选择下拉菜单 窗口(O) → 1. airscrew_mold_core_070.prt 命令，系统显示型芯工作零件，如图 2.35 所示。

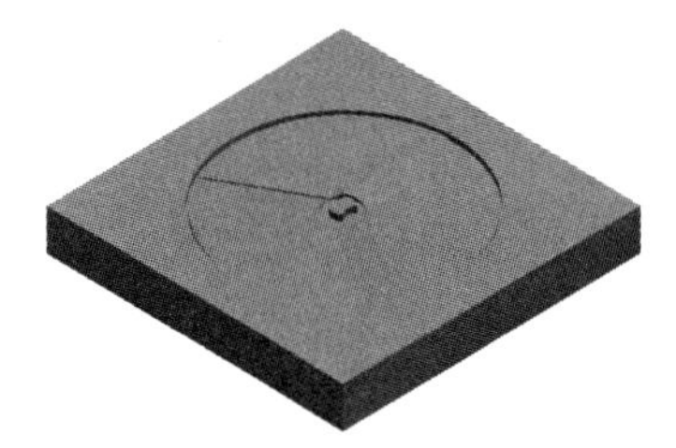

图 2.34　型腔零件

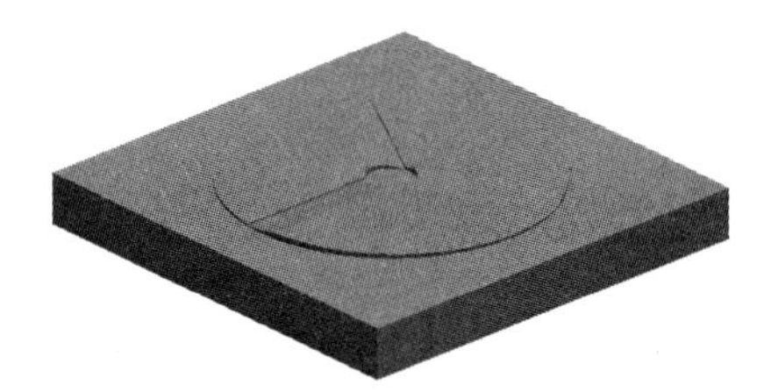

图 2.35　型芯零件

Task7. 创建模具爆炸视图

Step1. 移动型腔。选择下拉菜单 窗口(O) → 5. airscrew_mlod_top_010.prt 命令，在装配导航器中将部件转换成工作部件。

Step2. 创建爆炸图。选择下拉菜单 装配(A) → 爆炸图(X) → 新建爆炸(N)... 命令，系统弹出“创建爆炸图”对话框，接受默认的名字，单击 确定 按钮。

Step3. 编辑爆炸图。选择下拉菜单 装配(A) → 爆炸图(X) → 编辑爆炸图(E)... 命令，选取图 2.36 所示的型腔元件；然后选择 ⊙ 移动对象 单选项，沿 Z 方向向上移动 100，单击 确定 按钮，结果如图 2.37 所示。

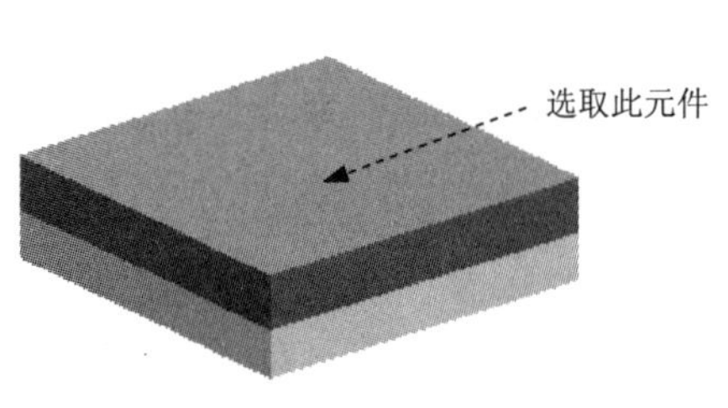

图 2.36　定义移动对象

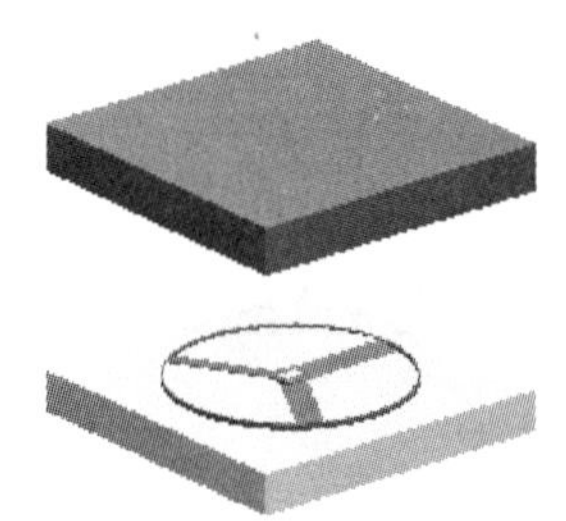

图 2.37　移动型腔

Step4. 移动产品模型。选择下拉菜单 装配(A) → 爆炸图(X) → 编辑爆炸图(E)... 命令，选取图 2.38 所示的产品元件；然后在“编辑爆炸图”对话框中，选择 ⊙ 移动对象 单选项，沿 Z 方向向上移动 50mm，结果如图 2.39 所示。

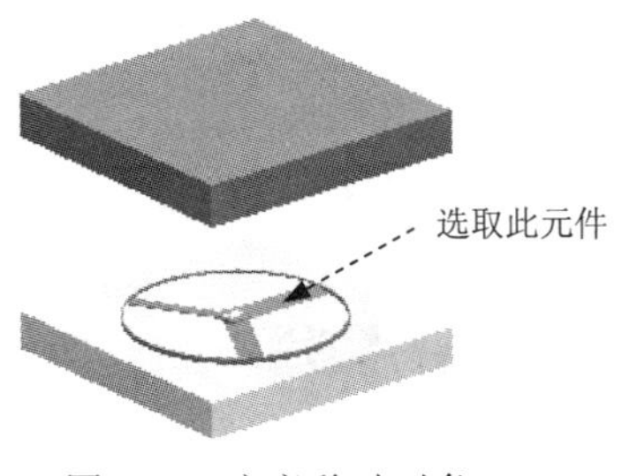

图 2.38　定义移动对象

图 2.39　移动产品

2.2　创建方法二（在建模环境下进行模具设计）

方法简介：

在建模环境下进行模具设计，巧妙地运用了建模环境下的“缩放体”、“拉伸”、“修剪片体”、“缝合”和“拆分”等命令。当然，读者也可以尝试用建模环境下的其他命令来完成模具的设计。通过对本实例的学习，读者能够进一步熟悉模具设计的方法，并能根据实际情况不同，灵活地运用各种方法进行模具设计。

下面介绍该模具在建模环境下进行设计的具体操作过程。

Task1. 设置收缩率

Step1. 打开文件。打开 D:\ug6.6\work\ch02\airscrew.prt 文件，单击 OK 按钮，进入建模环境。

Step2. 选择命令。选择下拉菜单 插入(S) → 偏置/缩放(O) → 缩放体(S)... 命令，系统弹出“缩放体”对话框。

Step3. 在“缩放体”对话框的 类型 下拉列表中选择 均匀 选项。

Step4. 定义缩放体和缩放点。选择零件为缩放体，此时系统自动将缩放点定义在零件的中心位置。

Step5. 定义缩放比例因子。在“缩放体”对话框的 比例因子 区域的 均匀 文本框中输入数值 1.006。

Step6. 单击 确定 按钮，完成收缩率的位置。

Task2. 创建模具工件

Step1. 选择命令。选择下拉菜单 插入(S) → 设计特征(E) → 拉伸(E)... 命令，系统弹出“拉伸”对话框。

Step2. 定义草图平面。单击按钮，系统弹出“创建草图”对话框；接受系统默认的草图平面，单击 确定 按钮，进入草图环境。

Step3. 绘制草图（显示坐标系）。绘制图 2.40 所示的截面草图；单击完成草图按钮，退出草图环境。

Step4. 定义拉伸方向。在指定矢量的下拉列表中选择ZC选项。

Step5. 确定拉伸开始值和结束值。在“拉伸”对话框的限制区域的开始下拉列表中选择对称值选项，并在其下的距离文本框中输入值 20。

Step6. 定义布尔运算。在布尔区域的布尔下拉列表中选择无，其他采用系统默认设置值。

Step7. 单击确定按钮，完成图 2.41 所示的拉伸特征的创建。

图 2.40　截面草图　　　　图 2.41　拉伸特征

Task3. 模型修补

Step1. 创建图 2.42 所示的直线 1(隐藏工件)。选择下拉菜单插入(S) → 曲线(C) → 直线(L)...命令，依次选取图 2.43 所示的点 1 和点 2 为直线的端点。单击确定按钮，完成直线 1 的创建。

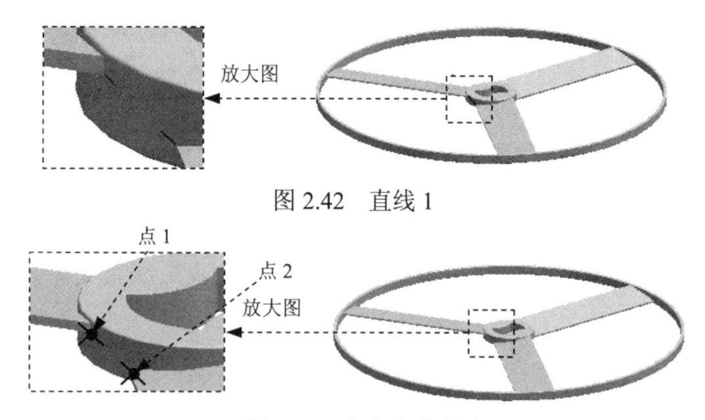

图 2.42　直线 1

图 2.43　定义直线端点

Step2. 参照 Step1 创建图 2.44 所示的直线 2（直线 2 的端点与点 2 在模型的同一条边线上）。

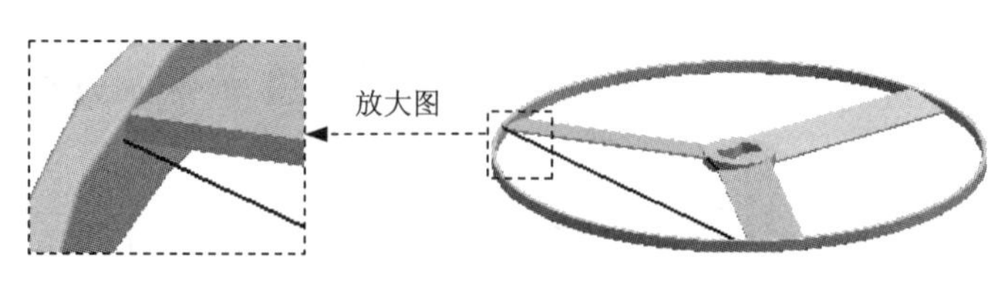

图 2.44　直线 2

Step3. 创建投影曲线 1。选择下拉菜单插入(S) → 来自曲线集的曲线(F) → 投影(P)...命令，选取直线 1 为投影曲线，单击中键确认；选取图 2.45 所示的面为投影面。在“投影曲线”对话框的方向下拉列表中选择沿面的法向选项，其他采用系统默认设置值。单击确定按钮，完成投影曲线 1 的创建（隐藏直线 1）。

Step4. 创建投影曲线 2。选择下拉菜单插入(S) → 来自曲线集的曲线(F) → 投影(P)...命令，选取直线 2 为投影曲线，单击中键确认；选取图 2.46 所示的面为投影面。在“投影曲线”对话框的方向下拉列表中选择沿面的法向选项，其他采用系统默认设置值。单击确定按钮，完成投影曲线 2 的创建（隐藏直线 2）。

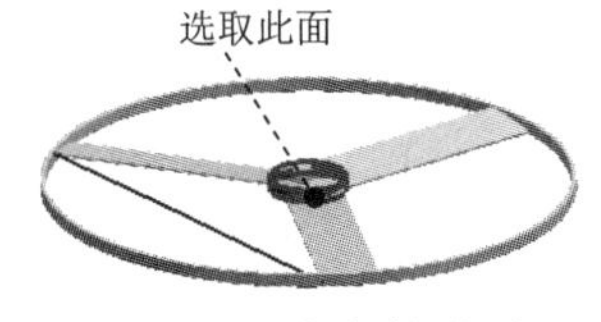

图 2.45　定义投影面

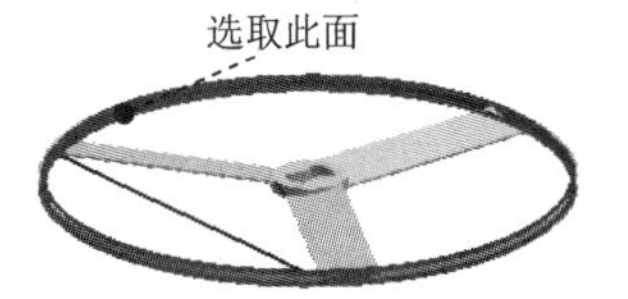

图 2.46　定义投影面

Step5. 创建图 2.47 所示的曲面特征 1。选择下拉菜单插入(S) → 网格曲面(M) → 通过曲线网格(M)...命令，选取投影曲线 1 和投影曲线 2 为主曲线，并分别单击中键确认；单击中键后，选取图 2.48 所示的直线 1 和直线 2 为交叉曲线。单击确定按钮，完成曲面特征 1 的创建（隐藏曲线）。

图 2.47　曲面特征 1

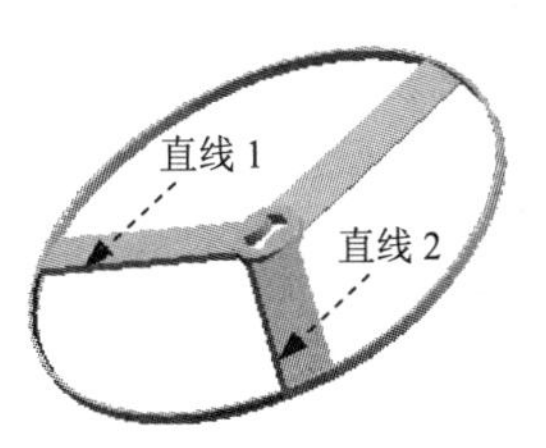

图 2.48　定义交叉线串

Step6. 创建图 2.49 所示的移动对象特征。

（1）选择命令。选择下拉菜单编辑(E) → 移动对象(O)...命令，此时系统弹出图 2.16 所示的“移动对象”对话框。

（2）定义移动片体。选择 Step5 创建的曲面特征 1 为变换对象。

（3）定义变换。在“移动对象”对话框的变换区域的运动下拉列表中选择角度；在“指定矢量”的下拉列表中选择；在“指定轴点”的下拉列表中选择，选择模型上任意圆轮廓（此时系统自动捕捉到圆心）；在角度文本框中输入 120。

（4）定义结果。在“移动对象”对话框的结果区域中选择复制原先的单选项，在距离/角度分割文本框中输入 1；在非关联副本数文本框中输入 2。

（5）在“移动对象”对话框中单击确定按钮，完成对象的移动。

Step7. 创建图 2.50 所示的有界平面特征。选择下拉菜单插入(S) → 曲面(R) → 有界平面(P)...命令，选取图 2.51 所示的边界环为有界平面边界。单击确定按钮，完成有界平面的创建并关闭“有界平面”对话框。

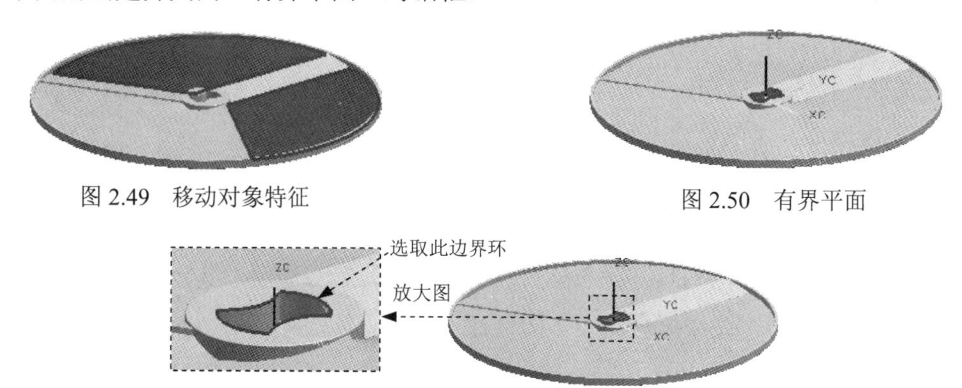

图 2.49　移动对象特征

图 2.50　有界平面

图 2.51　定义有界平面边界

Task4. 创建模具分型面

Step1. 创建抽取特征。选择下拉菜单插入(S) ➡ 关联复制(A) ➡ 抽取(E)...命令，在系统弹出“抽取”对话框类型区域的下拉列表中选择面选项；在设置区域中选中☑固定于当前时间戳记复选框，选取图 2.52 所示的 14 个面为抽取对象。单击确定按钮，完成抽取特征的创建（隐藏实体零件）。

Step2. 创建图 2.53 所示的修剪片体特征 1。选择下拉菜单插入(S) ➡ 修剪(T) ➡ 修剪的片体(R)...命令，选取图 2.54 所示的片体为目标体，单击中键确认；选取图 2.55 所示的片体为边界对象。在区域区域中选中⊙舍弃单选项，其他采用系统默认设置值。单击确定按钮，完成修剪特征 1 的创建。

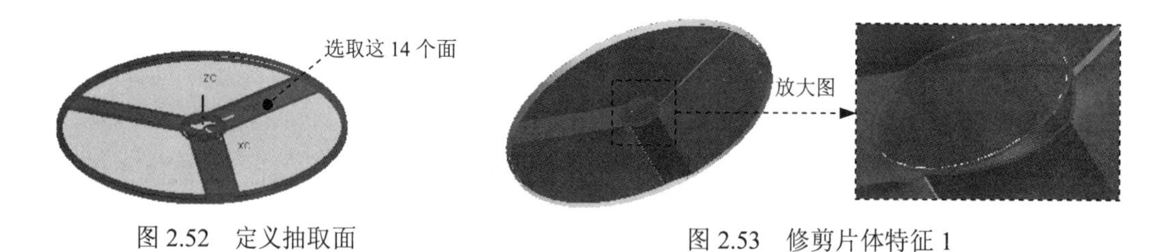

图 2.52　定义抽取面

图 2.53　修剪片体特征 1

注意：选取目标体时，单击图 2.54 所示的位置，否则修剪结果不同。

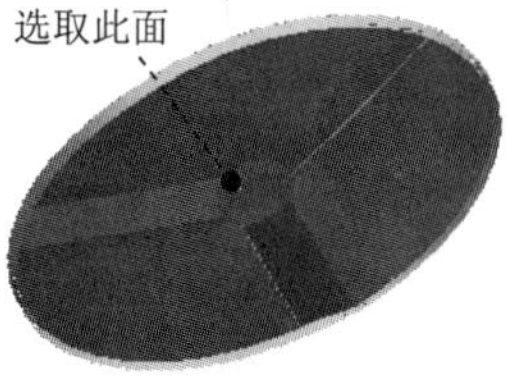

图 2.54　定义目标体

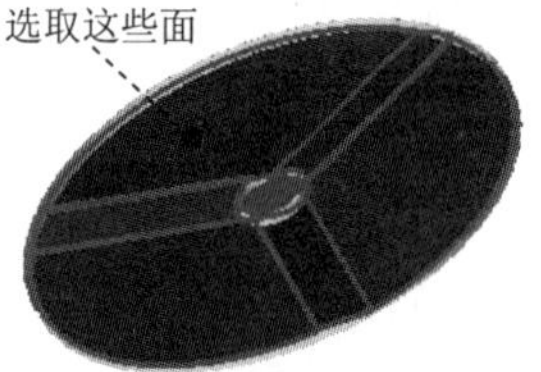

图 2.55　定义边界对象

Step3. 创建图 2.56 所示的修剪片体特征 2。选择下拉菜单插入(S) ➡ 修剪(T) ➡

修剪的片体(R)...命令，选取图 2.56a 所示的片体为目标体，单击中键确认；选取图 2.57 所示的边链为边界对象。在区域区域中选择舍弃单选项，其他采用系统默认设置值。单击确定按钮，完成修剪特征 2 的创建。

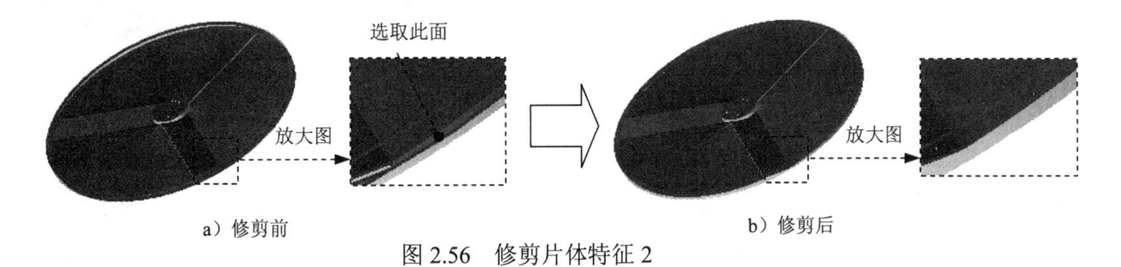

a）修剪前　　b）修剪后

图 2.56　修剪片体特征 2

注意：选取目标体时，单击图 2.56 所示的位置，否则修剪结果不同。

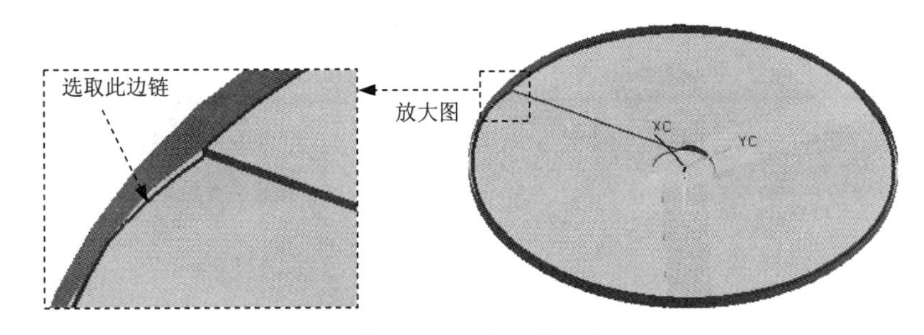

图 2.57　定义边界对象

Step4. 创建图 2.58 所示的拉伸特征 1（显示坐标系）。选择下拉菜单插入(S) → 设计特征(E) → 拉伸(E)...命令，单击按钮，选取 YC-ZC 基准平面为草图平面，绘制图 2.59 所示的截面草图；在指定矢量的下拉列表中选择选项。在限制区域的开始下拉列表中选择对称值选项，并在其下的距离文本框中输入值 150，其他采用系统默认设置值。单击确定按钮，完成拉伸特征 1 的创建（隐藏坐标系）。

说明：直线与水平轴线共线。

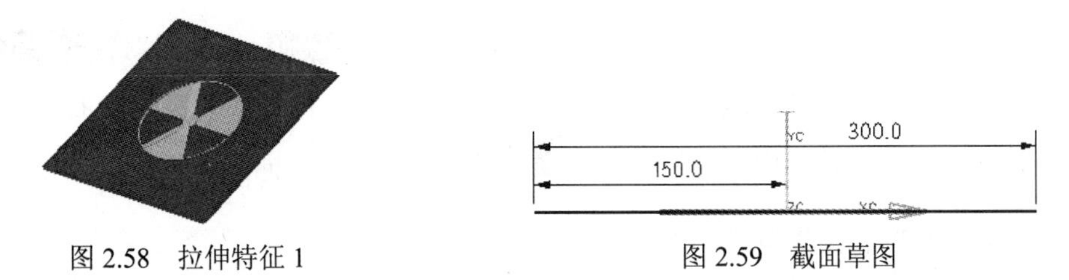

图 2.58　拉伸特征 1　　图 2.59　截面草图

Step5. 创建图 2.60 所示的修剪片体特征 3。选择下拉菜单插入(S) → 修剪(T) → 修剪的片体(R)...命令，选取图 2.60a 所示的片体为目标体，单击中键确认；选取拉伸特征 1 为边界对象。在区域区域中选中舍弃单选项，其他采用系统默认设置值。单击确定按钮，完成修剪特征 3 的创建。

注意：选取目标体时，单击图 2.60a 所示的位置，否则修剪结果不同。

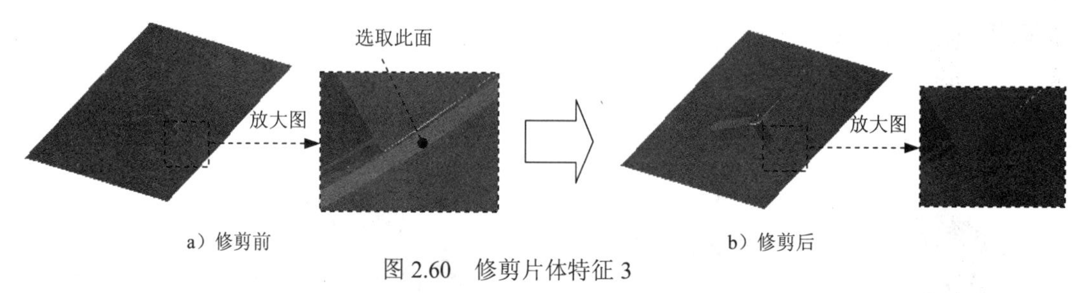

图 2.60　修剪片体特征 3

Step6. 创建图 2.61 所示的修剪片体特征 4。选择下拉菜单插入(S) → 修剪(T) → 修剪的片体(R)...命令，选取图 2.61a 所示的片体为目标体，单击中键确认；选取图 2.62 所示的边链为边界对象。在区域区域中选择 保持单选项，其他采用系统默认设置值。单击确定按钮，完成修剪特征 4 的创建。

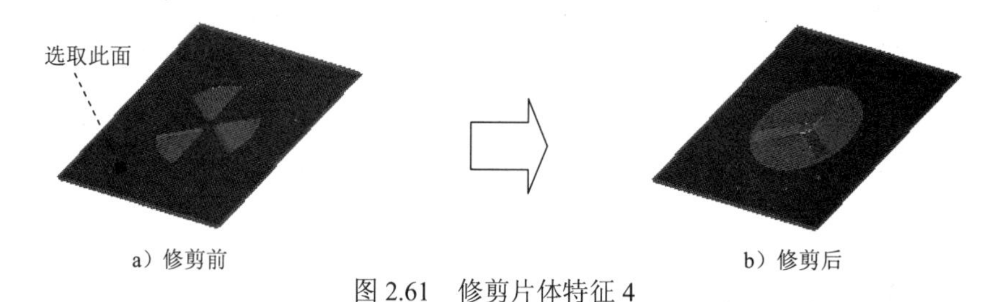

图 2.61　修剪片体特征 4

注意：选取目标体时，单击图 2.61a 所示的位置，否则修剪结果不同。

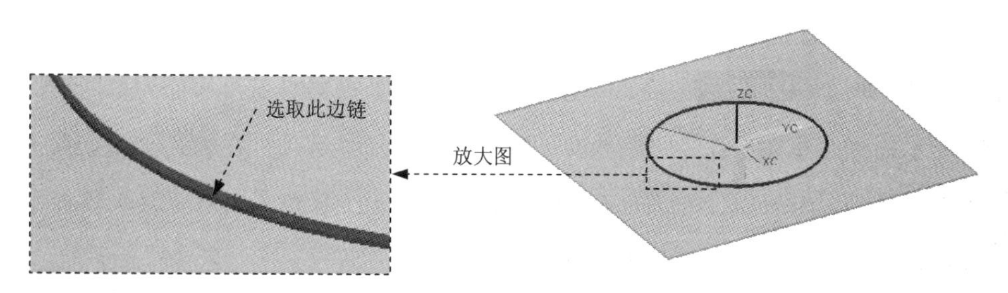

图 2.62　定义边界对象

Step7. 创建缝合特征。选择下拉菜单插入(S) → 组合体(B) → 缝合(W)...命令，在类型区域的下拉列表中选择 图纸页选项，其他采用系统默认设置值。选取有界平面为目标体，选取其余所有片体为工具体。单击确定按钮，完成曲面缝合特征的创建。

Task5. 创建模具型芯/型腔

Step1. 编辑显示和隐藏。选择下拉菜单编辑(E) → 显示和隐藏(H) → 显示和隐藏(O)...命令，在系统弹出图 2.63 所示的“显示和隐藏”对话框中单击实体后的 + 按钮，单击曲线后的 − 按钮。单击关闭按钮，完成编辑显示和隐藏的操作。

Step2. 创建求差特征。选择下拉菜单插入(S) → 组合体(B) → 求差(S)...命令，选取图 2.64 所示的工件为目标体，选取图 2.64 所示的零件为工具体。在设置区域中选中

☑ 保持工具复选框，其他采用系统默认设置值。单击 确定 按钮，完成求差特征的创建。

Step3. 拆分型芯/型腔。选择下拉菜单 插入(S) ➡ 修剪(T) ➡ 拆分体(P)... 命令，选取图 2.65 所示的工件为拆分体；选取图 2.66 所示的片体为拆分面。单击 确定(O) 按钮，完成型芯/型腔的拆分操作（隐藏拆分面）。

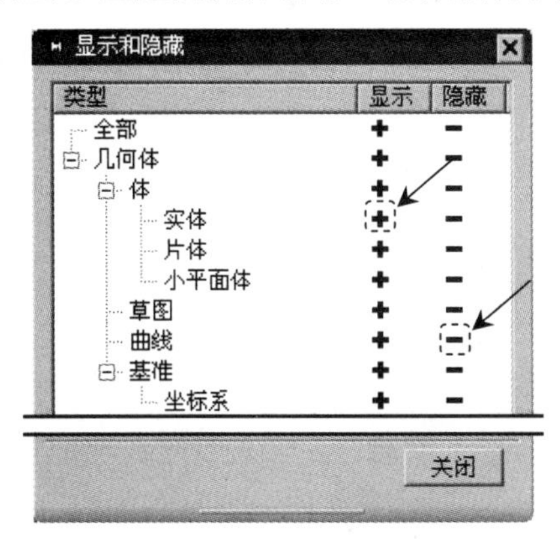

图 2.63　“显示和隐藏”对话框

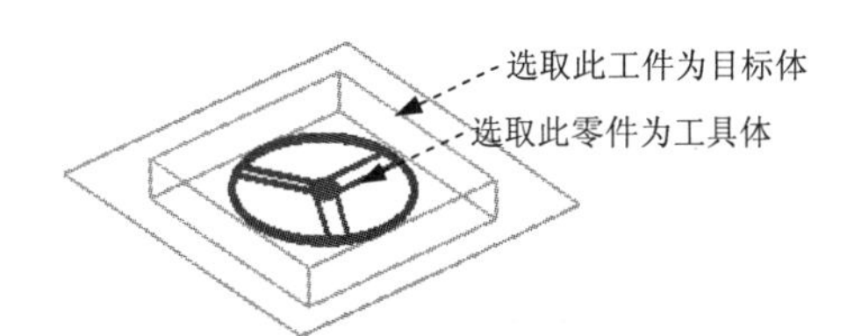

图 2.64　定义目标体和工具体

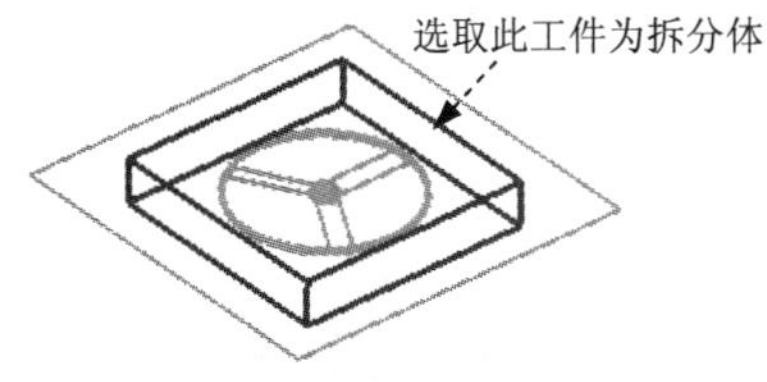

图 2.65　定义拆分体

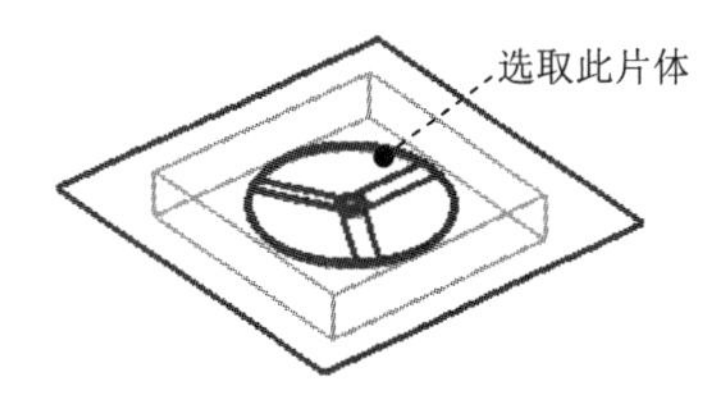

图 2.66　定义拆分面

Task6. 创建模具分解视图

在 UG NX6.0 中，常常使用“移动对象”命令中的“距离”命令来创建模具分解视图，移动时需先将工件参数移除，这里不再赘述。

实例3　用两种方法进行模具设计（三）

本实例将通过一个垃圾桶盖的模具设计，说明在 UG NX 6.0 中设计模具的一般过程，通过本实例的学习后，读者可清楚地掌握模具设计的原理、面的拆分方法和分型段的选择方法。图 3.1 所示为该模具的开模图。

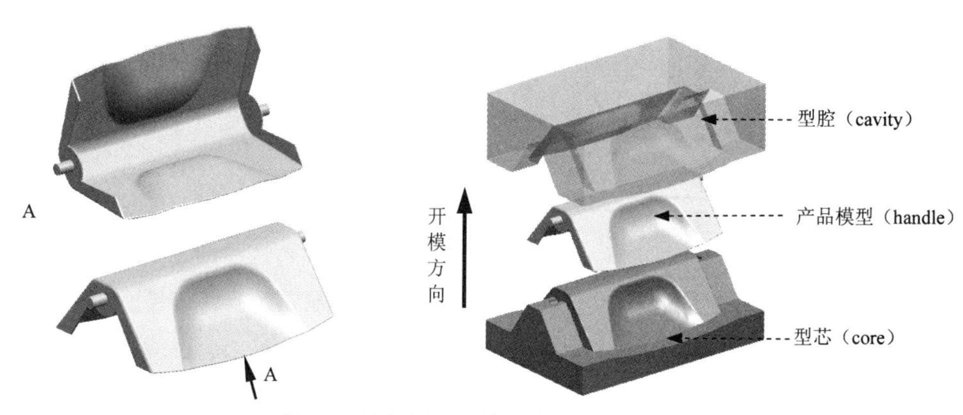

图 3.1　垃圾桶盖的模具设计

3.1　创建方法一（在 Mold Wizard 环境下进行模具设计）

方法简介：

采用 Mold Wizard 进行该模具设计的亮点：把竖直的面在特殊位置拆分成两部分，便于型腔和型芯区域的划分；把分型线分成段，便于采用“拉伸”的方法创建分型面。

下面介绍该模具在 Mold Wizard 环境下进行设计的过程。

Task1. 初始化项目

Step1. 加载模型。在“注塑模向导”工具条中，单击“初始化项目”按钮，系统弹出“打开部件文件”对话框，选择 D:\ug6.6\work\ch03\disbin_cover.prt 文件，单击 OK 按钮，加载模型，系统弹出“初始化项目”对话框。

Step2. 定义投影单位。在“初始化项目”对话框的项目单位的下拉菜单中选择毫米选项。

Step3. 设置项目路径和名称。接受系统默认的项目路径。在“初始化项目”对话框的 Name 文本框中输入 disbin_cover_mold。

Step4. 设置材料和收缩。在“初始化项目”对话框的材料下拉列表中选择 ABS，同时系统会自动在收缩率文本框里写入 1.005。

Step5. 在“初始化项目”对话框中单击确定按钮，完成项目路径和名称的设置。

Task2. 模具坐标系

在“注塑模向导”工具条中单击“模具 CSYS”按钮，在“模具 CSYS”对话框中选择 当前 WCS 单选项，单击 确定 按钮，完成坐标系的定义，如图 3.2 所示。

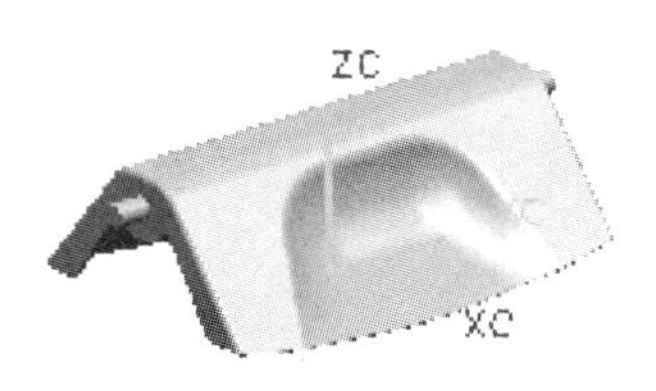

图 3.2　定义模具坐标系

Task3. 创建模具工件

Step1. 在“注塑模向导”工具条中单击“工件”按钮，系统弹出“工件”对话框。

Step2. 在“工件”对话框的 类型 下拉菜单中选择 产品工件 选项，在 工件方法 下拉菜单中选择 用户定义的块 选项，其余采用系统默认设置值。

Step3. 修改尺寸。在 限制 区域的 开始 文本框中输入 10，在 结束 文本框中输入 80，单击 确定 按钮，完成创建后的模具工件如图 3.3 所示。

Task4. 创建拆分面

Stage1. 创建草图

Step1. 选择下拉菜单 窗口(O) → 2. disbin_cover_mold_parting_023.prt 命令，系统将在工作区中显示出原模型。

Step2. 选择命令。选择下拉菜单 开始 → 建模(M)... 命令，进入建模环境。

Step3. 选择命令。选择下拉菜单 插入(S) → 草图(S)... 命令。

Step4. 绘制截面草图。选取图 3.4 所示的平面为草图平面；绘制图 3.5 所示的截面草图，在工作区中单击“完成草图”按钮 完成草图。

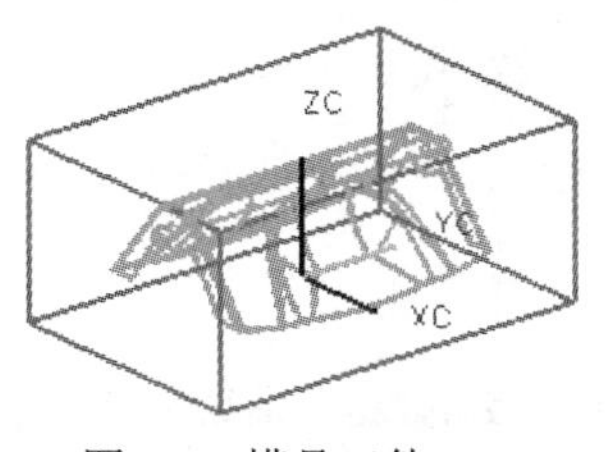

图 3.3　模具工件

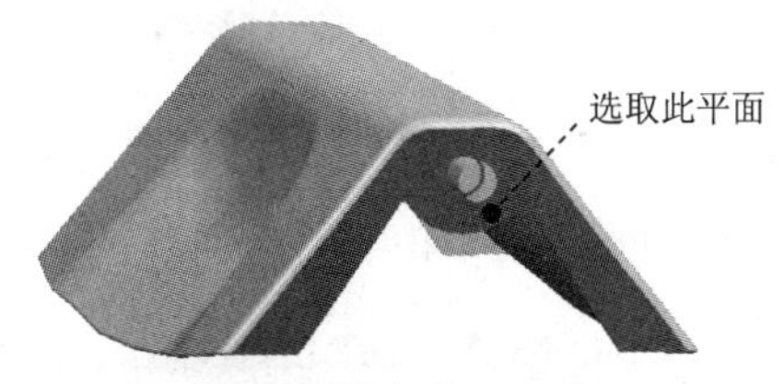

图 3.4　定义草图平面

Stage2. 创建直线

Step1. 选择下拉菜单 插入(S) → 曲线(C) → 基本曲线(B)... 命令，系统弹出“基本曲线”对话框。

Step2. 在“基本曲线”对话框中单击“直线”按钮，在点方法下拉列表中选择选项，创建图 3.6 所示的直线。

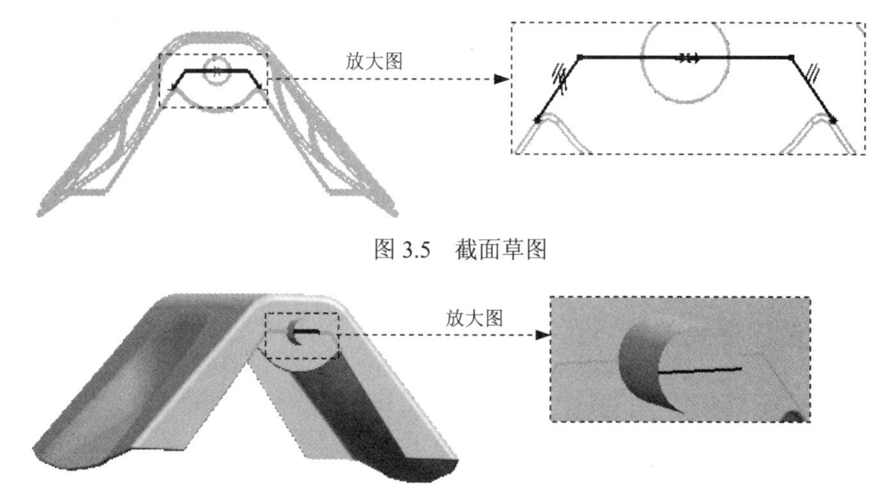

图 3.5　截面草图

图 3.6　创建直线

Stage3. 创建引用几何体特征

Step1. 选择命令。选择下拉菜单插入(S) → 关联复制(A) → 引用几何体(G)...命令，弹出“引用几何体”对话框。

Step2. 在该对话框中的类型下拉列表中选择反射。

Step3. 定义引用几何体。选取已创建好的草图和直线为变换对象。

Step4. 定义镜像平面。在镜像平面下拉列表中选取选项。

Step5. 单击确定按钮，完成图 3.7 所示的引用几何体的创建。

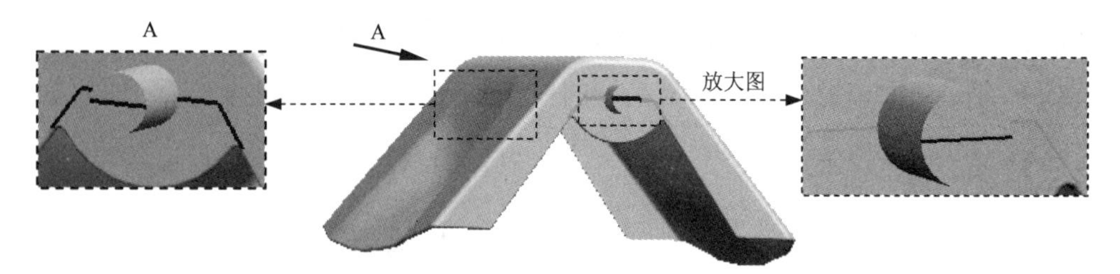

图 3.7　创建引用几何体特征

Stage4. 创建拆分面 1

Step1. 在“注塑模工具”工具条中，单击“面拆分”按钮，系统弹出 “面拆分”对话框。

Step2. 定义拆分对象 1。选取图 3.8 所示的面为拆分面对象。

Step3. 定义拆分曲线。选取图 3.9 所示的曲线为拆分曲线。

Step4. 在“面拆分”对话框中单击应用按钮，完成面的拆分。

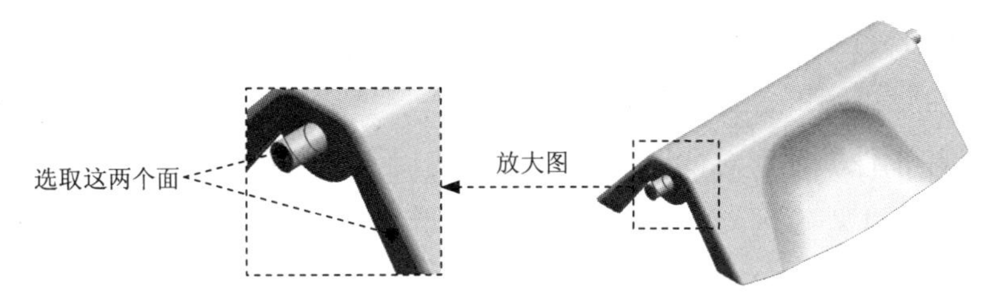

图 3.8 定义拆分对象 1

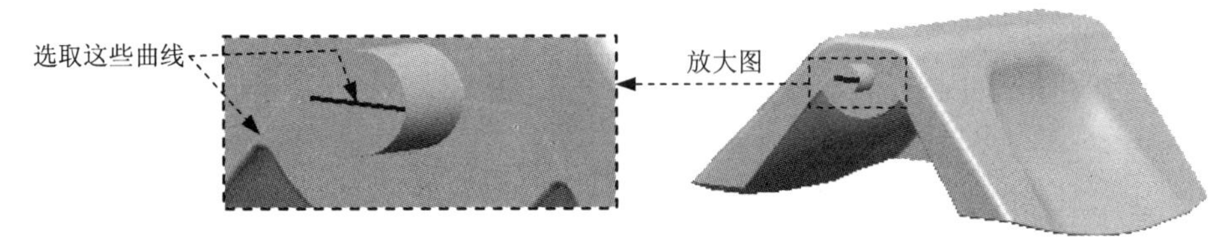

图 3.9 定义拆分曲线

Stage5．创建拆分面 2

Step1．在“面拆分”对话框中选中☑ 被等斜度线拆分复选框。

Step2．定义拆分对象 2。选取图 3.10 所示的面。

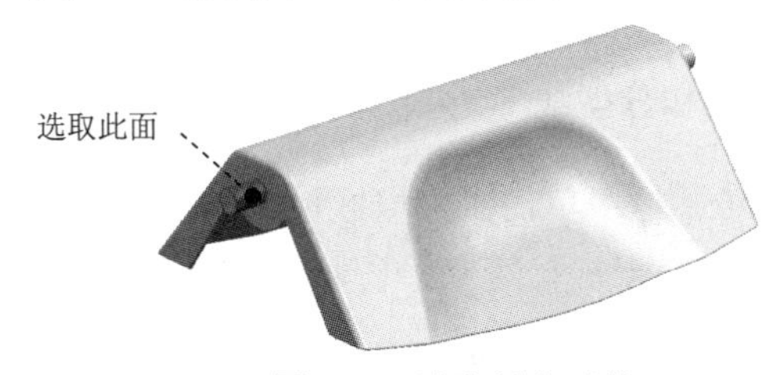

图 3.10 选取拆分对象 2

Step3．在“面拆分”对话框中单击 确定 按钮，完成面的拆分。

Stage6．创建拆分面 3

可参见 Stage4、Stage5 的创建方法，拆分对面的面。

Task5．模具分型

Stage1．设计区域

Step1．选择下拉菜单 窗口(O) → 3. disbin_cover_mold_top_000.prt 命令，系统将在工作区中显示出模具组件。

Step2．在“注塑模向导”工具条中单击“分型”按钮，系统弹出“分型管理”对话框。

Step3．在“分型管理器”对话框中单击“设计区域”按钮，系统弹出“MPV 初始化”对话框，同时模型被加亮，并显示开模方向，如图 3.11 所示。单击 确定 按钮，系统弹出“塑模部件验证”对话框。

Step4. 在“塑模部件验证”对话框中单击设置选项卡，在弹出的对话框中，取消选中□内部环、□分型边和□不完整的环三个复选框。

Step5. 在“塑模部件验证”对话框中单击区域选项卡，然后单击设置区域颜色按钮。

Step6. 定义型腔和型芯区域。在“塑模部件验证”对话框的未定义的区域区域选中☑交叉区域面复选框，同时未定义的面被加亮。在指派为区域中选择⊙型芯区域单选项，单击应用按钮，系统自动将未定义的区域指派到型腔区域，同时对话框中的未定义的区域显示为“0”，创建结果如图 3.12 所示。

Step7. 在“塑模部件验证”对话框中单击取消按钮，系统返回至“分型管理器”对话框。

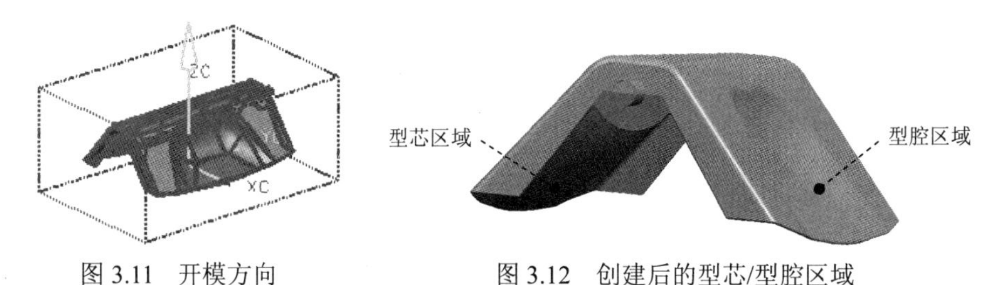

图 3.11　开模方向　　　图 3.12　创建后的型芯/型腔区域

Stage2. 抽取型腔/型芯区域和分型线

Step1. 在“分型管理器”对话框中单击“抽取区域和分型线”按钮，系统弹出“定义区域”对话框。

Step2. 在“定义区域”对话框的设置区域中选中☑创建区域复选框和☑创建分型线复选框，单击确定按钮，完成区域和分型线的抽取，系统返回至“分型管理器”对话框，抽取分型线如图 3.13 所示。

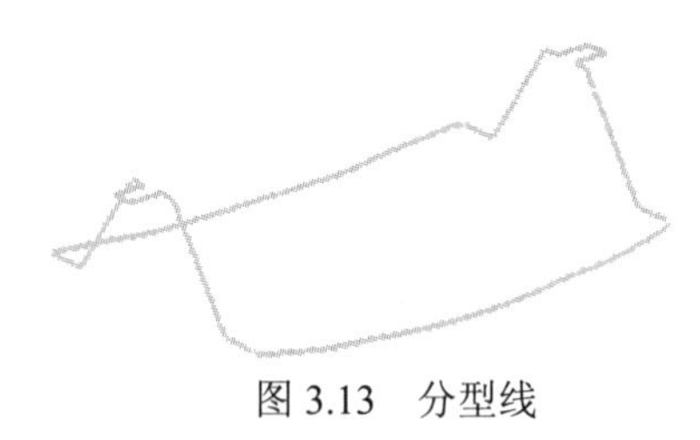

图 3.13　分型线

Stage3. 定义分型段

Step1. 在“分型管理器”对话框中单击“编辑分型线”按钮，系统弹出 “分型线”对话框。

Step2. 在“分型线”对话框中单击编辑过渡对象按钮，系统弹出“编辑过渡对象”对话框。

Step3. 编辑过渡对象。选取图 3.14 所示的圆弧以及与其对称的圆弧作为过渡对象，然后单击确定按钮，系统返回至“分型线”对话框。单击确定按钮，系统返回至“分型管理器”对话框，完成分型段的定义。

Stage4. 创建分型面

Step1. 在“分型管理器”对话框中单击“创建/编辑分型面”按钮，系统弹出“创建分型面”对话框。

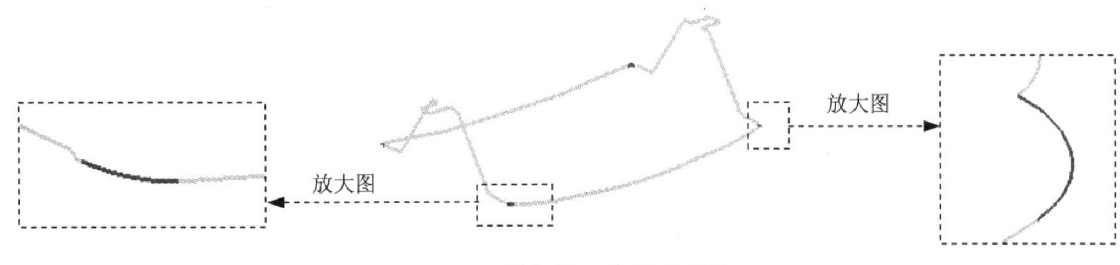

图 3.14　定义分型段

Step2. 在“创建分型面”对话框中接受系统默认的公差值；在距离文本框中输入值 100，单击创建分型面按钮，系统弹出“分型面”对话框。

Step3. 创建拉伸 1。在“分型面”对话框中选择拉伸单选项，单击拉伸方向按钮，此时系统弹出“矢量”对话框。在类型下拉列表中选取-XC 轴选项，单击确定按钮，系统返回至“分型面”对话框。单击确定按钮，完成图 3.15 所示的拉伸 1 的创建。

Step4. 创建拉伸 2。在“分型面”对话框中选择拉伸单选项，单击拉伸方向按钮，系统弹出“矢量”对话框。在类型下拉列表中选取YC 轴选项，单击确定按钮，系统返回至“分型面”对话框。单击确定按钮，完成图 3.16 所示的拉伸 2 的创建。

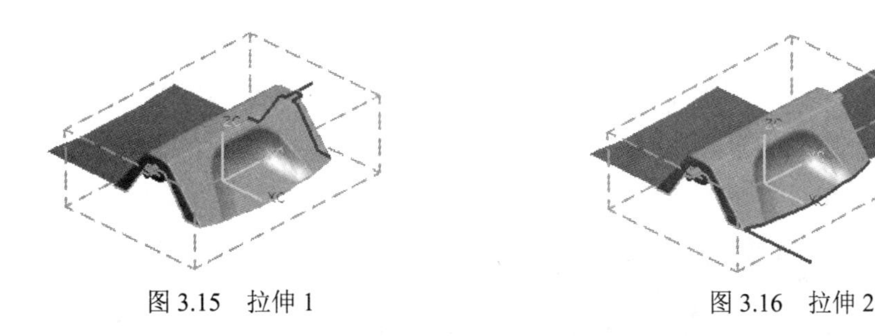

图 3.15　拉伸 1　　图 3.16　拉伸 2

Step5. 创建拉伸 3。在“分型面”对话框选择拉伸单选项，单击拉伸方向按钮，此时系统弹出“矢量”对话框。在类型下拉列表中选取XC 轴选项，单击确定按钮，系统返回至“分型面”对话框。单击确定按钮，完成图 3.17 所示的拉伸 3。

Step6. 创建拉伸 4。在“分型面”对话框选择拉伸单选项，单击拉伸方向按钮，此时系统弹出“矢量”对话框。在类型下拉列表中选择-YC 轴选项，单击确定按钮，系统返回至“分型面”对话框。单击“分型面”对话框中的确定按钮，完成图 3.18 所示的拉伸 4。

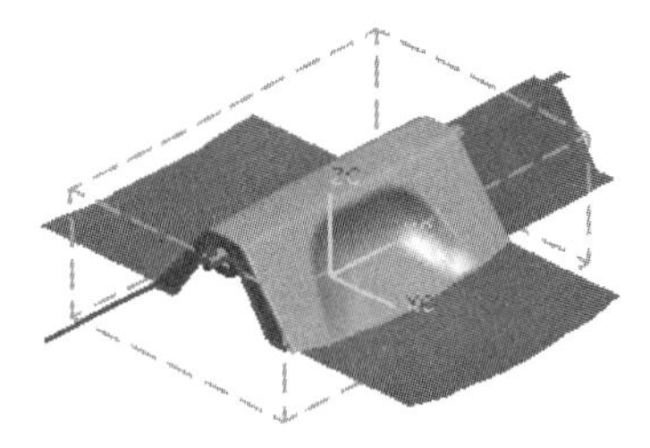

图 3.17　拉伸 3

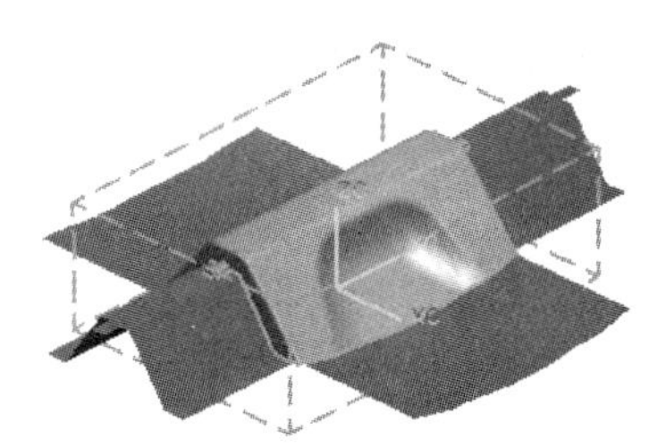

图 3.18　拉伸 4

Step7. 编辑分型面。

（1）在“创建分型面”对话框中单击 编辑分型面 按钮，此时系统弹出“曲线/点选择”对话框。

（2）选取图 3.19 所示的圆弧 1，系统弹出“分型面”对话框，在“分型面”对话框中选中 曲面类型 区域下的 ⊙ 自动曲面 单选项，然后单击 编辑主要边 按钮，系统弹出“编辑主要边”对话框。

（3）选取图 3.19 所示的边线 1 和边线 2，单击“分型面”对话框中的 确定 按钮，结果如图 3.20 所示。

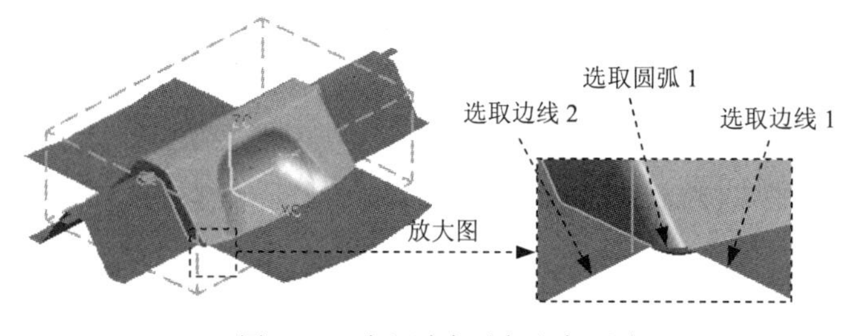

图 3.19　选取过度对象和主要边

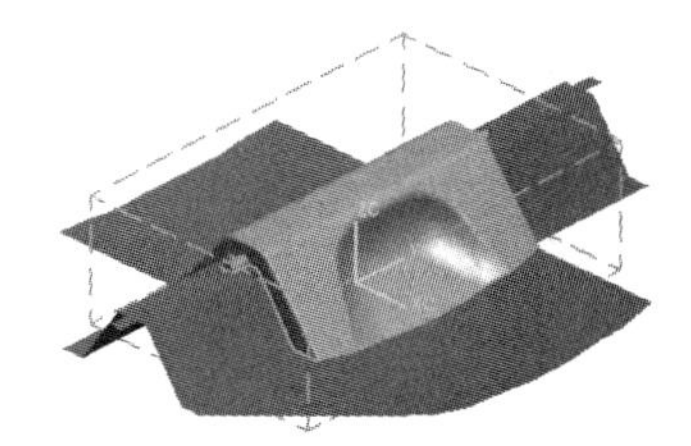

图 3.20　编辑分型面（一）

说明：图 3.19 所示的圆弧 1 是 Stage3 中所定义的分型段中的一段圆弧。

（4）按照上一步的操作，分别选取 Stage3 中定义的其他分型段作为过渡对象，编辑分型面的最终结果如图 3.21 所示。

Stage5. 创建型腔和型芯

Step1. 在“分型管理器”对话框中单击“创建型腔和型芯”按钮，系统弹出“定义型腔和型芯”对话框。

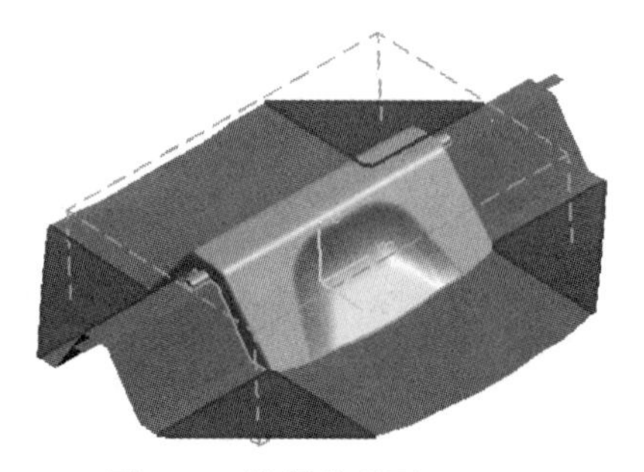

图 3.21　编辑分型面（二）

Step2. 在“定义型腔和型芯”对话框中选取 选择片体 区域下的 All Regions 选项，单击 确定 按钮，系统弹出“查看分型结果”对话框，并在图形区显示出创建的型腔；单击“查看分型结果”对话框中的 确定 按钮，系统再一次弹出“查看分型结果”对话框。

Step3. 在“查看分型结果”对话框中单击 确定 按钮，系统返回至“分型管理器”对话框，在“分型管理器”对话框中单击 关闭 按钮，关闭“分型管理器”对话框。

Step4. 选择下拉菜单 窗口(O) → 2. disbin_cover_mold_cavity_011.prt 命令，系统显示型腔零件，如图 3.22 所示。

Step5. 选择下拉菜单 窗口(O) → 1. disbin_cover_mold_core_013.prt 命令，系统显示型芯零件，如图 3.23 所示。

图 3.22　型腔零件

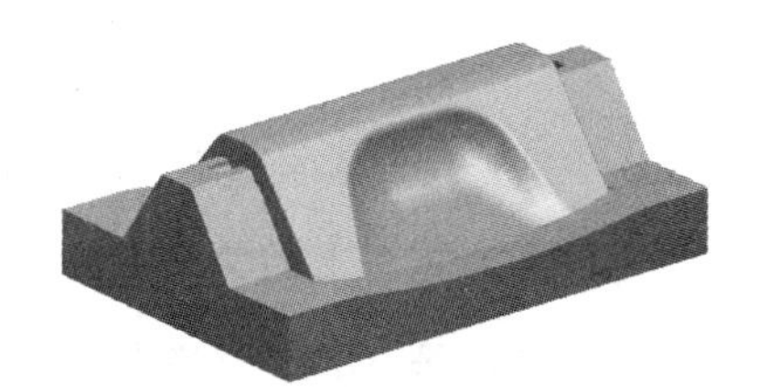

图 3.23　型芯零件

Task6. 创建模具爆炸视图

Step1. 移动型腔。

（1）选择下拉菜单 窗口(O) → 5. disbin_cover_mold_top_000.prt 命令，在装配导航器中将部件转换成工作部件。

（2）创建爆炸图。选择下拉菜单 装配(A) → 爆炸图(X) → 新建爆炸(N)... 命令，系统弹出“创建爆炸图”对话框，接受默认的名字，单击 确定 按钮。

（3）编辑爆炸图。选择下拉菜单 装配(A) → 爆炸图(X) → 编辑爆炸图(E)... 命令，选取图 3.24 所示的型腔元件。在“编辑爆炸图”对话框中，选择 ⊙ 移动对象 单选项，选取 Z 轴为移动方向，在 距离 文本框中输入值 150，结果如图 3.25 所示。

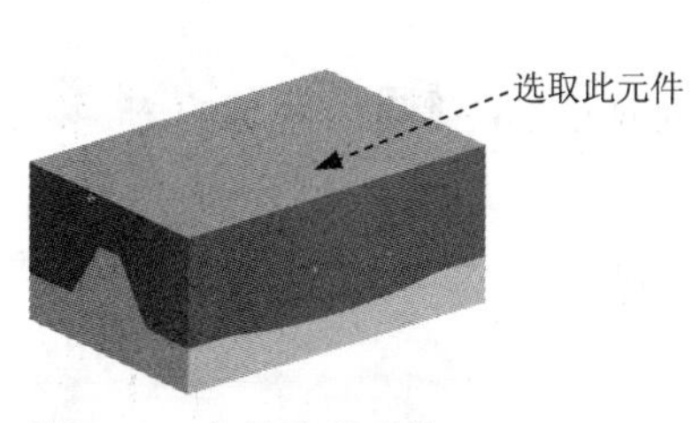

图 3.24　定义移动对象

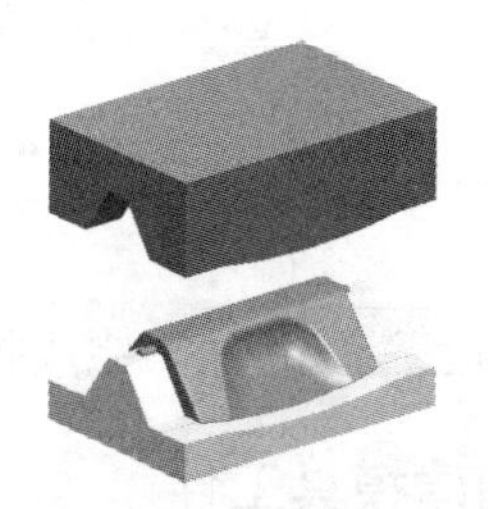

图 3.25　移动型腔

Step2. 移动产品模型。选择下拉菜单 装配(A) → 爆炸图(X) → 编辑爆炸图(E)... 命令，选取图 3.26 所示的产品模型元件。在“编辑爆炸图”对话框中，选择 ⊙ 移动对象 单选项，选取 Z 轴为移动方向，在 距离 文本框中输入值 75，结果如图 3.27 所示。

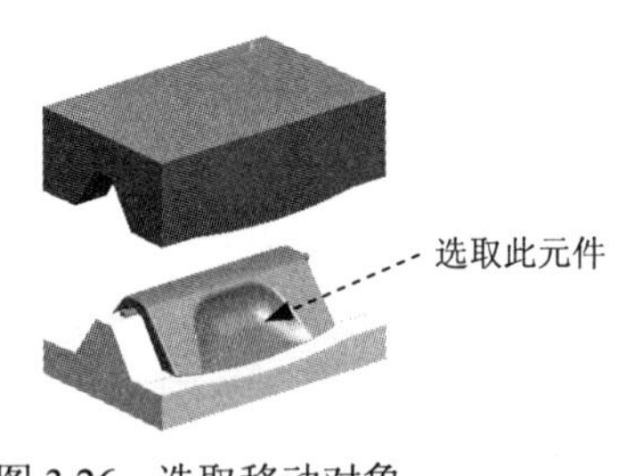

图 3.26 选取移动对象

图 3.27 移动产品

Step3. 保存文件。选择下拉菜单 文件(F) ➡ 全部保存(V) 命令，保存所有文件。

3.2 创建方法二（在建模环境下进行模具设计）

方法简介：

在建模环境下进行该模具的设计，与在 Mold Wizard 环境下进行模具设计的思想是一样的，同样也需要对产品模型上的某些面进行拆分，不同的是，在建模环境下创建分型面，要采用“拉伸”、“桥接”和“网格曲面”等方法来完成。通过本实例的学习，读者可以掌握分型面的桥接和修补方法。

下面介绍该模具在建模环境下进行设计的具体过程。

Task1. 设置收缩率

Step1. 打开文件。打开 D:\ug6.6\work\ch03\disbin_cover.prt 文件，单击 OK 按钮，进入建模环境。

说明：在本例中，坐标系的位置正好位于产品的中心，不需要对坐标系进行移动。

Step2. 选择命令。选择下拉菜单 插入(S) ➡ 偏置/缩放(O) ➡ 缩放体(S)... 命令，系统弹出“缩放体”对话框。

Step3. 在“缩放体”对话框的 类型 下拉列表中选择 均匀 选项。

Step4. 定义缩放体和缩放点。选择零件为缩放体，此时系统自动将缩放点定义在零件的中心位置。

Step5. 定义缩放比例因子。在“缩放体”对话框的 比例因子 区域的 均匀 文本框中输入数值 1.006。

Step6. 单击 确定 按钮，完成收缩率的位置。

Task2. 创建模具工件

Step1. 选择命令。选择下拉菜单 插入(S) ➡ 设计特征(E) ➡ 拉伸(E)... 命令，系统弹出“拉伸”对话框。

Step2. 定义草图平面。单击 按钮，系统弹出“创建草图”对话框；接受系统默认的草图平面，单击确定按钮，进入草图环境。

Step3. 绘制草图。绘制图3.28所示的截面草图；单击完成草图按钮，退出草图环境。

Step4. 定义拉伸方向。在指定矢量的下拉列表中选择选项。

Step5. 确定拉伸开始值和结束值。在“拉伸”对话框的限制区域的开始下拉列表中选择值选项，并在其下的距离文本框中输入值-30；在结束的下拉列表中选择值选项，并在其下的距离文本框中输入值100；其他采用系统默认设置值。

Step6. 定义布尔运算。在布尔区域的布尔下拉列表中选择无，其他采用系统默认设置值。

Step7. 单击确定按钮，完成模具工件的创建，如图3.29所示（隐藏工件）。

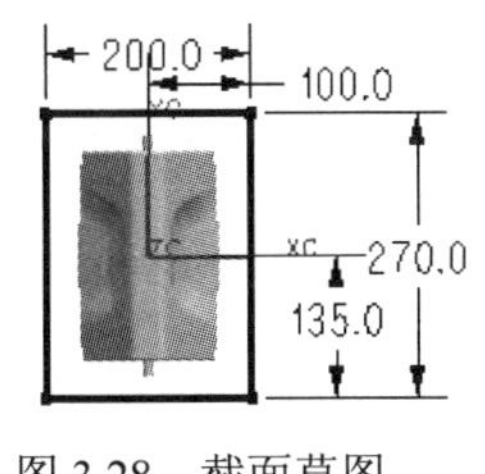

图3.28 截面草图

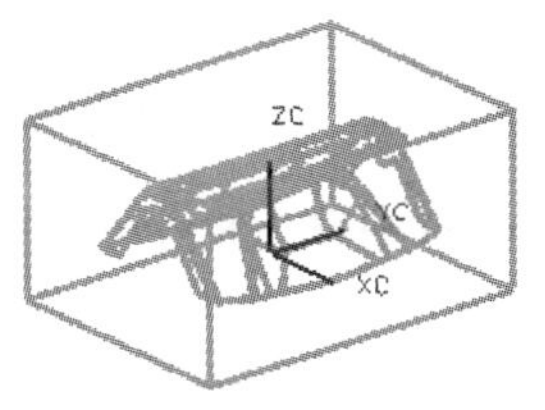
图3.29 模具工件

Task3. 创建分型面

Stage1. 创建拉伸面

Step1. 隐藏模具工件。选择下拉菜单编辑(E) → 显示和隐藏(H) → 隐藏(H)...命令，选取模具工件为隐藏对象。单击确定按钮，完成模具工件隐藏的操作。

Step2. 创建拉伸面1。选择下拉菜单插入(S) → 设计特征(E) → 拉伸(E)...命令，选择图3.30所示的边线为拉伸对象；在指定矢量的下拉列表中，选择选项；在限制区域的开始下拉列表中选择值选项，并在其下的距离文本框中输入值0；在结束的下拉列表中选择值选项，并在其下的距离文本框中输入值100；其他采用系统默认设置值。单击确定按钮，完成图3.31所示的拉伸面1的创建。

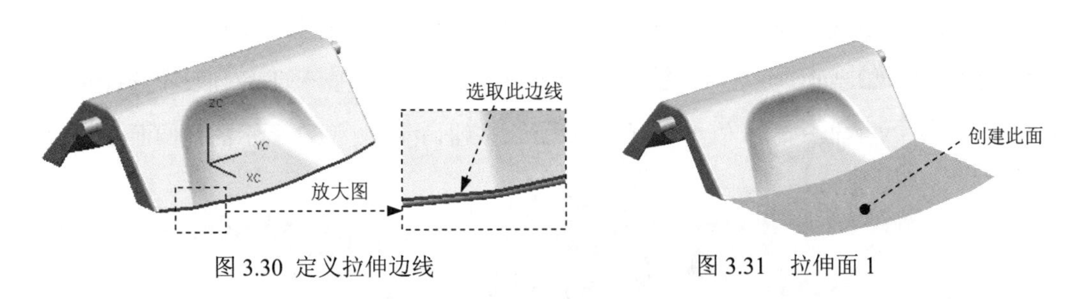

图3.30 定义拉伸边线　　图3.31 拉伸面1

Step3. 创建拉伸面2。选择下拉菜单插入(S) → 设计特征(E) → 拉伸(E)...命令，选择图3.32所示的边线为拉伸对象；在指定矢量下拉列表中选择选项；在限制区域的开始下拉列表中选择值选项，并在其下的距离文本框中输入值 0；在结束下拉列表中选择值选项，并在其下的距离文本框中输入值 100。单击确定按钮，完成图 3.33 所示的拉伸面 2 的创建。

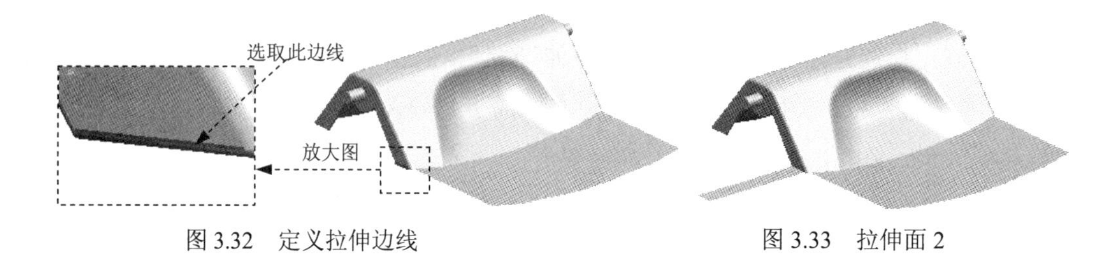

图 3.32 定义拉伸边线　　图 3.33 拉伸面 2

Step4. 创建拉伸面 3。选择下拉菜单插入(S) → 设计特征(E) → 拉伸(E)...命令，选择图 3.34 所示的边线为拉伸对象；在* 指定矢量下拉列表中选择 选项；在限制区域的开始下拉列表中选择值选项，并在其下的距离文本框中输入值 0；在结束下拉列表中选择值选项，并在其下的距离文本框中输入值 100。单击确定按钮，完成图 3.35 所示的拉伸面 3 的创建。

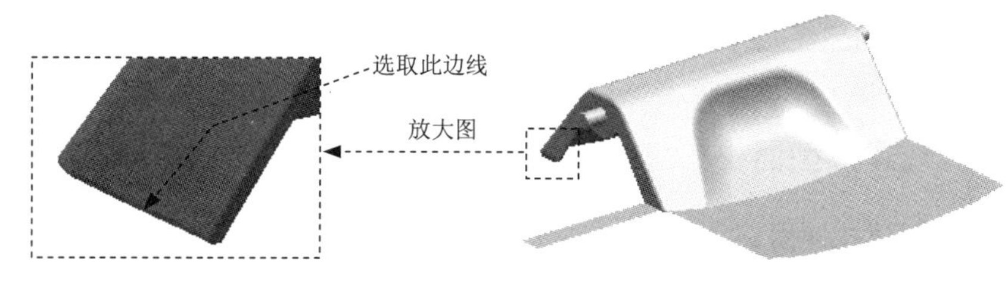

图 3.34 定义拉伸边线

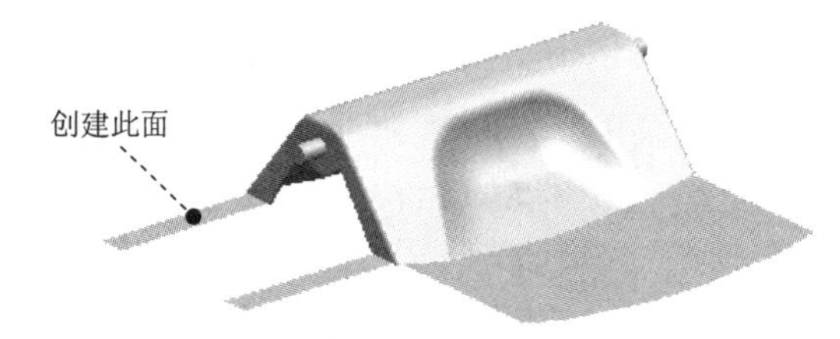

图 3.35 拉伸面 3

Step5. 创建拉伸面 4。选择下拉菜单插入(S) → 设计特征(E) → 拉伸(E)...命令，选择图 3.36 所示的边为拉伸对象；在* 指定矢量的下拉列表中选择 选项；在限制区域的开始下拉列表中选择值选项，并在其下的距离文本框中输入值 0；在结束下拉列表中选择值选项，并在其下的距离文本框中输入值 100。单击确定按钮，完成图 3.37 所示的拉伸面 4 的创建。

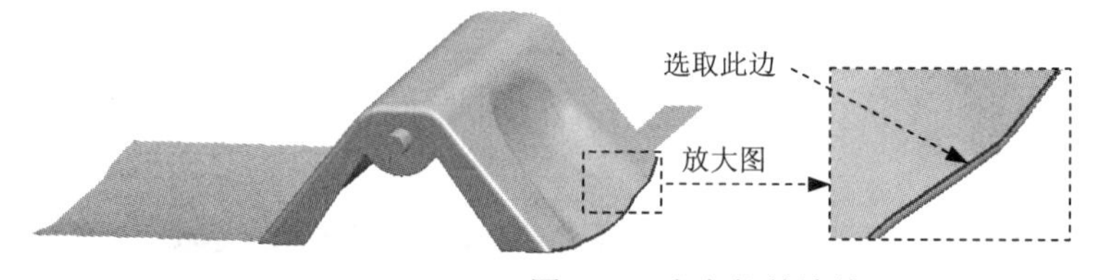

图 3.36 定义拉伸边线

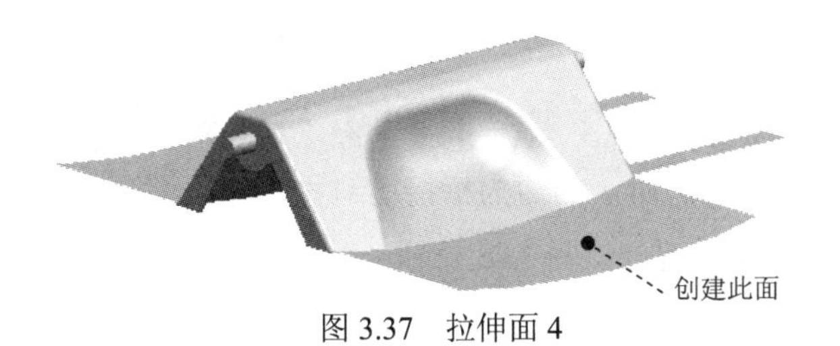

图 3.37　拉伸面 4

Step6. 创建拉伸面 5。选择下拉菜单插入(S) ➡ 设计特征(E) ➡ 拉伸(E)...命令，选取图 3.38 所示的平面为草图平面；绘制图 3.39 所示的截面草图；在指定矢量下拉列表中选择 -Y 选项；在限制区域的开始下拉列表中选择值选项，并在其下的距离文本框中输入值 0；在结束下拉列表中选择值选项，并在其下的距离文本框中输入值 100。单击确定按钮，完成图 3.40 所示的拉伸面 5 的创建。

说明： 在绘制草图时，可使用投影命令，为了显示得更加清楚，可将拉伸面 4 和拉伸面 1 隐藏。

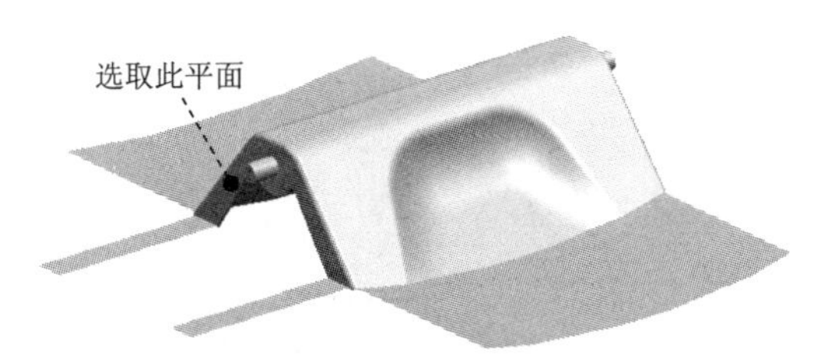

图 3.38　定义草图平面

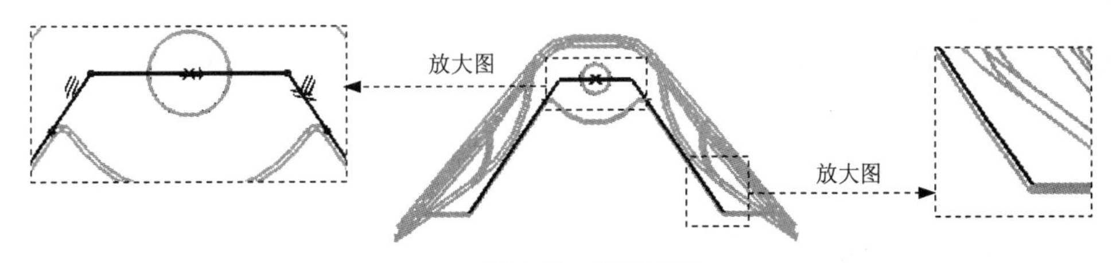

图 3.39　截面草图

Step7. 创建引用几何体特征。选择下拉菜单插入(S) ➡ 关联复制(A) ➡ 引用几何体(G)...命令，在弹出的“引用几何体”对话框类型下拉列表中选择反射；选择拉伸面 2、拉伸面 3 和拉伸面 5 为镜像对象；在镜像平面下拉列表中选取 Y 选项；单击确定按钮，完成图 3.41 所示的引用几何体的创建。

图 3.40　创建拉伸面 5　　图 3.41　创建引用几何体特征

Stage2. 创建网格曲面

Step1. 创建桥接曲线 1。选择下拉菜单 插入(S) → 来自曲线集的曲线(F) → 桥接(B)... 命令，选取图 3.42 所示的边为桥接的对象。在“桥接曲线”对话框中，单击 确定 按钮，完成桥接曲线的创建，如图 3.43 所示。

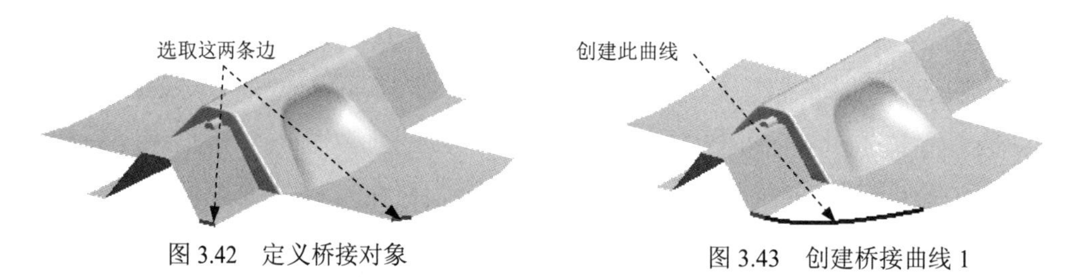

图 3.42　定义桥接对象　　图 3.43　创建桥接曲线 1

Step2. 参见 Step1 的方法创建图 3.44 所示的桥接曲线。

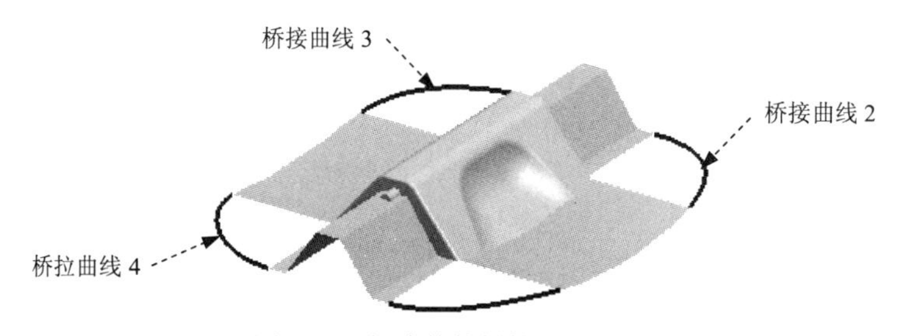

图 3.44　创建其他桥接曲线

Step3. 创建网格曲面 1。选择下拉菜单 插入(S) → 网格曲面(M) → 通过曲线网格(M)... 命令，选取图 3.45 所示的主曲线和交叉曲线。在“通过曲线网格”对话框中单击 确定 按钮，完成网格曲面 1 的创建，如图 3.46 所示。

Step4. 创建其余网格曲面。参见 Step3 的创建方法，创建图 3.47 所示的其余网格曲面。

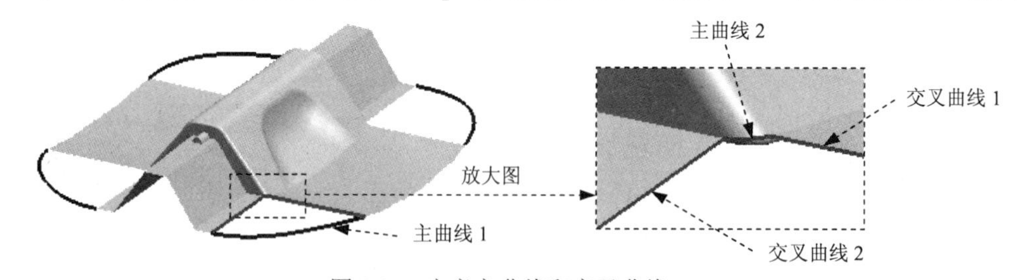

图 3.45　定义主曲线和交叉曲线

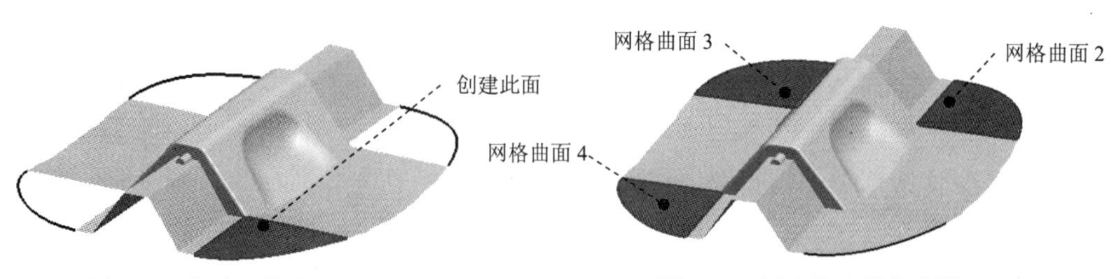

图 3.46　创建网格曲面 1　　图 3.47　创建其余网格曲面

Stage3. 创建抽取特征

Step1. 选择下拉菜单 插入(S) → 关联复制(A) → 抽取(E)... 命令，在“抽取”对话框的类型下拉列表中选择 面区域选项；在区域选项区域中选中☑ 遍历内部边复选框；在设置区域中选中☑ 固定于当前时间戳记复选框和☑ 隐藏原先的复选框；其他采用系统默认设置值。

Step2. 定义种子面和边界面。选取图 3.48 所示的面为种子面；选取图 3.49 所示的面为边界面。单击 确定 按钮，完成抽取特征的创建。

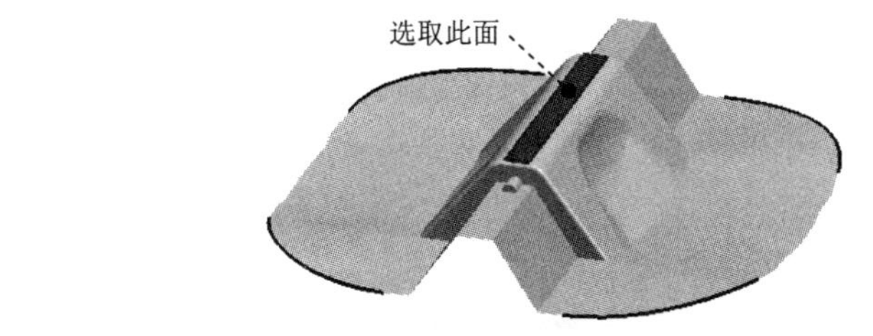

图 3.48　定义种子面

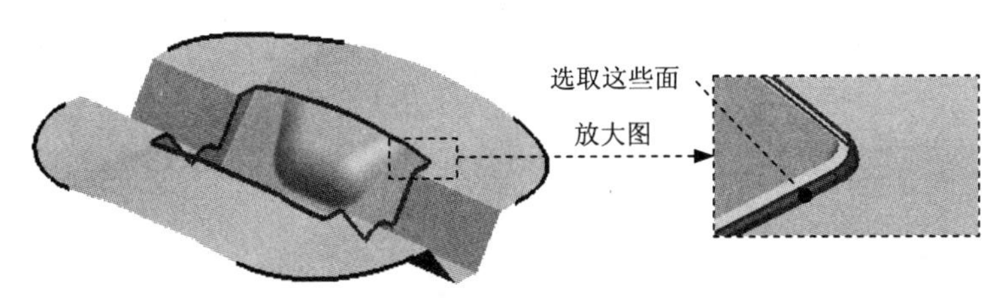

图 3.49　定义边界面

Stage4. 修剪片体

Step1. 修剪片体 1。选择下拉菜单 插入(S) → 修剪(T) → 修剪的片体(R)... 命令，在系统弹出“修剪的片体”对话框区域区域中选择⊙ 保持单选项，选取图 3.50 所示的曲面上的一点为目标，单击中键确认；选取图 3.51 所示的边界对象。单击 确定 按钮，完成修剪特征 1 的创建，如图 3.52 所示。

注意：选取保持点位置不同，会有不同的结果。

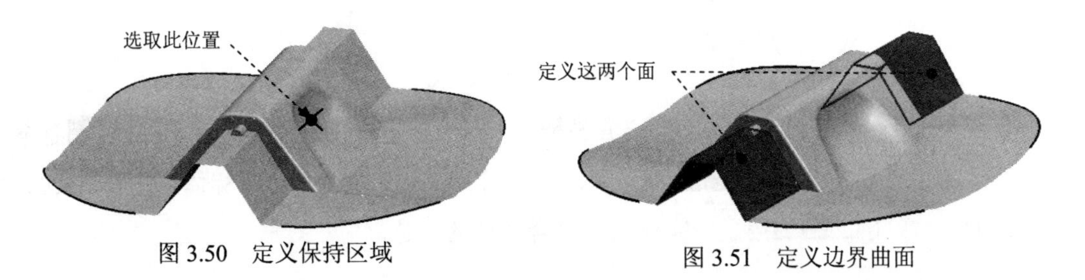

图 3.50　定义保持区域　　　　图 3.51　定义边界曲面

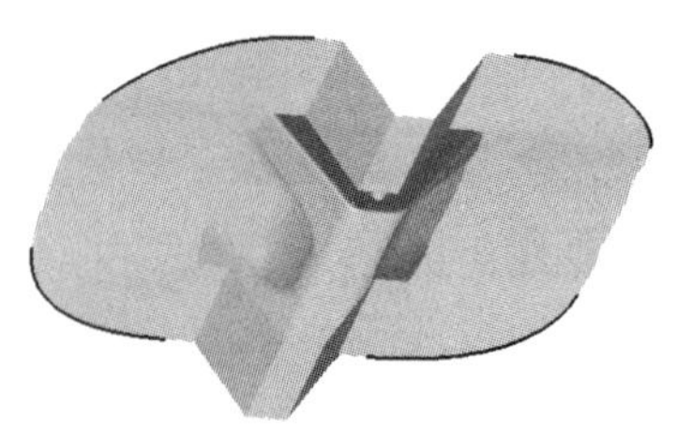

图 3.52　创建修剪片体 1

Step2. 修剪片体 2。选择下拉菜单插入(S) → 修剪(T) → 修剪的片体(R)...命令，在系统弹出“修剪的片体”对话框区域区域中选择保持单选项，选取图 3.53 所示的曲面上一点为目标，单击中键确认；选取图 3.54 所示的边界对象。单击确定按钮，完成修剪片体 2 的创建，如图 3.55 所示。

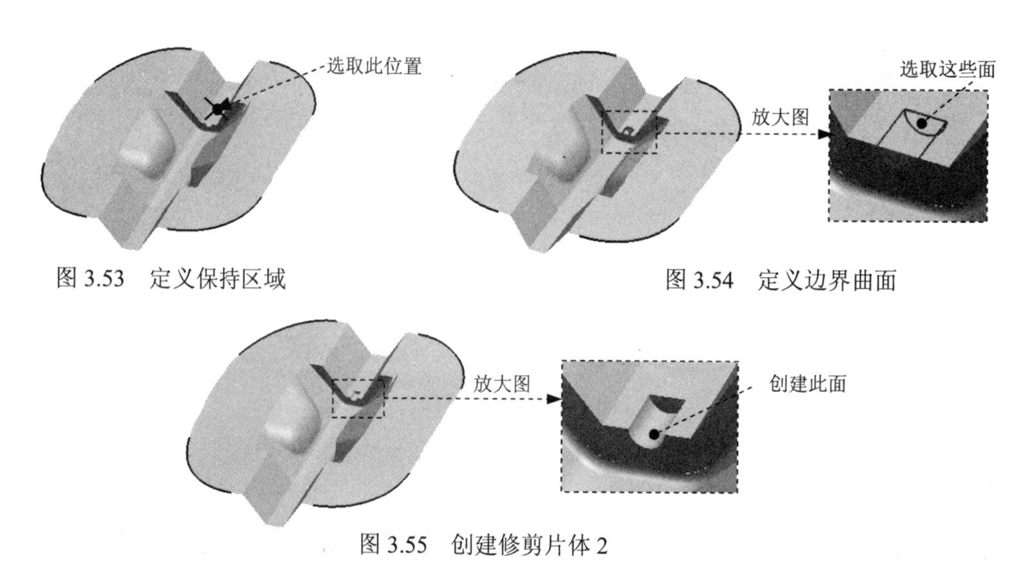

图 3.53　定义保持区域　　图 3.54　定义边界曲面

图 3.55　创建修剪片体 2

Step3. 修剪片体 3。参见 Step12 的方式创建图 3.56 所示的修剪片体 3。

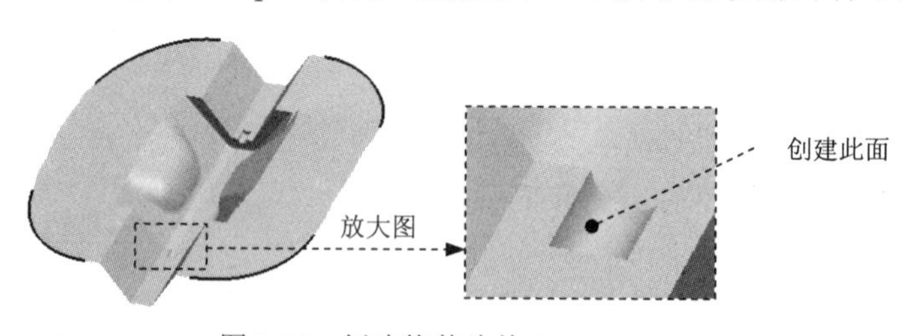

图 3.56　创建修剪片体 3

Step4. 创建缝合特征。选择下拉菜单插入(S) → 组合体(B) → 缝合(W)...命令，在类型区域的下拉列表中选择图纸页选项，选取图 3.57 所示的片体为目标体，选取其余的片体为工具体。单击确定按钮，完成曲面缝合特征的创建。

Task4. 创建模具型芯/型腔

Step1. 编辑显示和隐藏。选择下拉菜单编辑(E) ➡ 显示和隐藏(H) ➡ 显示和隐藏(O)...命令，在系统弹出的“显示和隐藏”对话框中单击实体后的 + 按钮。单击关闭按钮，完成编辑显示和隐藏的操作。

Step2. 创建求差特征。选择下拉菜单插入(S) ➡ 组合体(B) ➡ 求差(S)...命令，选取图 3.58 所示的目标体和工具体。在设置区域中选中☑ 保持工具复选框，其他采用系统默认设置值。单击确定按钮，完成求差特征的创建。

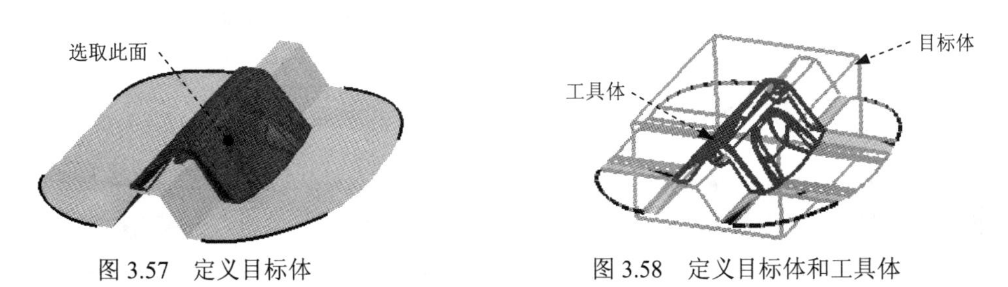

图 3.57　定义目标体　　　图 3.58　定义目标体和工具体

Step3. 拆分型芯/型腔。选择下拉菜单插入(S) ➡ 修剪(T) ➡ 拆分(P)...命令，选取图 3.59 所示的工件为拆分体；选取图 3.60 所示的片体为拆分面。单击确定(O)按钮，完成型芯/型腔的拆分操作（隐藏拆分面）。

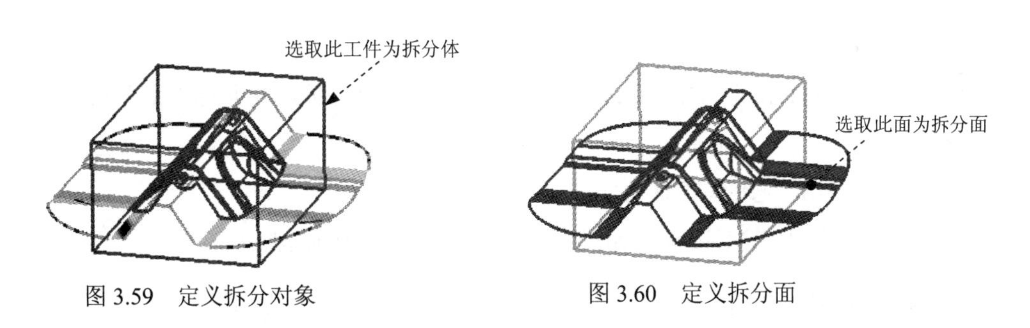

图 3.59　定义拆分对象　　　图 3.60　定义拆分面

Task5. 创建模具分解视图

在 UG NX 6.0 中，常常使用“移动对象”命令中的“距离”命令来创建模具分解视图，移动时需先将工件参数移除，这里不再赘述。

实例4　用两种方法进行模具设计（四）

图 4.1 所示为一个笔帽的模型，在设计该笔帽的模具时，如果将模具的开模方向定义为竖直方向，那么笔帽中不通孔的轴线方向就与开模方向垂直。因为此产品不能直接上下开模，在开模之前必须先让滑块移出，才能顺利地开模。

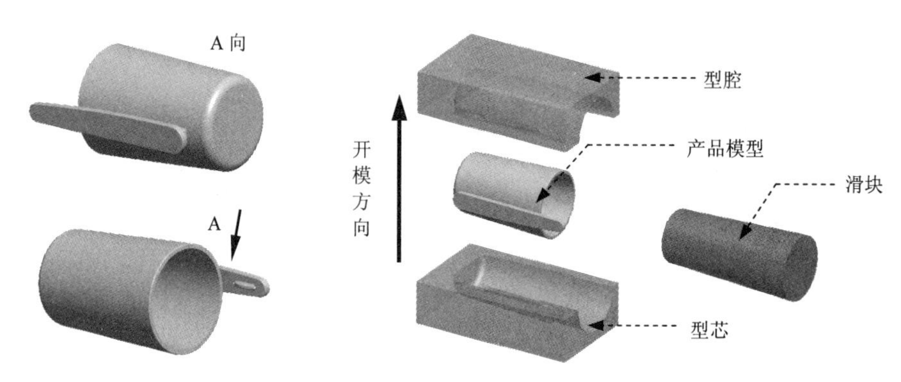

图 4.1　笔帽的模具设计

4.1　创建方法一（在 Mold Wizard 环境下进行模具设计）

方法简介：

采用 Mold Wizard 进行此模具设计，巧妙地运用了“面拆分”中的“现有基准平面”功能、“模具工具”中的“Edge patch”功能和“分型管理”中的“分型段”功能等。通过本例的学习，读者能清楚地掌握这些功能的使用方法和技巧。

下面介绍该模具在 Mold Wizard 环境下进行设计的具体过程。

Task1. 初始化项目

Step1. 加载模型。在“注塑模向导”工具条中单击“初始化项目”按钮，系统弹出“打开部件文件”对话框，选择 D:\ug6.6\work\ch04\pen_cap.prt，单击 OK 按钮，载入模型后，系统弹出“初始化项目”对话框。

Step2. 定义投影单位。在“初始化项目”对话框的 项目单位 下拉菜单中选择 毫米 选项。

Step3. 设置项目路径和名称。接受系统默认的项目路径；在“初始化项目”对话框的 Name 文本框中输入 pen_cap_mold。

Step4. 在该对话框中单击 确定 按钮，完成初始化项目的设置。

Task2. 模具坐标系

Step1. 旋转模具坐标系。选择下拉菜单格式(R) → WCS → 旋转(R)...命令，在系统弹出“旋转 WCS 绕...”对话框中选择 ⊙ + YC 轴单选项，在角度文本框中输入值-90。单击确定按钮，完成坐标系的旋转。

Step2. 锁定模具坐标系。在“注塑模向导”工具条中，单击“模具 CSYS”按钮，在“模具 CSYS”对话框中选择 ⊙ 当前 WCS 单选项，单击应用按钮。然后在“模具 CSYS”对话框中选择 ⊙ 产品体中心单选项，同时选中 ☑ 锁定 Z 位置复选框，单击确定按钮，完成模具坐标系的定义，结果如图 4.2 所示。

Task3. 设置收缩率

Step1. 定义收缩率类型。在“注塑模向导”工具条中单击“收缩率”按钮，产品模型会高亮显示，在“缩放体”对话框类型的下拉列表中选择均匀选项；在比例因子区域的均匀文本框中，输入收缩率 1.006。单击确定按钮，完成收缩率的设置。

Task4. 创建模具工件

Step1. 选择命令。在“注塑模向导”工具条中单击“工件”按钮，系统弹出“工件”对话框。

Step2. 在“工件”对话框的类型下拉菜单中选择产品工件选项，在工件方法下拉菜单中选择用户定义的块选项，其余采用系统默认设置值，然后单击确定按钮。

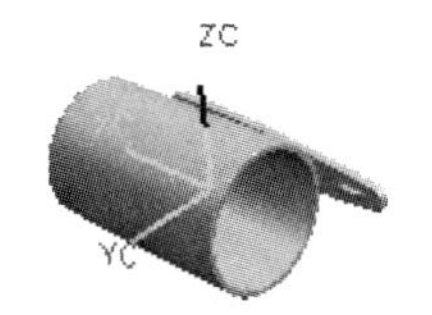

图 4.2　定义后的模具坐标系

图 4.3　创建后的工件

Task5. 创建拆分面

Step1. 选择窗口。选择下拉菜单窗口(O) → 2. pen_cap_mold_parting_023.prt 命令，系统将在工作区中显示出型芯工作零件。

Step2. 选择命令。选择下拉菜单开始 → 建模(M)...命令，进入到建模环境中。

Step3. 创建基准平面。选择下拉菜单插入(S) → 基准/点(D) → 基准平面(D)...命令，在类型下拉列表中选择 YC-ZC 平面选项，在距离文本框中输入值 0。单击确定按钮，完成基准平面的创建，如图 4.4 所示。

Step4. 创建拆分面。

（1）选择命令。在“注塑模向导”工具条中单击“模具工具”按钮，系统弹出“注塑模工具”工具条；单击“面拆分”按钮，系统弹出“面拆分”对话框。

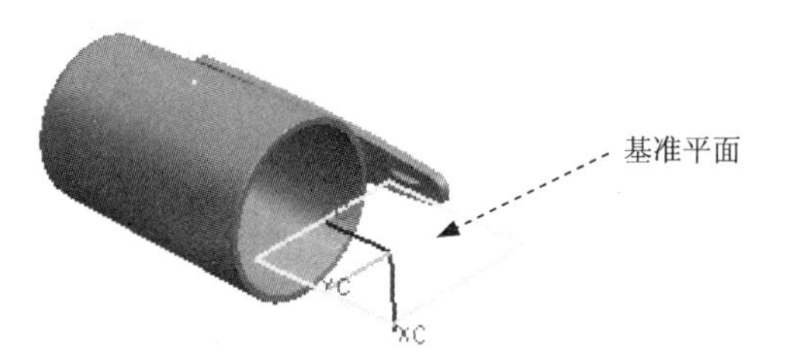

图 4.4　创建基准平面

（2）定义面拆分。选取图 4.5 所示的与 Step3 中创建的基准平面相交的模型外表面为拆分面。

（3）定义基准平面。单击“选择基准平面”按钮，在基准平面方法区域中选择现有的基准平面单选项，选取上步创建的基准平面为拆分面参照面。

（4）在“面拆分”对话框，单击确定按钮，系统返回至上一级“面拆分”对话框；再次单击确定按钮，完成拆分面的创建。

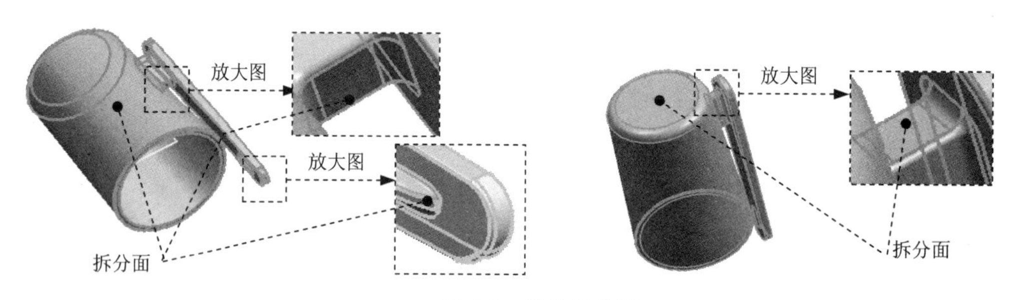

图 4.5　定义拆分面

Task6. 填充曲面

Step1. 创建曲线。选择下拉菜单插入(S) → 曲线(C) → 直线(L)...命令，选取图 4.6 所示的两点分别为起始点和终止点，绘制的曲线结果如图 4.6 所示。单击确定按钮，完成曲线的创建。

说明：起始点和终止点都在两弧线的交点上。

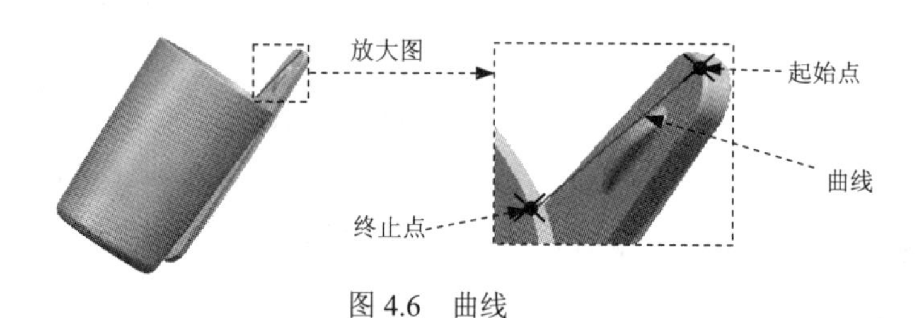

图 4.6　曲线

Step2. 创建轮廓曲线。在“模具工具”工具条中单击“边缘补片”按钮，在系统弹出的“开始遍历”对话框中取消选中按面的颜色遍历复选框，选择图 4.7 所示的边线为起始边线，系统弹出“曲线/边选择”对话框，单击接受和下一个路径按钮，选取图 4.8 所示的面的轮廓线，系统将自动生成图 4.8 所示的片体曲面，然后单击 取消 按钮。

说明：在任意选取第一条轮廓线时，系统会弹出“曲线/边选择”对话框，通过单击对话框中的 接受 和 下一个路径 按钮，完成补片体轮廓曲线的选取。

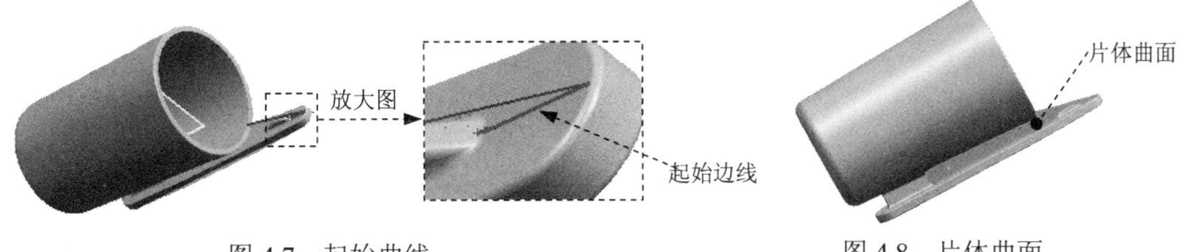

图 4.7 起始曲线　　图 4.8 片体曲面

Task7. 模具分型

Stage1. 设计区域

Step1. 在“注塑模向导”工具条中单击“分型”按钮，系统弹出“分型管理器”对话框。

Step2. 在“分型管理器”对话框中单击“设计区域”按钮，系统弹出“MPV 初始化”对话框，同时模型被加亮，并显示开模方向，如图 4.9 所示。

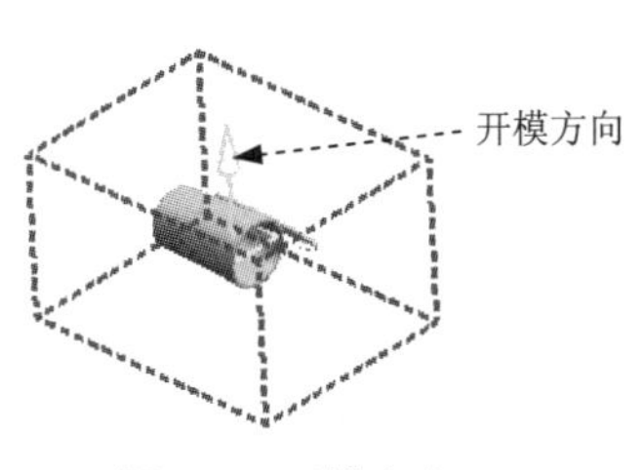

图 4.9 开模方向

Step3. 在“MPV 初始化”对话框中选择 保持现有的 单选项，单击 确定 按钮，系统弹出“塑模部件验证”对话框。

Step4. 在“塑模部件验证”对话框中单击 设置 选项卡，在系统弹出的对话框中取消选中 内部环、分型边 和 不完整的环 三个复选框。

Step5. 设置区域颜色。在“塑模部件验证”对话框中单击 区域 选项卡，然后单击 设置区域颜色 按钮，结果如图 4.10 所示。

Step6. 定义型芯区域和型腔区域。

（1）在“塑模部件验证”对话框的 未定义的区域 区域中选中 未知的面类型 复选框，此时未知面区域曲面加亮显示，在 指派为 区域中选择 型芯区域 单选项，单击 应用 按钮，此时系统自动将未定义的区域指派到型芯区域中，同时对话框中的 未定义的区域 显示为“10”。

（2）选取图 4.10a 所示的面，在 指派为 区域中选择 型腔区域 单选项，单击 应用 按钮，此时系统自动将未定义的区域指派到型芯区域中。

（3）选取图 4.10b 所示的面，在指派为区域中选择 ⊙ 型芯区域 单选项，单击 应用 按钮，此时系统自动将未定义的区域指派到型腔区域中。

Step7. 在“塑模部件验证”对话框中单击 取消 按钮，系统返回至“分型管理器”对话框。

说明：笔帽内壁是型芯，笔帽外表面被拆分线分成两部分，一部分是型芯和笔帽内壁相连，另一部分是型腔。

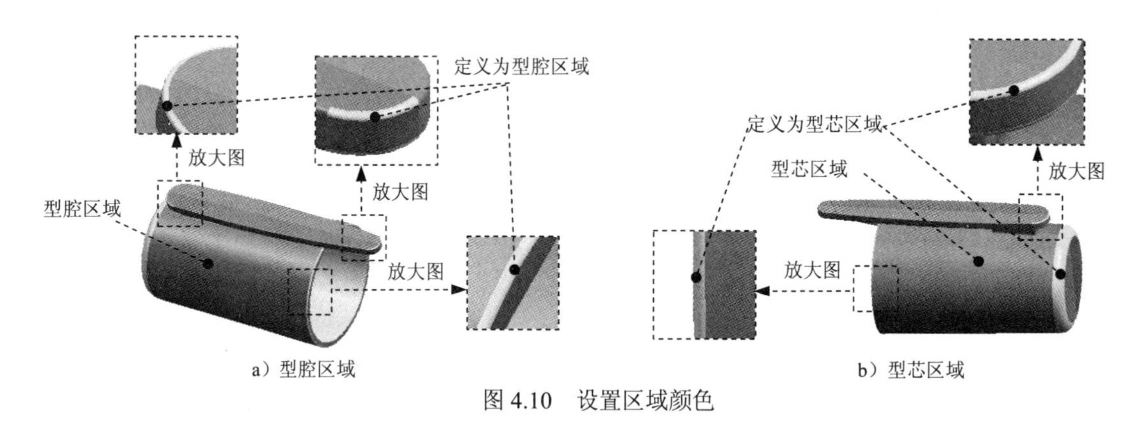

a）型腔区域　　b）型芯区域

图 4.10　设置区域颜色

Stage2. 创建分型线

Step1. 选择命令。在“分型管理器”对话框中单击“编辑分型线”按钮，此时系统弹出“分型线”对话框。

Step2. 在“分型线”对话框中单击 遍历环 按钮，系统弹出“开始遍历”对话框。

Step3. 选择分型线。取消选中 □ 按面的颜色遍历 复选框，先选择图 4.11 所示的轮廓边线，单击 接受 和 下一个路径 按钮，完整的分型线如图 4.12 所示，单击 确定 按钮，系统返回至“分型管理器”对话框。

说明：此时选取的分型线是型腔和型芯之间的轮廓线。

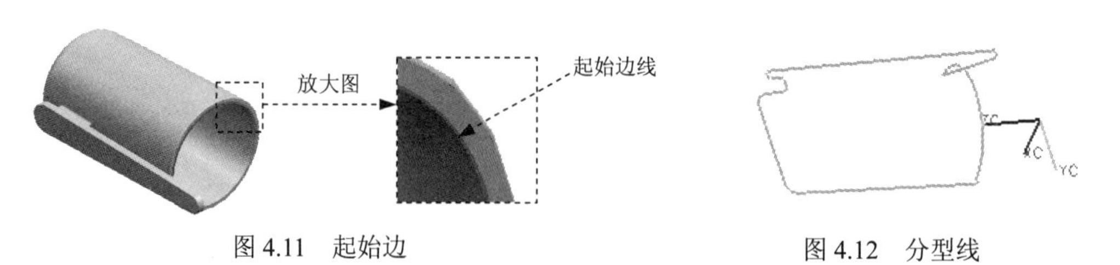

图 4.11　起始边　　图 4.12　分型线

Stage3. 定义分型段

Step1. 在“分型管理器”对话框中单击“编辑分型线”按钮，系统弹出 “分型线”对话框。

Step2. 在“分型线”对话框中单击 编辑过渡对象 按钮，系统弹出“编辑过渡对象”对话框。

Step3. 选取过渡对象。选取图 4.13 所示的 4 个圆弧作为过渡对象。

Step4. 单击两次 确定 按钮，系统返回至“分型管理器”对话框。

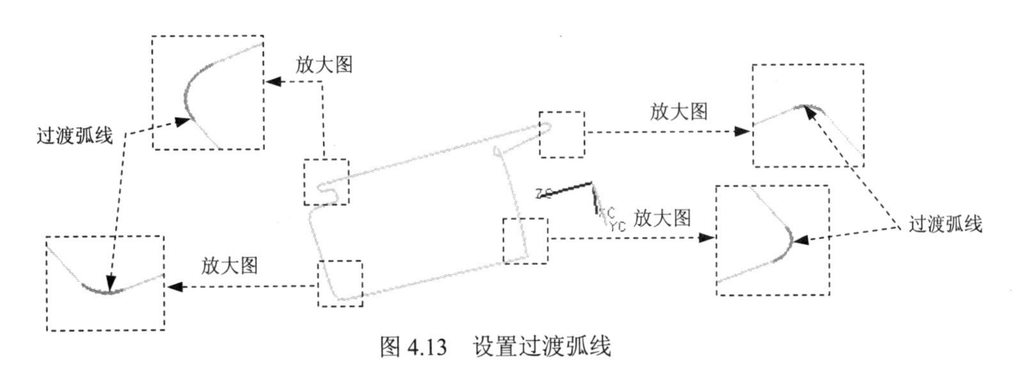

图 4.13　设置过渡弧线

Stage4. 创建分型面

Step1. 在“分型管理器”对话框中单击“创建/编辑分型面”按钮，系统弹出“创建分型面”对话框。

Step2. 在“创建分型面”对话框中接受系统默认的公差值；在 距离 文本框中输入值 80，单击 创建分型面 按钮，系统弹出“分型面”对话框。

Step3. 创建拉伸 1。在“分型面”对话框中选择 拉伸 单选项，单击 拉伸方向 按钮，在 类型 下拉列表中选取 -ZC 轴 选项，结果如图 4.14 所示，单击两次 确定 按钮，完成图 4.15 所示的拉伸 1 的创建，同时系统返回至“分型面”对话框。

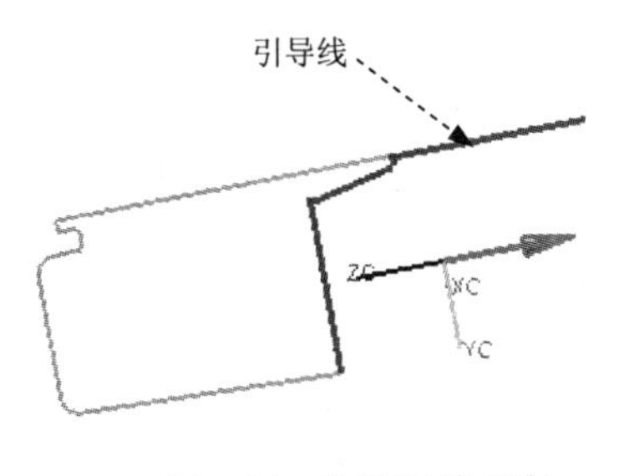

图 4.14　选取拉伸方向

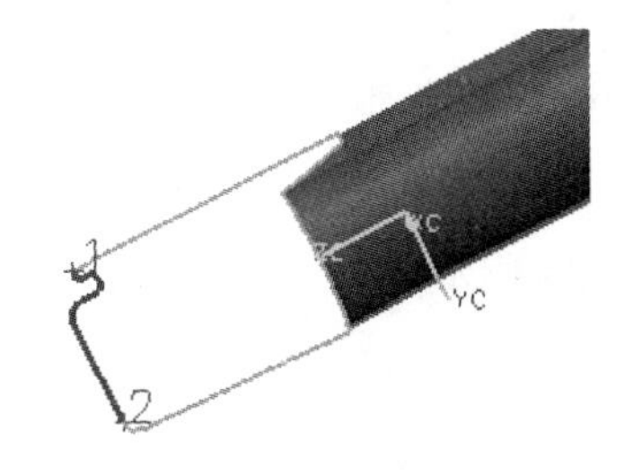

图 4.15　拉伸 1

Step4. 创建拉伸 2。在“分型面”对话框中选择 拉伸 单选项，单击 拉伸方向 按钮，在 类型 下拉列表中选取 YC 轴 选项，单击两次 确定 按钮，完成图 4.16 所示的拉伸 2 的创建，同时系统返回至“分型面”对话框。

Step5. 创建拉伸 3。在“分型面”对话框选择 拉伸 单选项，单击 拉伸方向 按钮，在 类型 下拉列表中选取 ZC 轴 选项，单击两次 确定 按钮，完成图 4.17 所示的拉伸 3 的创建，同时系统返回至“分型面”对话框。

Step6. 创建拉伸 4。在“分型面”对话框选择 拉伸 单选项，单击 拉伸方向 按钮，在 类型 下拉列表中选取 -YC 轴 选项，单击两次 确定 按钮，完成图 4.18 所示的拉伸 4 的创建，同时系统返回至“分型面”对话框。然后单击 取消 按钮。

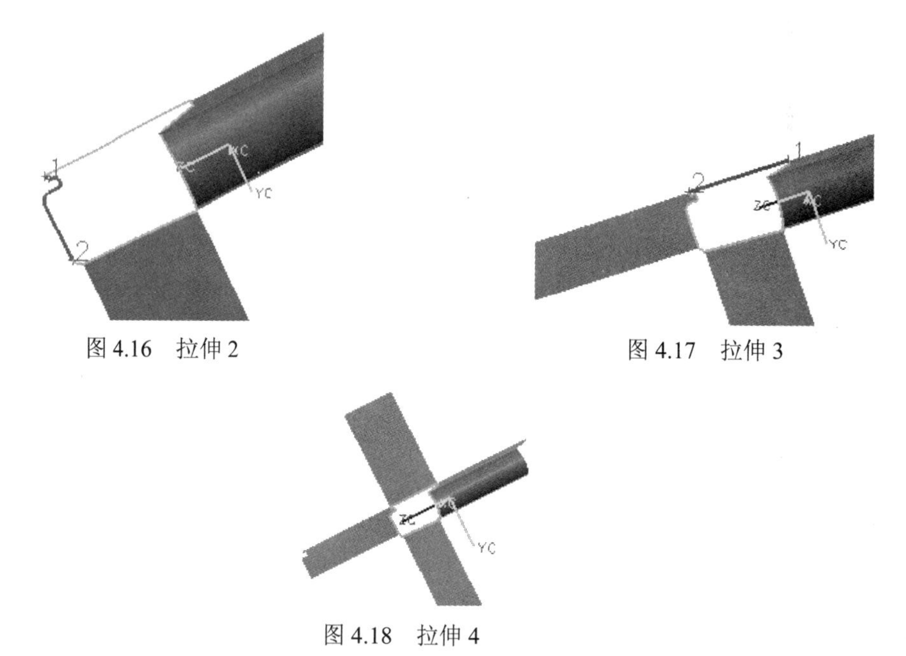

图 4.16　拉伸 2　　图 4.17　拉伸 3

图 4.18　拉伸 4

Step7. 编辑分型面。

（1）在“创建分型面”对话框中单击 编辑分型面 按钮，此时系统弹出“曲线/点选择”对话框。

（2）选取图 4.19 所示的圆弧 1，系统弹出“分型面”对话框，在“分型面”对话框中选中 曲面类型 区域下的 自动曲面 单选项，然后单击 编辑主要边 按钮，系统弹出“编辑主要边”对话框。

（3）选取图 4.19 所示的边线 1 和边线 2，单击“分型面”对话框中的 确定 按钮，结果如图 4.20 所示。

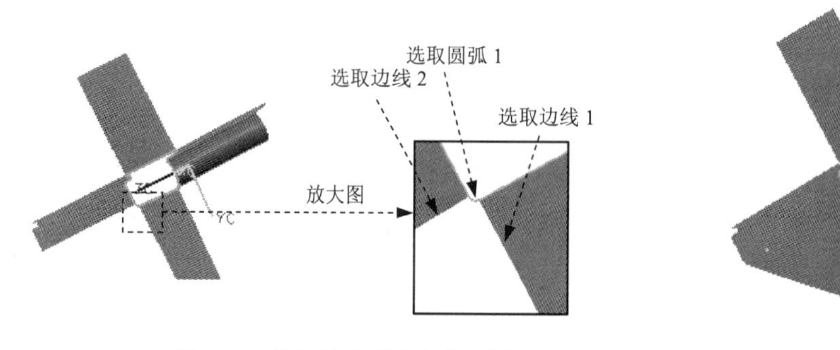

图 4.19　选取过渡对象和主要边

图 4.20　编辑分型面（一）

说明：图 4.19 所示的圆弧 1 是 Stage3 中所定义的分型段中的一段圆弧。

（4）按照上一步的操作，分别选取 Stage3 中定义的其他分型段作为过渡对象，编辑分型面的最终结果如图 4.21 所示。

图 4.21　编辑分型面（二）

Stage5. 抽取区域

Step1. 在“分型管理器”对话框中单击“抽取区域和分型线”按钮，系统弹出“定义区域”对话框。

Step2. 在“定义区域”对话框的设置区域中选中☑创建区域复选框，单击确定按钮，完成创建区域，系统返回至“分型管理器”对话框。

Stage6. 创建型腔和型芯

Step1. 在“分型管理器”对话框中单击“创建型腔和型芯”按钮，系统弹出“型芯和型腔”对话框。

Step2. 在“定义型腔和型芯”对话框中选取选择片体区域下的All Regions选项，单击确定按钮，系统弹出“查看分型结果”对话框，并在图形区显示出创建的型腔，单击“查看分型结果”对话框中的确定按钮，系统再一次弹出“查看分型结果”对话框。

Step3. 在“查看分型结果”对话框中单击确定按钮，系统返回至“分型管理器”对话框，在“分型管理器”对话框中单击关闭按钮，关闭“分型管理器”对话框。

图 4.22　型腔零件

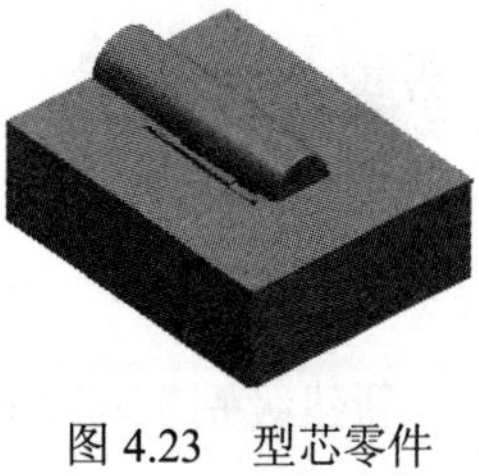

图 4.23　型芯零件

Task8. 创建滑块

Step1. 选择窗口。选择下拉菜单窗口(O) → 1. pen_cap_mold_core_032.prt命令，系统将在工作区中显示出型芯工作零件。

Step2. 创建旋转特征。选择下拉菜单 插入(S) → 设计特征(E) → 回转(R)... 命令，选取图 4.24 所示的平面为草图平面；绘制图 4.25 所示的截面草图；选取图 4.25 所示的点为旋转中心参照。在限制区域的开始下拉列表中选择值选项，在其下的角度文本框中输入值 0。在限制区域的结束下拉列表中选择值选项，在其下的角度文本框中输入值 360。单击确定按钮，完成旋转特征的创建。

说明：定义草图截面时，草图线与模型突出部分重合。

图 4.24　草图参照　　　　图 4.25　截面草图

Step3. 求差特征。选择下拉菜单 插入(S) → 组合体(B) → 求差(S)... 命令，选取图 4.26 所示的特征为工具体。选取图 4.26 所示的特征为目标体，并选中☑保持工具复选框。单击确定按钮，完成求差特征的创建。

Step4. 将滑块转为型芯子零件。

（1）选择命令。单击装配导航器中的按钮，系统弹出“装配导航器”对话框，在对话框空白处右击，然后在弹出的菜单中选择WAVE 模式命令。

（2）在“装配导航器”对话框中右击pen_cap_mold_core_032，在弹出的菜单中选择WAVE → 新建级别命令，系统弹出“新建级别”对话框。

（3）在“新建级别”对话框中单击指定部件名按钮，在弹出的“选择部件名”对话框的文件名(N):文本框中输入“pen_cap_slide.prt”，单击OK按钮。

（4）在“新建级别”对话框中单击类选择按钮，选择图 4.27 所示的滑块特征，单击确定按钮，系统返回“新建级别”对话框。

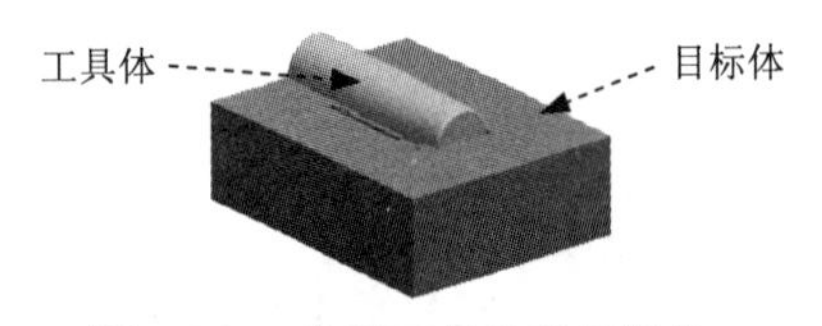

图 4.26　定义工具体和目标体

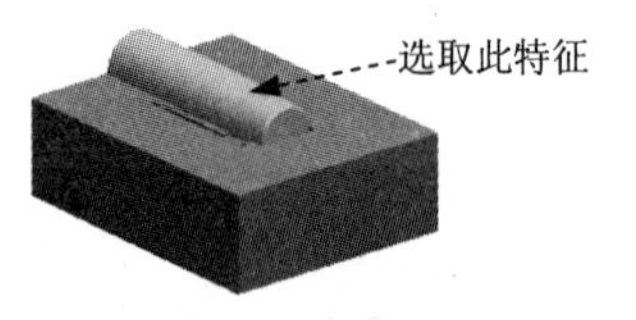

图 4.27　型芯子零件

（5）单击“新建级别”对话框中的确定按钮，此时在“装配导航器”对话框中显示出刚创建的滑块的名字。

Step5. 隐藏旋转特征。单击“部件导航器”中的按钮，系统弹出“部件导航器”对话框，在该对话框中选择Revolve (17)。然后选择下拉菜单 格式(R) → 移动至图层(M)... 命令，系统弹出“图层移动”对话框，在该对话框的目标图层或类别文本框中输入值 10，单击确定按钮。

Task9. 创建模具分解视图

Step1. 切换窗口。选择下拉菜单 窗口(O) → 5. pen_cap_top_057.prt 命令，切换到总装配文件窗口。

Step2. 移动型腔。

（1）创建爆炸图。选择下拉菜单 装配(A) → 爆炸图(X) → 新建爆炸(N)... 命令，系统弹出“创建爆炸图”对话框，接受默认的名字，单击 确定 按钮。

（2）编辑爆炸图。选择下拉菜单 装配(A) → 爆炸图(X) → 编辑爆炸图(E)... 命令，选取图 4.28 所示的型腔为移动对象；然后选择 ⊙移动对象 单选项，将型腔沿 Z 方向向上移动 50mm，单击 确定 按钮，结果如图 4.29 所示。

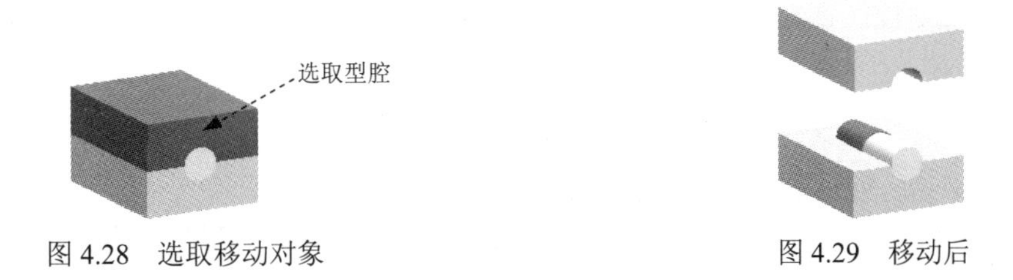

图 4.28　选取移动对象　　图 4.29　移动后

Step3. 移动滑块。选择下拉菜单 装配(A) → 爆炸图(X) → 编辑爆炸图(E)... 命令，选取图 4.30 所示的滑块为移动对象。然后选择 ⊙移动对象 单选项，将滑块沿 X 方向向右移动-50mm，结果如图 4.31 所示。

图 4.30　选取移动对象　　图 4.31　移动后

Step4. 移动产品模型。选择下拉菜单 装配(A) → 爆炸图(X) → 编辑爆炸图(E)... 命令，选取图 4.32 所示的浇铸件为移动对象。然后选择 ⊙移动对象 单选项，将浇铸件沿 Z 方向向上移动 20mm，结果如图 4.33 所示。

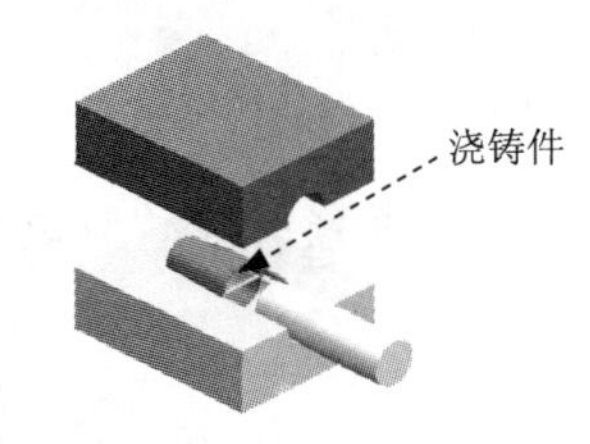

图 4.32　选取移动对象

图 4.33　移动后

Step5. 保存文件。选择下拉菜单 文件(F) ➡ 全部保存(V) 命令，保存所有文件。

4.2 创建方法二（在建模环境下进行模具设计）

方法简介：

在建模环境下进行此模具设计的主要思路是：首先，抽取产品的内部曲面（定义滑块区域）；其次，用“拉伸”命令拉伸抽取片体的边缘；然后，用“缝合”命令把抽取曲面和拉伸曲面缝合成一张完整的面，用于拆分滑块；最后，用“拉伸”命令创建最大分型面，用于拆分上模和下模。

下面介绍该模具在建模环境下进行设计的具体过程。

Task1. 模具坐标

Step1. 打开文件。打开 D:\ug6.6\work\ch04\pen_cap.prt 文件，单击 OK 按钮，进入建模环境。

Step2. 创建坐标系。选择下拉菜单 格式(R) ➡ WCS ➡ 原点(O)... 命令，选取图 4.34 所示的圆心。单击 确定 按钮，完成坐标系的放置。

Step3. 旋转坐标系。选择下拉菜单 格式(R) ➡ WCS ➡ 旋转(R)... 命令，在系统弹出的“旋转 WCS 绕...”对话框中选择 ⊙ + YC 轴 单选项，在 角度 文本框中输入值 90。单击 确定 按钮，完成坐标系的旋转，如图 4.35 所示。

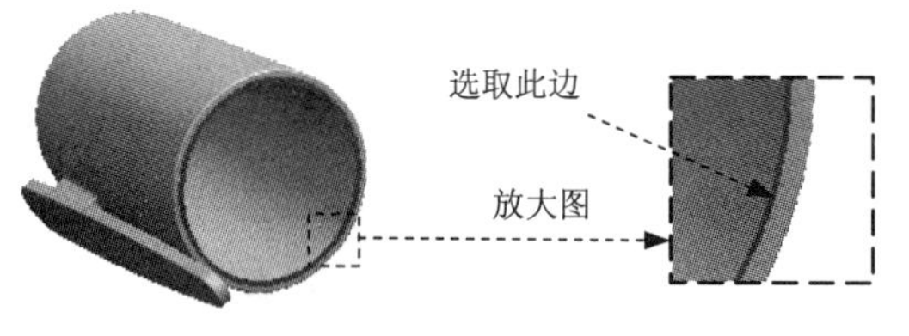

图 4.34 定义坐标放置点

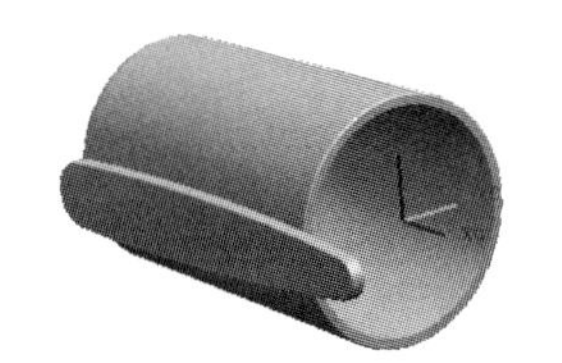

图 4.35 创建模具坐标系

Task2. 设置收缩率

Step1. 选择命令。选择下拉菜单 编辑(E) ➡ 变换(M)... 命令，系统弹出“类选择”对话框。

Step2. 定义移动对象对象。选择零件为移动对象，单击 确定 按钮，系统弹出“移动对象”对话框（一）。

Step3. 单击 刻度尺 按钮，系统弹出“点”对话框。

Step4. 定义移动对象点。选取坐标原点为移动对象点，系统弹出“移动对象”对话框（二）。

Step5. 定义移动对象比例。在 刻度尺 的文本框中输入值 1.006，单击 确定 按钮，系统弹出“移动对象”对话框（三）。

Step6. 单击 确定 按钮，系统弹出“移动对象”对话框（四）。

Step7. 单击 移除参数 按钮，完成设置收缩率的操作，然后单击 取消 按钮，关闭该对话框。

Task3. 创建模具工件

Step1. 选择命令。选择下拉菜单 插入(S) → 设计特征(E)▸ → 拉伸(E)... 命令，系统弹出“拉伸”对话框。

Step2. 定义草图平面。单击 按钮，系统弹出“创建草图”对话框；接受系统默认的草图平面，单击 确定 按钮，进入草图环境。

Step3. 绘制草图（显示坐标系）。绘制图 4.36 所示的截面草图；单击 完成草图 按钮，退出草图环境。

Step4. 定义拉伸方向。在 * 指定矢量 的下拉列表中，选择 ZC↑ 选项。

Step5. 确定拉伸开始值和终点值。在“拉伸”对话框的 限制 区域的 开始 下拉列表中选择 对称值 选项，并在其下的 距离 文本框中输入值 20，其他采用系统默认设置值。

Step6. 单击 确定 按钮，完成图 4.37 所示的拉伸特征的创建(隐藏工件和基准坐标系)。

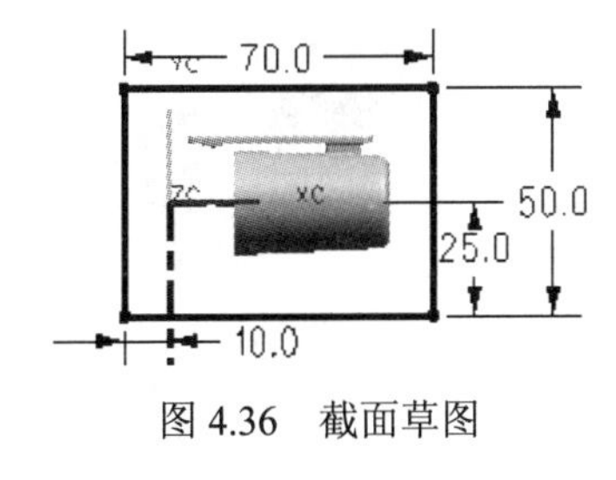

图 4.36　截面草图

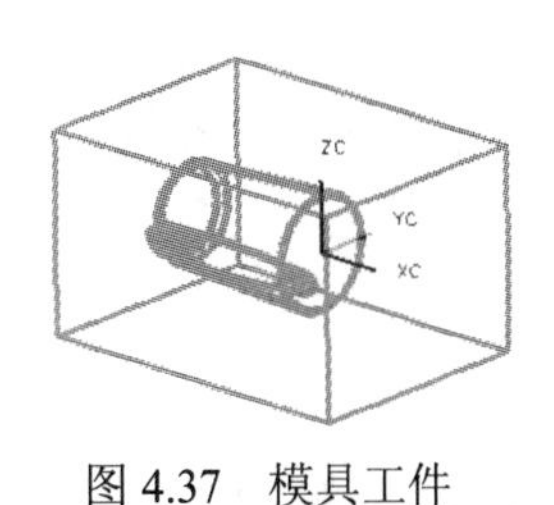

图 4.37　模具工件

Task4. 创建分型面

Stage1. 定义抽取特征

Step1. 选择命令。选择下拉菜单 插入(S) → 关联复制(A)▸ → 抽取(E)... 命令，系统弹出“抽取”对话框。

Step2. 在“抽取”对话框的 类型 下拉列表中选择 面区域 选项；在 设置 区域中选中 ☑ 固定于当前时间戳记 复选框和 ☑ 隐藏原先的 复选框；其他采用系统默认设置值。

Step3. 定义种子面。选取图 4.38 所示的面为种子面。

Step4. 定义边界面。选取图 4.39 所示的面为边界面。

Step5. 单击 确定 按钮，完成抽取特征的创建，如图 4.40 所示。

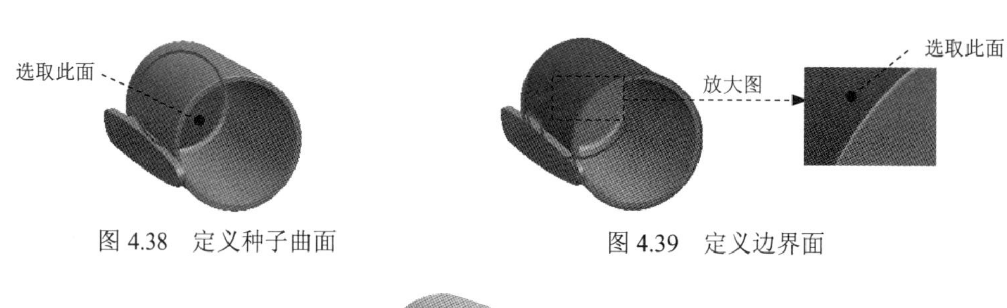

图 4.38 定义种子曲面　　图 4.39 定义边界面

图 4.40 创建抽取特征

Stage2．创建拉伸特征

Step1．创建拉伸特征 1。选择下拉菜单插入(S) → 设计特征(E) → 拉伸(E)...命令，选取图 4.41 所示的片体边缘为拉伸对象；在*指定矢量的下拉列表中选择选项；在限制区域的开始下拉列表中选择值选项，并在其下的距离文本框中输入值 0；在结束的下拉列表中选择值选项，并在其下的距离文本框中输入值 30；在设置区域的体类型下拉列表中选择片体选项；单击确定按钮，完成图 4.42 所示的拉伸特征 1 的创建。

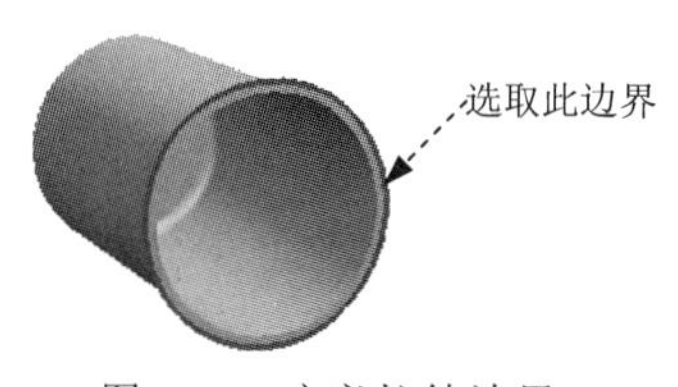

图 4.41 定义拉伸边界

图 4.42 创建拉伸特征 1

说明：在选取边线时，可在“选择条”工具条中的“曲线规则”下拉列表中选择单条曲线选项，这样便于选取。

Step2．创建缝合特征。选择下拉菜单插入(S) → 组合体(B) → 缝合(W)...命令，在类型区域的下拉列表中选择图纸页选项，选取拉伸特征 1 为目标体，选取抽取特征为工具体。单击确定按钮，完成曲面缝合特征的创建。

Step3．编辑显示和隐藏。选择下拉菜单编辑(E) → 显示和隐藏(H) → 显示和隐藏(O)...命令，在系统弹出的“显示和隐藏”对话框中单击实体后的 + 按钮和片体后的 - 按钮。单击关闭按钮，完成编辑显示和隐藏的操作（隐藏工件）。

Step4．创建拉伸特征 2（显示坐标系）。选择下拉菜单插入(S) → 设计特征(E) → 拉伸(E)...命令，单击按钮，选取 XC-ZC 基准平面为草图平面，绘制图 4.43 所示的截面草图；在*指定矢量的下拉列表中，选择选项。在限制区域的开始下拉列表中选择对称值选项，并在其下的距离文本框中输入值 35。单击确定按钮，完成图 4.44 所示的拉伸特征 2 的创建。

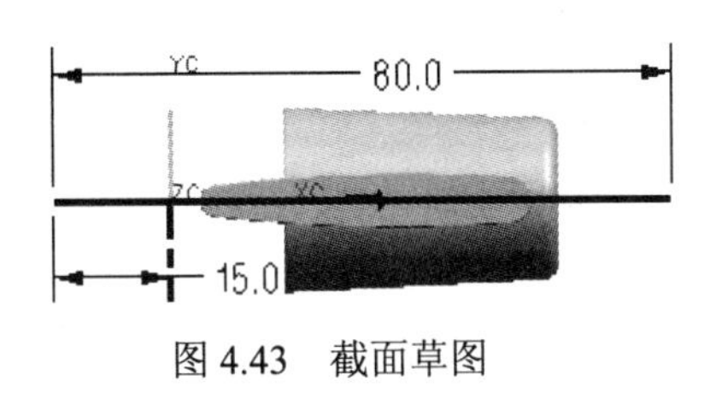

图 4.43　截面草图

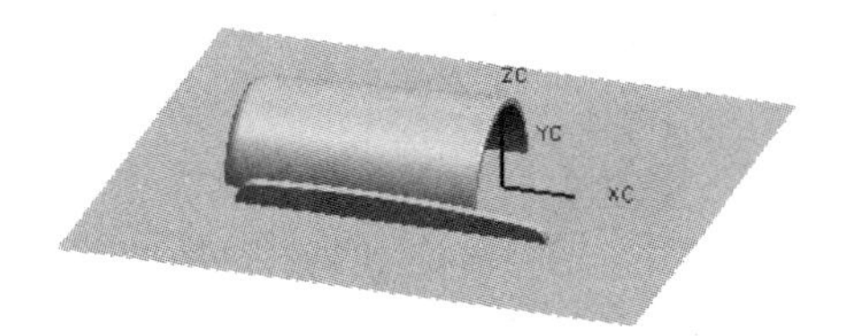

图 4.44　创建拉伸特征 2

Task5. 创建模具型芯/型腔

Step1. 编辑显示和隐藏。选择下拉菜单编辑(E) ➡ 显示和隐藏(H) ➡ 显示和隐藏(O)...命令，在系统弹出的“显示和隐藏”对话框中单击实体后的 ✚ 按钮。单击关闭按钮，完成编辑显示和隐藏的操作。

Step2. 创建求差特征。选择下拉菜单插入(S) ➡ 组合体(B) ➡ 求差(S)...命令，选取图 4.45 所示的目标体和工具体。在设置区域中选中☑ 保持工具复选框，其他采用系统默认设置值。

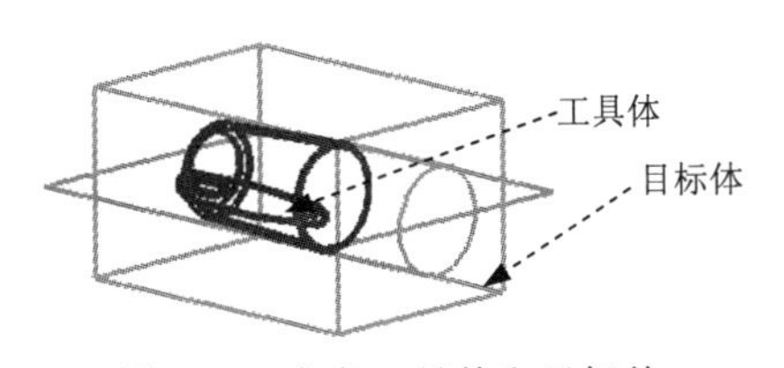

图 4.45　定义工具体和目标体

Step3. 拆分滑块。选择下拉菜单插入(S) ➡ 修剪(T) ➡ 拆分体(P)...命令，选取图 4.46 所示的工件为目标体；选取图 4.47 所示的片体为拆分片体。单击确定(O)按钮，完成型芯/型腔的拆分操作。

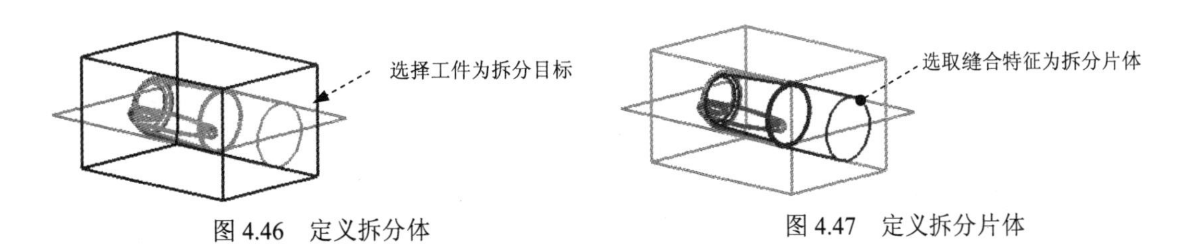

图 4.46　定义拆分体　　图 4.47　定义拆分片体

Step4. 拆分上模和下模。选择下拉菜单插入(S) ➡ 修剪(T) ➡ 拆分体(P)...命令，选取图 4.48 所示的工件为目标体；选取图 4.49 所示的片体为拆分面。单击确定(O)按钮，完成型芯/型腔的拆分操作（隐藏拆分面）。

Step5. 保存文件。选择下拉菜单文件(F) ➡ 全部保存(V)命令，保存所有文件。

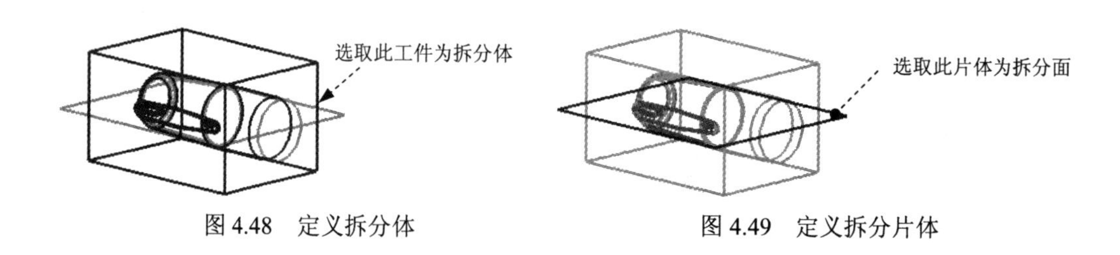

图 4.48　定义拆分体　　　　图 4.49　定义拆分片体

Task6. 创建模具分解视图

在 UG NX6.0 中，常常使用“移动对象”命令中的“距离”命令来创建模具分解视图，移动时需先将工件参数移除，这里不再赘述。

实例 5　用两种方法进行模具设计（五）

在图 5.1 所示的模具中，设计模型中有凸肋，在上下开模时，此凸肋区域将成为倒勾区，形成型腔与产品模型之间的干涉，所以必须设计滑块。开模时，先将滑块由侧面移出，然后才能移动产品，使该零件顺利脱模，另外考虑到在实际生产中易于磨损的结构部件，所以在本实例中还设计了一个镶件，从而保证在磨损后便于更换，本例将分别采用在 Mold Wizard 环境和建模环境中进行该模具的设计。

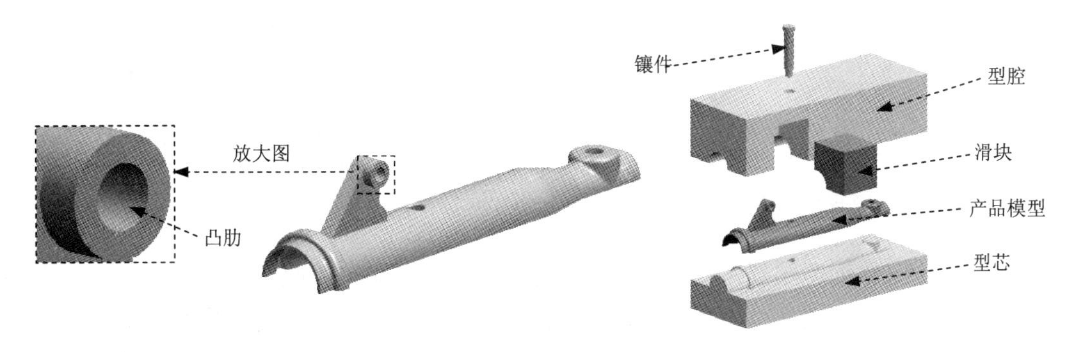

图 5.1　带滑块的复杂模具设计

5.1　创建方法一（在 Mold Wizard 环境下进行模具设计）

方法简介：

采用 Mold Wizard 进行此模具设计的主要思路：首先，定义型腔/型芯区域面，并将孔进行修补；其次，进行分型线的抽取及分型段的编辑；再次，通过“拉伸”方法创建分型面，并完成型腔/型芯的创建；最后，通过“拉伸”和“布尔运算”命令创建滑块。

下面介绍该模具在 Mold Wizard 环境下进行设计的具体过程。

Task1. 初始化项目

Step1. 加载模型。在“注塑模向导”工具条中，单击“初始化项目”按钮，系统弹出“打开”对话框，选择 D:\ug6.6\work\ch05\front_cover.prt，单击 OK 按钮，载入模型，系统弹出“初始化项目”对话框。

Step2. 定义投影单位。在“初始化项目”对话框的 项目单位 下拉菜单中选择 毫米 选项。

Step3. 设置项目路径和名称。接受系统默认的项目路径；在“初始化项目”对话框的 Name 文本框中，输入 front_cover_mold。

Step4. 在“初始化项目”对话框中单击 确定 按钮，完成项目路径和名称的设置。

Task2. 模具坐标系

Step1. 旋转模具坐标系。选择下拉菜单 格式(R) → WCS▸ → 旋转(R)... 命令，在系统弹出的“旋转 WCS 绕...”对话框中选择 ⊙ + XC 轴 单选项，在 角度 文本框中输入值 180，单击 确定 按钮，旋转后的坐标系如图 5.2 所示。

Step2. 锁定模具坐标系。在注塑模向导工具条中，单击“模具 CSYS”按钮，在“模具 CSYS”对话框中选中 ⊙ 产品体中心 单选项，然后选中 ☑ 锁定 Z 位置 复选框。单击 确定 按钮，完成模具坐标系的定义，结果如图 5.3 所示。

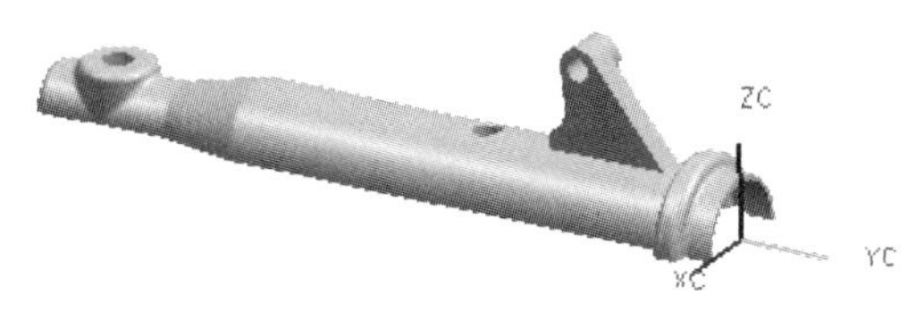

图 5.2　旋转后的模具坐标系

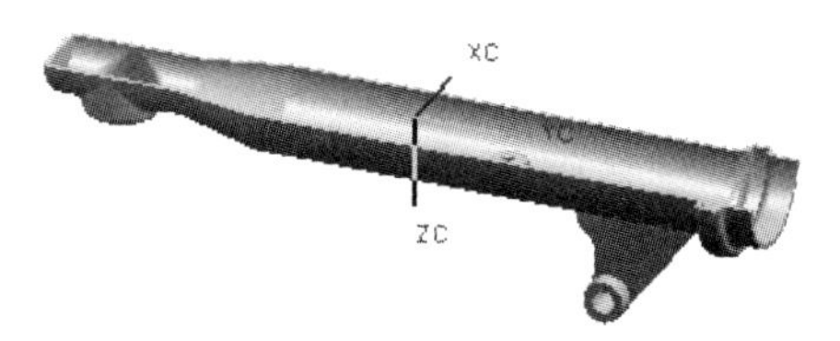

图 5.3　锁定后的模具坐标系

Task3. 设置收缩率

Step1. 定义收缩率类型。在“注塑模向导”工具条中单击“收缩率”按钮，产品模型会高亮显示，在系统弹出的“缩放体”对话框的 类型 下拉列表中选择 均匀 选项。

Step2. 定义缩放体和缩放点。接受系统默认的设置值。

Step3. 定义比例因子。在“缩放体”对话框 比例因子 区域的 均匀 文本框中输入值 1.006。

Step4. 单击 确定 按钮，完成收缩率的设置。

Task4. 创建模具工件

Step1. 在“注塑模向导”工具条中，单击“工件”按钮，系统弹出“工件”对话框。

Step2. 在“工件”对话框的 类型 下拉菜单中选择 产品工件 选项，在 工件方法 下拉菜单中选择 用户定义的块 选项，其余采用系统默认设置值。

Step3. 修改尺寸。单击 定义工件 区域的“绘制截面”按钮，系统进入草图环境，然后修改截面草图的尺寸，如图 5.4 所示。然后在 限制 区域的 开始 和 结束 后的文本框中分别输入值 40 和 80。单击 确定 按钮，完成创建后的模具工件如图 5.5 所示。

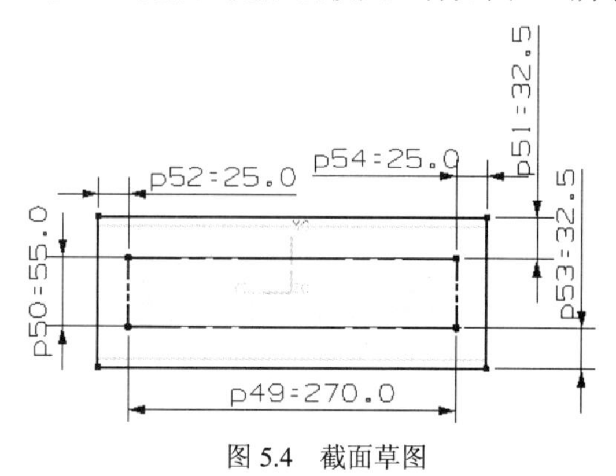

图 5.4　截面草图

Task5. 模具分型

Stage1. 设计区域

Step1. 在“注塑模向导”工具条中，单击“分型”按钮，系统弹出“分型管理器”对话框。

Step2. 在“分型管理器”对话框中，单击“设计区域”按钮，系统弹出“MPV 初始化”对话框，同时模型被加亮，并显示开模方向，如图 5.6 所示，单击 确定 按钮，系统弹出“塑模部件验证”对话框。

Step3. 设置区域。在“塑模部件验证”对话框中单击 设置区域颜色 按钮，在 未定义的区域 区域中，选中 ☑ 交叉区域面 和 ☑ 交叉竖直面 复选框，此时系统将所有的未定义区域面加亮显示；在 指派为 区域中，选择 ⊙ 型腔区域 单选项，单击 应用 按钮，此时系统将加亮显示的未定义区域面指派到型腔区域。接受系统默认的其他设置值，单击 取消 按钮，关闭“塑模部件验证”对话框，系统返回至“分型管理器”对话框。

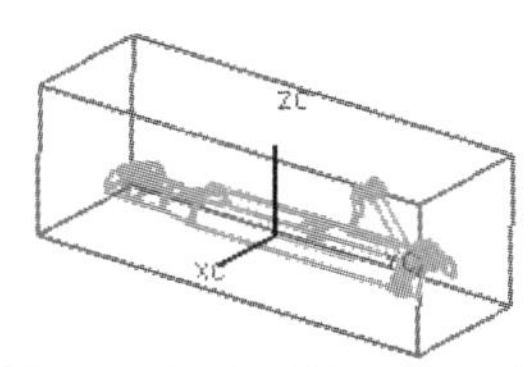

图 5.5　创建后的模具工件

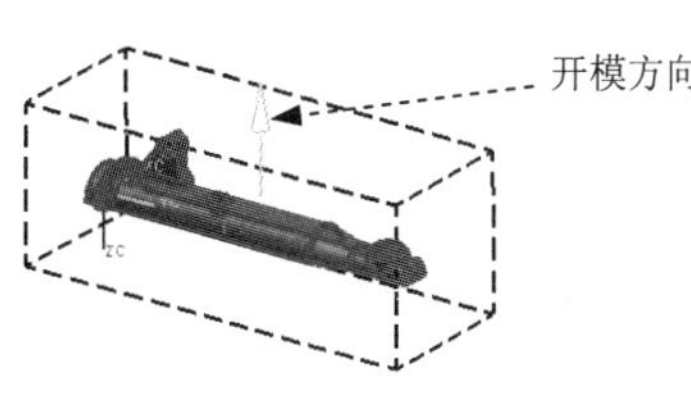

图 5.6　开模方向

Step4. 创建曲面补片。在“分型管理器”对话框中单击“创建/删除曲面补片”按钮，在“自动修补孔”对话框的 环搜索方法 区域中选择 ⊙ 区域 单选项，在 显示环类型 区域中选择 ⊙ 内部环边缘 单选项；单击 自动修补 按钮，系统自动修补，结果如图 5.7 所示。单击 后退 按钮，系统返回至“分型管理器”对话框。

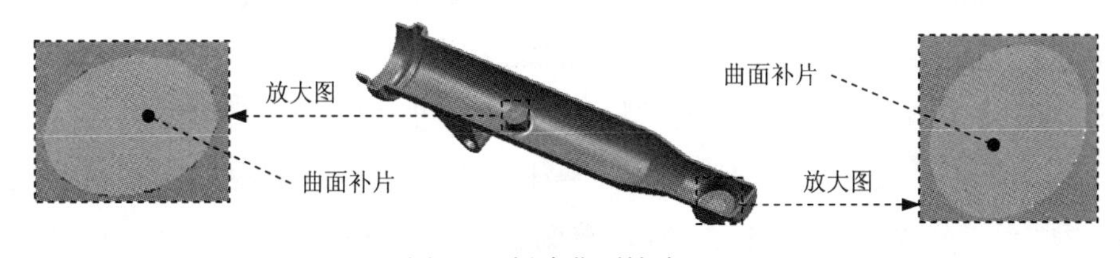

图 5.7　创建曲面补片

Stage2. 抽取型腔/型芯区域分型线

Step1. 在“分型管理器”对话框中单击“抽取区域和分型线”按钮，系统弹出“定义区域”对话框。

Step2. 在“定义区域”对话框中选中 设置 区域的 ☑ 创建区域 和 ☑ 创建分型线 复选框，单击 确定 按钮，抽取分型线的结果如图 5.8 所示；完成型腔/型芯区域分型线的抽取，系统返回至“分型管理器”对话框。

Stage3. 编辑分型段

Step1. 在“分型管理器”对话框中单击“编辑分型线”按钮，系统弹出 “分型线”对话框。

Step2. 在“分型线”对话框中单击 编辑过渡对象 按钮，系统弹出“编辑过渡对象”对话框。

Step3. 编辑过渡对象。选取图 5.9 所示的两段圆弧和两段直线作为过渡对象。然后单击 确定 按钮，在“分型线”对话框中单击 确定 按钮，系统返回至“分型管理器”对话框，完成分型段的定义。

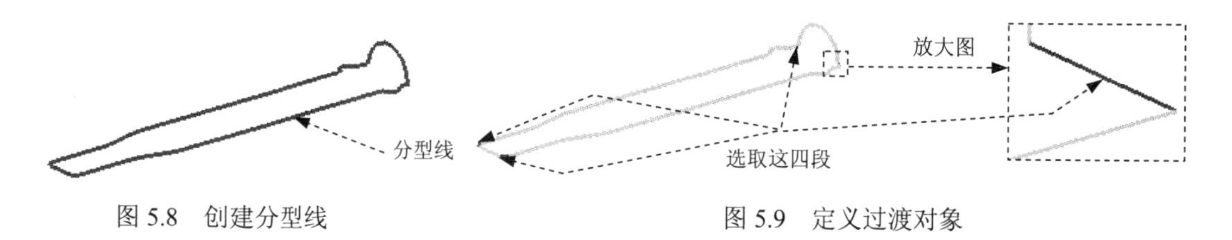

图 5.8 创建分型线　　图 5.9 定义过渡对象

Stage4. 创建分型面

Step1. 在“分型管理器”对话框中单击“创建/编辑分型面”按钮，系统弹出“创建分型面”对话框。

Step2. 在“创建分型面”对话框中接受系统默认的公差值；在 距离 文本框中输入值 100，单击 创建分型面 按钮，系统弹出“分型面”对话框。

Step3. 创建拉伸 1。在“分型面”对话框，选择 ⊙拉伸 单选项，单击 拉伸方向 按钮，在 类型 下拉列表中选择 -XC 轴 选项，单击 确定 按钮，系统返回至“分型面”对话框。单击 确定 按钮，完成图 5.10 所示的拉伸 1 的创建。

Step4. 创建拉伸 2。在“分型面”对话框中选择 ⊙拉伸 单选项，单击 拉伸方向 按钮，在 类型 下拉列表中选择 YC 轴 选项，单击 确定 按钮，系统返回至“分型面”对话框；单击 确定 按钮，完成图 5.11 所示的拉伸 2 的创建。

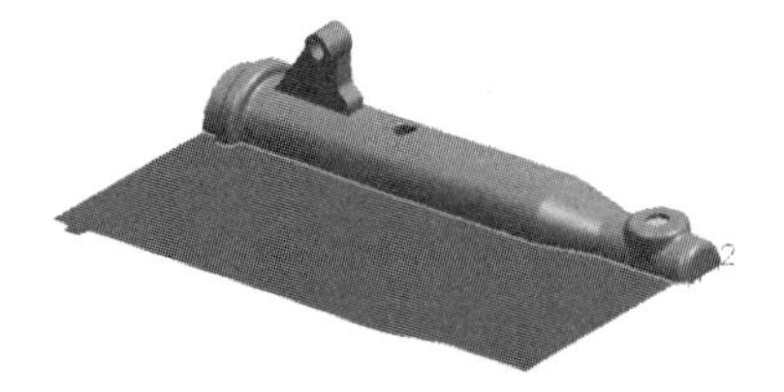

图 5.10 创建拉伸 1

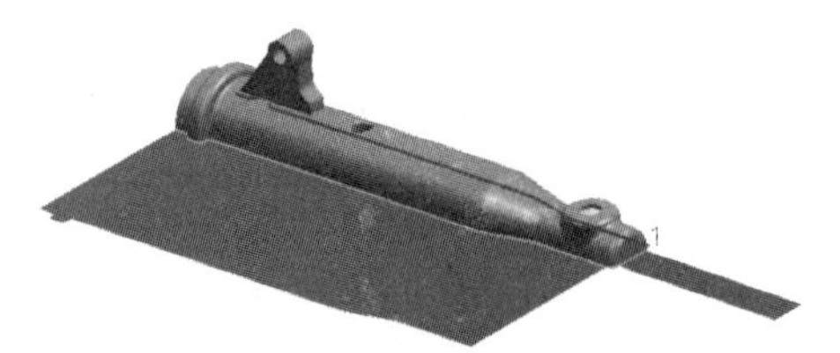

图 5.11 创建拉伸 2

Step5. 参照 Step4，沿 XC 轴 方向创建拉伸 3，结果如图 5.12 所示。

Step6. 参照 Step4，沿 -YC 轴方向创建拉伸 4，结果如图 5.13 所示。

图 5.12　创建拉伸 3

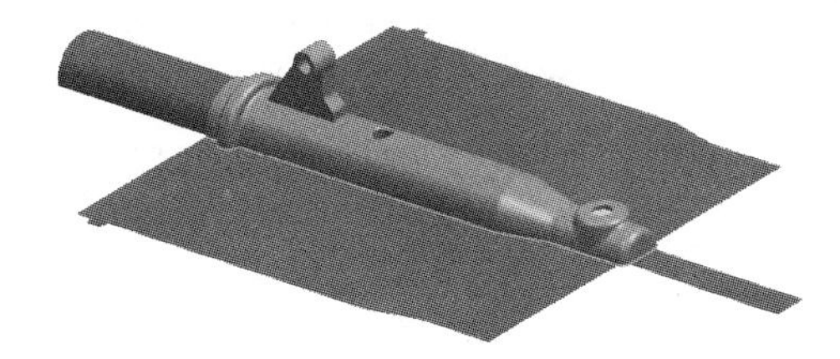

图 5.13　创建拉伸 4

Step7. 编辑分型面。

（1）在“创建分型面”对话框中单击 编辑分型面 按钮，此时系统弹出“曲线/点选择”对话框。

（2）选取图 5.14 所示的圆弧 1，系统弹出“分型面”对话框，在“分型面”对话框中选中 曲面类型 区域下的 ⊙ 自动曲面 单选项，然后单击 编辑主要边 按钮，系统弹出“编辑主要边”对话框。

（3）选取图 5.14 所示的边线 1 和边线 2，单击“分型面”对话框中的 确定 按钮，结果如图 5.15 所示。

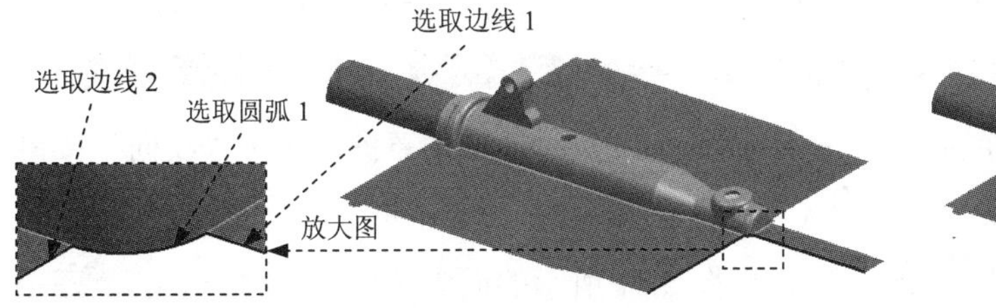

图 5.14　选取过渡对象和主要边

图 5.15　编辑分型面（一）

说明： 图 5.14 所示的圆弧 1 是 Stage3 中所定义的分型段中的一段圆弧。

（4）按照上一步的操作，分别选取 Stage3 中定义的其他分型段作为过渡对象，编辑分型面的最终结果如图 5.16 所示。

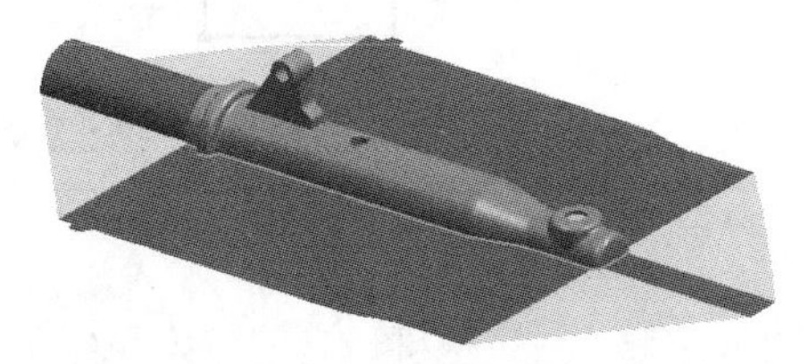

图 5.16　编辑分型面（二）

Stage5. 创建型腔和型芯

Step1. 在“分型管理器”对话框中单击“创建型腔和型芯”按钮，系统弹出“定义型腔和型芯”对话框。

Step2. 在“定义型腔和型芯”对话框中选取 选择片体 区域下的 All Regions 选项，单击确定按钮，系统弹出“查看分型结果”对话框，并在图形区显示出创建的型腔，单击“查看分型结果”对话框中的确定按钮，系统再一次弹出“查看分型结果”对话框。

Step3. 在“查看分型结果”对话框中单击确定按钮，系统返回至“分型管理器”对话框，在“分型管理器”对话框中单击关闭按钮，关闭“分型管理器”对话框。

Step4. 显示零件。选择下拉菜单窗口(O) ➡ front_cover_mold_core_006.prt命令，显示型芯零件，如图 5.17 所示；选择下拉菜单窗口(O) ➡ front_cover_mold_cavity_002.prt命令，显示型腔零件，如图 5.18 所示。

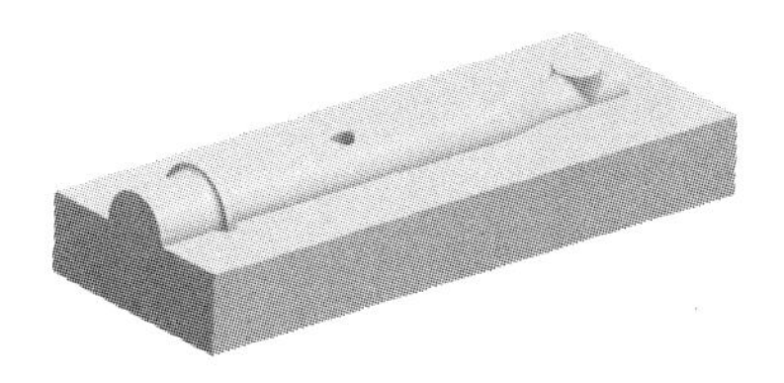

图 5.17 型芯零件

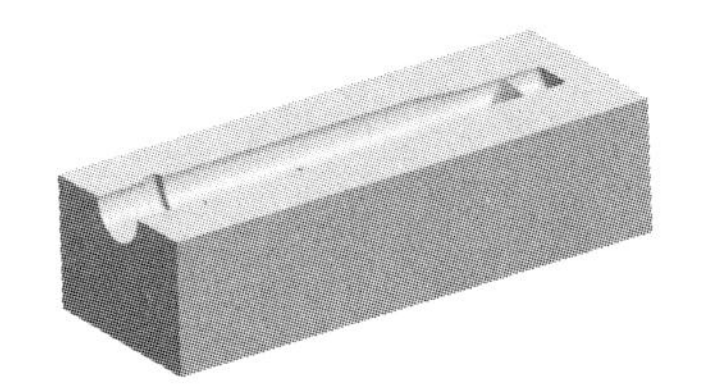

图 5.18 型腔零件

Task6. 创建滑块

Step1. 选择命令。选择下拉菜单开始 ➡ 建模(M)...命令，进入到建模环境中。

说明：如果此时系统已经处在建模环境下，用户就不需要此步的操作。

Step2. 创建拉伸特征 1。选择下拉菜单插入(S) ➡ 设计特征(E) ➡ 拉伸(E)...命令，选取图 5.19 所示的平面为草图平面；绘制图 5.20 所示的截面草图，单击“反向”按钮；在限制区域的开始下拉列表中选择值选项，并在其下的距离文本框中输入值 0；在限制区域的结束下拉列表中，选择直到被延伸选项；选取图 5.21 所示的面为拉伸终止面；单击确定按钮，完成图 5.22 所示的拉伸特征 1 的创建。

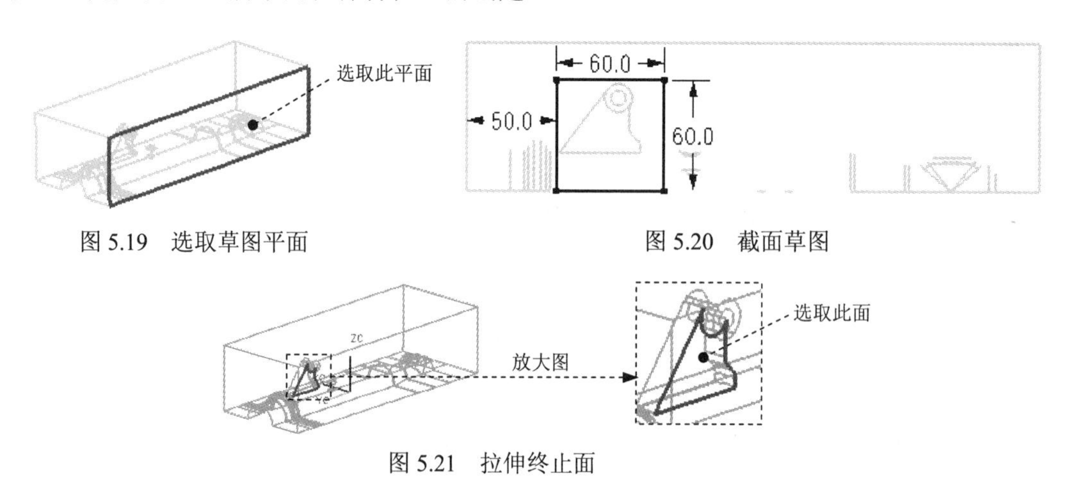

图 5.19 选取草图平面

图 5.20 截面草图

图 5.21 拉伸终止面

Step3. 创建拉伸特征 2。

（1）选择命令。选择下拉菜单插入(S) ➡ 设计特征(E) ➡ 拉伸(E)...命令，系统弹出“拉伸”对话框。

（2）创建截面草图。

① 定义草图平面。选取图5.23所示的型腔侧面为草图平面，单击确定按钮。

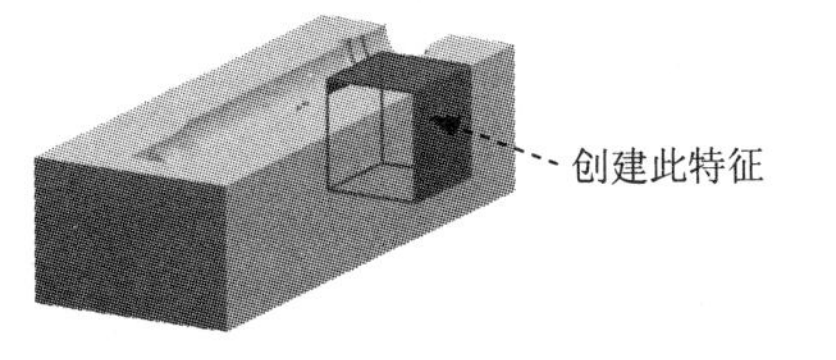

图5.22　拉伸特征1

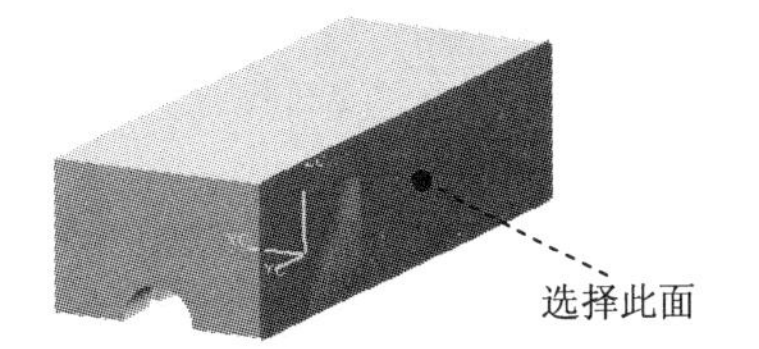

图5.23　定义草图平面

② 进入草图环境，选择下拉菜单插入(S) → 处方曲线(U) → 投影曲线(J)...命令，系统弹出“投影曲线”对话框；选取图5.24所示的圆为投影对象；单击确定按钮。

③ 单击完成草图按钮，退出草图环境。

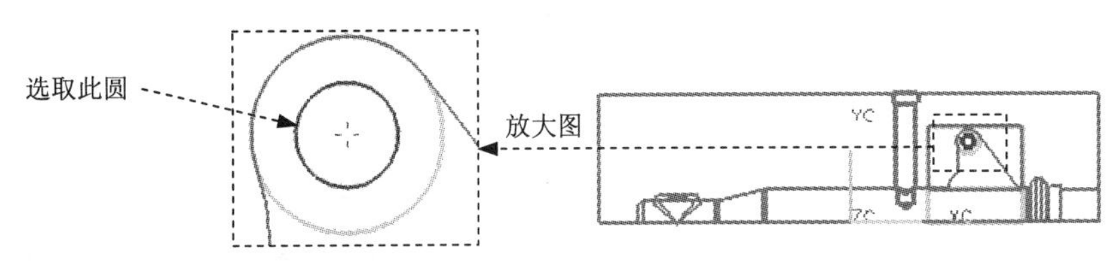

图5.24　草图截面

（3）定义拉伸方向。在指定矢量(1)的下拉列表中选择选项。

（4）确定拉伸开始值和结束值。在“拉伸”对话框的限制区域的开始下拉列表中选择值选项，并在其下的距离文本框中输入值0；在限制区域的结束下拉列表中选择直到被延伸选项；选取图5.25所示的面为拉伸终止面；其他采用系统默认设置值。

（5）单击确定按钮，完成图5.26所示的拉伸特征2的创建。

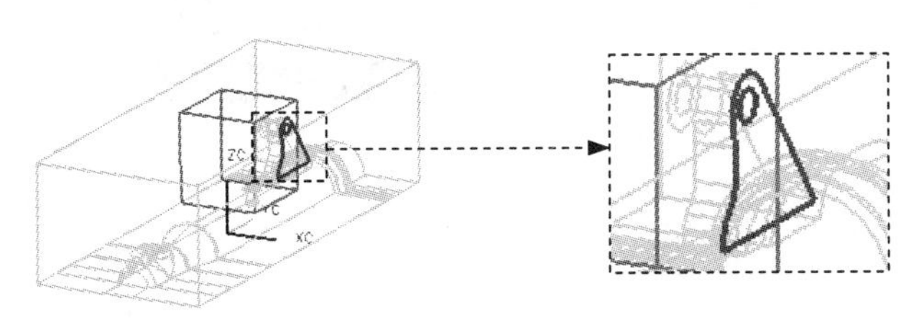

图5.25　拉伸终止面

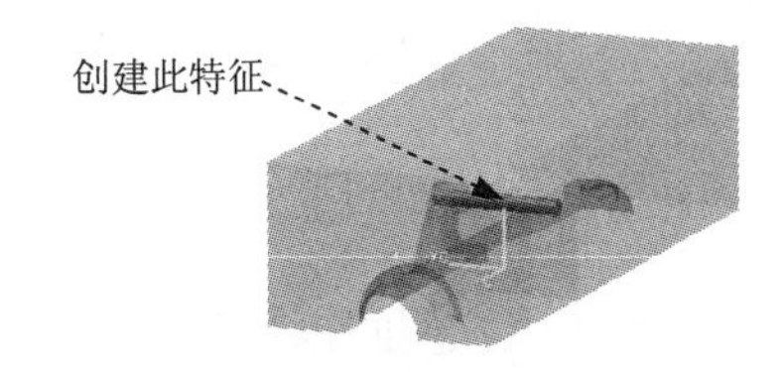

图5.26　创建拉伸特征2

Step4. 求和特征。选择下拉菜单插入(S) → 组合体(B) → 求和(U)...命令，选取拉伸1为目标体；选取拉伸2为工具体。单击确定按钮，完成求和特征的创建。

Step5. 求交特征。选择下拉菜单插入(S) → 组合体(B) → 求交(I)...命令，选取图5.27所示的求和特征为目标体；选取型腔为工具体，并选中☑保持工具复选框。单击确定按钮，完成求交特征的创建，结果如图5.28所示。

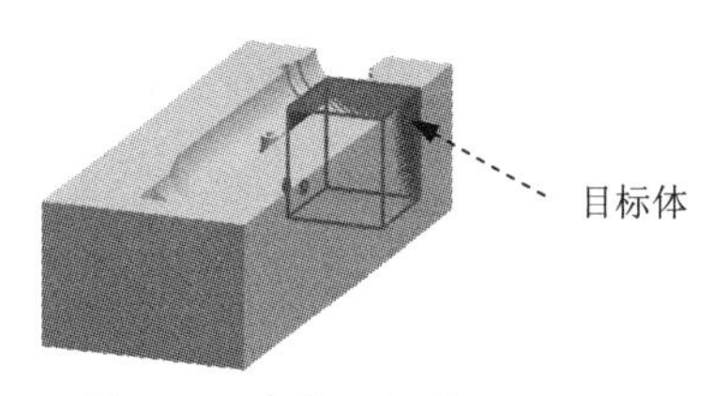

图 5.27　定义目标体和工具体

图 5.28　创建求交特征

Step6. 求差特征。选择下拉菜单 插入(S) → 组合体(B)▸ → 求差(S)... 命令，选取型腔为目标体；选取求交得到的特征为工具体，并选中 ☑ 保持工具 复选框。单击 确定 按钮，完成求差特征的创建。

Step7. 将滑块转为型腔子零件。

（1）选择命令。在“装配导航器”的空白处单击鼠标右键，然后在弹出的菜单中，选择 WAVE 模式 选项。

（2）在“装配导航器”对话框中右击 ☑ front_cover_mold_cavity_002，在弹出的菜单中，选择 WAVE ▸ → 新建级别 命令，系统弹出“新建级别”对话框。

（3）在“新建级别”对话框中单击 指定部件名 按钮，在弹出的“选择部件名”对话框的 文件名(N): 文本框中输入“front_cover_mold_slide.prt”，单击 OK 按钮。

（4）在“新建级别”对话框中单击 类选择 按钮，选择创建的求交特征，单击 确定 按钮，系统返回“新建级别”对话框。

（5）单击“新建级别”对话框中的 确定 按钮，此时在“装配导航器”对话框中显示出刚创建的滑块的名字。

Step8. 隐藏拉伸特征。

（1）在“装配导航器”中取消选中 ☑ front_cover_mold_slide；单击“部件导航器”中的按钮，然后选择 ☑ 拉伸(3) 和 ☑ 拉伸(5) 选项。选择下拉菜单 格式(R) → 移动至图层(M)... 命令，在系统弹出“图层移动”对话框 目标图层或类别 文本框中输入值 10，单击 确定 按钮。

（2）单击装配导航器中的选项卡，在该选项卡中选中 ☑ front_cover_mold_slide。

Task7. 创建型腔镶件

Stage1. 创建拉伸特征

Step1. 选择命令。选择下拉菜单 插入(S) → 设计特征(E)▸ → 拉伸(E)... 命令，系统弹出“拉伸”对话框。

Step2. 选取草图平面。选取图 5.29 所示的平面为草图平面。

Step3. 进入草图环境，绘制图 5.30 所示的截面草图，单击 完成草图 按钮，系统返回至“拉伸”对话框。

Step4. 定义拉伸属性。在“拉伸”对话框的 限制 区域的 开始 下拉列表中选择 值 选项，在 距离 文本框里输入 0；在 限制 区域的 结束 下拉列表中选择 直到被延伸 选项，然后选取图 5.31 所示的平面为拉伸限制面。

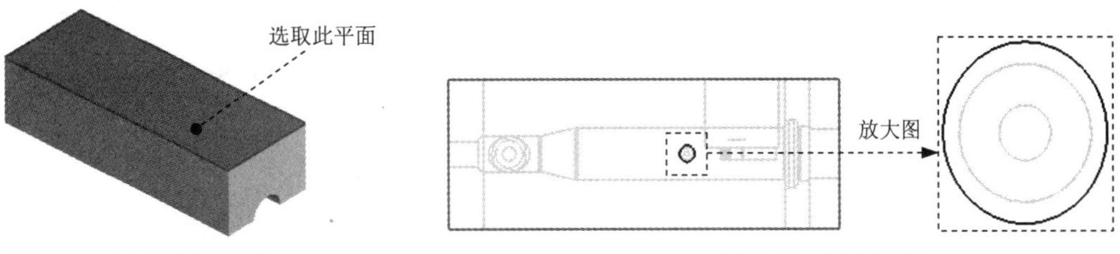

图 5.29　选取草图平面　　　　图 5.30　截面草图

Step5. 单击 确定 按钮，完成图 5.32 所示的拉伸特征的创建。

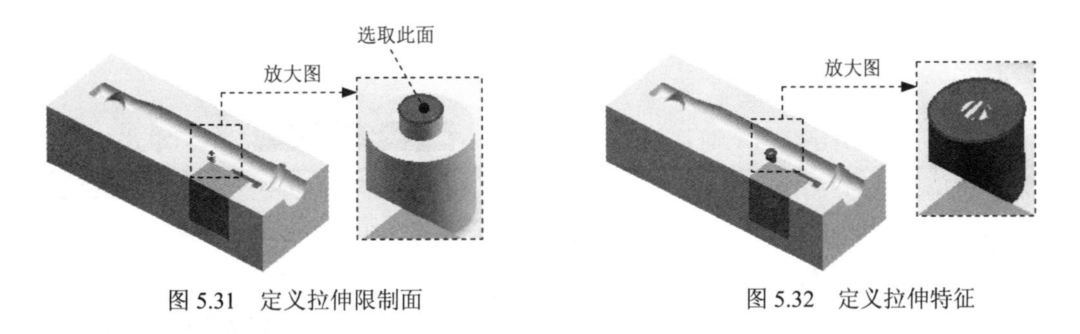

图 5.31　定义拉伸限制面　　　　图 5.32　定义拉伸特征

Stage2. 创建求交特征

选择下拉菜单 插入(S) → 组合体(B) → 求交(I)... 命令，选取图 5.33 所示的特征为目标体；选取图 5.33 所示的特征为工具体，并选中 ☑ 保持目标 复选框。单击 确定 按钮，完成求交特征的创建。

Stage3. 创建求差特征

选择下拉菜单 插入(S) → 组合体(B) → 求差(S)... 命令，选取图 5.34 所示的特征为目标体；选取图 5.34 所示的特征为工具体，并选中 ☑ 保持工具 复选框。单击 确定 按钮，完成求差特征的创建。

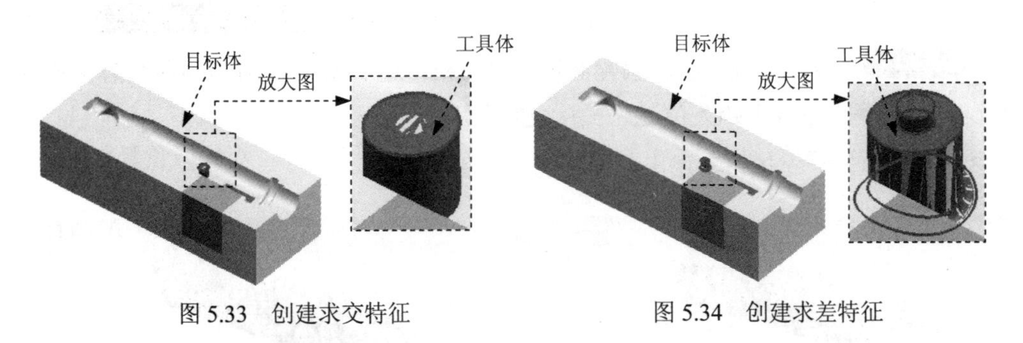

图 5.33　创建求交特征　　　　图 5.34　创建求差特征

Stage4. 将镶件转化为型腔子零件

Step1. 在“装配导航器”对话框中右击☑ front_cover_mold_cavity_002，在弹出的菜单中选择 WAVE ▸ ➡ 新建级别 命令，系统弹出“新建级别”对话框。

Step2. 在“新建级别”对话框中单击 指定部件名 按钮，在弹出的“选择部件名”对话框的 文件名(N): 文本框中输入“front_cover_mold_insert.prt”，单击 OK 按钮，系统返回至“新建级别”对话框。

Step3. 在“新建级别”对话框中单击 类选择 按钮，选择图 5.34 所示的特征，单击 确定 按钮，系统返回至“新建级别”对话框。

Step4. 单击“新建级别”对话框中的 确定 按钮，此时在“装配导航器”对话框中显示出刚创建的滑块特征。

Stage5. 移动至图层

Step1. 在“装配导航器”对话框中取消选中☑ front_cover_mold_insert，然后单击“部件导航器”中的 按钮，系统弹出“部件导航器”对话框，在该对话框中选择☑ 拉伸(10) 项。

Step2. 选择下拉菜单 格式(R) ➡ 移动至图层(M)... 命令，系统弹出“图层移动”对话框，在该对话框的 目标图层或类别 文本框中输入值 10，单击 确定 按钮。

Step3. 单击装配导航器中的 选项卡，在该选项卡中选中☑ front_cover_mold_insert。

Stage6. 创建固定凸台

Step1. 创建拉伸特征。

（1）转化工作部件。在装配导航器中右击☑ front_cover_mold_insert 图标，在弹出的快捷菜单中选择 设为显示部件 命令。

（2）选择命令。选择下拉菜单 插入(S) ➡ 设计特征(E) ▸ ➡ 拉伸(E)... 命令，系统弹出“拉伸”对话框。

（3）单击对话框中的“草图截面”按钮，系统弹出“创建草图”对话框。

① 定义草图平面。选取图 5.35 所示的镶件端面为草图平面，单击 确定 按钮。

② 进入草图环境，选择下拉菜单 插入(S) ➡ 来自曲线集的曲线(F) ▸ ➡ 偏置曲线(O)... 命令，系统弹出“偏置曲线”对话框；选取图 5.36 所示的曲线为偏置对象；在 偏置 区域的 距离 文本框中输入值 2，单击 确定 按钮。

③ 单击 完成草图 按钮，退出草图环境。

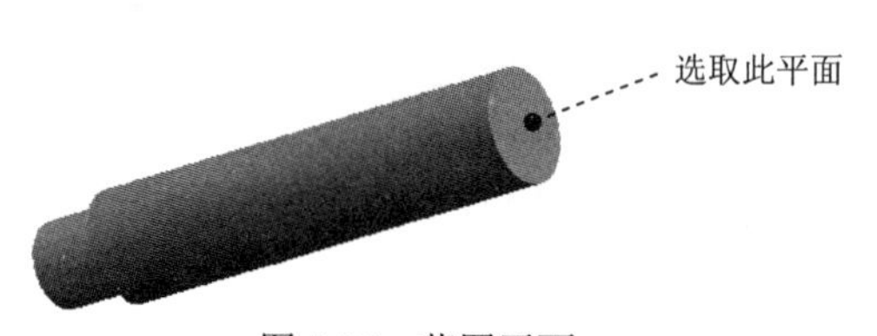

图 5.35 草图平面

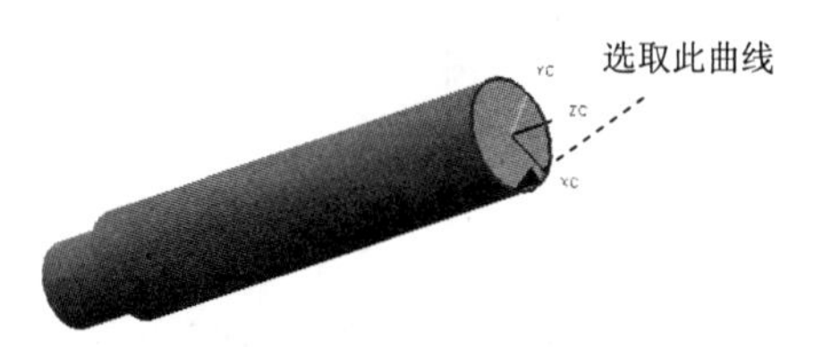

图 5.36 选取偏置曲线

说明：在选取偏置曲线时，若方向相反，可单击“反向”按钮，然后单击应用按钮。

（4）确定拉伸开始值和结束值。在“拉伸”对话框限制区域的开始下拉列表中选择值选项，并在其下的距离文本框中输入值 0；在“拉伸”对话框限制区域的结束下拉列表中选择值选项，并在其下的距离文本框中输入值 6，并单击“反向”按钮；其他采用系统默认设置值。

（5）在“拉伸”对话框中单击确定按钮，完成图 5.37 所示的拉伸特征的创建。

Step2. 创建求和特征。选择下拉菜单插入(S) → 组合体(B) → 求和(U)...命令，选取图 5.37 所示的对象为目标体；选取图 5.37 所示的固定凸台为工具体。单击确定按钮，完成求和特征的创建。

Step3. 创建固定凸台装配避开位。

（1）转化工作部件。在装配导航器中右击front_cover_mold_insert，在弹出的快捷菜单中选择显示父项 → front_cover_mold_cavity_002命令，图形区显示型腔组件并将其设置为工作部件。

（2）在“注塑模向导”工具条中，单击“腔体”按钮，系统弹出“腔体”对话框。

（3）选择目标体。选取型腔为目标体，然后单击鼠标中键。

（4）选取工具体。在该对话框的工具类型下拉列表中选择实线选项，然后选取求和的特征为工具体，单击确定按钮。

说明：观察结果时，在“装配导航器”中去除勾选front_cover_mold_insert，将镶件隐藏起来，结果如图 5.38 所示。

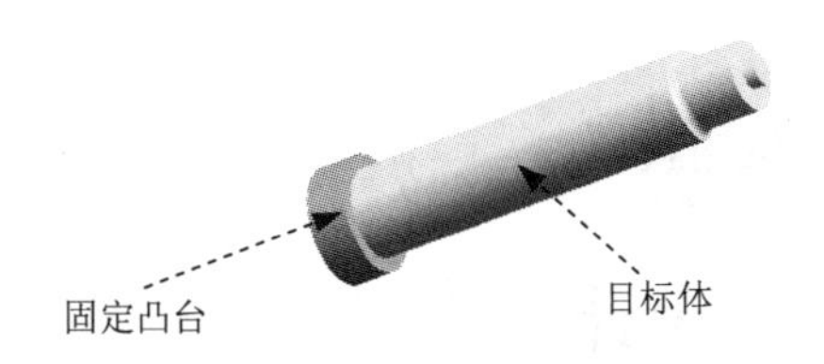

图 5.37　创建拉伸特征和求和特征

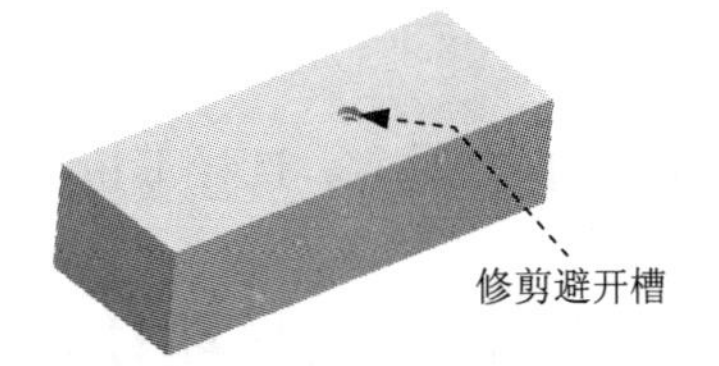

图 5.38　固定凸台装配避开位

Task8. 创建模具爆炸视图

Step1. 移动滑块。

（1）选择下拉菜单窗口(O) → front_cover_mold_top_010.prt命令，在装配导航器中将部件转换成工作部件。

（2）创建爆炸图。选择下拉菜单装配(A) → 爆炸图(X) → 新建爆炸(N)...命令，系统弹出“创建爆炸图”对话框，接受默认的名字，单击确定按钮。

（3）编辑爆炸图。选择下拉菜单装配(A) → 爆炸图(X) → 编辑爆炸图(E)...命令，选取图 5.39a 所示的滑块元件；然后选择 ⊙ 移动对象 单选项，沿 X 方向向上移动-150mm，单击 确定 按钮，结果如图 5.39b 所示。

Step2. 移动型腔。选择下拉菜单 装配(A) → 爆炸图(X) → 编辑爆炸图(E)... 命令，选取型腔为移动对象，然后选择 ⊙ 移动对象 单选项，沿 Z 方向向上移动 120mm，单击 确定 按钮，结果如图 5.40 所示。

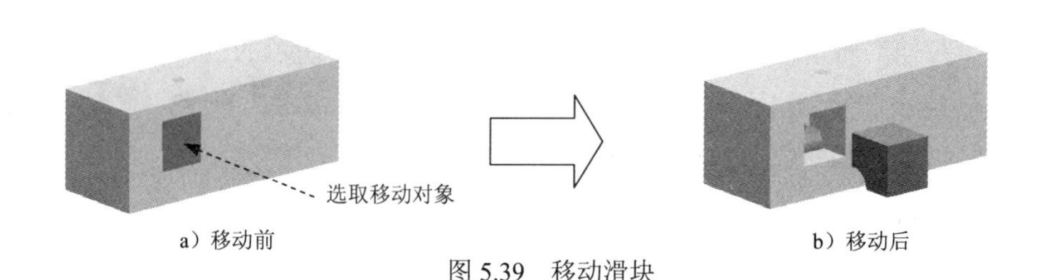

a）移动前　　b）移动后

图 5.39　移动滑块

Step3. 移动镶件。

参照 Step2，将滑块沿 Z 方向移动 120mm，结果如图 5.41 所示。

Step4. 移动型芯。

参照 Step2，将滑块沿 Z 方向移动-50mm，结果如图 5.42 所示。

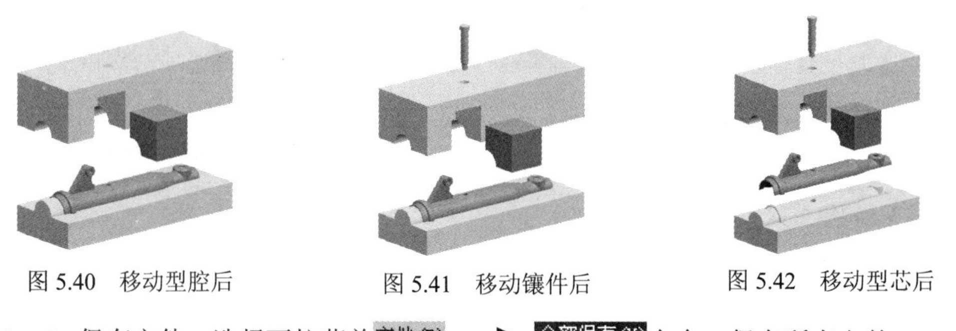

图 5.40　移动型腔后　　图 5.41　移动镶件后　　图 5.42　移动型芯后

Step5. 保存文件。选择下拉菜单 文件(F) → 全部保存(V) 命令，保存所有文件。

5.2　创建方法二（在建模环境下进行模具设计）

方法简介：

在建模环境下进行此模具的设计思路：首先，创建一个最大分型面，用实体补孔；其次，用布尔运算的方法抽空型腔和型腔镶件；再次，用最大分型面将工件分割为型腔和型芯两部分；最后，用拉伸特征和型腔进行布尔运算来创建滑块部分。

下面介绍该模具在建模环境下进行设计的具体过程。

Task1. 模具坐标

Step1. 打开文件。打开 D:\ug6.6\work\ch05\front_cover.prt 文件，单击 OK 按钮，进入建模环境。

Step2. 创建坐标系。选择下拉菜单格式(R) → WCS▸ → 定向(N)...命令，在系统弹出“CSYS”的对话框类型下拉列表中选择对象的 CSYS选项；选取图 5.43 所示的面。单击确定按钮，完成坐标系的放置。

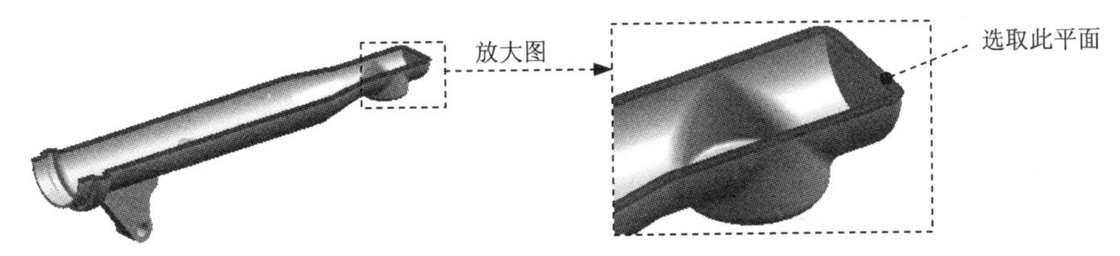

图 5.43　定义放置对象

Step3. 旋转坐标系。选择下拉菜单格式(R) → WCS▸ → 旋转(R)...命令，在系统弹出的“旋转 WCS 绕...”对话框中选择⊙ + XC 轴单选项，在角度文本框中输入值 180。单击确定按钮，完成坐标系的旋转，如图 5.44 所示。

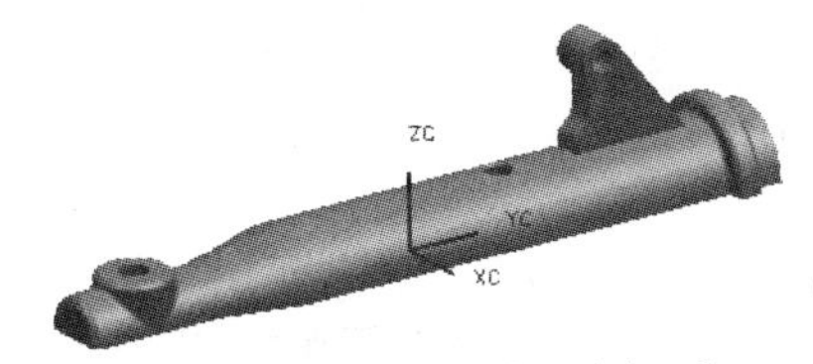

图 5.44　定义模具坐标系

Task2. 设置收缩率

Step1. 选择命令。选择下拉菜单编辑(E) → 变换(M)...命令，系统弹出“变换”对话框（一）。

Step2. 定义变换对象。选择产品模型为变换对象，单击确定按钮，系统弹出“变换”对话框（二）。

Step3. 单击刻度尺按钮，系统弹出“点”对话框。

Step4. 定义变换点。选取坐标原点为变换点，系统弹出“变换”对话框（三）。

Step5. 定义变换比例。在刻度尺的文本框中输入值 1.006，单击确定按钮，系统弹出“变换”对话框（四）。

Step6. 单击确定按钮，系统弹出“变换”对话框（五）。

Step7. 单击移除参数按钮，完成收缩率的设置，然后单击取消按钮，关闭该对话框。

Task3. 创建模具工件

Step1. 创建基准 CSYS。选择下拉菜单插入(S) → 基准/点(D) → 基准 CSYS...命令，在系统弹出“基准 CSYS”对话框中采用默认设置值，单击确定按钮，完成基准 CSYS 的创建。

Step2. 创建拉伸特征。选择下拉菜单插入(S) → 设计特征(E) → 拉伸(E)...命令，单击按钮，选取YC-ZC基准平面为草图平面，绘制图5.45所示的截面草图；在指定矢量(1)的下拉列表中选择选项；在“拉伸”对话框的限制区域的开始下拉列表中选择对称值选项，并在其下的距离文本框中输入值60。单击确定按钮，完成图5.46所示的拉伸特征的创建。

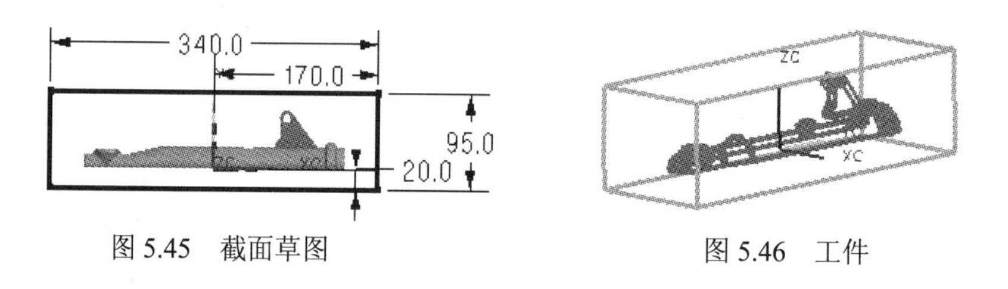

图5.45 截面草图　　图5.46 工件

Task4. 实体修补

Step1. 隐藏模具工件。选择下拉菜单编辑(E) → 显示和隐藏(H) → 隐藏(H)...命令，在系统弹出的“类选择”对话框中，选取模具工件为隐藏对象。单击确定按钮，完成模具工件隐藏的操作。

Step2. 创建拉伸特征1。选择下拉菜单插入(S) → 设计特征(E) → 拉伸(E)...命令，在“选择条”下拉列表中选择单条曲线选项，然后选取图5.47所示的曲线为拉伸对象；在指定矢量(1)的下拉列表中选择选项；在“拉伸”对话框的限制区域的开始下拉列表中选择值选项，并在其下的距离文本框中输入值0；在结束的下拉列表中选择值选项，并在其下的距离文本框中输入值70；单击确定按钮，完成图5.48所示的拉伸特征1的创建。

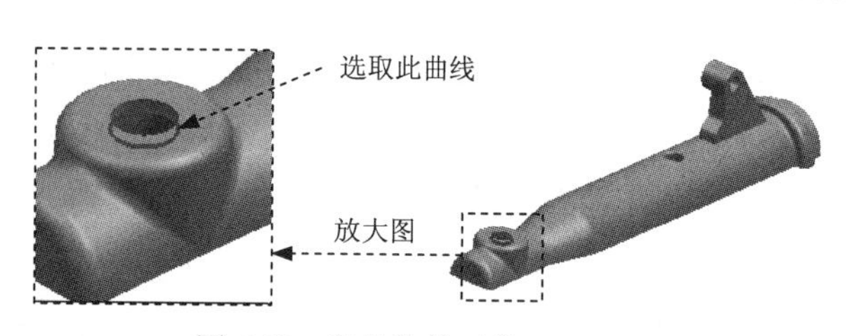

图5.47 定义拉伸对象1

Step3. 创建拉伸特征2。选择下拉菜单插入(S) → 设计特征(E) → 拉伸(E)...命令，选取图5.49所示的曲线为拉伸对象；在指定矢量(1)的下拉列表中选择选项；在“拉伸”对话框的限制区域的开始下拉列表中选择值选项，并在其下的距离文本框中输入值-2；在结束的下拉列表中选择值选项，并在其下的距离文本框中输入值70；单击确定按钮，完成图5.50所示的拉伸特征2的创建。

Step4. 创建偏置面特征。选择下拉菜单插入(S) → 偏置/缩放(O) → 偏置面(F)...命令，选取图5.51所示的面为要偏置的面；然后在偏置文本框中输入值1.5。单击确定按钮，完成偏置面特征的创建，如图 5.52 所示。

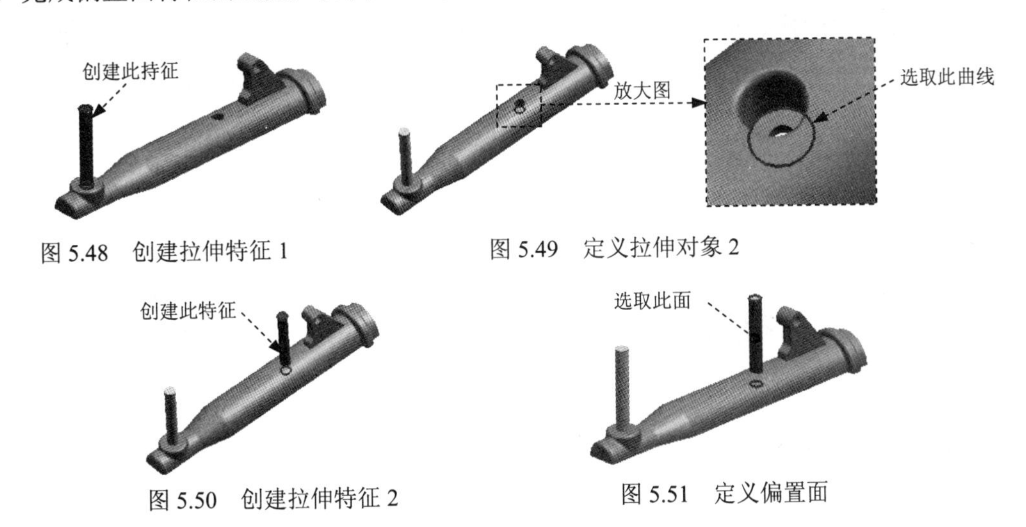

图 5.48　创建拉伸特征 1

图 5.49　定义拉伸对象 2

图 5.50　创建拉伸特征 2

图 5.51　定义偏置面

Step5. 创建求差特征。选择下拉菜单插入(S) ➡ 组合体(B)▸ ➡ 求差(S)...命令，选取图 5.52 所示的目标体和工具体。在设置区域中选中☑ 保持工具复选框，其他采用系统默认设置值。单击 确定 按钮，完成求差特征的创建。

图 5.52　定义目标体和工具体

Step6. 显示模具工件。选择下拉菜单编辑(E) ➡ 显示和隐藏(H)▸ ➡ 显示和隐藏(O)...命令，在系统弹出“显示和隐藏”对话框中单击实体后的 ✚ 按钮。单击 关闭 按钮，完成编辑显示和隐藏的操作。

Step7. 创建替换面特征 1。选择下拉菜单插入(S) ➡ 同步建模(Y)▸ ➡ 替换面(R)...命令，选取图 5.53 所示的目标面和工具面。单击 确定(O) 按钮，完成替换面特征 1 的创建。

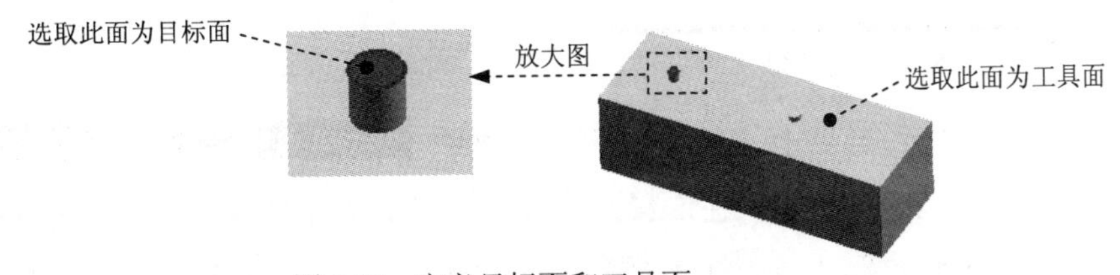

图 5.53　定义目标面和工具面

Step8. 参见 Step7 的方法创建图 5.54 所示的替换面特征 2。

Step9. 创建拉伸特征 3。选择下拉菜单插入(S) ➡ 设计特征(E)▸ ➡ 拉伸(E)...命令，选取图 5.55 所示的边为拉伸对象；在✓ 指定矢量 (1)的下拉列表中选择 ZC↑ 选项；在限制区域的开始下拉列表中选择值选项，并在其下的距离文本框中输入值 0；在结束的下拉列表中选择值选项，并在其下的距离文本框中输入值-6；在偏置区域的偏置下拉列表中选择单侧选项，并在其结束文本框中输入值 3；在布尔区域的布尔下拉列表中选择求和选项，选取拉伸特征 1 为目标体；其他采用系统默认设置值。单击确定(O)按钮，完成拉伸特征 3 的创建。

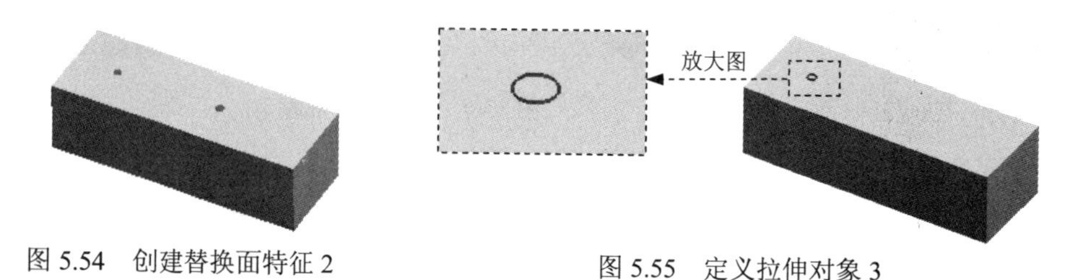

图 5.54　创建替换面特征 2　　　图 5.55　定义拉伸对象 3

Step10. 参见 Step9 的方法创建拉伸特征 4，如图 5.56 所示。

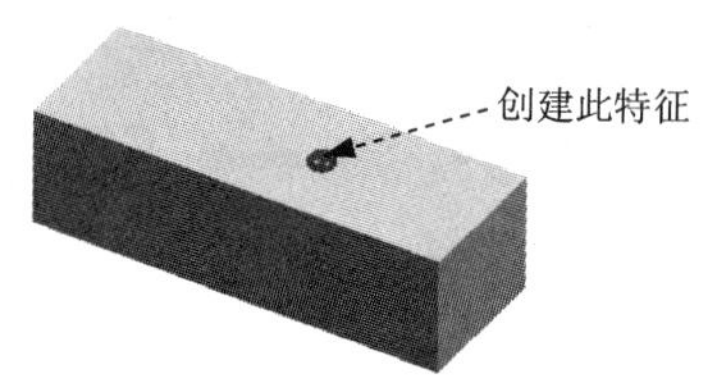

图 5.56　创建拉伸特征 4

Task5. 创建分型面

Step1. 创建拉伸特征 1（隐藏工件）。选择下拉菜单插入(S) → 设计特征(E) → 拉伸(E)...命令，单击按钮，选取 YC-ZC 基准平面为草图平面，绘制图 5.57 所示的截面草图；在指定矢量(1)的下拉列表中，选择选项；在限制区域的开始下拉列表中选择对称值选项，并在其下的距离文本框中输入值 70。单击确定按钮，完成图 5.58 所示的拉伸特征 1 的创建。

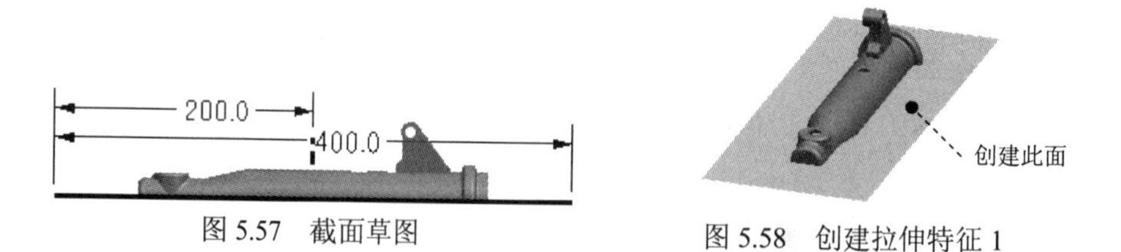

图 5.57　截面草图　　　图 5.58　创建拉伸特征 1

Step2. 创建拉伸特征 2。选择下拉菜单插入(S) → 设计特征(E) → 拉伸(E)...命令，选取图 5.59 所示的边为拉伸对象；在指定矢量(1)的下拉列表中选择选项；在限制区域的开始下拉列表中选择值选项，并在其下的距离文本框中输入值 0；在结束的下拉列表中选择值选项，并在其下的距离文本框中输入值 70；其他采用系统默认设置值。单击确定按钮，完成图 5.60 所示的拉伸特征 2 的创建。

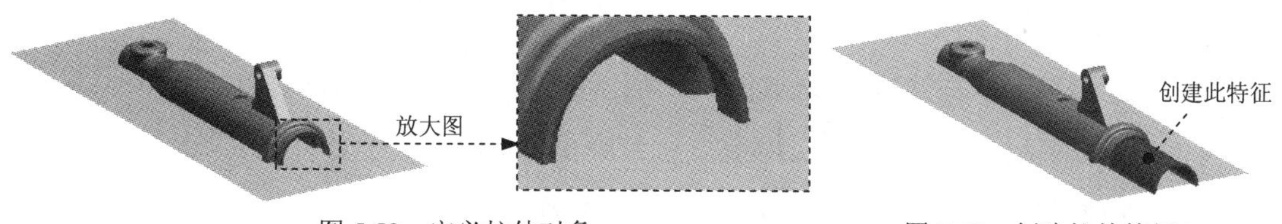

图 5.59　定义拉伸对象　　　　图 5.60　创建拉伸特征 2

Step3. 创建修剪片体特征。选择下拉菜单插入(S) ➡ 修剪(T) ➡ 修剪的片体(R)...命令，在系统弹出“修剪的片体”对话框区域区域中选择⊙ 保持单选项；选取图 5.61 所示的曲面为目标体，单击中键确认；选取图 5.62 所示的边界对象。单击确定按钮，完成修剪片体特征的创建，如图 5.63 所示。

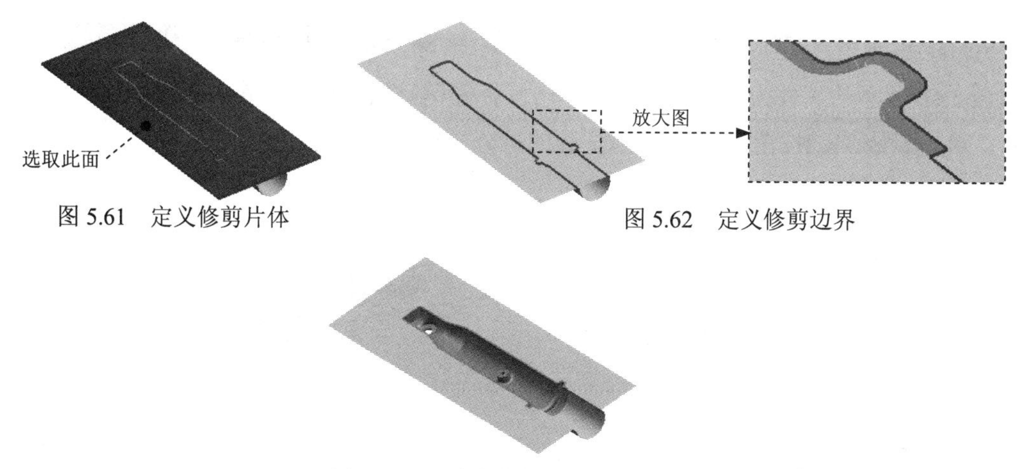

图 5.61　定义修剪片体　　　　图 5.62　定义修剪边界

图 5.63　创建修剪片体特征

Step4. 创建缝合特征。选择下拉菜单插入(S) ➡ 组合体(B) ➡ 缝合(W)...命令，在类型区域的下拉列表中选择图纸页选项，选取拉伸特征 1 为目标体，选取拉伸特征 2 为工具体。单击确定按钮，完成曲面缝合特征的创建。

Task6. 创建模具型芯/型腔

Step1. 显示模具工件。选择下拉菜单编辑(E) ➡ 显示和隐藏(H) ➡ 显示和隐藏(O)...命令，在系统弹出“显示和隐藏”对话框中单击实体后的 ✚ 按钮。单击关闭按钮，完成编辑显示和隐藏的操作。

Step2. 创建求差特征。选择下拉菜单插入(S) ➡ 组合体(B) ➡ 求差(S)...命令，选取图 5.64 所示的目标体和工具体；在设置区域中选中☑ 保持工具复选框，其他采用系统默认设置值。单击确定按钮，完成求差特征的创建。

Step3. 移除参数。

（1）选择命令。选择下拉菜单编辑(E) ➡ 特征(F) ➡ 移除参数(V)...命令，系统弹出“移除参数”对话框（一）。

（2）定义移除参数的对象。选取图 5.65 所示的特征为移除参数的对象。

（3）在该对话框中单击 确定 按钮，系统弹出“移除参数”对话框（二）。

（4）在该对话框中单击 是 按钮，完成参数的移除。

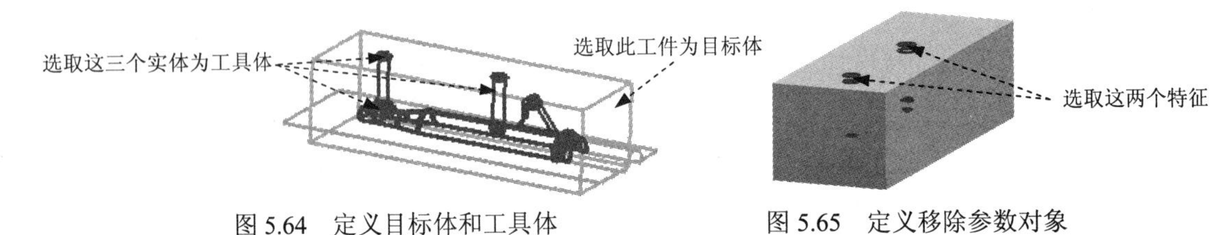

图 5.64　定义目标体和工具体　　　图 5.65　定义移除参数对象

Step4. 拆分型芯/型腔。选择下拉菜单 插入(S) → 修剪(T) → 拆分体(P)... 命令，选取图 5.66 所示的工件为拆分工具体，单击鼠标中键，然后选取图 5.67 所示的片体为拆分片体。单击 确定(O) 按钮，完成型芯/型腔的拆分操作。

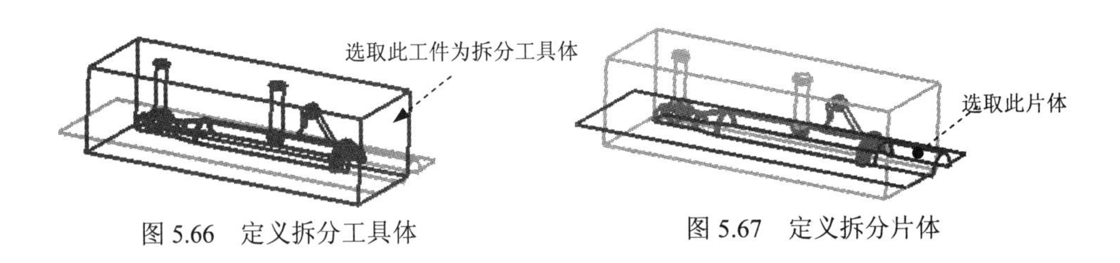

图 5.66　定义拆分工具体　　　图 5.67　定义拆分片体

Task7. 创建滑块

Step1. 隐藏特征。选择下拉菜单 编辑(E) → 显示和隐藏(H) → 隐藏(H)... 命令，选取型芯、分型面和产品为隐藏对象。在该对话框中单击 确定(O) 按钮，完成隐藏特征的创建。

Step2. 创建拉伸特征 3。选择下拉菜单 插入(S) → 设计特征(E) → 拉伸(E)... 命令，单击按钮，选取图 5.68 所示的面为草图平面，绘制图 5.69 所示的截面草图；在“拉伸”对话框的 限制 区域的 开始 下拉列表中选择 值 选项，并在其下的 距离 文本框中输入值 0；在 结束 的下拉列表中选择 直到被延伸 选项；选取图 5.70 所示的面为延伸的对象。单击 确定 按钮，完成图 5.71 所示的拉伸特征 3 的创建（隐藏此特征）。

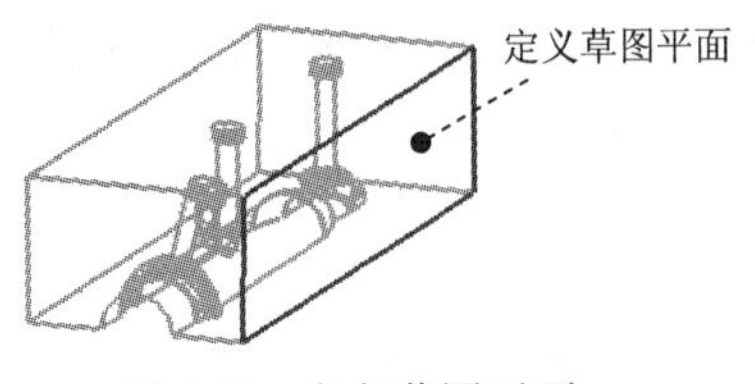

图 5.68　定义草图平面

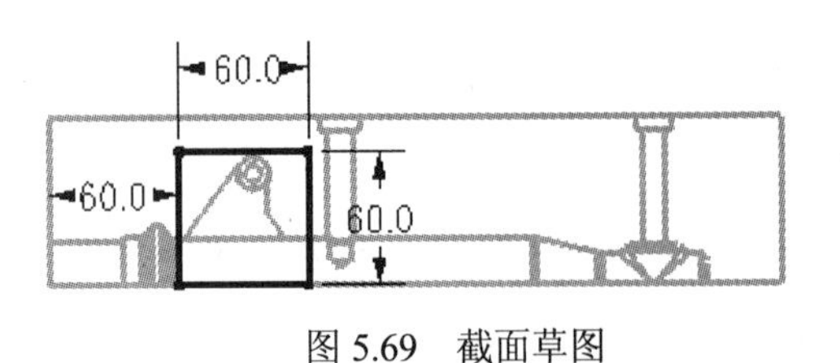

图 5.69　截面草图

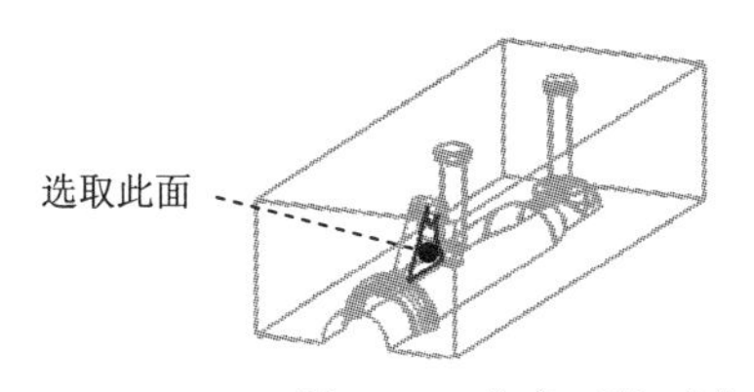

图 5.70　定义延伸对象

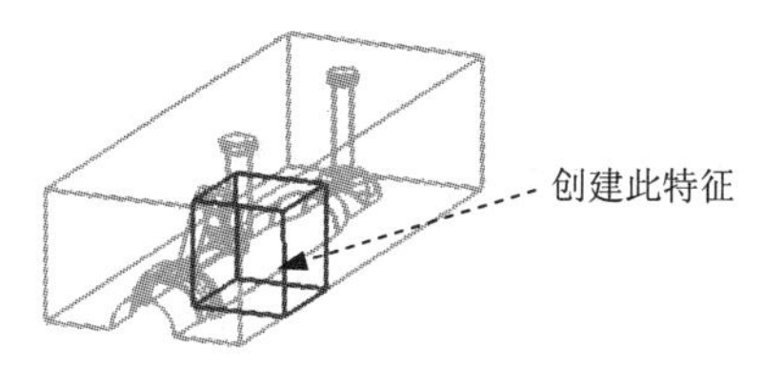

图 5.71　创建拉伸特征 3

Step3. 创建拉伸特征 4。选择下拉菜单插入(S) ➡ 设计特征(E) ➡ 拉伸(E)...命令，单击按钮，选取图 5.68 所示的面为草图平面，绘制图 5.72 所示的截面草图；在“拉伸”对话框的限制区域的开始下拉列表中选择值选项，并在其下的距离文本框中输入值 0；在结束的下拉列表中选择直到被延伸选项；选取图 5.73 所示的面为延伸的对象。单击确定按钮，完成图 5.74 所示的拉伸特征 4 的创建。

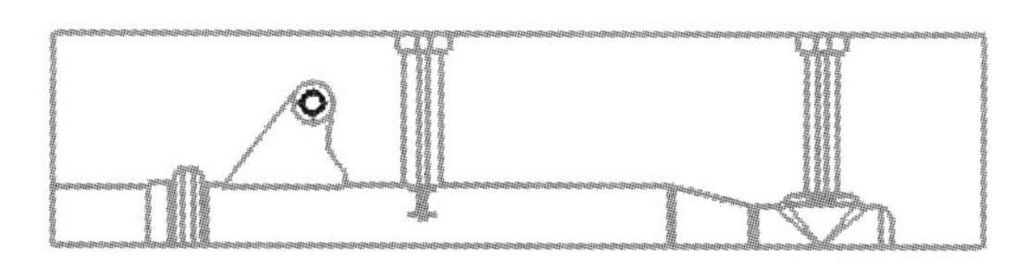

图 5.72　截面草图

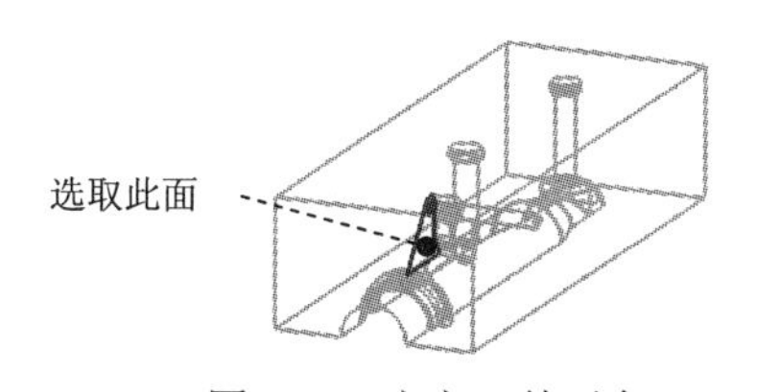

图 5.73　定义延伸对象

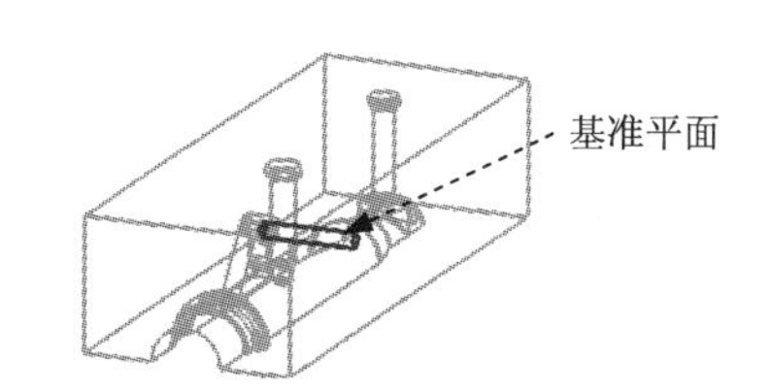

图 5.74　创建拉伸特征 4

Step4. 创建求和特征。选择下拉菜单插入(S) ➡ 组合体(B) ➡ 求和(U)...命令（取消隐藏拉伸特征 3），选取拉伸特征 3 为目标体，拉伸特征 4 为工具体。单击确定按钮，完成求和特征的创建。

Step5. 创建求交特征。选择下拉菜单插入(S) ➡ 组合体(B) ➡ 求交(I)...命令，选取图 5.75a 所示的目标体和工具体，在设置区域中选中☑保持工具复选框，其他采用系统默认设置值。单击确定按钮，完成求交特征的创建，如图 5.75b 所示。

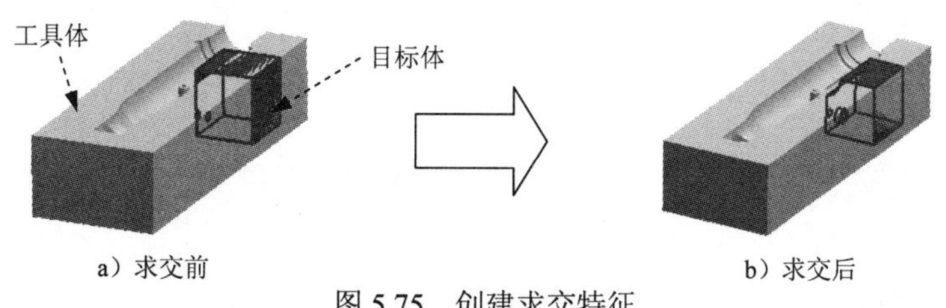

a）求交前　　b）求交后

图 5.75　创建求交特征

Step6. 求差特征。选择下拉菜单插入(S) ➡ 组合体(B) ➡ 求差(S)...命令，选取型腔为目标体，选取求交得到的特征为工具体，并选中☑保持工具复选框。单击确定按钮，完成求差特征的创建。

Task8. 创建模具分解视图

在 UG NX6.0 中，常常使用“变换”命令中的“平移”命令来创建模具分解视图，移动时需将工件和滑块移除，这里不再赘述。

实例6　用两种方法进行模具设计（六）

图 6.1 所示为塑件叶轮的模具设计，该模具重点介绍产品在模具中的开模方向设置、产品在模具中的布局、模架和标准件的选用、流道在模具中的位置设置，以及顶杆的顶出位置设置等。本例将分别采用在 Mold Wizard 环境和建模环境来进行该模具的设计。

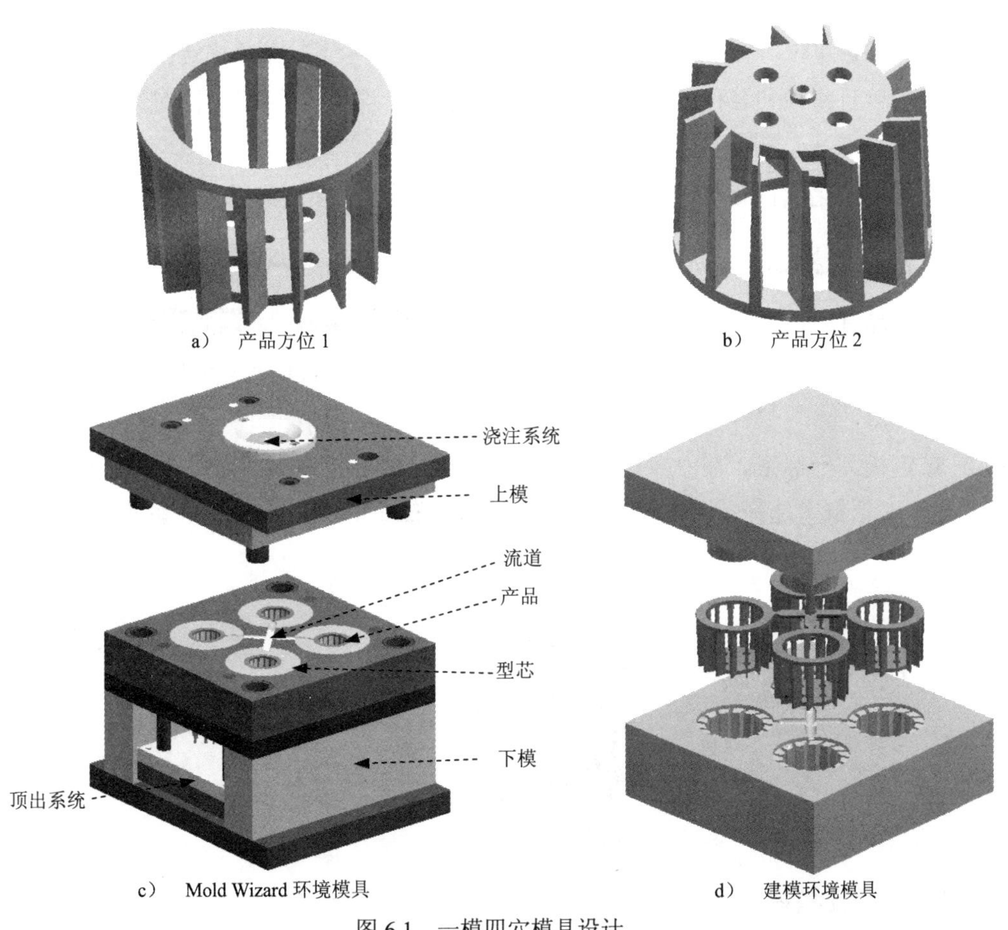

图 6.1　一模四穴模具设计

6.1　创建方法一（在 Mold Wizard 环境下进行模具设计）

方法简介：

采用 Mold Wizard 进行此模具设计的主要思路：首先，进行产品的布局，定义型腔/型芯区域面，并将孔进行修补；其次，进行区域面和分型线的抽取；再次，通过“拉伸”方法创建分型面，并完成型腔/型芯的创建；最后，加载模架及标准件，完成浇注系统和顶出系统的设计。

下面介绍该模具在 Mold Wizard 环境下进行设计的具体过程。

Task1. 初始化项目

Step1. 加载模型。在“注塑模向导”工具条中单击“初始化项目”按钮，系统弹出“打开”对话框，选择 D:\ug6.6\work\ch06\impeller.prt，单击 OK 按钮，载入模型，系统弹出“初始化项目”对话框。

Step2. 定义投影单位。在“初始化项目”对话框的项目单位下拉菜单中选择毫米选项。

Step3. 设置项目路径和名称。接受系统默认的项目路径；在“初始化项目”对话框的 Name 文本框中，输入 impeller_mold。

Step4. 在“初始化项目”对话框中单击确定按钮，完成项目路径和名称的设置。

Task2. 模具坐标系

Step1. 旋转模具坐标系。选择下拉菜单格式(R) ➡ WCS ➡ 旋转(R)...命令，在系统弹出的“旋转 WCS 绕...”对话框中选择 ⊙ + XC 轴单选项，在角度文本框中输入值 180，单击确定按钮。

Step2. 锁定模具坐标系。在“注塑模向导”工具条中单击“模具 CSYS”按钮，在“模具 CSYS”对话框中选择 ⊙ 当前 WCS 单选项。单击确定按钮，完成坐标系的定义，结果如图 6.2 所示。

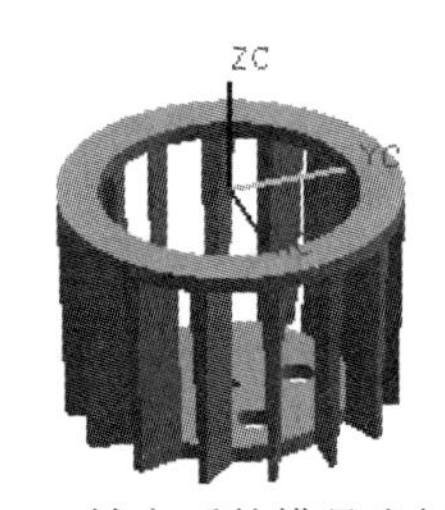

图 6.2 锁定后的模具坐标系

Task3. 设置收缩率

Step1. 定义收缩率类型。在“注塑模向导”工具条中单击“收缩率”按钮，产品模型会高亮显示，在系统弹出的“缩放体”对话框类型下拉列表中，选择均匀选项。

Step2. 定义缩放体和缩放点。接受系统默认的设置。

Step3. 定义比例因子。在“缩放体”对话框比例因子区域的均匀文本框中输入值 1.006。

Step4. 单击确定按钮，完成收缩率的设置。

Task4. 创建模具工件

Step1. 在“注塑模向导”工具条中，单击“工件”按钮，系统弹出“工件”对话框。

Step2. 在“工件”对话框类型的下拉菜单中选择产品工件选项，在工件方法的下拉菜单中选择用户定义的块选项，其余采用系统默认设置值。

Step3. 修改尺寸。单击定义工件区域的“绘制截面”按钮，系统进入草图环境，然后修改截面草图的尺寸，如图 6.3 所示。在“工件”对话框限制区域的开始和结束后的文本框中分别输入值 45 和 25。单击确定按钮，完成创建后的模具工件如图 6.4 所示。

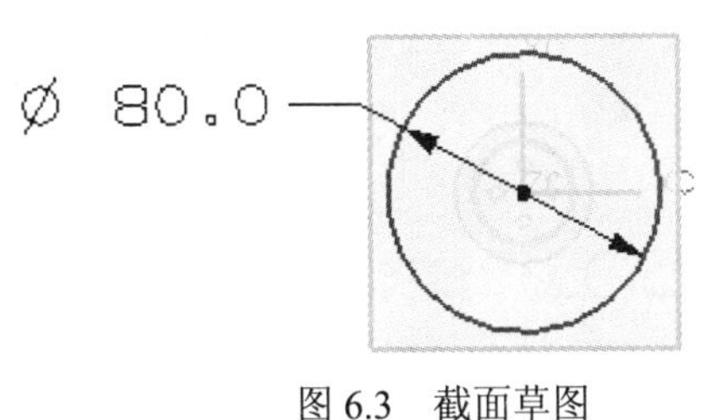

图 6.3　截面草图

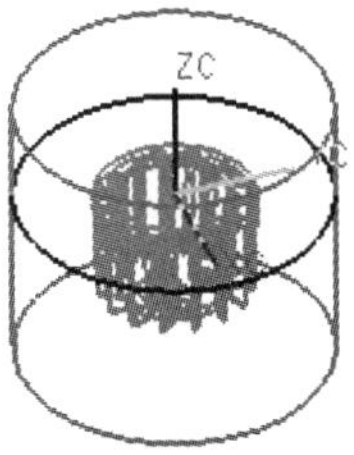

图 6.4　创建后的模具工件

Task5. 创建型腔布局

Step1. 在“注塑模向导”工具条中，单击“型腔布局”按钮，系统弹出“型腔布局”对话框。

Step2. 定义型腔数和间距。在“型腔布局”对话框的布局类型区域选择矩形选项和 平衡单选项；在型腔数下拉列表中选择4，并在第一距离和第二距离文本框中输入数值 15。

Step3. 选取 X 轴正方向的箭头，此时在模型中显示图 6.5 所示的布局方向箭头，在生成布局区域单击“开始布局”按钮，系统自动进行布局。

Step4. 在编辑布局区域单击“自动对准中心”按钮，使模具坐标系自动对中心，布局结果如图 6.6 所示，单击关闭按钮。

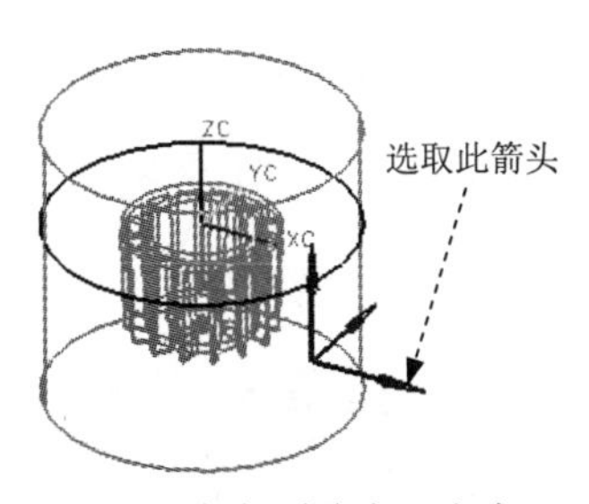

图 6.5　定义型腔布局方向

图 6.6　型腔布局

Task6. 模具分型

Stage1. 设计区域

Step1. 在“注塑模向导”工具条中，单击“分型”按钮，系统弹出“分型管理器”对话框。

Step2. 在“分型管理器”对话框中，单击“设计区域”按钮，系统弹出“MPV 初始化”对话框，同时模型被加亮，并显示开模方向，如图 6.7 所示，单击 确定 按钮，系统弹出“塑模部件验证”对话框。

Step3. 设置区域。

（1）设置区域颜色。在“塑模部件验证”对话框中单击 设置区域颜色 按钮，设置区域颜色。

（2）定义型芯区域。在 未定义的区域 区域中，选中 ☑ 交叉竖直面 复选框，此时系统将所有的未定义区域面加亮显示；在 指派为 区域中，选择 ⊙ 型芯区域 单选项，单击 应用 按钮，此时系统将加亮显示的未定义区域面指派到型芯区域。

（3）接受系统默认的其他设置，单击 取消 按钮，关闭“塑模部件验证”对话框，系统返回至“分型管理器”对话框。

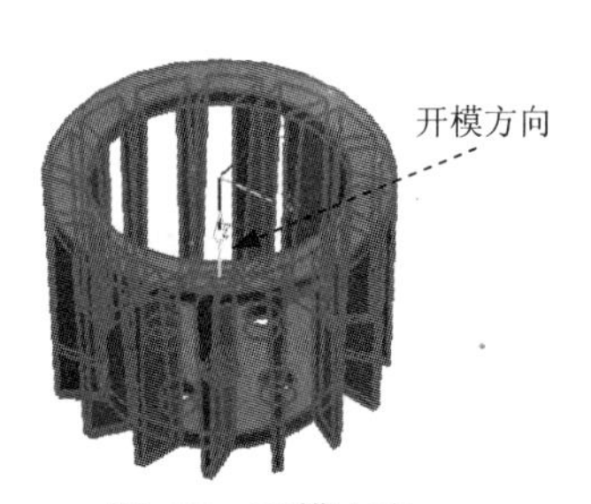

图 6.7　开模方向

Stage2. 创建曲面补片

Step1. 自动修补破孔。在“分型管理器”对话框中单击“创建/删除曲面补片”按钮，在系统弹出的“自动修补孔”对话框的 环搜索方法 区域中，选择 ⊙ 区域 单选项，在 显示环类型 区域中选择 ⊙ 内部环边缘 单选项；单击 自动修补 按钮，系统自动修补，结果如图 6.8 所示。单击 后退 按钮，系统返回至“分型管理器”对话框。

说明：通过图 6.8 可以看出，利用自动修补的方式修补破孔，零件侧面上的破孔未被修补上，此时则需要通过手动的方式来修补这些破孔。

a）　曲面补片前

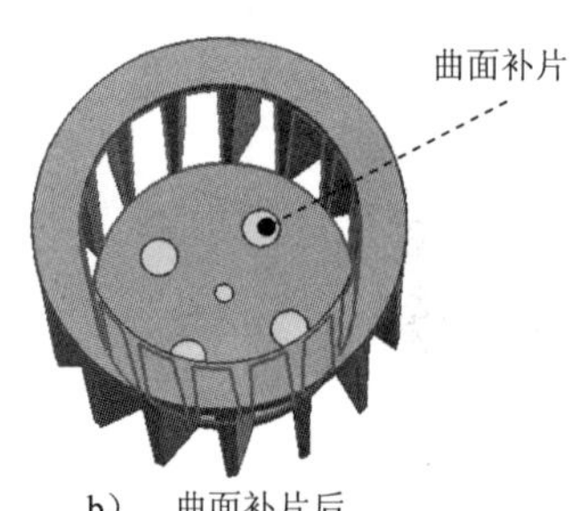

b）　曲面补片后

图 6.8　创建曲面补片

Step2. 手动修补破孔。

（1）在“分型管理器”对话框中单击 关闭 按钮，关闭“分型管理器”对话框。

（2）创建网格曲面。选择下拉菜单 插入(S) → 网格曲面(M) → 通过曲线网格(M)... 命令，选取图 6.9 所示的边线 1 和边线 2 为主曲线，并分别单击中键确认；然后再单击中键，选取图 6.9 所示的边线 3 和边线 4 为交叉曲线，并分别单击中键确认。单击 确定 按钮，完成曲面的创建，如图 6.9 所示。

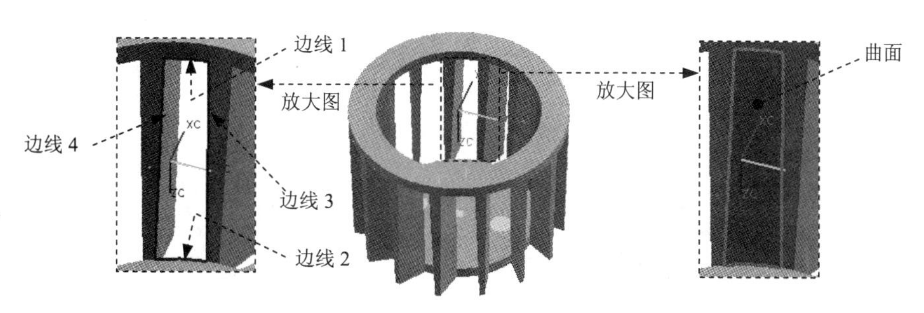

图 6.9　创建网格曲面

（3）创建引用几何体特征。

① 选择命令。选择下拉菜单 插入(S) → 关联复制(A) → 引用几何体(G)... 命令，系统弹出“引用几何体”对话框。

② 定义参数。在“引用几何体”对话框的 类型 区域的下拉列表中选择 旋转 选项；激活 引用的几何体 区域的 * 选择对象 (0)，选择上一步创建的网格曲面为旋转对象；激活 旋转轴 区域的 * 指定矢量 (0)，在其下拉列表中选择 ZC↑ 选项，激活 * 指定点 (0)，选择图 6.10 所示的点；在 角度、距离和副本数 区域的 角度 文本框中输入 24，在 距离 文本框中输入 0，在 副本数 文本框中输入 14，其他接受系统默认设置值。

③ 在“引用几何体”对话框中单击 确定 按钮，结果如图 6.11 所示。

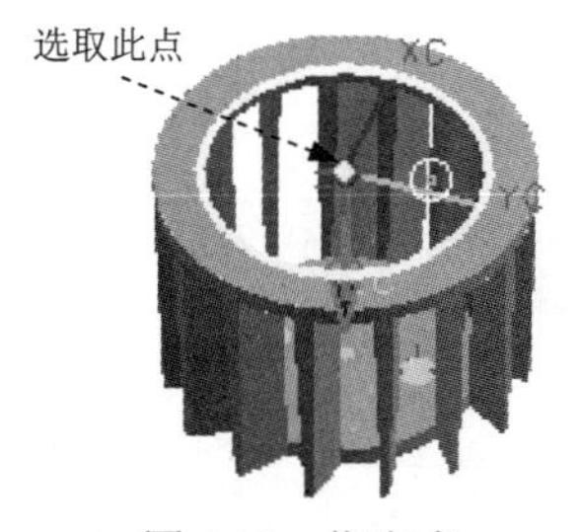

图 6.10　指定点

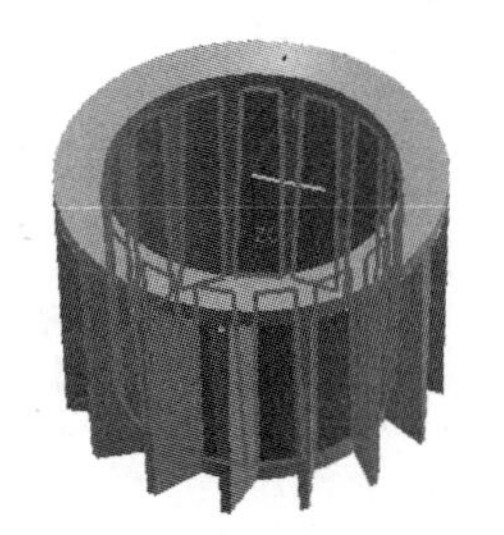

图 6.11　创建引用几何体

（4）将曲面转化成系统识别的修补面。在“注塑模向导”工具条中，单击“分型”按钮，在系统弹出“分型管理器”对话框中单击“创建/删除曲面补片”按钮，然后在“自动修补孔”对话框中单击 添加现有曲面 按钮，系统弹出“选择片体”对话框，选择图 6.12 所示的 15 个曲面，单击 确定 按钮。单击 后退 按钮，系统返回至“分型管理器”对话框。

Stage3. 抽取型腔/型芯区域分型线

Step1. 在“分型管理器”对话框中单击“抽取区域和分型线”按钮，系统弹出“定义区域”对话框。

Step2. 在“定义区域”对话框中选中 设置 区域的 ☑ 创建区域 和 ☑ 创建分型线 复选框，单击 确定 按钮，抽取分型线结果如图 6.13 所示；完成型腔/型芯区域分型线的抽取，系统返回至“分型管理器”对话框。

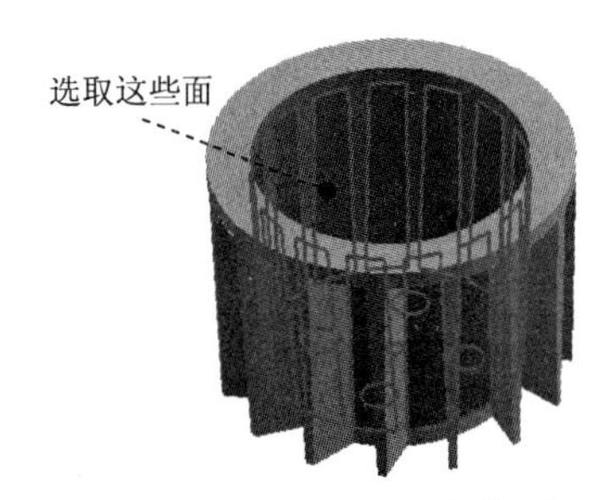

图 6.12 添加现有曲面

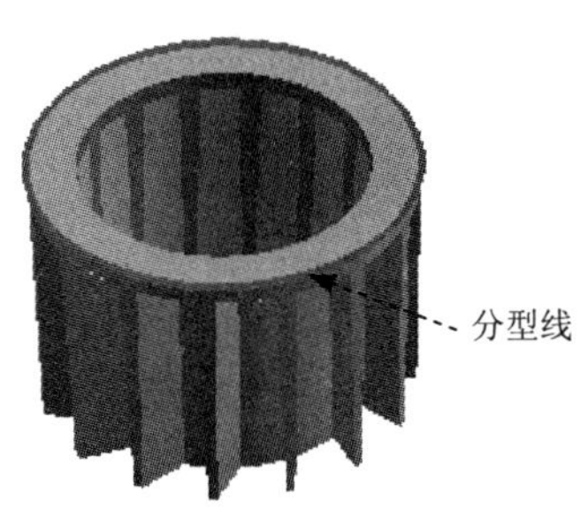

图 6.13 创建分型线

Stage4. 创建分型面

Step1. 在“分型管理器”对话框中单击“创建/编辑分型面”按钮，系统弹出“创建分型面”对话框。

Step2. 在“创建分型面”对话框中接受系统默认的公差值；在距离文本框中输入值 30，单击 创建分型面 按钮，系统弹出“分型面”对话框。

Step3. 创建有界平面。在“分型面”对话框中选择 ⊙ 有界平面 单选项，单击 确定 按钮。系统自动完成分型面的创建，如图 6.14 所示。

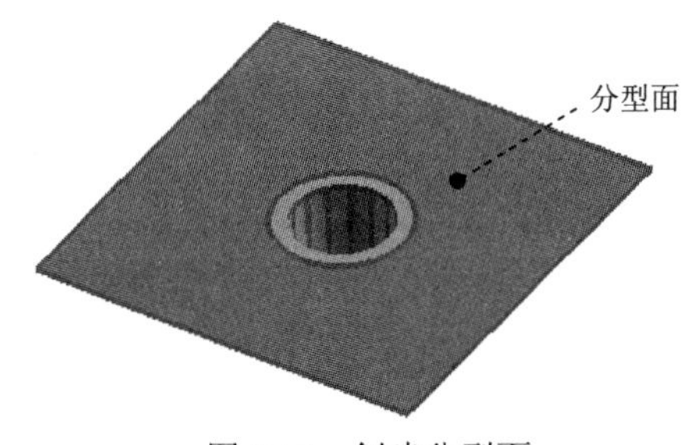

图 6.14 创建分型面

Stage5. 创建型腔和型芯

Step1. 创建型腔。

（1）在“分型管理器”对话框中单击“创建型腔和型芯”按钮，系统弹出“定义型腔和型芯”对话框。

（2）在“定义型腔和型芯”对话框中选取选择片体区域下的 Cavity region 选项，单击应用按钮。系统弹出“查看分型结果”对话框，并在图形区显示出图 6.15 所示的型腔零件，单击“查看分型结果”对话框中的确定按钮，系统返回至“定义型腔和型芯”对话框。

Step2. 创建型芯。在“定义型腔和型芯”对话框中选取选择片体区域下的 Core region 选项，单击确定按钮。系统弹出“查看分型结果”对话框，并在图形区显示出图 6.16 所示的型腔零件，单击“查看分型结果”对话框中的确定按钮。

Step3. 在“查看分型结果”对话框中单击确定按钮，系统返回至“分型管理器”对话框，在“分型管理器”对话框中单击关闭按钮，关闭“分型管理器”对话框。

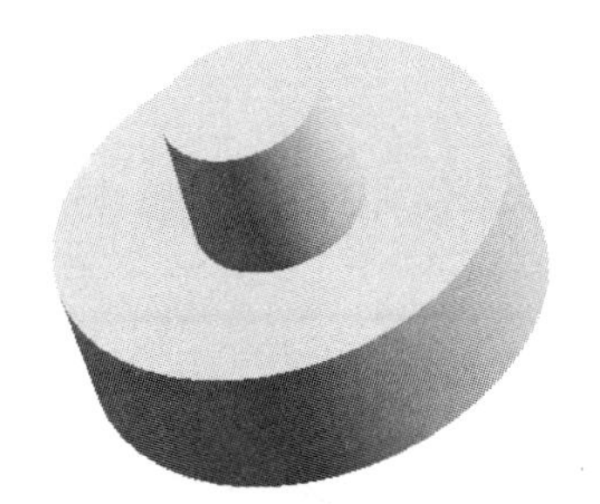

图 6.15 型腔零件

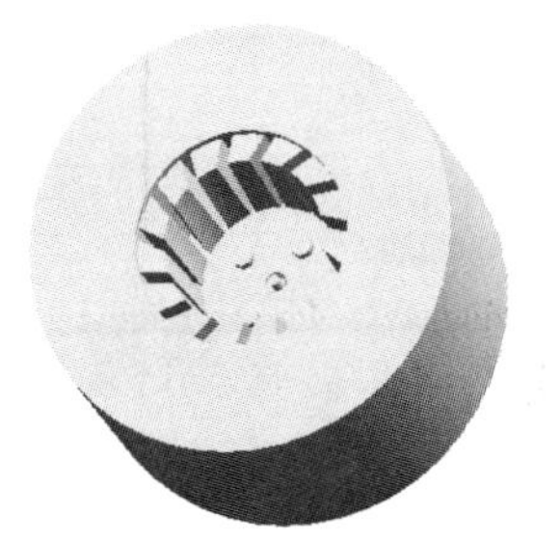

图 6.16 型芯零件

Task7. 创建模架

Stage1. 模架的加载和编辑

Step1. 选择下拉菜单 窗口(O) → impeller_mold_top_116.prt 命令，系统显示总模型。

Step2. 将总模型转换为工作部件。单击“装配导航器”选项卡，系统弹出“装配导航器”窗口。在 ☑ impeller_mold_top_116 选项上右击，在弹出的快捷菜单中选择 设为工作部件命令。

Step3. 在“注塑模向导”工具条中单击“模架”按钮，系统弹出“模架管理”对话框。

Step4. 选择目录和类型。在目录下拉列表中选择 LKM_SG 选项，然后在 TYPE 下拉列表中选择 A 选项。

Step5. 定义模架的编号及标准参数。在模型编号的列表中选择 2525；在标准参数区域中选择相应的参数，结果如图 6.17 所示。

Step6. 在“模架管理”对话框中单击确定按钮，加载后的模架如图 6.18 所示。

Step7. 移除模架中无用的结构零部件，如图 6.19 所示。

说明： 因为此模架较小，塑件精度要求一般，所以模架中的顶出导向机构在此可以移除，导向机构完全可由复位杆来代替。

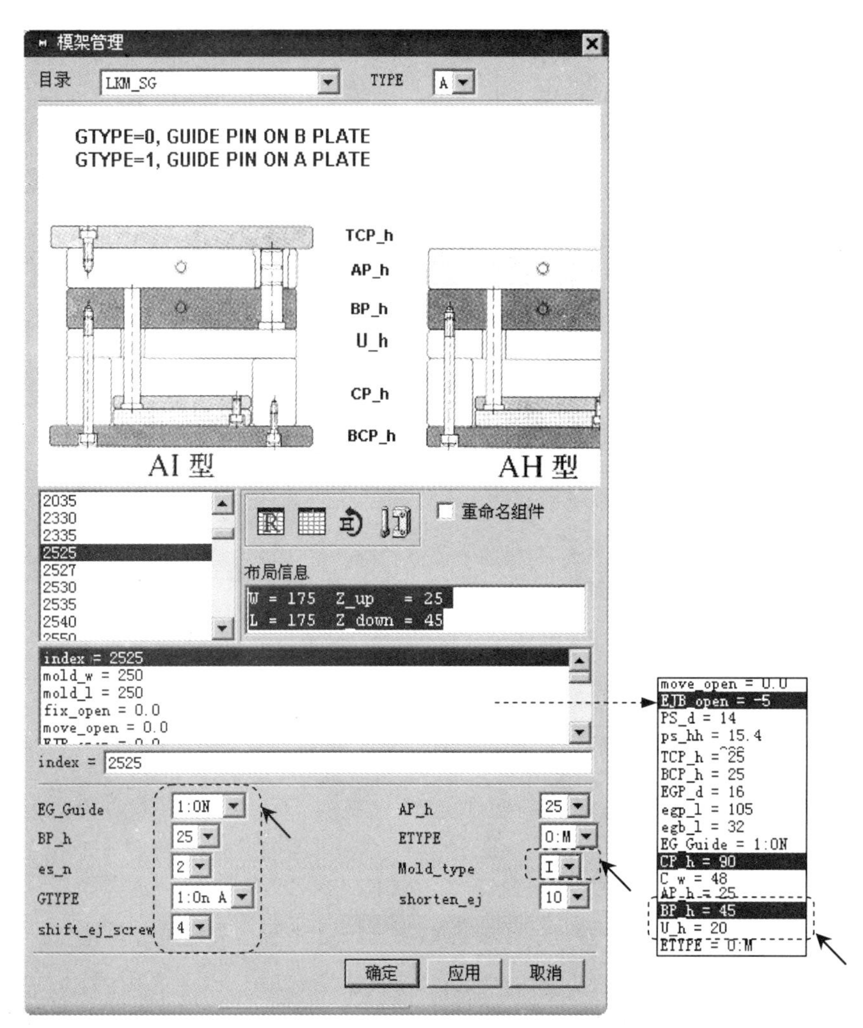

图 6.17 “模架管理”对话框

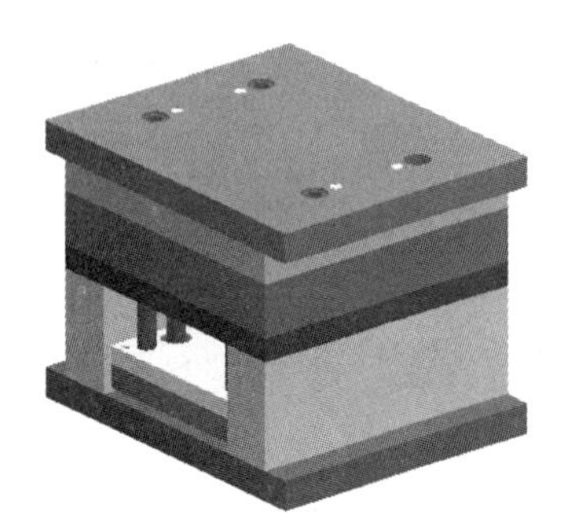

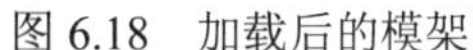

图 6.18 加载后的模架

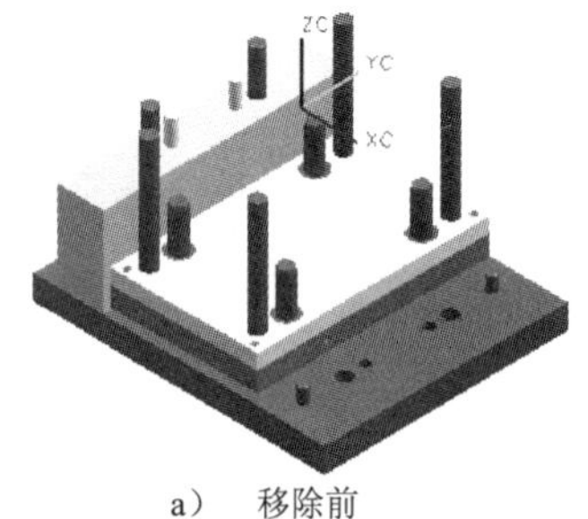

a） 移除前

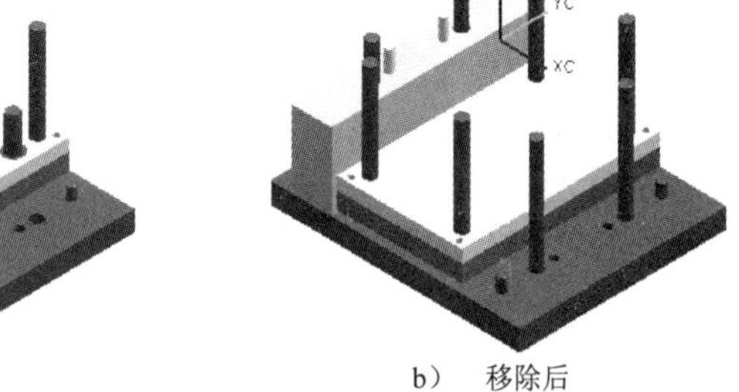

b） 移除后

图 6.19 移除部分零部件

（1）隐藏模架中的部分零部件，结果如图 6.20 所示。

（2）选择图 6.19 所示的八个零件并右击，在弹出的快捷菜单中选择 删除(D) 命令，在系统弹出的“链接警报”对话框中单击 OK 按钮，结果如图 6.21 所示。

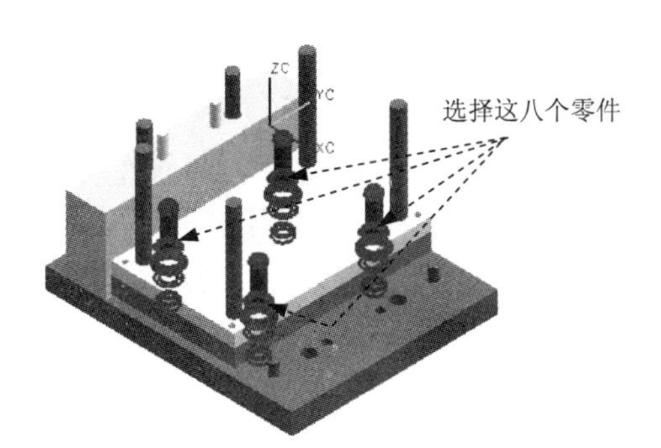

图 6.20　隐藏后

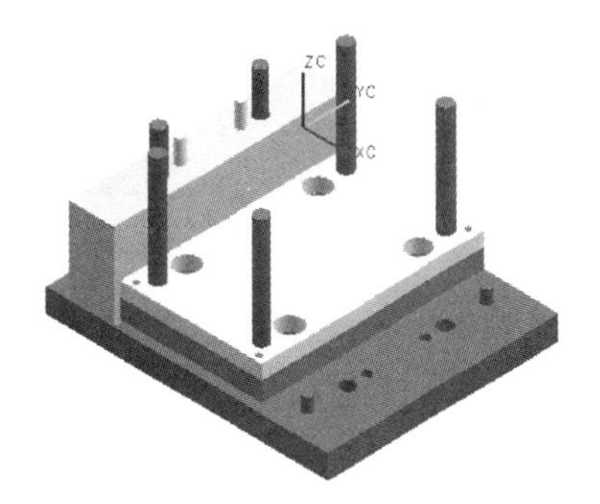

图 6.21　删除零件后

（3）双击推杆固定板（图 6.22），选择推杆固定板中的四个孔特征（图 6.22）并右击，在弹出的快捷菜单中选择 删除(D) 命令，在系统弹出的“提示”对话框中单击 确定 按钮，结果如图 6.23 所示。

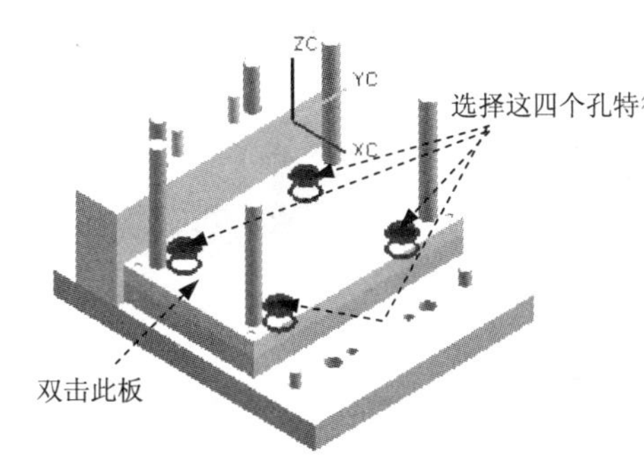

图 6.22　定义删除对象

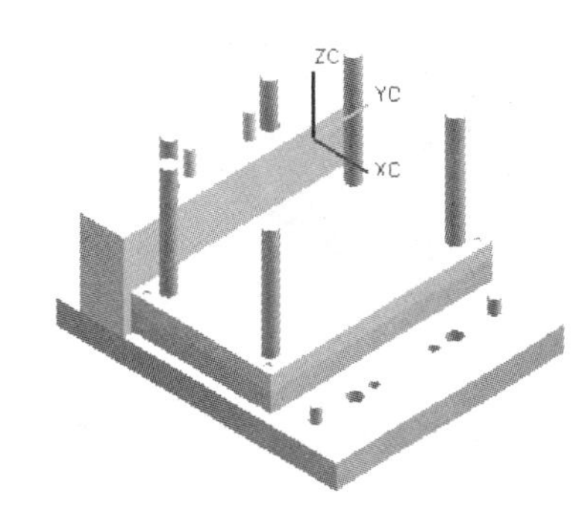

图 6.23　删除孔特征后

（4）隐藏推杆固定板（图 6.24），选择推杆固定板中的四个孔特征（图 6.24）并右击，在弹出的快捷菜单中选择 删除(D) 命令，在系统弹出的“提示”对话框中单击 确定 按钮。

注意：在某个板中删除特征，要将此板设定为工作部件。

（5）隐藏推板（图 6.25），选择动模座板中的四个孔特征（图 6.25）并右击，在弹出的快捷菜单中选择 删除(D) 命令，在系统弹出的“提示”对话框中单击 确定 按钮。

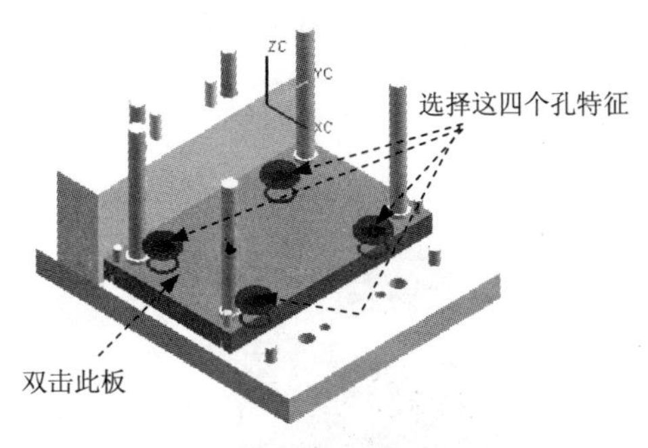

图 6.24　定义删除对象

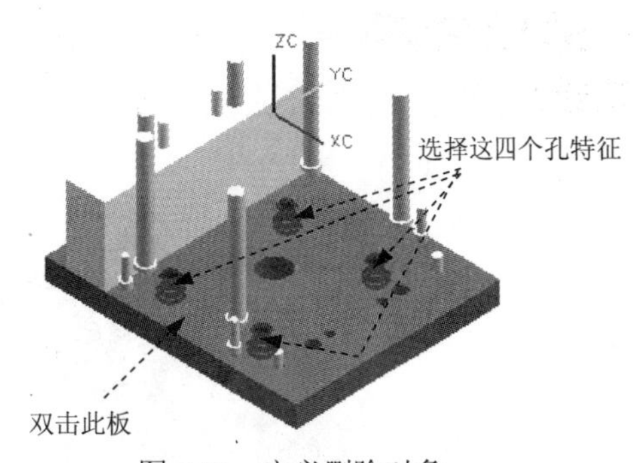

图 6.25　定义删除对象

Step8. 创建型芯固定凸台。

（1）隐藏模架中的部分零部件，结果如图 6.26 所示；选择图 6.26 所示的型芯零件并右击，在弹出的快捷菜单中选择 转为显示部件(D) 命令，此时系统将型芯零件显示在屏幕中。

（2）创建图 6.27 所示的拉伸特征。选择下拉菜单 插入(S) ➡ 设计特征(E) ➡ 拉伸(E)... 命令，选择图 6.28 所示的边线为拉伸截面；在 * 指定矢量 的下拉列表中选择 ZC↑ 选项；在 限制 区域的 开始 下拉列表中选择 值 选项，并在其下的 距离 文本框中输入值 0；在 结束 的下拉列表中选择 值 选项，并在其下的 距离 文本框中输入值 10。在 布尔 区域的 布尔 下拉列表中选择 求和 选项，在 偏置 区域的 偏置 下拉列表中选择 单侧，在 结束 文本框中输入值 5。单击 确定 按钮，完成拉伸特征的创建。

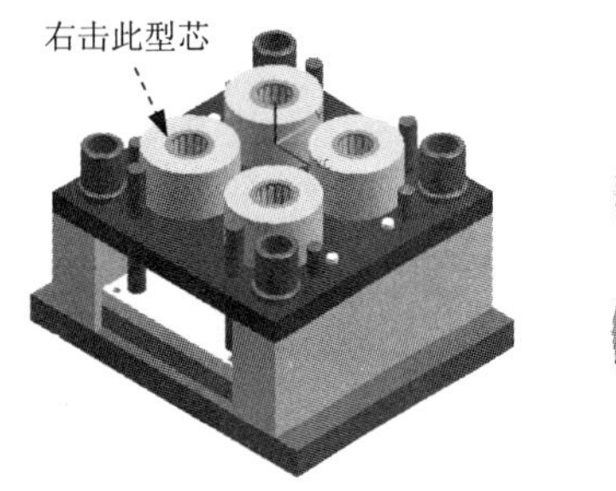

图 6.26 定义显示部件

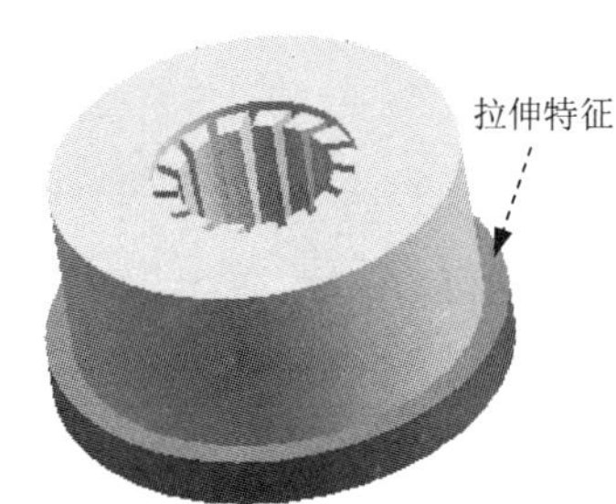

图 6.27 拉伸特征

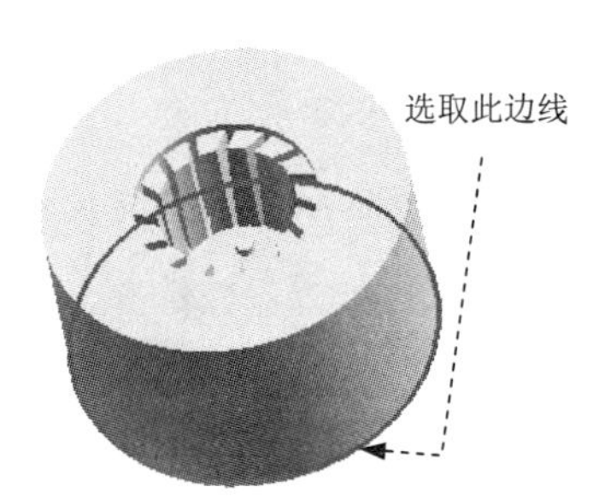

图 6.28 定义拉伸截面

（3）选择下拉菜单 窗口(O) ➡ impeller_mold_top_116.prt 命令，系统显示总模型。

（4）将总模型转换为工作部件。单击“装配导航器”选项卡，系统弹出“装配导航器”窗口。在 ☑ impeller_mold_top_116 选项上右击，在弹出的快捷菜单中选择 设为工作部件 命令。

Step9. 创建型芯避开槽。

（1）显示模架中的动模板，并将其设为“工作部件”，再隐藏模板。结果如图 6.29 所示。

（2）链接面到动模板中。选择下拉菜单 插入(S) ➡ 关联复制(A) ➡ WAVE 几何链接器(W)... 命令，在系统弹出“WAVE 几何链接器”对话框 类型 下拉列表中选择 面，在 面 区域的 面选项 下拉列表中选择 单个面，选择图 6.29 所示的 12 个面，单击 确定 按钮，完成面的链接。

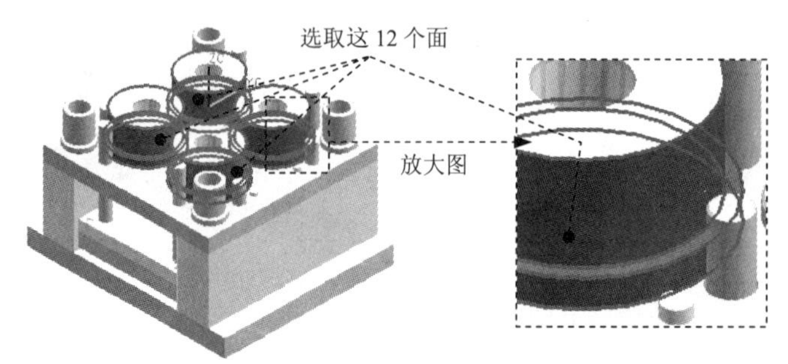

图 6.29 定义链接面

（3）创建曲面缝合特征 1。隐藏型芯零件和产品零件，结果如图 6.30 所示；选择下拉菜单插入(S) ➡ 组合体(B) ➡ 缝合(W)...命令，在类型区域的下拉列表中选择图纸页选项；选取图 6.30 所示的面为目标片体，选取图 6.30 所示的面为工具片体。单击确定按钮，完成曲面缝合特征 1 的创建。

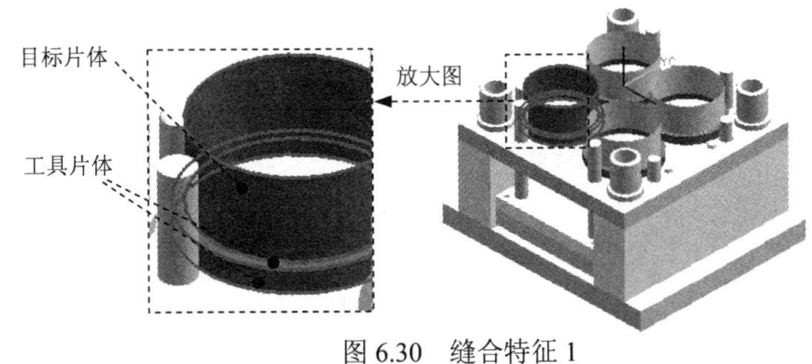

图 6.30　缝合特征 1

（4）创建曲面缝合特征 2、3 和 4。参照步骤（3）完成其余 3 个缝合特征的创建。

（5）显示动模板。

（6）创建图 6.31 所示的修剪体特征。显示动模板，如图 6.32 所示；选择下拉菜单插入(S) ➡ 修剪(T) ➡ 修剪体(T)...命令，选取动模板为目标体，选取曲面缝合特征 1 为工具面，修剪方向如图 6.32 所示。

（7）使用同样的方法创建其余 3 个修剪体特征。

（8）隐藏缝合的片体。

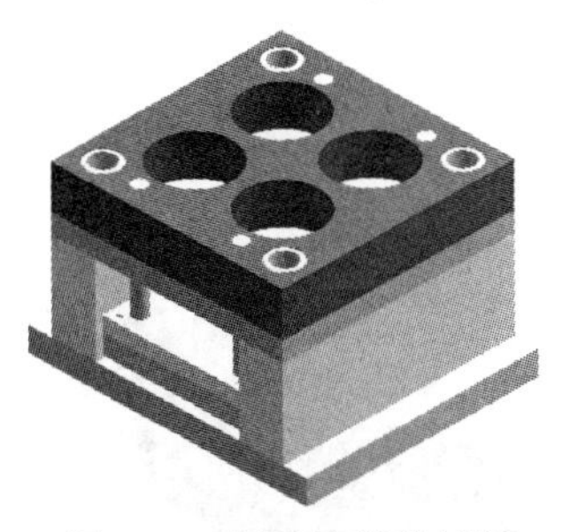

图 6.31　创建修剪体特征

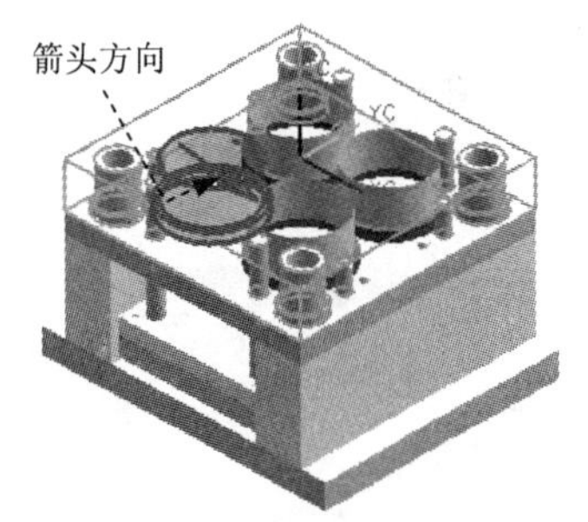

图 6.32　定义修剪方向

Step10. 创建型腔固定凸台。

（1）在 ☑ impeller_mold_top_116 选项上右击，在弹出的快捷菜单中选择设为工作部件命令；隐藏模架中的部分零部件，结果如图 6.33 所示。

（2）选择图 6.33 所示的型腔零件并右击，在弹出的快捷菜单中选择转为显示部件(D)命令。

（3）创建图 6.34 所示的拉伸特征。选择下拉菜单插入(S) ➡ 设计特征(E) ➡ 拉伸(E)...命令，选择图 6.35 所示的边线为拉伸截面；在* 指定矢量下拉列表中选择 -ZC 选项；在限制区域的开始下拉列表中选择值选项，并在其下的距离文本框中输入值 0；在结束下拉列表中选择值选项，并在其下的距离文本框中输入值 10。在布尔区域的布尔下拉列表中选择求和选项，在偏置区域的偏置下拉列表中选择单侧，在其结束文本框中输入值 5。单击确定按钮，完成拉伸特征的创建。

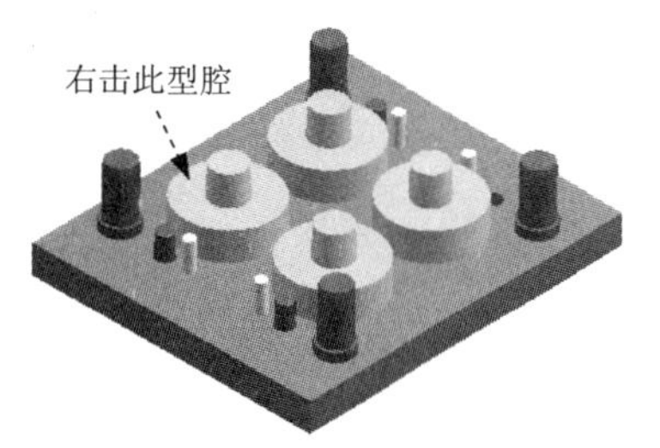

图 6.33　定义显示部件

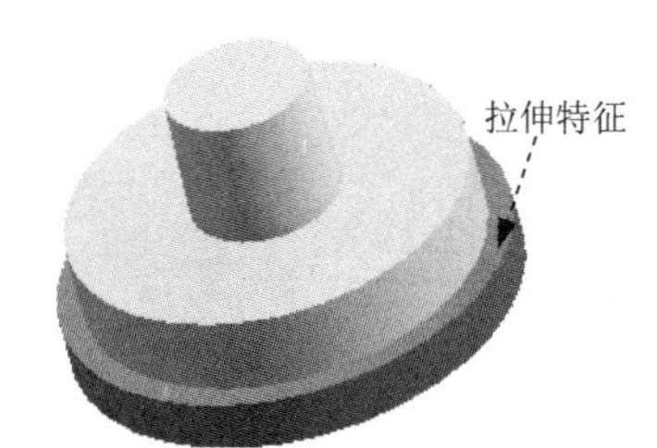

图 6.34　拉伸特征

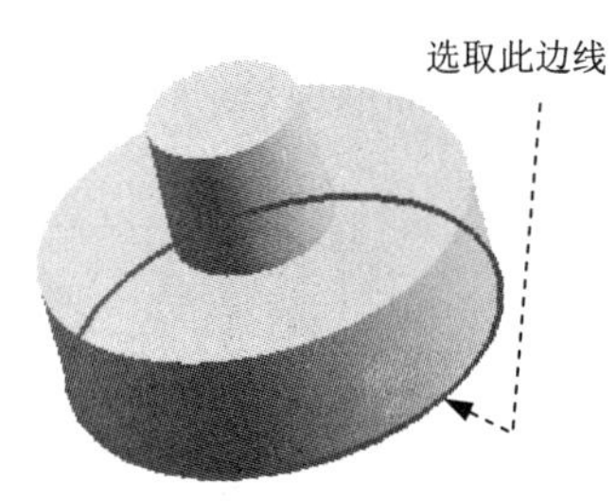

图 6.35　定义拉伸截面

（4）选择下拉菜单窗口(O) → impeller_mold_top_116.prt命令，系统显示总模型。

（5）将总模型转换为工作部件。在 impeller_mold_top_116选项上右击，在弹出的快捷菜单中选择设为工作部件命令。

Step11. 创建型腔避开槽。

（1）显示模架中的定模板，并将其设为“工作部件”，再隐藏模板。结果如图 6.36 所示。

（2）链接面到定模板中。选择下拉菜单插入(S) → 关联复制(A) → WAVE 几何链接器(W)...命令，在系统弹出“WAVE 几何链接器”对话框类型下拉列表中选择面，在面区域的面选项下拉列表中选择单个面，选择图 6.36 所示的 12 个面，单击确定按钮，完成面的链接。

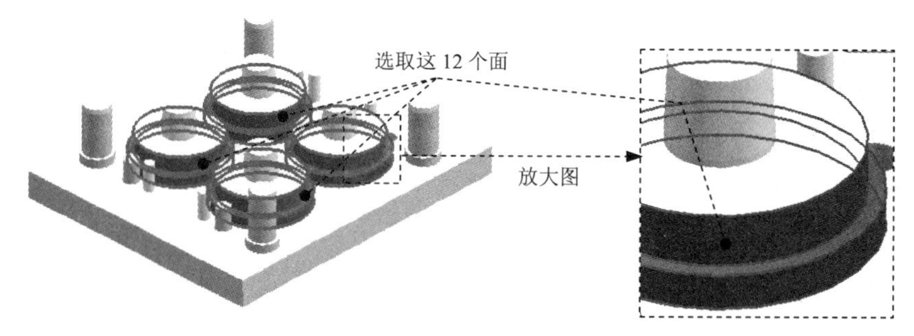

图 6.36　定义链接面

说明：若完成面的链接后，发现链接的结果没有显示出来，可在部件导航器中将其显示出来。

（3）创建曲面缝合特征 1。隐藏型腔零件，结果如图 6.37 所示。选择下拉菜单插入(S) → 组合体(B) → 缝合(W)...命令，在类型区域的下拉列表中选择图纸页选项，选取图 6.37 所示的面为目标片体，选取图 6.37 所示的面为工具片体。单击确定按钮，完成曲面缝合特征 1 的创建。

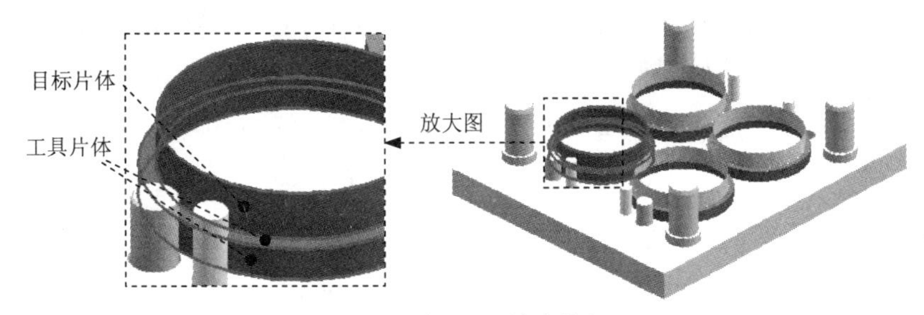

图 6.37　缝合特征 1

（4）创建曲面缝合特征 2、3 和 4。参照步骤（3）完成其余 3 个缝合特征的创建。

（5）显示动模板。

（6）创建图 6.38 所示的修剪体特征。显示定模板，如图 6.39 所示。选择下拉菜单 插入(S) → 修剪(T) → 修剪体(T)... 命令，选取定模板为目标体，选取曲面缝合特征 1 为工具面，修剪方向如图 6.39 所示。单击 确定 按钮，完成修剪体特征的创建。

（7）使用同样的方法创建其余 3 个修剪体特征。然后隐藏缝合的片体。

图 6.38　创建修剪体特征

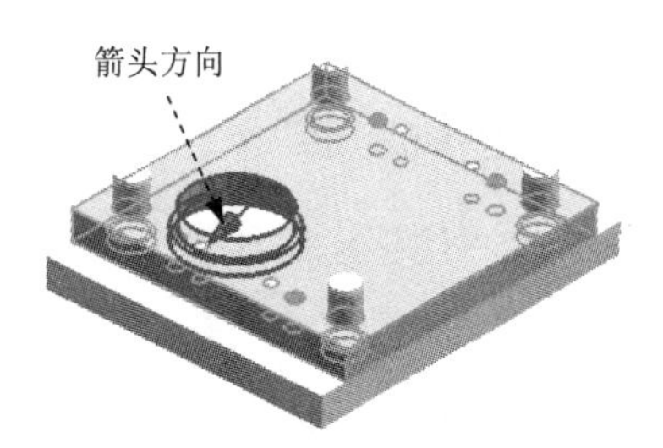

图 6.39　定义修剪方向

Task8. 添加标准件

Stage1. 加载定位圈

Step1. 将动模侧模架和模仁组件显示出来。

说明： 模仁的显示是在部件导航器中将其链接体显示即可。

Step2. 在“注塑模向导”工具条中单击“标准件”按钮，系统弹出“标准件管理”对话框。

Step3. 选择目录和类别。在 目录 下拉列表中选择 FUTABA_MM 选项，然后在 分类 下拉列表中选择 Locating Ring Interchangeable 选项。

Step4. 在 TYPE 下拉列表中选择 M_LRB 选项，在 DIAMETER 下拉列表中选择 100 选项，在 BOTTOM_C_BORE_DIA 下拉列表中选择 50 选项。

Step5. 单击 确定 按钮，完成定位圈的添加（图 6.40）。

说明： 系统在加载定位圈时会弹出“消息”对话框，此时单击 确定 按钮。

Stage2. 创建定位圈槽

Step1. 在“注塑模向导”工具条中单击“腔体”按钮，系统弹出“腔体”对话框；在模式下拉列表中选择减去材料，在刀具区域的工具类型下拉列表中选择部件。

Step2. 选取目标体。选取定模座板为目标体，然后单击鼠标中键。

Step3. 选取工具体。选取定位圈为工具体。

Step4. 单击确定按钮，完成定位圈槽的创建。

说明： 观察结果时可将定位圈隐藏，结果如图 6.41 所示。

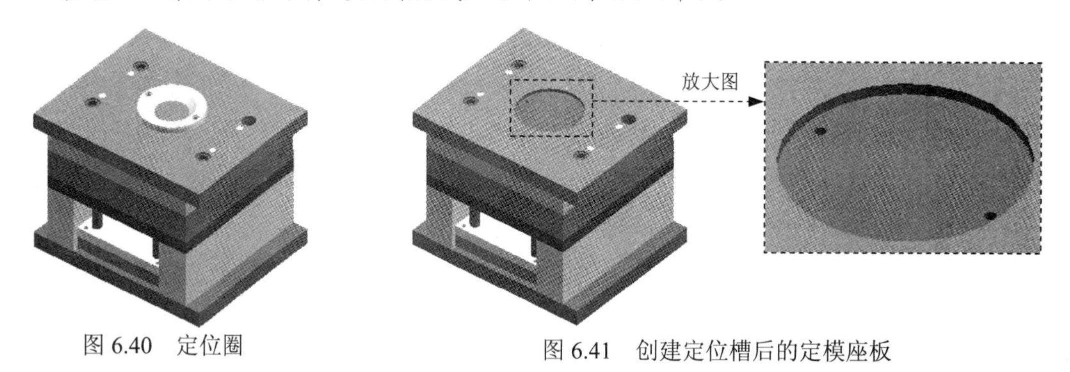

图 6.40 定位圈

图 6.41 创建定位槽后的定模座板

Stage3. 添加浇口套

Step1. 在“注塑模向导”工具条中单击“标准件”按钮，系统弹出“标准件管理”对话框。

Step2. 选择浇口套类型。在“标准件管理”对话框的目录下拉列表中选择FUTABA_MM选项；在分类下拉列表中选择Sprue Bushing选项；在CATALOG下拉列表中选择M-SBA选项；在CATALOG_DIA下拉列表中选择16选项；在CATALOG_LENGTH下拉列表中选择40选项；在0下拉列表中选择3.5选项；其他采用系统默认设置值。

Step3. 单击确定按钮，完成浇口套的添加，如图 6.42 所示。

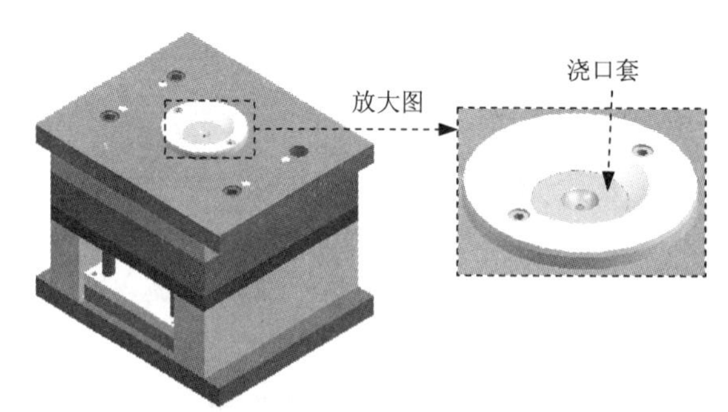

图 6.42 加载浇口套

Stage4. 创建浇口套槽

Step1. 隐藏动模、型芯和产品，隐藏后的结果如图 6.43 所示。

Step2. 在“注塑模向导”工具条中单击“腔体”按钮，系统弹出“腔体”对话框；在模式下拉列表中选择减去材料，在刀具区域的工具类型下拉列表中选择部件。

Step3. 选取目标体。选取图 6.43 所示的定模板和定模固定板为目标体，然后单击鼠标中键。

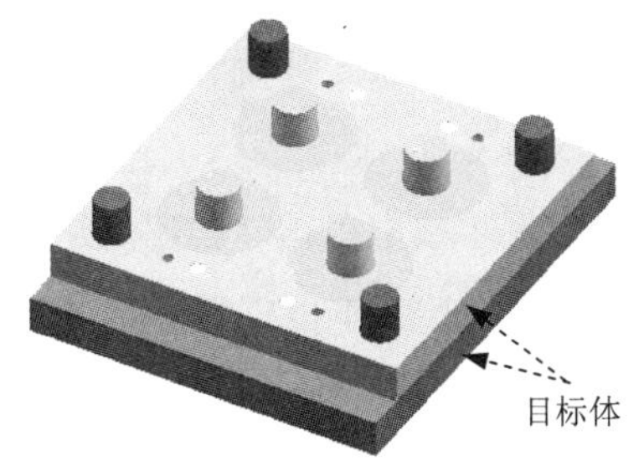

图 6.43　隐藏后的结果

Step4. 选取工具体。选取浇口套为工具体。

Step5. 单击 确定 按钮，完成浇口套槽的创建。

说明： 观察结果时可将浇口套隐藏，结果如图 6.44 所示。

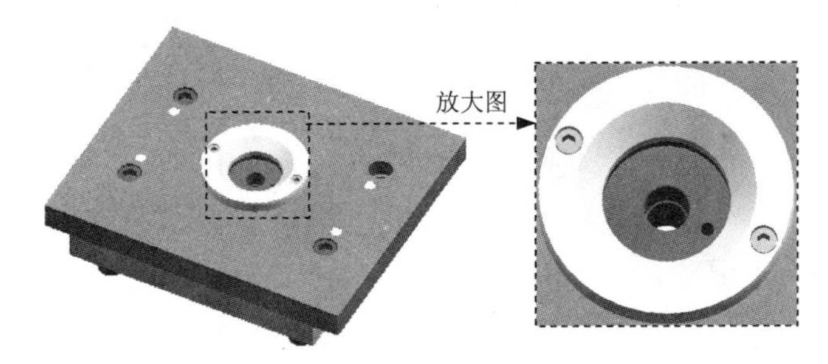

图 6.44　定模固定板和定模板避开孔

Task9. 创建浇注系统

Stage1. 创建分流道

Step1. 定义模架的显示，结果如图 6.45 所示。

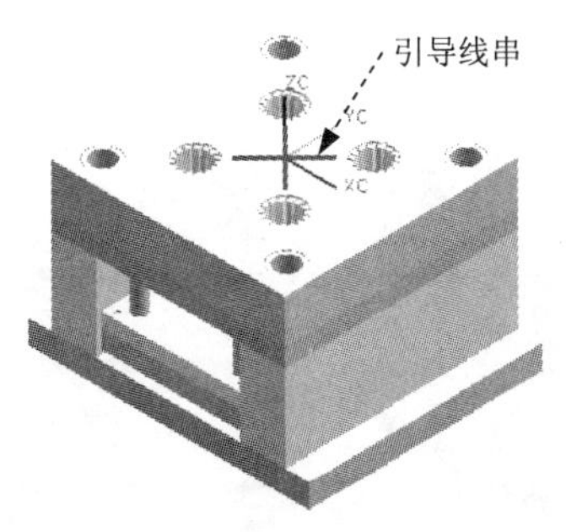

图 6.45　定义后的引导线串

Step2. 在“注逆模具向导”工具条中单击“流道”按钮，系统弹出“流道设计”对话框。

Step3. 定义引导线串。在“流道设计”对话框的设计步骤区域中选择“定义引导线串”

按钮；在定义方式区域中选择“草图模式”按钮；在可用图样下拉列表中选择圆型腔选项；在A=的文本框中输入值 40，按 Enter 键确认；在B=的文本框中输入值 80，按 Enter 键确认；在angle_rotate=的文本框中输入值 45，按 Enter 键确认。单击应用按钮，完成引导线串的定义，结果如图 6.45 所示。

Step4. 定义流道通道。在设计步骤区域中单击“创建流道截面”按钮，在弹出的横截面下拉列表中选择选项；在流道直径R文本框中输入值 4，并按回车键确认。在流道位置区域中选择⊙ 型芯单选项。

Step5. 单击确定按钮，完成分流道的创建，结果如图 6.46 所示。

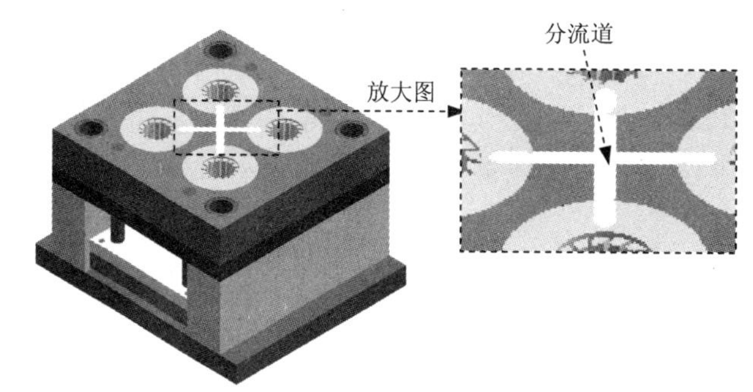

图 6.46 创建分流道

Stage2. 创建分流道槽

Step1. 在“注塑模向导”工具条中单击“腔体”按钮，系统弹出“腔体”对话框；在模式下拉列表中选择减去材料，在刀具区域的工具类型下拉列表中选择部件。

Step2. 选取目标体。选取动模板为目标体，然后单击鼠标中键。

Step3. 选取工具体。选取分流道为工具体。

Step4. 单击确定按钮，完成分流道槽的创建。

说明：观察结果时可将分流道隐藏，结果如图 6.47 所示。

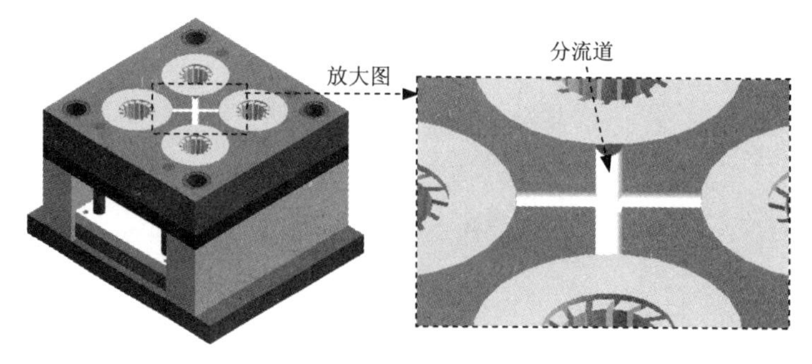

图 6.47 创建分流道

Stage3. 创建浇口

Step1. 选择命令。在“注塑模向导”工具条中单击按钮，系统弹出“浇口设计”

对话框。

Step2. 定义浇口属性。在“浇口设计”对话框的平衡区域中选择◉否单选项；在位置区域中选择◉型芯单选项；在类型区域中选择rectangle选项；在参数列表框中选择L=5选项，在L=文本框中输入值 8，并按回车键确认；其他采用系统默认设置值。

Step3. 在“浇口设计”对话框中单击应用按钮，系统自动弹出“点”对话框。

Step4. 定义浇口位置。在“点”对话框中单击⊙选项，选取图 6.48 所示的圆弧 1，系统自动弹出“矢量”对话框。

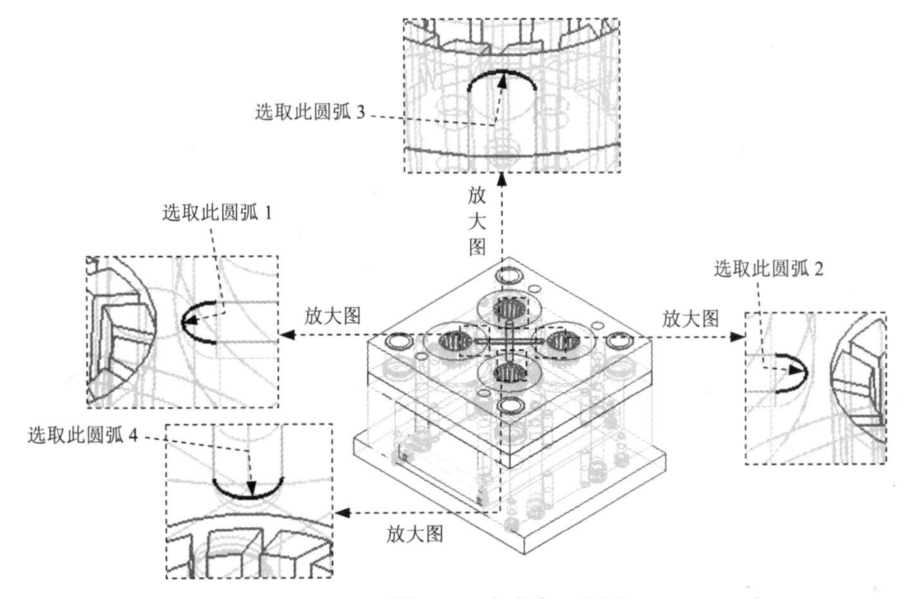

图 6.48　定义浇口位置

Step5. 定义矢量。在“矢量”对话框的类型下拉列表中选择与 XC 成一角度选项，在角度文本框中输入值 45；然后单击确定按钮，系统返回至“浇口设计”对话框。

Step6. 在“浇口设计”对话框中单击取消按钮，完成浇口的创建。

Step7. 重复上面的操作，设置相同的参数，选取图 6.48 所示的圆弧 2，设置“矢量”方向为与 XC 成一角度，角度值为 225。

Step8. 重复上面的操作，设置相同的参数，选取图 6.48 所示的圆弧 3，设置“矢量”方向为与 XC 成一角度，角度值为-45。

Step9. 重复上面的操作，设置相同的参数，选取图 6.48 所示的圆弧 3，设置“矢量”方向为与 XC 成一角度，角度值为 135，结果如图 6.49 所示。

Stage4. 创建浇口槽

Step1. 选择命令。选择下拉菜单插入(S) ➡ 组合体(B)▸ ➡ 装配切割(A)...命令，系统弹出“AssemblyCut”对话框。

Step2. 选取目标体。选取图 6.50 所示的四个型芯为目标体，然后单击鼠标中键。

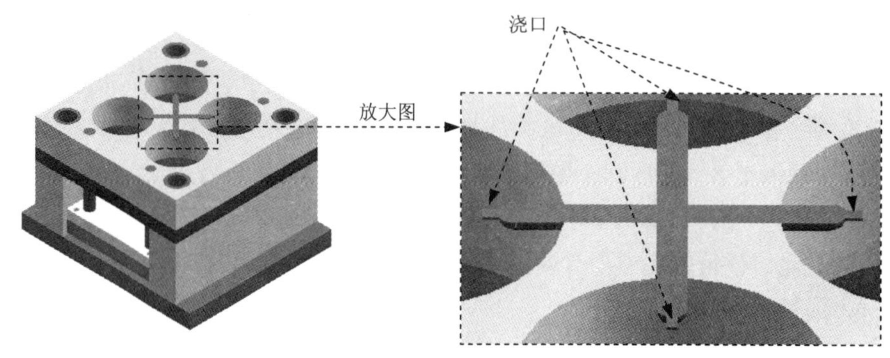

图 6.49　创建浇口

Step3. 选取工具体。选取四个浇口和两条分流道为工具体。

Step4. 单击 确定 按钮，完成浇口槽的创建。

说明：观察结果时，可将浇口和分流道隐藏，结果如图 6.51 所示。

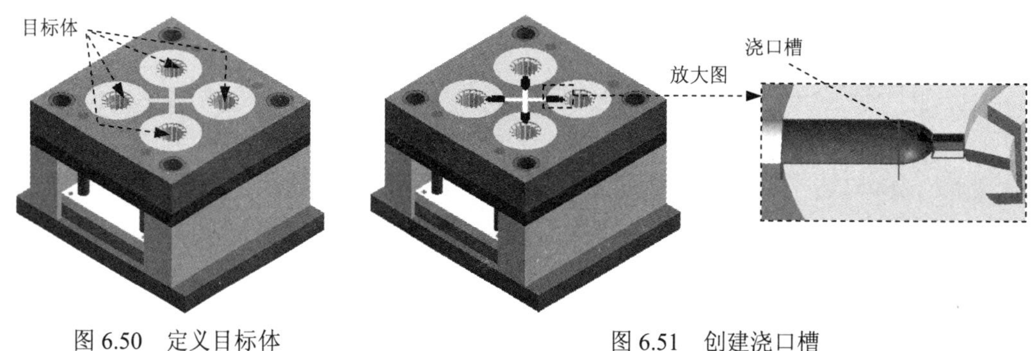

图 6.50　定义目标体　　　　图 6.51　创建浇口槽

Task10. 添加顶出系统

Stage1. 创建顶杆定位直线

Step1. 创建直线。选择下拉菜单 插入(S) → 曲线(C) → 直线(L)... 命令，创建图 6.52 所示的直线（直线的端点在相应的临边中点上）。单击 确定 按钮，完成直线的创建。

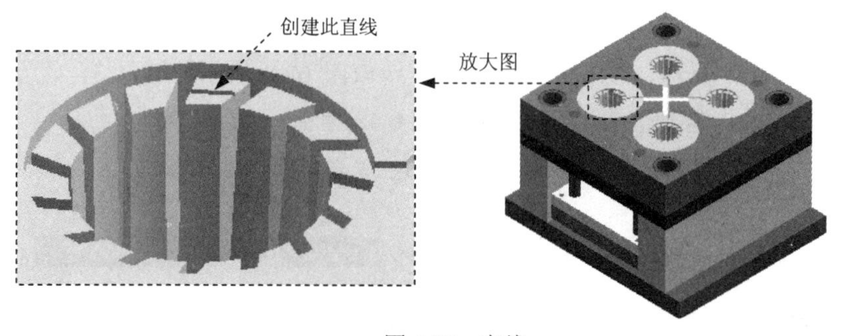

图 6.52　直线

Step2. 创建图 6.53 所示的引用几何体特征。

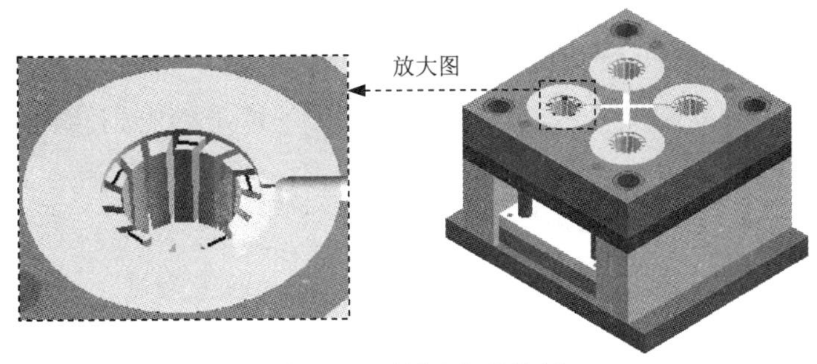

图 6.53　引用几何体特征

（1）选择命令。选择下拉菜单插入(S) → 关联复制(A) → 引用几何体(G)...命令，系统弹出“引用几何体”对话框。

（2）定义参数。在“引用几何体”对话框的类型区域的下拉列表中选择旋转选项；激活引用的几何体区域的*选择对象 (0)，选择上一步创建的直线为旋转对象；激活旋转轴区域的*指定矢量 (0)，选择图 6.54 所示的圆弧，激活*指定点 (0)，选择图 6.54 所示圆弧的圆心点；在角度、距离和副本数区域的角度文本框中输入 72，在距离文本框中输入 0，在副本数文本框中输入 4，其他接受系统默认设置值。

（3）在“引用几何体”对话框中，单击确定按钮。

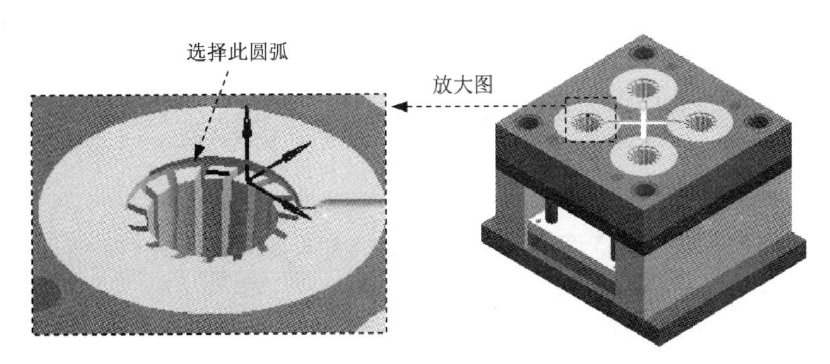

图 6.54　定义旋转轴和指定点

Stage2. 加载顶杆 01

Step1. 在“注塑模向导”工具条中单击“标准件”按钮，系统弹出“标准件管理”对话框。

Step2. 定义顶杆类型。在“标准件管理”对话框的目录下拉列表中选择FUTABA_MM选项；在分类下拉列表中选择Ejector Pin选项；在CATALOG下拉列表中选择EJ选项；在CATALOG_DIA下拉列表中选择2.5选项；在CATALOG_LENGTH下拉列表中选择100选项；在HEAD_TYPE下拉列表中选择1选项。

Step3. 修改顶杆尺寸。选择“标准件管理”对话框中的尺寸选项卡，在“尺寸表达式”列表中选择CATALOG_LENGTH = 100选项，在CATALOG_LENGTH1文本框中输入值 130，并按 Enter 键确认；单击确定按钮，系统弹出“点”对话框。

Step4. 定义顶杆放置位置。在“点” 对话框的类型下拉列表中选择控制点选项，分别选择前面创建的五条直线中点为顶杆放置位置。完成顶杆位置的放置后，在“点”对话框中单击取消按钮。

说明：在选取直线中点时，只需单击接近直线中间的位置即可，系统会自动捕捉其中点。

Step5. 完成顶杆放置位置，结果如图 6.55 所示。

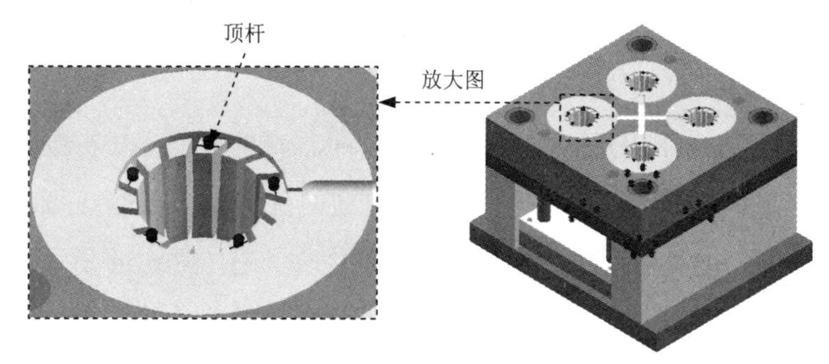

图 6.55　加载后的顶杆 01

Stage3. 修剪顶杆 01

Step1. 选择命令。在“注塑模向导”工具条中单击“修剪模具组件”按钮，系统弹出“修剪模具组件”对话框。

Step2. 选择修剪对象。在“修剪模具组件”对话框中选中任意单选项；然后选择添加的所有顶杆为修剪目标体。

Step3. 在“模具修剪管理”对话框中单击确定按钮，此时系统弹出“消息”对话框，单击确定(O)按钮，在系统弹出的“选择方向”对话框中单击确定按钮，完成顶杆的修剪，结果如图 6.56 所示。

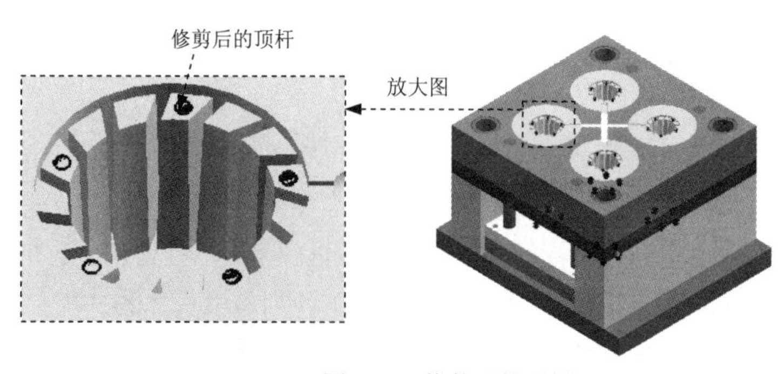

图 6.56　修剪后的顶杆

Stage4. 创建顶杆定位草图

Step1. 选择命令。选择下拉菜单 插入(S) ➡ 草图(S)... 命令，选取图 6.57 所示的平面为草图平面，单击 确定 按钮。

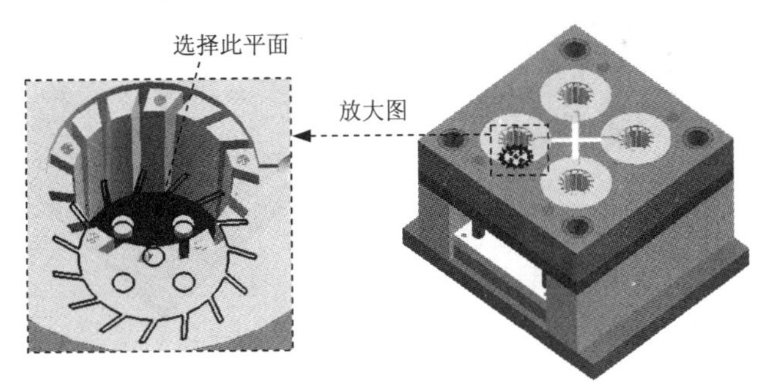

图 6.57　定义草图平面

Step2. 进入草图环境，绘制图 6.58 所示的截面草图。

Step3. 单击 完成草图 按钮，退出草图环境。

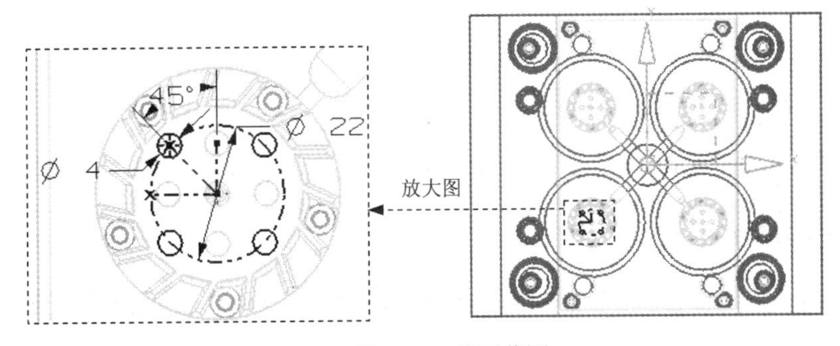

图 6.58　截面草图

Stage5. 加载顶杆 02

Step1. 在“注塑模向导”工具条中单击“标准件”按钮，系统弹出“标准件管理”对话框。

Step2. 定义顶杆类型。在“标准件管理”对话框的 目录 下拉列表中选择 FUTABA_MM 选项；在 分类 下拉列表中选择 Ejector Pin 选项；在 CATALOG 下拉列表中选择 EJ 选项；在 CATALOG_DIA 下拉列表中选择 4.0 选项；在 CATALOG_LENGTH 下拉列表中选择 100 选项；在 HEAD_TYPE 下拉列表中选择 1 选项。

Step3. 修改顶杆尺寸。选择“标准件管理”对话框中的 尺寸 选项卡，在“尺寸表达式”列表中选择 CATALOG_LENGTH = 100 选项，在 CATALOG_LENGTH1 文本框中输入值 105，并按回车键确认；单击 确定 按钮，系统弹出“点”对话框。

Step4. 定义顶杆放置位置。在“点”对话框的 类型 下拉列表中选择 圆弧中心/椭圆中心/球心 选项，分别选择前面草图创建的四个圆的圆心为顶杆放置位置。完成顶杆位置的放置后，在“点”对话框单击 取消 按钮。结果如图 6.59 所示（隐藏草图）。

说明： 在选取圆心时只需点击圆弧任意位置即可，系统自动捕捉其圆心。

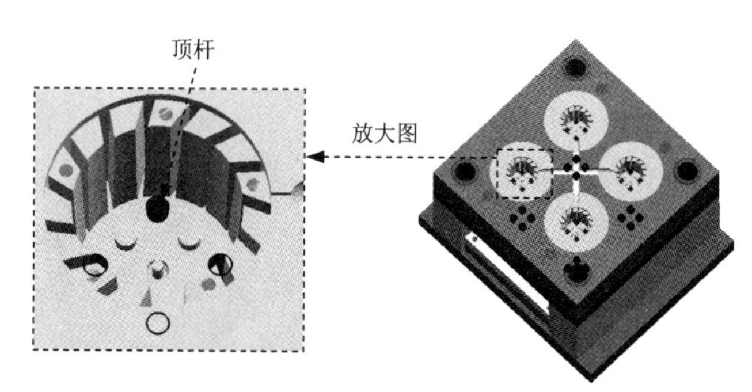

图 6.59 加载后的顶杆

Stage6. 修剪顶杆 02

Step1. 选择命令。在“注塑模向导”工具条中单击“修剪模具组件”按钮，系统弹出“修剪模具组件”对话框。

Step2. 选择修剪对象。在该对话框中选中 ⊙ 任意 单选项；然后选择图 6.58 所示的 16 个顶杆为修剪目标体。

Step3. “模具修剪管理”对话框中单击 确定 按钮，此时系统弹出“消息”对话框，单击 确定(O) 按钮，在系统弹出的“选择方向”对话框中单击 确定 按钮，完成顶杆的修剪。

Stage7. 创建顶杆腔

Step1. 选择命令。选择下拉菜单 插入(S) → 组合体(B) → 装配切割(A)... 命令，系统弹出“AssemblyCut”对话框。

Step2. 选取目标体。选取图 6.60 所示的四个型芯、动模固定板和推板固定板为目标体，然后单击鼠标中键。

Step3. 选取工具体。选取所有的顶杆（16 个）为工具体。

Step4. 单击 确定 按钮，完成顶杆腔的创建。

Step5. 显示所有的零部件，结果如图 6.61 所示。

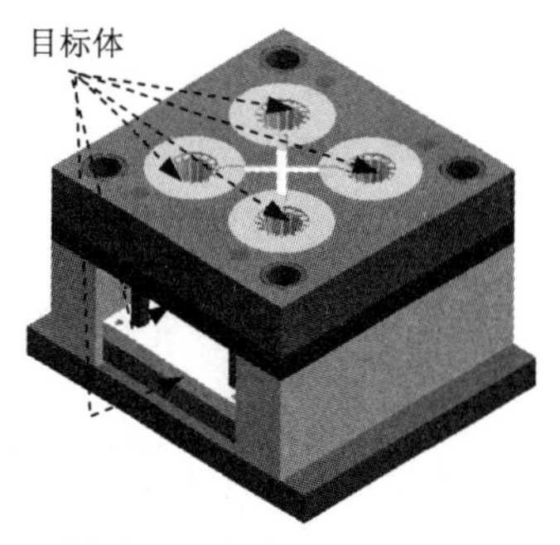

图 6.60 选取目标体

图 6.61 显示所有零部件

6.2　创建方法二（在建模环境下进行模具设计）

方法简介：

在建模环境下设计此模具的思路：首先，确定产品的开模方向，对产品进行型腔布局；其次，创建模具分型面和浇注系统；最后，用最大分型面将工件分割为型腔和型芯两部分。

下面介绍在建模环境下设计该模具的具体过程。

Task1. 模具坐标

Step1. 打开文件。打开 D:\ug6.6\work\ch06\impeller.prt 文件，单击 OK 按钮，进入建模环境。

Step2. 旋转坐标系。选择下拉菜单 格式(R) → WCS → 旋转(R)... 命令，在系统弹出“旋转 WCS 绕…”对话框中选择 ⊙ + XC 轴 单选项，在 角度 文本框中输入值 180。单击 确定 按钮，完成坐标系的旋转，如图 6.62 所示。

图 6.62　定义模具坐标系

Task2. 设置收缩率

Step1. 选择命令。选择下拉菜单 插入(S) → 偏置/缩放(O) → 缩放体(S)... 命令，系统弹出“缩放体”对话框。

Step2. 在“缩放体”对话框的 类型 下拉列表中选择 均匀 选项。

Step3. 定义缩放体和缩放点。选择零件为缩放体，此时系统自动将缩放点定义在零件的中心位置。

Step4. 定义缩放比例因子。在“缩放体”对话框的 比例因子 区域的 均匀 文本框中输入数值 1.006。

Step5. 单击 确定 按钮，完成收缩率的位置。

Task3. 型腔布局

Step1. 创建移动对象特征 1。选择下拉菜单 编辑(E) → 移动对象(O)... 命令，选择零件模型为平移对象；在“移动对象”对话框的 变换 区域的 运动 下拉列表中选择 距离；在“指定矢量”的 下拉列表中选择 ；在 距离 文本框中输入 55。在 结果 区域中选择 ⊙ 复制原先的单选项，在距离/角度分割文本框中输入 1；在非关联副本数文本框中输入 1。单击确定按钮，完成零件的平移，结果如图 6.63 所示。

Step2. 创建移动对象特征 2。选择下拉菜单编辑(E) ➡ 移动对象(O)...命令，选择所有零件模型（2 个）为平移对象；在“移动对象”对话框的变换区域的运动下拉列表中选择距离；在“指定矢量”的下拉列表中选择YC；在距离文本框中输入 55。在结果区域中选择复制原先的单选项，在距离/角度分割文本框中输入 1；在非关联副本数文本框中输入 1。单击确定按钮，完成零件的平移。

Step3. 定义坐标原点。选择下拉菜单格式(R) ➡ WCS ➡ 原点(O)...命令，在系统弹出“点”对话框坐标区域的XC、YC和ZC文本框中分别输入值 26.5、26.5 和 0。单击确定按钮，完成定义坐标原点的操作，结果如图 6.64 所示。

图 6.63 移动对象特征 1

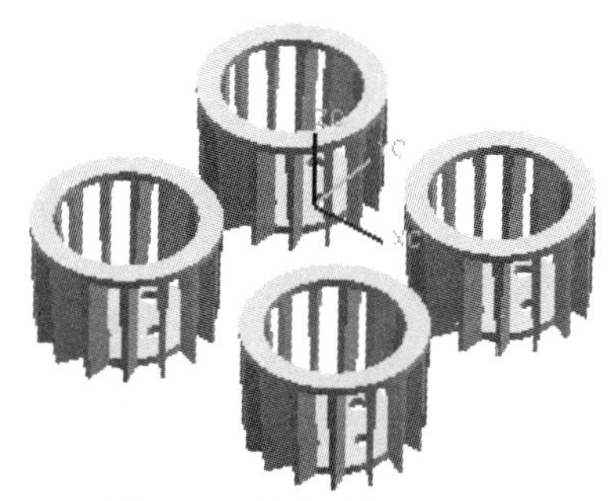
图 6.64 定义坐标原点

Task4. 创建模具工件

Step1. 选择命令。选择下拉菜单插入(S) ➡ 设计特征(E) ➡ 拉伸(E)...命令，系统弹出“拉伸”对话框。

Step2. 定义草图平面。单击按钮，系统弹出“创建草图”对话框；接受系统默认的草图平面，单击确定按钮，进入草图环境。

Step3. 绘制草图。绘制图 6.65 所示的截面草图；单击完成草图按钮，退出草图环境。

Step4. 定义拉伸方向。在* 指定矢量下拉列表中选择ZC选项。

Step5. 确定拉伸开始值和结束值。在“拉伸”对话框的限制区域的开始下拉列表中选择值选项，并在其下的距离文本框中输入值 20；在结束下拉列表中选择值选项，并在其下的距离文本框中输入值-40；其他采用系统默认设置值。

Step6. 定义布尔运算。在布尔区域的布尔下拉列表中选择无，其他采用系统默认设置值。

Step7. 单击确定按钮，完成图 6.66 所示的拉伸特征的创建（隐藏坐标系）。

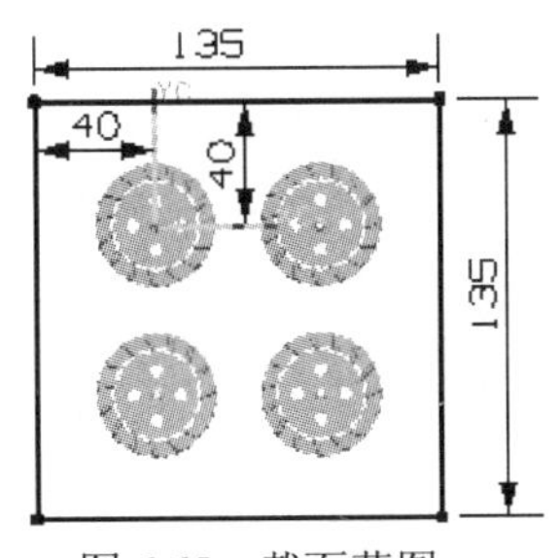

图 6.65　截面草图

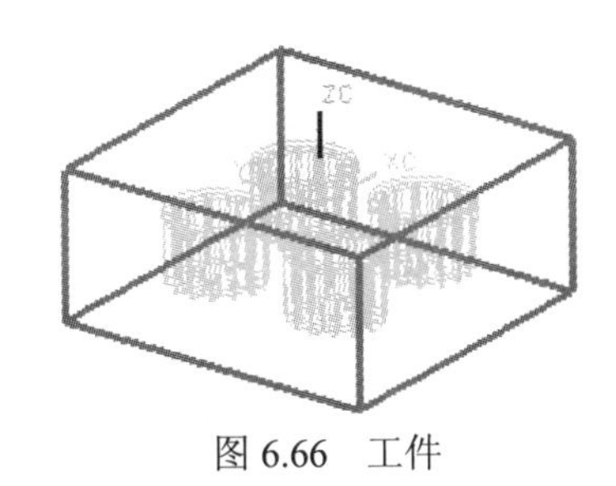

图 6.66　工件

Task5. 修补破孔

Step1. 隐藏模具工件。选择下拉菜单编辑(E) ➡ 显示和隐藏(H) ➡ 隐藏(H)...命令，选取模具工件为隐藏对象。单击确定按钮，完成模具工件隐藏的操作。

Step2. 修补侧壁破孔。

（1）创建网格曲面。选择下拉菜单插入(S) ➡ 网格曲面(M) ➡ 通过曲线网格(M)...命令，选取图 6.67 所示边线 1 和边线 2 为主曲线，并分别单击中键确认；单击中键后，选取图 6.67 所示的边线 3 和边线 4 为交叉曲线，并分别单击中键确认。单击确定按钮，完成曲面的创建，如图 6.67 所示。

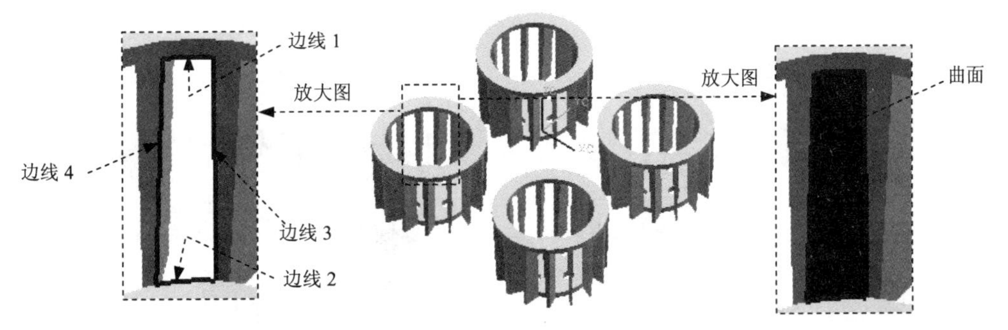

图 6.67　创建网格曲面

（2）创建引用几何体特征。

① 选择命令。选择下拉菜单插入(S) ➡ 关联复制(A) ➡ 引用几何体(G)...命令.系统弹出“引用几何体”对话框。

② 定义参数。在“引用几何体”对话框的类型区域的下拉列表中选择旋转选项；激活引用的几何体区域的* 选择对象 (0)，选择上一步创建的网格曲面为旋转对象；激活旋转轴区域的* 指定矢量 (0)，选择图 6.68 所示的圆；激活* 指定点 (0)，选择图 6.68 所示的点；在角度、距离和副本数区域的角度文本框中输入 24，在距离文本框中输入 0，在副本数文本框中输入 14，其他接受系统默认设置值。

③ 在“引用几何体”对话框中单击确定按钮，结果如图 6.69 所示。

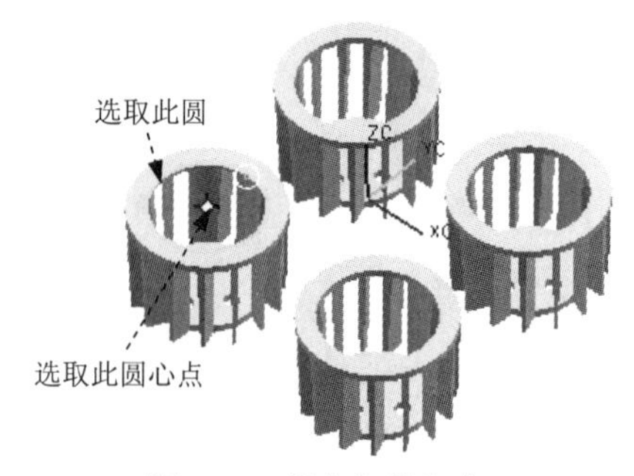

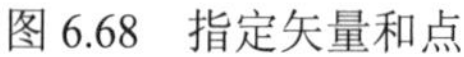
图 6.68 指定矢量和点

图 6.69 创建引用几何体

Task6. 创建分型面

Step1. 创建抽取特征。选择下拉菜单 插入(S) → 关联复制(A) → 抽取(E)... 命令，在系统弹出“抽取”对话框 类型 区域的下拉列表中选择 面 选项；在 设置 区域中选中 ☑ 固定于当前时间戳记 复选框和 ☑ 删除孔 复选框，选取图 6.70 所示的 17 个面为抽取对象。单击 确定 按钮，完成抽取特征的创建（隐藏实体零件）。

Step2. 创建缝合特征 01。选择下拉菜单 插入(S) → 组合体(B) → 缝合(W)... 命令，在 类型 区域的下拉列表中选择 图纸页 选项，选取图 6.71 所示的面为目标片体，选取图 6.71 所示的面为工具片体。单击 确定 按钮，完成曲面缝合特征 01 的创建。

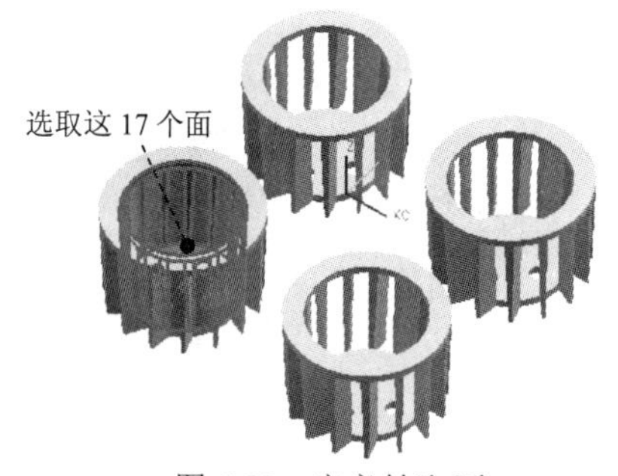

图 6.70 定义抽取面

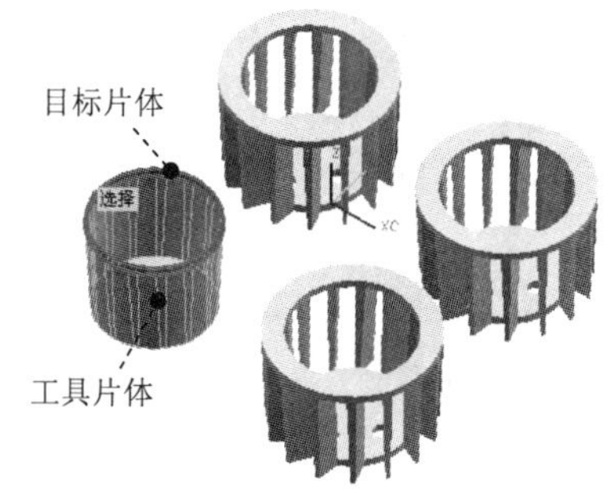

图 6.71 缝合特征 01

Step3. 创建移动对象特征 1（隐藏所有实体）。选择下拉菜单 编辑(E) → 移动对象(O)... 命令，选择缝合特征 01 为平移对象；在“移动对象”对话框的 变换 区域的 运动 下拉列表中选择 距离；在“指定矢量”的 下拉列表中选择 ；在 距离 文本框中输入 55。在 结果 区域中选择 ⊙ 复制原先的 单选项，在 距离/角度分割 文本框中输入 1；在 非关联副本数 文本框中输入 1。单击 确定 按钮，完成缝合特征 01 的平移，结果如图 6.72 所示。

Step4. 创建移动对象特征 2。选择下拉菜单 编辑(E) → 移动对象(O)... 命令，选择图 6.72 所示的两个片体为平移对象；在“移动对象”对话框的 变换 区域的 运动 下拉列表中选择 距离；在“指定矢量”的 下拉列表中选择 ；在 距离 文本框中输入 55。在 结果 区域中选择 ⊙ 复制原先的 单选项，在 距离/角度分割 文本框中输入 1；在 非关联副本数 文本框中输入 1。

单击 确定 按钮，结果如图 6.73 所示。

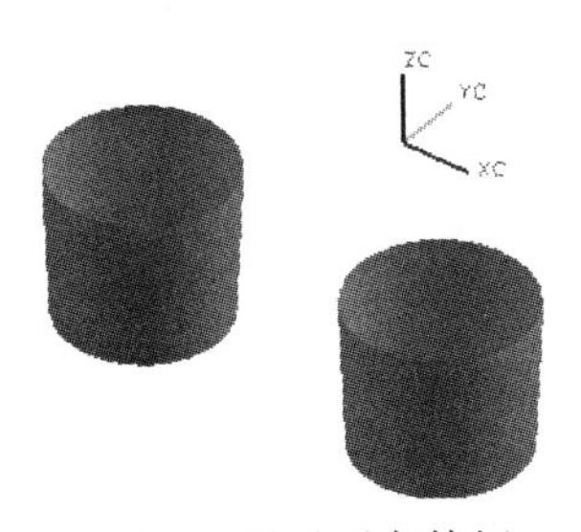

图 6.72　移动对象特征 1

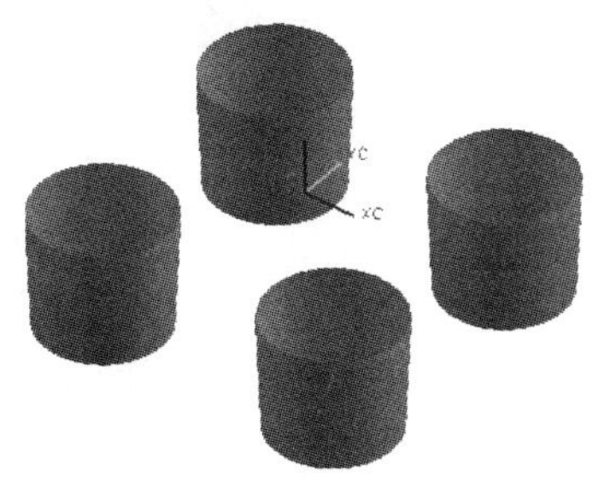
图 6.73　移动对象特征 2

Step5. 创建图 6.74 所示的拉伸特征 1（显示坐标系）。选择下拉菜单 插入(S) → 设计特征(E)▸ → 拉伸(E)... 命令，单击按钮，选取 XC-ZC 基准平面为草图平面，绘制图 6.75 所示的截面草图；在 * 指定矢量 的下拉列表中选择 Y 选项。在 限制 区域的 开始 下拉列表中选择 值 选项，并在其下的 距离 文本框中输入值 95；在 结束 的下拉列表中选择 值 选项，并在其下的 距离 文本框中输入值-40。单击 确定 按钮，完成拉伸特征 1 的创建（隐藏坐标系）。

说明：直线与水平轴线共线。

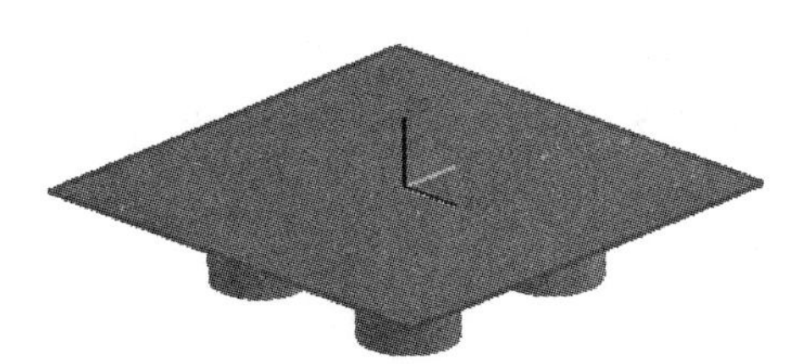
图 6.74　拉伸特征 1

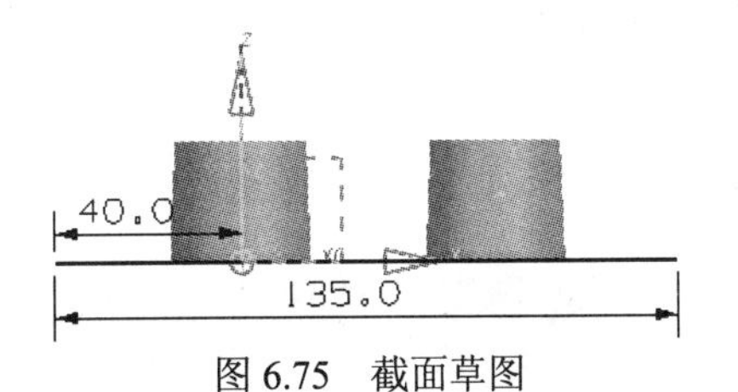

图 6.75　截面草图

Step6. 创建图 6.76 所示的修剪片体特征。选择下拉菜单 插入(S) → 修剪(T)▸ → 修剪的片体(R)... 命令，选取图 6.77 所示的面为目标体，单击中键确认；选取图 6.77 所示的四条边线为边界对象。在 区域 区域中选中 ⊙ 保持 单选项，其他采用系统默认设置值。单击 确定 按钮，完成修剪片体特征的创建。

注意：选取目标体时，单击图 6.77 所示的位置，否则修剪结果不同。

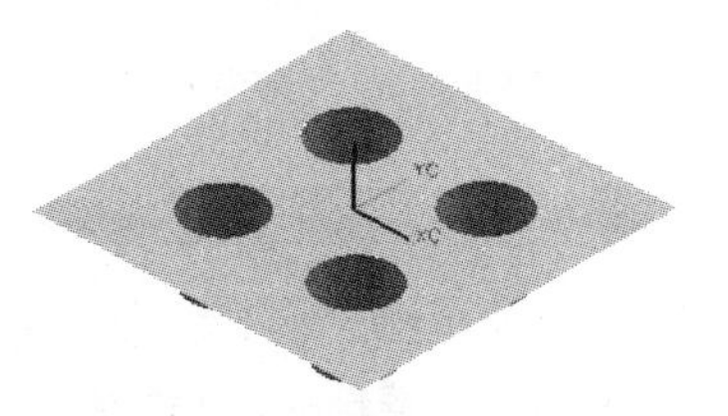

图 6.76　修剪片体特征

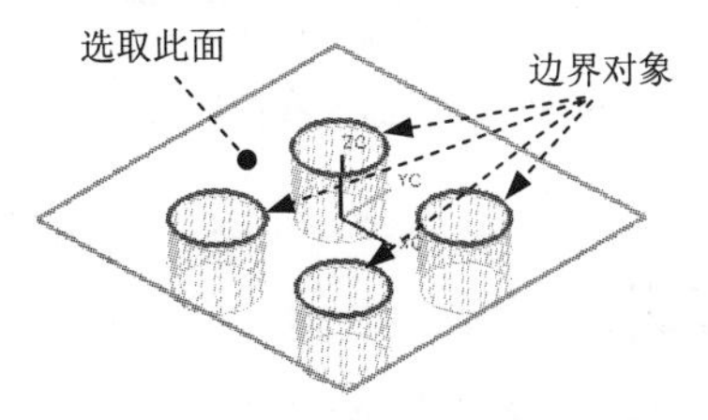

图 6.77　选取目标体

Step7. 创建缝合特征 02。选择下拉菜单 插入(S) → 组合体(B)▸ → 缝合(W)... 命令，在类型区域的下拉列表中选择图纸页选项，选取图 6.78 所示的面为目标片体，选取图 6.78 所示的面为工具片体。单击确定按钮，完成曲面缝合特征 02 的创建。

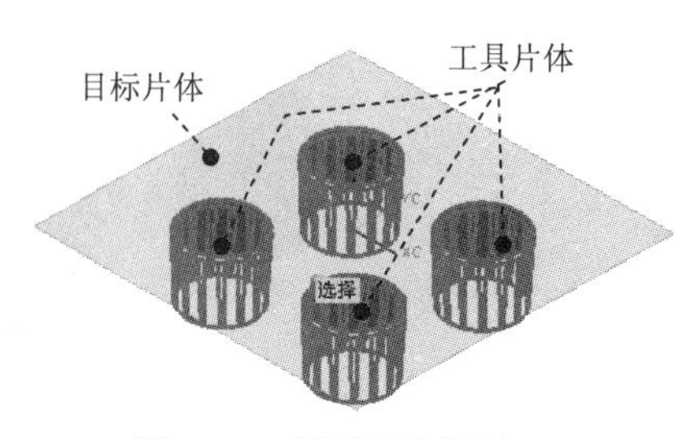

图 6.78　曲面缝合特征 02

Task7. 创建浇注系统

Stage1. 创建主流道

Step1. 编辑显示和隐藏。选择下拉菜单编辑(E) ➡ 显示和隐藏(H) ➡ 显示和隐藏(O)...命令，在系统弹出图 6.79 所示的“显示和隐藏”对话框中单击实体后的 ✚ 按钮和坐标系后的 ✚ 按钮。单击关闭按钮，完成编辑显示和隐藏的操作。

Step2. 创建基准平面。选择下拉菜单插入(S) ➡ 基准/点(D) ➡ 基准平面(D)...命令，在类型下拉列表中选择平分选项，在第一平面区域中激活*选择平面对象 (0)，选择图 6.80 所示的平面 1；在第二平面区域中激活*选择平面对象 (0)，选择图 6.80 所示的平面 2。单击确定按钮，完成基准平面的创建。

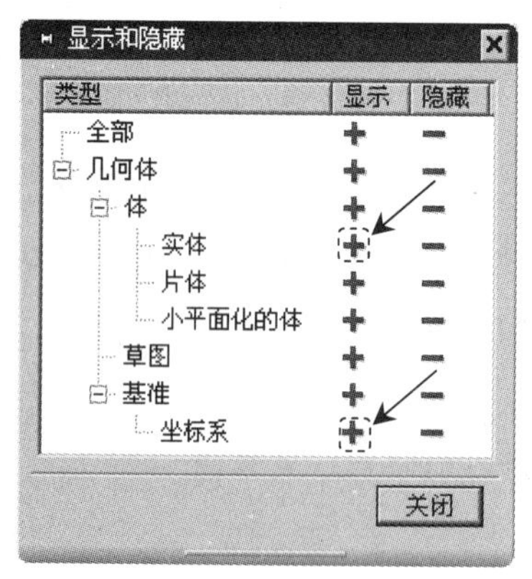

图 6.79　“显示和隐藏”对话框

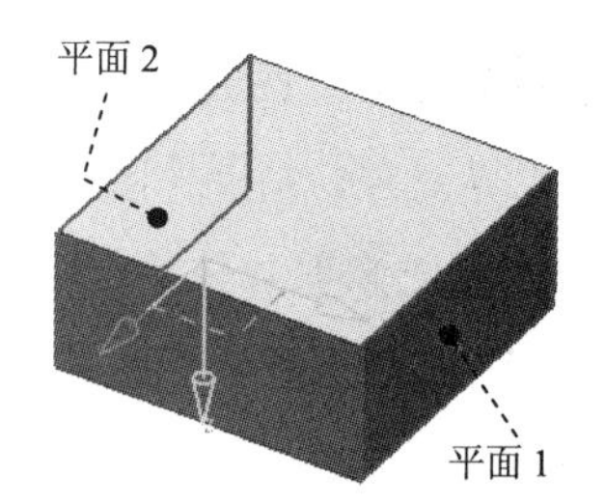

图 6.80　定义参考平面

Step3. 创建回转特征（主流道）。选择下拉菜单插入(S) ➡ 设计特征(E) ➡ 回转(R)...命令，单击按钮，选取 Step2 创建的基准平面为草图平面，绘制图 6.81 所示的截面草图；在绘图区域中选取图 6.81 所示的直线为旋转轴。在限制区域的开始下拉列表中选择值选项，并在角度文本框输入 0，在终点下拉列表中选择值选项，并在角度文本框输入 360。在布尔区域的布尔下拉列表中选择无，单击确定按钮，完成图 6.82 所示的回转特征（主流道）的创建。

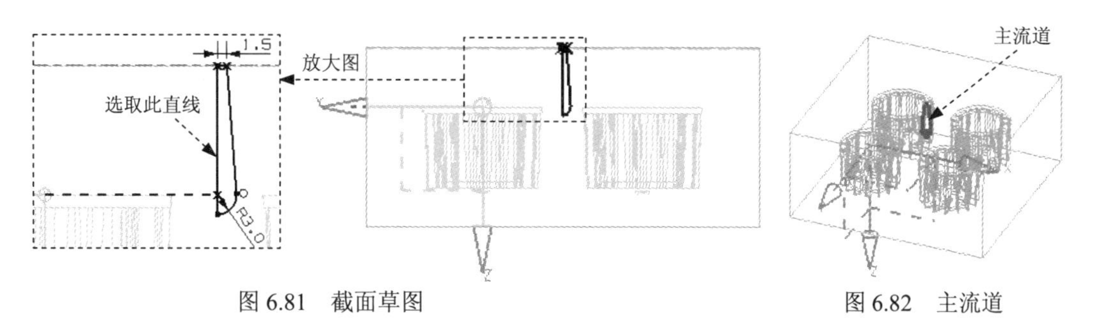

图 6.81　截面草图　　　　图 6.82　主流道

Stage2. 创建分流道

Step1. 创建回转特征（分流道 01）。选择下拉菜单插入(S) ⟶ 设计特征(E) ⟶ 回转(R)... 命令，单击按钮，选取 XC-YC 基准平面为草图平面，绘制图 6.83 所示的截面草图；在绘图区域中选取图 6.83 所示的直线为旋转轴。在限制区域的开始下拉列表中选择值选项，并在角度文本框输入 0，在终点下拉列表中选择值选项，并在角度文本框输入 180。在布尔区域的布尔下拉列表中选择求和选项，选取主流道为求和对象。单击确定按钮，完成图 6.84 所示的回转特征（分流道 01）的创建。

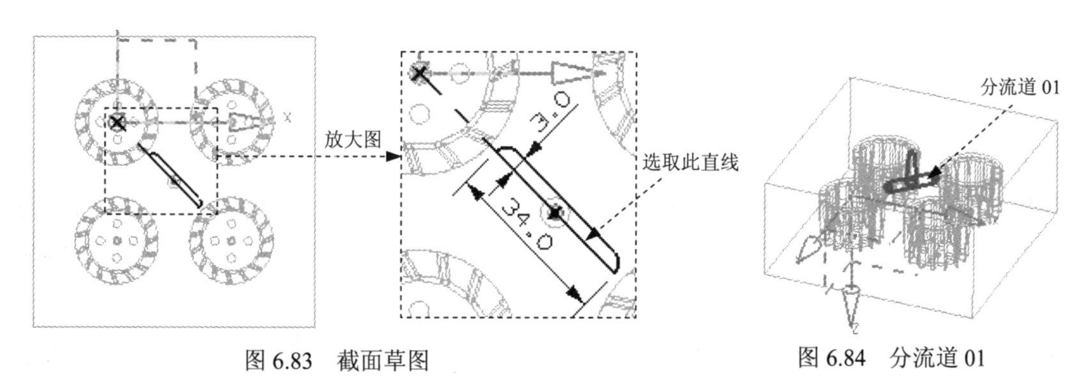

图 6.83　截面草图　　　　图 6.84　分流道 01

Step2. 创建回转特征（分流道 02）。选择下拉菜单插入(S) ⟶ 设计特征(E) ⟶ 回转(R)... 命令，单击按钮，选取 XC-YC 基准平面为草图平面，绘制图 6.85 所示的截面草图；在绘图区域中选取图 6.85 所示的直线为旋转轴。在限制区域的开始下拉列表中选择值选项，在角度文本框输入 0，在终点下拉列表中选择值选项，并在角度文本框输入 180，然后单击“反向”按钮。在布尔区域的布尔下拉列表中选择求和选项，选取主流道为求和对象。单击确定按钮，完成图 6.86 所示的回转特征（分流道 02）的创建。

Stage3. 创建浇口

Step1. 选择命令。选择下拉菜单插入(S) ⟶ 设计特征(E) ⟶ 拉伸(E)... 命令，系统弹出“拉伸”对话框。

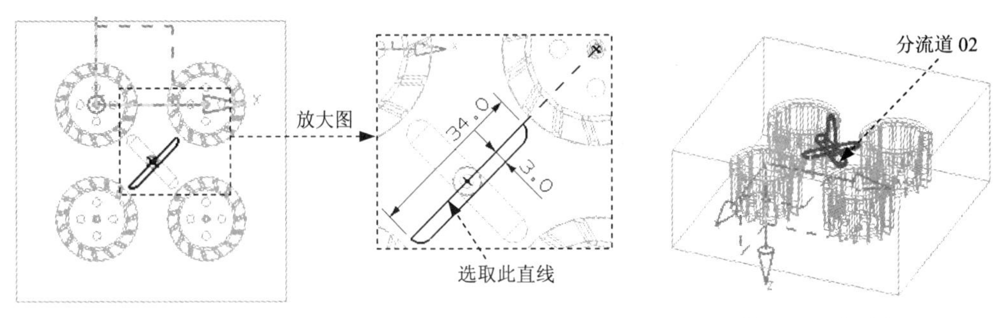

图 6.85　截面草图　　　　图 6.86　分流道 02

Step2. 定义草图平面。单击按钮，系统弹出“创建草图”对话框；选取 XC-YC 基准平面为草图平面，单击 确定 按钮，进入草图环境。

Step3. 绘制草图。绘制图 6.87 所示的截面草图；单击 完成草图 按钮，退出草图环境。

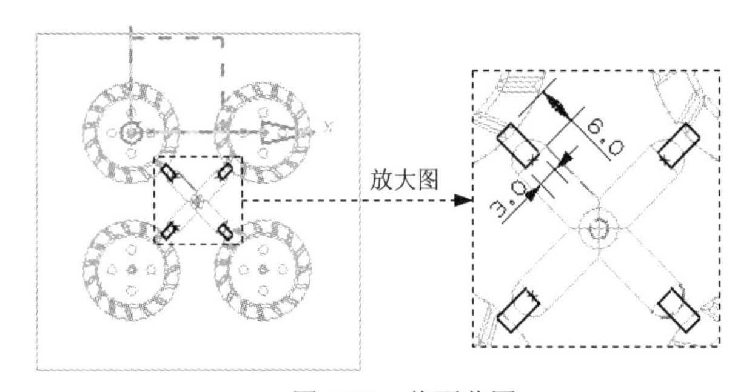

图 6.87　截面草图

Step4. 定义拉伸方向。在 指定矢量 的下拉列表中，选择 -Z 选项。

Step5. 确定拉伸开始值和结束值。在“拉伸”对话框的限制区域的开始下拉列表中选择值选项，并在其下的距离文本框中输入值 0；在 结束 的下拉列表中选择值选项，并在其下的距离文本框中输入值 1.5。

Step6. 定义布尔运算。在布尔区域的布尔下拉列表中选择 求和 选项，选取主流道为求和对象。

Step7. 单击 确定 按钮，完成图 6.88 所示的拉伸特征 1 的创建。

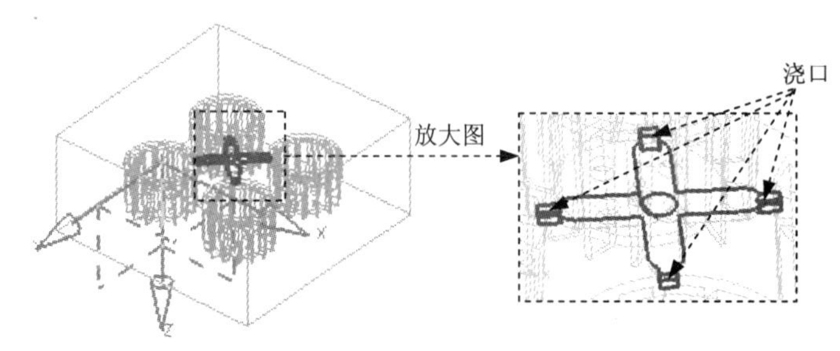

图 6.88　拉伸特征 1

Task8. 创建模具型芯/型腔

Step1. 创建求差特征。选择下拉菜单插入(S) → 组合体(B) → 求差(S)...命令，选取图 6.89 的工件为目标体，选取图 6.89 的五个零件为工具体；在设置区域中选中☑ 保持工具复选框，单击确定按钮，完成求差特征的创建。

Step2. 拆分型芯/型腔。选择下拉菜单插入(S) → 修剪(T) → 拆分体(P)...命令，选取图 6.90 的工件为拆分体，选取图 6.90 的片体为拆分面。单击确定(O)按钮，完成型芯/型腔的拆分操作（隐藏拆分面）。

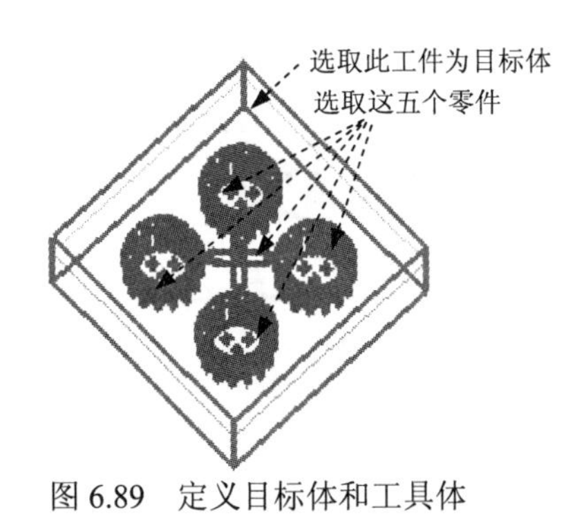

图 6.89　定义目标体和工具体

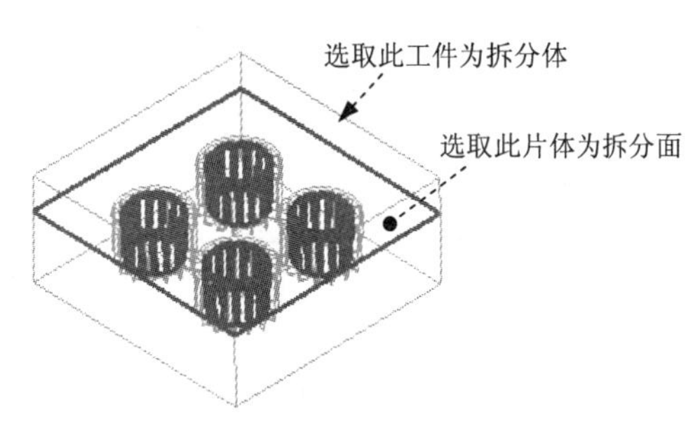

图 6.90　定义拆分体和拆分面

Task9. 创建模具分解视图

在 UG NX6.0 中，常常使用“移动对象”命令中的“距离”命令来创建模具分解视图，移动时需先将工件参数移除，这里不再赘述。

实例7　用两种方法进行模具设计（七）

本实例将介绍图 7.1 所示的船体模具设计过程，从产品模型的外形上可以看出：该模具的设计是比较复杂的，其中包括产品模型有多个不规则的破孔，在设计过程中要考虑将部分结构做成镶件等问题，但该模具的大致设计思路还是与前面介绍的设计方法相同。下面将通过两种方法来介绍该模具的设计过程。

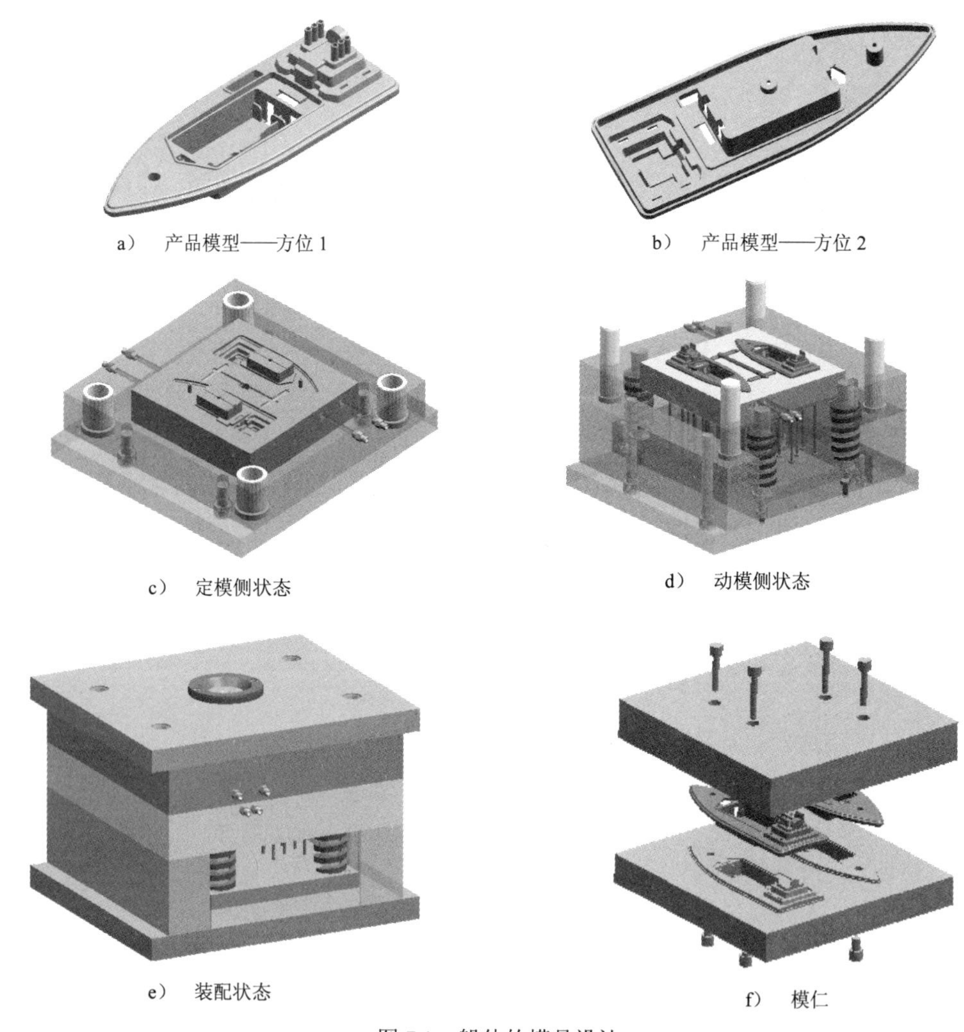

a）　产品模型——方位 1　　b）　产品模型——方位 2

c）　定模侧状态　　d）　动模侧状态

e）　装配状态　　f）　模仁

图 7.1　船体的模具设计

7.1　创建方法一（在 Mold Wizard 环境下进行模具设计）

方法简介：

采用 Mold Wizard 进行模具设计的思路主要是：首先，对产品模型上存在的破孔进行修补；其次，设定型腔和型芯的区域并完成分型面的创建；然后，完成模具的分型，并添加标准模架；最后，添加标准零部件（浇注系统、冷却系统、顶杆、拉料杆及复位弹簧等），完成一整套的模具设计。

Task1. 初始化项目

Step1. 加载模型。在系统弹出的“应用”工具条中，单击“注塑模向导”按钮，在系统弹出“注塑模向导”工具条中，单击“初始化项目”按钮，系统弹出“打开部件文件”对话框，选择 D:\ug6.6\work\ch07\boat_top.prt，单击 OK 按钮，加载模型，系统弹出“初始化项目”对话框。

Step2. 定义投影单位。在“初始化项目”对话框的项目单位下拉菜单中选择毫米选项。

Step3. 设置项目路径和名称。接受系统默认的项目路径；在“初始化项目”对话框的 Name 文本框中，输入 boat_top_mlod。

Step4. 在该对话框中单击确定按钮，完成项目路径和名称的设置。

Task2. 模具坐标系

Step1. 重定位 WCS 到新的坐标系。选择下拉菜单格式(R) → WCS▸ → 定向(N)...命令，在系统弹出“CSYS”对话框类型下拉列表中选择自动判断，然后选取图 7.2 所示的模型表面。单击确定按钮，完成重定位 WCS 到新的坐标系的操作。

注意：在选择模型表面时，要确定在“选择条”下拉菜单中选择的是整个装配选项。

Step2. 旋转模具坐标系。选择下拉菜单格式(R) → WCS▸ → 旋转(R)...命令，在系统弹出“旋转 WCS 绕...”对话框中选择 - XC 轴单选项，在角度文本框中输入值 180。单击确定按钮，定义后的坐标系如图 7.3 所示。

Step3. 锁定模具坐标系。在“注塑模向导” 工具条中，单击“模具 CSYS”按钮，在系统弹出“模具 CSYS”对话框中选择当前 WCS 单选项。单击确定按钮，完成坐标系的定义。

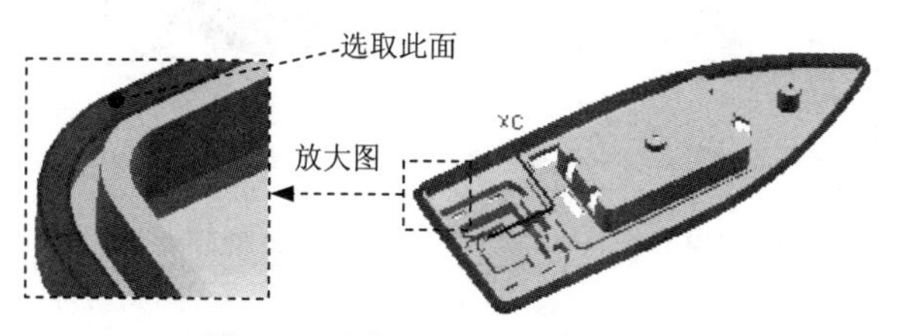

图 7.2　重定位 WCS 坐标系

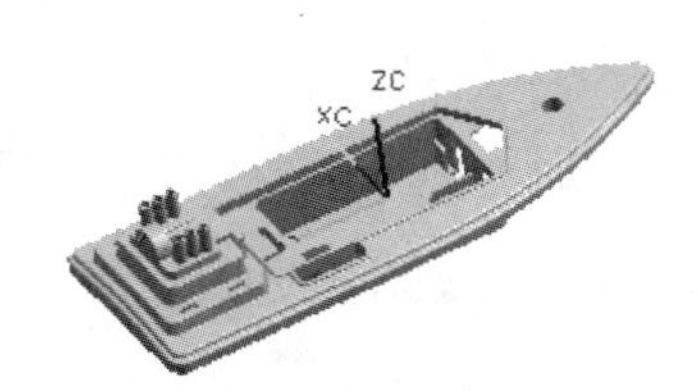

图 7.3　定义后的模具坐标系

Task3. 设置收缩率

Step1. 定义收缩率类型。在“注塑模向导”工具条中，单击“收缩率”按钮，产品模型会高亮显示，在系统弹出“缩放体”对话框 类型 下拉列表中选择 均匀 选项。

Step2. 定义缩放体和缩放点。接受系统默认的设置值。

Step3. 在“缩放体”对话框 比例因子 区域的 均匀 文本框中输入值 1.0055。

Step4. 单击 确定 按钮，完成收缩率的位置。

Task4. 创建模具工件

Step1. 在“注塑模向导”工具条中，单击“工件”按钮，系统弹出“工件”对话框。

Step2. 在“工件”对话框的 类型 下拉菜单中选择 产品工件 选项，在 工件方法 下拉菜单中选择 用户定义的块 选项。

Step3. 修改尺寸。单击 定义工件 区域的“绘制截面”按钮，系统进入草图环境，然后修改截面草图的尺寸，如图 7.4 所示。在“工件”对话框 限制 区域的 开始 文本框中输入值 40，在 结束 文本框中输入值 50。

Step4. 单击 确定 按钮，完成模具工件的创建，结果如图 7.5 所示。

Task5. 创建型腔布局

Step1. 在“注塑模向导”工具条中，单击“型腔布局”按钮，系统弹出“型腔布局”对话框。

Step2. 定义布局类型。在“型腔布局”对话框的 布局类型 区域选择 矩形 选项和 平衡 单选项；在“指定矢量”的 下拉列表中选择。

Step3. 平衡布局设置。在 平衡布局设置 区域的 型腔数 下拉列表中选择 2，在 缝隙距离 文本框中输入值 0。

Step4. 单击 生成布局 区域中的“开始布局”按钮，系统自动进行布局。

Step5. 在 编辑布局 区域单击“自动对准中心”按钮，使模具坐标系自动对中心，布局结果如图 7.6 所示，单击 关闭 按钮。

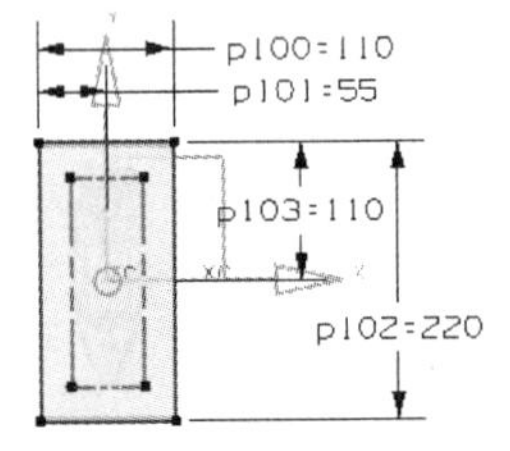

图 7.4　修改截面草图尺寸

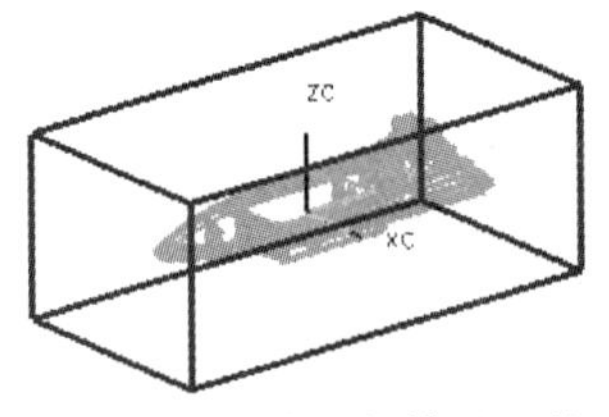

图 7.5　创建后的模具工件

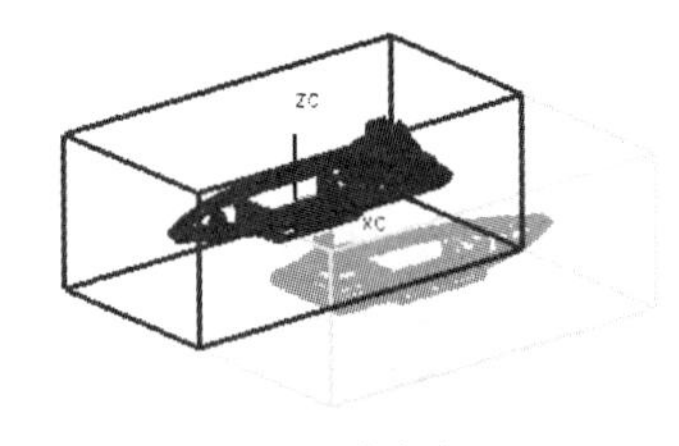

图 7.6　型腔布局

Task6. 创建曲面补片

Step1. 创建曲面补片。

（1）在“注塑模向导”工具条中，单击“注塑模工具”按钮，系统弹出“注塑模工具”工具条。

（2）在“注塑模工具”工具条中，单击“边缘补片”按钮，系统弹出“开始遍历”对话框。

（3）在弹出的“开始遍历”对话框中，取消选中 □按面的颜色遍历 复选框。

（4）选取图 7.7 所示的边，系统弹出“曲线/边选择”对话框，同时会在产品模型上显示出下一个路径。

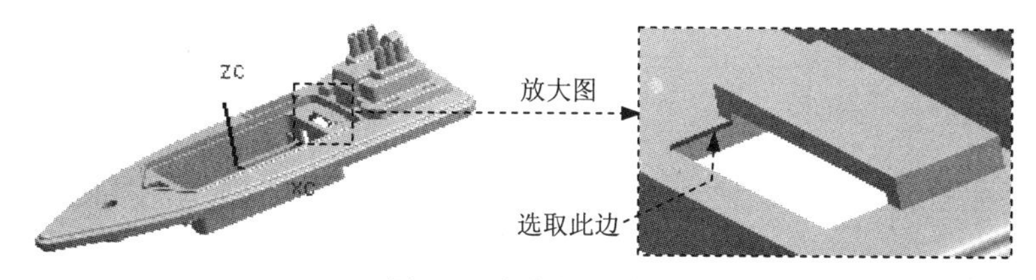

图 7.7　定义补片边

（5）通过“曲线/边选择”对话框中的 接受 按钮和 下一个路径 按钮，完成图 7.8 所示的边界环选取。

（6）完成边界环的选取后，系统弹出“添加或移除面”对话框，同时显示图 7.9 所示的补片面。

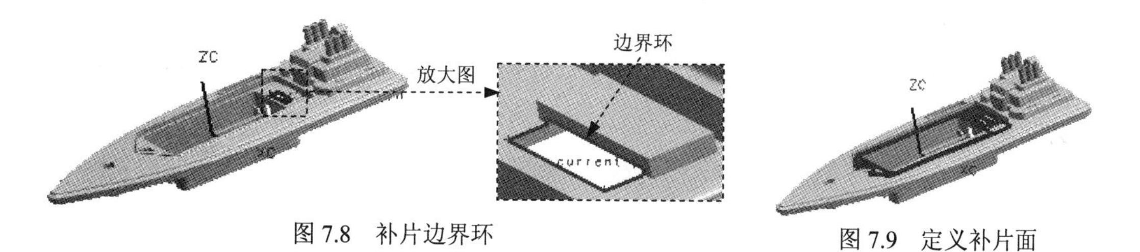

图 7.8　补片边界环　　图 7.9　定义补片面

（7）单击 确定 按钮，完成曲面补片的创建，同时系统返回至“开始遍历”对话框。

Step2. 参照 Step1 创建图 7.10 所示的六个曲面补片，并关闭“开始遍历”对话框。

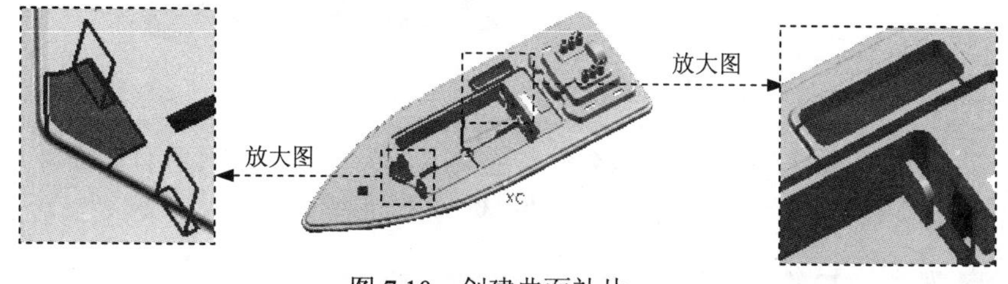

图 7.10　创建曲面补片

Step3. 创建补破孔。在“注塑模工具”工具条中，单击“曲面补片”按钮，系统弹出“选择面”对话框。选取图 7.11 所示的模型表面为补破孔面。单击 确定 按钮，完成补破孔的创建。

Step4. 参照 Step3 创建图 7.12 所示的两个补破孔，并关闭“选择面”对话框。

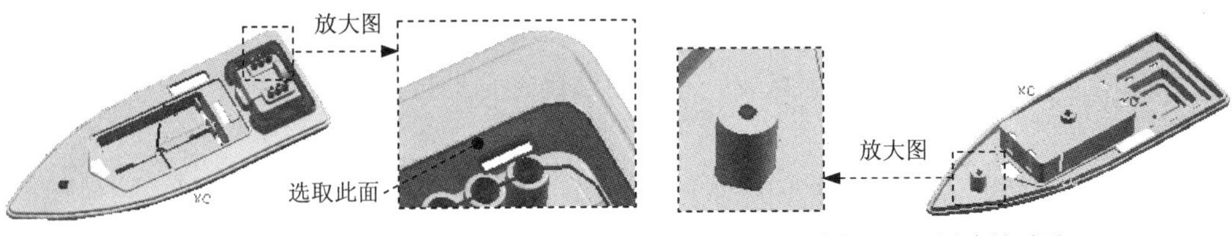

图 7.11 定义补破孔面　　　图 7.12 创建补破孔

Task7. 模具分型

Stage1. 设计区域

Step1. 在“注塑模向导”工具条中，单击“分型”按钮，系统弹出“分型管理”对话框。

Step2. 在“分型管理器”对话框中，单击“设计区域”按钮，系统弹出 “MPV 初始化”对话框，同时模型被加亮，并显示开模方向，如图 7.13 所示。单击 确定 按钮，系统弹出“塑模部件验证”对话框。

Step3. 在“塑模部件验证”对话框中，单击 设置 选项卡，在弹出的对话框中，取消选中 □ 内部环、□ 分型边和 □ 不完整的环三个复选框。

Step4. 在“塑模部件验证”对话框中，单击 区域 选项卡，在 区域 选项卡中单击 设置区域颜色 按钮，设置区域颜色。

Step5. 定义型腔区域。在“塑模部件验证”对话框中，在 未定义的区域 中选中 ☑ 未知的面类型 复选框，同时未定义的面被加亮；选取图 7.14 所示的面（共 21 个，包括所有曲面补片沿 Z 轴正方向以上的未知区域），在 指派为 区域中选择 ⊙ 型腔区域 单选项，单击 应用 按钮，系统自动将未定义的区域指派到型腔区域。

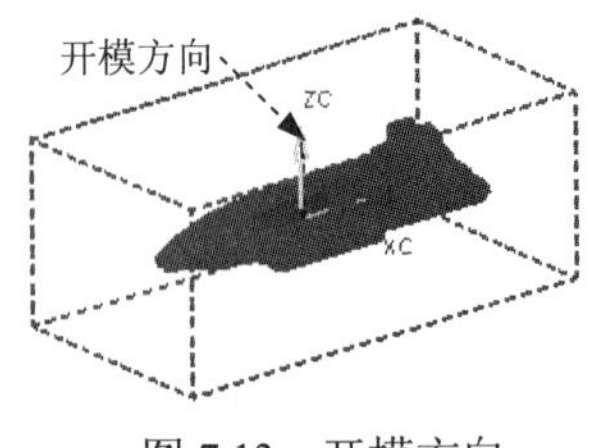

图 7.13 开模方向

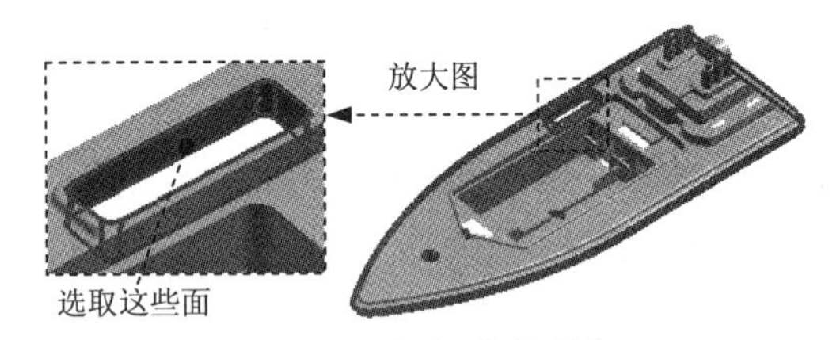

图 7.14 定义型腔区域

Step6. 定义型腔区域。选取其余 24 个未定义区域为型芯区域（所有曲面补片沿 Z 轴负方向以下的未知区域），在 指派为 区域中选择 ⊙ 型芯区域 单选项，单击 应用 按钮，设置完型腔/型芯颜色，如图 7.15 所示。

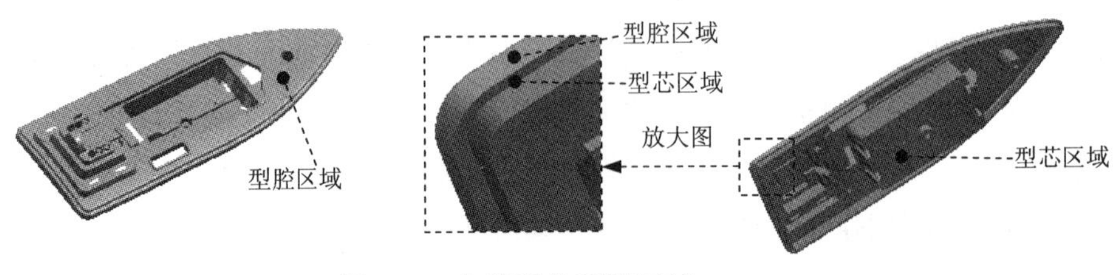

图 7.15 定义型芯/型腔区域

Step7. 在“塑模部件验证”对话框中，单击取消按钮，系统返回至“分型管理器”对话框。

Stage2. 抽取区域和分型线

Step1. 在“分型管理器”对话框中，单击“抽取区域和分型线”按钮，系统弹出“定义区域”对话框。

Step2. 在“定义区域”对话框的设置区域中选中☑ 创建区域复选框和☑ 创建分型线复选框，单击确定按钮，完成区域和分型线的抽取，系统返回至“分型管理器”对话框，抽取分型线，如图 7.16 所示。

Stage3. 创建分型面

Step1. 在“分型管理器”对话框中，单击“创建/编辑分型面”按钮，系统弹出“创建分型面”对话框。

Step2. 在“创建分型面”对话框中，接受系统默认的公差值；在距离文本框中输入值 60，单击创建分型面按钮，系统弹出“分型面”对话框。

Step3. 创建有界平面。在“分型面”对话框中选择⊙ 有界平面单选项，单击确定按钮。系统自动完成分型面的创建，如图 7.17 所示。

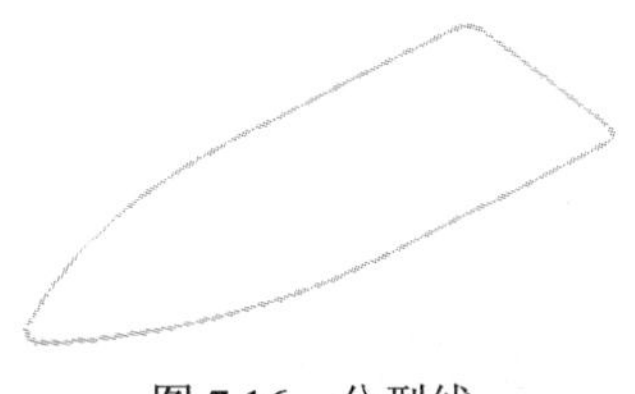

图 7.16　分型线

图 7.17　分型面

Stage4. 创建型腔和型芯

Step1. 在“分型管理器”对话框中，单击“创建型腔和型芯”按钮，系统弹出“定义型腔和型芯”对话框。

Step2. 在“定义型腔和型芯”对话框中选取选择片体区域下的All Regions选项，单击确定按钮，系统弹出“查看分型结果”对话框，并在图形区显示出创建的型腔，单击“查看分型结果”对话框中的确定按钮，系统再一次弹出“查看分型结果”对话框。

Step3. 在“查看分型结果”对话框中单击确定按钮，系统返回至“分型管理器”对话框，在“分型管理器”对话框中单击关闭按钮，关闭“分型管理器”对话框。

Step4. 查看型腔和型芯。选择下拉菜单窗口(O) ➡ boat_top_mold_cavity_030.prt命令，系统显示型腔工作零件，如图 7.18 所示。选择下拉菜单窗口(O) ➡ boat_top_mold_core_032.prt命令，系统显示型芯工作零件，如图 7.19 所示。

图 7.18 型腔工作零件

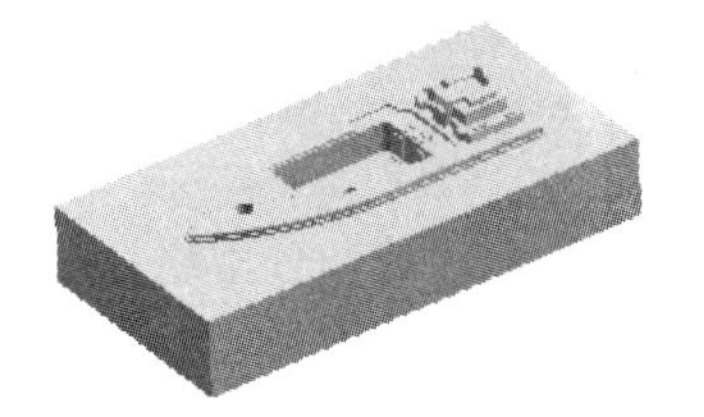

图 7.19 型芯工作零件

Task8. 创建型腔镶件

Step1. 选择窗口。选择下拉菜单 窗口(O) → boat_top_mold_cavity_030.prt 命令，系统显示型腔工作零件。

Step2. 创建拉伸特征 1。选择下拉菜单 插入(S) → 设计特征(E) → 拉伸(E)... 命令，单击按钮，选取图 7.20 所示的平面为草图平面，绘制图 7.21 所示的截面草图；在 * 指定矢量 的下拉列表中，选择 ZC↑ 选项；在限制区域的开始下拉列表中选择值选项，并在其下的距离文本框中输入值 0；在结束的下拉列表中选择值选项，并在其下的距离文本框中输入值-80；其他采用系统默认设置值。单击 确定 按钮，完成图 7.22 所示的拉伸特征 1 的创建。

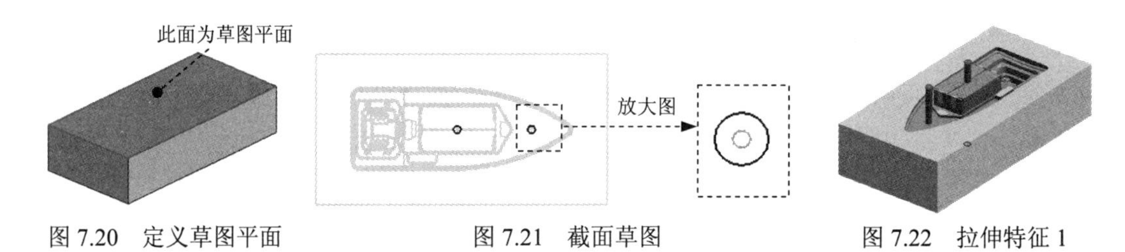

图 7.20 定义草图平面　　图 7.21 截面草图　　图 7.22 拉伸特征 1

Step3. 创建求交特征。选择下拉菜单 插入(S) → 组合体(B) → 求交(I)... 命令，选取型腔为目标体，选取拉伸特征 1 的两个圆柱为工具体。在设置区域中选中 ☑ 保持目标 复选框，其他采用系统默认设置值。单击 确定 按钮，完成求交特征的创建。

Step4. 创建求差特征。选择下拉菜单 插入(S) → 组合体(B) → 求差(S)... 命令，选取型腔为目标体，选取图 7.23 所示的两个实体为工具体。在设置区域中选中 ☑ 保持工具 复选框，其他采用系统默认设置值。单击 确定 按钮，完成求差特征的创建。

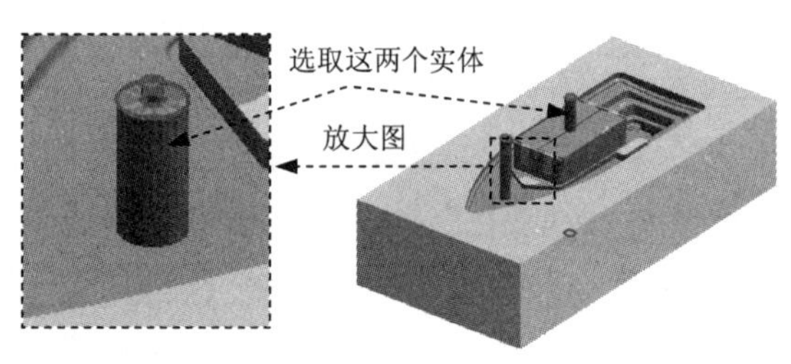

图 7.23 定义工具体

Step5. 创建拉伸特征 2。选择下拉菜单 插入(S) → 设计特征(E) → 拉伸(E)... 命令，单击按钮，选取图 7.20 所示的平面为草图平面，绘制图 7.24 所示的截面草图；在指定矢量的下拉列表中，选择选项。在限制区域的开始下拉列表中选择值选项，并在其下的距离文本框中输入值 0；在结束下拉列表中选择直到被延伸选项，选取图 7.25 所示的平面为直到延伸对象。在布尔区域的布尔下拉列表中选择无，其他采用系统默认设置值。单击确定按钮，完成拉伸特征 2 的创建。

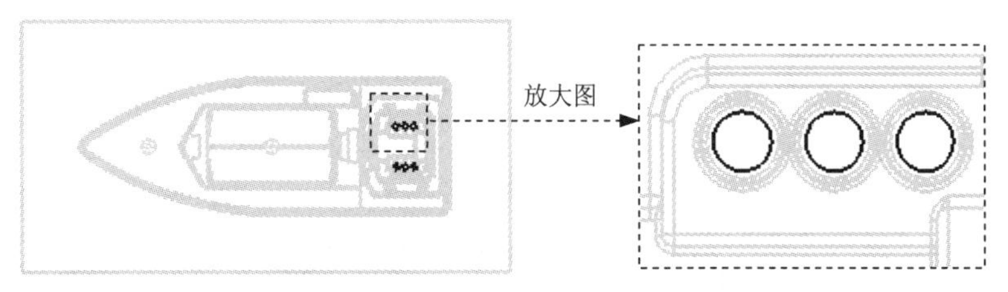

图 7.24　截面草图

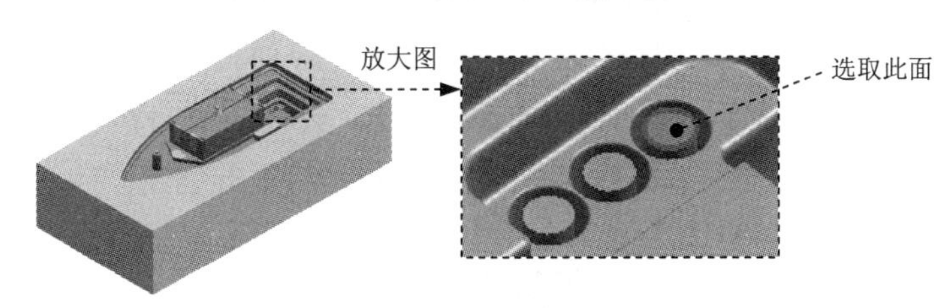

图 7.25　定义延伸对象

Step6. 创建求差特征。选择下拉菜单插入(S) → 组合体(B) → 求差(S)...命令，选取型腔为目标体，选取拉伸特征 2 为工具体。在设置区域中选中保持工具复选框，其他采用系统默认设置值。单击确定按钮，完成求差特征的创建。

Step7. 将镶件转化为型腔的子零件。

（1）单击“装配导航器”中的选项卡，系统弹出“装配导航器”窗口，在该窗口中右击空白处，然后在弹出的菜单中选择WAVE 模式选项。

（2）在“装配导航器”对话框中右击boat_top_mlod_cavity_002，在弹出的菜单中选择WAVE → 新建级别命令，系统弹出“新建级别”对话框。

（3）在“新建级别”对话框中单击指定部件名按钮，在弹出的“选择部件名”对话框的文件名(N):文本框中输入“boat_top_pin01.prt”，单击OK按钮，系统返回至“新建级别”对话框。

（4）在“新建级别”对话框中单击类选择按钮，选择前面求差得到的 8 个镶件，单击确定按钮。

（5）单击“新建级别”对话框中的确定按钮，此时在“装配导航器”对话框中显示出刚创建的镶件。

Step8. 移动至图层。

（1）单击装配导航器中的选项卡，在该选项卡中取消选中boat_top_pin01部件。

（2）移动至图层。选取前面求差得到的 8 个镶件；选择下拉菜单格式(R) → 移动至图层(M)...命令，系统弹出“图层移动”对话框。

（3）在目标图层或类别文本框中输入值 10，单击确定按钮，退出“图层设置”对话框。

注意：此时可将图层 10 隐藏。

（4）单击“装配导航器”中的选项卡，在该选项卡中选中 boat_top_pin01 部件。

Step9. 将镶件转换为显示部件。单击“装配导航器”选项卡，系统弹出“装配导航器”窗口。在 boat_top_pin01 选项上右击，在弹出的快捷菜单中选择设为显示部件命令，系统显示镶件零件。

Step10. 创建固定凸台。

（1）创建拉伸特征。选择下拉菜单插入(S) → 设计特征(E) → 拉伸(E)...命令，单击按钮，选取图 7.26 所示的模型表面为草图平面。绘制图 7.27 所示的截面草图；在*指定矢量的下拉列表中选择选项；在限制区域的开始下拉列表中选择值选项，并在其下的距离文本框中输入值 0；在结束下拉列表中选择值选项，并在其下的距离文本框中输入值 10；其他采用系统默认设置值。单击确定按钮，完成拉伸特征的创建。

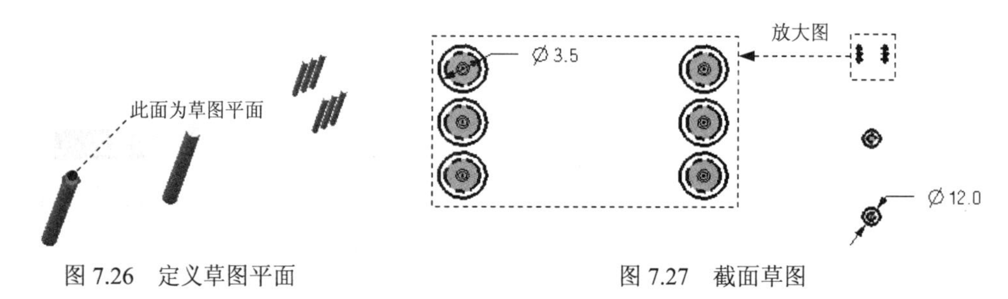

图 7.26　定义草图平面　　图 7.27　截面草图

（2）创建求和特征。选择下拉菜单插入(S) → 组合体(B) → 求和(U)...命令，选取图 7.28 所示的目标体和工具体。单击应用按钮，完成求和特征的创建。

（3）参照步骤（2）创建其余 7 个求和特征。

Step11. 保存零件。选择下拉菜单文件(F) → 保存(S)命令，保存零件。

Step12. 选择窗口。选择下拉菜单窗口(O) → boat_top_mold_cavity_030.prt命令，系统显示型腔零件。

Step13. 将型腔转换为工作部件。单击“装配导航器”选项卡，系统弹出“装配导航器”窗口。在 boat_top_mold_cavity_030选项上右击，在弹出的快捷菜单中选择设为工作部件命令。

Step14. 创建镶件避开槽。在“注塑模向导”工具条中，单击“腔体”按钮，在模式区域的下拉列表中选择减去材料，选取型腔零件为目标体，单击中键确认。在刀具区域的工具类型下拉列表中选择实线，选取 8 个镶件为工具体。单击确定按钮，完成镶件避开槽的创建，如图 7.29 所示。

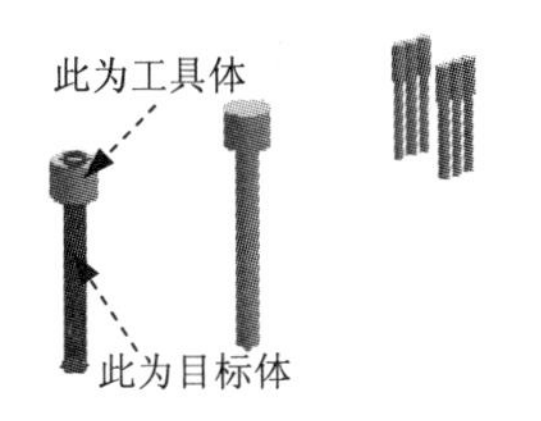

图 7.28　定义目标体和工具体

图 7.29　镶件避开槽

Step15. 保存型腔模型。选择下拉菜单文件(F) ➡ 保存(S)命令，保存所有文件。

Task9. 创建型芯镶件

Step1. 选择窗口。选择下拉菜单窗口(O) ➡ boat_top_mold_core_032.prt命令，系统显示型芯工作零件。

Step2. 创建拉伸特征 1。选择下拉菜单插入(S) ➡ 设计特征(E) ➡ 拉伸(E)...命令，选择图 7.30 所示的两条边链为拉伸截面；在指定矢量的下拉列表中，选择ZC选项；在限制区域的开始下拉列表中选择值选项，并在其下的距离文本框中输入值 0；在结束下拉列表中选择直到被延伸选项，选取图 7.31 所示的平面为直到延伸对象。在布尔区域的布尔下拉列表中选择无，其他采用系统默认设置值。单击确定按钮，完成拉伸特征 1 的创建。

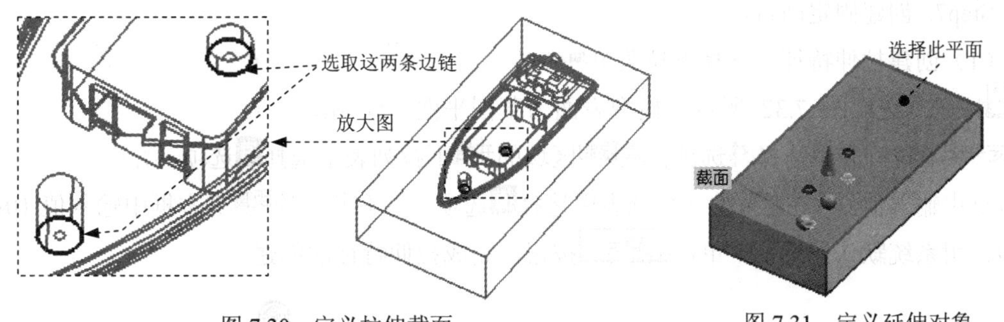

图 7.30　定义拉伸截面　　　图 7.31　定义延伸对象

Step3. 创建求差特征。选择下拉菜单插入(S) ➡ 组合体(B) ➡ 求差(S)...命令，选取型芯为目标体，选取拉伸特征 1 为工具体。在设置区域中选中☑保持工具复选框，其他采用系统默认设置值。单击确定按钮，完成求差特征的创建。

Step4. 将镶件转化为型芯子零件。

（1）单击“装配导航器”中的选项卡，系统弹出“装配导航器”窗口，在该窗口中右击空白处，然后在弹出的菜单中选择WAVE 模式选项。

（2）在“装配导航器”对话框中，右击☑boat_top_mlod_core_006，在弹出的菜单中选择WAVE ➡ 新建级别命令，系统弹出“新建级别”对话框。

（3）在“新建级别”对话框中，单击指定部件名按钮，在弹出的“选择部件名”对话框的文件名(N):文本框中输入“boat_top_pin02.prt”，单击OK

按钮，系统返回至“新建级别”对话框。

（4）在“新建级别”对话框中，单击 类选择 按钮，选择前面求差得到的2个镶件，单击 确定 按钮。

（5）单击“新建级别”对话框中的 确定 按钮，此时在“装配导航器”对话框中显示出刚创建的镶件。

Step5. 移动至图层。

（1）单击装配导航器中的选项卡，在该选项卡中取消选中 boat_top_pin02 部件。

（2）移动至图层。选取前面求差得到的两个镶件；选择下拉菜单 格式(R) → 移动至图层(M)... 命令，系统弹出“图层移动”对话框。

（3）在 目标图层或类别 文本框中输入值10，单击 确定 按钮，退出“图层设置”对话框。

注意：此时可将图层10隐藏。

（4）单击“装配导航器”中的选项卡，在该选项卡中选中 boat_top_pin02 部件。

Step6. 将镶件转换为显示部件。

（1）单击“装配导航器”选项卡，系统弹出“装配导航器”窗口。

（2）在 boat_top_pin02 选项上右击，在弹出的快捷菜单中选择 设为显示部件 命令，系统显示镶件零件。

Step7. 创建固定凸台。

（1）创建拉伸特征。选择下拉菜单 插入(S) → 设计特征(E) → 拉伸(E)... 命令，单击按钮，选取图7.32所示的模型表面为草图平面。绘制图7.33所示的截面草图；在 * 指定矢量 下拉列表中选择 ZC 选项；在 限制 区域的 开始 下拉列表中选择 值 选项，并在其下的 距离 文本框中输入值0；在 结束 的下拉列表中选择 值 选项，并在其下的 距离 文本框中输入值10；其他采用系统默认设置值。单击 确定 按钮，完成拉伸特征的创建。

图7.32　定义草图平面　　图7.33　截面草图

（2）创建求和特征。选择下拉菜单 插入(S) → 组合体(B) → 求和(U)... 命令，选取图7.34所示的目标体和工具体。单击 应用 按钮，完成求和特征的创建。

（3）参照步骤（2）创建另一个求和特征，并关闭“求和”对话框。

Step8. 保存零件。选择下拉菜单 文件(F) → 保存(S) 命令，保存零件。

Step9. 选择窗口。选择下拉菜单 窗口(O) → boat_top_mold_core_032.prt 命令，系统显示型芯零件。

Step10. 将型芯转换为工作部件。单击“装配导航器”选项卡，系统弹出“装配导航器”窗口。在boat_top_mold_core_032.prt选项上右击，在弹出的快捷菜单中选择设为工作部件命令。

Step11. 创建镶件避开槽。在“注塑模向导”工具条中，单击“腔体”按钮，在模式区域的下拉列表中减去材料，选取型芯零件为目标体，单击中键确认。在刀具区域的工具类型下拉列表中选择实线，选取两个镶件为工具体。单击确定按钮，完成镶件避开槽的创建，如图 7.35 所示。

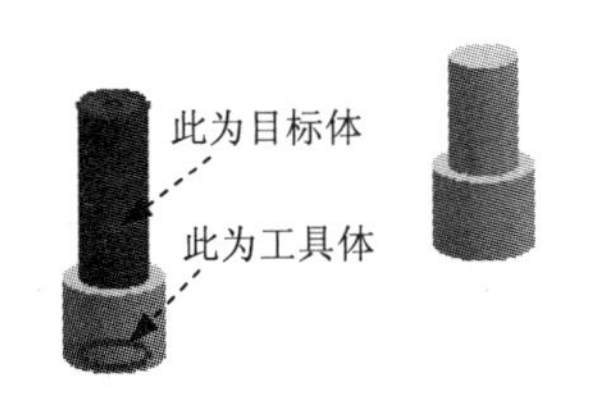

图 7.34 定义目标体和工具体

图 7.35 镶件避开槽

Step12. 保存型芯模型。选择下拉菜单文件(F) ➡ 保存(S)命令，保存所有文件。

Task10. 创建模架

Step1. 选择窗口。选择下拉菜单窗口(O) ➡ boat_top_mold_top_019.prt命令，系统显示总模型。

Step2. 将总模型转换为工作部件。单击“装配导航器”选项卡，系统弹出“装配导航器”窗口。在☑boat_top_mold_top_019选项上右击，在弹出的快捷菜单中选择设为工作部件命令。

Step3. 添加模架。

（1）在“注塑模向导”工具条中，单击“模架”按钮，系统弹出“模架管理”对话框。

（2）在目录的下拉列表中选择FUTABA_S选项，在类型的下拉列表中选择SC选项，在长宽大小型号列表中选择3535选项，在AP_h下拉列表中选择60选项，在BP_h下拉列表中选择60选项，在CP_h下拉列表中选择100选项，其他采用系统默认设置值。

（3）单击确定按钮，完成模架的添加，如图 7.36 所示。

图 7.36 模架

Step4. 创建型腔刀槽。在“注塑模向导”工具条中，单击“型腔布局”按钮，在系统弹出“型腔布局”对话框中单击“编辑插入腔”按钮，在R下拉列表中选择5选项，在类型下拉列表中选择2选项。单击确定按钮，完成型腔刀槽的创建，同时系统弹出“型腔布局”对话框。单击关闭按钮，关闭“型腔布局”对话框。

Step5. 创建刀槽避开槽。在“注塑模向导”工具条中，单击“型腔”按钮，在模式区域的下拉列表中选择减去材料，选取动模板和定模板为目标体，单击中键确认。在刀具区域的工具类型下拉列表中选择部件，选取刀槽为工具体。单击确定按钮，完成刀槽避开槽的创建。

Task11. 添加浇注系统

Step1. 添加定位圈。

（1）在“注塑模向导”工具条中，单击“标准件”按钮，系统弹出“标准件管理”对话框。

（2）在目录下拉列表中选择FUTABA_MM选项，在分类下拉列表中选择Locating Ring Interchangeable选项，在TYPE下拉列表中选择M_LRB选项，在BOTTOM_C_BORE_DIA下拉列表中选择50选项。

（3）单击尺寸选项卡，在相关的尺寸列表中将SHCS_LENGTH的值修改为18，按Enter键确认。

（4）单击确定按钮，完成定位圈的添加，如图7.37所示。

说明： *系统在加载定位圈时会弹出“消息”对话框，此时单击确定按钮。*

Step2. 创建定位圈避开槽。在“注塑模向导”工具条中，单击“腔体”按钮，选取定模板固定板为目标体，单击中键确认；选取定位圈为工具体。单击确定按钮，完成定位圈避开槽的创建，如图7.38所示。

Step3. 添加浇口衬套。在“注塑模向导”工具条中，单击“标准件”按钮，系统弹出“标准件管理”对话框。在相关类型的列表中选择Sprue Bushing选项。单击尺寸选项卡，在相关的尺寸列表中将CATALOG_LENGTH的值修改为80，按Enter键确认。单击确定按钮，完成浇口衬套的添加，如图7.39所示。

Step4. 创建浇口衬套避开槽。在“注塑模向导”工具条中，单击“腔体”按钮，选取定模板固定板、定模板和型腔为目标体，单击中键确认；选取浇口衬套为工具体。单击确定按钮，完成浇口衬套避开槽的创建。

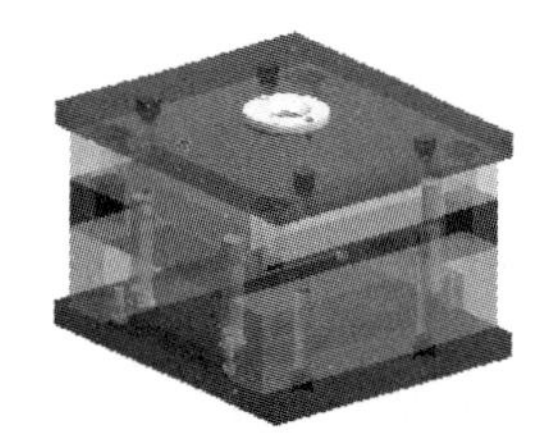

图7.37 定位圈

图7.38 定位圈避开槽

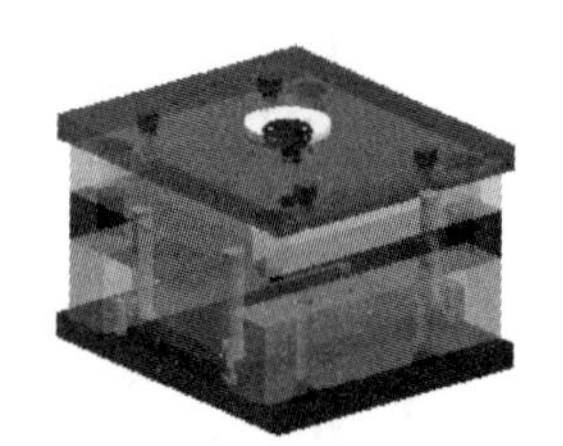

图7.39 浇口衬套

Step5. 添加流道 1（隐藏定模板固定板、定模板、型腔、定位圈和浇口衬套）。

（1）在“注塑模向导”工具条中，单击“流道”按钮，系统弹出“流道设计”对话框。

（2）设置对话框参数。在A=的文本框中输入值 110，按 Enter 确认；单击 应用 按钮，放置流道，如图 7.40 所示。

（3）重定位流道引导线。单击 重定位 按钮，系统弹出“重定位”对话框；在“重定位”对话框中选中 旋转 单选项，单击 选择旋转轴 按钮，系统弹出“矢量”对话框；在类型区域的下拉列表中选择 ZC 轴 选项，单击 确定 按钮，系统返回至“重定位”对话框；在角度的文本框中输入值 90，按 Enter 键确认，流道位置如图 7.41 所示；单击 确定 按钮，完成流道的重定位操作，系统返回至“流道设计”对话框。

图 7.40　放置流道

图 7.41　重定位流道

（4）单击“创建流道通道”按钮，在横截面的下拉列表中选择选项，在A文本框中输入值 8。

（5）单击 确定 按钮，完成流道 1 的创建，如图 7.42 所示。

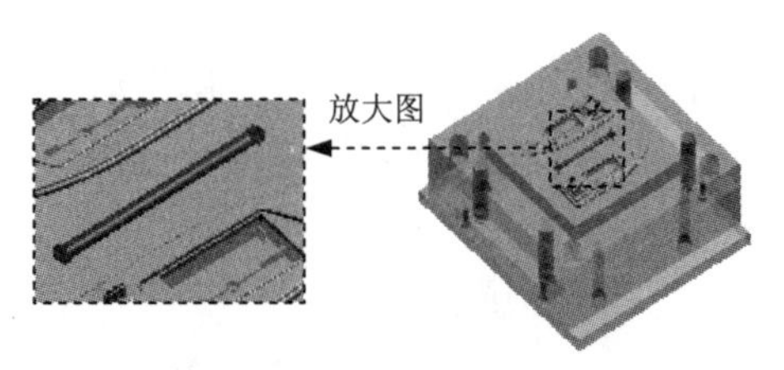

图 7.42　流道 1

Step6. 添加流道 2。

（1）在“注塑模向导”工具条中，单击“流道”按钮，系统弹出“流道设计”对话框。

（2）在定义方式区域单击按钮，再单击 点子功能 按钮，系统弹出“点”对话框。

（3）定义流道引导线端点。在坐标区域的XC、YC和ZC文本框中分别输入值-18、50 和 0，单击 确定 按钮，系统返回至“点”对话框；在坐标区域的XC、YC和ZC文本框中分别输入值 28、50 和 0，单击 确定 按钮，系统返回至“流道设计”对话框。

（4）单击“创建流道通道”按钮，在横截面的下拉列表中选择选项，在A文本框中输入值 8。

（5）单击确定按钮，完成流道 2 的创建，如图 7.43 所示。

Step7. 添加流道 3。

（1）在“注塑模向导”工具条中，单击“流道”按钮，系统弹出“流道设计”对话框。

（2）在定义方式区域单击按钮，再单击点子功能按钮，系统弹出“点”对话框。

（3）定义流道引导线端点。在坐标区域的XC、YC和ZC文本框中分别输入值-28、-50 和 0，单击确定按钮，系统返回至“点”对话框；在坐标区域的XC、YC和ZC文本框中分别输入值 18、-50 和 0，单击确定按钮，系统返回至“流道设计”对话框。

（4）单击“创建流道通道”按钮，在横截面的下拉列表中选择选项，在A文本框中输入值 8。

（5）单击确定按钮，完成流道 3 的创建，如图 7.44 所示。

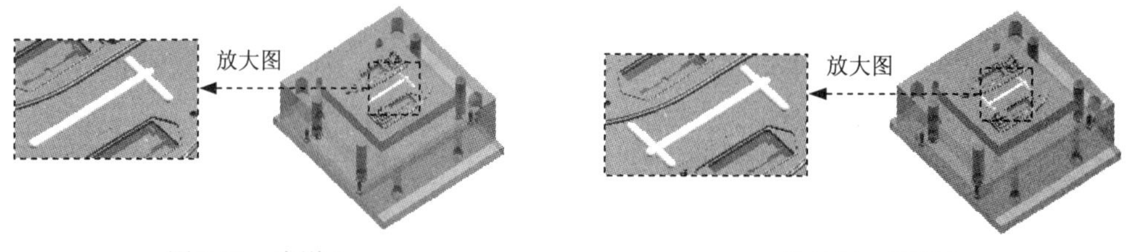

图 7.43 流道 2　　图 7.44 流道 3

Step8. 创建流道避开槽（显示型腔和浇口衬套）。在“注塑模向导”工具条中，单击“腔体”按钮，选取型腔、型芯和浇口衬套为目标体，单击中键确认；选取流道为工具体。单击确定按钮，完成流道避开槽的创建。

Step9. 添加浇口 1（隐藏型芯、产品和模架）。

（1）在“注塑模向导”工具条中，单击“浇口”按钮，系统弹出“浇口设计”对话框。

（2）在位置区域选择⊙ 型腔单选项；在类型下拉列表中选择rectangle选项，在相关的尺寸列表中将L的值修改为 8，按 Enter 键确认，单击应用按钮，系统弹出“点”对话框。

（3）在类型区域的下拉列表中选择圆弧中心/椭圆中心/球心选项，选取图 7.45 所示的圆弧，系统弹出“矢量”对话框。

（4）在类型区域的下拉列表中选择-XC 轴选项，单击确定按钮，完成浇口 1 的添加，同时系统返回至“浇口设计”对话框。单击取消按钮，关闭该对话框。

Step10. 添加浇口 2。

（1）在“注塑模向导”工具条中，单击“浇口”按钮，系统弹出“浇口设计”对话框。

（2）在位置区域选择型腔单选项；在类型的下拉列表中选择rectangle选项，在相关的尺寸列表中将L的值修改为 8，按 Enter 键确认，单击应用按钮，系统弹出“点”对话框。

（3）在类型区域的下拉列表中选择圆弧中心/椭圆中心/球心选项，选取图 7.46 所示的圆弧，系统弹出“矢量”对话框。

（4）在类型区域的下拉列表中选择XC 轴选项，单击确定按钮，完成浇口 2 的添加，同时系统返回至“浇口设计”对话框。单击取消按钮，关闭该对话框。

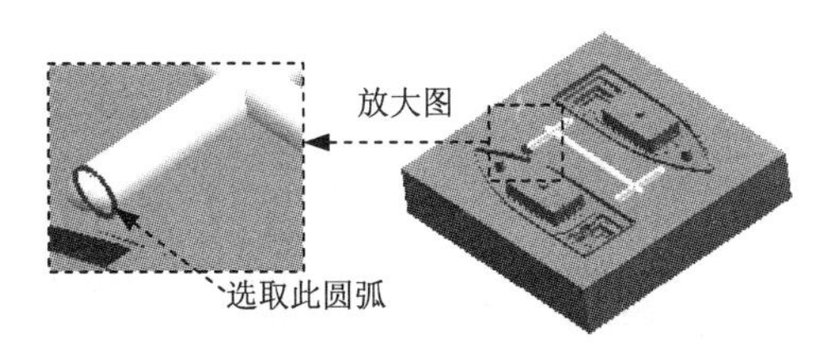

图 7.45　定义浇口 1 终点

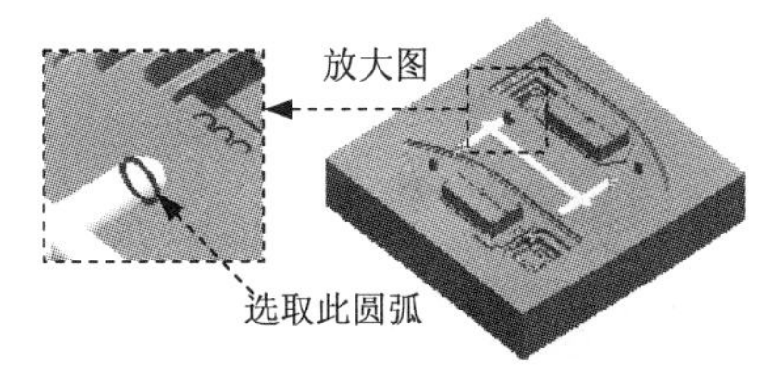

图 7.46　定义浇口 2 终点

Step11. 创建浇口避开槽（显示型腔和浇口衬套）。在“注塑模向导”工具条中，单击“腔体”按钮，选取型腔为目标体，单击中键确认；选取浇口为工具体。单击确定按钮，完成浇口避开槽的创建。

Task12. 添加冷却系统

Step1. 添加冷却管 1（显示产品和型芯，隐藏浇口衬套）。

（1）在“注塑模向导”工具条中，单击“冷却”按钮，系统弹出“冷却组件设计”对话框。

（2）取消选中关联位置复选框，在PIPE_THREAD下拉列表中选择M8选项。

（3）单击尺寸选项卡，在相关的尺寸列表中将HOLE_1_DEPTH的值修改为 200，按 Enter 键确认；将HOLE_2_DEPTH的值修改为 200，按 Enter 键确认。

（4）单击应用按钮，系统弹出“选择一个面”对话框。

（5）选取图 7.47 所示的型腔表面为放置面，系统弹出“点”对话框。

（6）在坐标区域的XC、YC和ZC文本框中分别输入值-20、-10 和 0，单击确定按钮，系统返回至“点”对话框；在坐标区域的XC、YC和ZC文本框中分别输入值 20、-10 和 0，单击确定按钮，完成冷却管 1 的添加，同时系统返回至“点”对话框；单击取消按钮，系统返回至“冷却组件设计”对话框。

（7）单击取消按钮，关闭“冷却组件设计”对话框。

Step2. 添加冷却管 2。

（1）在“注塑模向导”工具条中，单击“冷却”按钮，系统弹出“冷却组件设计”对话框。

（2）取消选中□ 关联位置复选框，在PIPE_THREAD下拉列表中选择M8选项。

（3）单击尺寸选项卡，在相关的尺寸列表中将HOLE_1_DEPTH的值修改为 80，按 Enter 键确认；将HOLE_2_DEPTH的值修改为 80，按 Enter 键确认。

（4）单击应用按钮，系统弹出“选择一个面”对话框。

（5）选取图 7.48 所示的型腔表面为放置面，系统弹出“点”对话框。

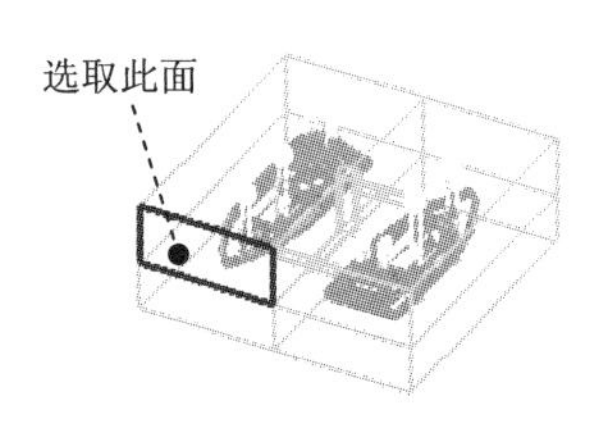

图 7.47　定义放置面（一）

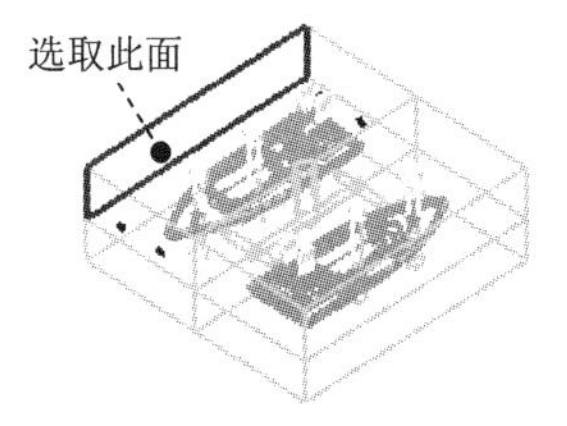

图 7.48　定义放置面（二）

（6）在坐标区域的XC、YC和ZC文本框中分别输入值-80、-10 和 0，单击确定按钮，系统返回至“点”对话框，完成冷却管 2 的添加，同时系统返回至“点”对话框；单击取消按钮，系统返回至“冷却组件设计”对话框。

（7）单击取消按钮，关闭“冷却组件设计”对话框。

Step3. 添加冷却管 3。

（1）在“注塑模向导”工具条中，单击“冷却”按钮，系统弹出“冷却组件设计”对话框。

（2）取消选中□ 关联位置复选框，在PIPE_THREAD下拉列表中选择M8选项。

（3）单击尺寸选项卡，在相关的尺寸列表中将HOLE_1_DEPTH的值修改为 200，按 Enter 键确认；将HOLE_2_DEPTH的值修改为 200，按 Enter 键确认。

（4）单击应用按钮，系统弹出“选择一个面”对话框。

（5）选取图 7.49 所示的型芯表面为放置面，系统弹出“点”对话框。

（6）在坐标区域的XC、YC和ZC文本框中分别输入值-23、12 和 0，单击确定按钮，系统返回至“点”对话框；在坐标区域的XC、YC和ZC文本框中分别输入值 23、12 和 0，单击确定按钮，完成冷却管 3 的添加，同时系统返回至“点”对话框；单击取消按钮，系统返回至“冷却组件设计”对话框。

（7）单击取消按钮，关闭“冷却组件设计”对话框。

Step4. 添加冷却管 4。

（1）在“注塑模向导”工具条中，单击“冷却”按钮，系统弹出“冷却组件设计”对话框。

（2）取消选中□ 关联位置复选框，在PIPE_THREAD下拉列表中选择M8选项。

（3）单击尺寸选项卡，在相关的尺寸列表中将HOLE_1_DEPTH的值修改为 85，按 Enter 键确认；将HOLE_2_DEPTH的值修改为 85，按 Enter 键确认。

（4）单击 应用 按钮，系统弹出“选择一个面”对话框。

（5）选取图 7.50 所示的型芯表面为放置面，系统弹出“点”对话框。

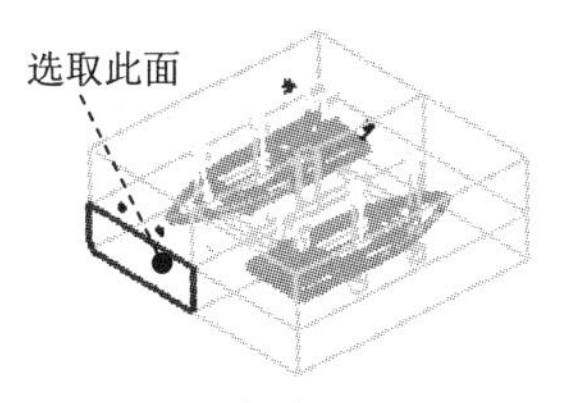

图 7.49 定义放置面（三）

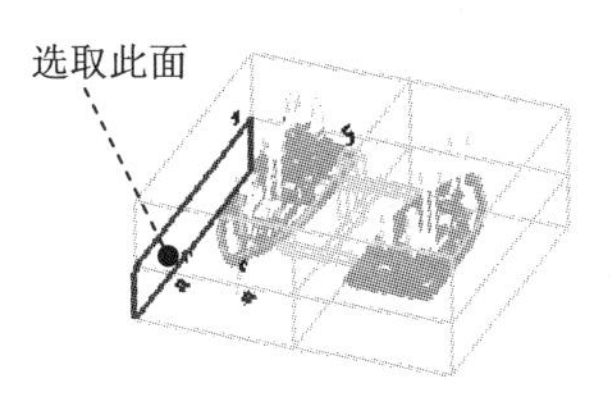

图 7.50 定义放置面（四）

（6）在 坐标 区域的 XC 、YC 和 ZC 文本框中分别输入值-70、12 和 0，单击 确定 按钮，完成冷却管 4 的添加，同时系统返回至“点”对话框；单击 取消 按钮，系统返回至“冷却组件设计”对话框。

（7）单击 取消 按钮，关闭“冷却组件设计”对话框。

Step5. 添加冷却管 5。

（1）在“注塑模向导”工具条中，单击“冷却”按钮，系统弹出“冷却组件设计”对话框。

（2）取消选中 □ 关联位置 复选框，在 PIPE_THREAD 下拉列表中选择 M8 选项。

（3）单击 尺寸 选项卡，在相关的尺寸列表中将 HOLE_1_DEPTH 的值修改为 85，按 Enter 键确认；将 HOLE_2_DEPTH 的值修改为 85，按 Enter 键确认。

（4）单击 应用 按钮，系统弹出“选择一个面”对话框。

（5）选取图 7.50 所示的型芯表面为放置面，系统弹出“点”对话框。

（6）在 坐标 区域的 XC 、YC 和 ZC 文本框中分别输入值 90、12 和 0，单击 确定 按钮，完成冷却管 5 的添加，同时系统返回至“点”对话框；单击 取消 按钮，系统返回至“冷却组件设计”对话框。

（7）单击 取消 按钮，关闭“冷却组件设计”对话框。

Step6. 添加冷却管 6。

（1）在“注塑模向导”工具条中，单击“冷却”按钮，系统弹出“冷却组件设计”对话框。

（2）取消选中 □ 关联位置 复选框，在 PIPE_THREAD 下拉列表中选择 M8 选项。

（3）单击 尺寸 选项卡，在相关的尺寸列表中将 HOLE_1_DEPTH 的值修改为 25，按 Enter 键确认；将 HOLE_2_DEPTH 的值修改为 25，按 Enter 键确认。

（4）单击 应用 按钮，系统弹出“选择一个面”对话框。

（5）选取图 7.49 所示的型芯表面为放置面，系统弹出“点”对话框。

（6）在 坐标 区域的 XC 、YC 和 ZC 文本框中分别输入值-8、12 和 0，单击 确定 按钮，系统返回至“点”对话框；在 坐标 区域的 XC 、YC 和 ZC 文本框中分别输入值 8、12 和 0，单击 确定按钮，完成冷却管 6 的添加，同时系统返回至“点”对话框；单击取消按钮，系统返回至“冷却组件设计”对话框。

（7）单击取消按钮，关闭“冷却组件设计”对话框。

Step7. 创建冷却管避开槽。在“注塑模向导”工具条中，单击“腔体”按钮，选取型腔和型芯为目标体，单击中键确认；选取所有冷却管为工具体。单击确定按钮，完成冷却管避开槽的创建。

Step8. 添加冷却管 7（显示定模板和动模板）。

（1）在“注塑模向导”工具条中，单击“冷却”按钮，系统弹出“冷却组件设计”对话框。

（2）取消选中关联位置复选框，在PIPE_THREAD下拉列表中选择M8选项。

（3）单击尺寸选项卡，在相关的尺寸列表中将HOLE_1_DEPTH的值修改为 65，按 Enter 键确认；将HOLE_2_DEPTH的值修改为 65，按 Enter 键确认。

（4）单击应用按钮，系统弹出“选择一个面”对话框。

（5）选取图 7.51 所示的定模板固定板表面为放置面，系统弹出“点”对话框。

（6）在类型区域的下拉列表中选择圆弧中心/椭圆中心/球心选项，选取图 7.52 所示的圆弧 1，系统返回至“点”对话框；选取图 7.52 所示的圆弧 2，完成冷却管 7 的添加，同时系统返回至“点”对话框；单击取消按钮，系统返回至“冷却组件设计”对话框。

（7）单击取消按钮，关闭“冷却组件设计”对话框。

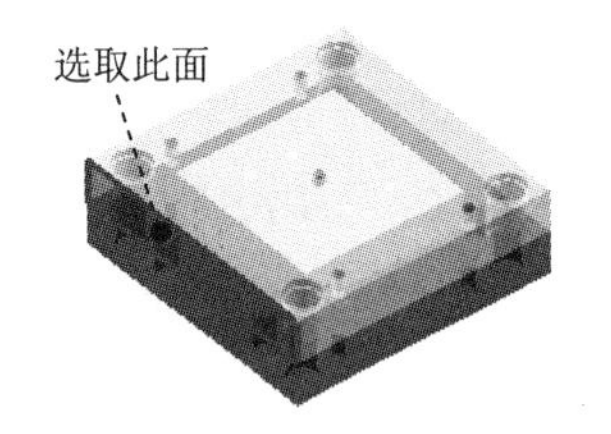

图 7.51 定义放置面（五）

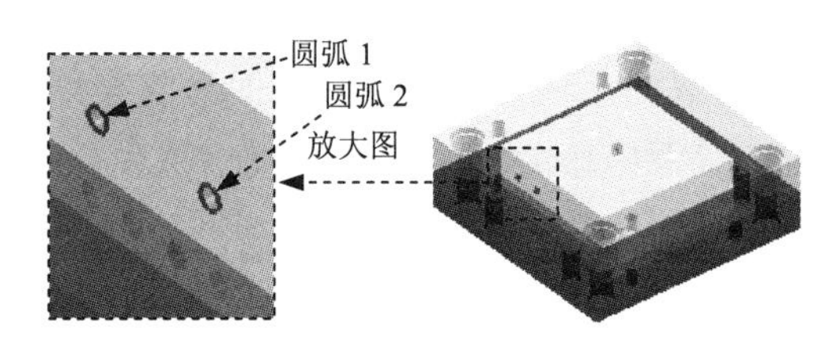

图 7.52 定义冷却管中心

Step9. 添加冷却管 8。

（1）在“注塑模向导”工具条中，单击“冷却”按钮，系统弹出“冷却组件设计”对话框。

（2）取消选中关联位置复选框，在PIPE_THREAD下拉列表中选择M8选项。

（3）单击尺寸选项卡，在相关的尺寸列表中将HOLE_1_DEPTH的值修改为 65，按 Enter 键确认；将HOLE_2_DEPTH的值修改为 65，按 Enter 键确认。

（4）单击应用按钮，系统弹出“选择一个面”对话框。

（5）选取图 7.53 所示的定模板固定板侧面为放置面，系统弹出“点”对话框。

（6）在类型区域的下拉列表中选择圆弧中心/椭圆中心/球心选项，选取图 7.54 所示的圆弧 1，系统返回至“点”对话框；选取图 7.54 所示的圆弧 2，完成冷却管 8 的添加，同时系统返回至“点”对话框；单击取消按钮，系统返回至“冷却组件设计”对话框。

（7）单击取消按钮，关闭“冷却组件设计”对话框。

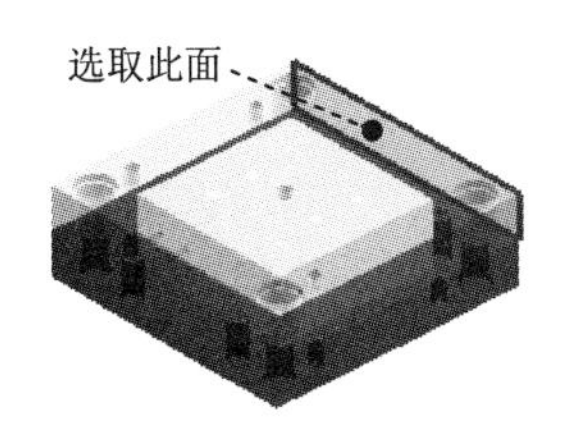

图 7.53 定义放置面（六）

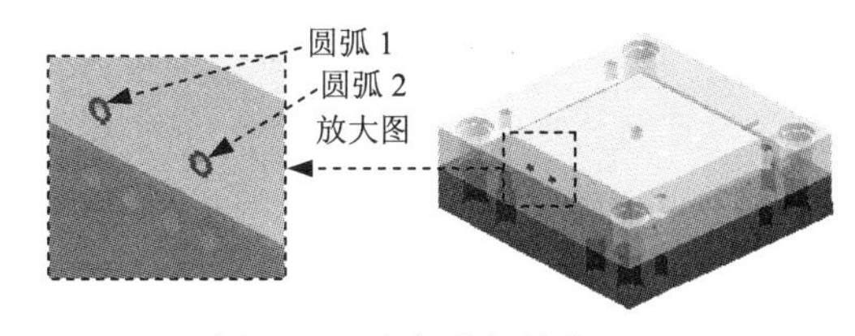

图 7.54 定义冷却管中心

Step10. 添加冷却管 9。

（1）在“注塑模向导”工具条中，单击“冷却”按钮，系统弹出“冷却组件设计”对话框。

（2）取消选中□关联位置复选框，在PIPE_THREAD的下拉列表中选择M8选项。

（3）单击尺寸选项卡，在相关的尺寸列表中将HOLE_1_DEPTH的值修改为 65，按 Enter 键确认；将HOLE_2_DEPTH的值修改为 65，按 Enter 键确认。

（4）单击应用按钮，系统弹出“选择一个面”对话框。

（5）选取图 7.55 所示的动模板侧面为放置面，系统弹出“点”对话框。

（6）在类型区域的下拉列表中选择圆弧中心/椭圆中心/球心选项，选取图 7.56 所示的圆弧 1，系统返回至“点”对话框；选取图 7.56 所示的圆弧 2，完成冷却管 9 的添加，同时系统返回至“点”对话框；单击取消按钮，系统返回至“冷却组件设计”对话框。

（7）单击取消按钮，关闭“冷却组件设计”对话框。

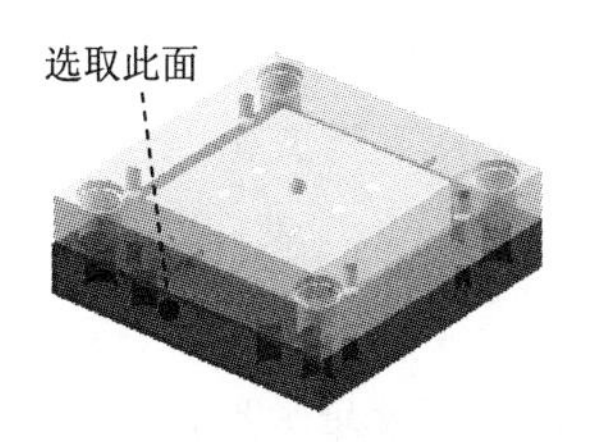

图 7.55 定义放置面（七）

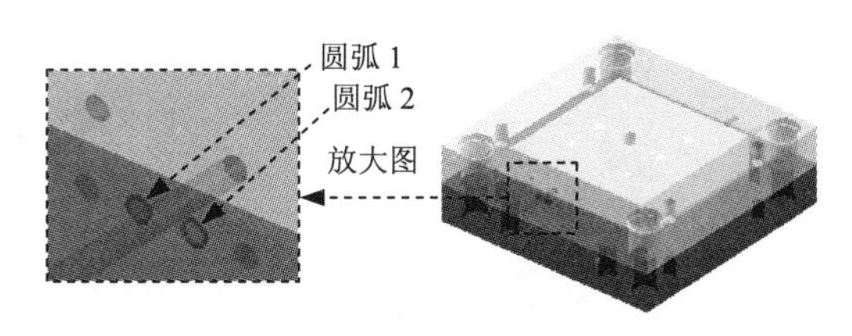

图 7.56 定义冷却管中心

Step11. 添加冷却管 10。

（1）在“注塑模向导”工具条中，单击“冷却”按钮，系统弹出“冷却组件设计”对话框。

（2）取消选中□关联位置复选框，在PIPE_THREAD下拉列表中选择M8选项。

（3）单击尺寸选项卡，在相关的尺寸列表中将HOLE_1_DEPTH的值修改为 65，按 Enter 键确认；将HOLE_2_DEPTH的值修改为 65，按 Enter 键确认。

（4）单击应用按钮，系统弹出“选择一个面”对话框。

（5）选取图 7.57 所示的动模板表面为放置面，系统弹出“点”对话框。

（6）在类型区域的下拉列表中选择圆弧中心/椭圆中心/球心选项，选取图 7.58 所示的圆弧 1，系统返回至“点”对话框；选取图 7.58 所示的圆弧 2，完成冷却管 10 的添加，同时系统返回至“点”对话框；单击取消按钮，系统返回至“冷却组件设计”对话框。

（7）单击取消按钮，关闭“冷却组件设计”对话框。

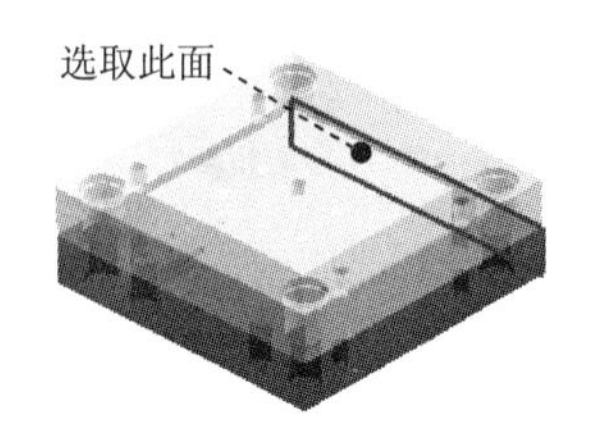

图 7.57 定义放置面（八）

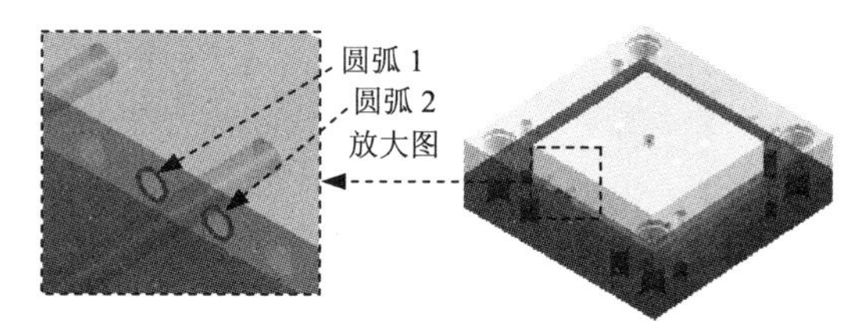

图 7.58 定义冷却管中心

Step12. 创建冷却管避开槽。在“注塑模向导”工具条中，单击“腔体”按钮，选取定模板固定板和动模板为目标体，单击中键确认；选取冷却管 7～10 为工具体。单击确定按钮，完成冷却管避开槽的创建。

Step13. 添加冷却水道水塞 1（隐藏定模板、动模板、型腔、型芯和产品）。

（1）在“注塑模向导”工具条中，单击“冷却”按钮，系统弹出“冷却组件设计”对话框。

（2）选取图 7.59 所示的冷却管。

（3）在相关类型的列表中选择DIVERTER选项；单击尺寸选项卡，在相关的尺寸列表中将ENGAGE的值修改为 12，按 Enter 键确认；将PLUG_LENGTH的值修改为 10，按 Enter 键确认。

（4）单击确定按钮，完成冷却水道水塞 1 的添加（图 7.60）。

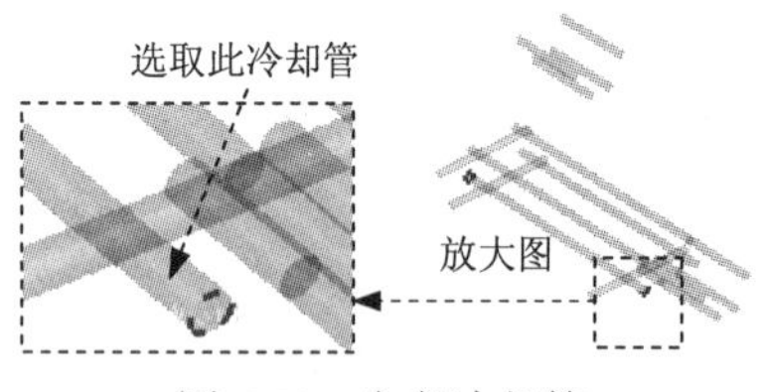

图 7.59 定义冷却管

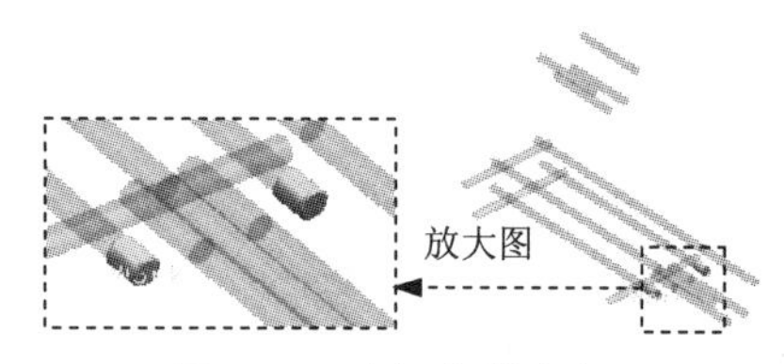

图 7.60 冷却水道水塞 1

Step14. 添加冷却水道水塞 2。

（1）在“注塑模向导”工具条中，单击“冷却”按钮，系统弹出“冷却组件设计”对话框。

（2）选取图 7.61 所示的冷却管。

（3）在相关类型的列表中选择DIVERTER选项；单击尺寸选项卡，在相关的尺寸列表中将ENGAGE的值修改为 12，按 Enter 键确认；将PLUG_LENGTH的值修改为 10，按 Enter 键确认。

（4）单击确定按钮，完成冷却水道水塞 2 的添加，如图 7.62 所示。

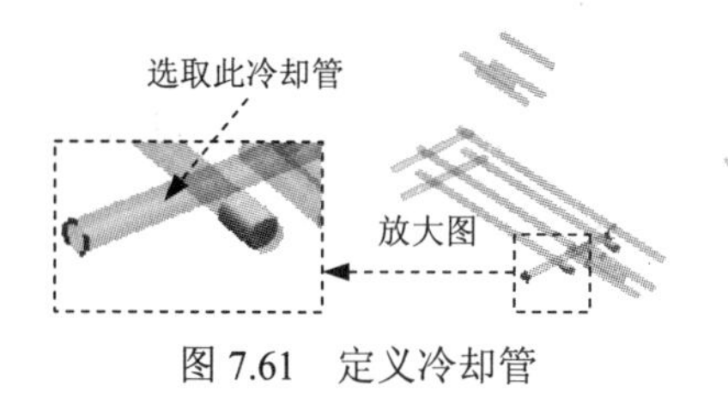

图 7.61 定义冷却管

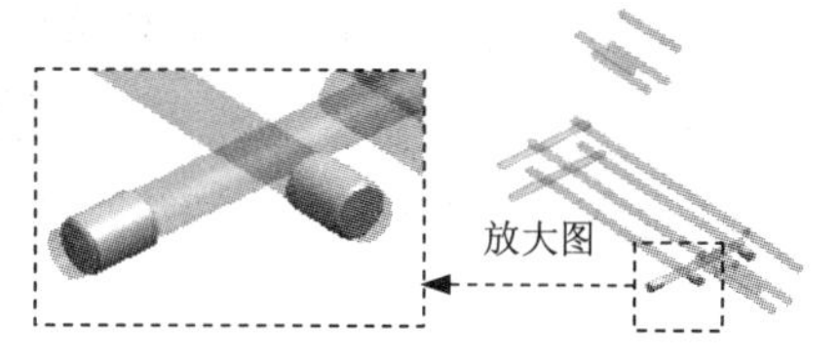

图 7.62 冷却水道水塞 2

Step15. 添加冷却水道水塞 3。

（1）在“注塑模向导”工具条中，单击“冷却”按钮，系统弹出“冷却组件设计”对话框。

（2）选取图 7.63 所示的冷却管。

（3）在相关类型的列表中选择DIVERTER选项；单击尺寸选项卡，在相关的尺寸列表中将ENGAGE的值修改为 59，按 Enter 键确认；将PLUG_LENGTH的值修改为 8，按 Enter 键确认。

（4）单击确定按钮，完成冷却水道水塞 3 的添加，如图 7.64 所示。

Step16. 添加冷却水道水塞 4。

（1）在“注塑模向导”工具条中，单击“冷却”按钮，系统弹出“冷却组件设计”对话框。

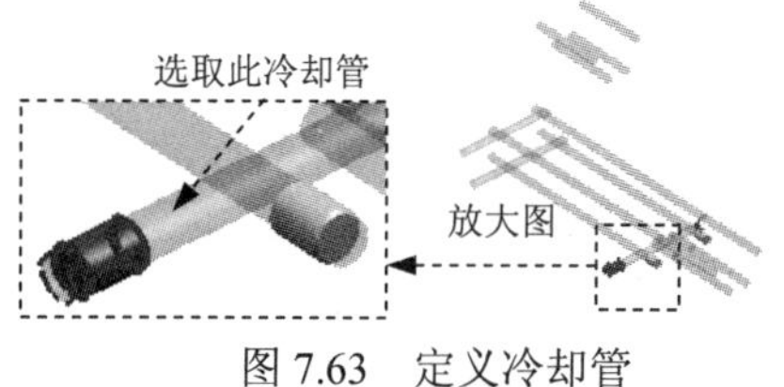

图 7.63 定义冷却管

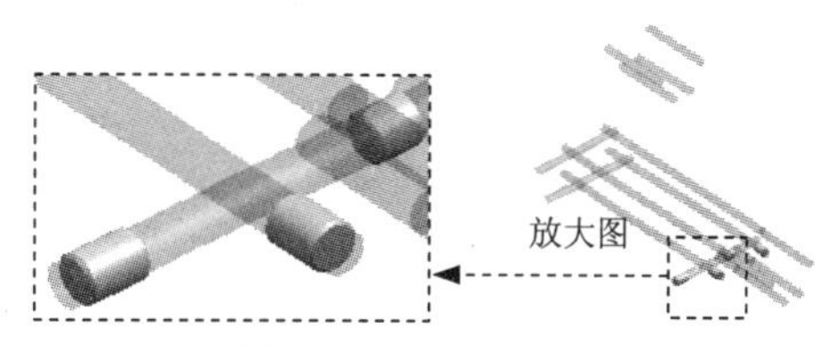

图 7.64 冷却水道水塞 3

（2）选取图 7.65 所示的冷却管。

（3）在相关类型的列表中选择DIVERTER选项；单击尺寸选项卡，在相关的尺寸列表中将ENGAGE的值修改为 12，按 Enter 键确认；将PLUG_LENGTH的值修改为 10，按 Enter 键确认。

（4）单击确定按钮，完成冷却水道水塞 4 的添加，如图 7.66 所示。

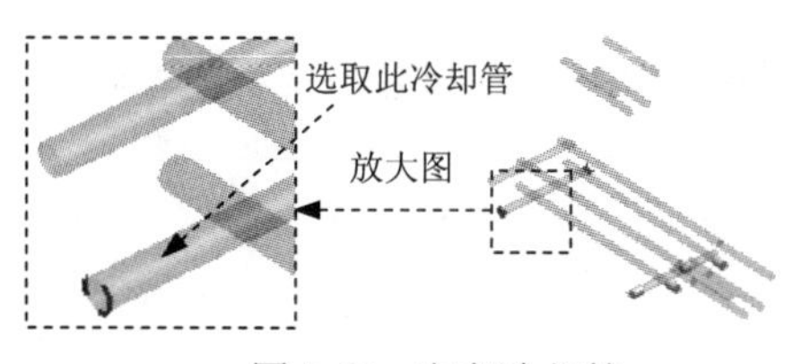

图 7.65 定义冷却管

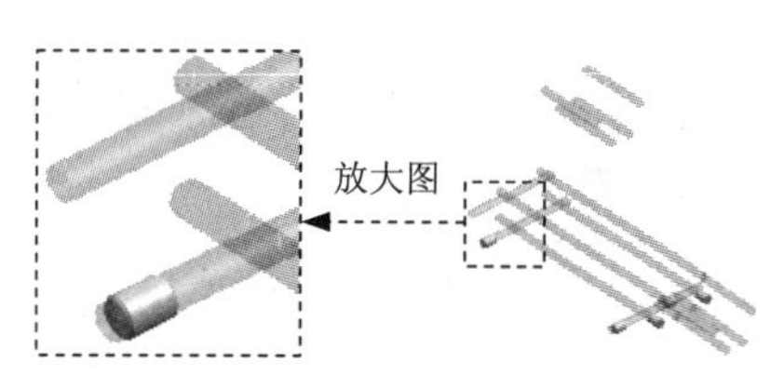

图 7.66 冷却水道水塞 4

Step17. 添加冷却水道水塞 5。

（1）在“注塑模向导”工具条中，单击“冷却”按钮，系统弹出“冷却组件设计”对话框。

（2）选取图 7.67 所示的冷却管。

（3）在相关类型的列表中选择DIVERTER选项；单击尺寸选项卡，在相关的尺寸列表中将ENGAGE的值修改为 12，按 Enter 键确认；将PLUG_LENGTH的值修改为 10，按 Enter 键确认。

（4）单击确定按钮，完成冷却水道水塞 5 的添加，如图 7.68 所示。

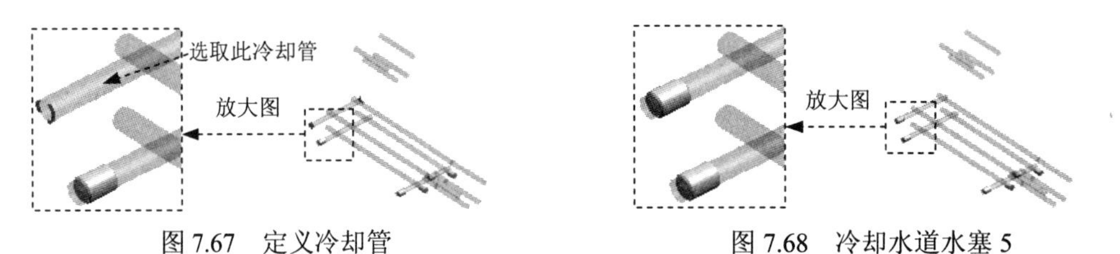

图 7.67　定义冷却管　　　图 7.68　冷却水道水塞 5

Step18. 添加 O 形圈 1。

（1）在“注塑模向导”工具条中，单击“冷却”按钮，系统弹出“冷却组件设计”对话框。

（2）选取图 7.69 所示的冷却管。

（3）在相关类型的列表中选择O-RING选项，在SECTION_DIA下拉列表中选择3选项，在ID下拉列表中选择8选项。

（4）单击确定按钮，完成 O 形圈 1 的添加，如图 7.70 所示。

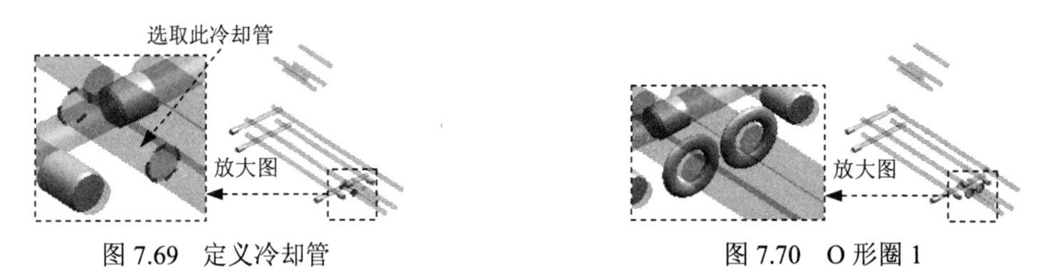

图 7.69　定义冷却管　　　图 7.70　O 形圈 1

Step19. 添加 O 形圈 2。

（1）在“注塑模向导”工具条中，单击“冷却”按钮，系统弹出“冷却组件设计”对话框。

（2）选取图 7.71 所示的冷却管。

（3）在相关类型的列表中选择O-RING选项，在SECTION_DIA下拉列表中选择3选项，在ID下拉列表中选择8选项。

（4）单击确定按钮，完成 O 形圈 2 的添加，如图 7.72 所示。

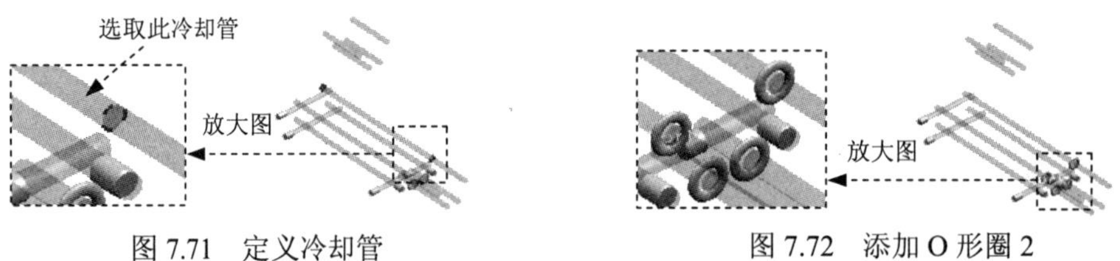

图 7.71　定义冷却管　　　图 7.72　添加 O 形圈 2

Step20. 创建 O 形圈避开槽（显示型腔和型芯）。在“注塑模向导”工具条中，单击“腔体”按钮，选取型腔和型芯为目标体，单击中键确认；在工具类型的下拉列表中选择部件，然后选取O形圈1和O形圈2为工具体。单击确定按钮，完成O形圈避开槽的创建。

Step21. 添加水嘴1（显示定模板和动模板）。

（1）在“注塑模向导”工具条中，单击“冷却”按钮，系统弹出“冷却组件设计”对话框。

（2）选取图7.73所示的冷却管。

（3）在相关类型的列表中选择CONNECTOR PLUG选项，在SUPPLIER下拉列表中选择HASCO选项，在PIPE_THREAD下拉列表中选择M10选项。

（4）单击确定按钮，完成水嘴1的添加，如图7.74所示。

图7.73　定义冷却管　　图7.74　添加水嘴1

Step22. 添加水嘴2。

（1）在“注塑模向导”工具条中，单击“冷却”按钮，系统弹出“冷却组件设计”对话框。

（2）选取图7.75所示的冷却管。

（3）在相关类型的列表中选择CONNECTOR PLUG选项，在SUPPLIER下拉列表中选择HASCO选项，在PIPE_THREAD下拉列表中选择M10选项。

（4）单击确定按钮，完成水嘴2的添加，如图7.76所示。

图7.75　定义冷却管　　图7.76　添加水嘴2

Step23. 参照Step21，添加另一侧的两处水嘴，如图7.77所示。

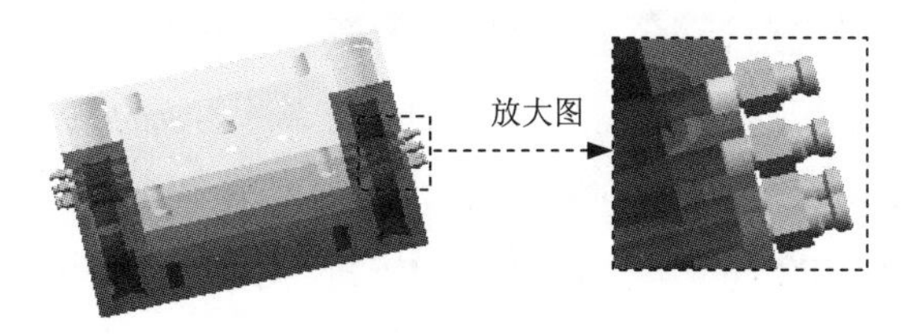

图7.77　另一侧的两处水嘴

Task13. 添加顶杆

Step1. 添加顶杆 1（隐藏定模板、动模板、冷却系统和型腔）。

（1）在“注塑模向导”工具条中，单击“标准件”按钮，系统弹出“标准件管理”对话框。

（2）在目录下拉列表中选择DME_MM选项，在分类下拉列表中选择Ejection选项，在CATALOG_DIA下拉列表中选择4选项，在CATALOG_LENGTH下拉列表中选择160选项。

（3）单击确定按钮，系统弹出“点”对话框。

（4）在坐标区域的XC、YC和ZC文本框中分别输入值-78、77 和 0，单击确定按钮，系统返回至“点”对话框；在坐标区域的XC、YC和ZC文本框中分别输入值-32、77 和 0，单击确定按钮，系统返回至“点”对话框；在坐标区域的XC、YC和ZC文本框中分别输入值-78、48 和 0，单击确定按钮，系统返回至“点”对话框；在坐标区域的XC、YC和ZC文本框中分别输入值-32、48 和 0，单击确定按钮，系统返回至“点”对话框；在坐标区域的XC、YC和ZC文本框中分别输入值-78、0 和 0，单击确定按钮，系统返回至“点”对话框；在坐标区域的XC、YC和ZC文本框中分别输入值-32、0 和 0，单击确定按钮，系统返回至“点”对话框；在坐标区域的XC、YC和ZC文本框中分别输入值-68、-38 和 0，单击确定按钮，系统返回至“点”对话框；在坐标区域的XC、YC和ZC文本框中分别输入值-42、-38 和 0，单击确定按钮，系统返回至“点”对话框；在坐标区域的XC、YC和ZC文本框中分别输入值-55、-70 和 0，单击确定按钮，系统返回至“点”对话框；在坐标区域的XC、YC和ZC文本框中分别输入值-55、62 和 0，单击确定按钮，系统返回至“点”对话框。

（5）单击取消按钮，完成顶杆 1 的添加，如图 7.78 所示。

说明：系统会自动创建另一侧型芯的顶杆。

Step2. 添加顶杆 2。

（1）在“注塑模向导”工具条中，单击“标准件”按钮，系统弹出“标准件管理”对话框。

（2）在目录下拉列表中选择DME_MM选项，在分类下拉列表中选择Ejection选项，在CATALOG_DIA下拉列表中选择4选项，在CATALOG_LENGTH下拉列表中选择125选项。

（3）单击确定按钮，系统弹出“点”对话框。

（4）在坐标区域的XC、YC和ZC文本框中分别输入值-68、30 和 0，单击确定按钮，系统返回至“点”对话框；在坐标区域的XC、YC和ZC文本框中分别输入值-42、30 和 0，单击确定按钮，系统返回至“点”对话框；在坐标区域的XC、YC和ZC文本框中分别输入值-68、3 和 0，单击确定按钮，系统返回至“点”对话框；在坐标区域的XC、YC和ZC文本框中分别输入值-42、3 和 0，单击确定按钮，系统返回至“点”对话框；在坐标区域的XC、YC和ZC文本框中分别输入值-68、-22 和 0，单击确定按钮，系统返回至“点”对话框；在坐标区域的XC、YC和ZC文本框中分别输入值-42、-22和0，单击确定按钮，系统返回至“点”对话框。

（5）单击取消按钮，完成顶杆2的添加，如图7.79所示。

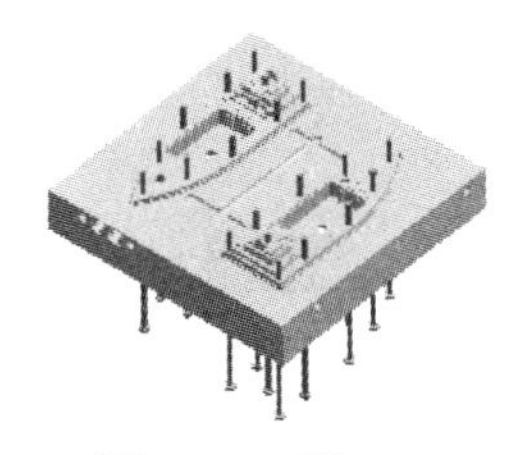

图7.78 顶杆1

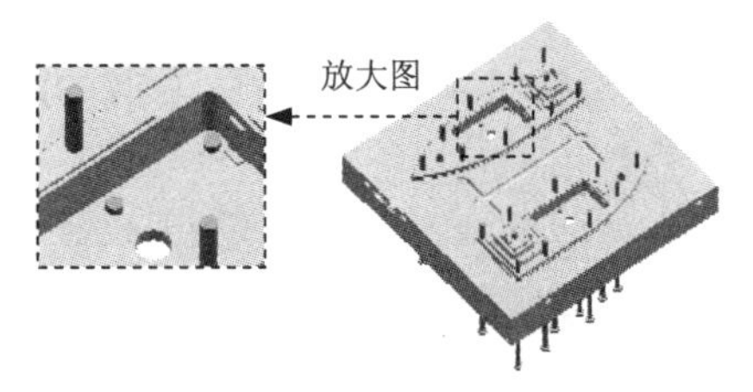

图7.79 顶杆2

Step3. 修剪顶杆。在“注塑模向导”工具条中，单击“顶杆后处理”按钮，选取同一型芯上的16个顶杆为目标体。单击确定按钮，完成顶杆的修剪。

Step4. 创建顶杆避开槽（显示所有零件）。在“注塑模向导”工具条中，单击“腔体”按钮，选取型芯、动模板和顶杆固定板为目标体，单击中键确认；选取所有顶杆（共32个）为工具体。单击确定按钮，完成顶杆避开槽的创建。

Task14. 模具后处理

Step1. 添加限位钉。

（1）在“注塑模向导”工具条中，单击“标准件”按钮，系统弹出“标准件管理”对话框。

（2）在目录下拉列表中选择FUTABA_MM选项，在分类下拉列表中选择Stop Buttons选项，在相关的类型列表中选择Stop Pin (M-STP, M-STPH)选项，在DIRECTION下拉列表中选择向下选项，取消选中□ 关联位置复选框，单击确定按钮，系统弹出“选择一个面”对话框。

（3）定义放置面。选取图7.80所示的面为放置面，系统弹出“点”对话框。

（4）在类型区域的下拉列表中选择圆弧中心/椭圆中心/球心选项，选取图7.81所示的圆弧1，系统返回至“点”对话框；选取图7.81所示的圆弧2，系统返回至“点”对话框；选取图7.81所示的圆弧3，系统返回至“点”对话框；选取图7.81所示的圆弧4，系统返回至“点”对话框。

（5）单击取消按钮，完成限位钉的添加。

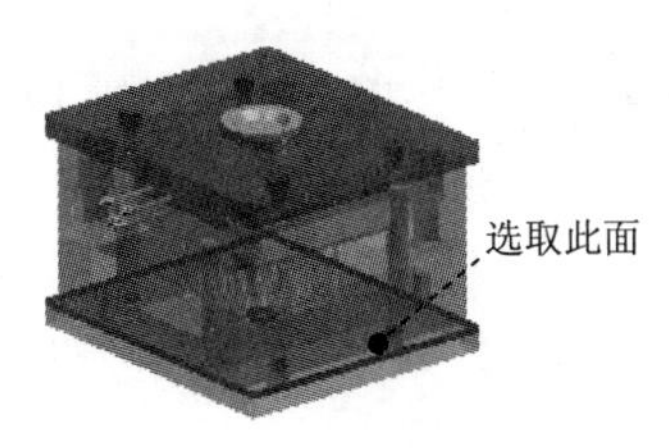

图7.80 定义放置面

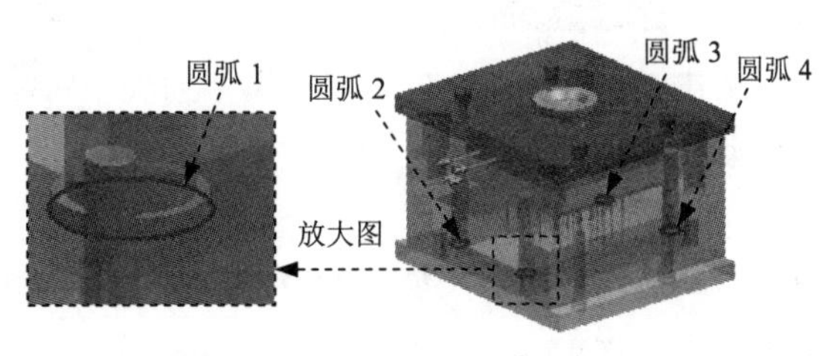

图7.81 定义限位钉中心

Step2. 创建限位钉避开槽。在“注塑模向导”工具条中单击“腔体”按钮，选取动模板固定板为目标体，单击中键确认；选取四个限位钉为工具体。单击确定按钮，完成限位钉避开槽的创建。

Step3. 添加弹簧。

（1）在“注塑模向导”工具条中单击“标准件”按钮，系统弹出“标准件管理”对话框。

（2）在目录下拉列表中选择FUTABA_MM选项，在分类下拉列表中选择Springs选项，在相关的类型列表中选择Spring [M-FSB]选项，在DIAMETER下拉列表中选择45.5选项，在CATALOG_LENGTH下拉列表中选择80选项，在DISPLAY下拉列表中选择DETAILED选项，取消选中□ 关联位置复选框；单击确定按钮，系统弹出“选择一个面”对话框。

（3）定义放置面。选取图 7.82 所示的面为放置面，系统弹出“点”对话框。

（4）在类型区域的下拉列表中选择 圆弧中心/椭圆中心/球心选项，选取图 7.83 所示的圆弧 1，系统返回至“点”对话框；选取图 7.83 所示的圆弧 2，系统返回至“点”对话框；选取图 7.83 所示的圆弧 3，系统返回至“点”对话框；选取图 7.83 所示的圆弧 4，系统返回至“点”对话框；

（5）单击取消按钮，完成弹簧的添加。

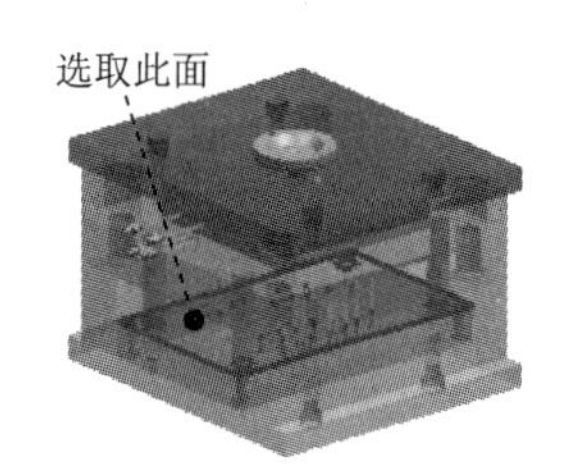

图 7.82 定义放置面

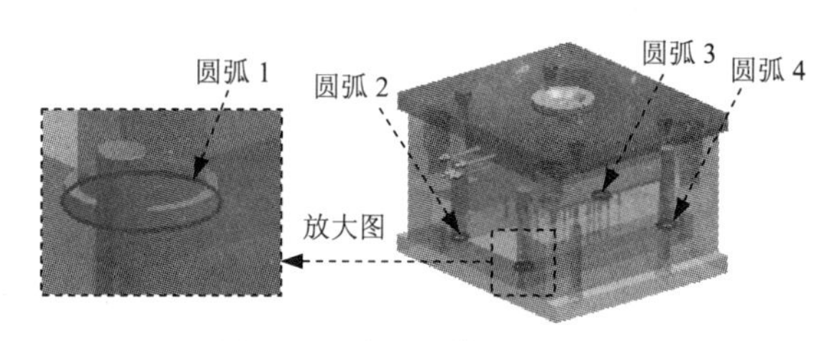

图 7.83 定义弹簧中心

Step4. 创建弹簧避开槽（显示所有零件）。在“注塑模向导”工具条中，单击“腔体”按钮，选动模板为目标体，单击中键确认；选取所有弹簧（共四个）为工具体。单击确定按钮，完成弹簧避开槽的创建。

Step5. 添加拉料杆。

（1）在“注塑模向导”工具条中单击“标准件”按钮，系统弹出“标准件管理”对话框。

（2）在目录下拉列表中选择DME_MM选项，在分类下拉列表中选择Ejection选项，在相关的类型列表中选择Ejector Pin [Straight]选项，在CATALOG_DIA下拉列表中选择6选项。

（3）单击尺寸选项卡，在相关的尺寸列表中将CATALOG_LENGTH的值修改为 135，按 Enter 键确认；将HEAD_DIA的值修改为 18，按 Enter 键确认；单击确定按钮，系统弹出“点”对话框。

（4）在坐标区域的XC、YC和ZC文本框中分别输入值 0、0 和 0，单击确定按钮，系统返回至“点”对话框。

（5）单击 取消 按钮，完成拉料杆的添加，如图 7.84 所示。

Step6. 将拉料杆转为显示部件。右击拉料杆，在弹出的快捷菜单中选择 转为显示部件(D) 命令。

Step7. 创建拉伸特征。

（1）切换环境。选择下拉菜单 开始 → 建模(M)... 命令，进入到建模环境中。

（2）选择下拉菜单 插入(S) → 设计特征(E) → 拉伸(E)... 命令，单击按钮，选取 YC-ZC 基准平面为草图平面。绘制图 7.85 所示的截面草图；在 * 指定矢量 下拉列表中选择选项；在 限制 区域的 开始 下拉列表中选择 对称值 选项，并在其下的 距离 文本框中输入值 10；在 布尔 区域的 布尔 下拉列表中选择 求差 选项，选取拉料杆为求差对象；单击 确定 按钮，完成拉伸特征的创建。

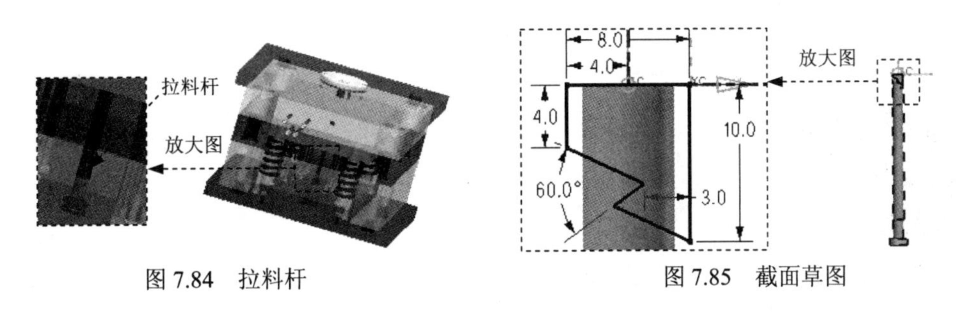

图 7.84　拉料杆　　图 7.85　截面草图

Step8. 选择窗口。选择下拉菜单 窗口(O) → boat_top_mold_top_000.prt 命令，系统显示总模型。

Step9. 将总模型转为工作部件。单击"装配导航器"选项卡，系统弹出"装配导航器"窗口。在 boat_top_mold_top_019 选项上右击，在弹出的快捷菜单中选择 设为工作部件 命令。

Step10. 创建拉料杆避开槽。在"注塑模向导"工具条中单击"腔体"按钮，选取选型芯、动模板和顶针固定板为目标体，单击中键确认；选取拉料杆为工具体。单击 确定 按钮，完成拉料杆开槽的创建。

Step11. 显示所有的零件。

Step12. 保存文件。选择下拉菜单 文件(F) → 全部保存(V)，保存所有文件。

7.2　创建方法二（在建模环境下进行模具设计）

方法简介：

采用此方法进行模具设计的亮点就在于分型面的设计，其采用的是种子面和边界面的方法，并且还通过"变换"、"延伸"及"修剪"等命令的结合使用，完成全部的分型面设计。当然，读者也可以尝试用建模环境下的其他命令来完成模具的设计。

下面介绍在建模环境下设计该模具的具体过程。

Task1. 模具坐标系

Step1. 打开文件。打开 D:\ug6.6\work\ch07\ boat_top.prt 文件，单击 OK 按钮，进入建模环境。

Step2. 重定位 WCS 到新的坐标系。选择下拉菜单 格式(R) → WCS → 定向(N)... 命令，在系统弹出“CSYS”对话框的 类型 下拉列表中选择 自动判断，然后选取图 7.86 所示的模型表面。单击 确定 按钮，完成重定位 WCS 到新的坐标系的操作。

Step3. 旋转模具坐标系。选择下拉菜单 格式(R) → WCS → 旋转(R)... 命令，在系统弹出“旋转 WCS 绕...”对话框中选择 - XC 轴 单选项，在 角度 文本框中输入值 180。单击 确定 按钮，定义后的坐标系如图 7.87 所示。

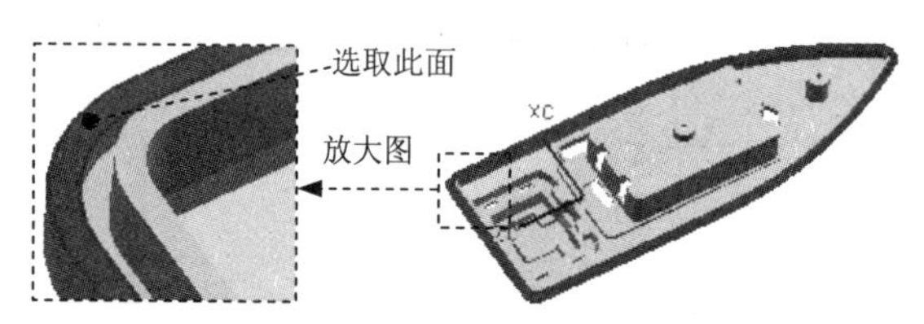

图 7.86　重定位 WCS 坐标系

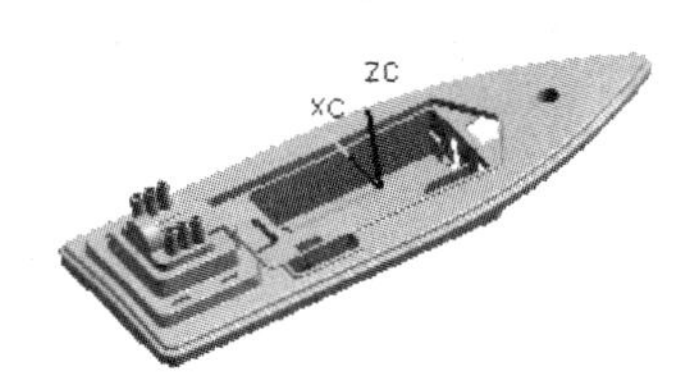

图 7.87　定义后的模具坐标系

Task2. 设置收缩率

Step1. 测量设置收缩率前模型的尺寸。选择下拉菜单 分析(L) → 测量距离(D)... 命令，测量图 7.88 所示的零件的两个表面的距离值为 34。单击 取消 按钮，关闭“测量距离”对话框。

说明：后面的操作要进入建模环境中。

Step2. 设置收缩率。选择下拉菜单 插入(S) → 偏置/缩放(O) → 缩放体(S)... 命令，在“缩放体”对话框的 类型 下拉列表中选择 均匀 选项；选择零件为缩放体，此时系统自动将缩放点定义在零件的中心位置。在 比例因子 区域的 均匀 文本框中输入数值 1.006。单击 确定 按钮，完成收缩率的位置。

Step3. 测量设置收缩率后模型的尺寸。选择下拉菜单 分析(L) → 测量距离(D)... 命令，测量图 7.89 所示的零件两个表面的距离为 34.2040。单击 取消 按钮，关闭“测量距离”对话框。

说明：与前面选择测量的面相同。

Step4. 检测收缩率。由测量结果可知，设置收缩率前的尺寸值为 34；收缩率为 1.006；所以，设置收缩率后的尺寸值为：34×1.006=34.2040；说明设置收缩没有错误。

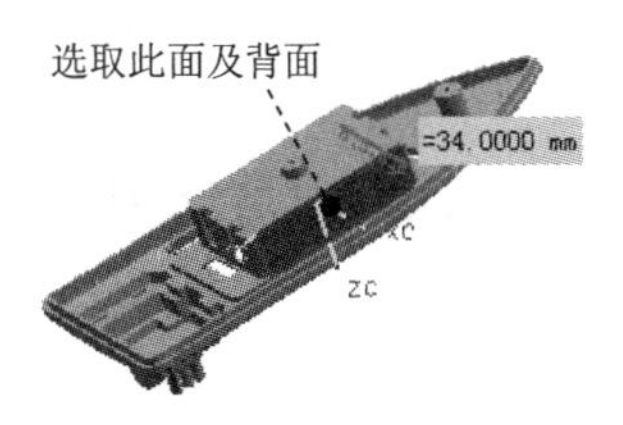

图 7.88 测量设置收缩率前的模型尺寸

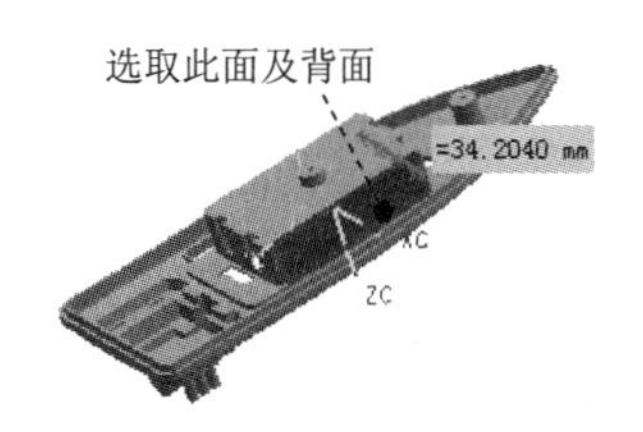

图 7.89 测量设置收缩率后的模型尺寸

Task3. 创建工件

Step1. 平移零件。

（1）选择命令。选择下拉菜单编辑(E) → 移动对象(O)...命令，此时系统弹出“移动对象”对话框。

（2）定义平移对象。选择零件模型为平移对象。

（3）定义变换。在“移动对象”对话框的变换区域的运动下拉列表中选择距离；在“指定矢量”的下拉列表中选择；在距离文本框中输入 90。

（4）定义结果。在“移动对象”对话框的结果区域中选择⊙复制原先的单选项，在距离/角度分割文本框中输入 1；在非关联副本数文本框中输入 1。

（5）在“移动对象”对话框中单击确定按钮，完成零件的平移，如图 7.90 所示。

Step2. 旋转零件。

（1）选择命令。选择下拉菜单编辑(E) → 移动对象(O)...命令，此时系统弹出“移动对象”对话框。

（2）定义旋转对象。选择图 7.91 所示的零件为旋转对象。

（3）定义变换。在“移动对象”对话框的变换区域的运动下拉列表中选择角度；在“指定矢量”的下拉列表中选择；单击“指定轴点”后的“点构造器”按钮，在系统弹出的“点”对话框的坐标区域中选择⊙相对于 WCS单选项，分别在“X”、“Y”和“Z”文本框中输入 0，在角度的文本框中输入 180，单击确定按钮。

（4）定义结果。在“移动对象”对话框的结果区域中选择⊙移动原先的单选项，在距离/角度分割文本框中输入 1。

（5）在“移动对象”对话框中单击确定按钮，完成零件的旋转，如图 7.92 所示。

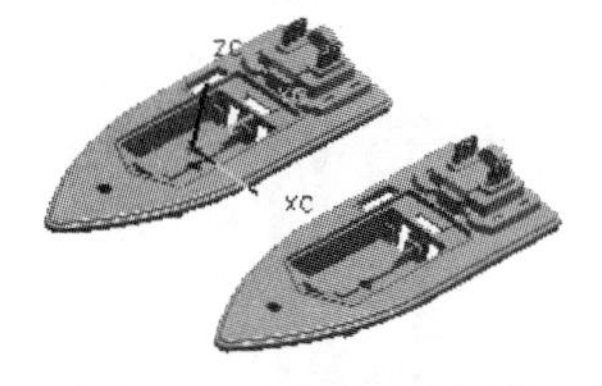

图 7.90 平移后的零件

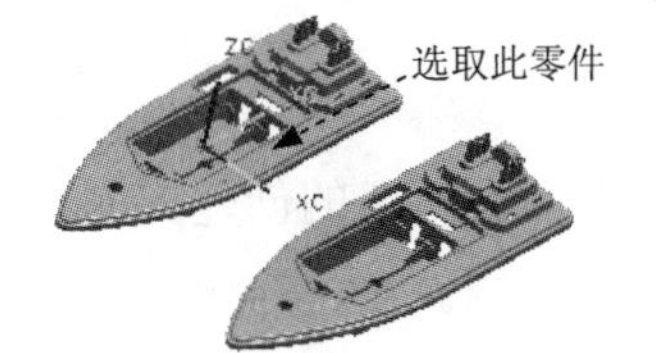

图 7.91 定义旋转对象

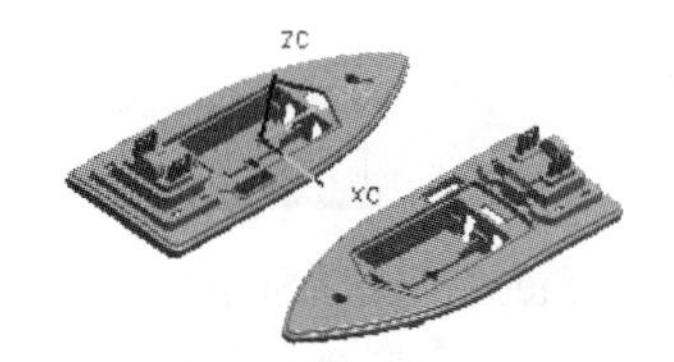

图 7.92 旋转后的零件

Step3. 定义坐标原点。选择下拉菜单格式(R) → WCS → 原点(O)...命令，在系统弹出“点”对话框坐标区域的XC、YC和ZC文本框中分别输入值 45、0 和 0。单击确定按钮，完成定义坐标原点的操作，如图 7.93 所示。

Step4. 创建工件。选择下拉菜单插入(S) → 设计特征(E)▸ → 拉伸(E)...命令，单击按钮，接受系统默认的草图平面，绘制图 7.94 所示的截面草图；在*指定矢量的下拉列表中，选择ZC↑选项。在限制区域的开始下拉列表中选择值选项，并在其下的距离文本框中输入值 40；在结束下拉列表中选择值选项，并在其下的距离文本框中输入值-30；在布尔区域的布尔下拉列表中选择无，单击确定按钮，完成图 7.95 所示的拉伸特征的创建（隐藏坐标系）。

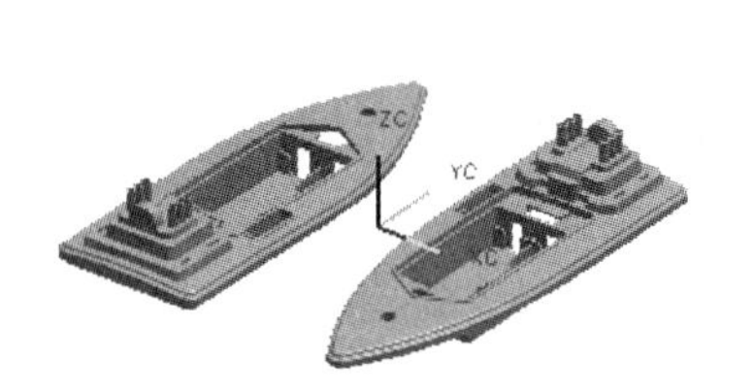

图 7.93　定义坐标原点

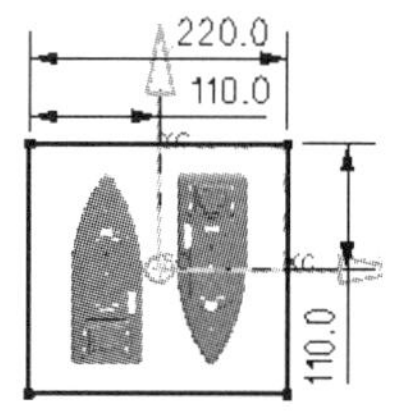

图 7.94　截面草图

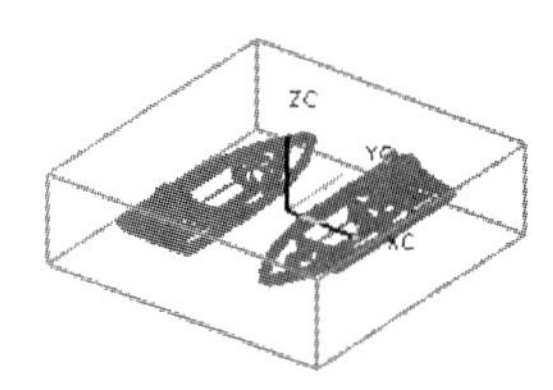

图 7.95　拉伸特征

Task4. 模型修补

Step1. 隐藏模具工件。选择下拉菜单编辑(E) → 显示和隐藏(H)▸ → 隐藏(H)...命令，选取模具工件为隐藏对象。单击确定按钮，完成模具工件隐藏的操作。

Step2. 创建曲面补片 1。

（1）选择命令。选择下拉菜单插入(S) → 网格曲面(M)▸ → 通过曲线网格(M)...命令，系统弹出“通过曲线网格”对话框。

（2）定义主曲线和交叉曲线。选取图 7.96 所示的曲线 1 和曲线 2 为主曲线，并分别单击中键确认；单击中键，选取图 7.96 所示的直线 1 和直线 2 为交叉曲线，并分别单击中键确认。

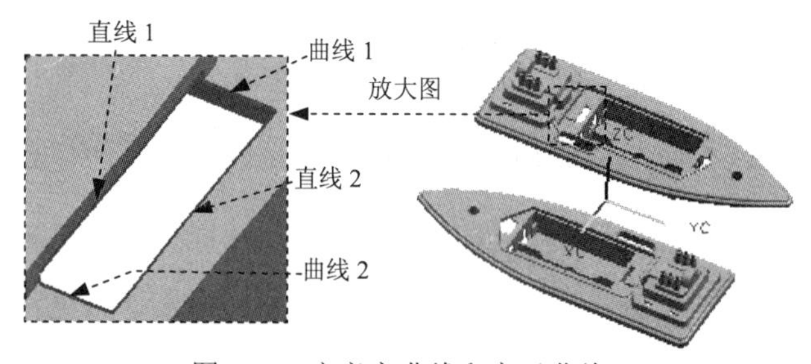

图 7.96　定义主曲线和交叉曲线

（3）单击确定按钮，完成曲面补片 1 的创建，如图 7.97 所示。

Step3. 参照 Step2，创建图 7.98 所示的四处曲面补片。

Step4. 参照 Step2，创建图 7.99 所示的五处曲面补片。

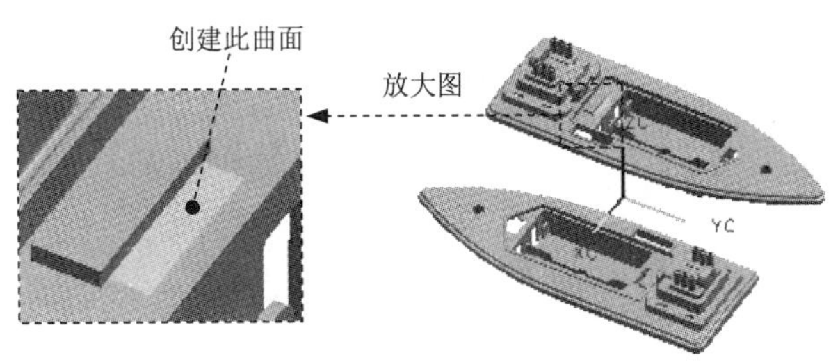

图 7.97　曲面补片（一）

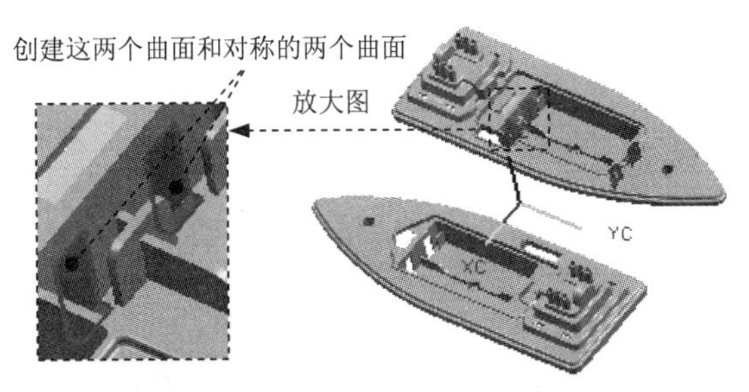

图 7.98　曲面补片（二）

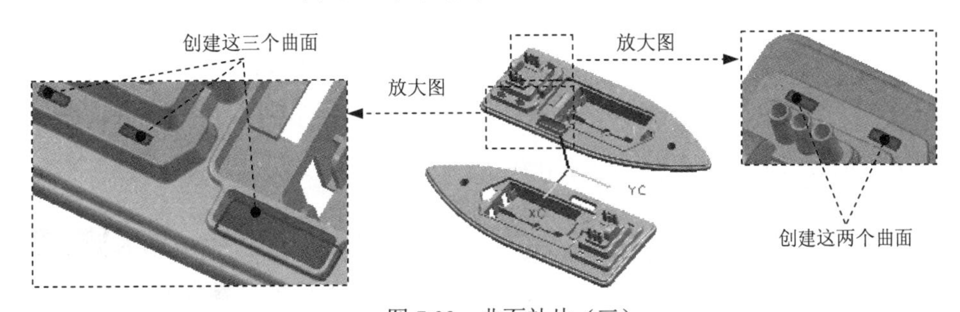

图 7.99　曲面补片（三）

Step5. 创建曲面补片 2。选择下拉菜单插入(S) → 扫掠(W) → 扫掠(S)...命令，选取图 7.100 所示的曲线为截面曲线，单击中键确认；单击中键，选取直线 1 和直线 2 为引导曲线，并分别单击中键确认。单击确定按钮，完成曲面补片 2 的创建。

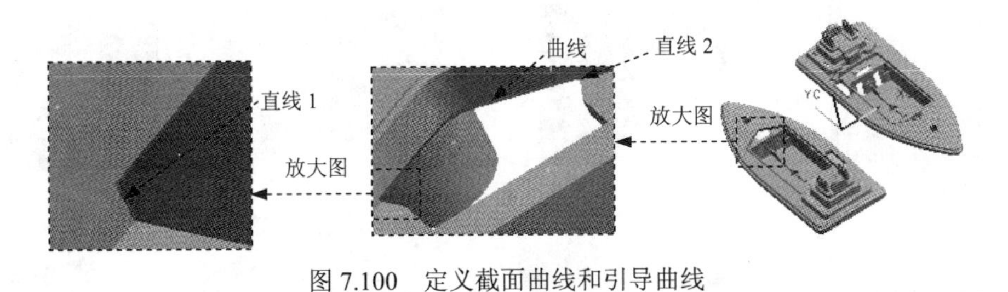

图 7.100　定义截面曲线和引导曲线

Step6. 创建曲面补片 3。选择下拉菜单插入(S) → 网格曲面(M) → 通过曲线网格(M)...命令，选取图 7.101 所示的曲线 1 和曲线 2 为主曲线，并分别单击中键确认；单击中键，选取图 7.101 所示的曲线 3 和曲线 4 为交叉曲线，并分别单击中键确认。单击确定按钮，完成曲面补片 3 的创建，如图 7.102 所示。

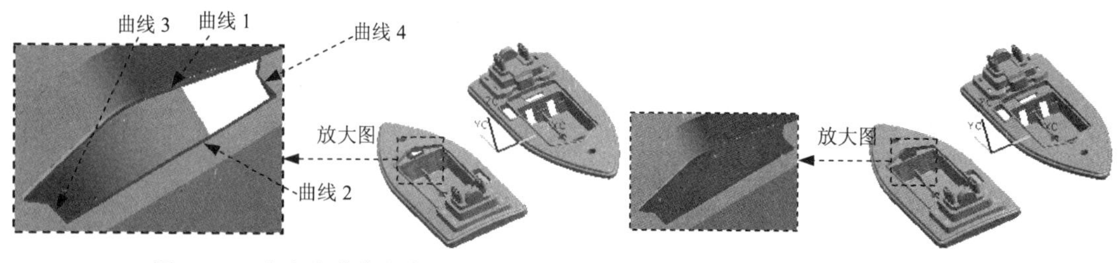

图 7.101 定义主曲线和交叉曲线　　图 7.102 曲面补片 3

Step7. 创建曲面补片 4。选择下拉菜单插入(S) → 曲面(R) → 有界平面(P)...命令，选取图 7.103 所示的边线。单击确定按钮，完成曲面补片 4 的创建，如图 7.104 所示。

图 7.103 定义平面边界　　图 7.104 曲面补片 4

Step8. 参照 Step7，创建同一零件上的孔的曲面补片。

Task5. 创建分型面

Step1. 创建抽取特征。选择下拉菜单插入(S) → 关联复制(A) → 抽取(E)...命令，在类型区域的下拉列表中选择面区域选项；在区域选项区域中选中☑遍历内部边复选框；在设置区域中选中☑固定于当前时间戳记复选框，选取图 7.105 所示的面为种子面，选取图 7.106 所示的 30 个面为边界面。单击确定按钮，完成抽取特征的创建。

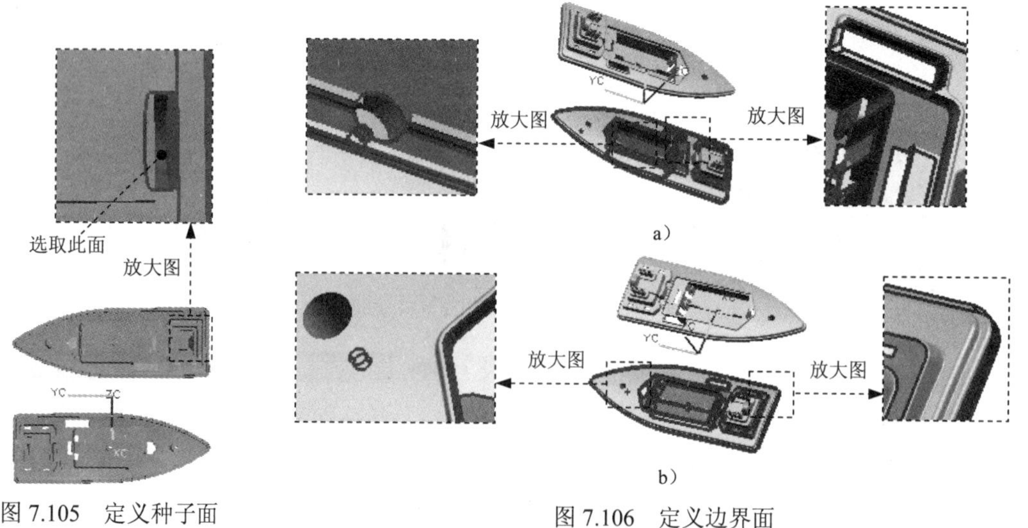

图 7.105 定义种子面　　图 7.106 定义边界面

Step2. 创建曲面缝合特征 1（隐藏两个零件）。选择下拉菜单插入(S) → 组合体(B) → 缝合(W)...命令，在类型区域的下拉列表中选择图纸页选项，选取抽取特征为目标体，选取其余所有片体为工具体。单击确定按钮，完成曲面缝合特征 1 的创建。

Step3. 创建移动对象特征。

（1）选择命令。选择下拉菜单编辑(E) → 移动对象(O)...命令，此时系统弹出图“移动对象”对话框。

（2）定义旋转对象。选择图 7.107 所示的片体为移动对象。

（3）定义变换。在“移动对象”对话框的变换区域的运动下拉列表中选择角度；在“指定矢量”的下拉列表中选择；单击“指定轴点”后的“点构造器”按钮，在系统弹出的“点”对话框的坐标区域中选择相对于 WCS 单选项，分别在“X”、“Y”和“Z”文本框中输入 0，在角度的文本框中输入 180。

（4）定义结果。在“移动对象”对话框的结果区域中选择复制原先的单选项，在距离/角度分割文本框中输入 1，在非关联副本数文本框中输入 1。

（5）在“移动对象”对话框中单击确定按钮，完成移动对象特征操作。结果如图 7.108 所示。

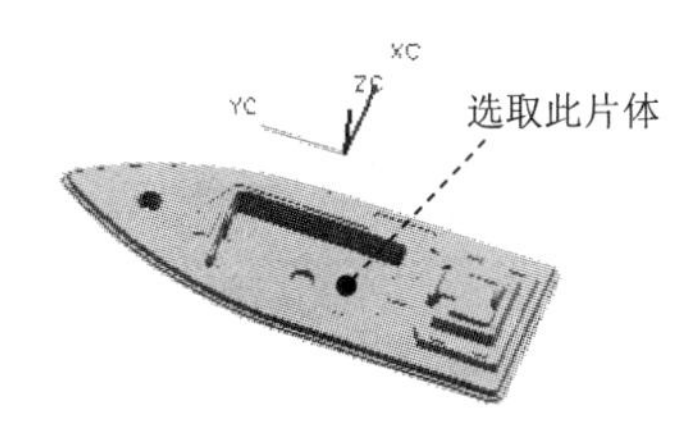

图 7.107 定义移动对象

图 7.108 移动对象特征

Step4. 创建分型面。选择下拉菜单插入(S) → 修剪(T) → 修剪与延伸(N)...命令，在类型区域的下拉列表中选择按距离选项，在延伸区域的距离文本框中输入值 200，按 Enter 键确认；选取图 7.109 所示的边界环为延伸对象。单击确定按钮，完成分型面的创建，如图 7.110 所示。

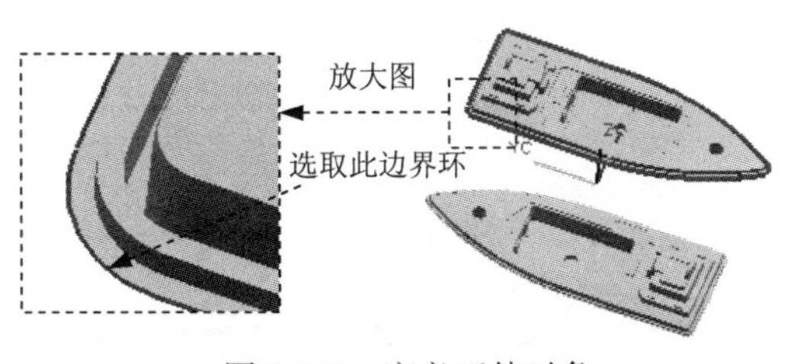

图 7.109 定义延伸对象

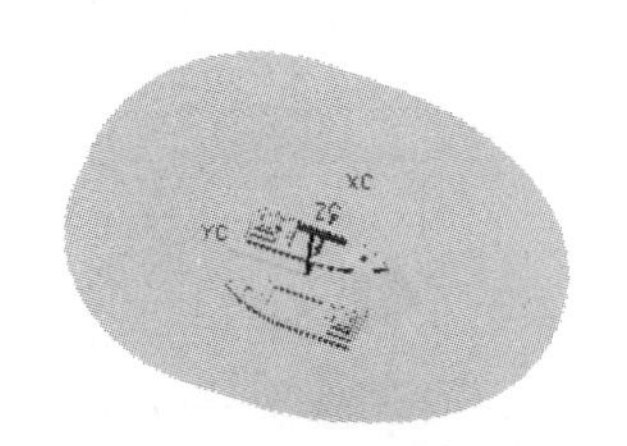

图 7.110 分型面

Step5. 创建图 7.111 所示的修剪片体特征 1。选择下拉菜单插入(S) → 修剪(T) → 修剪的片体(R)...命令，选取分型面为目标体，单击中键确认；选取图 7.111a 所示的曲线为边界对象。在区域区域中选择保持单选项，单击确定按钮，完成修剪片体特征 1 的创建。

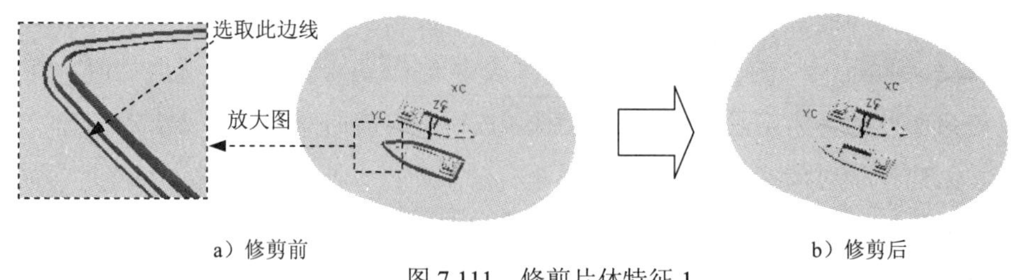

图 7.111　修剪片体特征 1

Step6. 创建曲面缝合特征 2。选择下拉菜单插入(S) ➡ 组合体(B) ➡ 缝合(W)...命令，在类型区域的下拉列表中选择图纸页选项，选取图 7.112 所示的片体为目标体，选取其余所有片体为工具体。单击确定按钮，完成曲面缝合特征 2 的创建。

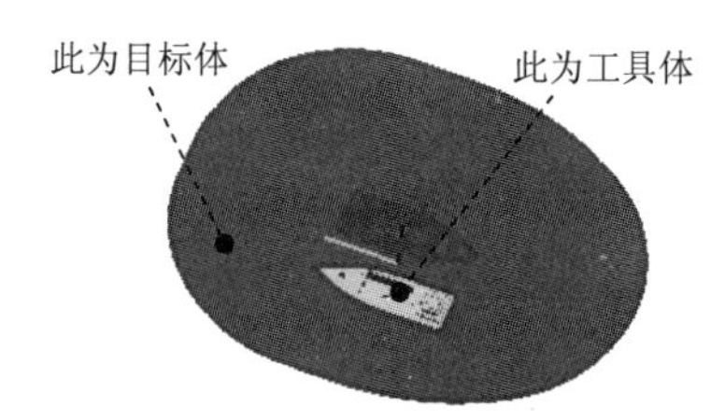

图 7.112　定义目标体和工具体

Task6. 创建模具型芯/型腔

Step1. 编辑显示和隐藏。选择下拉菜单编辑(E) ➡ 显示和隐藏(H) ➡ 显示和隐藏(O)...命令，在系统弹出“显示和隐藏”对话框中单击实体后的 + 按钮。单击关闭按钮，完成编辑显示和隐藏的操作。

Step2. 创建求差特征。选择下拉菜单插入(S) ➡ 组合体(B) ➡ 求差(S)...命令，选取图 7.113 所示的工件为目标体，选取图 7.113 所示的零件为工具体。在设置区域中选中☑保持工具复选框，单击确定按钮，完成求差特征的创建。

Step3. 拆分型芯/型腔。选择下拉菜单插入(S) ➡ 修剪(T) ➡ 拆分体(P)...命令，选取图 7.114 所示的工件为拆分体。选取图 7.114 所示的片体为拆分面。单击确定(O)按钮，完成型芯/型腔的拆分操作（隐藏拆分面）。

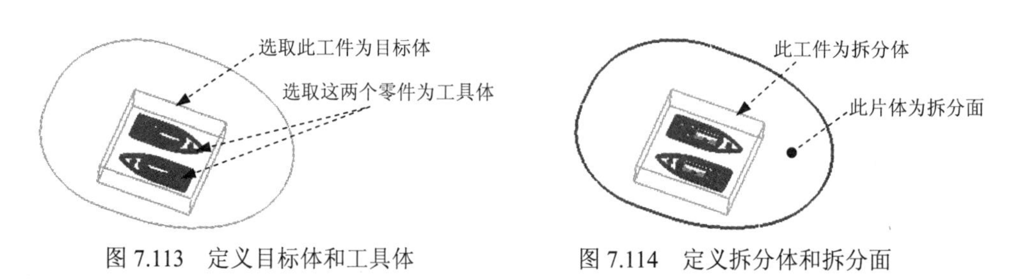

图 7.113　定义目标体和工具体　　图 7.114　定义拆分体和拆分面

Step4. 移除特征参数。选择下拉菜单编辑(E) ➡ 特征(F) ➡ 移除参数(V)...命令，选择 Step3 创建的型腔和型芯为移除参数对象，单击确定(O)按钮，在系统弹出的“移除参数”对话框中单击 是 按钮（隐藏所有片体）。

Task7. 创建型腔镶件

Step1. 创建拉伸特征 1（隐藏型芯和两个产品零件）。选择下拉菜单 插入(S) → 设计特征(E) → 拉伸(E)... 命令，单击按钮，选取图 7.115 所示的平面为草图平面，绘制图 7.116 所示的截面草图；在 指定矢量 下拉列表中，选择 ZC↑ 选项。在 限制 区域的 开始 下拉列表中选择 值 选项，并在其下的 距离 文本框中输入值 0；在 结束 下拉列表中选择 值 选项，并在其下的 距离 文本框中输入值-60；单击 确定 按钮，完成图 7.117 所示的拉伸特征 1 的创建。

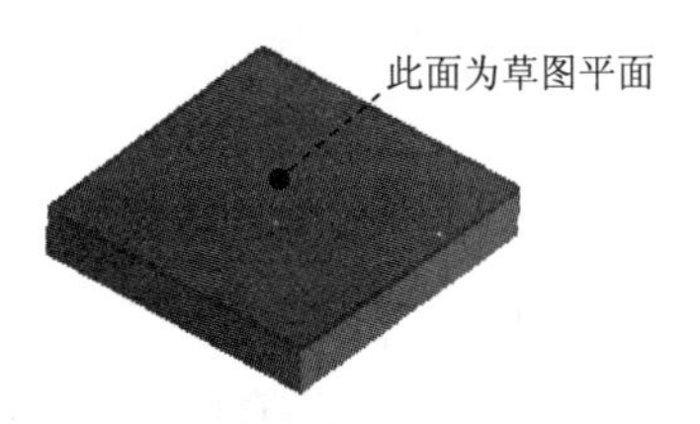

图 7.115　定义草图平面

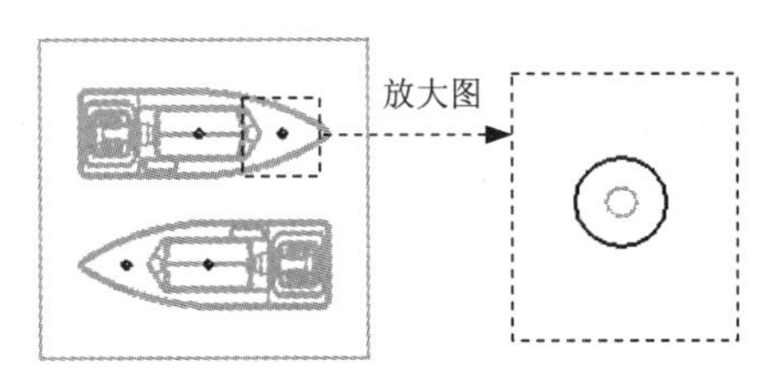

图 7.116　截面草图

Step2. 创建求交特征。选择下拉菜单 插入(S) → 组合体(B) → 求交(I)... 命令，选取型腔为目标体，选取拉伸特征 1 的一个圆柱为工具体。在 设置 区域中选中 ☑ 保持目标 复选框，单击 确定 按钮，完成求差特征的创建。

Step3. 创建其余三个求交特征。参照 Step2 创建型腔和拉伸特征 1 的其余三个圆柱的求交特征。

Step4. 创建求差特征。选择下拉菜单 插入(S) → 组合体(B) → 求差(S)... 命令，选取型腔为目标体，选取图 7.118 所示的四个实体为工具体。在 设置 区域中选中 ☑ 保持工具 复选框，单击 确定 按钮，完成求差特征的创建。

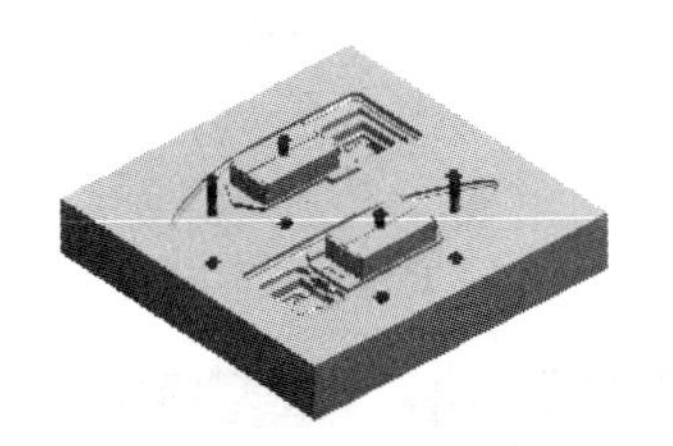

图 7.117　拉伸特征 1

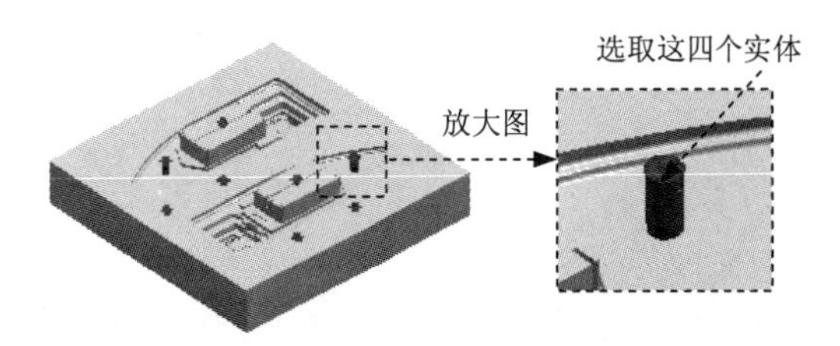

图 7.118　定义工具体

Step5. 将镶件转化为总模型的子零件。

（1）单击“装配导航器”中的选项卡，系统弹出“装配导航器”窗口，在该窗口中右击空白处，然后在弹出的菜单中选择 WAVE 模式 选项。

（2）在“装配导航器”对话框中右击 ☑ boat_top，在弹出的菜单中选择 WAVE → 新建级别 命令，系统弹出“新建级别”对话框。

（3）在“新建级别”对话框中单击 指定部件名 按钮，在弹出的“选择部件名”对话框的 文件名(N): 文本框中输入“boat_top_pin_01.prt”，单击 OK 按钮，系统返回至“新建级别”对话框。

（4）在“新建级别”对话框中单击 类选择 按钮，选择图 7.118 所示的四个镶件，单击 确定 按钮。

（5）单击“新建级别”对话框中的 确定 按钮，此时在“装配导航器”对话框中显示出刚创建的镶件。

Step6. 移动至图层。

（1）单击装配导航器中的 选项卡，在该选项卡中取消选中 boat_top_pin_01 部件。

（2）移动至图层。选取图 7.118 所示的四个镶件；选择下拉菜单 格式(R) ➡ 移动至图层(M)... 命令，系统弹出“图层移动”对话框。

（3）在 目标图层或类别 文本框中输入值 10，单击 确定 按钮，退出“图层设置”对话框。

注意：此时可将图层 10 隐藏。

（4）单击“装配导航器”中的 选项卡，在该选项卡中选中 boat_top_pin_01 部件。

Step7. 将镶件转为显示部件。右击“装配导航器”选项卡中的 boat_top_pin_01 子部件，在弹出的快捷菜单中选择 设为显示部件 命令。

Step8. 创建拉伸特征 2。选择下拉菜单 插入(S) ➡ 设计特征(E) ➡ 拉伸(E)... 命令，单击 按钮，选取图 7.119 所示的平面为草图平面，绘制图 7.120 所示的截面草图；在 * 指定矢量 的下拉列表中，选择 选项。在 限制 区域的 开始 下拉列表中选择 值 选项，并在其下的 距离 文本框中输入值 0；在 结束 下拉列表中选择 值 选项，并在其下的 距离 文本框中输入值 10；其他采用系统默认设置值。单击 确定 按钮，完成图 7.121 所示的拉伸特征 2 的创建。

图 7.119　定义草图平面　　图 7.120　截面草图

Step9. 创建求和特征。选择下拉菜单 插入(S) ➡ 组合体(B) ➡ 求和(U)... 命令，选取图 7.122 所示的实体为目标体，选取图 7.122 所示的实体为工具体。单击 确定 按钮，完成求和特征的创建。

图 7.121　拉伸特征 2　　图 7.122　定义目标体和工具体

Step10. 参照 Step9，创建其余三个相同的求和特征。

Step11. 创建镶件避开槽。

（1）选择窗口。选择下拉菜单窗口(O) → boat_top.prt命令，系统显示总模型。

（2）将总模型转为工作部件。右击“装配导航器”选项卡中的boat_top子部件，在弹出的快捷菜单中选择设为工作部件命令。

（3）选择下拉菜单插入(S) → 设计特征(E) → 拉伸(E)...命令，单击按钮，选取图 7.123 所示的平面为草图平面，绘制图 7.124 所示的截面草图；在*指定矢量的下拉列表中，选择选项。在限制区域的开始下拉列表中选择值选项，并在其下的距离文本框中输入值 0；在结束下拉列表中选择值选项，并在其下的距离文本框中输入值-10；在布尔区域的布尔下拉列表中选择求差选项，选取型腔为求差对象。单击确定按钮，完成图 7.125 所示的镶件避开槽的创建。

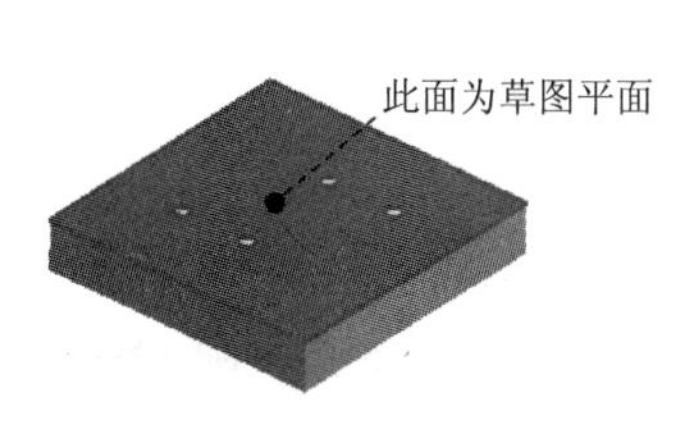

图 7.123　定义草图平面

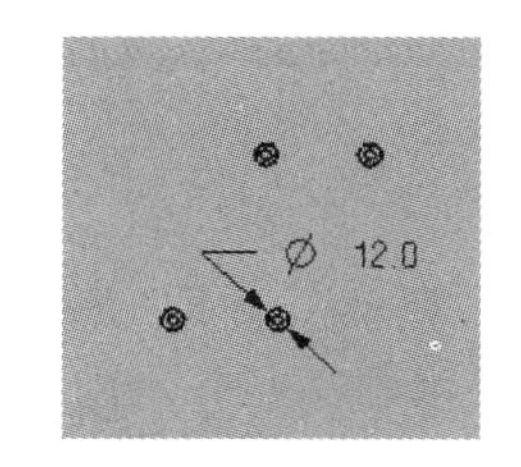

图 7.124　截面草图

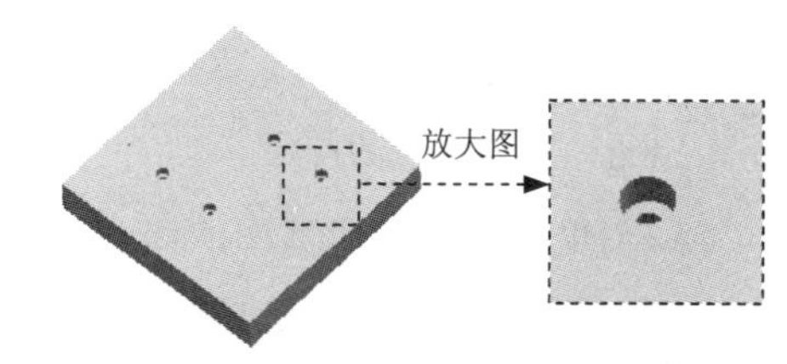

图 7.125　镶件避开槽

Step12. 创建拉伸特征 3。选择下拉菜单插入(S) → 设计特征(E) → 拉伸(E)...命令，单击按钮，选取图 7.126 所示的平面为草图平面，绘制图 7.127 所示的截面草图；在*指定矢量的下拉列表中，选择选项。在“拉伸”对话框的限制区域的开始下拉列表中选择值选项，并在其下的距离文本框中输入值 0；在结束下拉列表中选择直到被延伸选项，选取图 7.128 所示的平面为直到延伸对象。在布尔区域的布尔下拉列表中选择无。单击确定按钮，完成图 7.129 所示的拉伸特征 3 的创建。

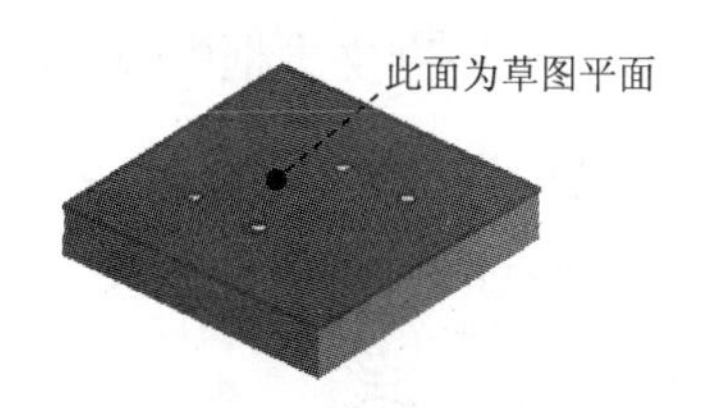

图 7.126　定义草图平面

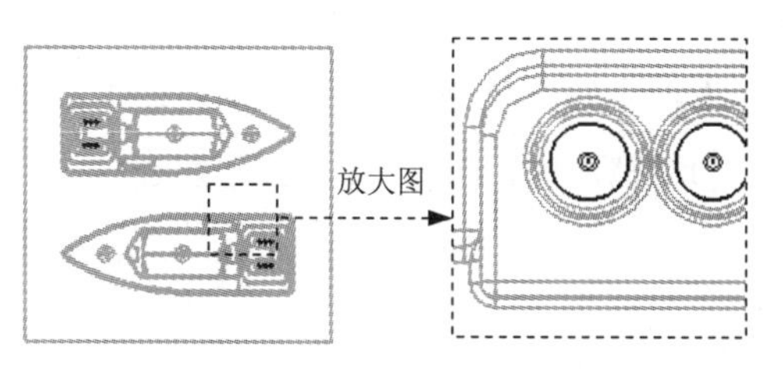

图 7.127　截面草图

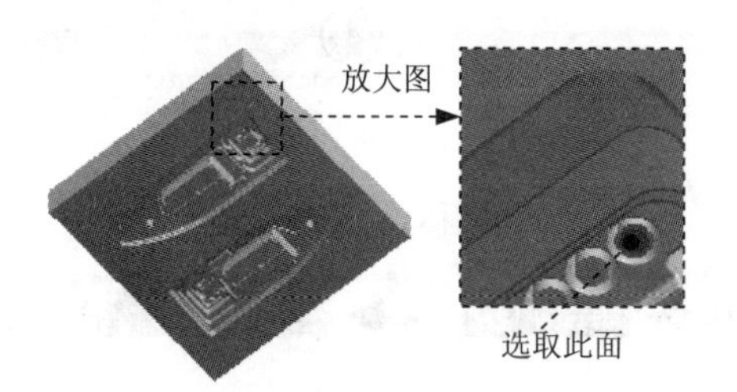

图 7.128　定义延伸对象

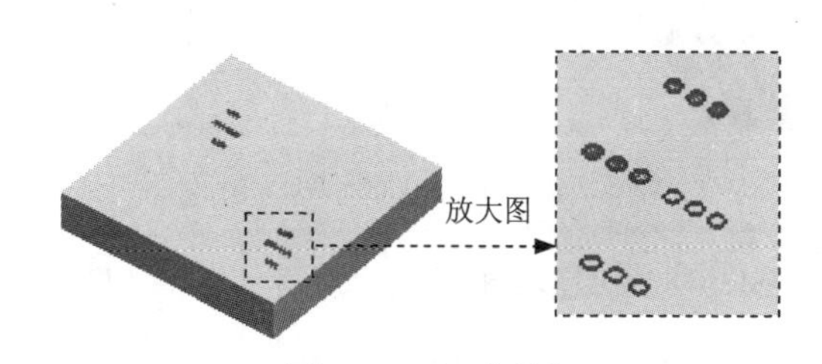

图 7.129　拉伸特征 3

Step13. 创建求差特征。选择下拉菜单插入(S) ➡ 组合体(B) ➡ 求差(S)...命令，选取型腔为目标体，选取拉伸特征 3 为工具体。在设置区域中选中☑ 保持工具复选框。单击确定按钮，完成求差特征的创建。

Step14. 将 Step12 创建的镶件转化为总模型的子零件。

（1）在“装配导航器”对话框中右击☑ boat_top，在弹出的菜单中选择WAVE ➡ 新建级别命令，系统弹出“新建级别”对话框。

（2）在“新建级别”对话框中，单击指定部件名按钮，在弹出的“选择部件名”对话框的文件名(N):文本框中输入“boat_top_pin_02.prt”，单击OK按钮，系统返回至“新建级别”对话框。

（3）在“新建级别”对话框中单击类选择按钮，选择拉伸特征 3 创建的 12 个圆柱，单击确定按钮。

（4）单击“新建级别”对话框中的确定按钮，此时在“装配导航器”对话框中显示出刚创建的滑块特征。

Step15. 移动至图层。

（1）单击装配导航器中的选项卡，在该选项卡中取消选中☑ boat_top_pin_02部件。

（2）移动至图层。选取拉伸特征 3 创建的 12 个圆柱；选择下拉菜单格式(R) ➡ 移动至图层(M)...命令，系统弹出“图层移动”对话框。

（3）在图层的列表中选择10选项，单击确定按钮，退出“图层设置”对话框。

（4）单击“装配导航器”中的选项卡，在该选项卡中选中☑ boat_top_pin_02部件。

Step16. 将镶件转为显示部件。右击“装配导航器”选项卡中的☑ boat_top_pin_02子部件，在弹出的快捷菜单中选择设为显示部件命令。

Step17. 创建拉伸特征 4。选择下拉菜单插入(S) ➡ 设计特征(E) ➡ 拉伸(E)...命令，单击按钮，选取图 7.130 所示的平面为草图平面，绘制图 7.131 所示的截面草图；在* 指定矢量的下拉列表中，选择选项。在限制区域的开始下拉列表中选择值选项，并在其下的距离文本框中输入值 0；在结束下拉列表中选择值选项，并在其下的距离文本框中输入值 10；其他采用系统默认设置值。单击确定按钮，完成拉伸特征 4 的创建。

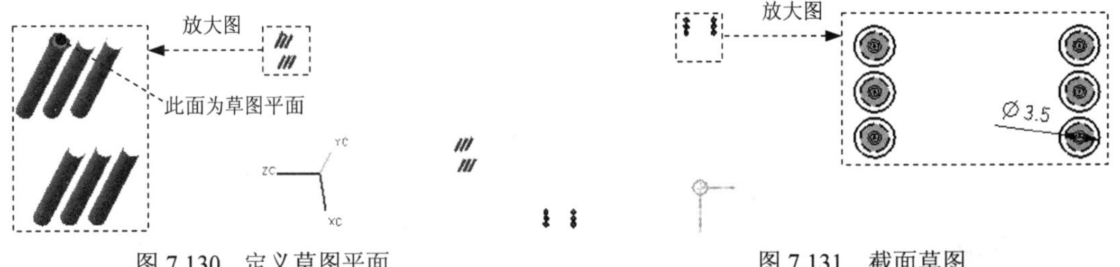

图 7.130　定义草图平面　　图 7.131　截面草图

Step18. 创建求和特征。选择下拉菜单插入(S) ➡ 组合体(B) ➡ 求和(U)...命令，选取图 7.132 所示的实体为目标体，选取图 7.132 所示的实体为工具体。单击确定按钮，完成求和特征的创建。

Step19. 参照 Step18，创建其余 11 个相同的求和特征。

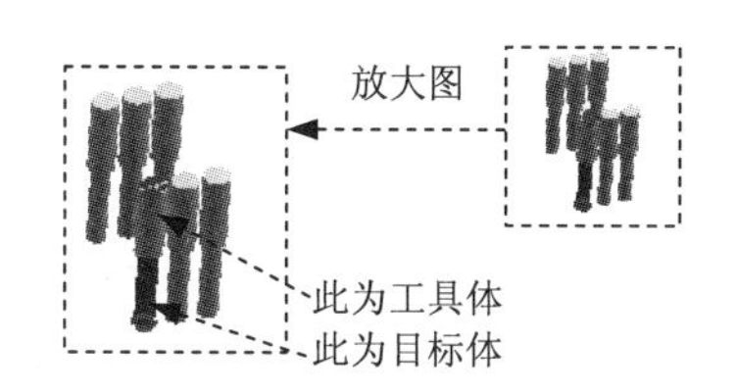

图 7.132　定义目标体和工具体

Step20. 创建镶件避开槽。

（1）选择窗口。选择下拉菜单窗口(O) ⟶ boat_top.prt命令，系统显示总模型。

（2）将总模型转为工作部件。右击“装配导航器”选项卡中的☑ boat_top子部件，在弹出的快捷菜单中选择设为工作部件命令。

（3）选择下拉菜单插入(S) ⟶ 设计特征(E) ⟶ 拉伸(E)...命令，单击按钮，选取图 7.133 所示的平面为草图平面，绘制图 7.134 所示的截面草图；在指定矢量的下拉列表中，选择选项。在限制区域的开始下拉列表中选择值选项，并在其下的距离文本框中输入值 0；在结束下拉列表中选择值选项，并在其下的距离文本框中输入值-10；在布尔区域的布尔下拉列表中选择求差选项，选取型腔为求差对象。单击确定按钮，完成镶件避开槽的创建。

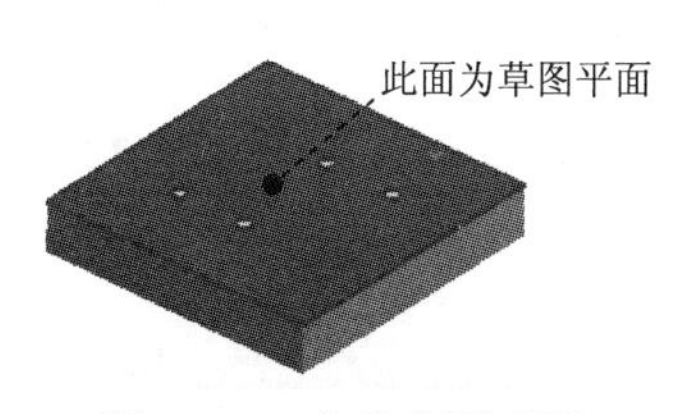

图 7.133　定义草图平面

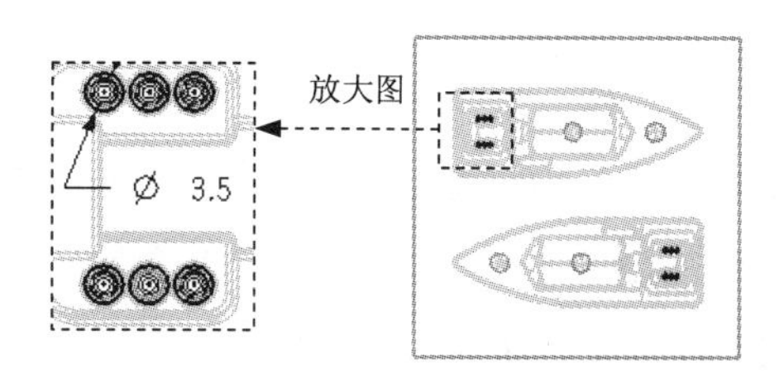

图 7.134　截面草图

Task8. 创建型芯镶件

Step1. 创建拉伸特征 1（隐藏型腔和镶件，显示型芯）。选择下拉菜单插入(S) ⟶ 设计特征(E) ⟶ 拉伸(E)...命令，单击按钮，选取图 7.135 所示的平面为草图平面，绘制图 7.136 所示的截面草图；在指定矢量的下拉列表中，选择选项。在限制区域的开始下拉列表中选择值选项，并在其下的距离文本框中输入值 0；在结束下拉列表中选择值选项，并在其下的距离文本框中输入值 40。在布尔区域的布尔下拉列表中选择无，单击确定按钮，完成图 7.137 所示的拉伸特征 1 的创建。

图 7.135　定义草图平面

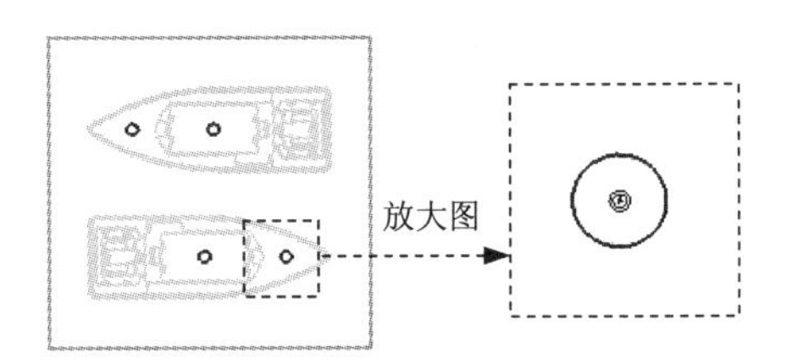

图 7.136　截面草图

Step2. 创建求交特征。选择下拉菜单插入(S) → 组合体(B) → 求交(I)...命令，选取型芯为目标体，选取拉伸特征 1 的一个圆柱为工具体。在设置区域中选中☑保持目标复选框，单击确定按钮，完成求差特征的创建。

Step3. 创建其余三个求交特征。参照 Step2，创建型腔和拉伸特征 1 的其余三个圆柱的求交特征。

Step4. 创建求差特征。选择下拉菜单插入(S) → 组合体(B) → 求差(S)...命令，选取型芯为目标体，选取图 7.138 所示的四个实体为工具体。在设置区域中选中☑保持工具复选框，单击确定按钮，完成求差特征的创建。

图 7.137　拉伸特征 1

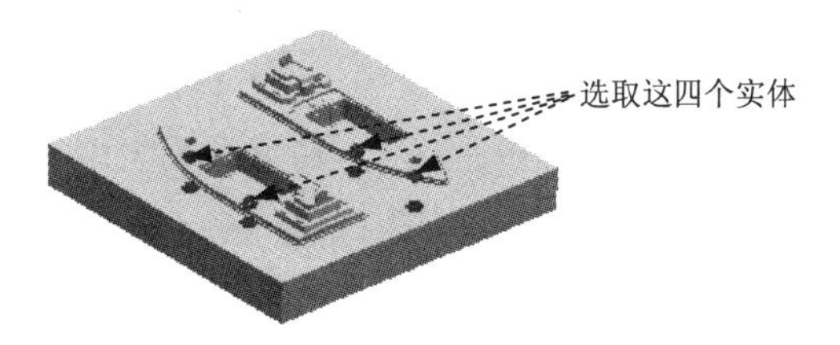

图 7.138　定义工具体

Step5. 将镶件转化为总模型的子零件。

（1）在“装配导航器”对话框中右击☑boat_top，在弹出的菜单中选择WAVE → 新建级别命令，系统弹出“新建级别”对话框。

（2）在“新建级别”对话框中单击指定部件名按钮，在弹出的“选择部件名”对话框的文件名(N):文本框中输入“boat_top_pin_03.prt”，单击OK按钮，系统返回至“新建级别”对话框。

（3）在“新建级别”对话框中单击类选择按钮，选择图 7.138 所示的镶件，单击确定按钮。

（4）单击“新建级别”对话框中的确定按钮，此时在“装配导航器”对话框中显示出刚创建的滑块特征。

Step6. 移动至图层。

（1）单击装配导航器中的选项卡，在该选项卡中取消选中☑boat_top_pin_03部件。

（2）移动至图层。选取图 7.138 所示的镶件；选择下拉菜单格式(R) → 移动至图层(M)...命令，系统弹出“图层移动”对话框。

（3）在图层的列表中选择10选项，单击确定按钮，退出“图层设置”对话框。

（4）单击“装配导航器”中的选项卡，在该选项卡中选中☑boat_top_pin_03部件。

Step7. 将镶件转为显示部件。右击“装配导航器”选项卡中的☑boat_top_pin_03子部件，在弹出的快捷菜单中选择设为显示部件命令。

Step8. 创建拉伸特征 2。选择下拉菜单插入(S) ➡ 设计特征(E) ➡ 拉伸(E)...命令，单击按钮，选取图 7.139 所示的平面为草图平面，绘制图 7.140 所示的截面草图；在*指定矢量的下拉列表中，选择选项。在限制区域的开始下拉列表中选择值选项，并在其下的距离文本框中输入值 0；在结束下拉列表中选择值选项，并在其下的距离文本框中输入值 10；单击确定按钮，完成图 7.141 所示的拉伸特征 2 的创建。

图 7.139　定义草图平面　　图 7.140　截面草图

Step9. 创建求和特征。选择下拉菜单插入(S) ➡ 组合体(B) ➡ 求和(U)...命令，选取图 7.142 所示的实体为目标体，选取图 7.142 所示的实体为工具体。单击确定按钮，完成求和特征的创建。

Step10. 参照 Step9，创建其余三个相同的求和特征。

图 7.141　拉伸特征 2　　图 7.142　定义目标体和工具体

Step11. 创建镶件避开槽。

（1）选择窗口。选择下拉菜单窗口(O) ➡ boat_top.prt命令，系统显示总模型。

（2）将总模型转为工作部件。右击“装配导航器”选项卡中的☑boat_top子部件，在弹出的快捷菜单中选择设为工作部件命令。

（3）选择下拉菜单插入(S) ➡ 设计特征(E) ➡ 拉伸(E)...命令，单击按钮，选取图 7.143 所示的平面为草图平面，绘制图 7.144 所示的截面草图；在*指定矢量下拉列表中，选择选项。在限制区域的开始下拉列表中选择值选项，并在其下的距离文本框中输入值 0；在结束下拉列表中选择值选项，并在其下的距离文本框中输入值-10；在布尔区域的布尔下拉列表中选择求差选项，选取型芯为求差对象。单击确定按钮，完成图 7.145 所示的镶件避开槽的创建。

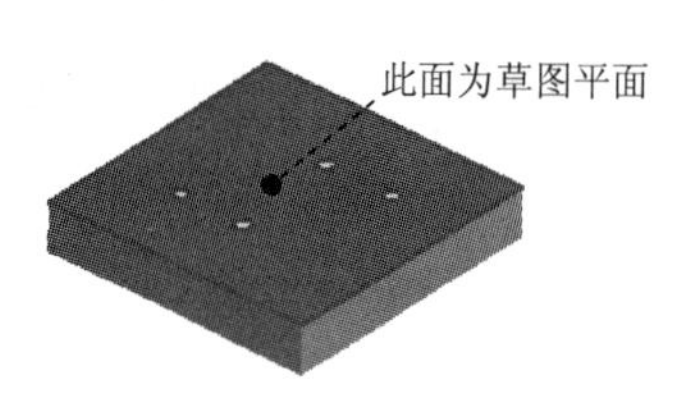

图 7.143　定义草图平面

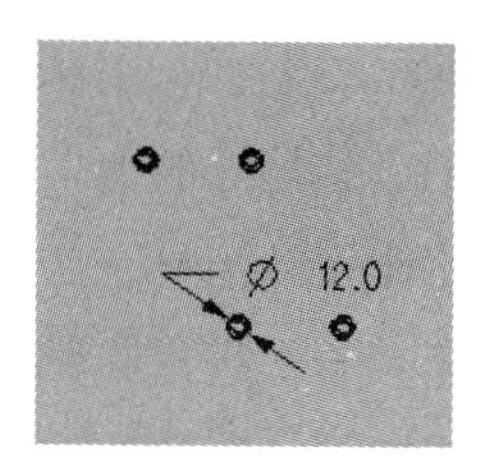

图 7.144　截面草图

Task9. 创建流道

Step1. 编辑显示和隐藏。选择下拉菜单编辑(E) → 显示和隐藏(H) → 显示和隐藏(O)...命令，在系统弹出“显示和隐藏”对话框中单击实体后的 ✚ 按钮。单击 关闭 按钮，完成编辑显示和隐藏的操作。

Step2. 创建回转特征 1（隐藏型芯、型芯镶件和两个产品零件）。选择下拉菜单插入(S) → 设计特征(E) → 回转(R)...命令，单击按钮，选取图 7.146 所示的平面为草图平面，绘制图 7.147 所示的截面草图；在绘图区域中选取图 7.147 所示的直线为回转轴。在限制区域的开始下拉列表中选择值选项，并在角度文本框输入 0，在终点下拉列表中选择值选项，并在角度文本框输入 360。在布尔区域的布尔下拉列表中选择无，单击 确定 按钮，完成图 7.148 所示的回转特征 1 的创建。

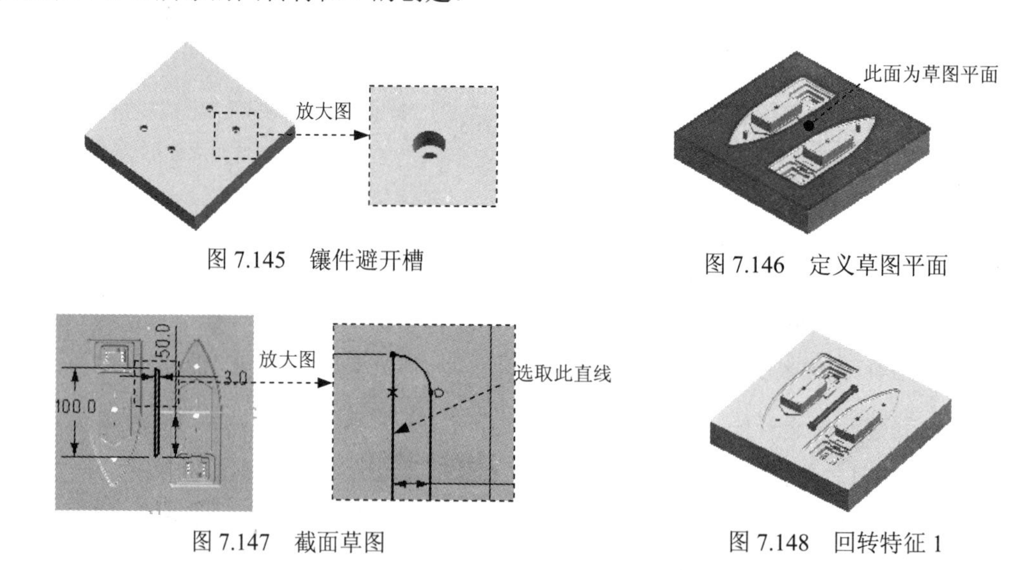

图 7.145　镶件避开槽

图 7.146　定义草图平面

图 7.147　截面草图

图 7.148　回转特征 1

Step3. 创建回转特征 2。选择下拉菜单插入(S) → 设计特征(E) → 回转(R)...命令，单击按钮，选取图 7.149 所示的平面为草图平面，绘制图 7.150 所示的截面草图；在绘图区域中选取图 7.150 所示的直线为回转轴。在限制区域的开始下拉列表中选择值选项，并在角度文本框输入 0，在终点下拉列表中选择值选项，并在角度文本框输入 360。在布尔区域的布尔下拉列表中选择求和选项，选取回转特征 1 为求差对象。单击 确定 按钮，完成回转特征 2 的创建。

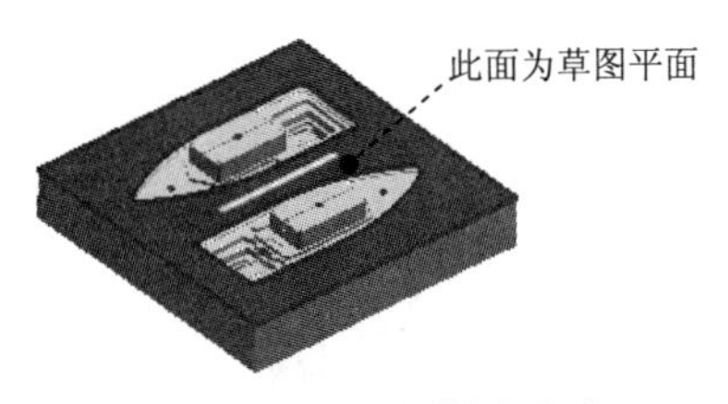

图 7.149　定义草图平面

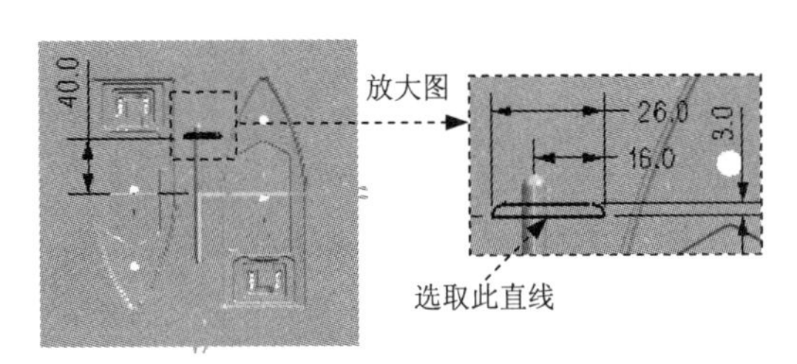

图 7.150　截面草图

Step4. 创建回转特征 3。选择下拉菜单插入(S) → 设计特征(E) → 回转(R)...命令，单击按钮，选取图 7.151 所示的平面为草图平面，绘制图 7.152 所示的截面草图；在绘图区域中选取图 7.152 所示的直线为回转轴。在限制区域的开始下拉列表中选择值选项，并在角度文本框输入 0，在终点下拉列表中选择值选项，并在角度文本框输入 360。在布尔区域的布尔下拉列表中选择求和选项，选取回转特征 1 为求差对象。单击确定按钮，完成回转特征 3 的创建。

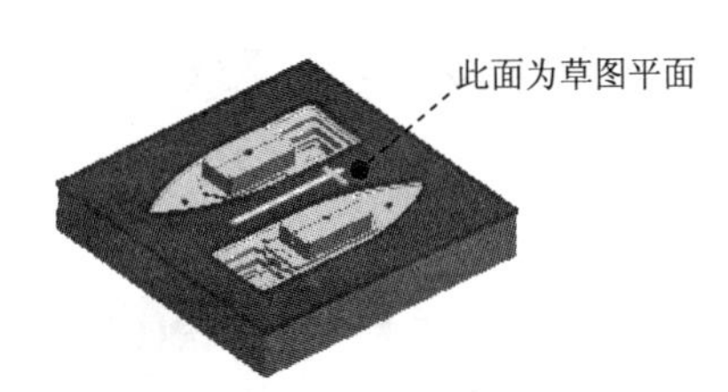

图 7.151　定义草图平面

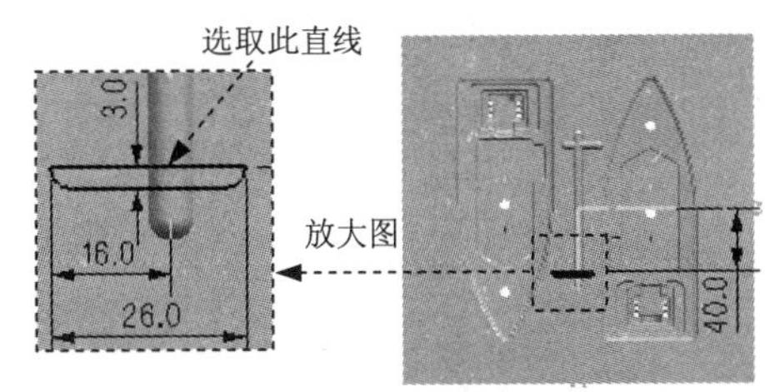

图 7.152　截面草图

Step5. 创建拉伸特征 1。选择下拉菜单插入(S) → 设计特征(E) → 拉伸(E)...命令，单击按钮，选取 YC-ZC 基准平面为草图平面，绘制图 7.153 所示的截面草图；在指定矢量的下拉列表中，选择选项。在限制区域的开始下拉列表中选择值选项，并在其下的距离文本框中输入值-16；在结束下拉列表中选择值选项，并在其下的距离文本框中输入值 23。在布尔区域的布尔下拉列表中选择无，单击确定按钮，完成图 7.154 所示的拉伸特征 1 的创建。

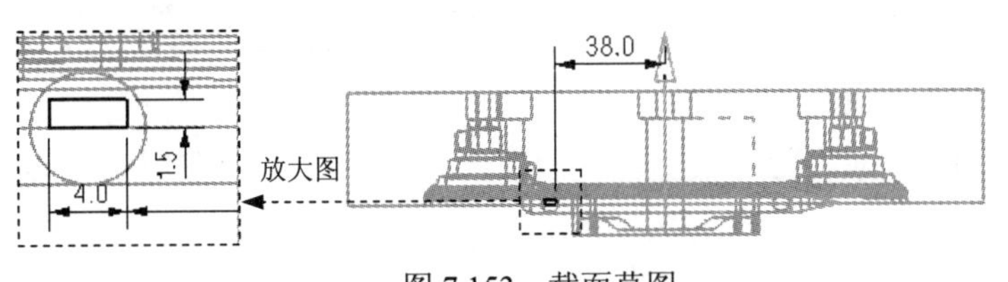

图 7.153　截面草图

图 7.154 拉伸特征 1

Step6. 创建拉伸特征 2。选择下拉菜单插入(S) → 设计特征(E) → 拉伸(E)...命令，单击按钮，系统弹出“创建草图”对话框；选取 YC-ZC 基准平面为草图平面，绘制图 7.155 所示的截面草图；在指定矢量的下拉列表中，选择选项。在限制区域的开始下拉列表中选择值选项，并在其下的距离文本框中输入值-23；在结束下拉列表中选择值选项，并在其下的距离文本框中输入值 16；在布尔区域的布尔下拉列表中选择无，单击确定按钮，完成图 7.156 所示的拉伸特征 2 的创建。

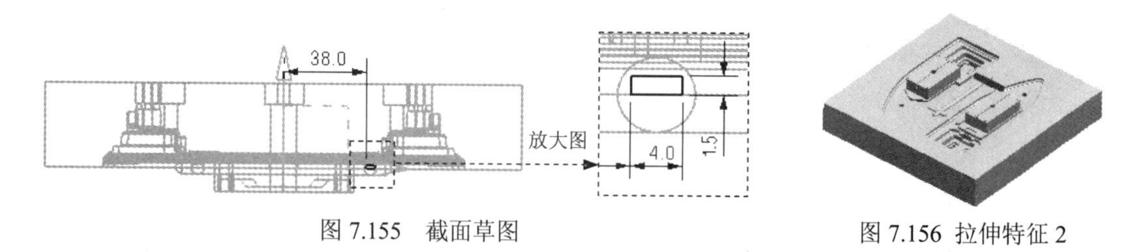

图 7.155　截面草图　　　　图 7.156 拉伸特征 2

Step7. 创建求和特征。选择下拉菜单 插入(S) → 组合体(B) → 求和(U)... 命令，选取回转特征 1 为目标体，选取拉伸特征 1 和拉伸特征 2 为工具体。单击 确定 按钮，完成求和特征的创建。

Step8. 编辑显示和隐藏。选择下拉菜单 编辑(E) → 显示和隐藏(H) → 显示和隐藏(O)... 命令，在系统弹出“显示和隐藏”对话框中单击 实体 后的 ✚ 按钮。单击 关闭 按钮，完成编辑显示和隐藏的操作。

Step9. 创建求差特征 1。选择下拉菜单 插入(S) → 组合体(B) → 求差(S)... 命令，选取型腔为目标体，选取流道为工具体。在 设置 区域中选中 ☑ 保持工具 复选框，单击 确定 按钮，完成求差特征 1 的创建。

Step10. 创建求差特征 2。选择下拉菜单 插入(S) → 组合体(B) → 求差(S)... 命令，选取型芯为目标体，选取流道为工具体。在 设置 区域中选中 ☑ 保持工具 复选框，单击 确定 按钮，完成求差特征 2 的创建。

Step11. 将流道转化为总模型的子零件。

（1）在“装配导航器”对话框中右击 ☑ boat_top，在弹出的菜单中选择 WAVE → 新建级别 命令，系统弹出“新建级别”对话框。

（2）单击“新建级别”对话框中，单击 指定部件名 按钮，在弹出的“选择部件名”对话框的 文件名(N): 文本框中输入“boat_top_fill.prt”，单击 OK 按钮，系统返回至“新建级别”对话框。

（3）在“新建级别”对话框中，单击 类选择 按钮，选择流道为复制对象，单击 确定 按钮。

（4）单击“新建级别”对话框中的 确定 按钮，此时在“装配导航器”对话框中显示出刚创建的滑块特征。

Step12. 移动至图层。

（1）单击装配导航器中的 选项卡，在该选项卡中取消选中 ☑ boat_top_fill 部件。

（2）移动至图层。选取流道；选择下拉菜单 格式(R) → 移动至图层(M)... 命令，系统弹出“图层移动”对话框。

（3）在 图层 的列表中选择 10 选项，单击 确定 按钮，退出“图层设置”对话框。

Step13. 保存文件。选择下拉菜单 文件(F) → 全部保存(V)，保存所有文件。

实例 8　带滑块的模具设计（一）

本实例将介绍图 8.1 所示的机座模具的设计过程。该模具的设计重点和难点就在于选定分型面的位置，分型面位置选定的是否合理直接影响到模具能否顺利地开模，其灵活性和适用性很强。希望读者通过本实例的学习后，能够对带滑块模具的设计有更新的了解。下面介绍该模具的设计过程。

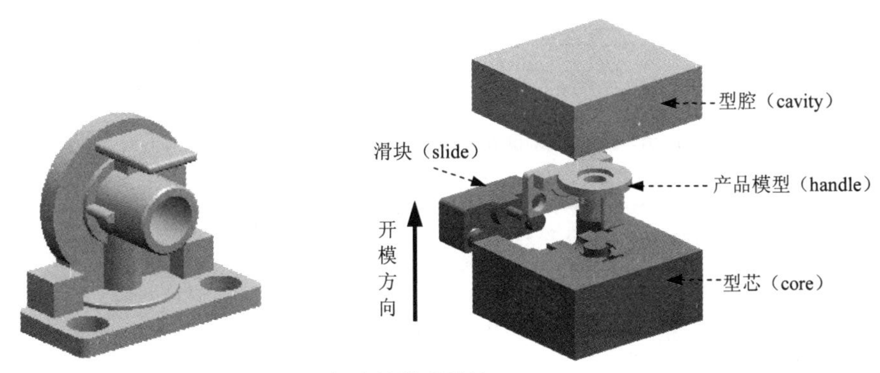

图 8.1　机座的模具设计

Task1. 初始化项目

Step1. 加载模型。在“注塑模向导”工具条中，单击“初始化项目”按钮，系统弹出“打开”对话框，选择 D:\ug6.6\work\ch08\handle_fork.prt，单击 OK 按钮，调入模型，系统弹出“初始化项目”对话框。

Step2. 定义投影单位。在“初始化项目”对话框的项目单位下拉菜单中选择毫米选项。

Step3. 设置项目路径和名称。接受系统默认的项目路径；在“初始化项目”对话框的 Name 文本框中，输入“handle_fork_mold”。

Step4. 在“初始化项目”对话框中单击确定按钮，完成项目路径和名称的设置。

Task2. 模具坐标系

Step1. 旋转模具坐标系。选择下拉菜单格式(R) → WCS ▸ → 旋转(R)...命令，在系统弹出“旋转 WCS 绕...”对话框中选择 ⊙ -YC 轴单选项，在角度后面的文本框中输入值 90，单击确定按钮，定义后的坐标系如图 8.2 所示。

Step2. 锁定模具坐标系。在“注塑模向导”工具条中单击“模具 CSYS”按钮，在系统弹出“模具 CSYS”对话框中选择 ⊙ 当前 WCS 单选项，单击确定按钮，完成坐标系的定义。

Task3. 设置收缩率

Step1. 定义收缩率类型。在“注塑模向导”工具条中单击“收缩率”按钮，产品模型会高亮显示，在“缩放体”对话框的类型下拉列表中选择均匀选项。

Step2. 定义缩放体和缩放点。接受系统默认的设置。

Step3. 定义比例因子。在“缩放体”对话框比例因子区域的均匀文本框中输入值 1.006。

Step4. 单击确定按钮，完成收缩率的位置值。

Task4. 创建模具工件

Step1. 在“注塑模向导”工具条中单击“工件”按钮，系统弹出“工件”对话框。

Step2. 在“工件”对话框的类型下拉菜单中选择产品工件选项，在工件方法下拉菜单中选择用户定义的块选项，其余采用系统默认设置值。

Step3. 修改尺寸。单击定义工件区域的“绘制截面”按钮，系统进入草图环境，然后修改截面草图的尺寸，如图 8.3 所示。在“工件”对话框限制区域的开始和结束之后的文本框中分别输入值 18 和 10。

Step4. 单击确定按钮，完成创建后的模具工件如图 8.4 所示。

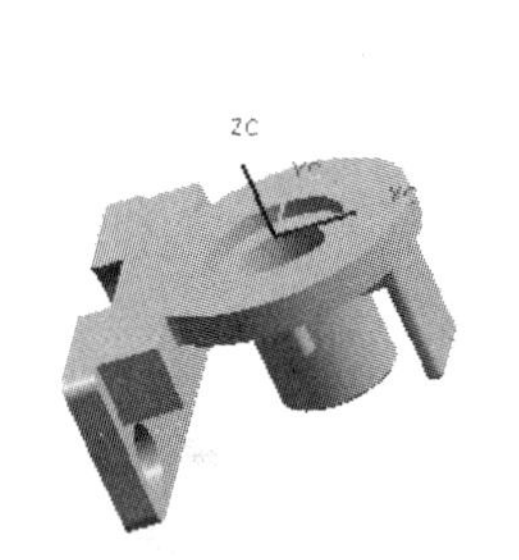

图 8.2 定义后的模具坐标系

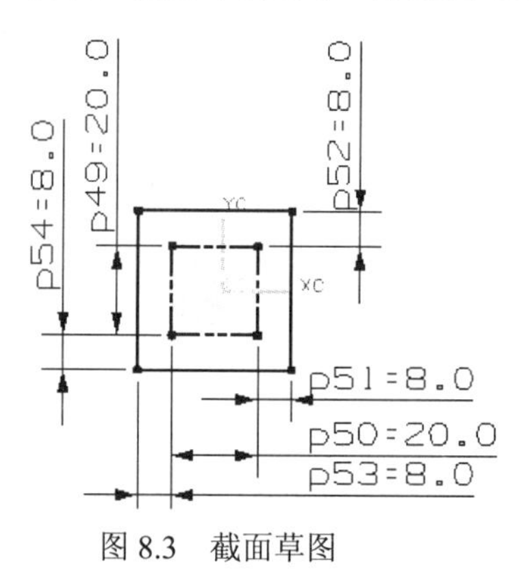

图 8.3 截面草图

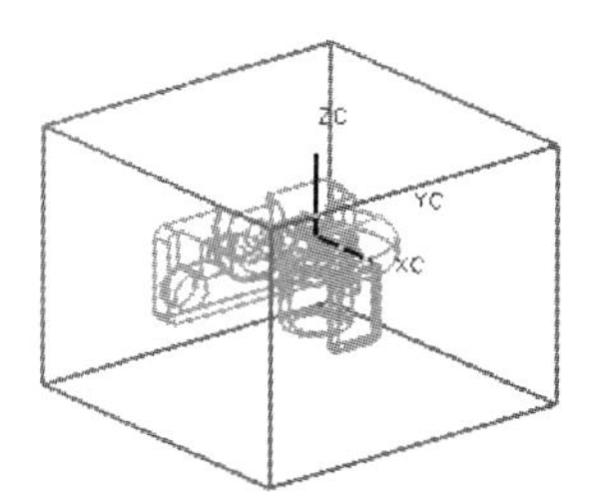

图 8.4 创建后的模具工件

Task5. 模具分型

Stage1. 设计区域

Step1. 在“注塑模向导”工具条中单击“分型”按钮，系统弹出“分型管理器”对话框。

Step2. 创建基准平面。选择下拉菜单插入(S) → 基准/点(D) → 基准平面(D)...命令，系统弹出“基准平面”对话框；在类型下拉菜单中选择点和方向选项，然后选取图 8.5 所示的点，并在指定矢量 (1)下拉菜单中选择选项；单击确定按钮，完成图 8.6 所示的基准平面的创建。

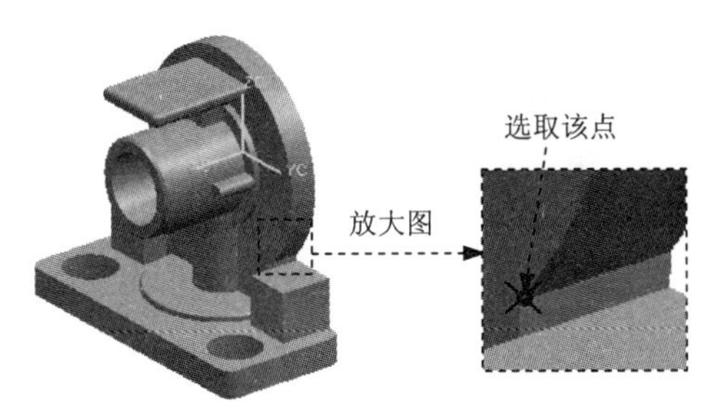

图 8.5　选取点

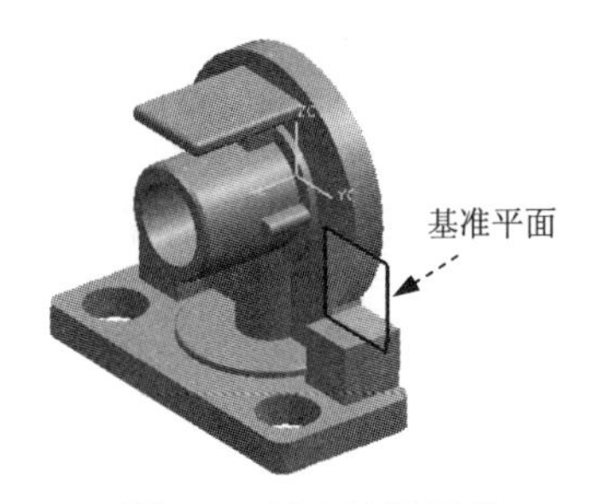

图 8.6　创建基准平面

Step3. 在“注塑模向导”工具条中单击“分型”按钮，系统弹出“分型管理器”对话框。

Step4. 在“分型管理器”对话框中单击“设计区域”按钮，系统弹出“MPV 初始化”对话框，同时模型被加亮，并显示开模方向，如图 8.7 所示。单击 确定 按钮，系统弹出“塑模部件验证”对话框。

Step5. 在“塑模部件验证”对话框中单击 设置 选项卡，在系统弹出的对话框中取消选中 □ 内部环 、□ 分型边 和 □ 不完整的环 三个复选框。

Step6. 面拆分

（1）面拆分。单击 面 选项卡，在该选项卡中单击 面拆分 按钮，系统弹出 “面拆分”对话框（一）。

（2）定义拆分面。选取图 8.8 所示的模型外表面为拆分面，并单击中键确认，系统弹出“面拆分”对话框（二）。

（3）定义基准平面。在 基准平面方法 区域选择 ⊙ 现有的基准平面 单选项，选取图 8.6 所示的基准平面。

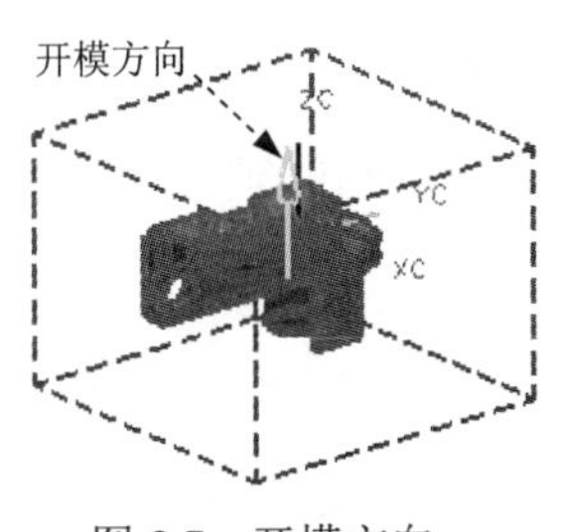

图 8.7　开模方向

图 8.8　定义拆分面

（4）在“面拆分”对话框（二）中单击 确定 按钮，系统返回至“面拆分”对话框（一）；在“面拆分”对话框（一）中单击 确定 按钮，完成拆分面的创建，系统返回至“塑模部件验证”对话框。

（5）设置区域颜色。在“塑模部件验证”对话框中单击 区域 选项卡，单击 设置区域颜色 按钮，设置区域颜色。

（6）定义型芯区域。在“塑模部件验证”对话框中单击区域选项卡，在未定义的区域区域中，选中☑交叉竖直面和☑未知的面类型复选框，此时交叉区域面和未知的面类型面加亮显示，在指派为区域选择⊙型芯区域单选项，单击应用按钮，系统自动将交叉区域面指派到型芯区域中；然后选中图 8.9 所示的面，单击应用按钮，此时系统自动将选中的面指派到型芯区域中。

（7）定义型腔区域。在指派为区域选择⊙型腔区域单选项，然后选中图 8.10 所示的面，单击应用按钮，此时系统自动将选中的面指派到型腔区域中；单击取消按钮，关闭“塑模部件验证”对话框，系统返回至“分型管理器”对话框并关闭该对话框。

Step7. 创建曲面补片。在“注塑模向导”工具条中单击“注塑模工具”按钮，在系统弹出“注塑模工具”工具条中，单击“曲面补片”按钮，选取图 8.11 所示的面为补片面，单击确定按钮，完成补片的创建。单击取消按钮，关闭“选择面”对话框。

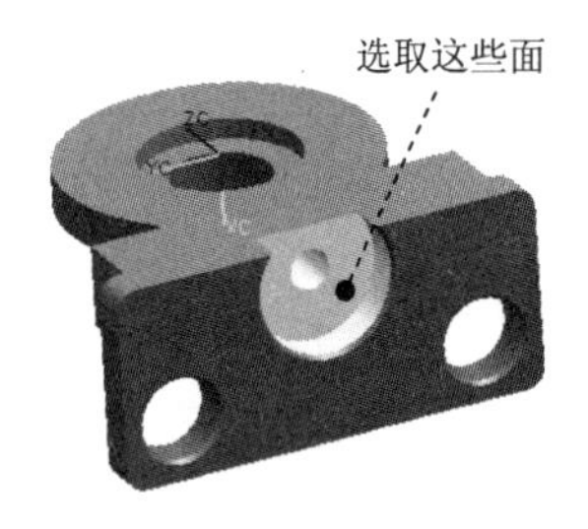

图 8.9　定义型芯区域

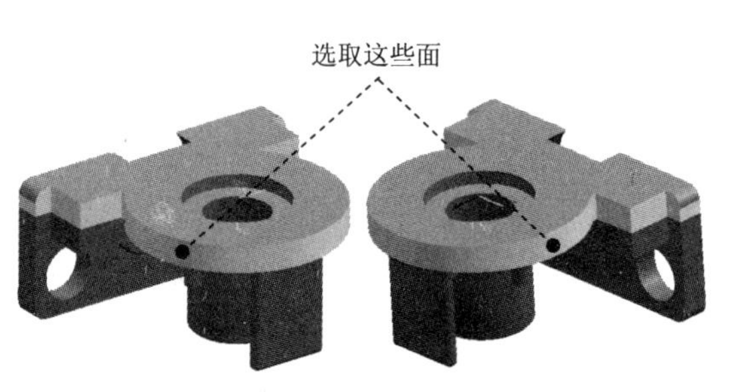

图 8.10　定义型腔区域

Stage2. 抽取型腔/型芯区域和分型线

Step1. 在“注塑模向导”工具条中单击“分型”按钮，系统弹出“分型管理器”对话框，单击“抽取区域和分型线”按钮，系统弹出“定义区域”对话框。

Step2. 在“定义区域”对话框中选中设置区域的☑创建区域和☑创建分型线复选框，单击确定按钮，完成型腔/型芯区域分型线的抽取，系统返回至“分型管理器”对话框，抽取分型线，如图 8.12 所示。

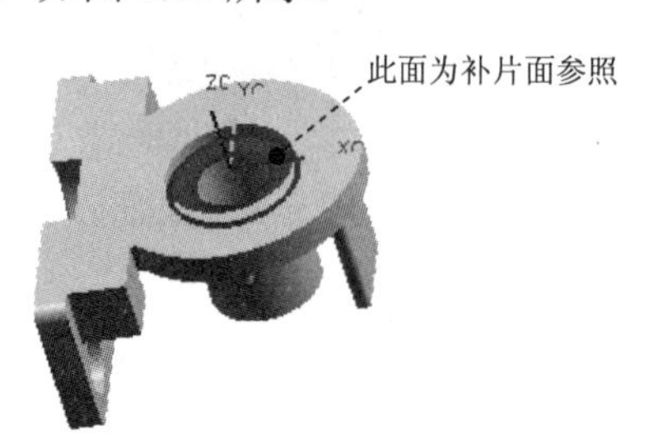

图 8.11　定义补片面

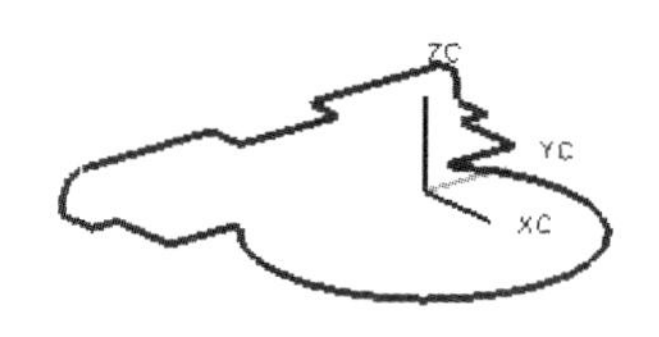

图 8.12　创建分型线

Stage3. 编辑分型段

Step1. 创建过渡点。选择插入(S) ➡ 基准/点(D) ➡ ＋点(P)... 命令，系统弹出“点”对话框，创建图 8.13 和与 8.14 所示的两个点。

图 8.13　定义过渡点（一）　　图 8.14　定义过渡点（二）

Step2. 编辑过渡对象（注：本步的详细操作过程请参见随书光盘中 video\ch08\reference\文件下的语音视频讲解文件 handle_fork-r01.avi）。

Stage4. 创建分型面

Step1. 在“分型管理器”工具条中单击“创建/编辑分型面”按钮，系统弹出“创建分型面”对话框。

Step2. 在“创建分型面”对话框中接受系统默认的公差值；在距离文本框中输入值 60，单击 创建分型面 按钮，系统弹出“分型面”对话框。

Step3. 创建拉伸 1。在“分型面”对话框中选择 ⊙ 拉伸 单选项，单击 拉伸方向 按钮，此时系统弹出“矢量”对话框。在类型下拉列表中选择 -YC 轴 选项，单击两次 确定 按钮，完成图 8.15 所示的拉伸 1 的创建。

图 8.15　创建拉伸 1

Step4. 创建拉伸 2。在“分型面”对话框中选择 ⊙ 拉伸 单选项，单击 拉伸方向 按钮，此时系统弹出“矢量”对话框。在类型下拉列表中选择 YC 轴 选项，单击两次 确定 按钮，完成图 8.16 所示的拉伸 2 的创建。

图 8.16　拉伸 2

Step5. 创建拉伸 3。在“分型面”对话框中选择 拉伸 单选项，单击 拉伸方向 按钮，此时系统弹出“矢量”对话框。在类型下拉列表中选择 -ZC 轴 选项，单击两次 确定 按钮，完成图 8.17 所示的拉伸 3 的创建。

图 8.17　拉伸 3

Step6. 编辑分型面。

（1）在“创建分型面”对话框中单击 编辑分型面 按钮，此时系统弹出“曲线/点选择”对话框。

（2）选取图 8.18 所示的圆弧，系统弹出“分型面”对话框，在“分型面”对话框中选中曲面类型区域下的 自动曲面 单选项，然后单击 编辑主要边 按钮，系统弹出“编辑主要边”对话框。

（3）选取图 8.18 所示的边线 1 和边线 2，单击“分型面”对话框中的 确定 按钮，结果如图 8.19 所示。

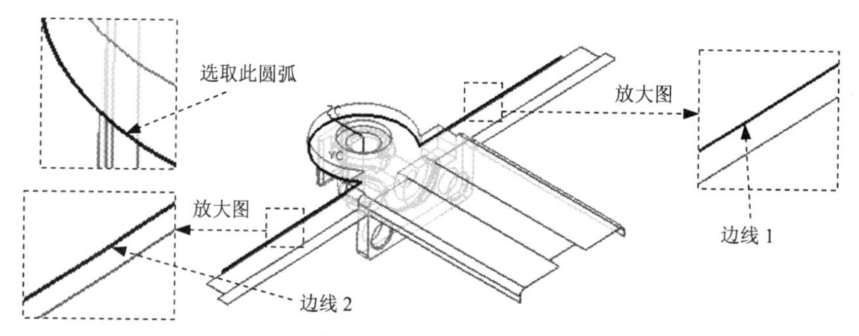

图 8.18　选取过渡对象和主要边

说明：图 8.19 所示的圆弧 1 是 Stage3 中所定义的过渡对象中的一段圆弧。

（4）按照上一步的操作，分别选取 Stage3 中定义的过渡点作为过渡对象，编辑分型面的最终结果如图 8.20 所示。

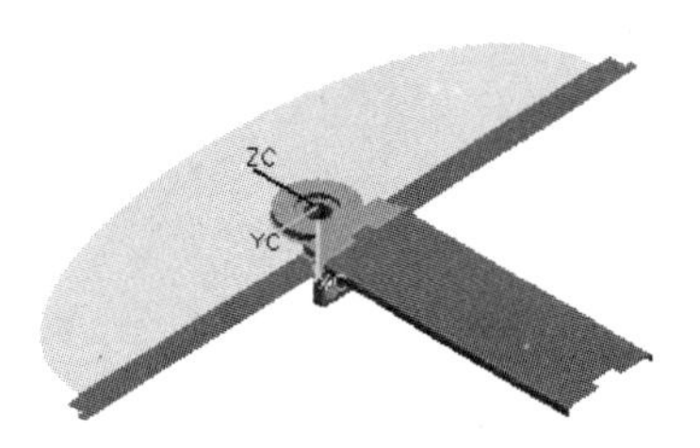

图 8.19　编辑分型面（一）

图 8.20　编辑分型面（二）

Stage5. 创建型腔和型芯

Step1. 创建型腔。

（1）在“分型管理器”对话框中单击“创建型腔和型芯”按钮，系统弹出“定义型腔和型芯”对话框。

（2）在“定义型腔和型芯”对话框中选取选择片体区域下的Cavity region选项，选择图 8.21 所示的片体，单击确定按钮。系统弹出“查看分型结果”对话框，并在图形区显示出型腔零件，单击“查看分型结果”对话框中的确定按钮，系统返回至“分型管理器”对话框。

Step2. 创建型芯。

（1）在“分型管理器”对话框中单击“创建型腔和型芯”按钮，系统弹出“定义型腔和型芯”对话框。

（2）在“定义型腔和型芯”对话框中选取选择片体区域下的Core region选项，选择图 8.21 所示的片体，单击确定按钮。系统弹出“查看分型结果”对话框，并在图形区显示出型芯零件，单击“查看分型结果”对话框中的确定按钮，系统返回至“分型管理器”对话框；在“分型管理器”对话框中单击关闭按钮，关闭“分型管理器”对话框。

Step3. 选择下拉菜单窗口(O) ➡ handle_fork_mold_core_006.prt命令，显示型芯零件如图 8.22 所示；选择下拉菜单窗口(O) ➡ handle_fork_mold_cavity_002.prt命令，显示型腔零件如图 8.23 所示。

说明：为了使显示结果清晰、明了，可将基准平面隐藏起来。

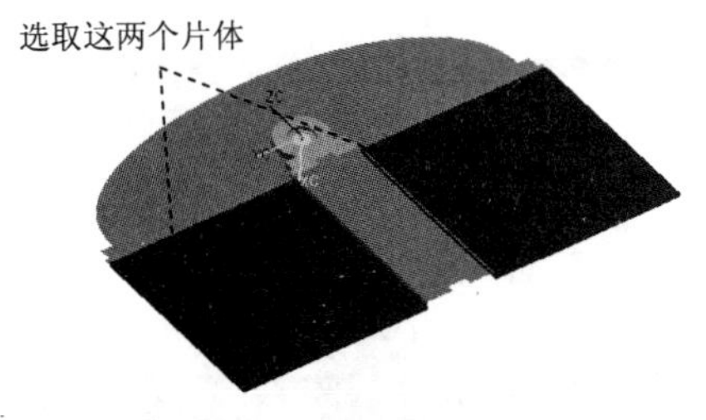

图 8.21　定义分型面

图 8.22　型腔零件（一）

图 8.23　型芯零件（二）

Task6. 创建滑块

Step1. 切换窗口。选择下拉菜单窗口(O) ➡ handle_fork_mold_core_006.prt命令，系统将在工作区中显示出型芯工作零件。

Step2. 选择命令。选择下拉菜单开始 ➡ 建模(M)...命令，进入到建模环境中。

说明：如果此时系统已经处在建模环境下，用户就不需要此步的操作。

Step3. 创建拉伸特征 1。

（1）选择命令。选择下拉菜单插入(S) → 设计特征(E) → 拉伸(E)...命令，系统弹出“拉伸”对话框。

（2）单击“拉伸”对话框中的“绘制截面”按钮，系统弹出“创建草图”对话框。

① 定义草图平面。选取图 8.24 所示的模型表面为草图平面，单击确定按钮。

② 进入草图环境，选择下拉菜单插入(S) → 处方曲线(U) → 投影曲线(J)...命令，系统弹出“投影曲线”对话框；选取图 8.25 所示的圆弧为投影对象；单击确定按钮，完成投影曲线的创建。

③ 单击完成草图按钮，退出草图环境。

（3）确定拉伸开始值和结束值。在“拉伸”对话框限制区域的开始下拉列表中选择值选项，并在其下的距离文本框中输入值 0；在限制区域的结束下拉列表中选择直到被延伸选项，选取图 8.26 所示的面为延伸对象；在布尔区域的布尔下拉列表中选择无，其他采用系统默认设置值。

（4）在“拉伸”对话框中单击确定按钮，完成拉伸特征 1 的创建。

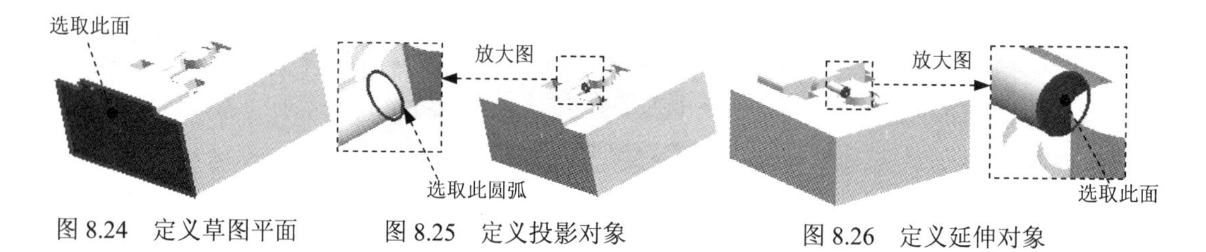

图 8.24　定义草图平面　　图 8.25　定义投影对象　　图 8.26　定义延伸对象

Step4. 创建拉伸特征 2。

（1）选择命令。选择下拉菜单插入(S) → 设计特征(E) → 拉伸(E)...命令，系统弹出“拉伸”对话框。

（2）单击对话框中的“绘制截面”按钮，系统弹出“创建草图”对话框。

① 定义草图平面。选取图 8.27 所示的模型表面为草图平面，单击确定按钮。

② 进入草图环境，选择下拉菜单插入(S) → 处方曲线(U) → 投影曲线(J)...命令，系统弹出“投影曲线”对话框；选取图 8.28 所示的边线为投影对象，单击确定按钮，完成投影曲线的创建；绘制截面草图中的所缺直线，结果如图 8.29 所示。

③ 单击完成草图按钮，退出草图环境。

（3）确定拉伸开始值和结束值。在“拉伸”对话框限制区域的开始下拉列表中选择值选项，并在其下的距离文本框中输入值 0；在限制区域的结束下拉列表中选择直到被延伸选项，选取图 8.30 所示的面为延伸对象；在布尔区域的布尔下拉列表中选择无，其他采用系统默认设置值。

（4）在“拉伸”对话框中单击 确定 按钮，完成拉伸特征 2 的创建。

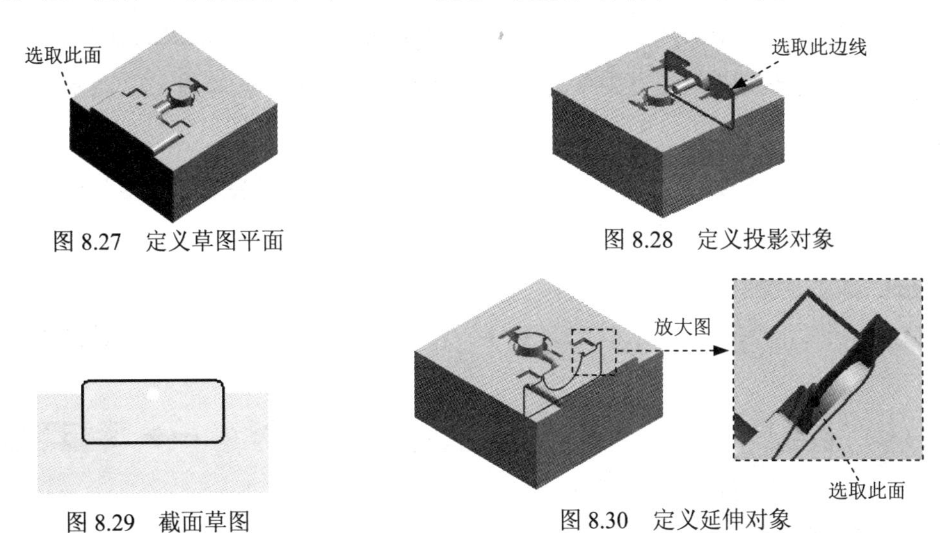

图 8.27　定义草图平面

图 8.28　定义投影对象

图 8.29　截面草图

图 8.30　定义延伸对象

Step5. 创建求和特征。选择下拉菜单 插入(S) → 组合体(B)▸ → 求和(U)... 命令，系统弹出“求和”对话框；选取拉伸特征 1 为目标体，拉伸特征 2 为工具体；单击 确定 按钮，完成求和特征的创建。

Step6. 创建求交特征。选择下拉菜单 插入(S) → 组合体(B)▸ → 求交(I)... 命令，系统弹出“求交”对话框；选取型芯为目标体，选取图 8.31 所示的实体为工具体；在 设置 区域选中 ☑ 保持目标 复选框；单击 确定 按钮，完成求交特征的创建。

Step7. 创建求差特征。选择下拉菜单 插入(S) → 组合体(B)▸ → 求差(S)... 命令，系统弹出“求差”对话框；选取型芯为目标体，选取图 8.32 所示的实体为工具体；在 设置 区域选中 ☑ 保持工具 复选框；单击 确定 按钮，完成求差特征的创建。

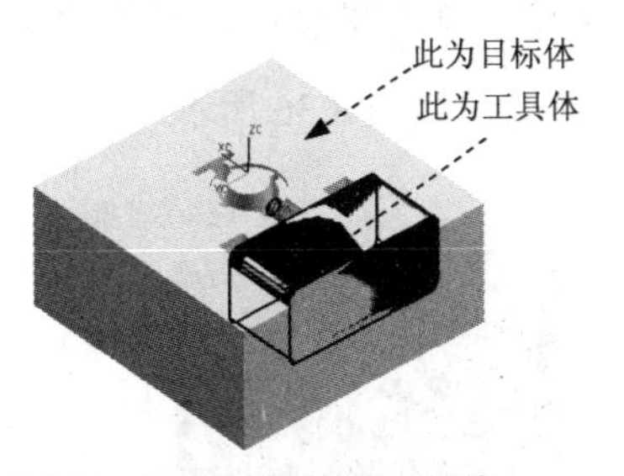

图 8.31　定义目标体和工具体

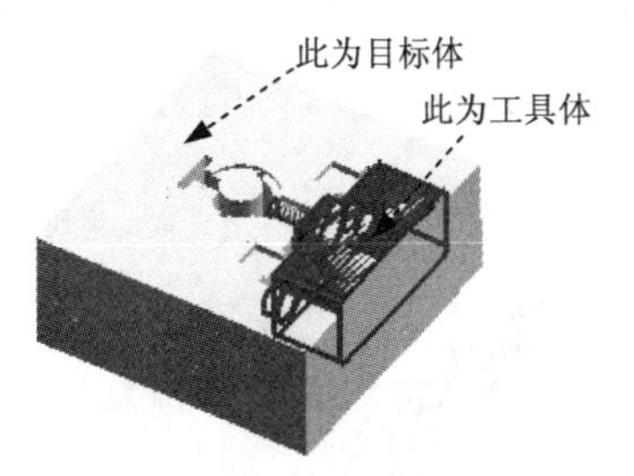

图 8.32　定义目标体和工具体

Step8. 将滑块转化为型芯子零件。

（1）单击装配导航器中的 选项卡，系统弹出“装配导航器”窗口，在该窗口中右击空白处，然后在弹出的菜单中选择 WAVE 模式 选项。

（2）在“装配导航器”对话框中右击 ☑ handle_fork_mold_core_006，在弹出的菜单中选择 WAVE▸ → 新建级别 命令，系统弹出“新建级别”对话框。

（3）在“新建级别”对话框中单击 指定部件名 按钮，在弹出的“选择部件名”对话框的 文件名(N): 文本框中输入“handle_fork_mold_slide.prt”，单击 OK 按钮。

（4）在“新建级别”对话框中单击 类选择 按钮，选择图 8.32 所示的滑块，单击 确定 按钮。

（5）单击“新建级别”对话框中的 确定 按钮，此时在“装配导航器”对话框中显示出刚创建的滑块的名字。

Step9. 移动至图层。

（1）单击“装配导航器”中的选项卡，在该选项卡中取消选中 handle_fork_mold_slide 部件。

（2）移动至图层。选取图 8.33 所示的滑块；选择下拉菜单 格式(R) → 移动至图层(M)... 命令，系统弹出“图层移动”对话框。

（3）在 目标图层或类别 文本框中输入值 10，单击 确定 按钮，退出“图层设置”对话框。

（4）单击装配导航器中的选项卡，在该选项卡中选中 handle_fork_mold_slide 部件。

Task7. 创建模具爆炸视图

Step1. 移动滑块。

（1）选择下拉菜单 窗口(O) → handle_fork_mold_top_010.prt 命令，在装配导航器中将部件转换成工作部件。

（2）创建爆炸图。选择下拉菜单 装配(A) → 爆炸图(X) → 新建爆炸(N)... 命令，系统弹出“创建爆炸图”对话框，接受默认的名字，单击 确定 按钮。

（3）编辑爆炸图。选择下拉菜单 装配(A) → 爆炸图(X) → 编辑爆炸图(E)... 命令，选取图 8.34 所示的滑块元件；然后选择 ⊙ 移动对象 单选项，单击图 8.35 所示的箭头，在 距离 文本框中输入值-50，单击 确定 按钮，完成滑块的移动，如图 8.36 所示。

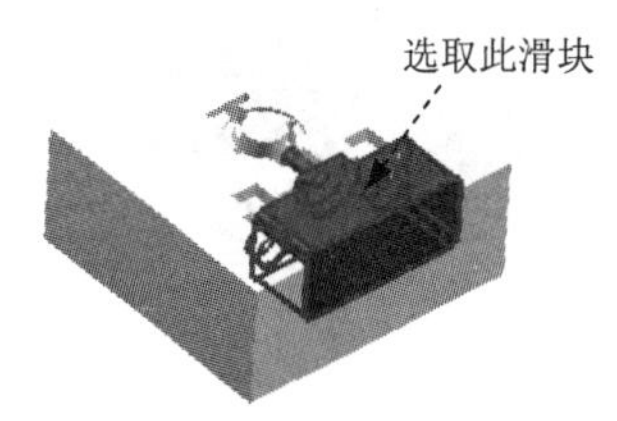

图 8.33　定义复制对象

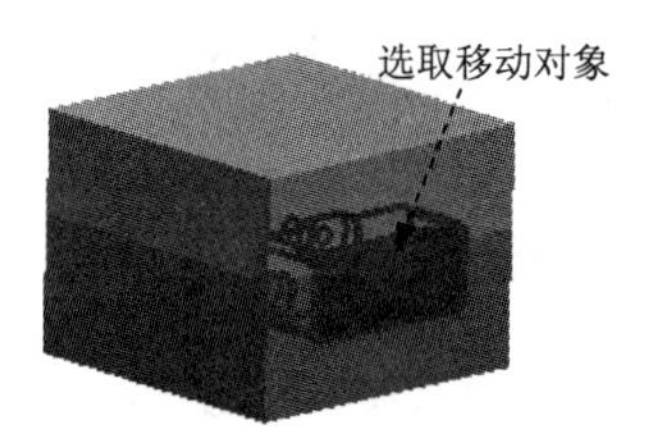

图 8.34　选取移动对象

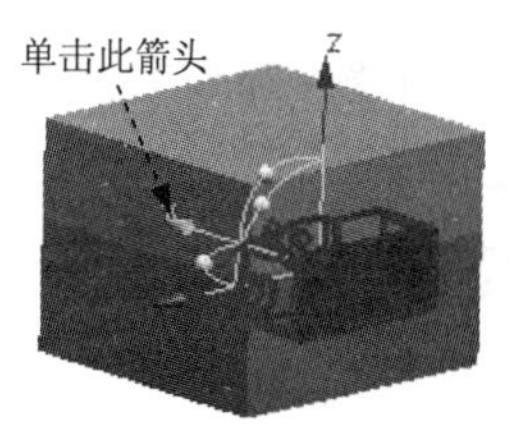

图 8.35　定义移动方向

图 8.36　滑块移动后

Step2. 移动型腔。选择下拉菜单装配(A) ➡ 爆炸图(X) ➡ 编辑爆炸图(E)...命令；参照 Step1 中步骤（3）～（6），将型腔零件沿 Z 轴正向移动 50mm，结果如图 8.37 所示。

Step3. 移动产品模型。选择下拉菜单装配(A) ➡ 爆炸图(X) ➡ 编辑爆炸图(E)...命令；参照 Step1 中步骤（3）～（6），将图 8.38 所示的产品模型元件沿 Z 轴正向移动 25mm，结果如图 8.39 所示。

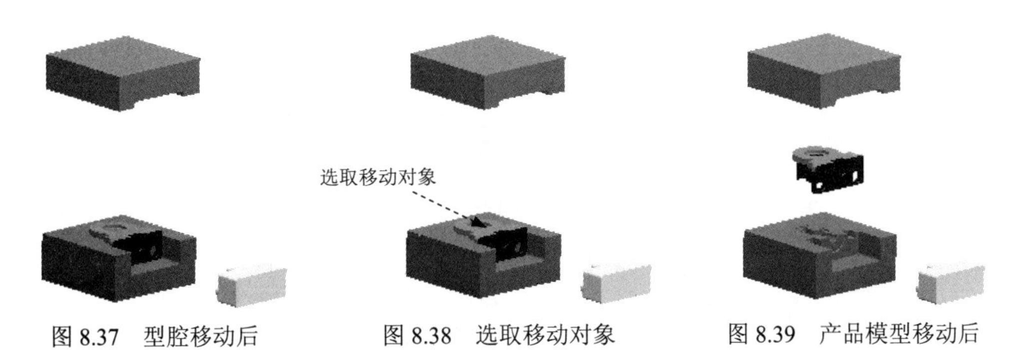

图 8.37　型腔移动后　　图 8.38　选取移动对象　　图 8.39　产品模型移动后

Step4. 保存文件。选择下拉菜单文件(F) ➡ 全部保存(V)命令，保存所有文件。

实例9　带滑块的模具设计（二）

本实例将介绍图9.1所示的三通管模具的设计过程。该模具的设计重点和难点在于分型面和滑块的设计，分型面设计得是否合理直接影响到模具能否顺利地开模，而滑块的结构设计也直接影响注塑件的精度和模具成本。通过本实例的学习，读者会对分型面的设计和滑块结构的设计有进一步的认识。

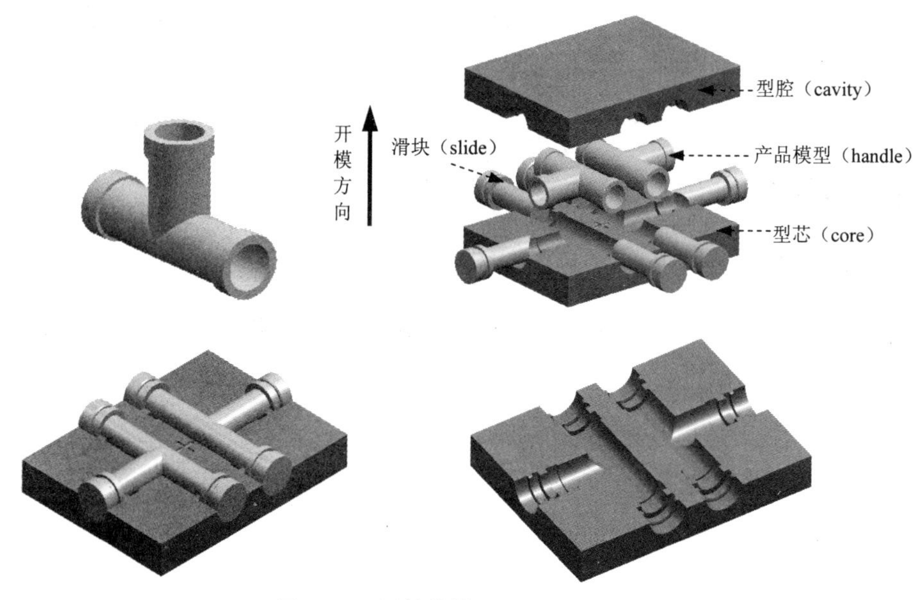

图9.1　三通管的模具设计

Task1. 初始化项目

Step1. 加载模型。在“注塑模向导”工具条中单击“初始化项目”按钮，系统弹出“打开”对话框，选择D:\ug6.6\work\ch09\ pipeline.prt，单击 OK 按钮，调入模型，系统弹出“初始化项目”对话框。

Step2. 定义投影单位。在“初始化项目”对话框的项目单位下拉菜单中选择毫米选项。

Step3. 设置项目路径和名称。接受系统默认的项目路径；在“初始化项目”对话框的 Name 文本框中，输入pipeline_mold。

Step4. 在“初始化项目”对话框中单击 确定 按钮，完成项目路径和名称的设置。

Task2. 模具坐标系

Step1. 旋转模具坐标系。选择下拉菜单 格式(R) → WCS → 旋转(R)... 命令，在系统弹出“旋转 WCS 绕...”对话框中选择 ⊙ + XC 轴 单选项，在角度文本框中输入值90。单击 确定 按钮，定义后的坐标系如图9.2所示。

Step2. 锁定模具坐标系。在“注塑模向导”工具条中单击“模具 CSYS”按钮，在系统弹出“模具 CSYS”对话框中选择 当前 WCS 单选项，单击 确定 按钮，完成坐标系的定义，如图 9.3 所示。

图 9.2　定义后的模具坐标系

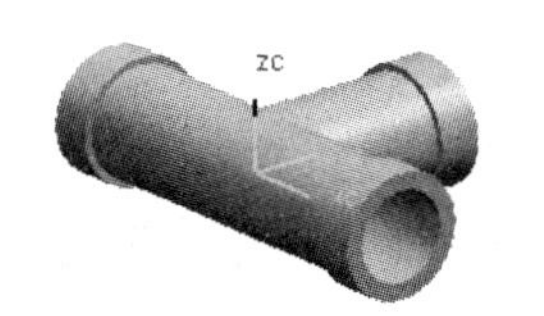

图 9.3　锁定后的模具坐标系

Task3. 设置收缩率

Step1. 定义收缩率类型。在“注塑模向导”工具条中单击“收缩率”按钮，产品模型会高亮显示，在“缩放体”对话框的类型下拉列表中，选择 均匀 选项。在比例因子区域的均匀文本框中输入数值 1.015。单击 确定 按钮，完成收缩率的位置。

Task4. 创建模具工件

Step1. 在“注塑模向导”工具条中单击“工件”按钮，系统弹出“工件”对话框。

Step2. 在“工件”对话框的类型下拉菜单中选择产品工件选项，在工件方法下拉菜单中选择用户定义的块选项，其余采用系统默认设置值。

Step3. 修改尺寸。单击定义工件区域的“绘制截面”按钮，系统进入草图环境，然后修改截面草图的尺寸，如图 9.4 所示。在“工件”对话框限制区域的开始和结束后的文本框中分别输入值 60 和 60。

Step4. 单击 确定 按钮，完成创建后的模具工件如图 9.5 所示。

Task5. 创建型腔布局

Step1. 在“注塑模向导”工具条中单击“型腔布局”按钮，系统弹出“型腔布局”对话框。

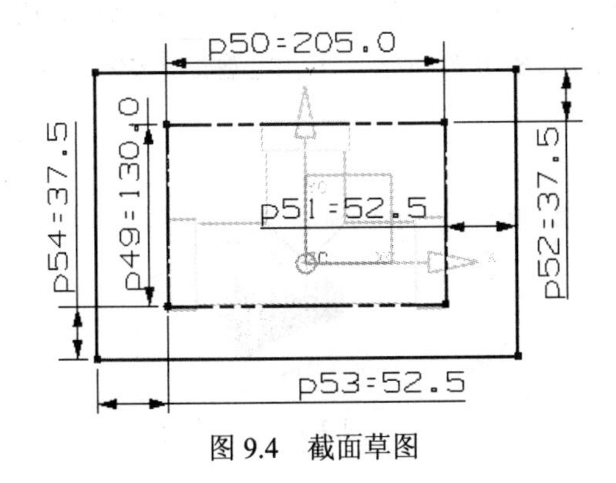

图 9.4　截面草图

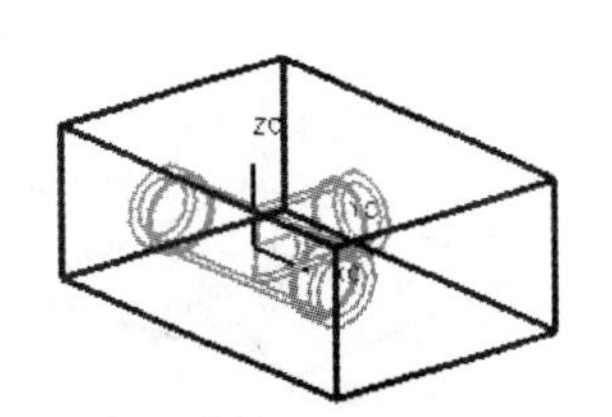

图 9.5　创建后的模具工件

Step2. 定义型腔数和间距。在“型腔布局”对话框的布局类型区域选择矩形选项和◉平衡单选项；在型腔数下拉列表中选择2，并在缝隙距离文本框中输入数值 0。

Step3. 在布局类型区域中单击*指定矢量(0)使其激活，然后选取 Y 轴负方向的箭头，此时在模型中显示图 9.6 所示的布局方向箭头，在生成布局区域中单击“开始布局”按钮，系统自动进行布局。

Step4. 在编辑布局区域单击“自动对准中心”按钮，使模具坐标系自动对中心，布局结果如图 9.7 所示，单击关闭按钮。

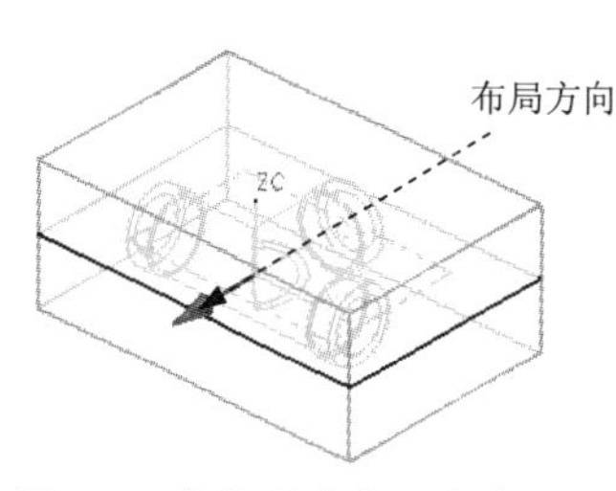

图 9.6　定义型腔布局方向

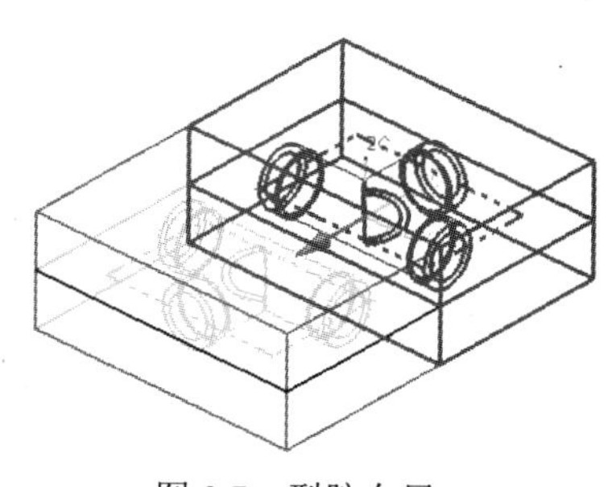

图 9.7　型腔布局

Task6. 模具分型

Stage1. 设计区域

Step1. 切换窗口。选择下拉菜单窗口(O) → pipeline_mold_parting_023.prt命令。

Step2. 选择命令。选择下拉菜单开始 → 建模(M)...命令，进入到建模环境中。

说明：如果此时系统已经处在建模环境下，用户就不需要此步的操作。

Step3. 创建基准平面。选择下拉菜单插入(S) → 基准/点(D) → 基准平面(D)...命令。在系统弹出的“基准平面”对话框的类型下拉列表中选择XC-ZC 平面选项，在该对话框偏置和参考区域的距离文本框中输入 0，单击确定按钮，创建结果如图 9.8 所示。

Step4. 在“注塑模向导”工具条中单击“分型”按钮，系统弹出“分型管理器”对话框。

Step5. 在“分型管理器”对话框中单击“设计区域”按钮，系统弹出“MPV 初始化”对话框，同时模型被加亮，并显示开模方向，如图 9.9 所示。单击确定按钮，系统弹出“塑模部件验证”对话框。

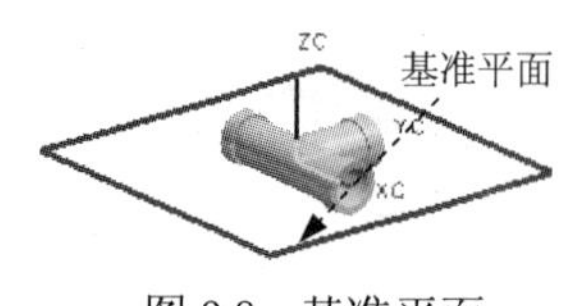

图 9.8　基准平面

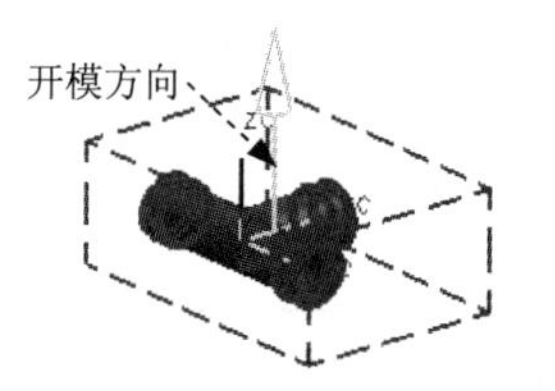

图 9.9　开模方向

说明：

- 为了清晰地观察图 9.8 中所创建的基准平面，可以将工件隐藏。
- 图 9.9 所示的开模方向，可以通过单击“MPV 初始化”对话框中的“点构建器”按钮来更改，由于在前面定义模具坐标系时已经将开模方向设置好了，因此，系统将自动识别出产品模型的开模方向。

Step6. 面拆分。

（1）设置区域颜色。在“塑模部件验证”对话框中单击 设置区域颜色 按钮，设置区域颜色。

（2）面拆分。单击 面 选项卡，在该选项卡中单击 面拆分 按钮，系统弹出“面拆分”对话框（一）。

（3）定义拆分面。选取图 9.10 所示的模型外表面为拆分面，并单击中键确认，系统弹出“面拆分”对话框（二）。

（4）定义基准平面。选取前面创建的基准平面。

（5）在“面拆分”对话框（二）中单击 确定 按钮，系统返回至“面拆分”对话框（一）；在“面拆分”对话框（一）中单击 确定 按钮，完成拆分面的创建，系统返回至“塑模部件验证”对话框。

（6）定义型腔区域。在“塑模部件验证”对话框中单击 区域 选项卡，在 指派为 区域选中 ⊙ 型腔区域 单选项，选取图 9.11 所示的模型表面为型腔区域，单击 应用 按钮。

（7）定义型芯颜色。在对话框的 未定义的区域 中选中 ☑ 未知的面类型 复选框，此时系统自动将未知的面加亮显示；在 指派为 区域选中 ⊙ 型芯区域 单选项，单击 应用 按钮，结果如图 9.10 所示；单击 取消 按钮，关闭“塑模部件验证”对话框，系统返回至“分型管理器”对话框。

说明：为了清楚地查看零件模型，可将基准平面隐藏起来。

图 9.10　定义拆分面

型腔区域

型芯区域

图 9.11　定义区域

Stage2. 抽取分型线

Step1. 在“分型管理器”对话框中单击“抽取区域和分型线”按钮，系统弹出“定义区域”对话框。

Step2. 在“定义区域”对话框中选中 设置 区域的 ☑ 创建区域 和 ☑ 创建分型线 复选框，单击确定按钮，完成分型线的抽取，系统返回至“分型管理器”对话框，抽取分型线，如图9.12 所示。

说明：图 9.12 隐藏了产品体。

Stage3. 编辑分型段

编辑过渡对象。（注：本步的详细操作过程请参见随书光盘中 video\ch09\reference\文件下的语音视频讲解文件 pipeline-r01.avi）。

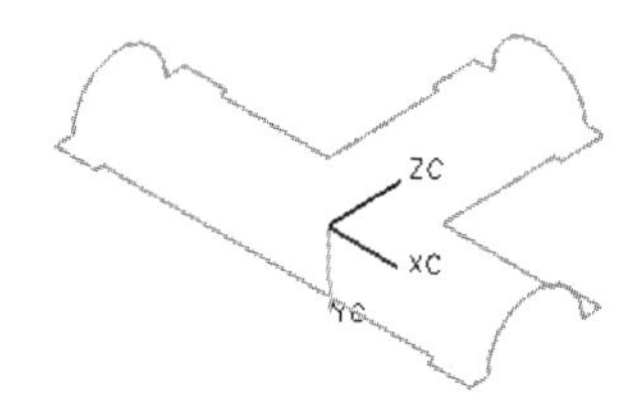

图 9.12 创建分型线

Stage4. 创建分型面

Step1. 在“分型管理器”对话框中单击“创建/编辑分型面”按钮，系统弹出“创建分型面”对话框。

Step2. 在“创建分型面”对话框中接受系统默认的公差值；在距离文本框中输入值 260，单击创建分型面按钮，系统弹出“分型面”对话框。

Step3. 创建拉伸 1。在“分型面”对话框中选中⊙拉伸单选项，单击拉伸方向按钮，此时系统弹出“矢量”对话框。在类型下拉列表中选择-XC 轴选项，单击两次确定按钮，完成图 9.13 所示的拉伸 1 的创建。

Step4. 创建拉伸 2。在“分型面”对话框中选中⊙拉伸单选项，单击拉伸方向按钮，此时系统弹出“矢量”对话框。在类型下拉列表中选择ZC 轴选项，单击两次确定按钮，完成图 9.14 所示的拉伸 2 的创建。

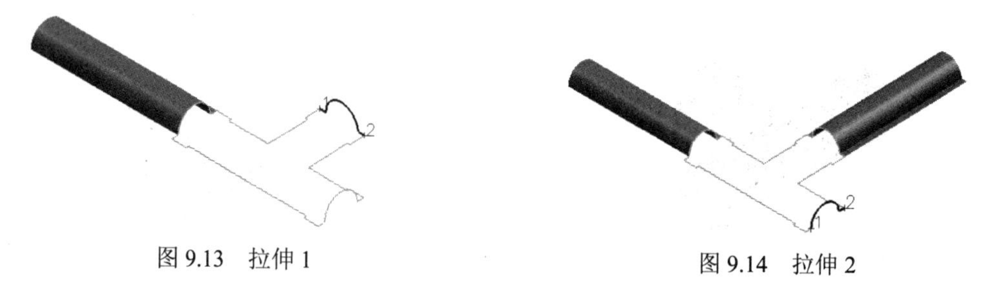

图 9.13 拉伸 1　　图 9.14 拉伸 2

Step5. 创建拉伸 3。在“分型面”对话框中选中⊙拉伸单选项，单击拉伸方向按钮，此时系统弹出“矢量”对话框。在类型下拉列表中选择XC 轴选项，单击两次确定按钮，完成图 9.15 所示的拉伸 3 的创建。

Step6. 创建拉伸 4。在“分型面”对话框中选中⊙拉伸单选项，单击拉伸方向按钮，此时系统弹出“矢量”对话框。在类型下拉列表中选择-ZC 轴选项，单击两次确定按钮，完成图 9.16 所示的拉伸 4 的创建，系统返回至“创建分型面”对话框。

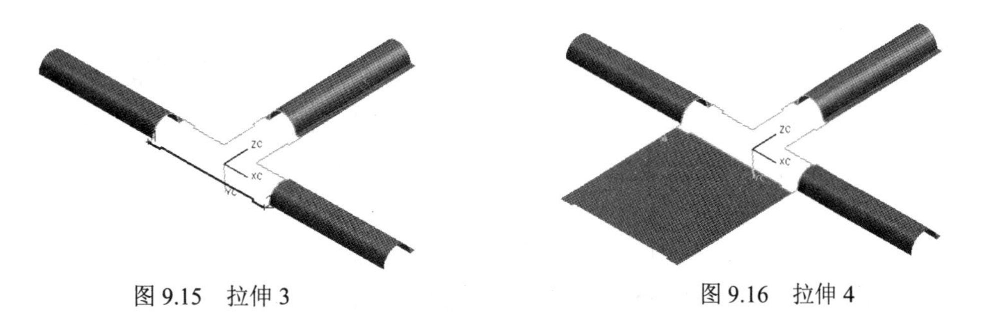

图 9.15　拉伸 3　　　　图 9.16　拉伸 4

Step7. 编辑分型面。

（1）在“创建分型面”对话框中单击编辑分型面按钮，此时系统弹出“曲线/点选择”对话框。

（2）选取图 9.17 所示的线段 1，系统弹出“分型面”对话框，在“分型面”对话框中选中曲面类型区域下的自动曲面单选项，然后单击编辑主要边按钮，系统弹出“编辑主要边”对话框。

（3）选取图 9.17 所示的边线 1 和边线 2，单击“分型面”对话框中的确定按钮，结果如图 9.18 所示。

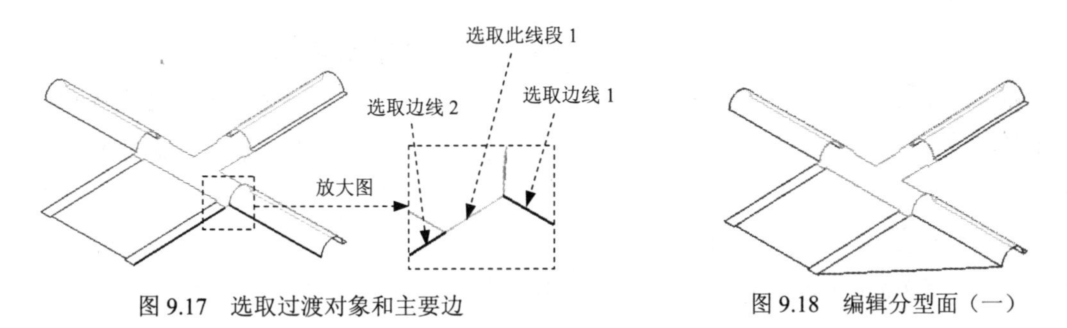

图 9.17　选取过渡对象和主要边　　　　图 9.18　编辑分型面（一）

说明：图 9.17 所示的线段 1 是 Stage3 中所定义的分型段中的一段线段。

（4）按照上一步的操作，分别选取 Stage3 中定义的其他分型段作为过渡对象，编辑分型面的最终结果如图 9.19 所示。

图 9.19　编辑分型面（二）

Stage5. 创建型腔和型芯

Step1. 在“分型管理器”对话框中单击“创建型腔和型芯”按钮，系统弹出“定义型腔和型芯”对话框。

Step2. 在“定义型腔和型芯”对话框中选取选择片体区域下的 All Regions 选项，单击确定按钮，系统弹出“查看分型结果”对话框，并在图形区显示出创建的型腔，单击“查看分型结果”对话框中的确定按钮，系统再一次弹出“查看分型结果”对话框。

Step3. 在“查看分型结果”对话框中单击确定按钮，系统返回至“分型管理器”对话框，在“分型管理器”对话框中单击关闭按钮，关闭“分型管理器”对话框。

Step4. 选择下拉菜单窗口(O) → pipeline_mold_core_006.prt命令，显示型芯零件如图 9.20 所示；选择下拉菜单窗口(O) → pipeline_mold_cavity_002.prt命令，显示型腔零件如图 9.21 所示。

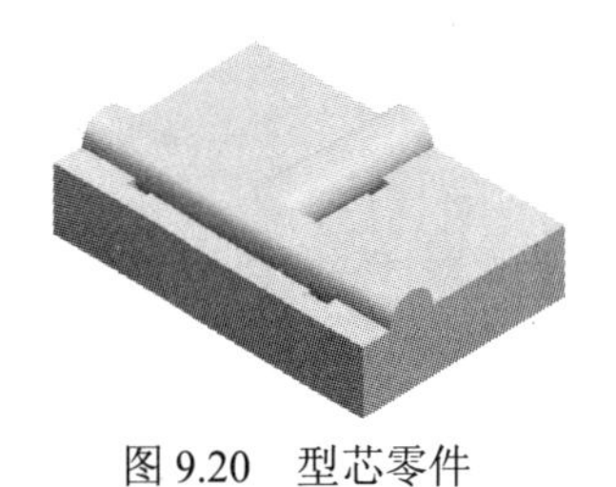

图 9.20　型芯零件

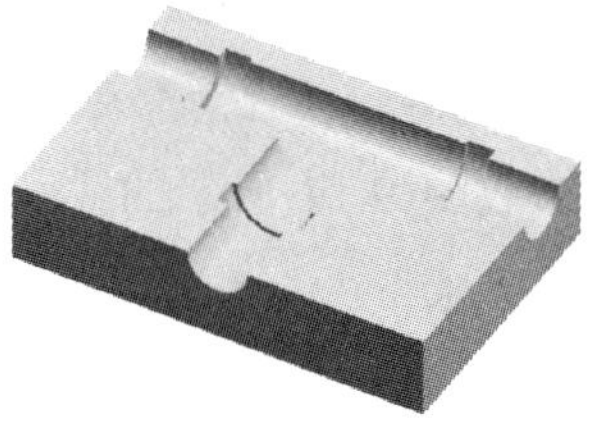

图 9.21　型腔零件

Task7. 创建滑块

Step1. 选择窗口。选择下拉菜单窗口(O) → pipeline_mold_core_006.prt命令，显示型芯零件。

Step2. 创建图 9.22 所示的拉伸特征 1。选择下拉菜单插入(S) → 设计特征(E) → 拉伸(E)...命令，单击按钮，选取图 9.23 所示的模型表面为草图平面；绘制图 9.24 所示的截面草图；在指定矢量(1)下拉列表中选择选项。在“拉伸”对话框的限制区域的开始下拉列表中选择值选项，并在其下的距离文本框中输入值 0；在结束下拉列表中选择值选项，并在其下的距离文本框中输入值 155，单击确定按钮，完成拉伸特征 1 的创建。

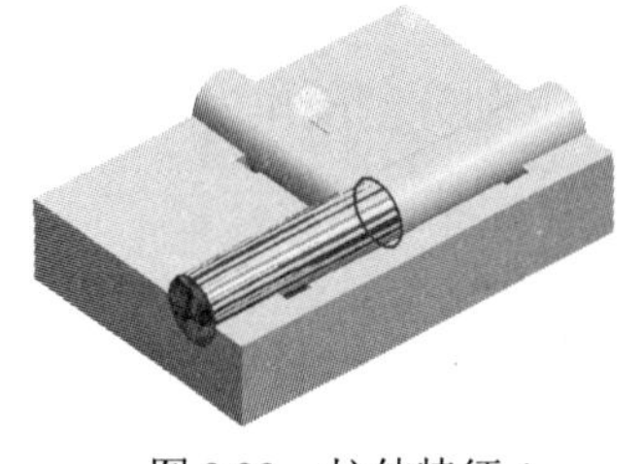

图 9.22　拉伸特征 1

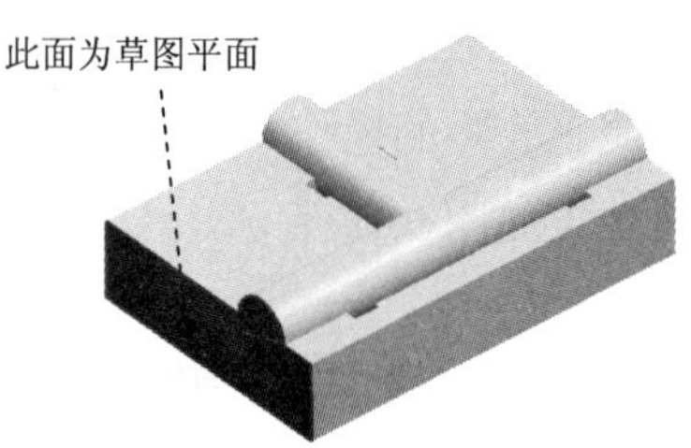

图 9.23　定义草图平面

Step3. 创建图 9.25 所示的拉伸特征 2。选择下拉菜单插入(S) → 设计特征(E) → 拉伸(E)...命令，单击按钮，选取图 9.26 所示的模型表面为草图平面；绘制图 9.27 所示的截面草图；在指定矢量(1)下拉列表中选择选项；在限制区域的开始下拉列表中选择值选项，并在其下的距离文本框中输入值 0；在结束下拉列表中选择值选项，并在其下的距离文本框中输入值 155，单击 确定 按钮，完成拉伸特征 2 的创建。

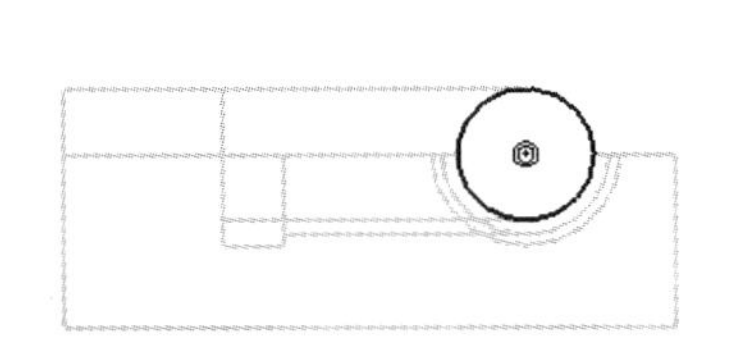

图 9.24　截面草图

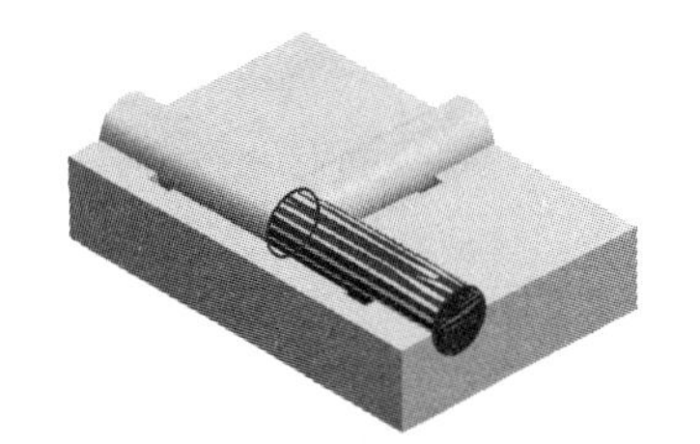

图 9.25　拉伸特征 2

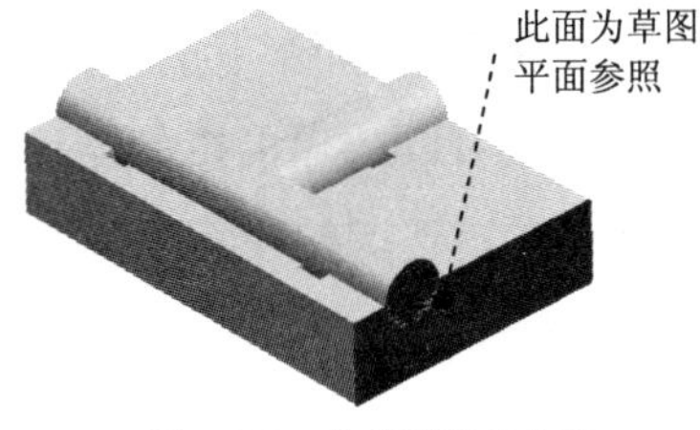

图 9.26　定义草图平面

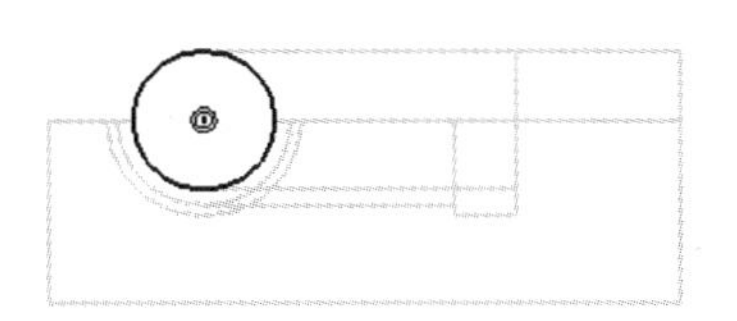

图 9.27　截面草图

Step4. 创建图 9.28 所示的拉伸特征 3。选择下拉菜单 插入(S) → 设计特征(E) → 拉伸(E)... 命令，单击按钮，选取图 9.29 所示的模型表面为草图平面；绘制图 9.30 所示的截面草图。在 指定矢量(1) 的下拉列表中选择选项。在 限制 区域的 开始 下拉列表中选择 值 选项，并在其下的 距离 文本框中输入值 0；在 结束 下拉列表中选择 直到被延伸 选项，然后选取图 9.28 所示的面为延伸面，单击 确定 按钮，完成拉伸特征 3 的创建。

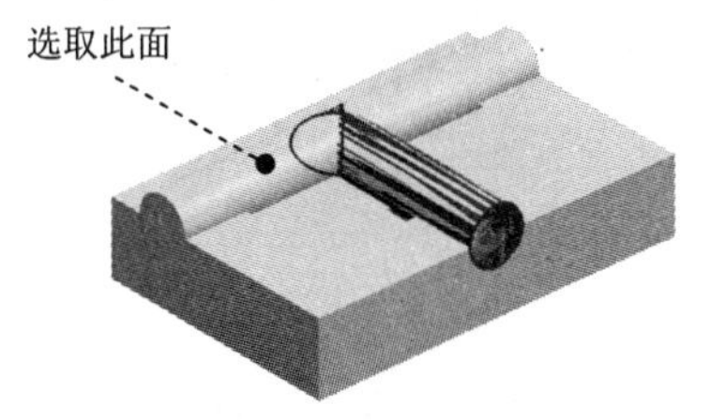

图 9.28　拉伸特征 3

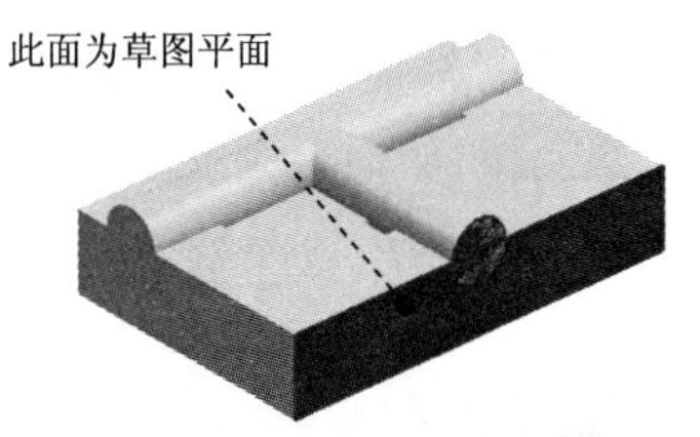

图 9.29　定义草图平面

Step5. 创建图 9.31 所示的拉伸特征 4。选择下拉菜单 插入(S) → 设计特征(E) → 拉伸(E)... 命令，单击按钮，选取图 9.32 所示的模型表面为草图平面。绘制图 9.33 所示的截面草图；在 指定矢量(1) 的下拉列表中选择选项；在 限制 区域的 开始 下拉列表中选择 值 选项，并在其下的 距离 文本框中输入值 0；在 结束 下拉列表中选择 值 选项，并在其下的 距离 文本框中输入值 40；在 布尔 区域的 布尔 下拉列表中选择 求和 选项，选取拉伸特征 1 为求和对象。单击 确定 按钮，完成拉伸特征 4 的创建。

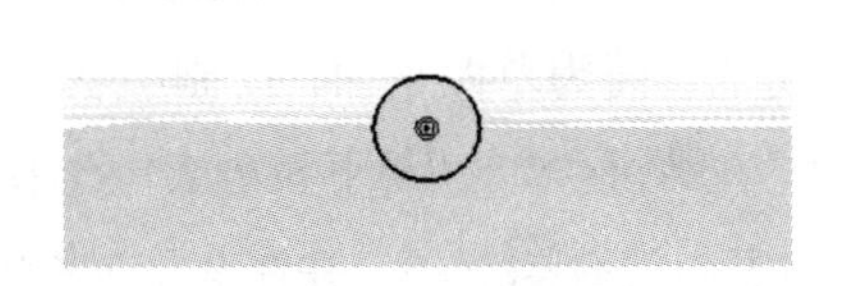

图 9.30　截面草图

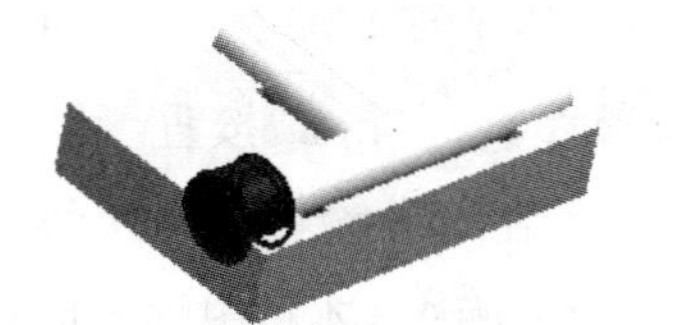

图 9.31　拉伸特征 4

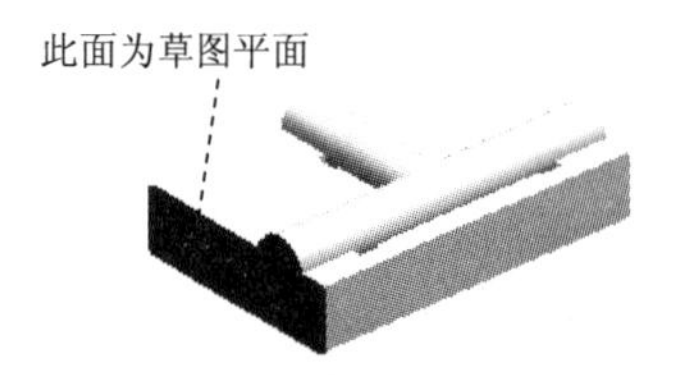

图 9.32 定义草图平面

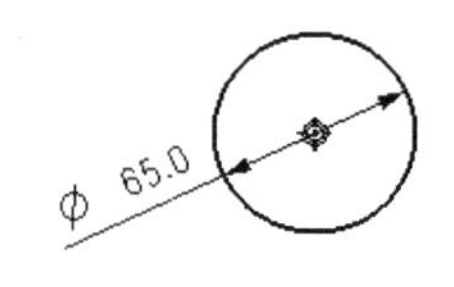

图 9.33 截面草图

Step6. 创建图 9.34 所示的拉伸特征 5。选择下拉菜单插入(S) → 设计特征(E) → 拉伸(E)...命令，单击按钮，选取图 9.35 所示的模型表面为草图平面；绘制图 9.36 所示的截面草图。在指定矢量(1)下拉列表中选择-XC选项；在限制区域的开始下拉列表中选择值选项，并在其下的距离文本框中输入值 0；在结束下拉列表中选择值选项，并在其下的距离文本框中输入值 40；在布尔区域的布尔下拉列表中选择求和选项，选取拉伸特征 2 为求和对象。单击确定按钮，完成拉伸特征 5 的创建。

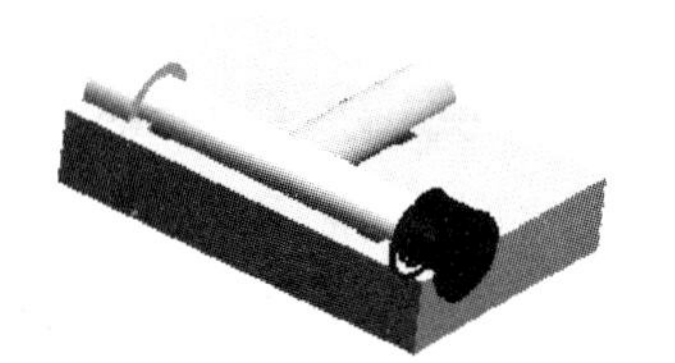

图 9.34 拉伸特征 5

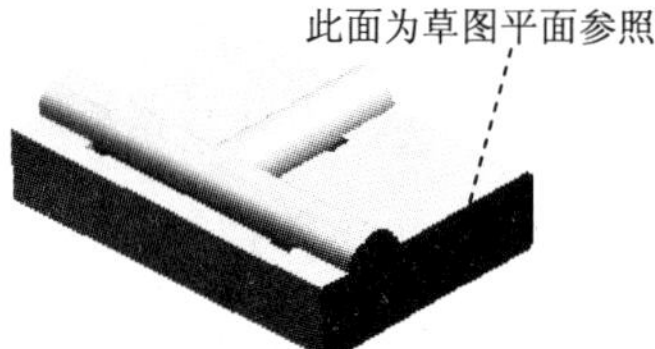

图 9.35 定义草图平面

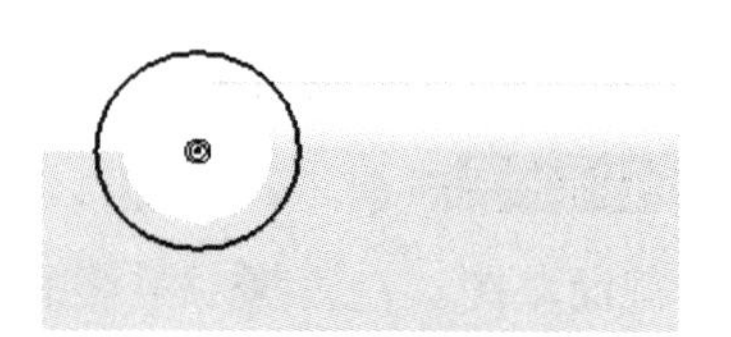

图 9.36 截面草图

Step7. 创建求差特征。选择下拉菜单插入(S) → 组合体(B) → 求差(S)...命令，选取型腔芯件为目标体，选取图 9.37 所示的实体为工具体。在设置区域选中☑保持工具复选框。单击确定按钮，完成求交特征的创建。

Step8. 参照 Step7，创建型芯与图 9.38 所示的实体的求差特征。

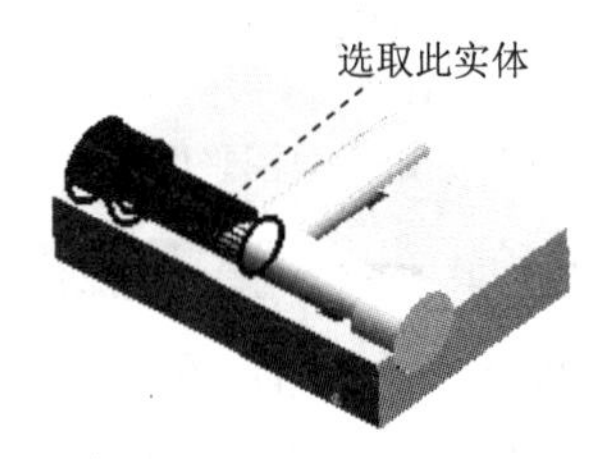

图 9.37 定义工具体

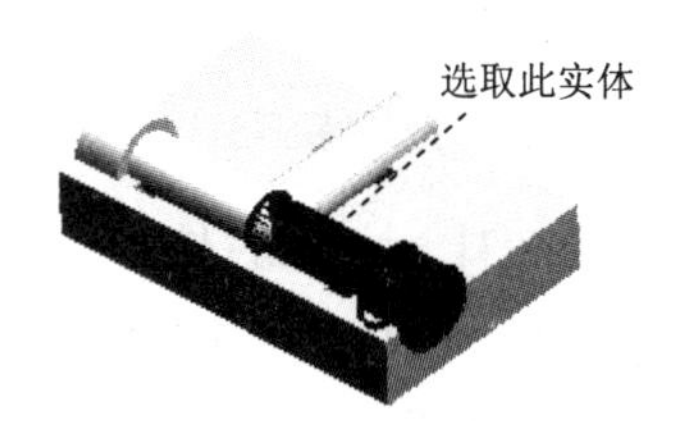

图 9.38 定义工具体

Step9. 创建求交特征。选择下拉菜单插入(S) → 组合体(B) → 求交(I)...命令，选取型芯零件为目标体，选取拉伸特征 3 为工具体，在设置区域选中☑保持目标复选框。单击确定按钮，完成求交特征的创建。

Step10. 创建图 9.39 所示的拉伸特征 6。选择下拉菜单插入(S) → 设计特征(E) → 拉伸(E)...命令，单击按钮，选取图 9.40 所示的模型表面为草图平面，绘制图 9.41 所示的截面草图；在指定矢量(1)下拉列表中选择-YC选项，在限制区域的开始下拉列表中选择值选项，并在其下的距离文本框中输入值 0；在结束下拉列表中选择值选项，并在其下的距离文本框框中输入值 30，在布尔区域的布尔下拉列表中选择求和选项，选取 Step9 中创建的求交特征为求和对象。单击确定按钮，完成拉伸特征 6 的创建。

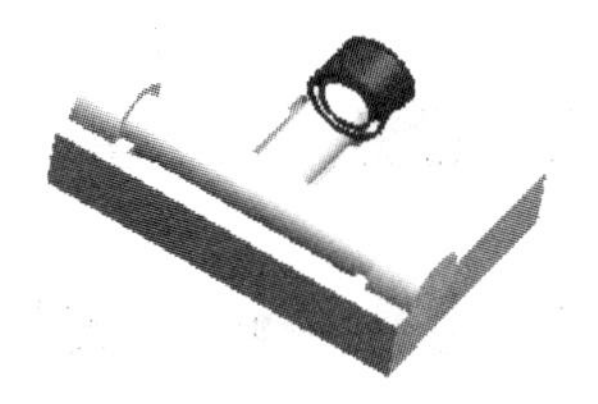

图 9.39　拉伸特征 6

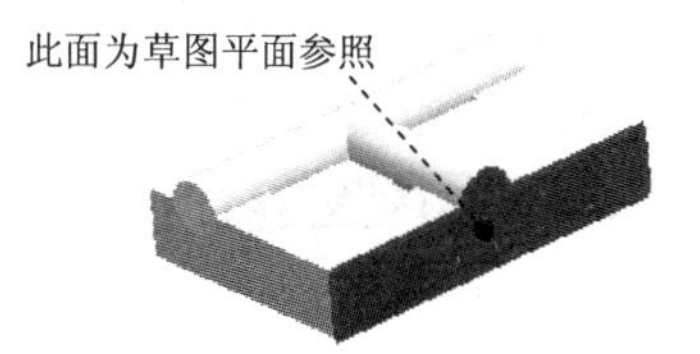

图 9.40　定义草图平面

Step11. 参照 Step7，创建型芯与图 9.42 所示实体的求差特征。

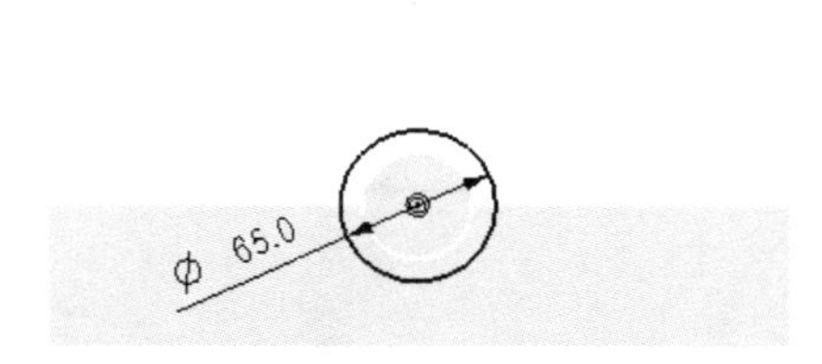

图 9.41　截面草图

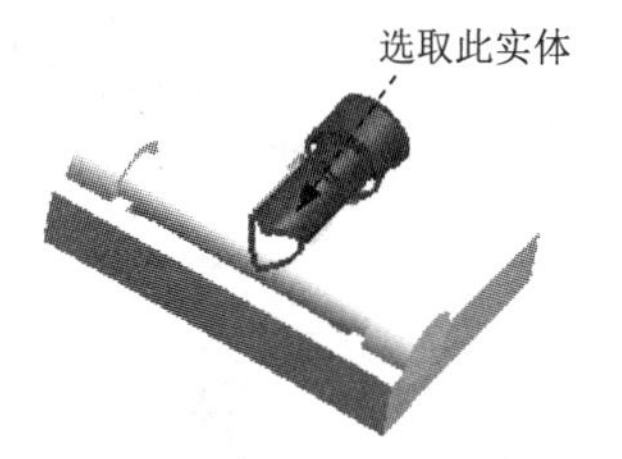

图 9.42　定义工具体

Step12. 将 Step11 中创建的求差特征转化为型芯子零件。

（1）单击装配导航器中的选项卡，系统弹出“装配导航器”窗口，在该窗口中右击空白处，然后在弹出的菜单中选择WAVE 模式选项。

（2）在“装配导航器”对话框中右击☑ pipeline_mold_core_006，在弹出的菜单中选择WAVE ⟶ 新建级别命令，系统弹出“新建级别”对话框。

（3）在“新建级别”对话框中单击指定部件名按钮，在弹出的“选择部件名”对话框的文件名(N):文本框中输入“pipeline_mold_slide01.prt”，单击OK按钮，系统返回至“新建级别”对话框。

（4）在“新建级别”对话框中单击类选择按钮，系统弹出“WAVE 组件间的复制”对话框，选择图 9.42 所示的实体，单击该对话框中的确定按钮，系统返回至“新建级别”对话框，单击确定按钮。

Step13. 移动至图层。

（1）单击装配导航器中的选项卡，在该选项卡中取消选中☑ pipeline_mold_slide01部件。

（2）移动至图层。选取图 9.43 所示的滑块；选择下拉菜单格式(R) ⟶ 移动至图层(M)...命令，系统弹出“图层移动”对话框。

（3）在该对话框的目标图层或类别的文本框中输入值 10，单击确定按钮，退出“图层设置”对话框。

（4）单击装配导航器中的选项卡，在该选项卡中选中☑ pipeline_mold_slide01部件。

Step14. 参照 Step12~ Step13，将其余两个滑块转化为型芯子零件，其文件名分别为 pipeline_mold_slide02 和 pipeline_mold_slide03。

Step15. 创建锁紧槽。

（1）将 Step14 中命名的 pipeline_mold_slide03 滑块转为显示部件。单击“装配导航器”选项卡，系统弹出“装配导航器”窗口。在☑ pipeline_mold_slide03选项上右击，在弹出的快捷菜单中选择设为显示部件命令。

（2）创建拉伸特征 7。选择下拉菜单插入(S) → 设计特征(E) → 拉伸(E)...命令，单击按钮，选取图 9.44 所示的模型表面为草图平面；绘制图 9.45 所示的截面草图，在指定矢量(1)下拉列表中选择选项；在限制区域的开始下拉列表中选择值选项，并在其下的距离文本框中输入值 22；在结束下拉列表中选择值选项，并在其下的距离文本框中输入值 30；在布尔区域的布尔下拉列表中选择求差选项，系统将自动与模型中的唯一个体进行布尔求差运算。单击确定按钮，完成拉伸特征 7 的创建。

图 9.43　定义移动对象　　图 9.44　定义草图平面

（3）创建斜角。选择下拉菜单插入(S) → 细节特征(L) → 倒斜角(C)...命令，选择图 9.46 所示的边为倒斜角参照，在偏置区域横截面的下拉列表中选择对称选项，并在距离文本框中输入值 2。单击确定按钮，完成斜角特征的创建。

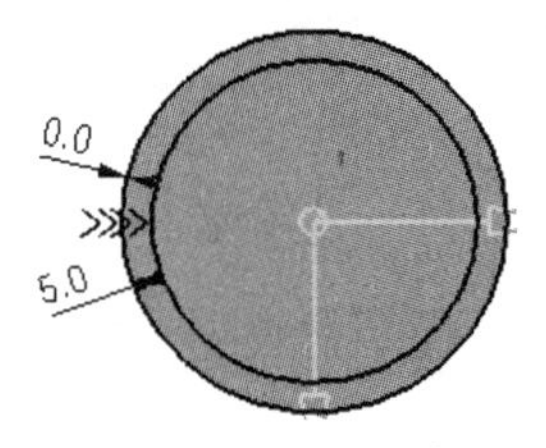

图 9.45　截面草图

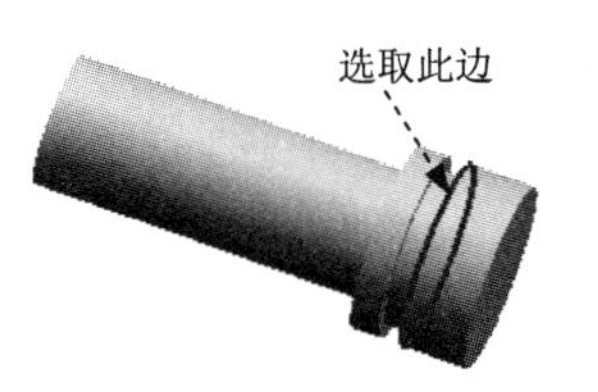

图 9.46　定义倒斜角边

Step16. 参照 Step15，创建滑块 2 的锁紧槽。

Step17. 创建滑块 1 的锁紧槽。

（1）创建拉伸特征 8。将滑块 1 转为显示部件；然后以图 9.47 所示的平面作为草绘平面，绘制图 9.48 所示的截面草图。选择选项，在“拉伸”对话框的限制区域的开始下拉列表中选择值选项，并在其下的距离文本框中输入值 12；在结束下拉列表中选择值选项，并在其下的距离文本框中输入值 20；其他采用系统默认设置值。

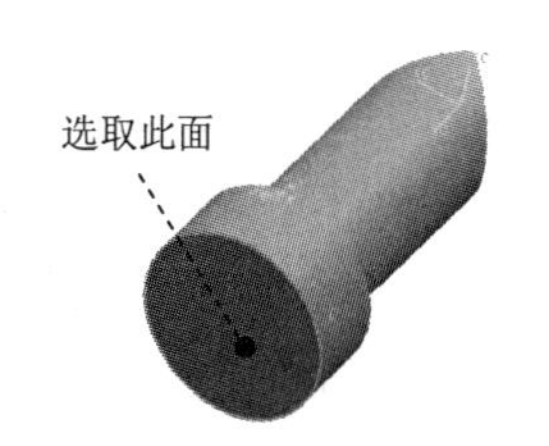

图 9.47　定义草图平面

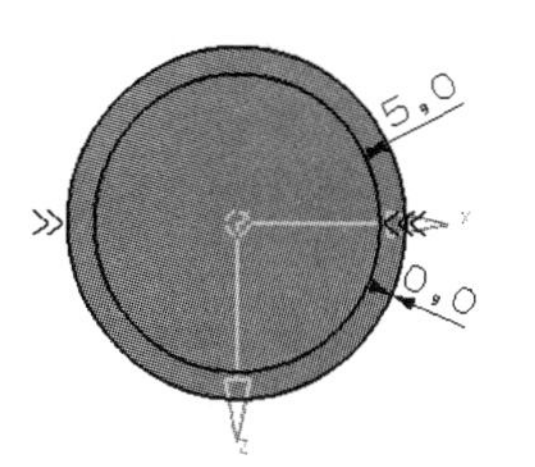

图 9.48　截面草图

（2）参照 Step15 的方法，在滑块的锁紧槽创建倒斜角特征。

Step18. 创建型腔的滑块避开槽。

（1）选择窗口。选择下拉菜单窗口(O) ➡ pipeline_mold_cavity_002.prt命令，显示型腔零件。

（2）创建拉伸特征 9。选择下拉菜单插入(S) ➡ 设计特征(E) ➡ 拉伸(E)...命令，单击按钮，选取图 9.49 所示的模型表面为草图平面，绘制图 9.50 所示的截面草图；在指定矢量(1)下拉列表中选择选项；在限制区域的开始下拉列表中选择值选项，并在其下的距离文本框中输入值 0；在结束下拉列表中选择值选项，并在其下的距离文本框中输入值 40；在布尔区域的布尔下拉列表中选择求差选项，型腔为求差对象。单击确定按钮，完成拉伸特征 9 的创建。

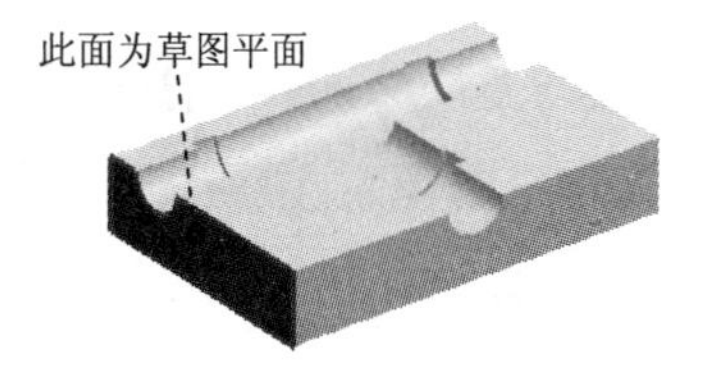

图 9.49　定义草图平面

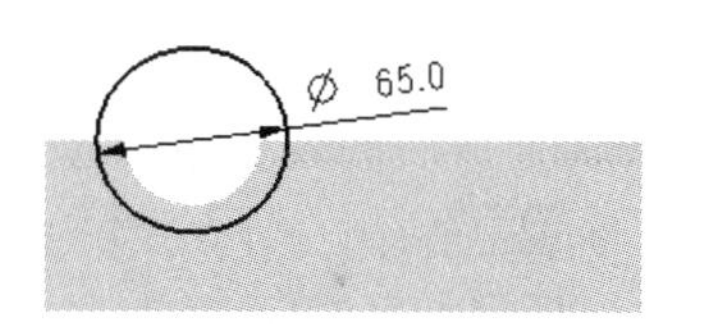

图 9.50　截面草图

（3）创建拉伸特征 10。选择下拉菜单插入(S) ➡ 设计特征(E) ➡ 拉伸(E)...命令，单击按钮，选取图 9.51 所示的模型表面为草图平面。绘制图 9.52 所示的截面草图；在指定矢量(1)下拉列表中选择选项；在限制区域的开始下拉列表中选择值选项，并在其下的距离文本框中输入值 22；在结束下拉列表中选择值选项，并在其下的距离文本框中输入值 30；在布尔区域的布尔下拉列表中选择求和选项，系统将自动与模型中的唯一个体进行布尔求和运算。单击确定按钮，完成拉伸特征 10 的创建。

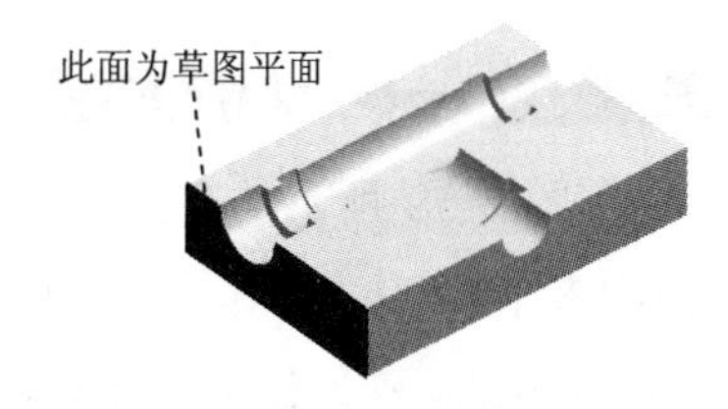

图 9.51　定义草图平面

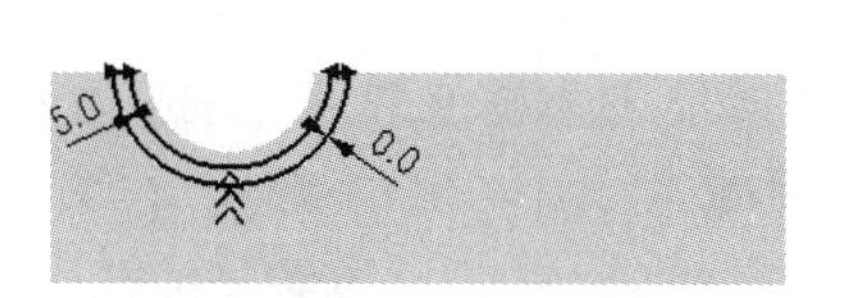

图 9.52　截面草图

（4）创建斜角特征 1。选择下拉菜单插入(S) ➡ 细节特征(L) ➡ 倒斜角(C)...命令，选择图 9.53 所示的边为倒斜角参照，在偏置区域的横截面下拉列表中选择非对称选项，在Distance 1文本框中输入值 1.5，在距离 2文本框中输入值 3。单击确定按钮，完成斜角特征 1 的创建。

（5）创建斜角特征 2。选择下拉菜单插入(S) ➡ 细节特征(L) ➡ 倒斜角(C)...命令，选择图 9.54 所示的边为倒斜角参照，在偏置区域的横截面下拉列表中选择非对称选项，在Distance 1文本框中输入值 3，在距离 2文本框中输入值 1.5。单击确定按钮，完成斜角特征 2 的创建。

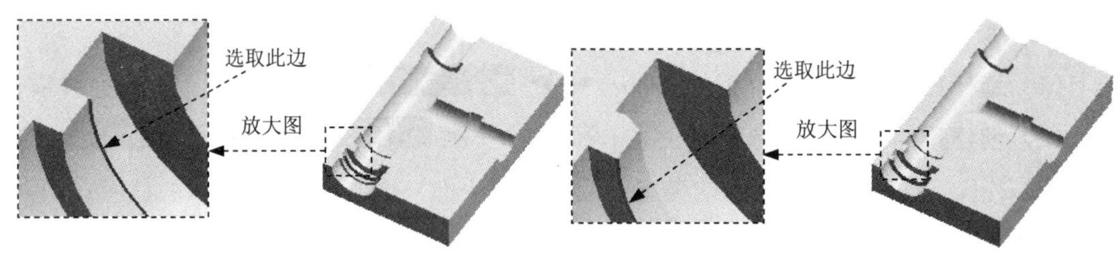

图 9.53　创建倒斜角特征 1　　图 9.54　创建倒斜角特征 2

（6）创建斜角特征 3。选择下拉菜单插入(S) ➡ 细节特征(L) ➡ 倒斜角(C)...命令，选择图 9.55 所示的边为倒斜角参照，在偏置区域的横截面下拉列表中选择对称选项，并在距离文本框中输入值 2。单击确定按钮，完成斜角特征 3 的创建。

Step19. 创建图 9.56 所示的镜像特征。选择下拉菜单插入(S) ➡ 关联复制(A) ➡ 镜像特征(M)...命令，选取 Step18 创建的所有特征为镜像特征对象，在镜像平面区域的平面下拉列表中选择新平面选项，在* 指定平面下拉列表中选择选项。单击确定按钮，完成镜像特征的创建（隐藏坐标系）。

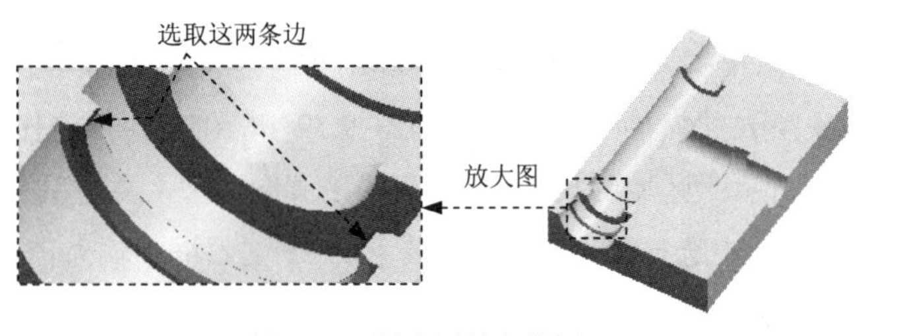

图 9.55　创建倒斜角特征 3

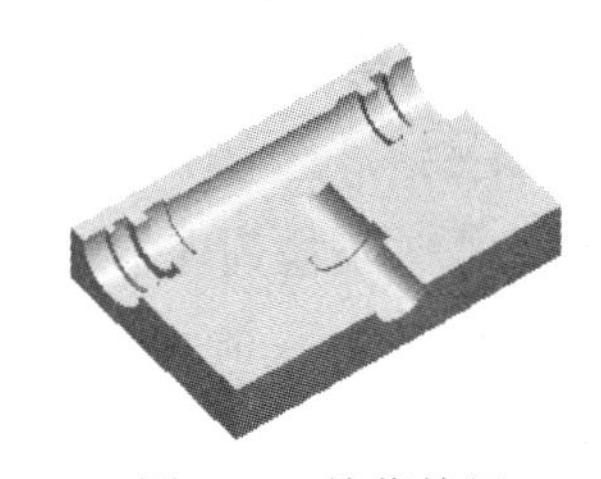

图 9.56　镜像特征

Step20. 创建型腔中心部位的滑块避开槽。

（1）创建拉伸特征 11。选择下拉菜单插入(S) ➡ 设计特征(E) ➡ 拉伸(E)...命令，单击按钮，选取图 9.57 所示的模型表面为草图平面，绘制图 9.58 所示的截面草图；在指定矢量 (1)下拉列表中选择选项。在限制区域的开始下拉列表中选择值选项，并在其下的距离文本框中输入值 0；在结束下拉列表中选择值选项，并在其下的距离文本框中输入值 40；在布尔区域的布尔下拉列表中选择求差选项，型腔为求差对象。单击确定按钮，完成拉伸特征 11 的创建。

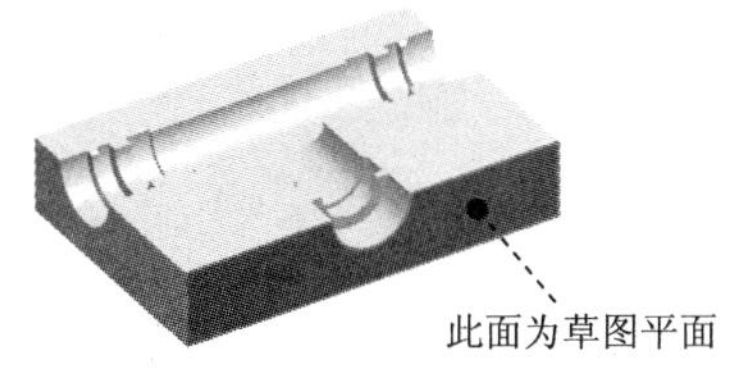

图 9.57　定义草图平面

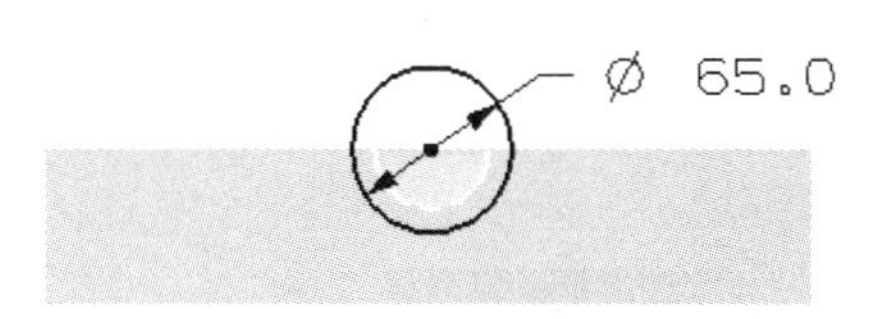

图 9.58　截面草图

（2）创建拉伸特征 12。选择下拉菜单插入(S) → 设计特征(E) → 拉伸(E)...命令，单击按钮，选取图 9.59 所示的模型表面为草图平面，绘制图 9.60 所示的截面草图；在指定矢量(1)下拉列表中选择选项。在限制区域的开始下拉列表中选择值选项，并在其下的距离文本框中输入值 12；在结束下拉列表中选择值选项，并在其下的距离文本框中输入值 20；在布尔区域的布尔下拉列表中选择求和选项，系统将自动与模型中的唯一个体进行布尔求和运算。单击确定按钮，完成拉伸特征 12 的创建。

（3）创建斜角特征 1。选择下拉菜单插入(S) → 细节特征(L) → 倒斜角(C)...命令，选择图 9.61 所示的边为倒斜角参照，在偏置区域的横截面下拉列表中选择非对称选项，在Distance 1文本框中输入值 1.5，在距离 2文本框中输入值 3。单击确定按钮，完成斜角特征 1 的创建。

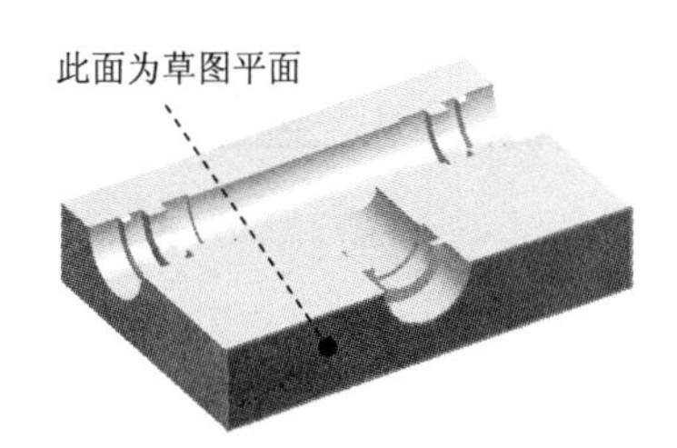

图 9.59　定义草图平面

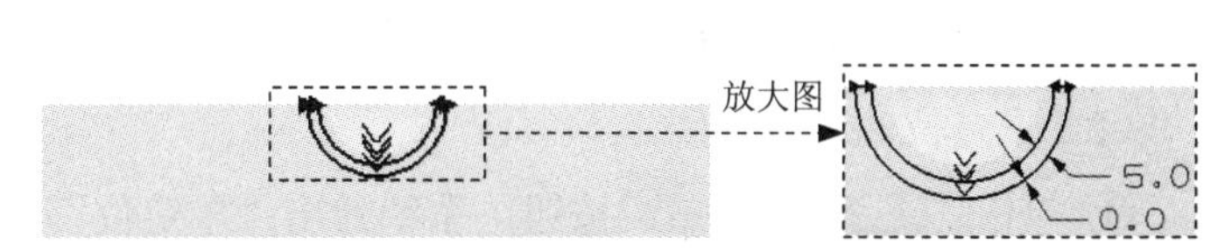

图 9.60　截面草图

（4）创建斜角特征 2。选择下拉菜单插入(S) → 细节特征(L) → 倒斜角(C)...命令，选择图 9.62 所示的边为倒斜角参照，在偏置区域的横截面下拉列表中选择非对称选项，在Distance 1文本框中输入值 3，在距离 2文本框中输入值 1.5。单击确定按钮，完成斜角特征 2 的创建。

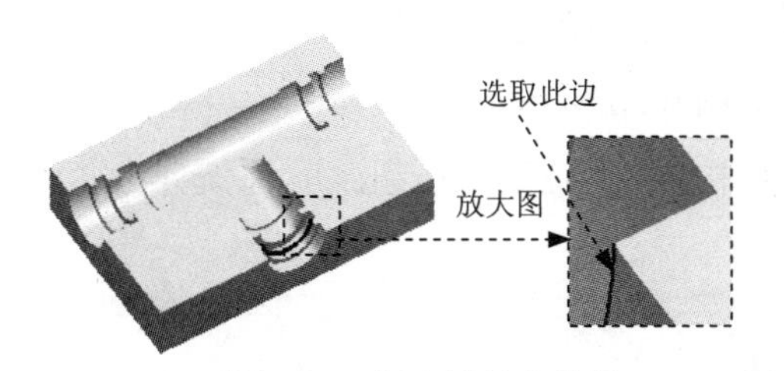

图 9.61　创建倒斜角特征 1

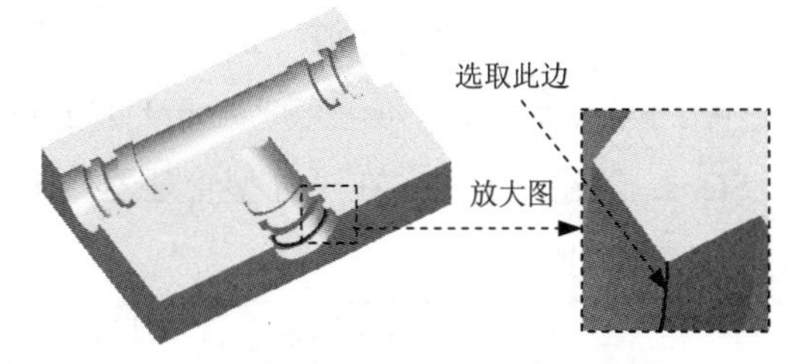

图 9.62　创建倒斜角特征 2

（5）创建斜角 3。选择下拉菜单插入(S) → 细节特征(L) → 倒斜角(C)...命令，选择图 9.63 所示的边为倒斜角参照，在偏置区域横截面的下拉列表中选择对称选项，并在距离文本框中输入值 2。单击 确定 按钮，完成斜角特征 3 的创建。

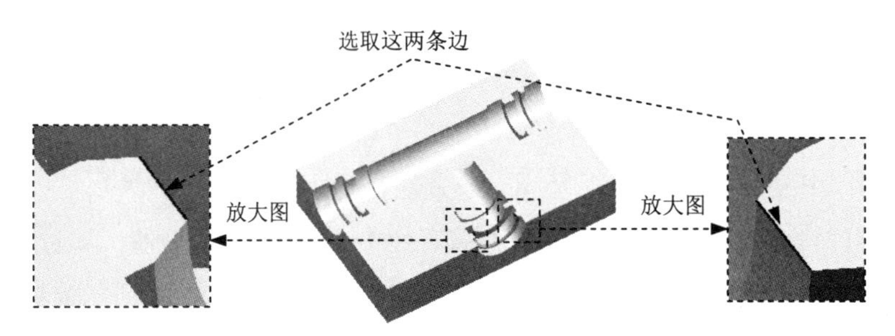

图 9.63 创建倒斜角特征 3

Task8. 创建流道

Step1. 选择窗口。选择下拉菜单 窗口(O) ➡ pipeline_mold_top_010.prt 命令，显示总模型。

Step2. 将总模型转为工作部件。单击“装配导航器”选项卡，系统弹出“装配导航器”窗口。在☑ pipeline_mold_top_010 选项上右击，在弹出的快捷菜单中选择 设为工作部件(W) 命令（隐藏型腔）。

Step3. 创建流道 1。在“分型管理器”工具条中单击“流道”按钮，系统弹出“流道设计”对话框。

（1）设置对话框参数。在 A= 文本框中输入值 60，按 Enter 键确认；单击 应用 按钮，放置的流道引导线如图 9.64 所示。

（2）重定位流道引导线。

① 单击 重定位 按钮，系统弹出“重定位”对话框。

② 在“重定位”对话框中选中 ⊙ 旋转 单选项，单击 选择旋转轴 按钮，系统弹出“矢量”对话框；在 类型 区域的下拉列表中选择 ZC 轴 选项，单击 确定 按钮，系统返回至“重定位”对话框；在 角度 文本框中输入值 90，按 Enter 键确认，流道引导线的位置如图 9.65 所示。

③ 单击 确定 按钮，完成流道的重定位操作，系统返回至“流道设计”对话框。

（3）单击“创建流道通道”按钮，在 横截面 下拉列表中选择选项。

（4）单击 确定 按钮，完成流道 1 的创建，如图 9.66 所示。

Step4. 创建流道 2。在“分型管理器”工具条中单击“流道”按钮，系统弹出“流道设计”对话框。

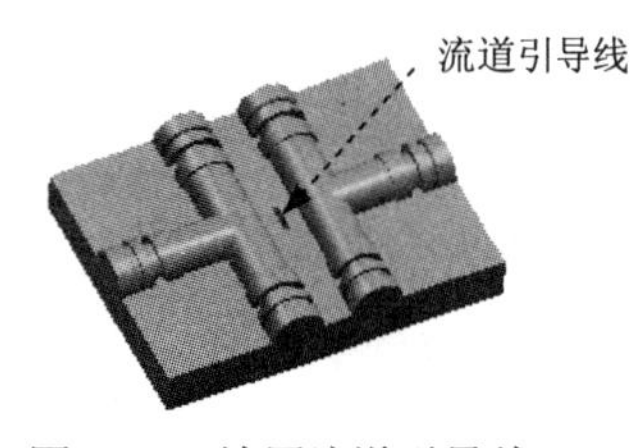

图 9.64 放置流道引导线

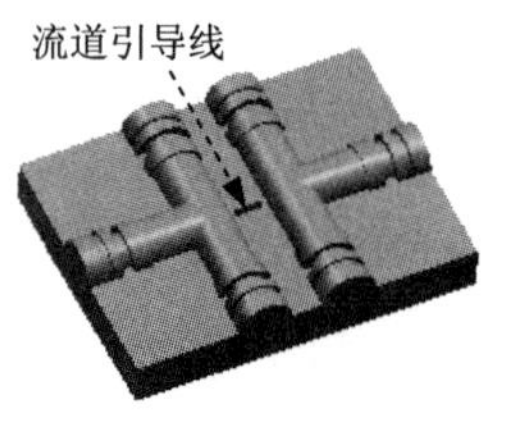

图 9.65 重定位流道引导线

图 9.66 流道 1

（1）设置对话框参数。在A=文本框中输入值 60，按 Enter 键确认；单击应用按钮，放置流道，如图 9.67 所示。

（2）单击“创建流道通道”按钮，在横截面的下拉列表中选择选项。

（3）单击确定按钮，完成流道 2 的创建，如图 9.68 所示。

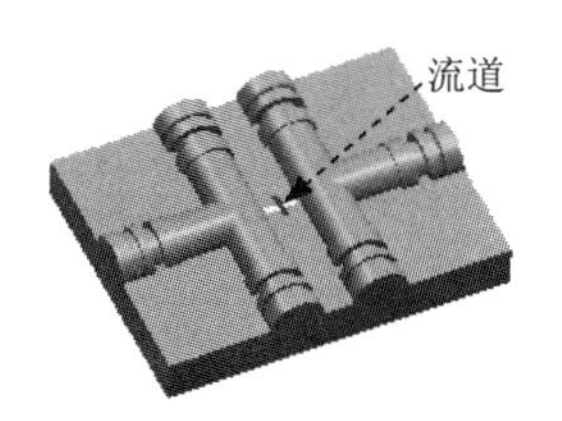

图 9.67　放置流道引导线

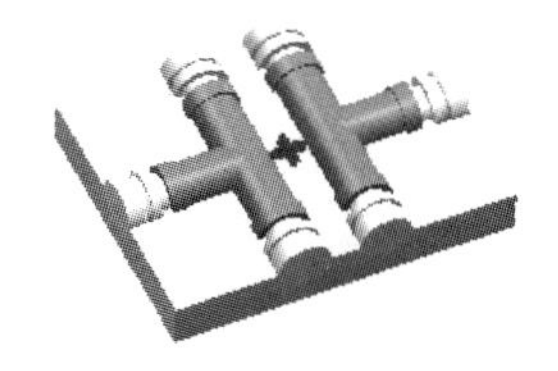

图 9.68　流道 2

Step5. 创建流道槽。

（1）在“注塑模向导”工具条中单击“腔体”按钮，系统弹出“腔体”对话框。

（2）定义目标体和工具体。选取型芯为目标体，单击中键确认，选取流道为工具体。

（3）单击确定按钮，完成流道槽的创建。

Task9. 创建浇口

Step1. 在“注塑模向导”工具条中单击“浇口”按钮，系统弹出“浇口设计”对话框。

Step2. 设置对话框参数。在位置区域中选中型芯单选项；在类型的下拉列表中选择rectangle选项；把L=5的值改为 10。

Step3. 单击应用按钮，系统弹出“点”对话框。

Step4. 在类型的下拉列表中选择圆弧中心/椭圆中心/球心选项，选取图 9.69 所示的边线，系统弹出“矢量”对话框。

Step5. 在类型的下拉列表中选择-YC 轴选项，单击确定按钮，完成浇口的创建；关闭“浇口设计”对话框。

Step6. 创建浇口槽。在“注塑模向导”工具条中单击“腔体”按钮，选取型芯为目标体，单击中键确认；选取浇口为工具体。单击确定按钮，完成浇口槽的创建。

Task10. 创建模具爆炸视图

Step1. 移动型腔（显示型腔）。

（1）创建爆炸图。选择下拉菜单装配(A) ➡ 爆炸图(X) ➡ 新建爆炸(N)...命令，系统弹出“创建爆炸图”对话框，接受默认的名字，单击确定按钮。

（2）编辑爆炸图。选择下拉菜单装配(A) ➡ 爆炸图(X) ➡ 编辑爆炸图(E)...命令，选取两个型腔零件为移动对象，选择移动对象单选项，单击图 9.70 所示的箭头，对话框的下部区域被激活。在距离文本框中输入值 200，单击确定按钮，完成型腔的移动，如图 9.71 所示。

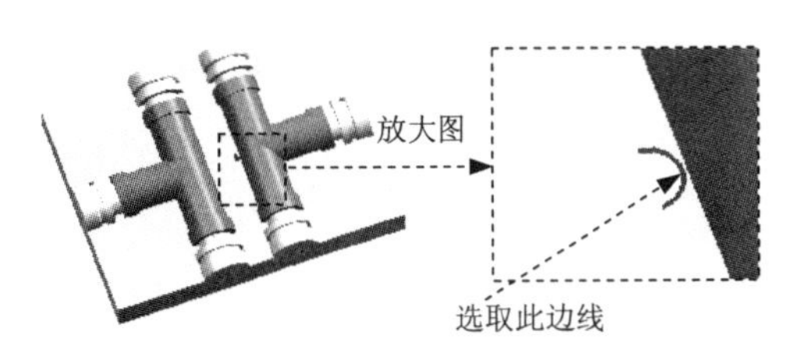

图 9.69　定义浇口位置

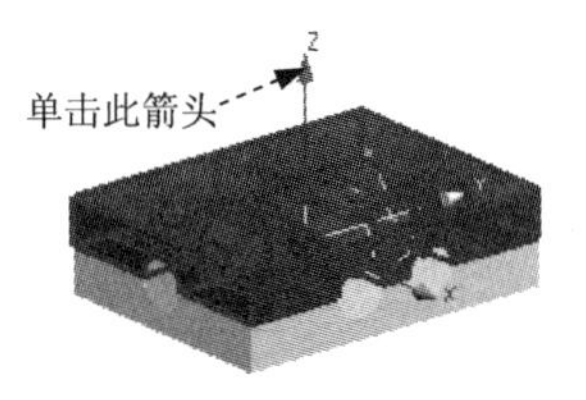

图 9.70　定义移动方向

Step2. 移动滑块。选择下拉菜单装配(A) → 爆炸图(X) → 编辑爆炸图(E)...命令；参照 Step1 中的步骤（2）～（5），将 6 个滑块零件向相应的方向移动 120mm，结果如图 9.72 所示。

图 9.71　型腔移动后

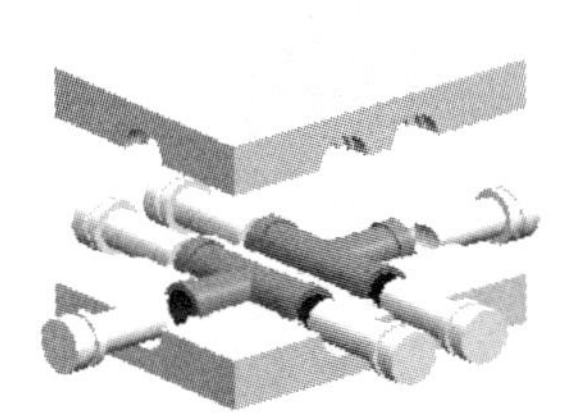

图 9.72　滑块移动后

Step3. 移动产品模型。选择下拉菜单装配(A) → 爆炸图(X) → 编辑爆炸图(E)...命令；参照 Step1 中的步骤(2)～(5)，将图 9.73 所示的两个产品模型，沿 Z 轴正向移动 100mm，结果如图 9.74 所示。

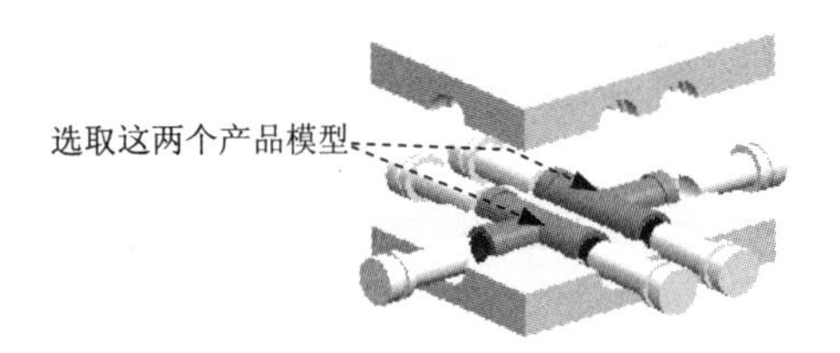

图 9.73　选取移动对象

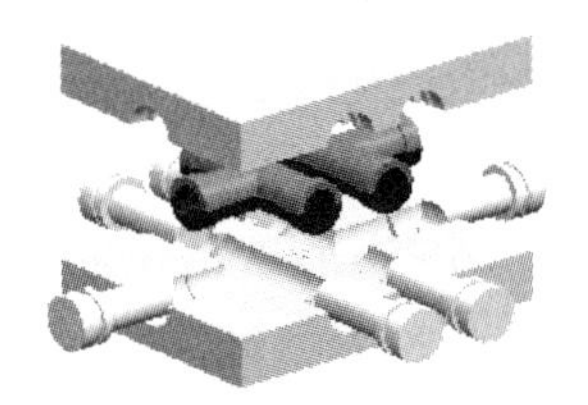

图 9.74　产品模型移动后

Step4. 保存文件。选择下拉菜单文件(F) → 全部保存(V)命令，保存所有文件。

实例 10　带滑块和镶件的模具设计（一）

本实例将介绍一款饮水机开关的模具设计过程（图 10.1），该模具带有镶件和滑块，在创建分型面时采用了一种比较典型的方法：首先，创建一个面的轮廓线；然后，创建与轮廓线相连的桥接曲线，将其投影到模型表面；其次，利用轮廓曲线和投影曲线创建分型线，将其拉伸创建曲面；最后，将创建的曲面合并成分型面。在创建滑块和镶件时用到了求交、求和及求差方法，这是创建滑块和镶件最常见的方法。希望读者能掌握这种创建分型面、滑块和镶件的方法。下面介绍该模具的设计过程。

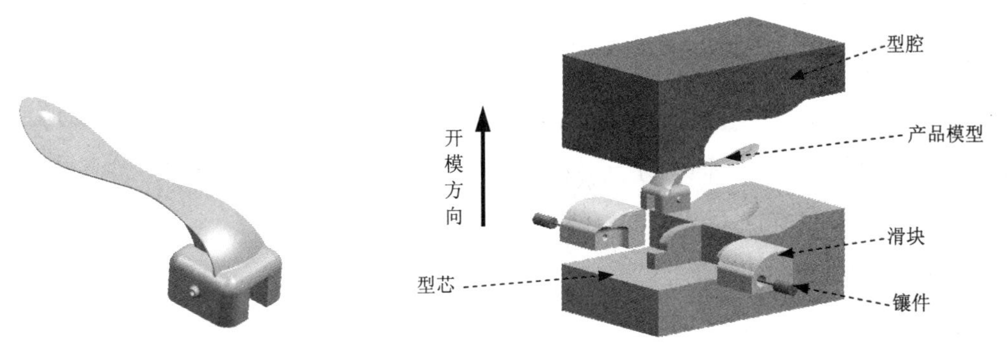

图 10.1　饮水机开关的模具设计

Task1. 初始化项目

Step1. 在“注塑模向导”工具条中单击“初始化项目”按钮，系统弹出“打开”对话框，选择 D:\ug6.6\work\ch10\handle.prt，单击 OK 按钮，载入模型后，系统弹出“初始化项目”对话框。

Step2. 定义投影单位。在“初始化项目”对话框的项目单位下拉菜单中选择毫米选项。

Step3. 设置项目路径和名称。接受系统默认的项目路径；在“初始化项目”对话框的 Name 文本框中输入 handle_mold。

Step4. 在该对话框中单击确定按钮，完成初始化项目的设置。

Task2. 模具坐标系

Step1. 锁定模具坐标系。在“注塑模向导”工具条中单击“模具 CSYS”按钮，在系统弹出“模具 CSYS”对话框中，选择 ⊙ 当前 WCS 单选项。单击确定按钮，完成模具坐标系的定义，结果如图 10.2 所示。

Task3. 设置收缩率

Step1. 定义收缩率类型。在“注塑模向导”工具条中单击“收缩率”按钮，产品模型会高亮显示，在“缩放体”对话框的类型下拉列表中，选择均匀选项。

Step2. 定义缩放体和缩放点。接受系统默认的设置值。

Step3. 定义比例因子。在“缩放体”对话框的比例因子区域的均匀文本框中，输入收缩率1.006。

Step4. 单击确定按钮，完成收缩率的设置。

Task4. 创建模具工件

Step1. 选择命令。在“注塑模向导”工具条中单击“工件”按钮，系统弹出“工件”对话框。

Step2. 在“工件”对话框的类型下拉菜单中选择产品工件选项，在工件方法下拉菜单中选择用户定义的块选项，其余采用系统默认设置值。

Step3. 修改尺寸。单击定义工件区域的“绘制截面”按钮，系统进入草图环境，然后修改截面草图的尺寸，如图 10.3 所示。在“工件”对话框限制区域的开始和结束后的文本框中分别输入值 20 和 40。

Step4. 单击确定按钮，完成创建后的模具工件如图 10.4 所示。

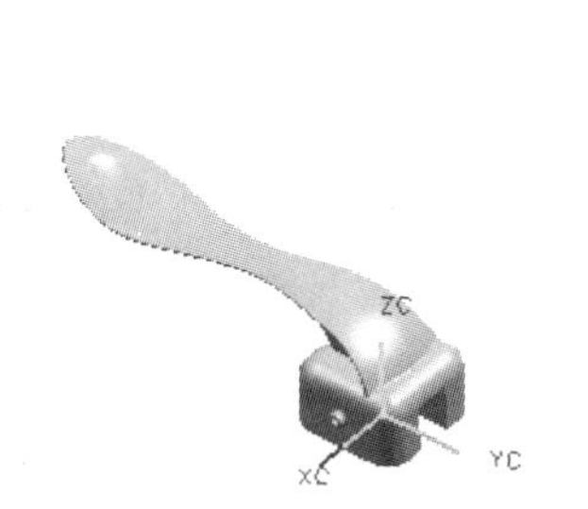

图 10.2　定义后的模具坐标系

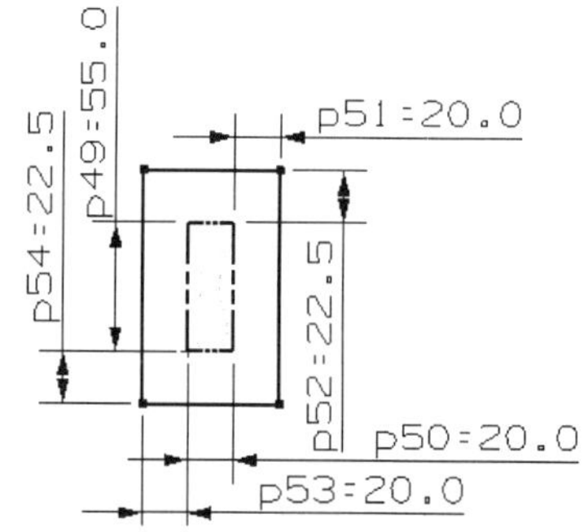

p49=55.0
p54=22.5
p51=20.0
p52=22.5
p50=20.0
p53=20.0

图 10.3　截面草图

Task5. 创建拆分面

Step1. 选择下拉菜单窗口(O) → handle_mold_parting_023.prt，系统将在工作区中显示出零件。

说明： 此时在窗口中显示的零件很小，需要将窗口调整到适合观察零件的尺寸。

Step2. 进入建模环境。选择下拉菜单开始 → 建模(M)...命令，进入到建模环境。

说明： 如果此时系统已经处在建模环境下，用户则不需要此步的操作。

Step3. 抽取图 10.5 所示的最大轮廓线，并将多余轮廓线删除结果如图 10.6 所示。（注：本步的详细操作过程请参见随书光盘中 video\ch10\reference\文件下的语音视频讲解文件 handle-r01.avi）。

图 10.4　创建后的模具工件

Step4. 创建桥接曲线 1。选择下拉菜单插入(S) → 来自曲线集的曲线(F) → 桥接(B)...命令，系统弹出图 10.7 所示的“桥接曲线”对话框。选取图 10.8 所示的点为起始点和终止点。单击确定按钮，完成桥接曲线的创建，结果如图 10.9 所示。

图 10.5　抽取的轮廓曲线

图 10.6　删除多余轮廓线

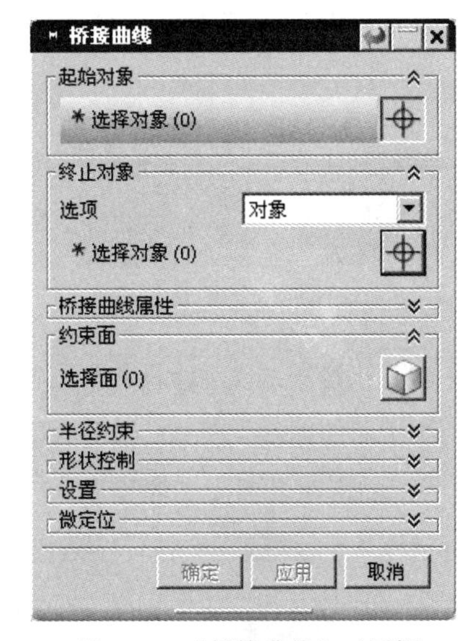

图 10.7　“桥接曲线”对话框

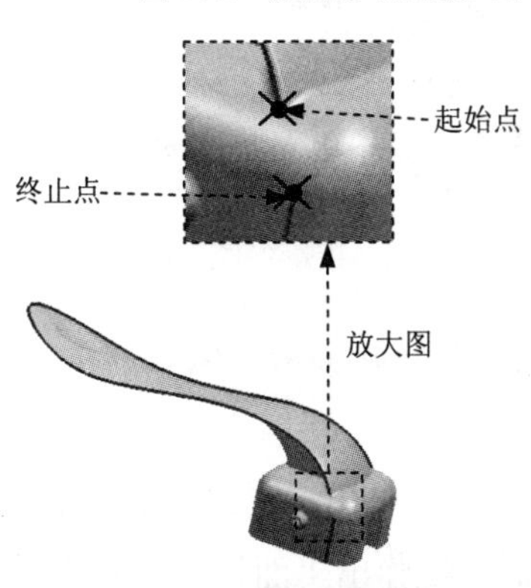

图 10.8　桥接曲线参照

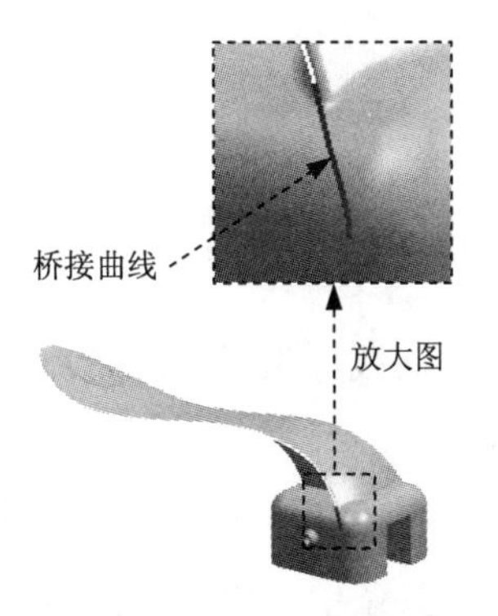

图 10.9　桥接曲线 1

说明：起始点和终止点都在线的交点上。

Step5. 创建桥接曲线 2。选择插入(S) → 来自曲线集的曲线(F) → 桥接(B)...命令，选取图 10.10 所示的点为起始点和终止点，创建的桥接曲线如图 10.11 所示。单击确定按钮，完成桥接曲线 2 的创建。

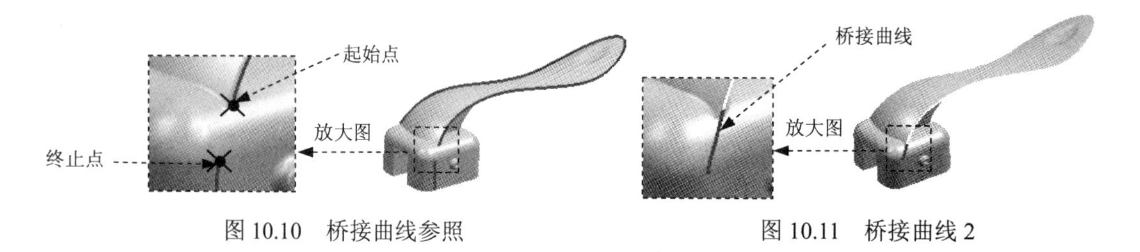

图 10.10　桥接曲线参照　　　　图 10.11　桥接曲线 2

Step6. 创建投影曲线 1。选择 插入(S) → 来自曲线集的曲线(F) → 投影(P)... 命令，选取图 10.12 所示的曲线（Step4 创建的桥接曲线 1）。在 要投影的对象 区域单击 按钮，选取图 10.13 所示的模型表面为参照平面，在 投影方向 区域的 方向 下拉列表中选择 沿面的法向 选项。单击对话框中的 确定 按钮，完成投影曲线 1 的创建。

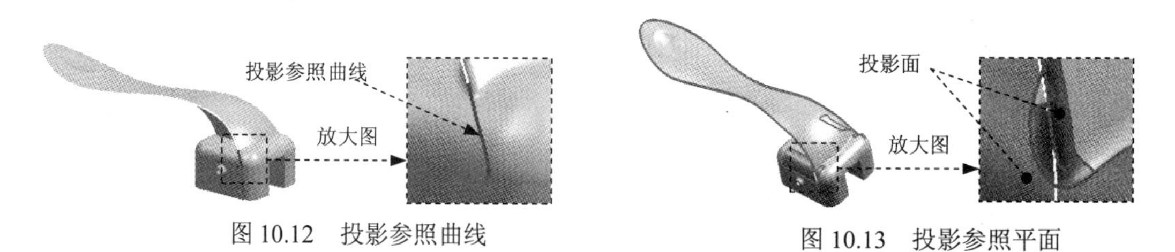

图 10.12　投影参照曲线　　　　图 10.13　投影参照平面

Step7. 创建投影曲线 2。选择 插入(S) → 来自曲线集的曲线(F) → 投影(P)... 命令，选取图 10.14 所示的曲线（Step5 创建的桥接曲线 2）。在 要投影的对象 区域单击 按钮，选取图 10.15 所示的模型表面为参照平面，在 投影方向 区域的 方向 下拉列表中选择 沿面的法向 选项。单击对话框中的 确定 按钮，完成投影曲线 2 的创建。

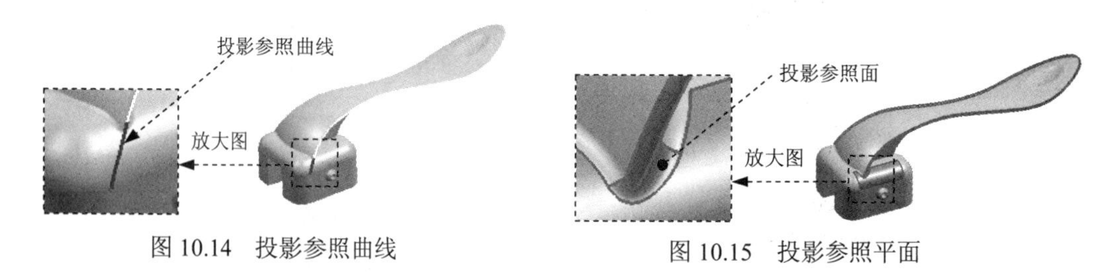

图 10.14　投影参照曲线　　　　图 10.15　投影参照平面

Step8. 隐藏桥接曲线。为了更清楚地查看投影曲线，将桥接曲线隐藏。

Step9. 拆分面。

（1）选择命令。在“注塑模向导”工具条中单击“注塑模工具”按钮，在系统弹出的“注塑模工具”工具条中，单击“面拆分”按钮，系统弹出“面拆分”对话框（一）。

（2）定义拆分面。选取图 10.16 所示的模型外表面为拆分面。

说明： 选取的面是前面创建的轮廓线和桥接线的所在面。

（3）在“面拆分”对话框（一）中，单击按钮，系统弹出“面拆分”对话框（二）。

（4）定义拆分线。在 曲线方法 区域选中 现有的曲线/边 单选项，选取图 10.17 所示的轮廓线为拆分线参照。

说明：选取的轮廓线是前面创建的轮廓线和桥接曲线。

（5）在“面拆分”对话框（二）中单击确定按钮，系统返回至上一级“面拆分”对话框（一）；再次单击确定按钮，完成拆分面的创建。

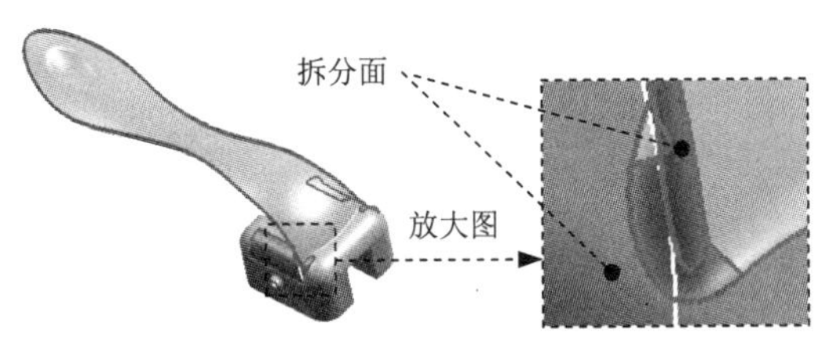

图 10.16　定义拆分面

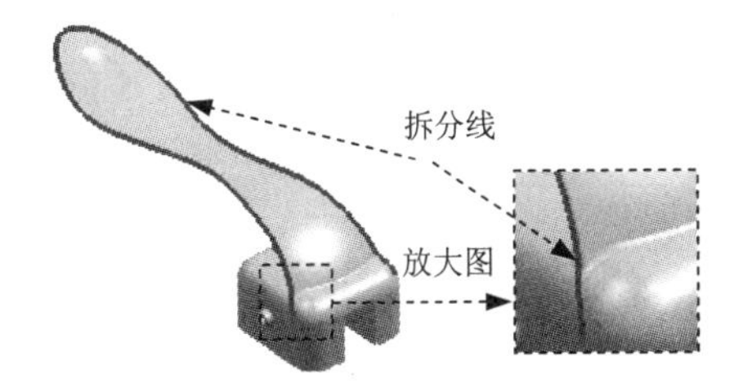

图 10.17　定义线

Task6. 创建曲面补片

Step1. 创建桥接曲线 3。选择插入(S) ➡ 来自曲线集的曲线(F) ➡ 桥接(B)...命令，选取图 10.18 所示的点为起始点和终止点。创建的桥接曲线 3 如图 10.19 所示。单击确定按钮，完成桥接曲线 3 的创建。

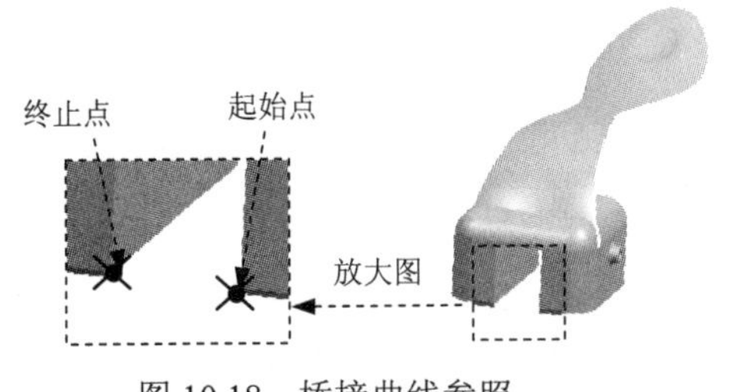

图 10.18　桥接曲线参照

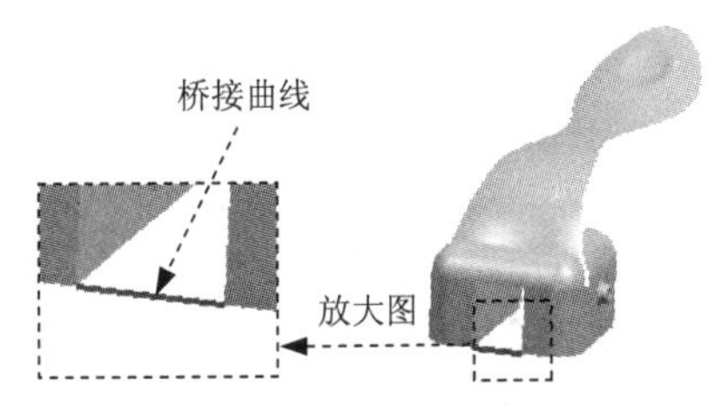

图 10.19　桥接曲线 3

Step2. 创建曲面补片。

（1）选择命令。在“模具工具”工具条中单击“边缘补片”按钮，此时系统弹出“开始遍历”对话框。

（2）选择轮廓边界。取消选中□按面的颜色遍历复选框，选择图 10.20 所示的边线为起始边线，系统弹出“曲线/边选择”对话框。单击接受和下一个路径按钮，选取完图 10.20 所示的轮廓曲线，系统将自动生成图 10.21 所示的片体曲面。

说明：在任意选取第一条轮廓线时，系统会弹出“曲线/边选择”对话框，通过单击对话框中的接受和下一个路径按钮，完成补片体轮廓线选取。

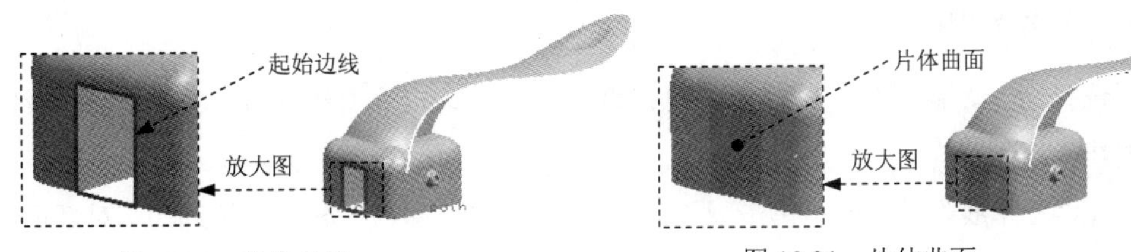

图 10.20　轮廓曲线　　图 10.21　片体曲面

Task7. 模具分型

Stage1. 设计区域

Step1. 在“注塑模向导”工具条中单击“分型”按钮，系统弹出“分型管理器”对话框。

Step2. 在”分型管理器”对话框中单击“设计区域”按钮，系统弹出“MPV 初始化”对话框，同时模型被加亮，并显示开模方向，如图 10.22 所示。

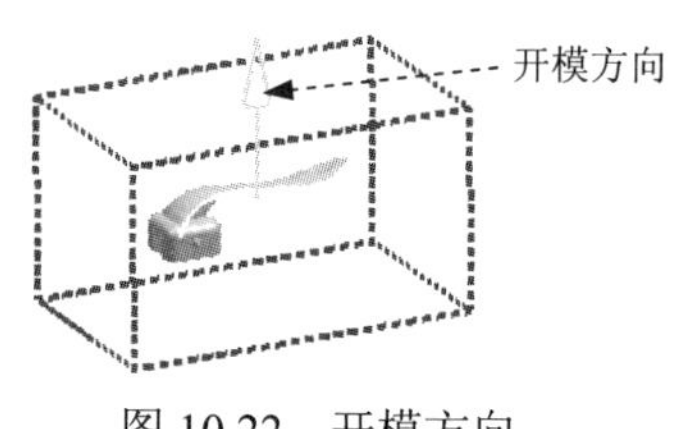

图 10.22　开模方向

Step3. 在“MPV 初始化”对话框中选择 保持现有的 单选项，单击 确定 按钮，系统弹出“塑模部件验证”对话框。

Step4. 在“塑模部件验证”对话框中单击 设置 选项卡，在系统弹出的对话框中取消选中 内部环、 分型边 和 不完整的环 三个复选框。

Step5. 设置区域颜色。在“塑模部件验证”对话框中单击 区域 选项卡，然后单击 设置区域颜色 按钮。

Step6. 定义型芯区域和型腔区域（可参照录像定义）。选取图 10.23 所示的面，在 指派为 区域中选择 型腔区域 单选项，单击 应用 按钮，然后将剩下的面定义到型芯区域中，结果如图 10.24 所示。

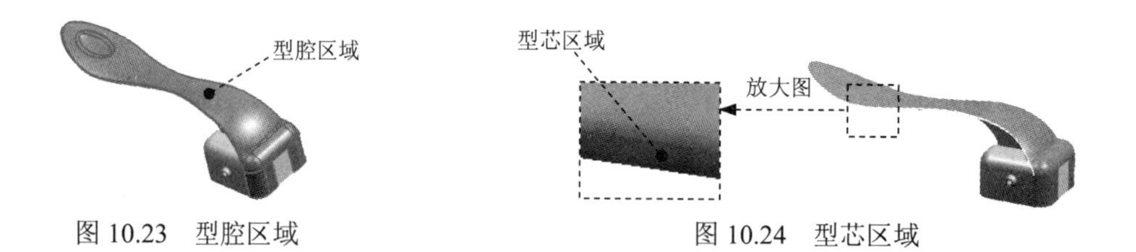

图 10.23　型腔区域　　图 10.24　型芯区域

Step7. 在“塑模部件验证”对话框中单击 取消 按钮，系统返回至“分型管理器”对话框。

Stage2. 创建分型线

Step1. 选择命令。在“分型管理器”对话框中单击“编辑分型线”按钮，此时系统弹出“分型线”对话框。

Step2. 在“分型线”对话框中单击 遍历环 按钮，系统弹出“开始遍历”对话框。

Step3. 选择分型线。取消选中□按面的颜色遍历复选框，先选择图 10.25 所示的轮廓边线，单击接受和下一个路径按钮，完整的分型线如图 10.26 所示，单击确定按钮，系统返回“分型管理器”对话框，将产品体显示出来。

Step4. 单击关闭按钮，关闭“分型管理器”对话框。

说明：此时选取的分型线是型腔和型芯之间的轮廓线（轮廓曲线和投影曲线）；创建分型线完成后，将前面创建的轮廓曲线和投影曲线进行隐藏。

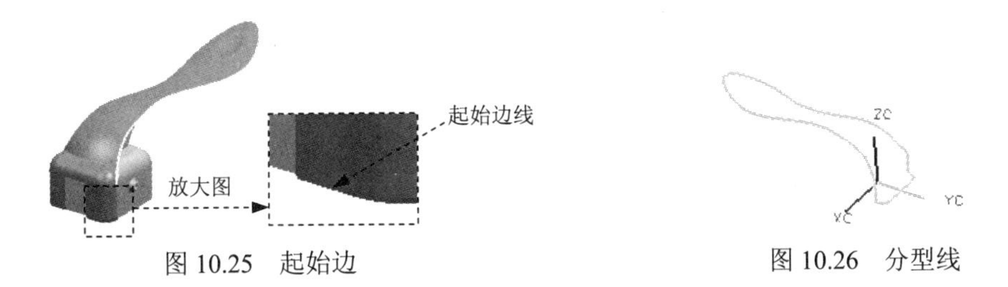

图 10.25　起始边　　图 10.26　分型线

Stage3. 创建分型面

Step1. 创建相交曲线（显示出产品体和曲面补片）。选择插入(S) ➡ 来自体的曲线(U) ➡ 求交(I)...命令，在第一组区域单击按钮，选取图 10.27 所示的面为相交参照平面。在第二组区域* 指定平面后面的下拉列表中选择选项；创建的相交曲线如图 10.28 所示。单击确定按钮，完成相交曲线的创建。

图 10.27　相交参照平面　　图 10.28　相交曲线

Step2. 分割曲线。选择下拉菜单编辑(E) ➡ 曲线(V) ▸ ➡ 分割(D)...命令，选取图 10.29 所示的曲线 1（模具分型线）为要分割的曲线。在对象的下拉菜单中选择现有曲线选项，然后选取图 10.29 所示的曲线 2 为边界对象。单击确定按钮，完成曲线的分割。

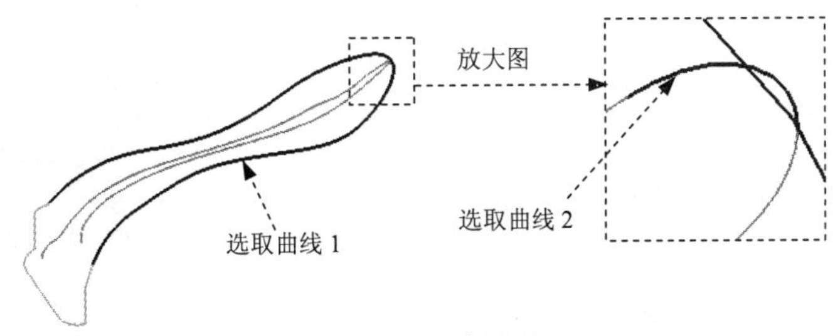

图 10.29　分割曲线

说明：为了方便观察，在此将实体及片体隐藏。

Step3. 创建拉伸曲面 1。

（1）选择命令。选择下拉菜单插入(S) ➡ 设计特征(E)▶ ➡ 拉伸(E)...命令，系统弹出“拉伸”对话框。

（2）在“选择条”工具条中的“曲线规则”下拉列表中选择单条曲线选项，并按下“在相交处停止”按钮，在模型中依次选取图 10.30 所示的拉伸曲线。

（3）确定拉伸开始值和结束值。在* 指定矢量下拉列表中选择选项，在“拉伸”对话框限制区域的开始下拉列表中选择值选项，并在其下的距离文本框中输入值 0；在限制区域的结束下拉列表中选择值选项，并在其下的距离文本框中输入值 50；调整拉伸方向，如图 10.31 所示；其他采用系统默认设置值。

（4）在对话框中单击确定按钮，完成拉伸曲面 1 的创建。

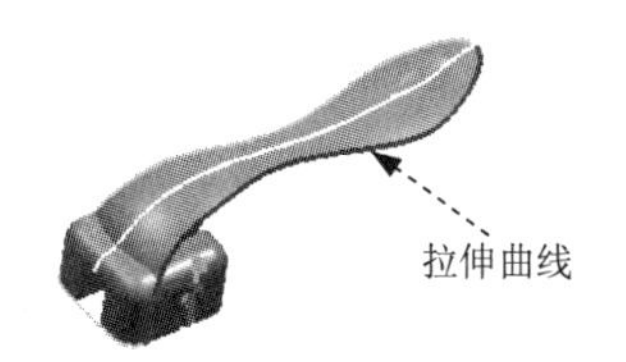

图 10.30　拉伸曲线

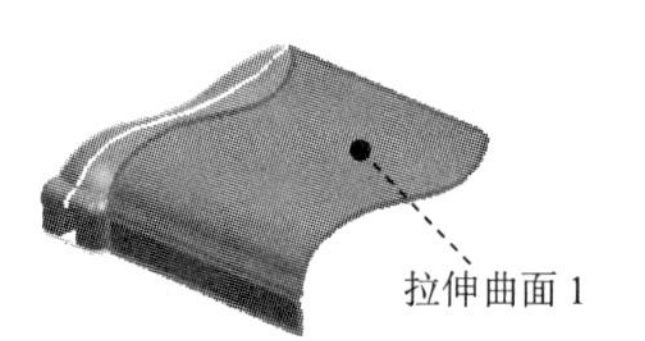

图 10.31　拉伸曲面 1

Step4. 创建拉伸曲面 2。

（1）选择命令。选择下拉菜单插入(S) ➡ 设计特征(E)▶ ➡ 拉伸(E)...命令，系统弹出“拉伸”对话框。

（2）在“选择条”工具条的“曲线规则”下拉列表中选择单条曲线选项，然后单击“在相交处停止”按钮，在模型中依次选取图 10.32 所示的拉伸曲线。

（3）确定拉伸开始值和结束值。在* 指定矢量下拉列表中选择选项，在“拉伸”对话框限制区域的开始下拉列表中选择值选项，并在其下的距离文本框中输入值 0；在限制区域的结束下拉列表中选择值选项，并在其下的距离文本框中输入值 50；调整拉伸方向，如图 10.33 所示；其他采用系统默认设置值。

（4）在对话框中单击确定按钮，完成拉伸曲面 2 的创建（拉伸 1 被隐藏）。

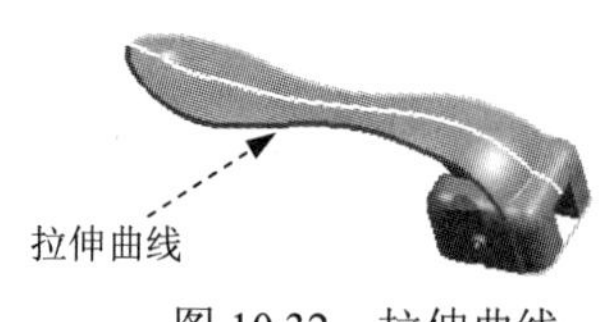

图 10.32　拉伸曲线

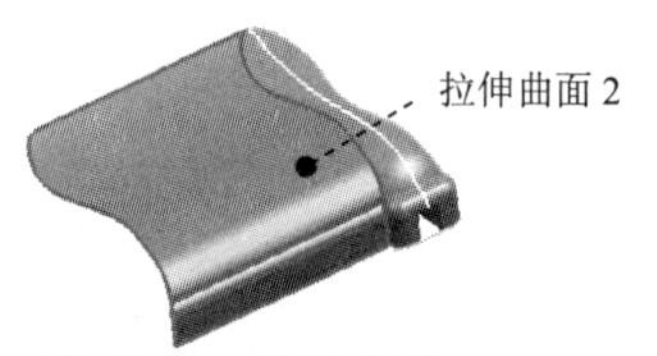

图 10.33　拉伸曲面 2

Step5. 创建拉伸曲面 3（显示拉伸 1）。

（1）选择命令。选择下拉菜单插入(S) ➡ 设计特征(E)▶ ➡ 拉伸(E)...命令，系统弹出“拉伸”对话框。

（2）在“选择条”工具栏中的“曲线规则”下拉列表中选择单条曲线选项，并单击“在相交处停止”按钮，在模型中选取图 10.34 所示的拉伸曲线。

（3）确定拉伸开始值和结束值。在*指定矢量的下拉列表中选择选项，在“拉伸”对话框限制区域的开始下拉列表中选择值选项，并在其下的距离文本框中输入值 0；在限制区域的结束下拉列表中选择值选项，并在其下的距离文本框中输入值 50；调整拉伸方向，如图 10.35 所示；其他采用系统默认设置值。

（4）在对话框中单击确定按钮，完成拉伸曲面 3 的创建。

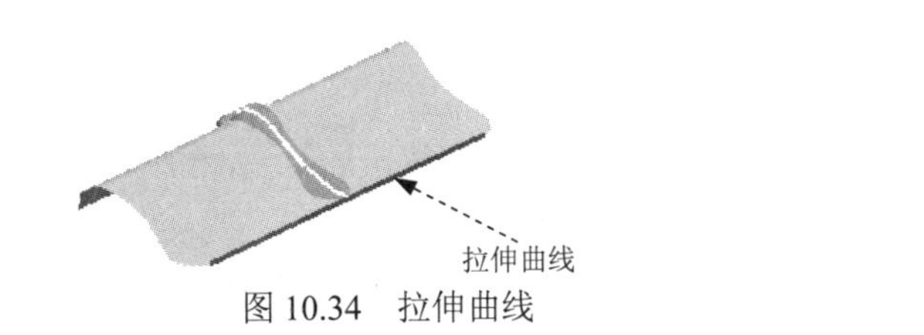

图 10.34　拉伸曲线

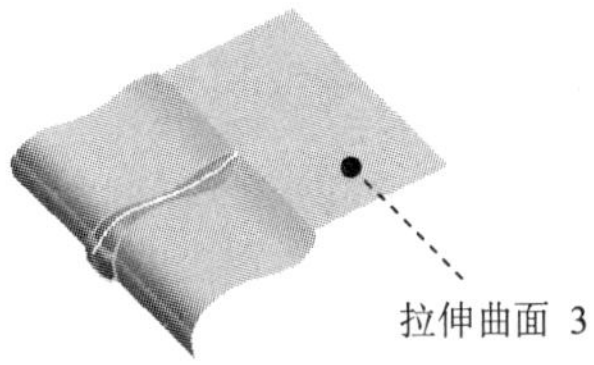

拉伸曲面 3

图 10.35　拉伸曲面 3

Step6. 创建拉伸曲面 4。

（1）选择命令。选择下拉菜单插入(S) → 设计特征(E) → 拉伸(E)...命令，系统弹出“拉伸”对话框。

（2）在“选择条”工具条的“曲线规则”下拉列表中选择单条曲线选项，然后单击“在相交处停止”按钮，在模型中依次选取图 10.36 所示的拉伸曲线。

（3）确定拉伸开始值和结束值。在*指定矢量下拉列表中选择选项，在“拉伸”对话框限制区域的开始下拉列表中选择值选项，并在其下的距离文本框中输入值 0；在限制区域的结束下拉列表中选择值选项，并在其下的距离文本框中输入值 50；调整拉伸方向，如图 10.38 所示；其他采用系统默认设置值。

（4）在对话框中单击确定按钮，完成拉伸曲面 4 的创建，如图 10.37 所示。

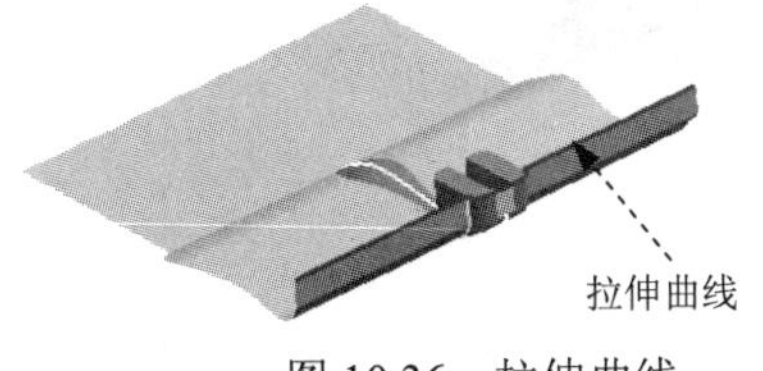

图 10.36　拉伸曲线

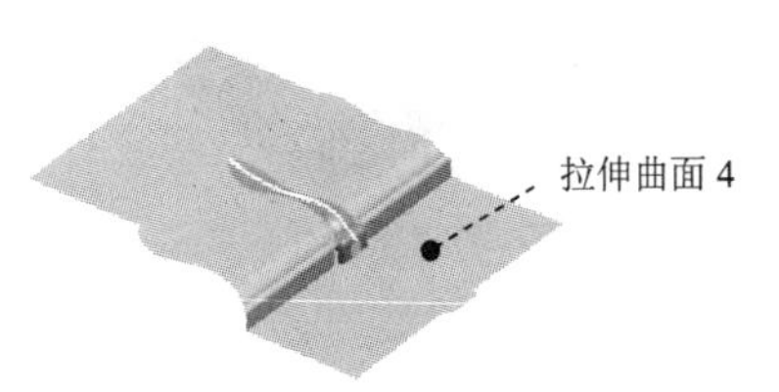

图 10.37　拉伸曲面 4

Stage4. 添加分型面

Step1. 在“注塑模向导”工具条中单击“分型”按钮，系统弹出“分型管理器”对话框。

Step2. 在“分型管理器”对话框中单击“创建/编辑分型面”按钮，系统弹出“创建分型面”对话框。

Step3. 在“创建分型面”对话框中单击添加现有曲面按钮，选择上面创建的拉伸曲面。单击 确定 按钮，再单击 后退 按钮，系统返回至“分型管理器”对话框。

Stage5. 抽取型芯和型腔区域

Step1. 在“分型管理器”对话框中单击“抽取区域和分型线”按钮，系统弹出“定义区域”对话框。

Step2. 在“定义区域”对话框中选中 设置 区域的 ☑ 创建区域，单击 确定 按钮，完成型腔/型芯区域的抽取，系统返回至“分型管理器”对话框。

Stage6. 创建型腔和型芯。

Step1. 在“分型管理器”对话框中单击“创建型腔和型芯”按钮，系统弹出“定义型腔和型芯”对话框。

Step2. 创建型腔零件。在“定义型腔和型芯”对话框中选中 Cavity region 选项，其他采用默认设置值；单击 确定 按钮，接受系统默认的方向，单击 确定 按钮，完成型腔零件的创建，如图 10.38a 所示，此时系统返回至“分型管理器”对话框。

说明：若系统没有自动将型腔片体全部选中，那么就需要手动选取。

Step3. 创建型芯零件。在“分型管理器”对话框中单击“创建型腔和型芯”按钮，在系统弹出“定义型腔和型芯”对话框中选中 Core region 选项，单击 确定 按钮（此时系统自动将型芯片体选中）。接受系统默认的方向，单击 确定 按钮，完成型芯零件的创建，如图 10.39b 所示。

Step4. 系统返回至“分型管理器”对话框，单击 关闭 按钮。

a）型腔零件

b）型芯零件

图 13.38 创建型腔和型芯零件

Task8. 创建滑块和镶件

Stage1. 创建滑块 1

Step1. 选择下拉菜单 窗口(O) ➡ handle_mold_core_006.prt 命令，系统将在工作区中显示出型芯工作零件。

Step2. 选择命令。选择下拉菜单 开始 ➡ 建模(M)... 命令，进入到建模环境中。

说明：如果此时系统已经处在建模环境下，用户则不需要此步的操作。

Step3. 创建拉伸特征。选择下拉菜单 插入(S) ➡ 设计特征(E) ➡ 拉伸(E)... 命令，选取图 10.39 所示的平面为草图平面；绘制图 10.40 所示的截面草图，在限制区域的开始下拉列表中选择值选项，在距离文本框中输入值 0。在限制区域的结束下拉列表中选择直到被延伸选项，延伸到图 10.39 所示的面。单击确定按钮，完成拉伸特征的创建。

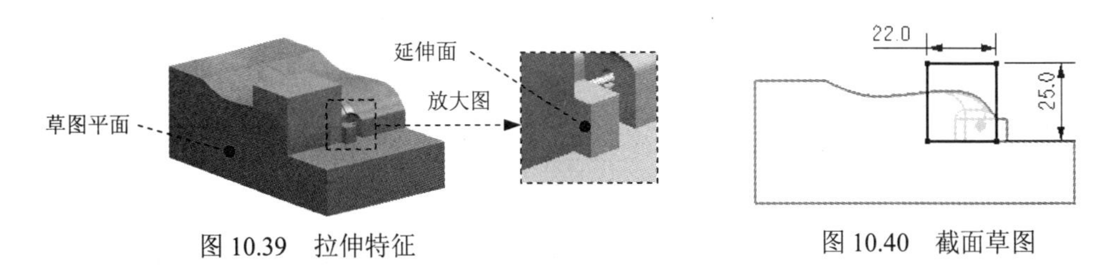

图 10.39　拉伸特征　　　图 10.40　截面草图

Step4. 求交特征。选择下拉菜单插入(S) → 组合体(B) → 求交(I)...命令，选取图 10.41 所示的特征为目标体，选取图 10.41 所示的特征为工具体，并选中☑保持工具复选框。单击确定按钮，完成求交特征的创建。

Step5. 求差特征。选择下拉菜单插入(S) → 组合体(B) → 求差(S)...命令，选取图 10.42 所示的特征为目标体。选取图 10.42 所示的特征为工具体，并选中☑保持工具复选框。单击确定按钮，完成求差特征的创建。

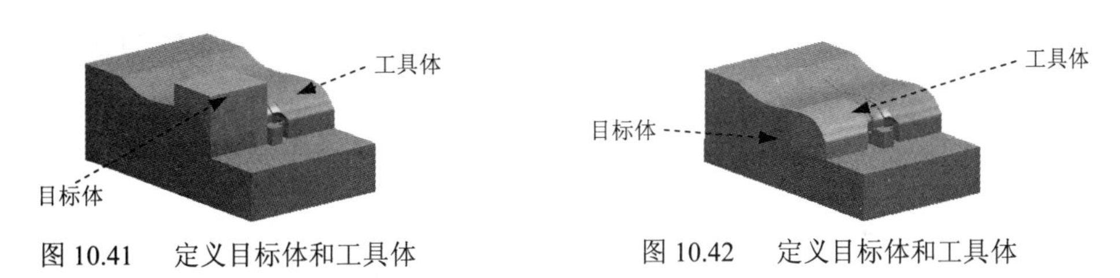

图 10.41　定义目标体和工具体　　　图 10.42　定义目标体和工具体

Stage2. 创建镶件 1

Step1. 创建拉伸特征 1。选择下拉菜单插入(S) → 设计特征(E) → 拉伸(E)...命令，选取图 10.43 所示的平面为草图平面；绘制图 10.44 所示的截面草图，在限制区域的开始下拉列表中，选择值选项，在距离文本框中输入值 0。在限制区域的结束下拉列表中，选择直到被延伸选项，延伸到图 10.43 所示的面。单击确定按钮，完成拉伸特征 1 的创建。

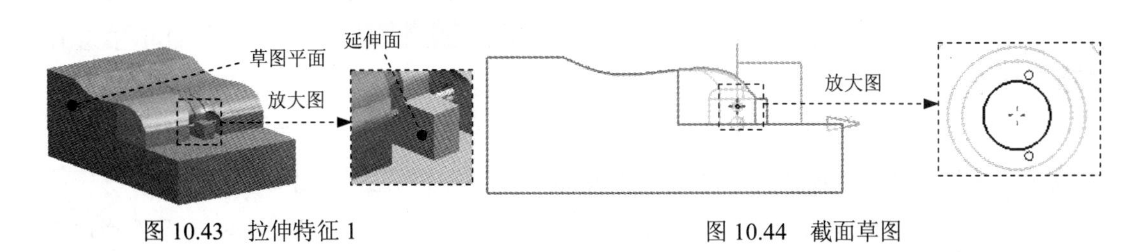

图 10.43　拉伸特征 1　　　图 10.44　截面草图

Step2. 创建拉伸特征 2。选择下拉菜单插入(S) → 设计特征(E) → 拉伸(E)...命令，选取图 10.45 所示的平面为草图平面；绘制图 10.46 所示的截面草图，在限制区域的开始下拉列表中，选择值选项，在距离文本框中输入值 0。在限制区域的结束下拉列表中，选择值选项，在距离文本框中输入值 5，并单击“反向”按钮。单击确定按钮，完成拉伸特征 2 的创建。

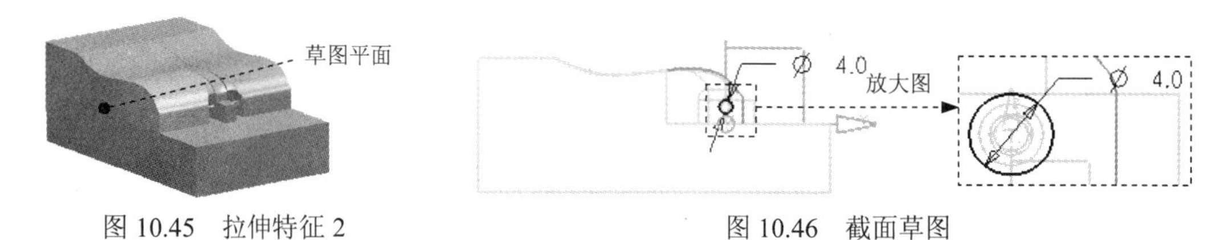

图 10.45 拉伸特征 2　　图 10.46 截面草图

Step3. 求和特征。选择下拉菜单 插入(S) → 组合体(B) → 求和(U)... 命令，选取目标体和工具体，选取图 10.47 所示的特征。单击确定按钮，完成求和特征的创建。

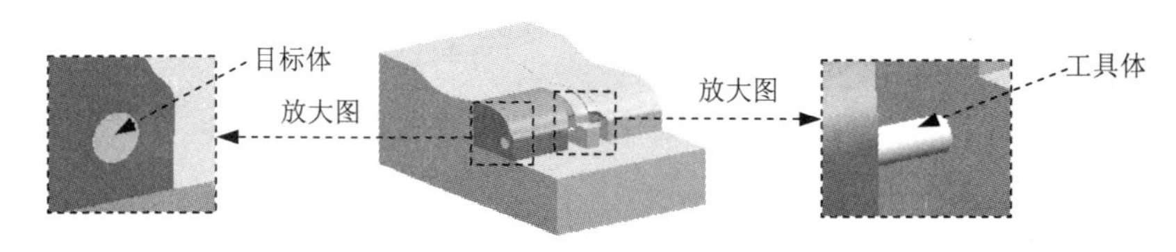

图 10.47 求和特征

Step4. 求差特征。选择下拉菜单 插入(S) → 组合体(B) → 求差(S)... 命令，选取图 10.48 所示的特征为目标体。选取图 10.48 所示的特征为工具体，并选中☑保持工具复选框。单击确定按钮，完成求差特征的创建。

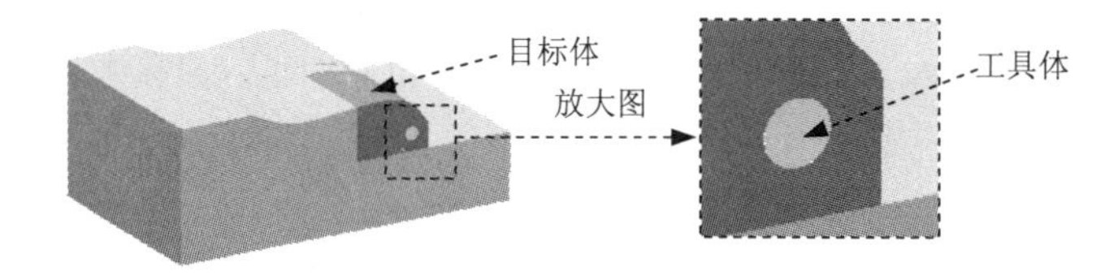

图 10.48 求差特征

Step5. 将滑块转为型芯子零件。

（1）选择命令。单击“装配导航器”中的按钮，系统弹出“装配导航器”对话框，在对话框中右击空白处，然后在弹出的菜单中选择WAVE 模式选项。

（2）在“装配导航器”对话框中右击☑ handle_mold_core_006，在弹出的菜单中选择 WAVE → 新建级别命令，系统弹出“新建级别”对话框。

（3）在“新建级别”对话框中单击指定部件名按钮，在弹出的“选择部件名”对话框的文件名(N):文本框中输入 handle_mold_slide01.prt，单击OK按钮。

（4）在“新建级别”对话框中单击类选择按钮，选择图 10.49 所示的滑块特征，单击确定按钮，系统返回至“新建级别”对话框。

（5）单击“新建级别”对话框中的确定按钮，此时在“装配导航器”对话框中显示出刚创建的滑块的名字。

Step6. 将镶件转为型芯子零件。

（1）选择命令。单击“装配导航器”中的按钮，系统弹出“装配导航器”对话框，在对话框中右击空白处，然后在弹出的菜单中选择WAVE 模式选项。

（2）在“装配导航器”对话框中右击☑handle_mold_core_006，在弹出的菜单中选择WAVE ▸ ⟶ 新建级别命令，系统弹出“新建级别”对话框。

（3）在“新建级别”对话框中单击指定部件名按钮，在弹出的“选择部件名”对话框的文件名(N):文本框中输入handle_mold_insert01.prt，单击OK按钮。

（4）在“新建级别”对话框中单击类选择按钮，选择图10.49所示的镶件特征，单击确定按钮，系统返回“新建级别”对话框。

（5）单击“新建级别”对话框中的确定按钮，此时在“装配导航器”对话框中显示出刚创建的镶件的名字。

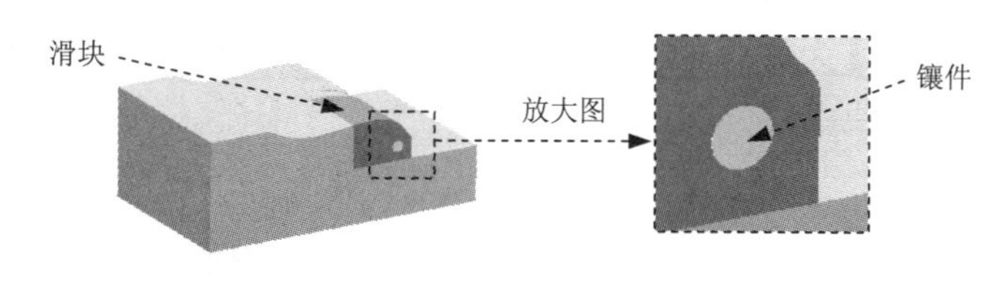

图 10.49　滑块和镶件

Stage3. 创建滑块2和创建镶件2

Step1. 参照Stage1创建滑块1的方法，创建滑块2，将其命名为handle_mold_slide02.prt。

Step2. 参照Stage2创建镶件1的方法，创建镶件2，将其命名为handle_mold_insert02.prt。

Step3. 隐藏拉伸特征。

（1）选取要移动的特征。在“装配导航器”中依次取消选中☑handle_mold_slide01、☑handle_mold_insert01、☑handle_mold_slide02和☑handle_mold_insert02；然后在“部件导航器”中，选中上面创建的所有拉伸特征。

（2）选择下拉菜单格式(R) ⟶ 移动至图层(M)...命令，系统弹出“图层移动”对话框，在该对话框的目标图层或类别下面的文本框中输入值10，单击确定按钮。

（3）显示部件。在“装配导航器”中依次选中☑handle_mold_slide01、☑handle_mold_insert01、☑handle_mold_slide02和☑handle_mold_insert02，将其显示。

Task9. 创建模具分解视图

Step1. 切换窗口。选择下拉菜单窗口(O) ⟶ handle_mold_top_010.prt命令，切换到总装配文件窗口，并将其转换为工作部件。

Step2. 移动型腔。

（1）创建爆炸图。选择下拉菜单装配(A) ⟶ 爆炸图(X) ⟶ 新建爆炸(N)...命令，系统弹出“创建爆炸图”对话框，接受默认的名字，单击确定按钮。

（2）编辑爆炸图。选择下拉菜单装配(A) → 爆炸图(X) → 编辑爆炸图(E)...命令，选取图 10.50 所示的型腔为移动对象。然后选择移动对象复选框，沿 Z 方向向上移动 50mm，单击确定按钮，结果如图 10.51 所示。

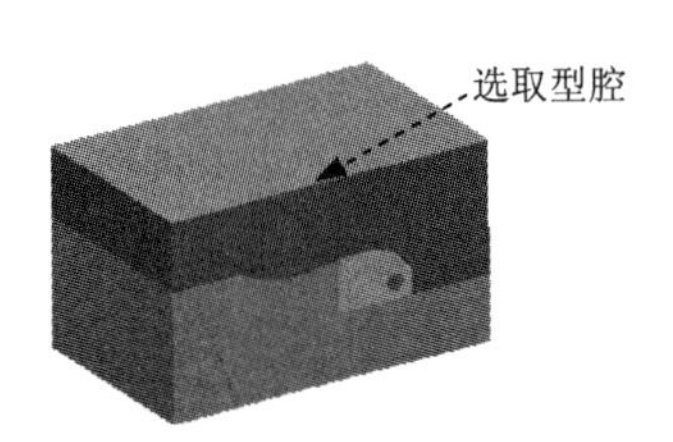

图 10.50 选取移动对象

图 10.51 型腔移动后

Step3. 移动滑块 1。选择下拉菜单装配(A) → 爆炸图(X) → 编辑爆炸图(E)...命令，选取图 10.52 所示的滑块 1 为移动对象，在该对话框中选择移动对象单选项，沿 X 方向移动 30mm，结果如图 10.53 所示。

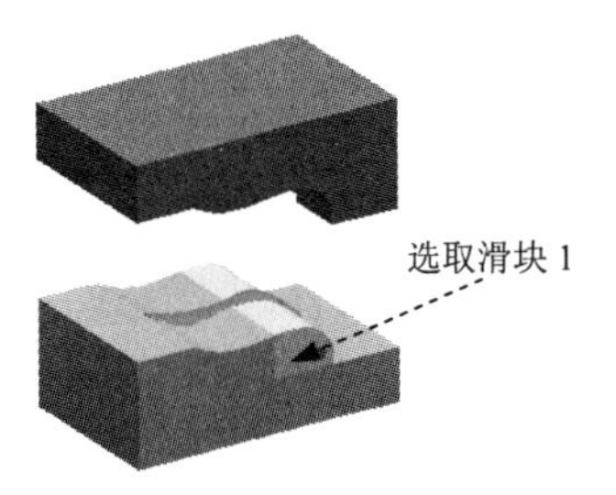

图 10.52 选取移动对象

图 10.53 滑块移动后

Step4. 移动镶件 1。选择下拉菜单装配(A) → 爆炸图(X) → 编辑爆炸图(E)...命令，选取图 10.54 所示的镶件为移动对象，然后选择移动对象单选项，沿 X 方向移动 20mm，结果如图 10.55 所示。

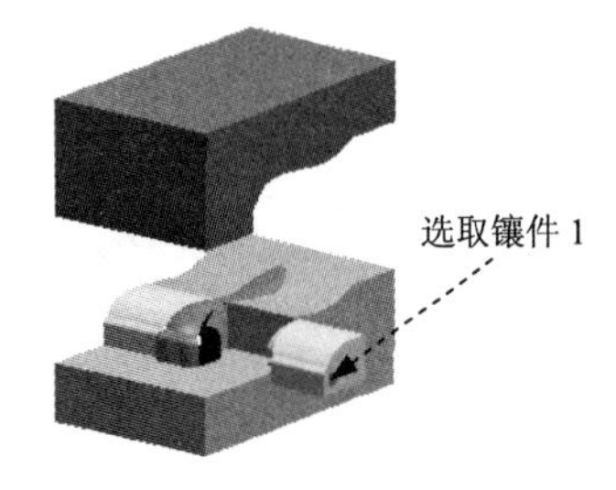

图 10.54 选取移动对象

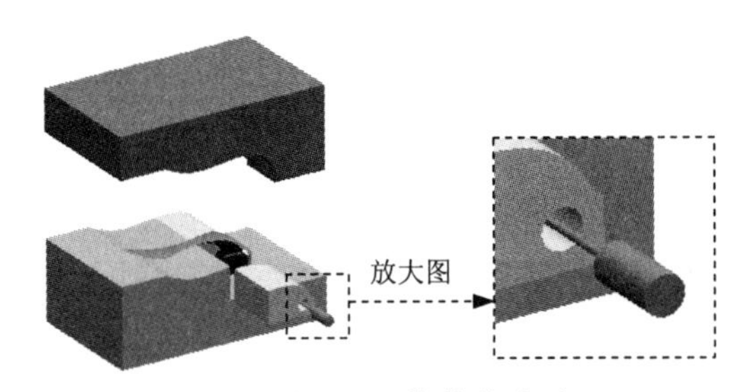

图 10.55 镶件移动后

Step5. 移动滑块 2 和镶件 2。

参照 Step3 和 Step4，移动滑块 2 和镶件 2。

Step6. 移动产品模型。选择下拉菜单装配(A) → 爆炸图(X) → 编辑爆炸图(E)...命令，选取图 10.56 所示的产品模型为移动对象，然后选择移动对象单选项，沿 Z 方向向上移动

25mm，结果如图 10.57 所示。

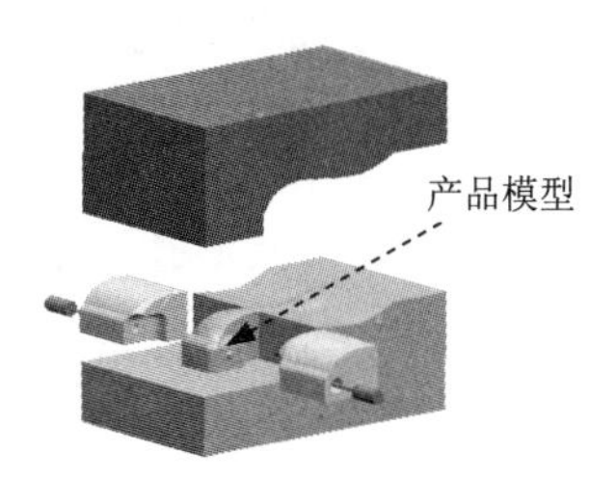

图 10.56　选取移动对象

图 10.57　产品模型移动后

Step7. 保存文件。选择下拉菜单 文件(F) → 全部保存(V) 命令，保存所有文件。

实例 11　带滑块和镶件的模具设计（二）

在图 11.1 所示的模具中，设计模型中有通孔，在上下开模时，此通孔的轴线方向就与开模方向垂直，这样就会形成型腔与产品模型之间的干涉，所以必须设计滑块。开模时，先将滑块由侧面移出，然后才能移动产品，使该零件顺利脱模，另外考虑到在实际生产中易于磨损的结构部件，所以本实例中还在型腔与型芯上设计了多个镶件，从而保证在磨损后便于更换。下面介绍该模具的设计过程。

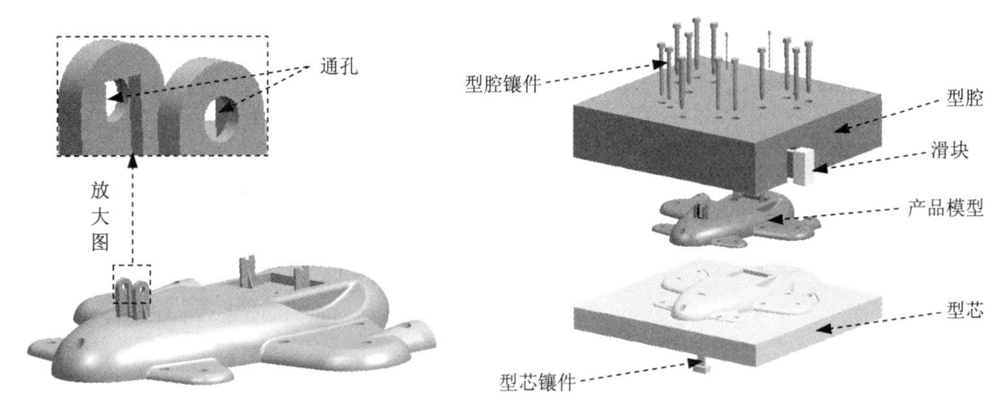

图 11.1　飞机上壳的模具设计

Task1. 初始化项目

Step1. 加载模型。在"注塑模向导"工具条中单击"初始化项目"按钮，系统弹出"打开"对话框，选择 D:\ug6.6\work\ch11\down_cover.prt，单击 OK 按钮，调入模型，系统弹出"初始化项目"对话框。

Step2. 定义投影单位。在"初始化项目"对话框的项目单位下拉菜单中选择毫米选项。

Step3. 设置项目路径和名称。接受系统默认的项目路径和名称。

Step4. 在该对话框中，单击确定按钮，完成项目路径和名称的设置。

Task2. 模具坐标系

Step1. 旋转模具坐标系。选择下拉菜单格式(R) → WCS → 旋转(R)...命令，在系统弹出"旋转 WCS 绕..."对话框中选择 + XC 轴单选项，在角度文本框中输入值-90，单击确定按钮，旋转后的坐标系如图 11.2 所示。

Step2. 移动模具坐标系。选择下拉菜单格式(R) → WCS → 原点(O)...命令，在系统弹出"点"对话框 XC 的文本框中输入值 30，在 YC 的文本框中输入值 0，在 ZC 的文本框中输入值 0，单击确定按钮，结果如图 11.3 所示。

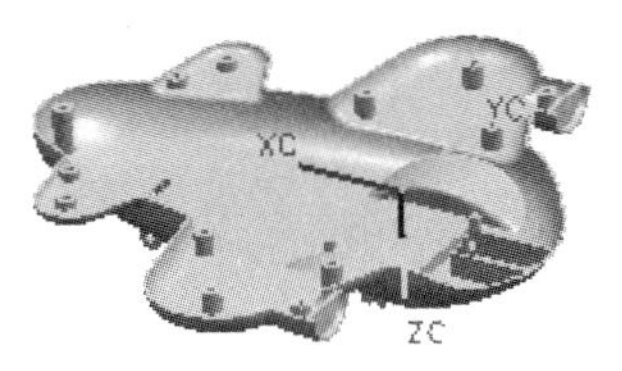

图 11.2　旋转后的模具坐标系

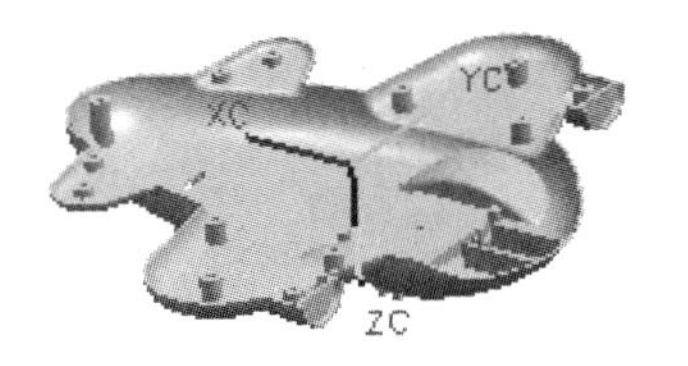

图 11.3　移动后的模具坐标系

Step3. 锁定模具坐标系。在“注塑模向导”工具条中单击“模具 CSYS”按钮，在系统弹出“模具 CSYS”对话框中，选择 当前 WCS 单选项。单击 确定 按钮，完成坐标系的定义。

Task3. 设置收缩率

Step1. 测量设置收缩率前模型的尺寸。选择下拉菜单 分析(L) → 测量距离(D)... 命令，测量图 11.4 所示的两个面的距离值为 60.000。单击 取消 按钮，关闭“测量距离”对话框。

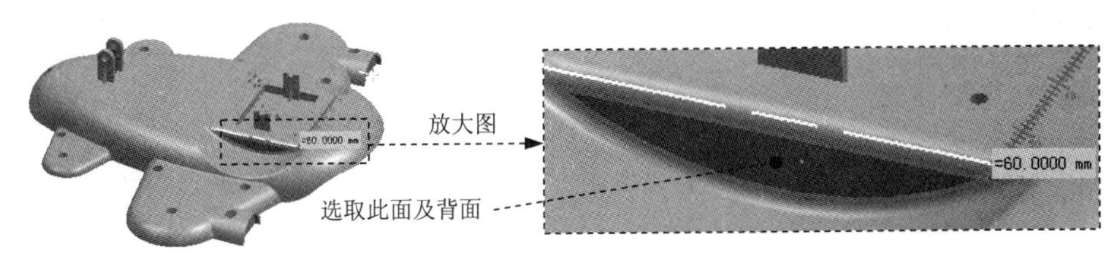

图 11.4　测量设置收缩率前的模型尺寸

Step2. 定义收缩率类型。在“注塑模向导”工具条中单击“收缩率”按钮，产品模型会高亮显示，在“缩放体”对话框的 类型 下拉列表中，选择 均匀 选项。

Step3. 定义缩放体和缩放点。接受系统默认的设置值。

Step4. 定义比例因子。在“缩放体”对话框 比例因子 区域的 均匀 文本框中输入值 1.006。

Step5. 单击 确定 按钮，完成收缩率的设置。

Step6. 测量设置收缩率后模型的尺寸。选择下拉菜单 分析(L) → 测量距离(D)... 命令，测量图 11.5 所示的两个面的距离值为 60.360。单击 取消 按钮，关闭“测量距离”对话框。

说明： 在选取测量面时，与 Step1 中选择的测量面相同。

Step7. 检测收缩率。由测量结果可知，设置收缩率前的尺寸值为 60；收缩率为 1.006；所以，设置收缩率后的尺寸值为：60×1.006=60.360；说明设置的收缩率没有错误。

Task4. 创建模具工件

Step1. 在“注塑模向导”工具条中单击“工件”按钮，系统弹出“工件”对话框。

Step2. 在“工件”对话框的 类型 下拉菜单中选择 产品工件 选项，在 工件方法 下拉菜单中选择 用户定义的块 选项，其余采用系统默认设置值。

Step3. 修改尺寸。单击 定义工件 区域的“绘制截面”按钮，系统进入草图环境，然后修改截面草图的尺寸，如图 11.6 所示。在“工件”对话框限制区域的开始和结束后的文本框中分别输入值 30 和 70。

Step4. 单击确定按钮，完成创建后的模具工件如图 11.7 所示。

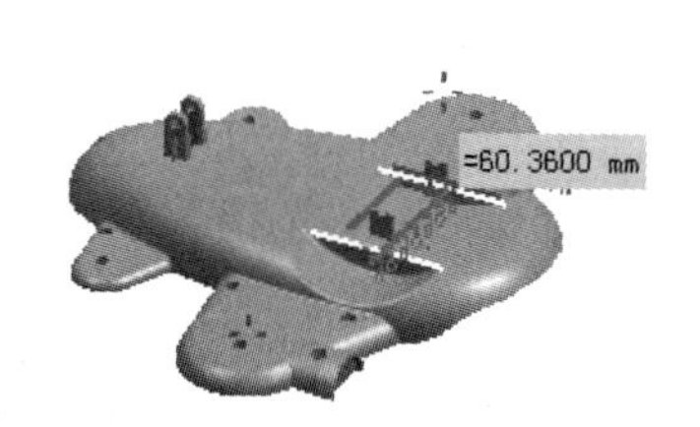

图 11.5　测量设置收缩率后的模型尺寸

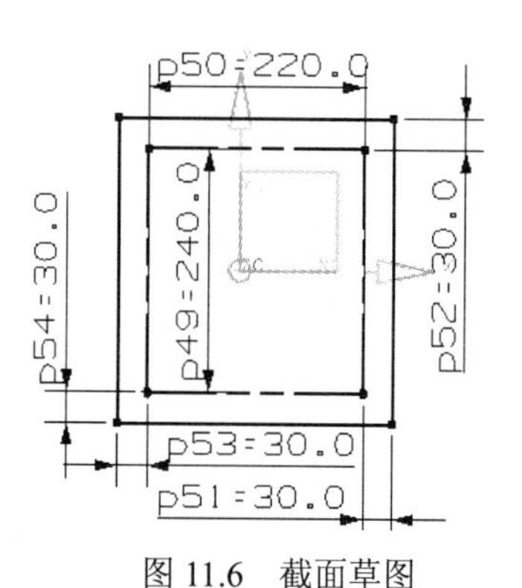

图 11.6　截面草图

Task5. 模具分型

Stage1. 设计区域

Step1. 在“注塑模向导”工具条中单击“分型”按钮，系统弹出“分型管理器”对话框。

Step2. 在“分型管理器”对话框中单击“设计区域”按钮，系统弹出“MPV 初始化”对话框，同时模型被加亮，并显示开模方向，如图 11.8 所示。单击确定按钮，系统弹出“塑模部件验证”对话框。

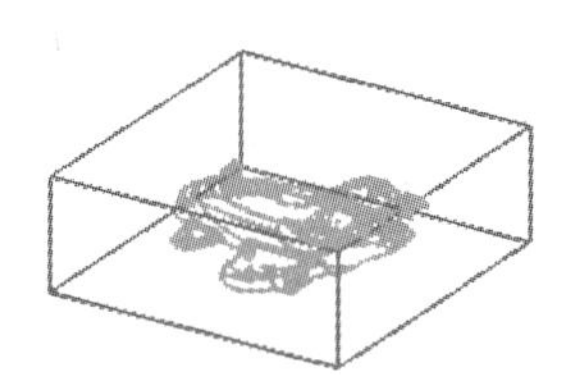

图 11.7　创建后的模具工件

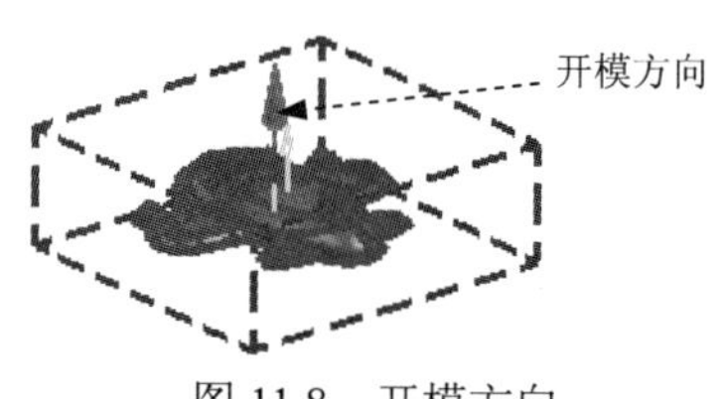

图 11.8　开模方向

Step3. 拆分面。

（1）在“塑模部件验证”对话框中选择设置选项卡，在分型面区域中取消选中□ 内部环、□ 分型边和□ 不完整的环三个复选框。

（2）设置区域颜色。在“塑模部件验证”对话框中，选择区域选项卡，然后单击设置区域颜色按钮，设置区域颜色。

（3）定义型腔区域。在未定义的区域区域中选中☑ 交叉区域面、☑ 交叉竖直面和☑ 未知的面类型复选框，此时系统将所有的未定义区域面加亮显示；在指派为区域中，选择⊙ 型腔区域单选项，单击应用按钮，此时系统将加亮显示的未定义区域面指派到型腔区域。

（4）定义型芯区域。在指派为区域中选择⊙ 型芯区域单选项，选取图 11.9 所示的面，然后

单击 应用 按钮，此时系统将加亮显示的未定义区域面指派到型腔区域。

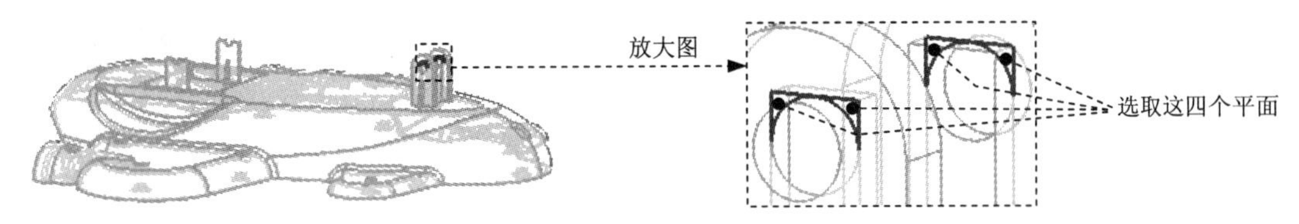

图 11.9　选取定义型芯区域面

（5）接受系统默认的其他设置值，单击 取消 按钮，关闭“塑模部件验证”对话框，系统返回至“分型管理器”对话框。

Stage2. 创建/删除曲面补片

Step1. 创建曲面补片。

（1）在“分型管理器”对话框中单击“创建/删除曲面补片”按钮，系统弹出“自动修补孔”对话框。

（2）在“自动修补孔”对话框的 环搜索方法 区域中，选择 区域 单选项，在 显示环类型 区域中选择 内部环边缘 单选项；单击 自动修补 按钮，系统将自动修补曲面。

Step2. 删除多余曲面补片。

（1）在补片环选择”对话框中单击 删除补片 按钮，系统弹出“删除片体”对话框，选择图 11.10 所示的曲面片体，然后单击 确定 按钮，系统将自动删除多余曲面补片。

（2）单击 后退 按钮，完成多余片体的删除，系统返回至“分型管理器”对话框。

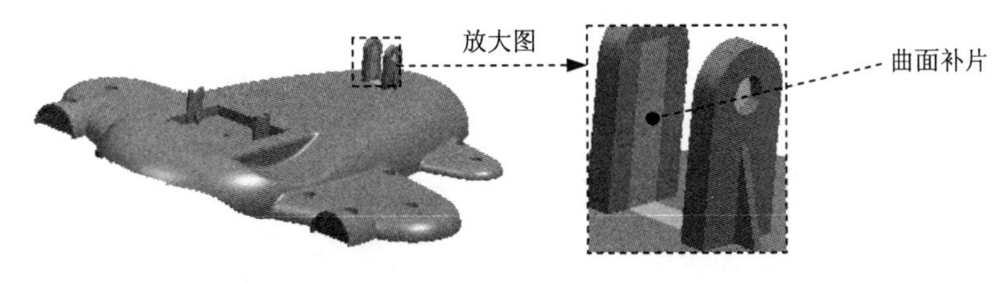

图 11.10　选取曲面补片

（3）单击 关闭 按钮，关闭“分型管理器”对话框。

Stage3. 建模环境中创建曲面

Step1. 创建直线 1。选择下拉菜单 插入(S) ➡ 曲线(C) ➡ 直线(L)... 命令，系统弹出“直线”对话框。分别选取图 11.11 所示的端点 1 和端点 2。在“直线”对话框中单击 确定 按钮，创建结果如图 11.12 所示。

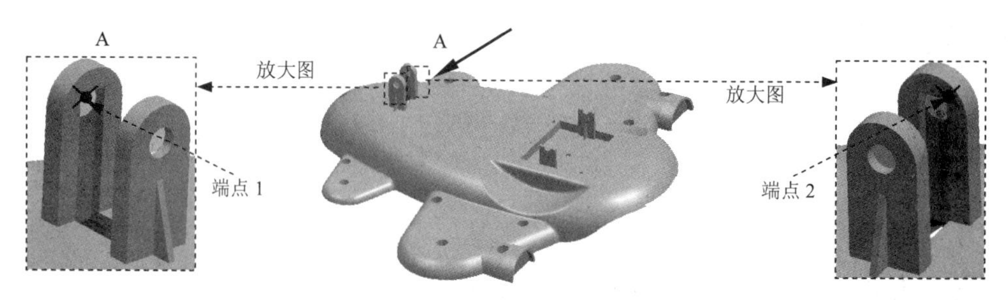

图 11.11 选取直线的端点

Step2. 参照 Step1，创建直线 2，结果如图 11.12 所示。

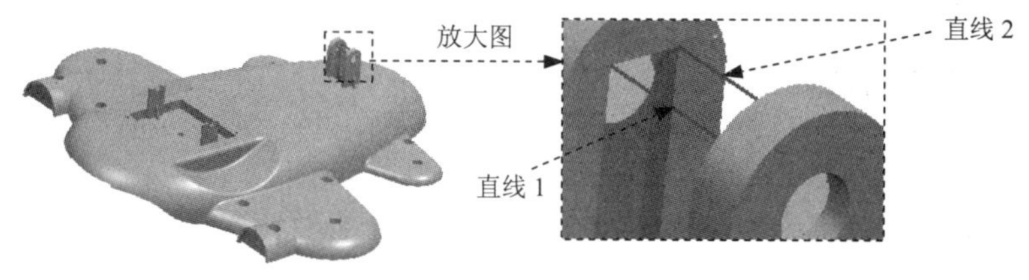

图 11.12 创建直线 1 和直线 2

Step3. 创建直线 3。选择下拉菜单插入(S) → 曲线(C) → 直线(L)...命令，分别选取图 11.13 所示的端点 1 和端点 2。在“直线”对话框中单击确定按钮，创建结果如图 11.14 所示。

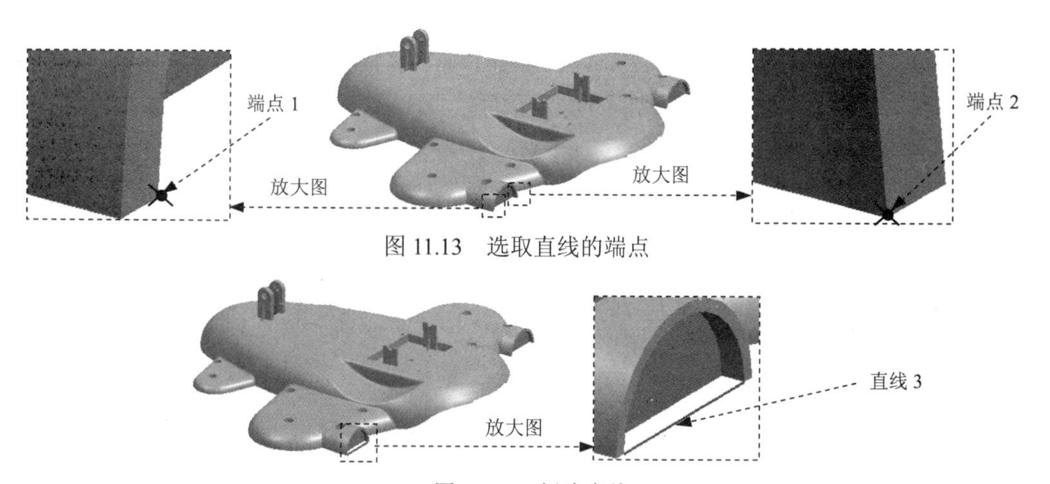

图 11.13 选取直线的端点

图 11.14 创建直线 3

Step4. 参照 Step3，创建直线 4，结果如图 11.15 所示。

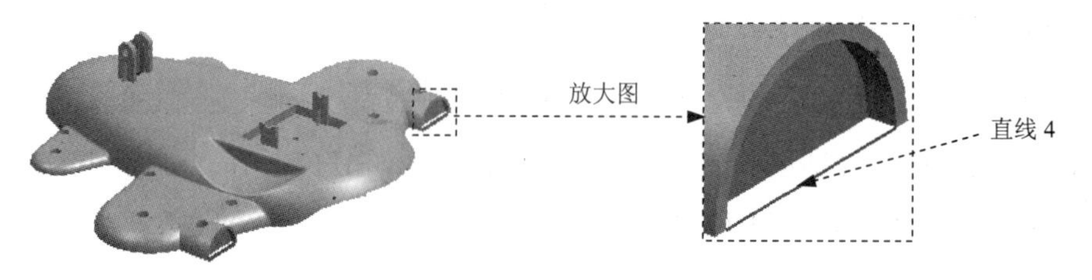

图 11.15 创建直线 4

Step5. 创建曲面 1。选择下拉菜单 插入(S) → 网格曲面(M) → 通过曲线网格(M)... 命令，选取图 11.16 所示的边线 1，单击中键；然后选取边线 2，单击中键；完成主曲线的选取，单击中键；选取图 11.16 所示的边线 3，单击中键；然后选取边线 4，单击中键；完成交叉曲线的选取。单击 确定 按钮，完成曲面 1 的创建，结果如图 11.17 所示。

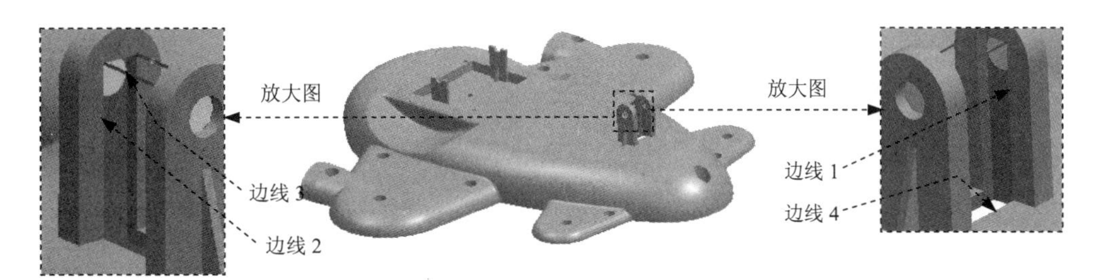

图 11.16　定义主曲线和交叉曲线

说明：在“通过曲线网格”对话框的 连续性 区域中，第一主线串、最后主线串、第一交叉线串和最后交叉线串下拉列表中默认的是 G0(位置) 选项，若用户在前面实例中已改变了此选项，须调整到系统默认设置值。

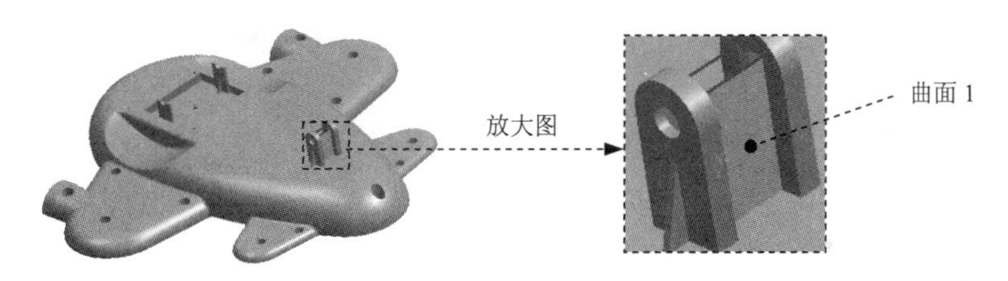

图 11.17　创建曲面 1

Step6. 创建曲面 2。选择下拉菜单 插入(S) → 网格曲面(M) → 通过曲线网格(M)... 命令，选取图 11.18 所示的边线 1，单击中键；然后选取边线 2，单击中键；完成主曲线的选取，单击中键；选取图 11.18 所示的边线 3，单击中键；然后选取边线 4，单击中键；完成交叉曲线的选取。单击 确定 按钮，完成曲面 2 的创建，结果如图 11.19 所示。

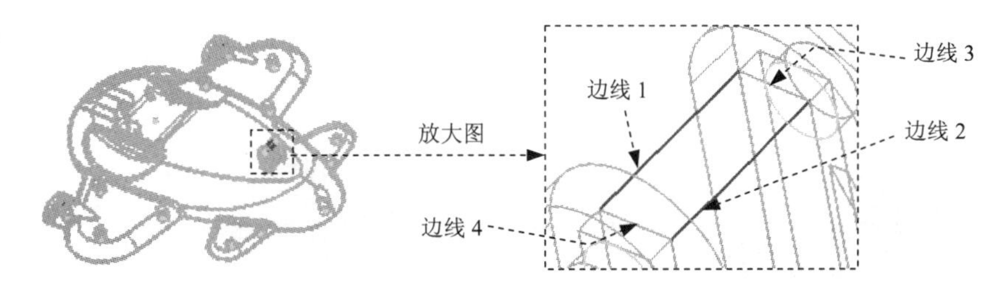

图 11.18　定义主曲线和交叉曲线

Step7. 参照 Step5，创建曲面 3，结果如图 11.20 所示。

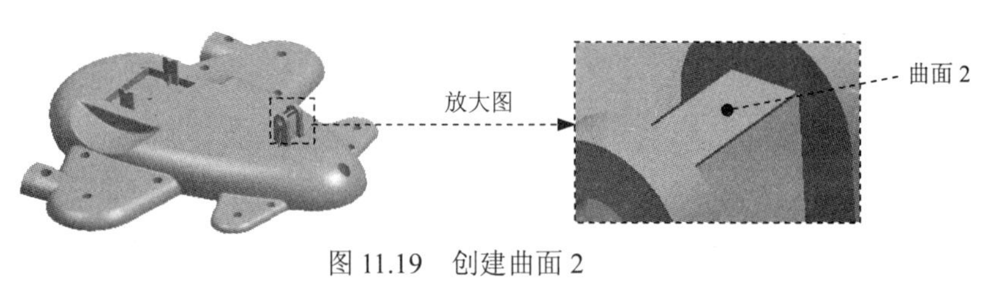

图 11.19　创建曲面 2

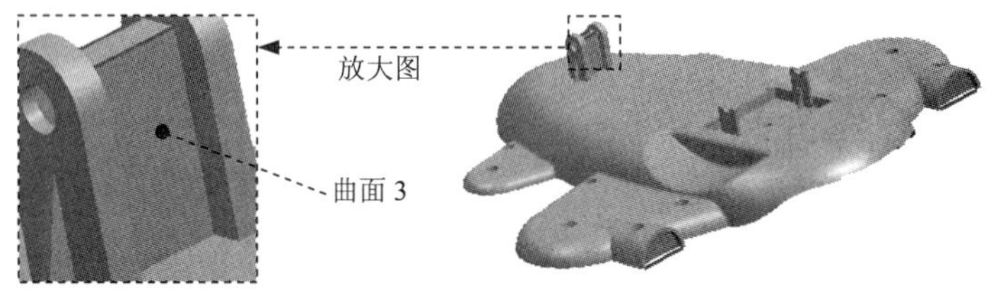

图 11.20　创建曲面 3

Step8. 创建有界曲面 1。选择下拉菜单插入(S) → 曲面(R) → 有界平面(P)...命令，分别选取图 11.21 所示的边界 1 和边界 2 为边界线串。单击确定按钮，完成有界曲面 1 的创建，结果如图 11.22 所示。

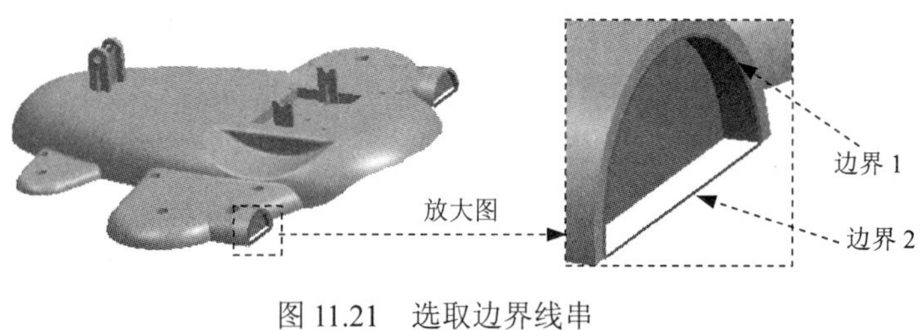

图 11.21　选取边界线串

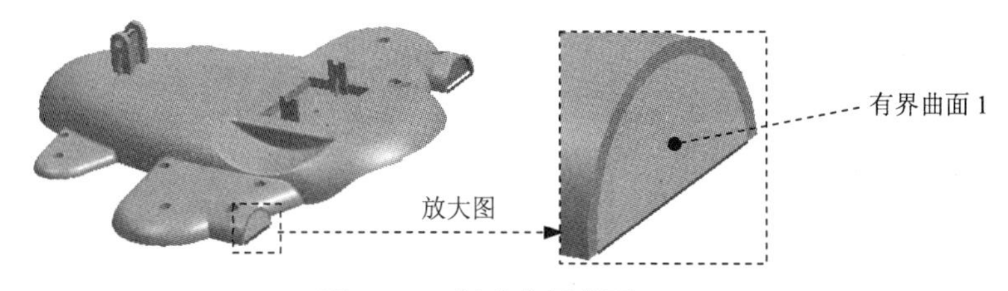

图 11.22　创建有界曲面 1

Step9. 参照 Step8 中的步骤（2），创建有界曲面 2，结果如图 11.23 所示，然后单击后退按钮。

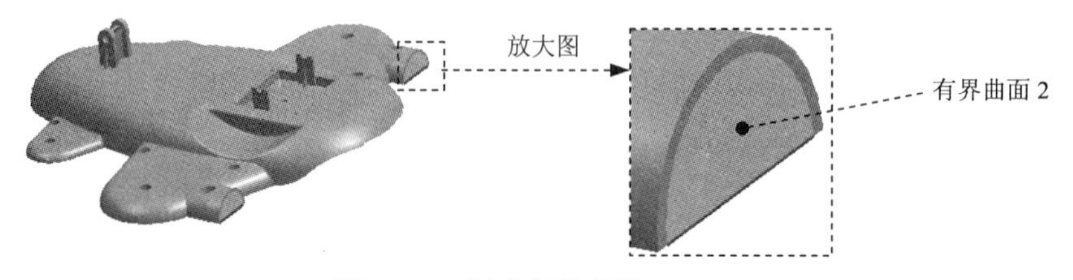

图 11.23　创建有界曲面 2

Step10. 添加现有曲面。

（1）在“注塑模向导”工具条中单击“分型”按钮，系统弹出“分型管理器”对话框。

（2）在“分型管理器”对话框中单击“创建/删除曲面补片”按钮，系统弹出“自动修补孔”对话框。

（3）在“自动修补孔”对话框的环搜索方法区域中选择⊙区域单选项，在显示环类型区域中，选择⊙内部环边缘单选项；单击添加现有曲面按钮，系统弹出“选择片体”对话框。

（4）选择要添加的曲面。选择 Stage3 中创建的曲面，单击确定按钮，然后单击后退按钮，完成曲面的添加。

Stage4. 编辑分型线

Step1. 在“分型管理器”对话框中单击“编辑分型线”按钮，系统弹出“分型线”对话框。

Step2. 在该对话框中单击自动搜索分型线按钮，此时系统弹出“搜索分型线”对话框。

Step3. 在该对话框中单击应用按钮，自动搜索分型线结果如图 11.24 所示，单击两次确定按钮，系统返回至“分型管理器”对话框，且此时图形区只显示创建的分型线。

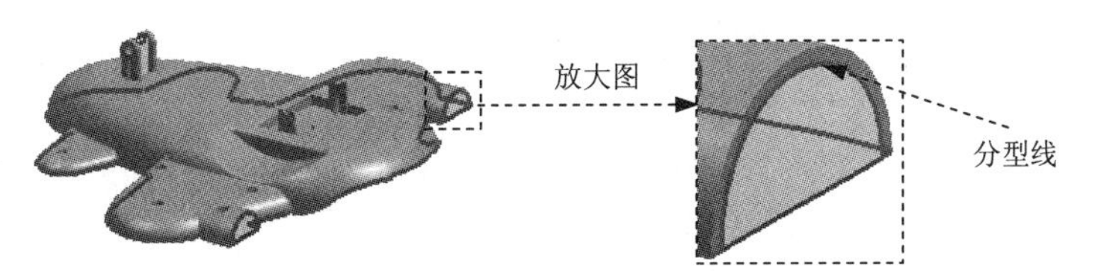

图 11.24　自动搜索分型线

Step4. 删除多余分型线。在“分型管理器”对话框中单击关闭按钮，删除图 11.25 所示的两条分型线。

Step5. 创建新的分型线。

（1）在“注塑模向导”工具条中单击“分型”按钮，系统弹出“分型管理器”对话框。

（2）显示产品体和曲面补片。在“分型管理器”的部件管理器 Root 的区域中，选中☑ Product Body 和☑ Patch Surfaces 选项。

（3）在“分型管理器”对话框中单击“编辑分型线”按钮，系统弹出“分型线”对话框。

（4）在该对话框中单击编辑分型线按钮，系统弹出“编辑分型线”对话框，然后选取在 Stage3 中创建的直线 3 和直线 4，单击两次确定按钮，系统返回至“分型管理器”对话框，结果如图 11.26 所示。

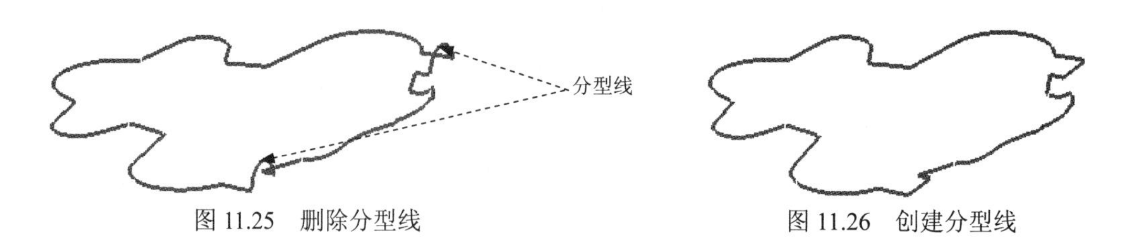

图 11.25 删除分型线　　图 11.26 创建分型线

Stage5. 抽取区域和分型线

Step1. 在“分型管理器”对话框中单击“抽取区域和分型线”按钮，系统弹出“定义区域”对话框。

Step2. 在“定义区域”对话框中选中设置区域的☑创建区域复选框，单击确定按钮，系统返回至“分型管理器”对话框。

说明： *在该对话框中显示的型腔面数为 162，型芯面数为 154，总面数为 316，即型腔面和型芯面之和等于总面数。*

Stage6. 编辑分型段

（注：本步的详细操作过程请参见随书光盘中 video\ch11\reference\文件下的语音视频讲解文件 down_cover-r01.avi）。

Stage7. 创建分型面

Step1. 在“分型管理器”对话框中单击“创建/编辑分型面”按钮，系统弹出“创建分型面”对话框。

Step2. 在“创建分型面”对话框中接受系统默认的公差值；在距离文本框中输入值 200，单击创建分型面按钮，系统弹出“分型面”对话框。

Step3. 创建拉伸 1。

（1）在“分型面”对话框中选择⊙拉伸单选项，单击拉伸方向按钮，此时系统弹出“矢量”对话框。

（2）定义拉伸方向。在类型下拉列表中选择-XC 轴选项，单击确定按钮，此时系统弹出“检查几何体”对话框，选中此对话框中的⊙否单选项并单击确定按钮，系统返回至“分型面”对话框；完成图 11.27 所示的拉伸 1 的创建。

Step4. 创建拉伸 2。在“分型面”对话框中选择⊙拉伸单选项，单击拉伸方向按钮，此时系统弹出“矢量”对话框；在类型下拉列表中选择ZC 轴选项，单击确定按钮，系统返回至“分型面”对话框；单击确定按钮，完成图 11.28 所示的拉伸 2 的创建。

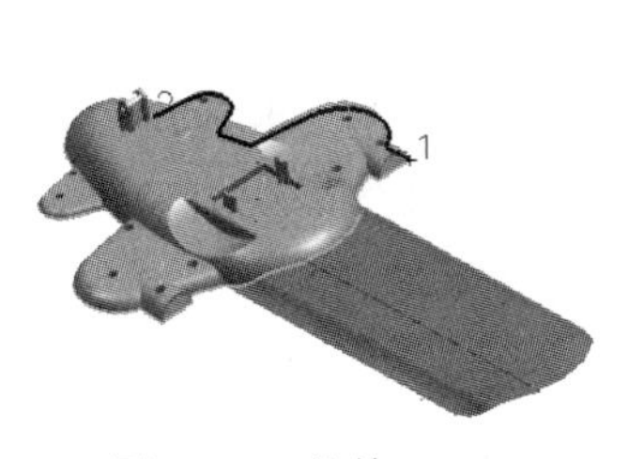

图 11.27　拉伸 1

图 11.28　拉伸 2

Step5. 参照 Step4，沿 X 方向创建拉伸 3，结果如图 11.29 所示。

Step6. 参照 Step4，沿-Z 方向创建拉伸 4，结果如图 11.30 所示。

图 11.29　拉伸 3

图 11.30　拉伸 4

Step7. 编辑分型面。

（1）在“创建分型面”对话框中单击 编辑分型面 按钮，此时系统弹出“曲线/点选择”对话框。

（2）选取图 11.31 所示的圆弧，系统弹出“分型面”对话框，在“分型面”对话框中选中 曲面类型 区域下的 ⊙ 自动曲面 单选项，然后单击 编辑主要边 按钮，系统弹出“编辑主要边”对话框。

（3）选取图 11.31 所示的边线 1 和边线 2，单击“分型面”对话框中的 确定 按钮，结果如图 12.32 所示。

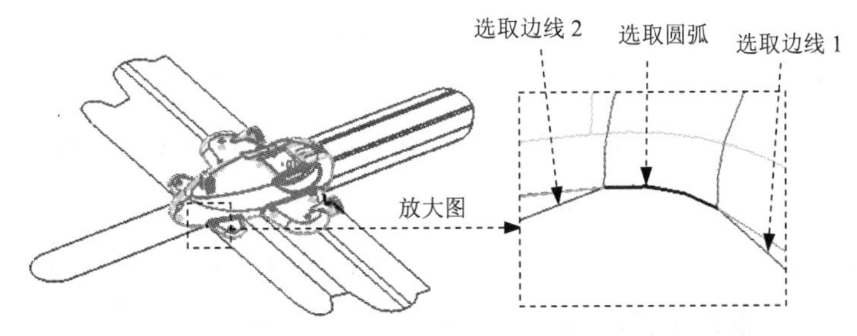

图 11.31　选取过渡对象和主要边

说明：图 11.32 所示的圆弧是 Stage6 中所定义的分型段中的一段圆弧。

（4）按照上一步的操作，分别选取 Stage6 中定义的其他分型段作为过渡对象，编辑分型面的最终结果如图 11.33 所示。

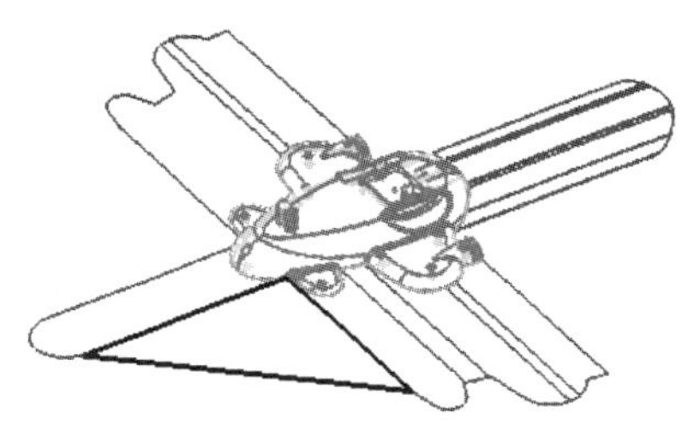

图 11.32 编辑分型面（一）

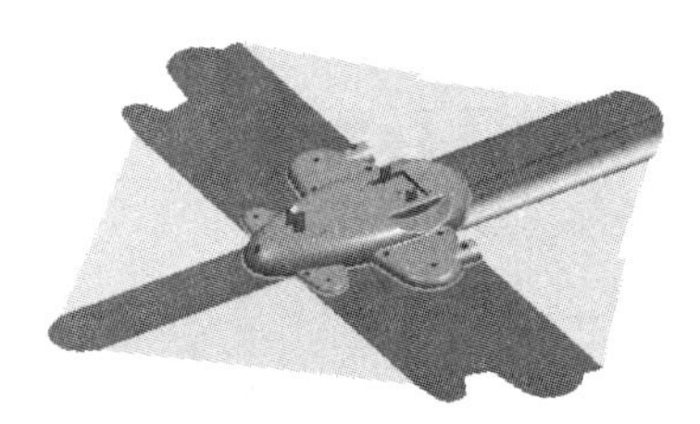

图 11.33 编辑分型面（二）

Stage8. 创建型腔和型芯

Step1. 在“分型管理器”对话框中单击“创建型腔和型芯”按钮，系统弹出“定义型腔和型芯”对话框。

Step2. 在“定义型腔和型芯”对话框中选取选择片体区域下的All Regions选项，单击确定按钮，系统弹出“查看分型结果”对话框，并在图形区显示出创建的型腔，单击“查看分型结果”对话框中的确定按钮，系统再一次弹出“查看分型结果”对话框。

Step3. 在“查看分型结果”对话框中单击确定按钮，系统返回至“分型管理器”对话框，在“分型管理器”对话框中单击关闭按钮，关闭“分型管理器”对话框。

Step4. 显示零件。选择下拉菜单窗口(O) → down_cover_core_006.prt命令，显示型芯零件，如图 11.34 所示；选择下拉菜单窗口(O) → down_cover_cavity_002.prt命令，显示型腔零件，如图 11.35 所示。

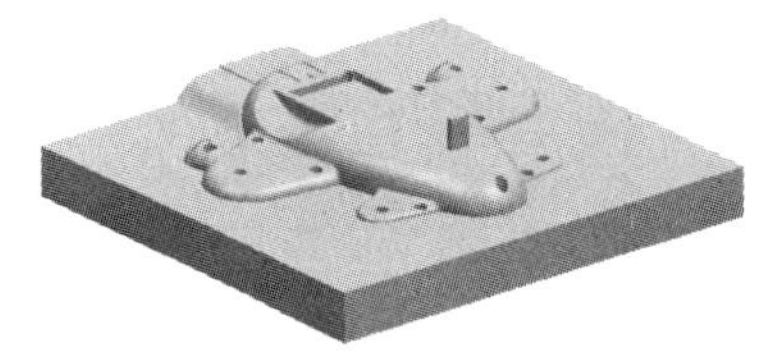

图 11.34 型芯零件

图 11.35 型腔零件

Task6. 创建型腔镶件

Stage1. 创建型腔镶件 1

Step1. 创建拉伸特征。选择下拉菜单插入(S) → 设计特征(E) → 拉伸(E)...命令，单击按钮，选取图 11.36 所示的模型表面为草图平面；绘制图 11.37 所示的截面草图，在限制区域的开始下拉列表中选择值选项，并在其下的距离文本框中输入值 0；在限制区域的结束下拉列表中，选择直到被延伸选项；选取图 11.38 所示的面为拉伸终止面；单击确定按钮，完成图 11.39 所示的拉伸特征的创建。

Step2. 创建求交特征。选择下拉菜单插入(S) → 组合体(B) → 求交(I)...命令，选取图 11.39 所示的拉伸特征为目标体，选取型腔为工具体，并选中☑保持工具复选框。单击确定按钮，完成求交特征的创建，结果如图 11.40 所示。

图 11.36　定义草图平面

图 11.37　截面草图

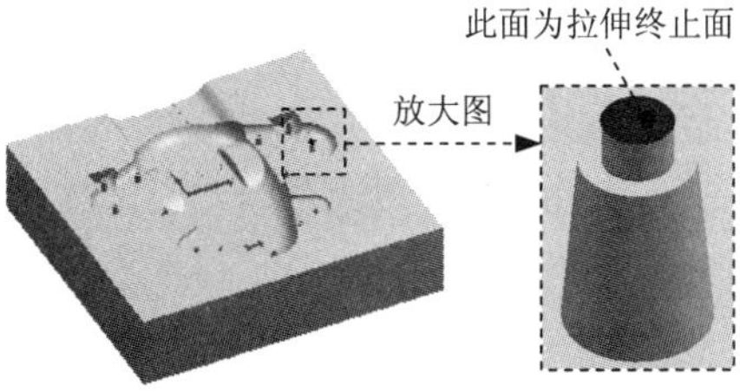

图 11.38　拉伸终止面

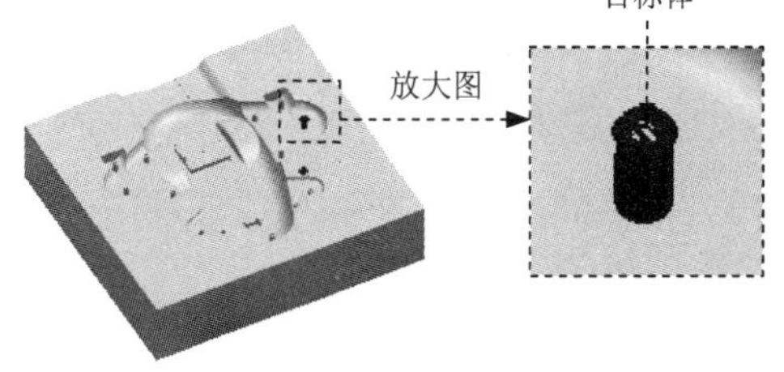

图 11.39　创建拉伸特征

Step3. 求差特征。选择下拉菜单插入(S) ➡ 组合体(B)▸ ➡ 求差(S)...命令，选取型腔为目标体，选取求交得到的特征为工具体，并选中☑ 保持工具复选框。单击确定按钮，完成求差特征的创建。

Stage2. 创建轮廓拆分相同特征的其余 12 个镶件

参照 Stage1，创建图 11.41 所示的 12 个镶件。

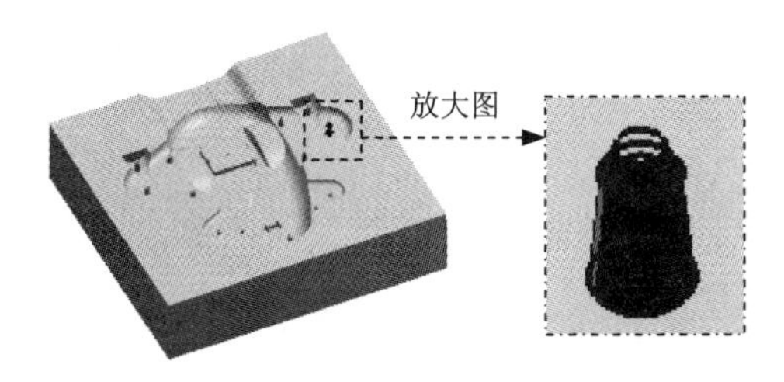

图 11.40　创建求交特征

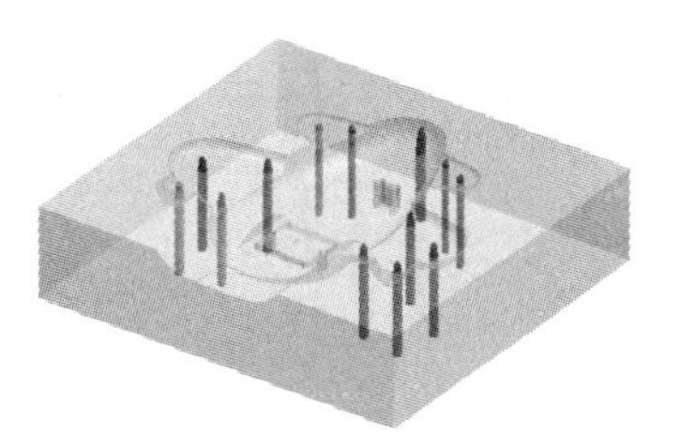

图 11.41　镶件特征

Stage3. 将 13 个镶件转化为型腔子零件（如图 11.42 所示）

Step1. 选择命令。在“装配导航器”的空白处右击，然后在弹出的菜单中选择WAVE 模式选项。

Step2 在“装配导航器”对话框中右击☑ down_cover_cavity_002，在弹出的菜单中选择WAVE ▸ ➡ 新建级别命令，系统弹出“新建级别”对话框。

Step3. 在“新建级别”对话框中单击指定部件名按钮，在弹出的“选择部件名”对话框的文件名(N):文本框中输入“insert_001.prt”，单击OK按钮。

Step4. 在“新建级别”对话框中单击类选择按钮，选择所有的型腔镶件，单击确定按钮，系统返回“新建级别”对话框。

Step5. 单击“新建级别”对话框中的 确定 按钮，此时在“装配导航器”对话框中显示出刚创建的滑块的名字。

Step6. 隐藏拉伸特征。

（1）选取要移动的特征。在“装配导航器”中取消选中☑ insert_001；然后单击“部件导航器”中的按钮，系统弹出“部件导航器”对话框，在该对话框中选择所有的拉伸特征。

（2）选择下拉菜单 格式(R) ➡ 移动至图层(M)... 命令，系统弹出“图层移动”对话框，在该对话框的 目标图层或类别 文本框中输入值 10，单击 确定 按钮。

（3）单击装配导航器中的选项卡，在该选项卡中选中☑ insert_001。

Stage4. 创建固定凸台 1

Step1. 转换显示部件。在“装配导航器”中右击☑ insert_001，在弹出的快捷菜单中选择 设为显示部件 命令。

Step2. 选择命令。选择下拉菜单 插入(S) ➡ 设计特征(E) ➡ 拉伸(E)... 命令，系统弹出“拉伸”对话框。

Step3. 单击对话框中的“绘制截面”按钮，系统弹出“创建草图”对话框。

（1）定义草图平面。选取图 11.43 所示的镶件底面为草图平面，单击 确定 按钮。

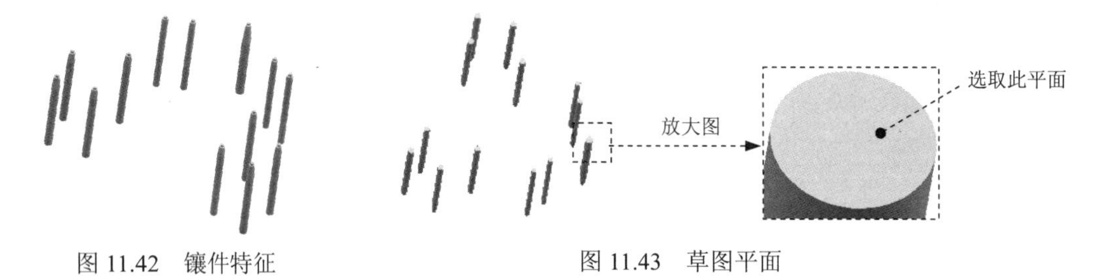

图 11.42　镶件特征　　　　图 11.43　草图平面

（2）进入草图环境，选择下拉菜单 插入(S) ➡ 来自曲线集的曲线(F) ➡ 偏置曲线(O)... 命令，系统弹出“偏置曲线”对话框；选取图 11.44 所示的曲线为偏置对象；在 偏置 区域的 距离 文本框中输入值 4；并单击“反向”按钮，结果如图 11.45 所示，单击 应用 按钮。

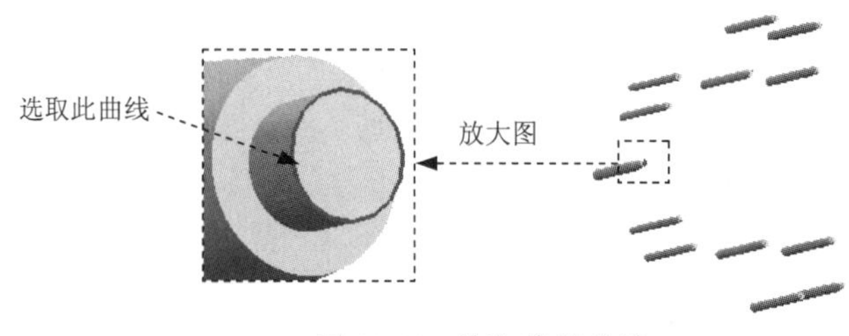

图 11.44　选取偏置曲线

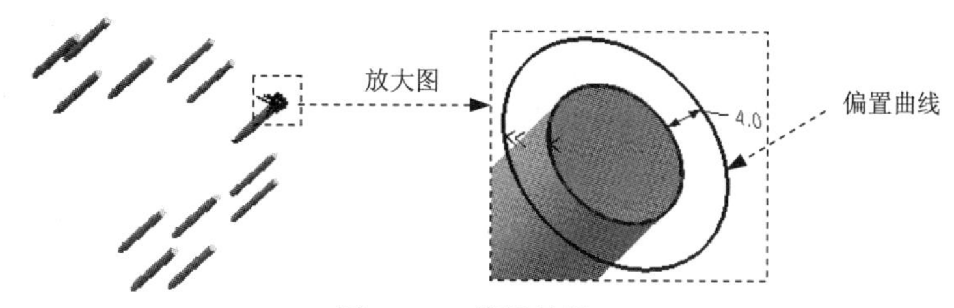

图 11.45　偏置结果

Step4. 参照 Step1 中的步骤（2），在其余的 12 个镶件上创建相同的拉伸特征。

Step5. 在“偏置曲线”对话框中单击 取消 按钮，然后单击 完成草图 按钮，退出草图环境。

Step6. 确定拉伸开始值和结束值。单击“反向”按钮，在“拉伸”对话框限制区域的开始下拉列表中选择值选项，并在其下的距离文本框中输入值 6；在 结束 下拉列表中选择值选项，并在其下的距离文本框中输入值 0；其他采用系统默认设置值。

Step7. 在“拉伸”对话框中单击 确定 按钮，完成拉伸特征的创建，结果如图 11.46 所示。

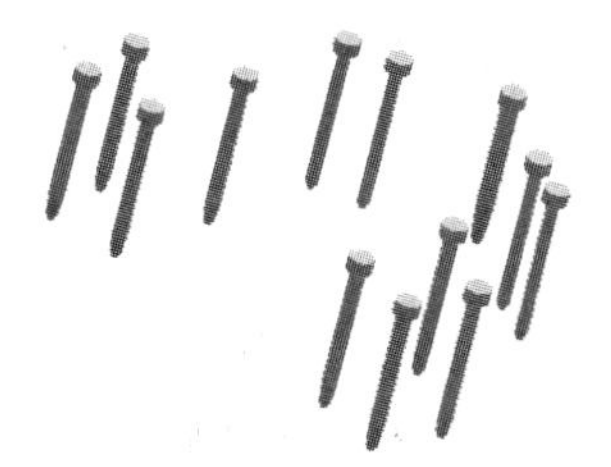

图 11.46　创建拉伸特征

Stage5. 创建型腔镶件 14

Step1. 切换窗口。选择下拉菜单 窗口(O) → down_cover_cavity_002.prt 命令，切换至型腔操作环境并转为工作部件。

Step2. 创建拉伸特征。选择下拉菜单 插入(S) → 设计特征(E) → 拉伸(E)... 命令，单击按钮，选取图 11.47 所示的模型表面为草图平面；绘制图 11.48 所示的截面草图；在限制区域的开始下拉列表中选择值选项，并在其下的距离文本框中输入值 0；在限制区域的结束 下拉列表中，选择直到被延伸选项；选取图 11.49 所示的面为拉伸终止面；单击 确定 按钮，完成图 11.50 所示的拉伸特征的创建。

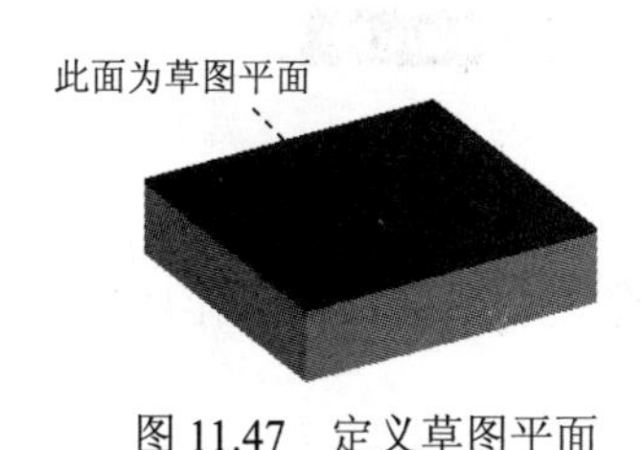

图 11.47　定义草图平面

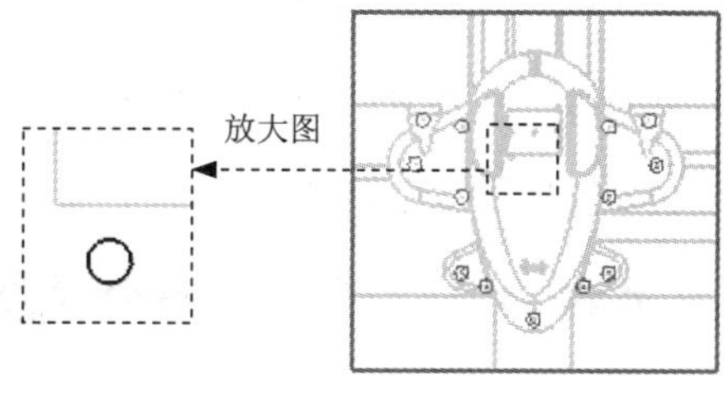

图 11.48　截面草图

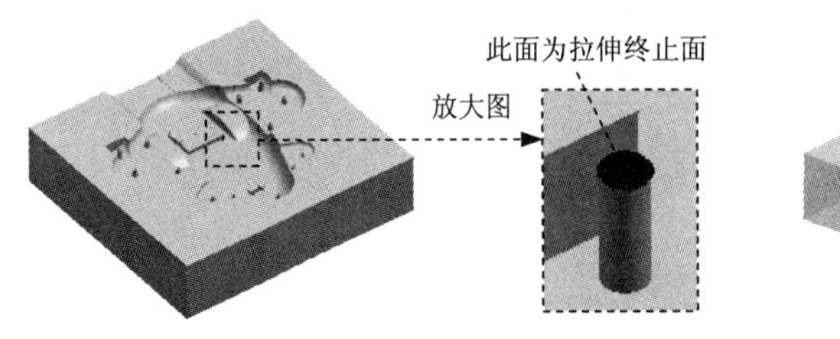

图 11.49 拉伸终止面

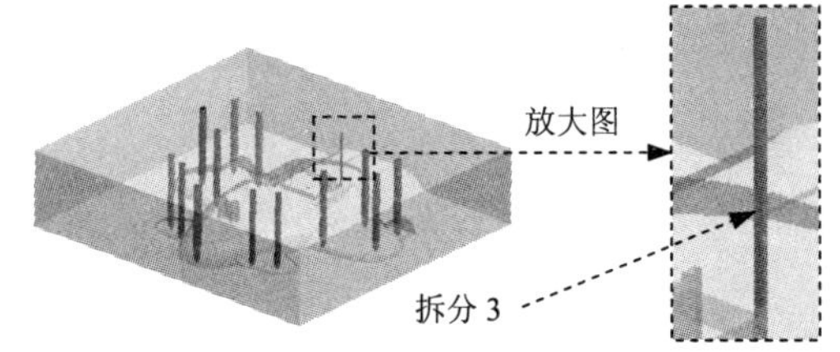

图 11.50 创建拉伸特征

Step3. 求差特征。选择下拉菜单 插入(S) → 组合体(B) → 求差(S)... 命令，选取型腔为目标体，选取上一步创建的拉伸特征为工具体，并选中 ☑ 保持工具 复选框。单击 确定 按钮，完成求差特征的创建。

Stage6. 创建轮廓拆分相同特征的另一个镶件

参照 Stage5，创建图 11.51 所示的另一个镶件。

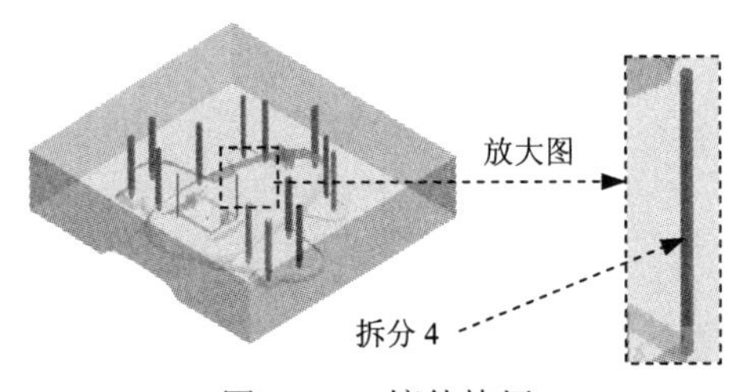

图 11.51 镶件特征

Stage7. 将 Stage5 和 Stage6 创建的两个镶件转化为型腔子零件

Step1 在“装配导航器”对话框中右击 ☑ down_cover_cavity_002，在弹出的菜单中选择 WAVE → 将几何体复制到组件 命令，系统弹出“部件间的复制”对话框。

Step2. 选取 Stage5 和 Stage6 中创建的两个镶件为要复制的几何体；然后单击中键，在“装配导航器”对话框中选取 ☑ insert_001；单击 确定 按钮。

Step3. 隐藏拉伸特征。

（1）选取要移动的特征。在“装配导航器”中取消选中 ☑ insert_001；然后单击“部件导航器”中的按钮，系统弹出“部件导航器”对话框，在该对话框中选择 Stage5 和 Stage6 创建的两个拉伸特征。

（2）选择下拉菜单 格式(R) → 移动至图层(M)... 命令，系统弹出“图层移动”对话框，在该对话框的 目标图层或类别 文本框中输入值 10，单击 确定 按钮。

（3）单击装配导航器中的选项卡，在该选项卡中选中 ☑ insert_001。

Stage8. 创建固定凸台 2

Step1. 选择下拉菜单 窗口(O) → insert_001.prt 命令，切换到镶件操作环境。

Step2. 选择命令。选择下拉菜单插入(S) ➡ 设计特征(E) ➡ 拉伸(E)...命令，系统弹出“拉伸”对话框。

Step3. 单击对话框中的“绘制截面”按钮，系统弹出“创建草图”对话框。

（1）定义草图平面。选取图 11.52 所示的镶件底面为草图平面，单击确定按钮。

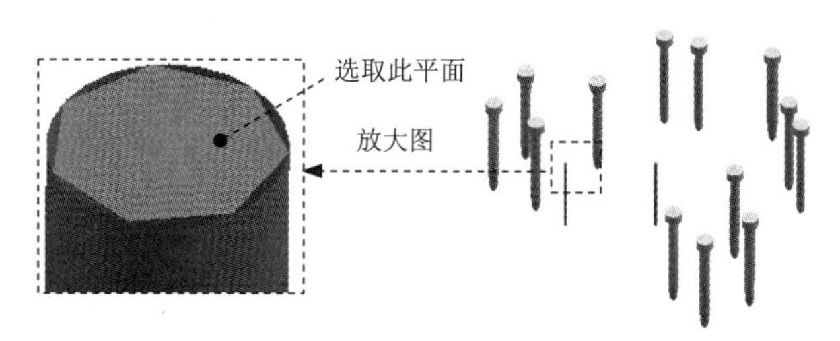

图 11.52　草图平面

（2）进入草图环境，选择下拉菜单插入(S) ➡ 来自曲线集的曲线(F) ➡ 偏置曲线(O)...命令，系统弹出“偏置曲线”对话框；选取图 11.53 所示的曲线为偏置对象；在偏置区域的距离文本框中输入值 1；并单击“反向”按钮，结果如图 11.53 所示，单击应用按钮。

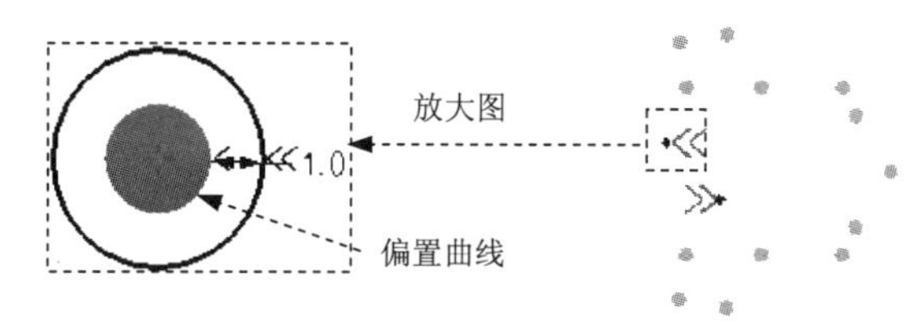

图 11.53　选取偏置曲线

（3）参照步骤（2），在型腔镶件 15 上创建偏置曲线。

Step4. 在“偏置曲线”对话框中单击取消按钮，然后单击完成草图按钮，退出草图环境。

Step5. 确定拉伸开始值和结束值。单击“反向”按钮，在“拉伸”对话框限制区域的开始下拉列表中选择值选项，并在其下的距离文本框中输入值 6；在结束下拉列表中选择值选项，并在其下的距离文本框中输入值 0；其他采用系统默认设置值。

Step6. 在“拉伸”对话框中单击确定按钮，完成拉伸特征的创建，结果如图 11.54 所示。

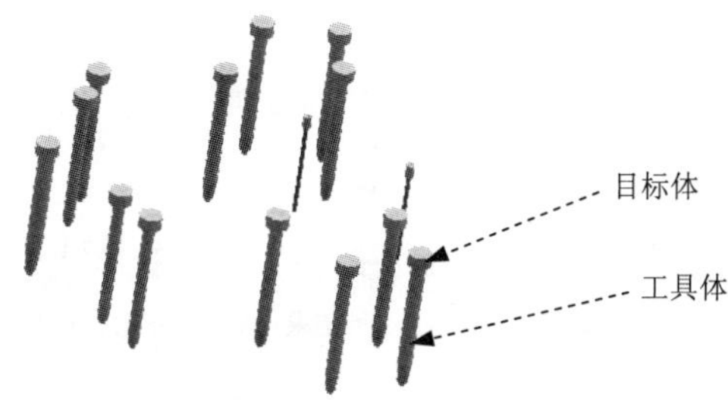

图 11.54　创建拉伸特征

Step7. 创建求和特征。选择下拉菜单插入(S) ➡ 组合体(B) ➡ 求和(U)...命令，选取图 11.54 所示的对象为目标体，选取图 11.54 所示的对象为工具体。

说明：*在创建求和特征时，应将图 11.54 所示的 15 个特征分别求和。*

Stage9. 创建固定凸台装配避开位。

Step1. 选择下拉菜单窗口(O) ➡ down_cover_cavity_002.prt命令，切换到型腔操作环境。

Step2. 在“注塑模向导”工具条中单击“腔体”按钮，系统弹出“腔体”对话框。

Step3. 选择目标体。选取型腔为目标体，然后单击鼠标中键。

Step4. 选取工具体。在该对话框的工具类型下拉列表中选择实线选项，然后选取所有型腔镶件为工具体，单击确定按钮。

Task7. 创建滑块

Step1. 创建拉伸特征 1。

(1) 选择命令。选择下拉菜单插入(S) ➡ 设计特征(E) ➡ 拉伸(E)...命令，系统弹出“拉伸”对话框。

(2) 单击对话框中的“绘制截面”按钮，系统弹出“创建草图”对话框。

① 定义草图平面。选取图 11.55 所示的模型表面为草图平面，单击确定按钮。

图 11.55 草图平面

② 进入草图环境，选择下拉菜单插入(S) ➡ 投影曲线(J)...命令，系统弹出“投影曲线”对话框；选取图 11.56 所示的曲线为投影对象；单击确定按钮。

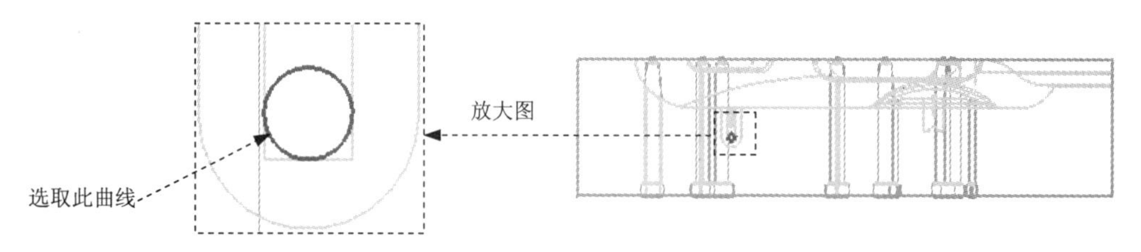

图 11.56 截面草图

③ 单击完成草图按钮，退出草图环境。

(3) 确定拉伸开始值和结束值。在“拉伸”对话框限制区域的开始下拉列表中选择值选项，并在其下的距离文本框中输入值 0；在结束下拉列表中选择直到被延伸项，选取图 11.57 所示的面为拉伸终止面；其他采用系统默认设置值。

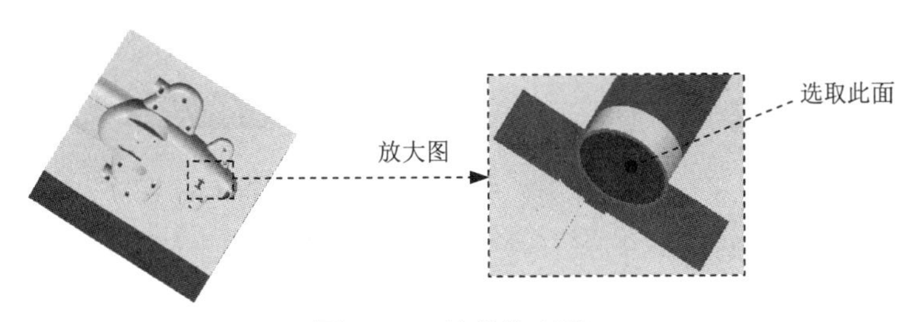

图 11.57　拉伸终止面

（4）在“拉伸”对话框中单击确定按钮，完成拉伸特征 1 的创建。

Step2. 创建拉伸特征 2。选择下拉菜单插入(S) ➡ 设计特征(E) ➡ 拉伸(E)...命令，单击“绘制截面”按钮，选取图 11.58 所示的模型表面为草图平面，绘制图 11.59 所示的截面草图。在限制区域的开始下拉列表中选择值选项，并在其下的距离文本框中输入值 -20；在结束下拉列表中选择值选项，并在其下的距离文本框中输入值 0；在布尔下拉列表中选择求和选项，然后选取 Step1 中创建的拉伸特征 1。单击确定按钮，完成拉伸特征 2 的创建。

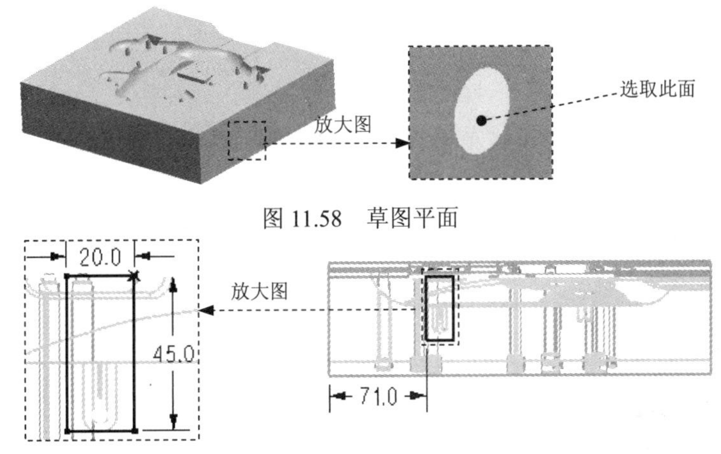

图 11.58　草图平面

图 11.59　截面草图

Step3. 镜像拉伸特征 1 和 2。选择下拉菜单插入(S) ➡ 关联复制(A) ➡ 镜像特征(M)...命令，选取 Step1 中创建的拉伸特征 1 和 Step2 中创建的拉伸特征 2 为镜像特征；在“镜像特征”对话框的平面下拉列表中选择新平面选项，然后单击中的小三角，在弹出的快捷菜单中选择选项。单击确定按钮，完成镜像特征的创建。

Step4. 创建求差特征。选择下拉菜单插入(S) ➡ 组合体(B) ➡ 求差(S)...命令，选取型腔为目标体，选取图 11.60 所示的滑块 1 和滑块 2 为工具体，并选中☑保持工具复选框。单击确定按钮，完成求差特征的创建。

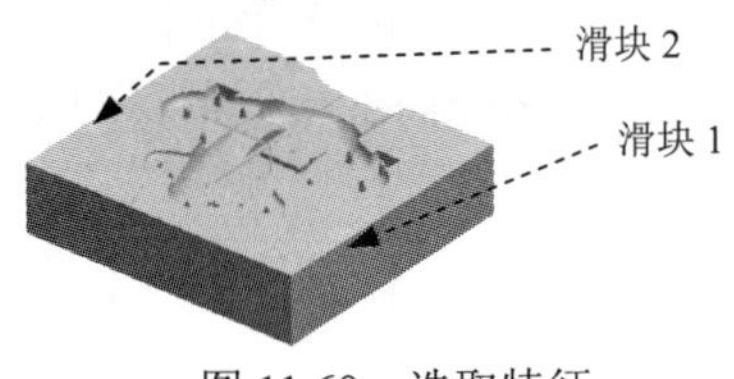

图 11.60　选取特征

Step5. 将滑块 1 转为型腔子零件。

（1）在“装配导航器”对话框中右击☑ down_cover_cavity_002，在弹出的菜单中选择 WAVE ▸ → 新建级别命令，系统弹出“新建级别”对话框。

（2）在“新建级别”对话框中单击指定部件名按钮，在弹出的“选择部件名”对话框的文件名(N):文本框中输入“slide_001.prt”，单击 OK 按钮。

（3）在单击“新建级别”对话框中单击类选择按钮，选择图 11.60 所示的滑块 1，单击确定按钮，系统返回“新建级别”对话框。

（4）单击“新建级别”对话框中的确定按钮，此时在“装配导航器”对话框中显示出刚创建的滑块的名字。

Step6. 将滑块 2 转为型腔子零件。

参照 Step5，将图 11.60 所示的滑块 2 转为型腔子零件，命名为 slide_002.prt。

Step7. 隐藏滑块特征。

（1）单击“装配导航器”按钮，系统弹出“装配导航器”对话框，在该对话框中取消选中☑ slide_001 和☑ slide_002 选项。

（2）选取滑块 1，然后选择下拉菜单格式(R) → 移动至图层(M)... 命令，系统弹出“图层移动”对话框，在图层列表中选择 10，单击确定按钮。

（3）选取滑块 2，然后选择下拉菜单格式(R) → 移动至图层(M)... 命令，系统弹出“图层移动”对话框，在图层列表中选择 10，单击确定按钮。

（4）单击“装配导航器”按钮，系统弹出“装配导航器”对话框，在该对话框中勾选☑ slide_001 和☑ slide_002 选项。

Task8. 创建型芯镶件

Stage1. 创建型芯镶件 1

Step1. 切换窗口。选择下拉菜单窗口(O) → down_cover_core_006.prt 命令，切换至型芯操作环境。

Step2. 创建拉伸特征。选择下拉菜单插入(S) → 设计特征(E)▸ → 拉伸(E)... 命令，单击按钮，选取图 11.61 所示的模型表面为草图平面，绘制图 11.62 所示的截面草图，在工作区中单击“完成草图”按钮完成草图。在限制区域的开始下拉列表中选择值选项，并在其下的距离文本框中输入值 0；在限制区域的结束下拉列表中，选择直到被延伸选项；选取图 11.63 所示的面为拉伸终止面；在布尔区域的布尔下拉列表中选择无，单击确定按钮，完成图 11.64 所示的拉伸特征的创建。

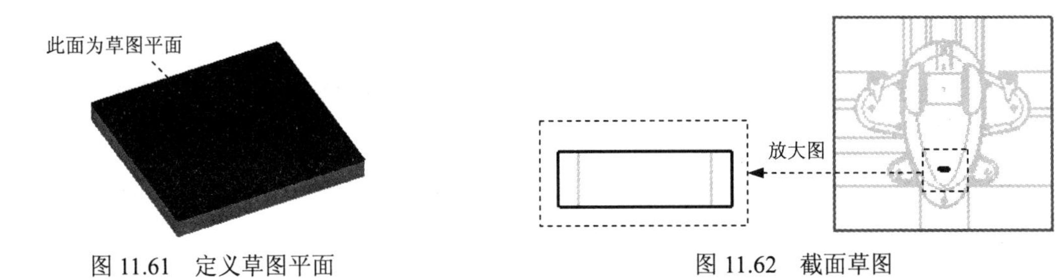

图 11.61　定义草图平面　　　　图 11.62　截面草图

Step3. 求差特征。选择下拉菜单 插入(S) → 组合体(B) → 求差(S)... 命令，选取型腔为目标体，选取上一步创建的拉伸特征为工具体，并选中 ☑ 保持工具 复选框。单击 确定 按钮，完成求差特征的创建。

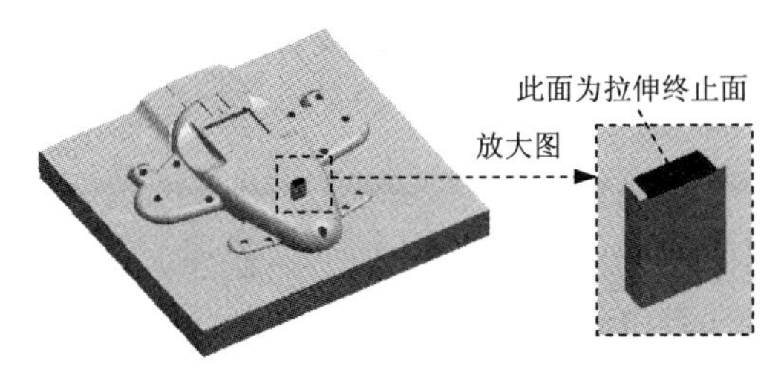

图 11.63　拉伸终止面

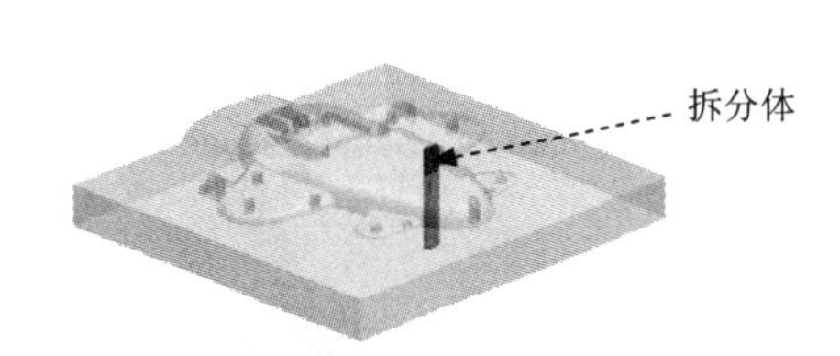

图 11.64　创建拉伸特征

Stage2. 将型芯镶件转化为型芯子零件

Step1. 选择命令。在“装配导航器”的空白处右击，然后在弹出的菜单中选择 WAVE 模式 选项。

Step2 在“装配导航器”对话框中右击 ☑ down_cover_core_006，在弹出的菜单中选择 WAVE → 新建级别 命令，系统弹出“新建级别”对话框。

Step3. 在“新建级别”对话框中单击 指定部件名 按钮，在弹出的“选择部件名”对话框的 文件名(N): 文本框中输入“insert_002.prt”，单击 OK 按钮。

Step4. 在“新建级别”对话框中单击 类选择 按钮，选择创建的型芯镶件，单击 确定 按钮，系统返回“新建级别”对话框。

Step5. 单击“新建级别”对话框中的 确定 按钮，此时在“装配导航器”对话框中显示出刚创建的镶件的名字。

Step6. 隐藏拉伸特征。

（1）选取要移动的特征。在“装配导航器”中取消选中 ☑ insert_002；然后单击“部件导航器”中的按钮，系统弹出“部件导航器”对话框，在该对话框中选择所有的拉伸特征。

（2）选择下拉菜单 格式(R) → 移动至图层(M)... 命令，系统弹出“图层移动”对话框，在该对话框的 目标图层或类别 文本框中输入值 10，单击 确定 按钮。

（3）单击装配导航器中的选项卡，在该选项卡中选中 ☑ insert_002。

Stage3. 创建固定凸台

Step1. 转换显示部件。在“装配导航器”中右击 insert_002，在弹出的快捷菜单中选择 设为显示部件 命令。

Step2. 选择命令。选择下拉菜单 插入(S) ➡ 设计特征(E) ➡ 拉伸(E)... 命令，系统弹出“拉伸”对话框。

Step3. 单击“拉伸”对话框中的“草图截面”按钮，系统弹出“创建草图”对话框。

（1）定义草图平面。选取图 11.65 所示的镶件底面为草图平面，单击 确定 按钮。

（2）进入草图环境，选择下拉菜单 ➡ 插入(S) ➡ 来自曲线集的曲线(F) ➡ 偏置曲线(O)... 命令，系统弹出“偏置曲线”对话框；选取图 11.66 所示的曲线为偏置对象；在 偏置 区域的 距离 文本框中输入值 4；结果如图 11.66 所示，单击 确定 按钮。

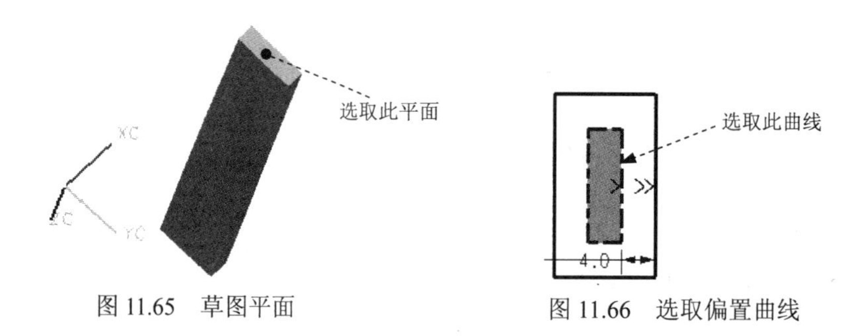

图 11.65　草图平面　　　图 11.66　选取偏置曲线

Step4. 单击 完成草图 按钮，退出草图环境。

Step5. 确定拉伸开始值和结束值。在“拉伸”对话框 限制 区域的 开始 下拉列表中选择 值 选项，并在其下的 距离 文本框中输入值-8；在 结束 下拉列表中选择 值 选项，并在其下的 距离 文本框中输入值 0；其他采用系统默认设置值。

Step6. 定义布尔运算。在 布尔 的下拉列表中选择 求和 选项，系统自动将轮廓拆分体选中。

Step7. 在“拉伸”对话框中，单击 确定 按钮，完成拉伸特征的创建，结果如图 11.67 所示。

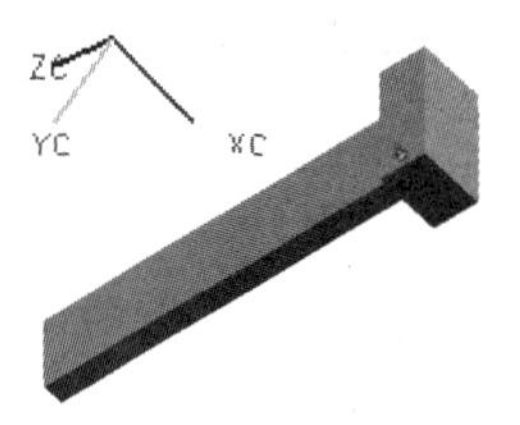

图 11.67　创建拉伸特征

Stage4. 创建固定凸台装配避开位。

Step1. 切换窗口。选择下拉菜单 窗口(O) ➡ down_cover_core_006.prt 命令，切换到型芯操作环境并转为工作部件。

Step2. 在“注塑模向导”工具条中单击“腔体”按钮，系统弹出“腔体”对话框。

Step3. 选择目标体。选取型芯为目标体，然后单击鼠标中键。

Step4. 选取工具体。在该对话框的工具类型下拉列表中选择实线选项，然后选取图 11.67 所示的特征为工具体，单击确定按钮。

Task9. 创建模具爆炸视图

Step1. 移动滑块 1。

（1）选择下拉菜单窗口(O) ➡ down_cover_top_010.prt命令，在装配导航器中将部件转换成工作部件。

（2）选择命令。选择下拉菜单装配(A) ➡ 爆炸图(X) ➡ 新建爆炸(N)...命令，系统弹出“创建爆炸图”对话框，接受默认的名字，单击确定按钮。

（3）选择命令。选择下拉菜单装配(A) ➡ 爆炸图(X) ➡ 编辑爆炸图(E)...命令，系统弹出“编辑爆炸图”对话框。

（4）选择对象。选取图 11.68a 所示的滑块 1。

（5）在该对话框中选择 移动对象单选项，沿 Y 方向向上移动 30mm，单击确定按钮，结果如图 11.68b 所示。

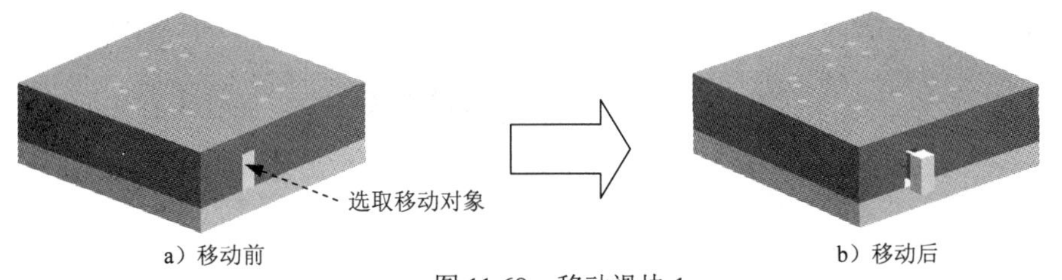

图 11.68　移动滑块 1

Step2. 移动滑块 2。

（1）选择命令。选择下拉菜单装配(A) ➡ 爆炸图(X) ➡ 编辑爆炸图(E)...命令，系统弹出“编辑爆炸图”对话框。

（2）选择对象。选取滑块 2 为移动对象。

（3）在该对话框中选择 移动对象单选项，沿 Y 方向向上移动-30mm，单击确定按钮，结果如图 11.69 所示。

Step3. 移动型腔。

参照 Step2，将型腔沿 Z 方向向上移动 200mm，结果如图 11.70 所示。

Step4. 移动产品模型。

参照 Step2，将产品模型沿 Z 方向向上移动 100mm，结果如图 11.71 所示。

图 11.69 移动滑块 2

图 11.70 移动型腔后

图 11.71 移动产品模型后

Step5. 移动型腔镶件。

参照 Step2，将型腔镶件沿 Z 方向向上移动 80mm，结果如图 11.72 所示。

Step6. 移动型芯镶件。

参照 Step2，将型芯镶件沿 Z 方向向上移动-50mm，结果如图 11.73 所示。

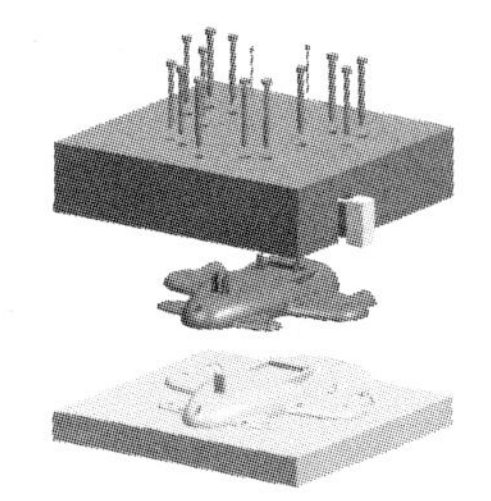
图 11.72 移动型腔镶件后

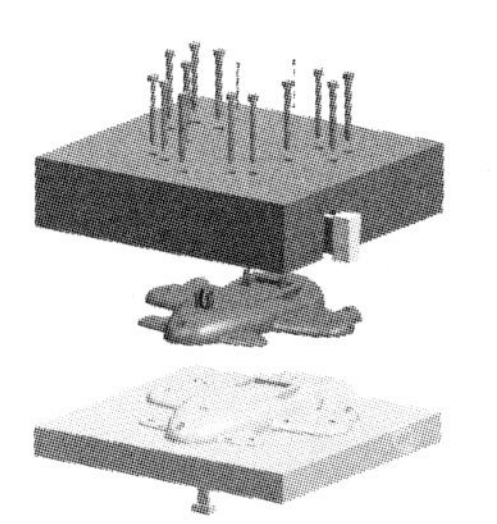
图 11.73 移动型芯镶件后

Step7. 保存文件。选择下拉菜单文件(F) ➡ 全部保存(V)命令，保存所有文件。

实例 12　含斜销的模具设计

本实例将介绍一款手机外壳的模具设计，其设计的难点是如何处理产品模型上存在的两个倒扣特征。通过本例的学习，读者能清楚地掌握含有斜销模具的设计原理。下面以图 12.1 为例，说明在 UG NX6.0 中设计带有斜销模具的一般过程。

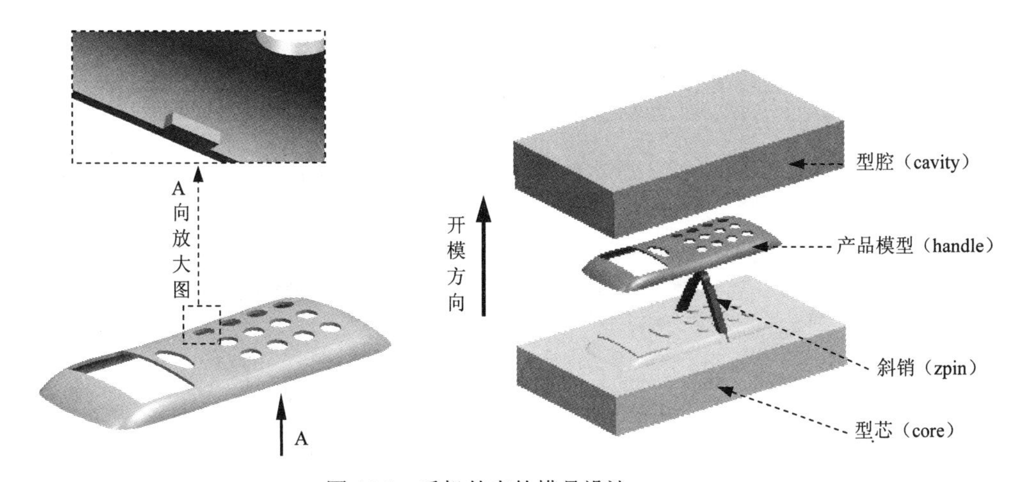

图 12.1　手机外壳的模具设计

Task1. 初始化项目

Step1. 加载模型。在“注塑模向导”工具条中单击“初始化项目”按钮，系统弹出“打开”对话框中选择 D:\ug6.6\work\ch12\phone_cover.prt，单击 OK 按钮，加载模型，系统弹出“初始化项目”对话框。

Step2. 定义投影单位。在“初始化项目”对话框的 项目单位 下拉菜单中选择 毫米 选项。

Step3. 设置项目路径和名称。接受系统默认的项目路径；在“初始化项目”对话框的 Name 文本框中输 phone_cover_mold。

Step4. 设置材料和收缩率。在“初始化项目”对话框的 材料 下拉列表中选择 ABS，同时系统会自动在 收缩率 文本框中写入 1.005。

Step5. 在该对话框中单击 确定 按钮，完成项目路径和名称的设置。

Task2. 模具坐标系

Step1. 定向模具坐标系。

（1）选择命令。选择下拉菜单 格式(R) → WCS → 定向(N)... 命令，系统弹出图 12.2 所示的“CSYS”对话框。在对话框的 类型 下拉列表中选择 对象的 CSYS 选项，选择图 12.3 所示的产品模型底面。单击 确定 按钮，完成定向模具坐标系的创建。

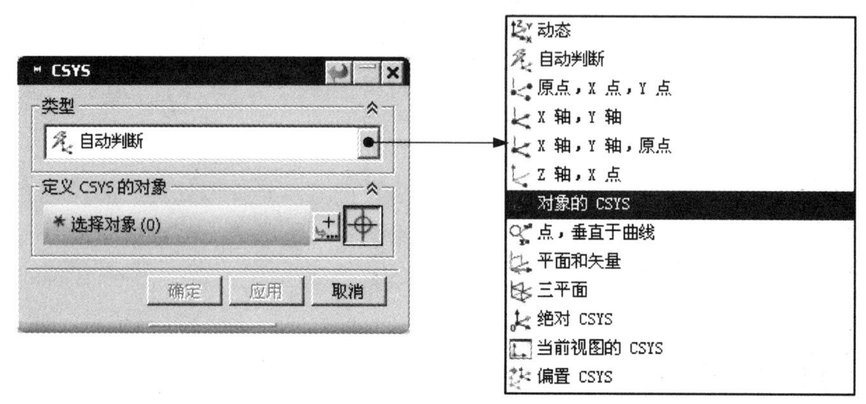

图 12.2　“CSYS”对话框

注意：注意要选择图 12.3 所示的产品模型底面，必须在过滤器中选择整个装配选项。

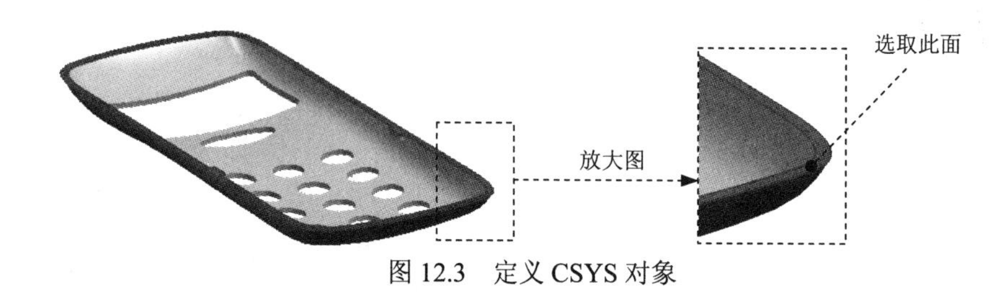

图 12.3　定义 CSYS 对象

Step2. 旋转模具坐标系。选择下拉菜单格式(R) → WCS → 旋转(R)...命令，在系统弹出“旋转 WCS 绕...”对话框中选择 + YC 轴单选项，在角度后面的文本框中输入值 180，单击确定按钮。

Step3. 锁定模具坐标系。在“注塑模向导”工具栏中单击按钮，在系统弹出“模具 CSYS”对话框中选择当前 WCS单选项，单击确定按钮，完成坐标系的定义，如图 12.4 所示。

Task3. 创建模具工件

Step1. 在“注塑模向导”工具条中单击“工件”按钮，系统弹出“工件”对话框。

Step2. 在“工件”对话框的类型下拉菜单中选择产品工件选项，在工件方法下拉菜单中选择用户定义的块选项，其余采用系统默认设置值。

Step3. 修改尺寸。单击定义工件区域的“绘制截面”按钮，系统进入草图环境，然后修改截面草图的尺寸，如图 12.5 所示。在“工件”对话框限制区域的开始和结束后的文本框中分别输入值 25 和 30。

Step4. 单击确定按钮，完成创建后的模具工件如图 12.6 所示。

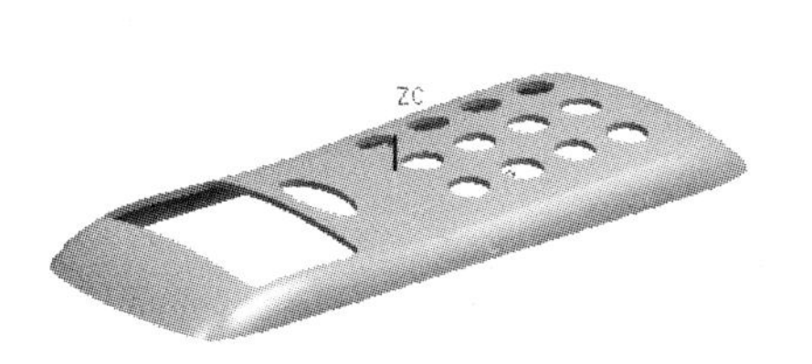

图 12.4 模具坐标系

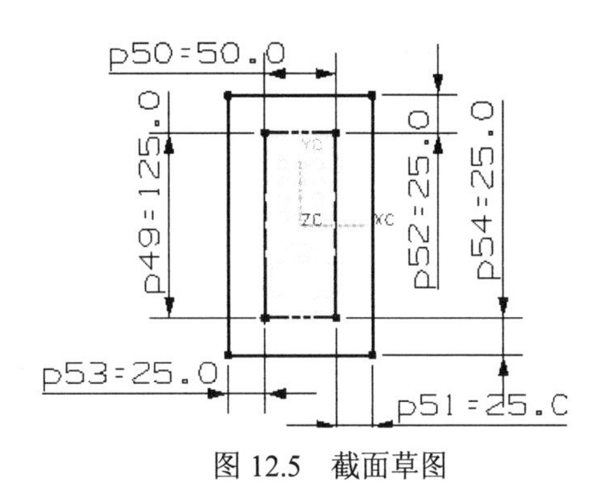

图 12.5 截面草图

Task4. 模具分型

Stage1. 设计区域

Step1. 在“注塑模向导”工具条中单击“分型”按钮，系统弹出“分型管理器”对话框。

Step2. 在“分型管理器”对话框中单击“设计区域”按钮，系统弹出 “MPV 初始化”对话框，同时模型被加亮，并显示开模方向，如图 12.7 所示。单击确定按钮，系统弹出“塑模部件验证”对话框。

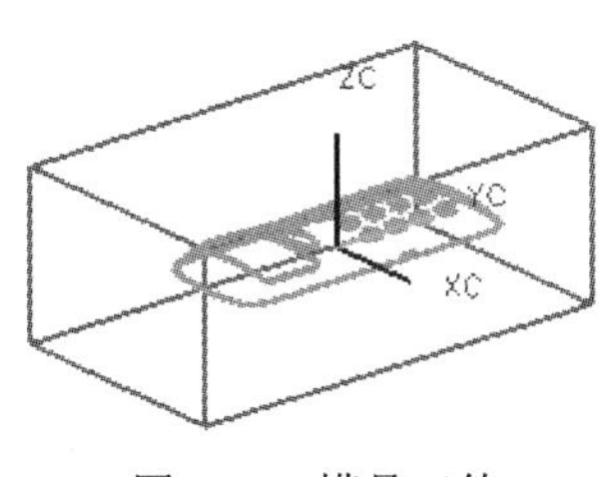

图 12.6 模具工件

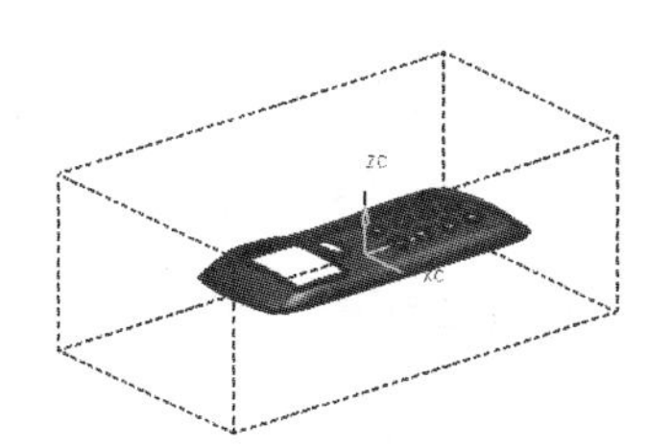

图 12.7 开模方向

Step3. 在“塑模部件验证”对话框中单击设置选项卡，在弹出的对话框中，取消选中□ 内部环、□ 分型边和□ 不完整的环三个复选框。

Step4. 在“塑模部件验证”对话框中单击区域选项卡，然后单击设置区域颜色按钮，结果如图 12.8 所示。

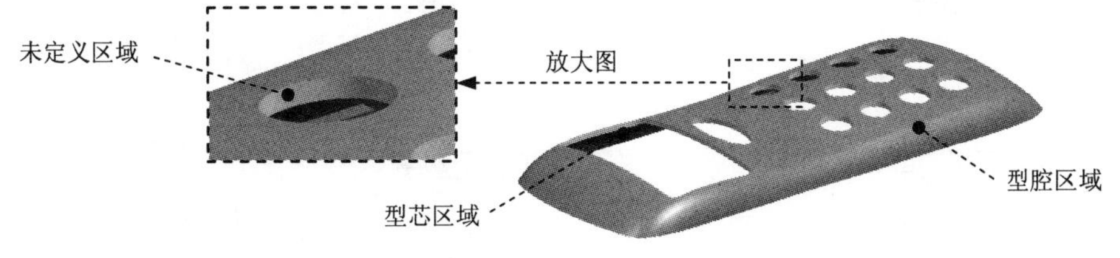

图 12.8 设置区域颜色

Step5. 定义型芯区域。在“塑模部件验证”对话框中在未定义的区域中选中☑ 交叉竖直面复选框，同时未定义的面被加亮。在指派为区域中选择⊙型芯区域单选项，单击应用按钮，系统自动将未定义的区域指派到型腔区域，同时对话框中的未定义的区域显示为“0”，创建结果如图 12.9 所示。单击取消按钮，关闭“塑模部件验证”对话框，系统返回至“分型管理器”对话框。

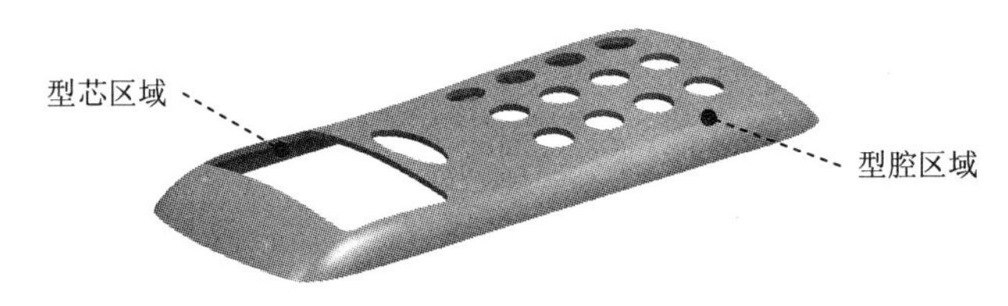

图 12.9　定义区域

Stage2. 抽取型腔/型芯区域和分型线

Step1. 在“分型管理器”对话框中单击“抽取区域和分型线”按钮，系统弹出“定义区域”对话框。

Step2. 在“定义区域”对话框中选中设置区域的☑创建区域和☑创建分型线复选框，单击确定按钮，完成分型线的抽取，系统返回至“分型管理器”对话框，抽取分型线，如图 12.10 所示。

说明：

- 此时“分型管理器”对话框中的“型腔区域”和“型芯区域”被加亮显示。
- 图 12.10 将产品体隐藏了。

Stage3. 创建曲面补片。

Step1. 在“分型管理器”对话框中单击“创建/删除曲面补片”按钮，系统弹出图 12.11 所示的“自动修补孔”对话框。

Step2. 在“自动修补孔”对话框中接受系统默认设置值，单击自动修补按钮，系统自动完成曲面补片，如图 12.12 所示。

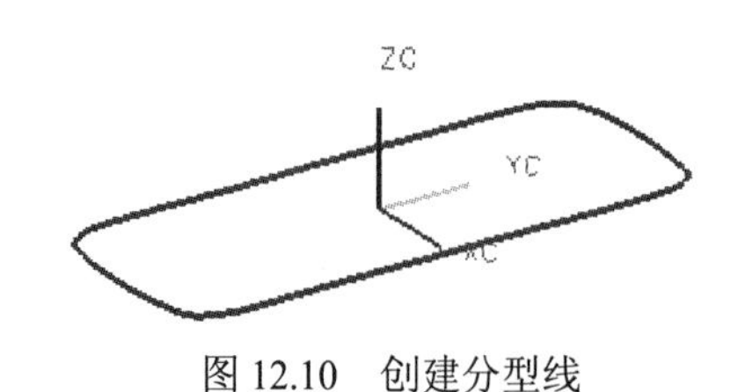

图 12.10　创建分型线

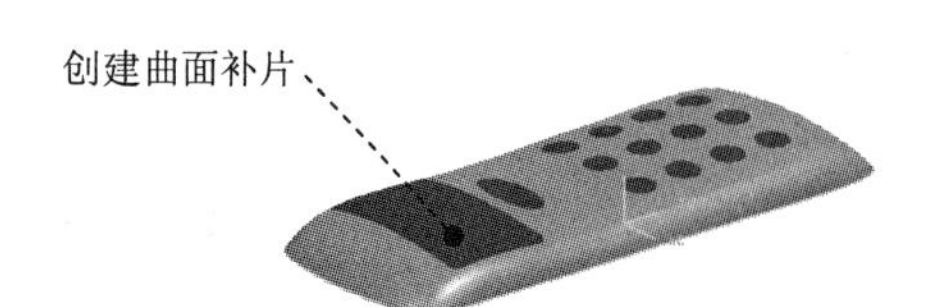

图 12.12 定义曲面补片

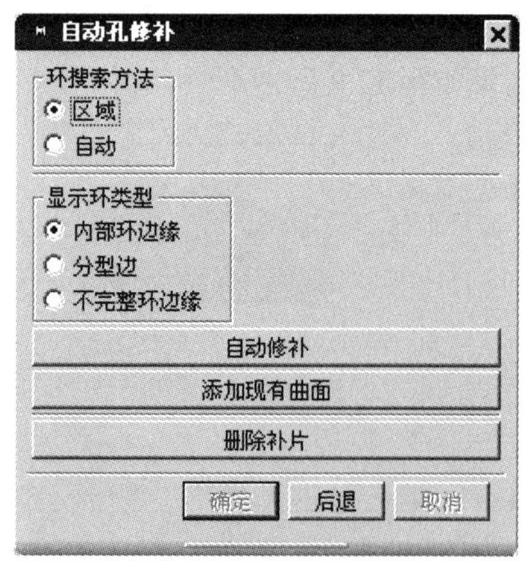

图 12.11“自动修补孔”对话框

Step3. 在“自动修补孔”对话框中单击 后退 按钮，系统自动进入”分型管理器”对话框。

Stage4. 创建分型面

Step1. 在“分型管理器”对话框中单击“创建/编辑分型面”按钮，系统弹出“创建分型面”对话框。

Step2. 在“创建分型面”对话框中接受系统默认的公差值；在 距离 文本框中输入值 60，单击 创建分型面 按钮，系统弹出“分型面”对话框。

Step3. 创建有界平面。在“分型面”对话框中选择 有界平面 单选项，单击 确定 按钮系统自动完成分型面的创建，如图 12.13 所示。

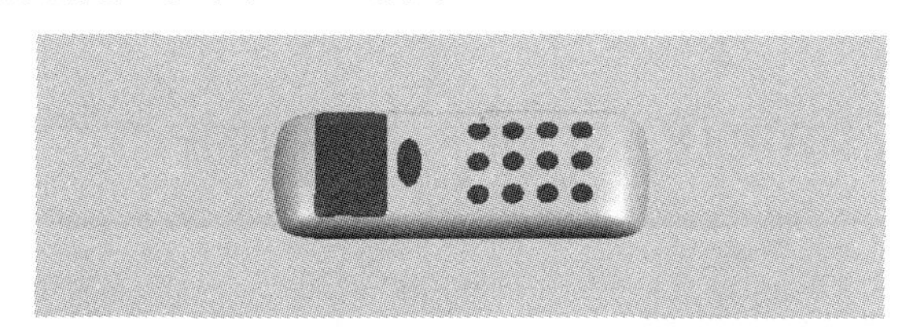

图 12.13　分型面

Stage5. 创建型腔和型芯

Step1. 在“分型管理器”对话框中单击“创建型腔和型芯”按钮，系统弹出“定义型腔和型芯”对话框。

Step2. 自动创建型腔和型芯。

（1）在“定义型腔和型芯”对话框中选取 选择片体 区域下的 All Regions 选项，单击 确定 按钮，系统弹出“查看分型结果”对话框，并在图形区显示出创建的型腔，单击“查看分型结果”对话框中的 确定 按钮，系统再一次弹出“查看分型结果”对话框。

（2）在“查看分型结果”对话框中单击 确定 按钮，系统返回至”分型管理器”对话框，在“分型管理器”对话框中单击 关闭 按钮，关闭“分型管理器”对话框。

（3）选择下拉菜单 窗口(O) → phone_cover_mold_cavity_002.prt 命令，系统显示型腔工作零件，如图 12.14 所示。

（4）选择下拉菜单 窗口(O) → phone_cover_mold_core_006.prt 命令，系统显示型芯工作零件，如图 12.15 所示。

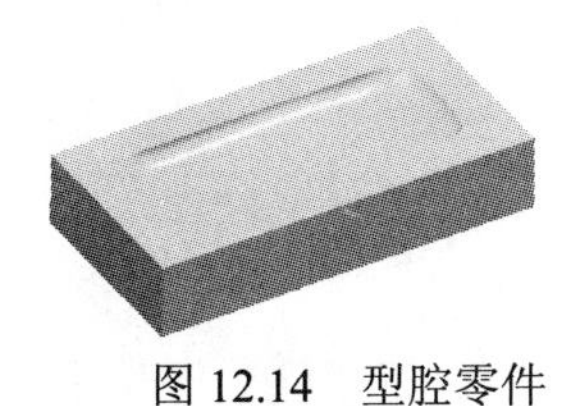

图 12.14　型腔零件

图 12.15　型芯零件

Task5. 创建斜销

Stage1. 创建拉伸特征

Step1. 选择下拉菜单 窗口(O) → phone_cover_mold_core_006.prt 命令，系统将在工作区中显示出型芯工作零件。

Step2. 选择命令。选择下拉菜单 开始 → 建模(M)... 命令，进入到建模环境中。

说明：如果此时系统已经处在建模环境下，用户则不需要此步的操作。

Step3. 定义拉伸特征。

（1）选择命令。选择下拉菜单 插入(S) → 设计特征(E) → 拉伸(E)... 命令，系统弹出“拉伸”对话框。

（2）创建截面草图。

① 定义草图平面。选取图 12.16 所示的平面为草图平面。

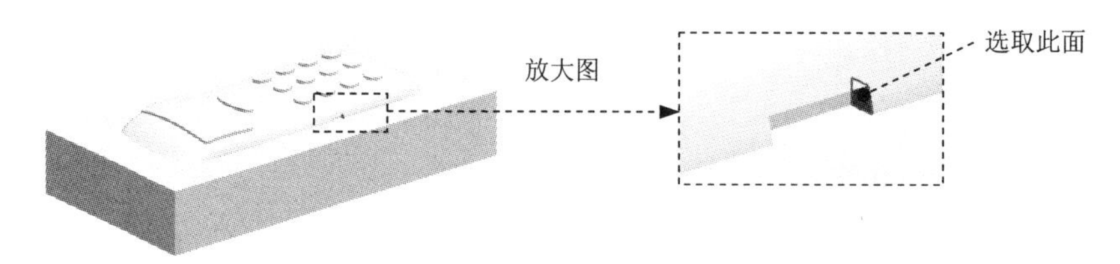

图 12.16 定义草图平面

② 绘制图 12.17 所示的截面草图，在工作区中单击“完成草图”按钮 完成草图。

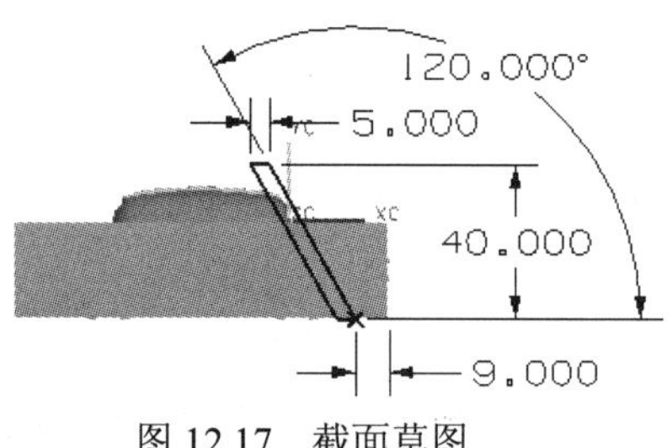

图 12.17 截面草图

（3）定义拉伸属性。

① 定义拉伸方向。在“拉伸”对话框的 方向 下拉列表中选中 选项。

② 定义开始拉伸值和结束值。在 限制 区域的 开始 下拉列表中选择 值 选项，在 距离 文本框中输入值 0。在 限制 区域的 结束 下拉列表中选择 直到被延伸 选项，选取图 12.18 所示的面。

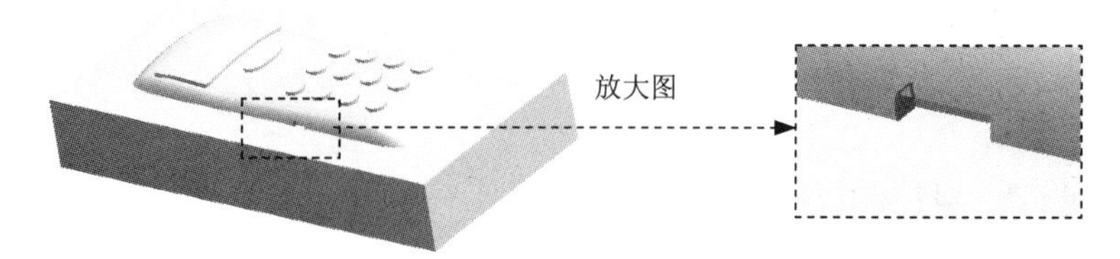

图 12.18 定义延伸对象

（4）单击 确定 按钮，完成图 12.19 所示的拉伸特征的创建。

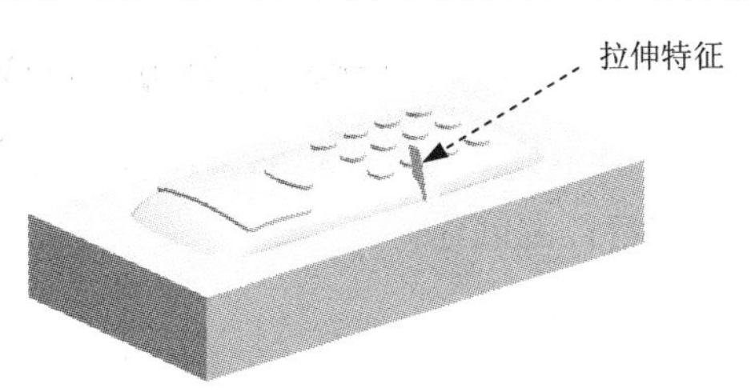

图 12.19　创建拉伸特征

Step4. 创建基准平面。选择下拉菜单 插入(S) → 基准/点(D) → 基准平面(D)... 命令，在“基准平面”对话框的 类型 下拉列表中选择 平分 选项，创建图 12.20 所示的基准平面。

Step5. 镜像特征。选择下拉菜单 插入(S) → 关联复制(A) → 镜像特征(M)... 命令，选取图 12.21 所示的镜像特征，选取图 12.21 所示的镜像平面。单击 确定 按钮，完成镜像特征的创建，如图 12.22 所示。

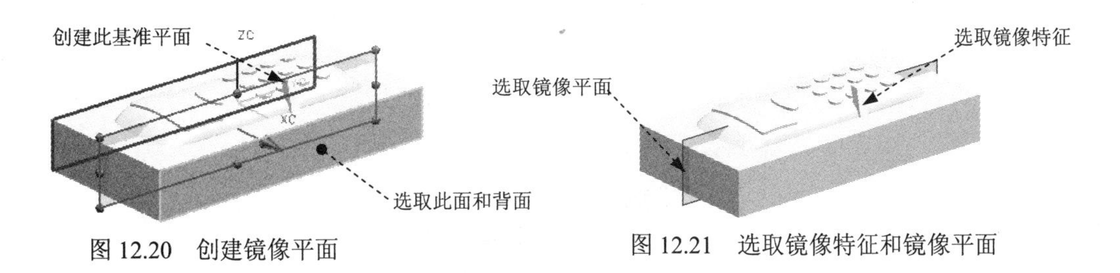

图 12.20　创建镜像平面　　图 12.21　选取镜像特征和镜像平面

Stage2. 创建求交特征

Step1. 创建求交特征 1。选择下拉菜单 插入(S) → 组合体(B) → 求交(I)... 命令，选取图 12.23 所示的特征为目标体，选取图 12.23 所示的特征为工具体，并选中 ☑ 保持工具 复选框。单击 确定 按钮，完成求交特征 1 的创建。

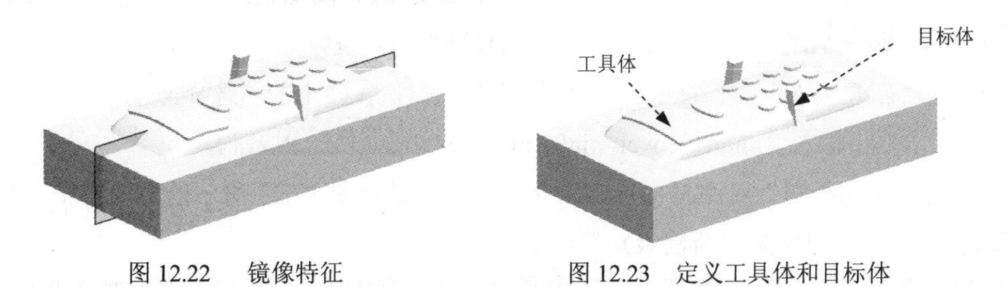

图 12.22　镜像特征　　图 12.23　定义工具体和目标体

Step2. 创建求交特征 2。选择下拉菜单 插入(S) → 组合体(B) → 求交(I)... 命令，选取图 12.24 所示的特征为目标体，选取图 12.24 所示的特征为工具体，并选中 ☑ 保持工具 复选框。单击 确定 按钮，完成求交特征 2 的创建。

Stage3. 创建求差特征

Step1. 求差特征 1。选择下拉菜单 插入(S) ➡ 组合体(B) ➡ 求差(S)... 命令，选取图 12.25 所示的特征为目标体，选取图 12.25 所示的特征为工具体，并选中 ☑ 保持工具 复选框。单击 确定 按钮，完成求差特征的创建。

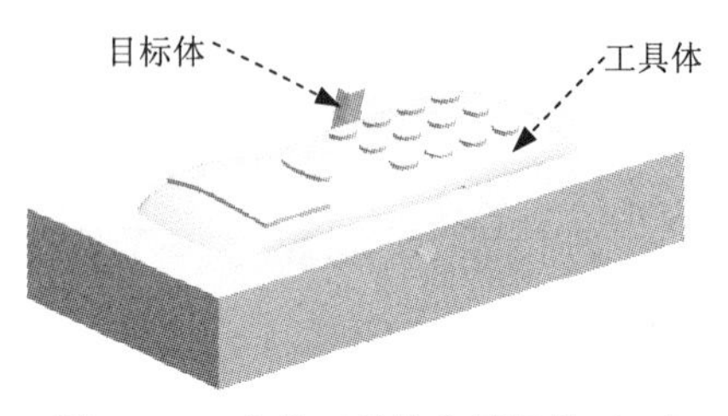

图 12.24 定义工具体和目标体（一）

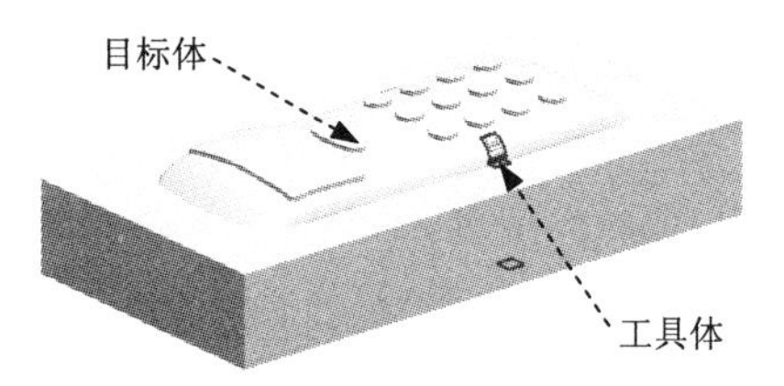

图 12.25 定义工具体和目标体（二）

Step2. 求差特征 2。选择下拉菜单 插入(S) ➡ 组合体(B) ➡ 求差(S)... 命令，选取图 12.26 所示的特征为目标体，选取图 12.26 所示的特征为工具体，并选中 ☑ 保持工具 复选框。单击 确定 按钮，完成求差特征的创建。

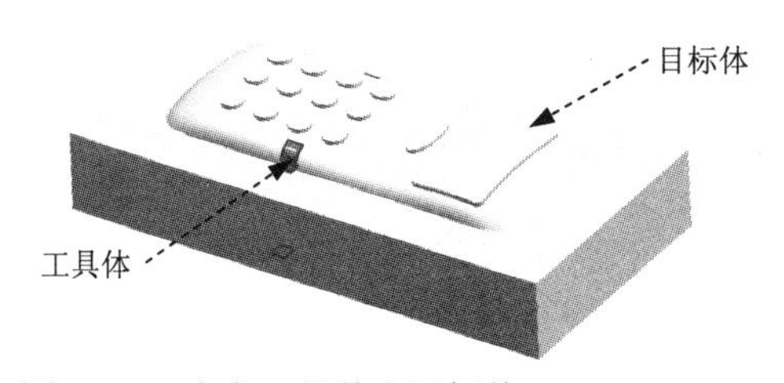

图 12.26 定义工具体和目标体（三）

Step3. 将斜销转为型芯的子零件。

（1）选择命令。单击“装配导航器”中的按钮，系统弹出“装配导航器”对话框，在对话框中右击空白处，然后在弹出的菜单中选择 WAVE 模式 选项。

（2）在“装配导航器”对话框中右击 ☑ phone_cover_mold_core_006，在弹出的菜单中选择 WAVE ▸ ➡ 新建级别 命令，系统弹出“新建级别”对话框。

（3）在“新建级别”对话框中单击 指定部件名 按钮，在弹出的“选择部件名”对话框的 文件名(N): 文本框中输入“phone_cover_pin01.prt”，单击 OK 按钮。

（4）在“新建级别”对话框中单击 类选择 按钮，选择图 12.27 所示的滑块特征，单击 确定 按钮，系统返回至“新建级别”对话框。

（5）单击“新建级别”对话框中的 确定 按钮，此时在“装配导航器”对话框中显示出刚创建的斜销的名字。

（6）在“装配导航器”对话框中右击 ☑ phone_cover_mold_core_006，在弹出的菜单中选择 WAVE ▸ ➡ 新建级别 命令，系统弹出“新建级别”对话框。

（7）在“新建级别”对话框中单击 指定部件名 按钮，在弹出的“选择部件名”对话框的文件名(N):文本框中输入“phone_cover_pin02.prt”，单击OK按钮。

（8）在“新建级别”对话框中单击类选择按钮，选择图 12.28 所示的滑块特征，单击确定按钮，系统返回至“新建级别”对话框。

（9）单击“新建级别”对话框中的确定按钮，此时在“装配导航器”对话框中显示出刚创建的斜销的名字。

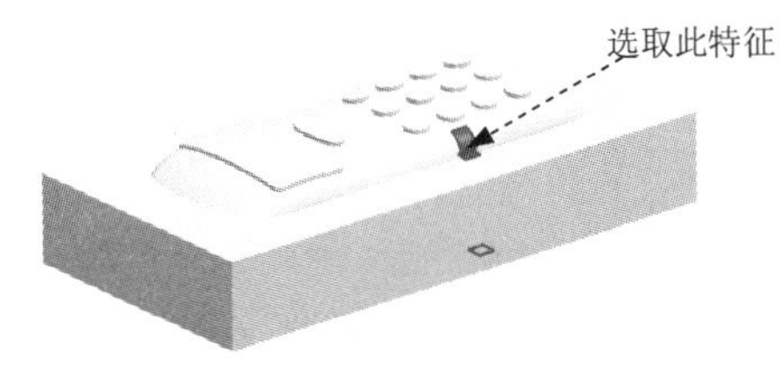

图 12.27　创建工作部件 1

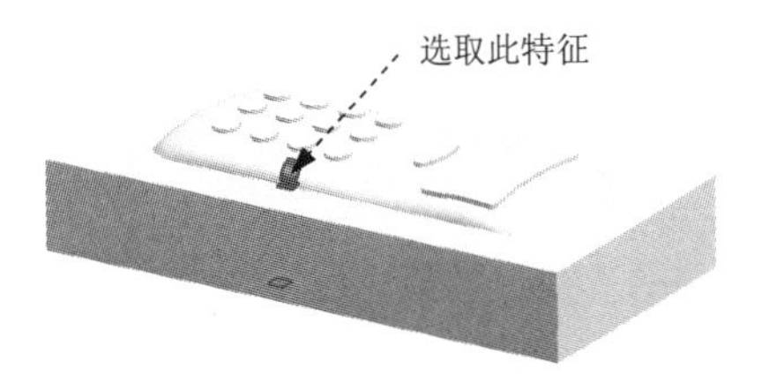

图 12.28　创建工作部件 2

Step4. 移动至图层。单击“装配导航器”中的按钮，取消选中☑phone_cover_pin01和☑phone_cover_pin02部件；选取图 12.27 和图 12.28 所示的滑块；选择下拉菜单格式(R) → 移动至图层(M)...命令，系统弹出“图层移动”对话框；在目标图层或类别文本框中输入值 10，单击确定按钮，退出“图层设置”对话框；单击“装配导航器”中的按钮，选中☑phone_cover_pin01和☑phone_cover_pin02部件。

Task6. 创建模具爆炸视图

Step1. 移动型腔。选择下拉菜单窗口(O) → phone_cover_mold_top_010.prt命令，在装配导航器中将部件转换成工作部件；选择下拉菜单装配(A) → 爆炸图(X) → 新建爆炸(N)...命令，系统弹出“创建爆炸图”对话框，接受默认的名字，单击确定按钮；选择下拉菜单装配(A) → 爆炸图(X) → 编辑爆炸图(E)...命令，选取图 12.29a 所示的型腔元件，选择⊙移动对象单选项，沿 Z 方向向上移动 100mm，单击确定按钮，结果如图 12.29b 所示。

Step2. 移动产品模型。选择下拉菜单装配(A) → 爆炸图(X) → 编辑爆炸图(E)...命令，选取图 12.30a 所示的产品模型元件。然后选择⊙移动对象单选项，沿 Z 方向向上移动 50mm，结果如图 12.30b 所示。

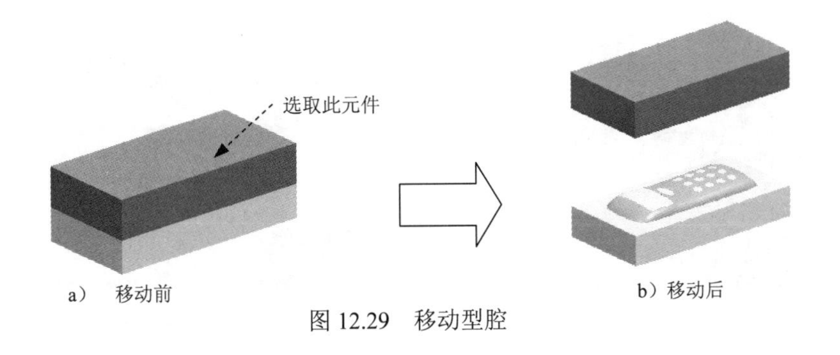

图 12.29　移动型腔

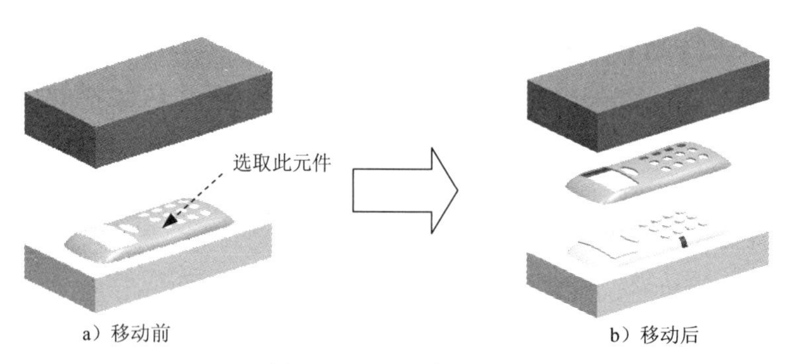

图 12.30　移动产品模型

Step3. 移动斜销 1。

（1）选择下拉菜单 装配(A) → 爆炸图(X) → 编辑爆炸图(E)... 命令，选取图 12.31 所示的斜销模型元件，然后在“编辑爆炸图”对话框中选择 只移动手柄 单选项，选取动态坐标系 XZ 面上的“手柄”，如图 12.32 所示，在 角度 文本框中输入值-30，然后单击 Enter 键。

（2）在“编辑爆炸图”对话框中选择 移动对象 单选项，选取“活动手柄”的 Z 轴，在 距离 文本框中输入值 35。单击 确定 按钮，完成斜销 1 的移动，如图 12.33 所示。

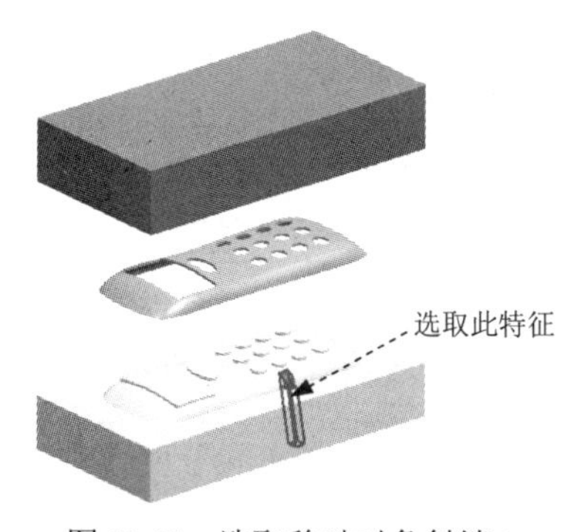

图 12.31　选取移动对象斜销 1

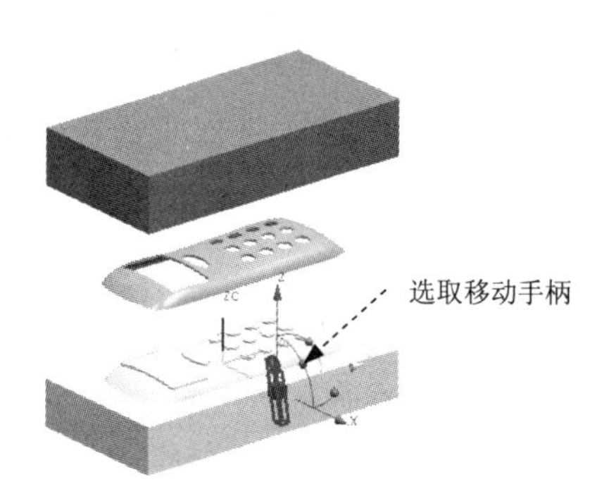

图 12.32　定义旋转角度

Step4. 参照 Step3 的操作，完成图 12.34 所示的斜销 2 的移动。

Step5. 保存文件。选择下拉菜单 文件(F) → 全部保存(V) 命令，保存所有文件。

图 12.33　移动斜销 1

图 12.34　移动斜销 2

实例 13　含破孔的模具设计

本实例将介绍一个含有破孔的模具设计过程（如图 13.1 所示）。在该模具的分型过程中，填充破孔的技巧值得大家认真学习。在完成本实例的学习之后，希望读者能够熟练掌握带多个破孔的产品模具分模技巧。下面介绍该模具的设计过程。

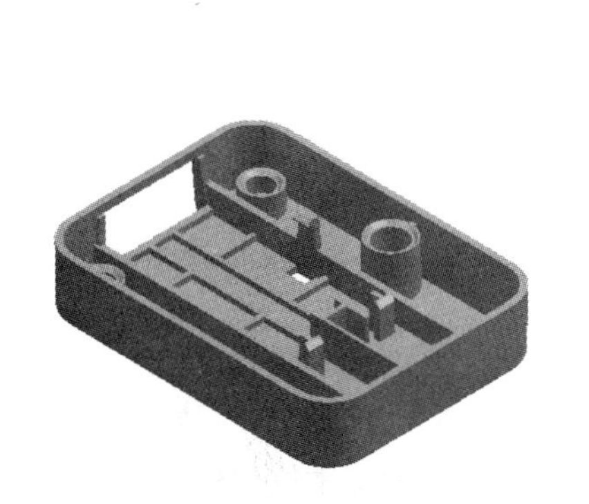

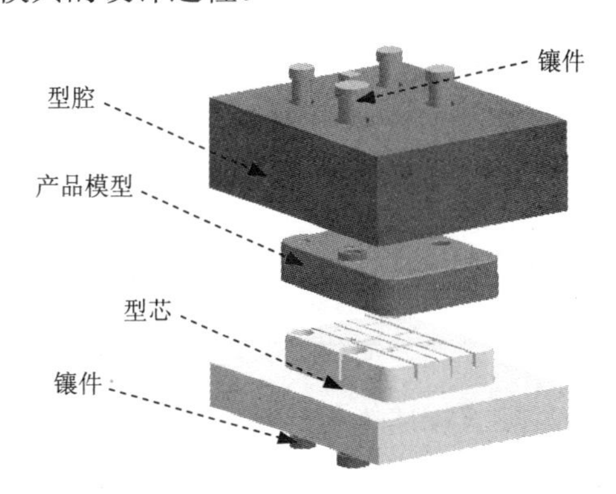

图 13.1　含有破孔的模具设计

Task1. 初始化项目

Step1. 加载模型。在“注塑模向导”工具条中单击“初始化项目”按钮，系统弹出“打开部件文件”对话框，选择 D:\ug6.6\work\ch13\housing.prt，单击 OK 按钮，调入模型，系统弹出“初始化项目”对话框。

Step2. 定义投影单位。在“初始化项目”对话框的项目单位下拉菜单中选择毫米选项。

Step3. 设置项目路径和名称。接受系统默认的项目路径；在“初始化项目”对话框的 Name 文本框中，输入 housing_mold。

Step4. 在该对话框中单击确定按钮，完成项目路径和名称的设置。

Task2. 模具坐标系

Step1. 定向模具坐标系。选择下拉菜单格式(R) → WCS → 定向(N)...命令，在“CSYS”对话框的类型下拉列表中选择自动判断，然后选取图 13.2 所示的模型表面。单击确定按钮，完成坐标的定向。

注意：在选择模型表面时，要确定在“选择条”下拉菜单中选择的是整个装配选项。

Step2. 旋转模具坐标系。选择下拉菜单格式(R) → WCS → 旋转(R)...命令，在系统弹出“旋转 WCS 绕…点”对话框中选择 + XC 轴单选项，在角度文本框中输入旋转值 180。单击确定按钮，完成坐标系的旋转，如图 13.3 所示。

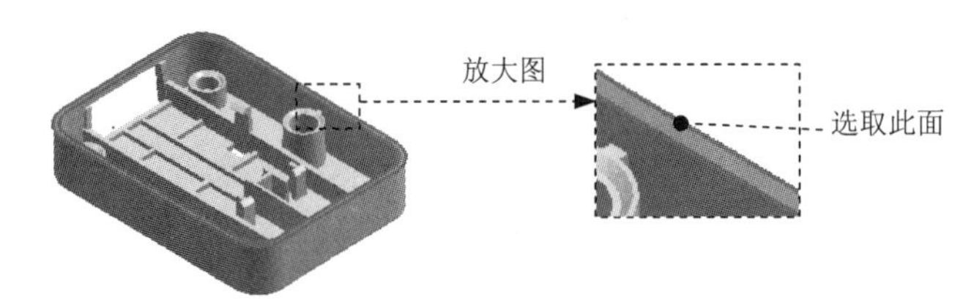

图 13.2　定向参照

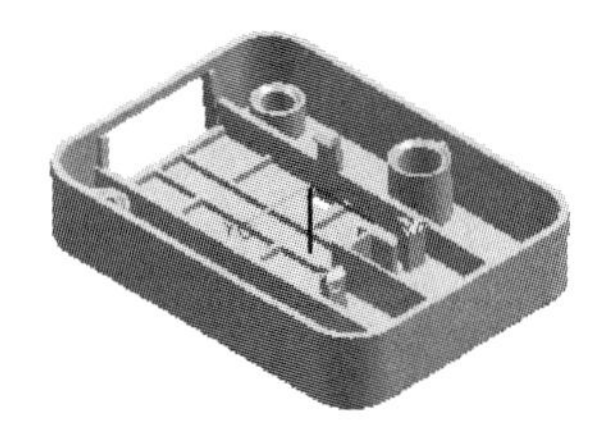

图 13.3　旋转后的坐标系

Step3. 锁定模具坐标系。在“注塑模向导”工具条中单击“模具 CSYS”按钮，在系统弹出 “模具 CSYS”对话框中，选择“当前 WCS”单选项。单击“确定”按钮，完成坐标系的定义，如图 13.4 所示。

Task3. 设置收缩率

Step1. 定义收缩率类型。在“注塑模向导”工具条中单击“收缩率”按钮，产品模型会高亮显示，在“缩放体”对话框的“类型”下拉列表中选择“均匀”选项。

Step2. 定义缩放体和缩放点。接受系统默认的设置值。

Step3. 定义缩放体因子。在“缩放体”对话框“比例因子”区域的“均匀”文本框中输入值 1.005。

Step4. 单击“确定”按钮，完成收缩率的设置。

Task4. 创建模具工件

Step1. 在“注塑模向导”工具条中单击“工件”按钮，系统弹出“工件”对话框。

Step2. 在“工件”对话框的“类型”下拉菜单中选择“产品工件”选项，在“工件方法”下拉菜单中选择“用户定义的块”选项，其余采用系统默认设置值。

Step3. 单击“确定”按钮，完成模具工件的创建，结果如图 13.5 所示。

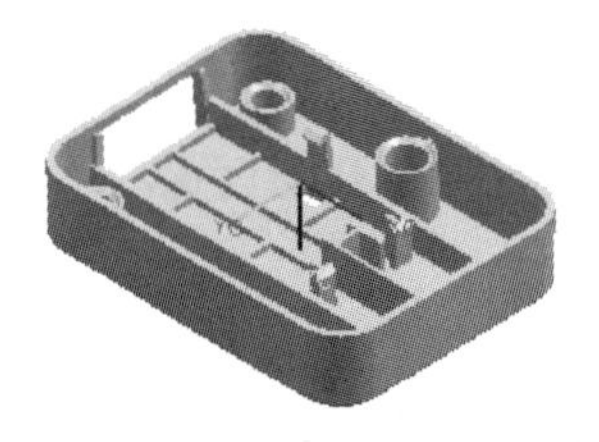

图 13.4　锁定后的坐标系

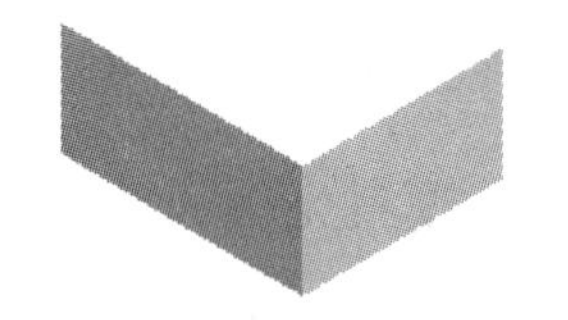

图 13.5　创建后的模具工件

Task5. 创建曲面补片

Step1. 创建曲面补片。

（1）选择命令。在“注塑模向导”工具条中单击“注塑模工具”按钮，在系统弹出的“注塑模工具”工具条中，单击“边缘补片”按钮，此时系统弹出“开始遍历”对话框。

（2）选择轮廓边界。取消选中□ 按面的颜色遍历复选框，选择图 13.6 所示的边线为起始边线，系统弹出“曲线/边选择”对话框。单击 接受 和 下一个路径 按钮，选取图 13.6 所示的轮廓曲线，系统将自动生成图 13.7 所示的片体曲面，关闭“曲线/边选择”对话框。

说明：在任意选取第一条轮廓线时，系统会弹出“曲线/边选择”对话框，通过单击对话框中的 接受 和 下一个路径 按钮，完成补片体轮廓线选取。

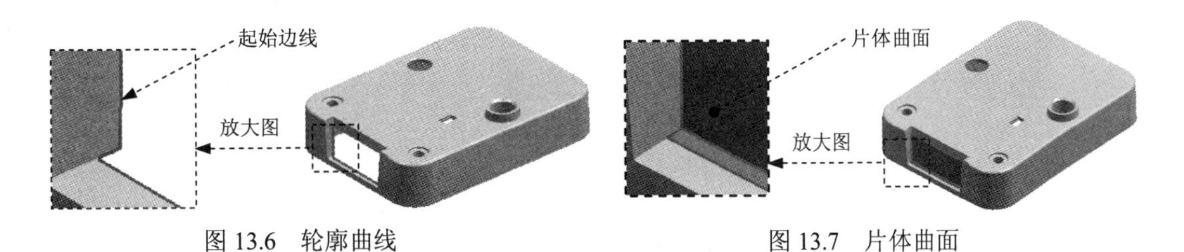

图 13.6　轮廓曲线　　图 13.7　片体曲面

Step2. 创建拆分面 1。

（1）选择命令。在“注塑模工具”工具条中单击“面拆分”按钮，系统弹出“面分拆”对话框。

（2）选取拆分面。选取图 13.8 所示的面为拆分对象。

（3）定义创建曲线方法。在“面拆分”对话框中单击“选择曲线/边”按钮，然后在曲线方法区域中选择 ⊙ 点 + 点 单选项。

（4）定义点。选取图 13.9 所示的点 1 和点 2。

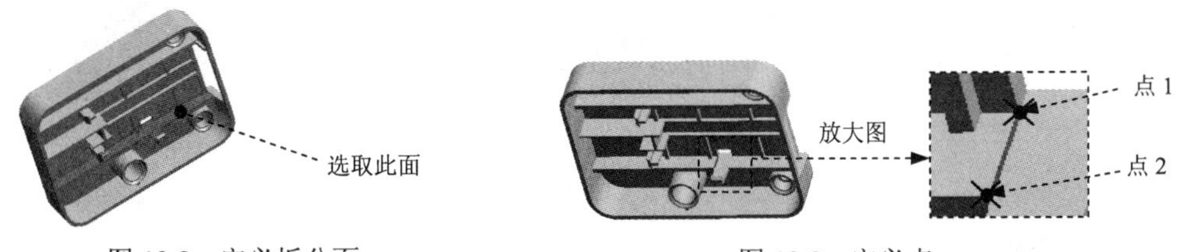

图 13.8　定义拆分面　　图 13.9　定义点

（5）在“面拆分”对话框中单击 应用 按钮，完成面拆分 1 的创建，结果如图 13.10 所示。

Step3. 参照 Step2，将选取面的另一部分拆分，创建面拆分 2，结果如图 13.11 所示。

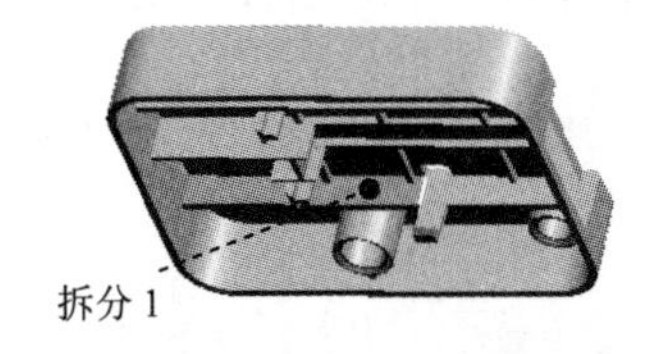

图 13.10　创建面拆分 1

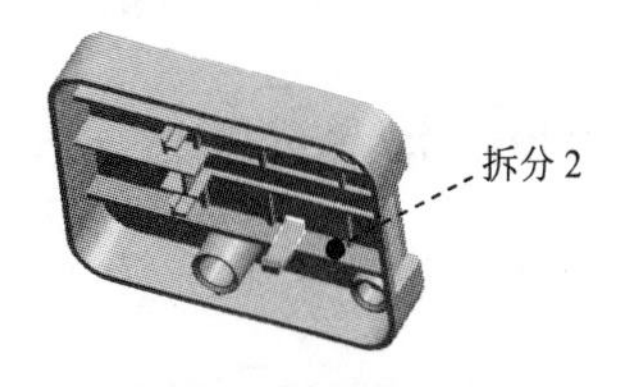

图 13.11　创建面拆分 2

Step4. 选择命令。选择下拉菜单 开始 ➡ 建模(M)... 命令，进入到建模环境中。

Step5. 创建曲线。选择下拉菜单 插入(S) → 曲线(C) → 直线(L)... 命令，选取图 13.12 所示的点 1 和点 2 分别为起始点和终止点，绘制的曲线 1 如图 13.12 所示。单击对话框中的 应用 按钮，完成曲线 1 的创建。选取图 13.12 所示的点 3 和点 4 为起始点和终止点，绘制的曲线 2 如图 13.12 所示。单击 确定 按钮，完成曲线 2 的创建。

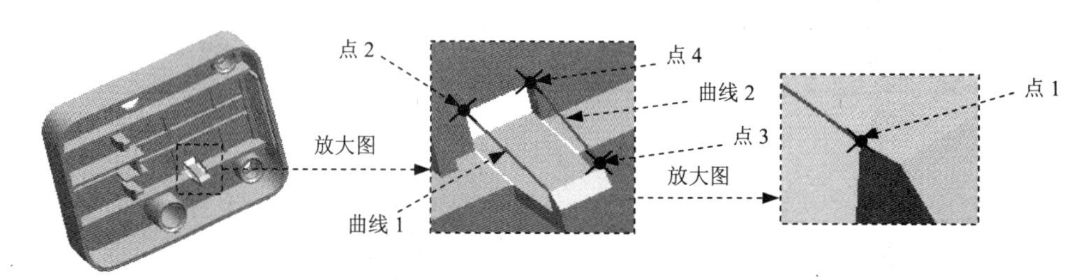

图 13.12　创建曲线

Step6. 创建曲面。

（1）选择下拉菜单 插入(S) → 网格曲面(M) → 通过曲线网格(M)... 命令，选取图 13.13 所示的曲线 1 和边线 1 为一条主曲线，选取曲线 2 为另一条主曲线，并分别单击中键确认；单击中键后，选取图 13.13 所示的直线 1 和直线 2 为交叉曲线，并分别单击中键确认。单击 应用 按钮，完成曲面的创建，如图 13.14 所示。

（2）创建图 13.15 所示的曲面。参照步骤（1）完成曲面的创建。

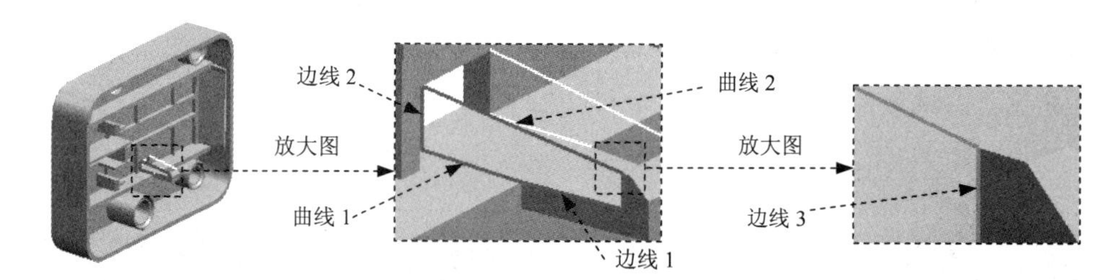

图 13.13　定义主曲线和交叉曲线

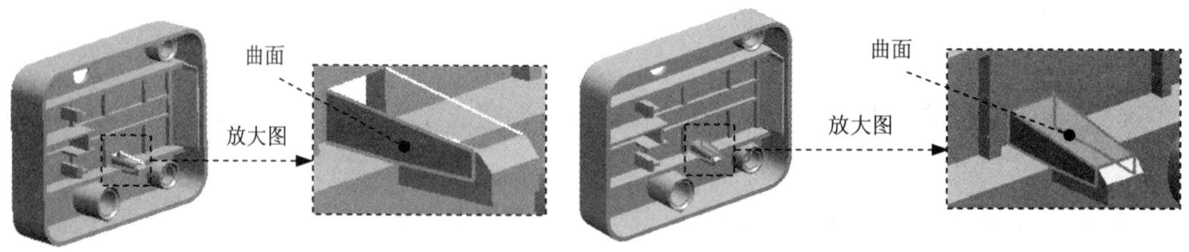

图 13.14　创建曲面（一）　　图 13.15　创建曲面（二）

Task6. 模具分型

Stage1. 设计区域

Step1. 在“注塑模向导”工具条中单击“分型”按钮，系统弹出“分型管理器”对话框。

Step2. 在“分型管理器”对话框中单击“设计区域”按钮，系统弹出“MPV 初始化”对话框，同时模型被加亮，并显示开模方向，如图 13.16 所示。单击 确定 按钮，系统弹出“塑模部件验证”对话框。

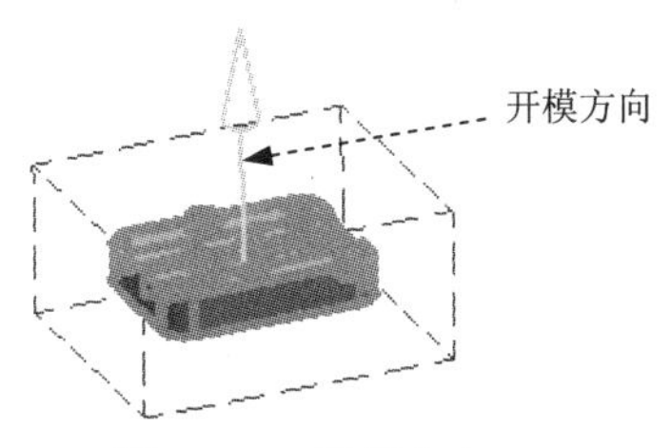

图 13.16　开模方向

Step3. 定义型腔\型芯区域。

（1）设置区域颜色。在“塑模部件验证”对话框中单击 设置区域颜色 按钮来设置区域颜色。

（2）定义型腔区域。在未定义的区域区域中选中☑ 交叉区域面复选框，此时系统将所有的未定义区域面加亮显示；在指派为区域中选择⊙ 型腔区域单选项，单击 应用 按钮，此时系统将加亮显示的未定义区域面指派到型腔区域，如图 13.17 所示。

（3）定义型芯区域。在指派为区域中选择 ⊙ 型芯区域 单选项，选取图 13.18 所示的曲面，单击 应用 按钮，此时系统将加亮显示的未定义区域面指派到型芯区域。

（4）接受系统默认的其他设置，单击 取消 按钮，关闭“塑模部件验证”对话框，系统返回至“分型管理器”对话框。

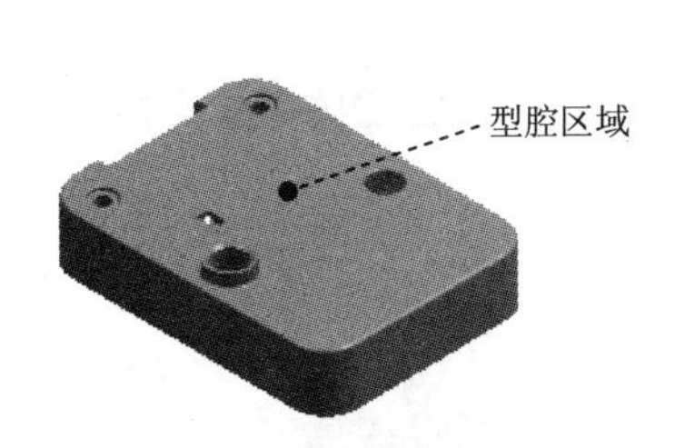

图 13.17　型腔区域

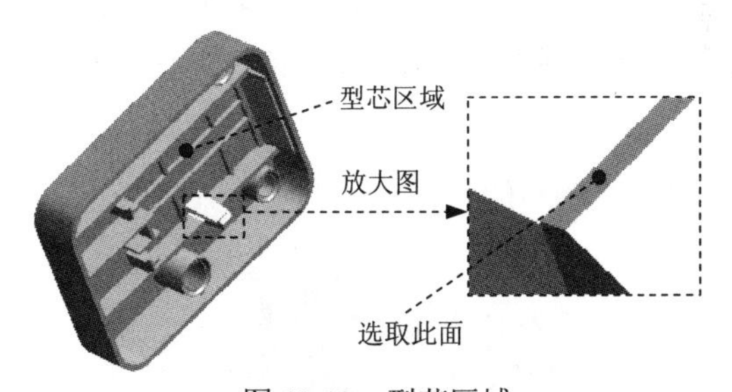

图 13.18　型芯区域

Step4. 创建曲面补片

（1）在“分型管理器”对话框中单击“创建/删除曲面补片”按钮，系统弹出“自动孔修补”对话框。

（2）在“补片环选择”对话框的环搜索方法区域中选择⊙ 区域单选项，在显示环类型区域中选择⊙ 内部环边缘单选项；单击 自动修补 按钮，系统自动修补孔，结果如图 13.19 所示。

（3）在“自动孔修补”对话框中单击 添加现有曲面 按钮，系统弹出“选取片体”对话框，选取图 13.20 所示的曲面(前面创建的曲面)，单击“选取片体”对话框中的 确定 按钮，返回至“自动孔修补”对话框。

（4）单击 后退 按钮，系统返回至“分型管理器”对话框。

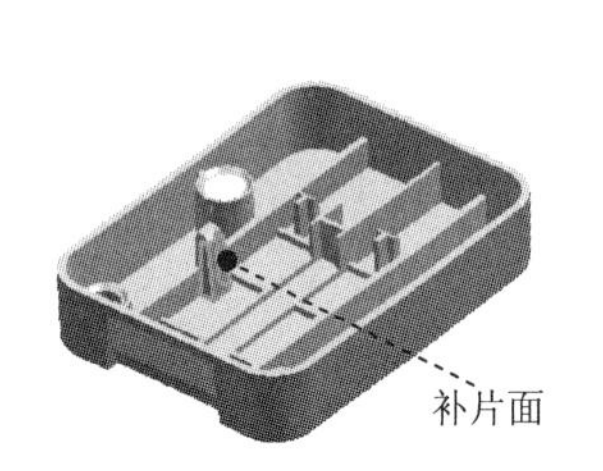

图 13.19 创建曲面补片（一）

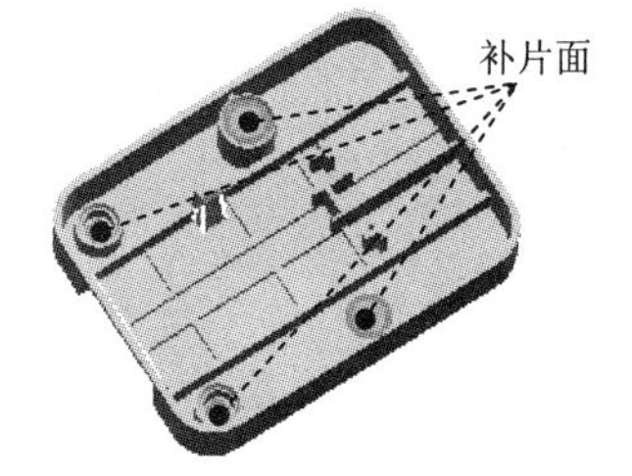

图 13.20 创建曲面补片（二）

Stage2. 抽取型腔/型芯区域和分型线

Step1. 在“分型管理器”对话框中单击“抽取区域和分型线”按钮，系统弹出“定义区域”对话框。

Step2. 在“定义区域”对话框的 设置 区域中选中 ☑ 创建区域 复选框和 ☑ 创建分型线 复选框，单击 确定 按钮，完成区域和分型线的抽取，系统返回至“分型管理器”对话框；结果如图 13.21 所示。

Stage3. 创建分型面

Step1. 在“分型管理器”对话框中单击“创建/编辑分型面”按钮，系统弹出“创建分型面”对话框。

Step2. 在“创建分型面”对话框中接受系统默认的公差值；在 距离 文本框中输入值 60，单击 创建分型面 按钮，系统弹出“分型面”对话框。

Step3. 在“分型面”对话框中选择 ⊙ 有界平面 单选项，单击 确定 按钮，完成图 13.22 所示的分型面的创建。

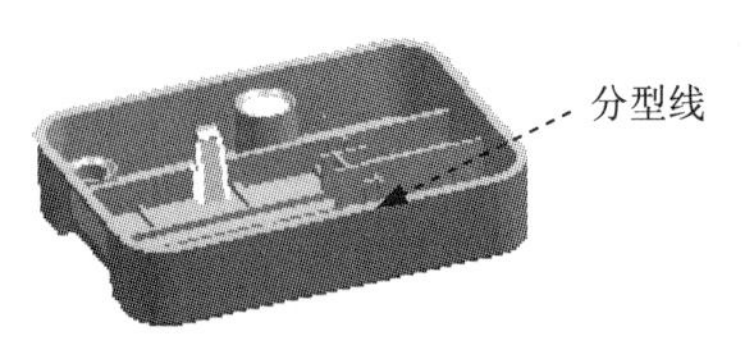

图 13.21 抽取分型线

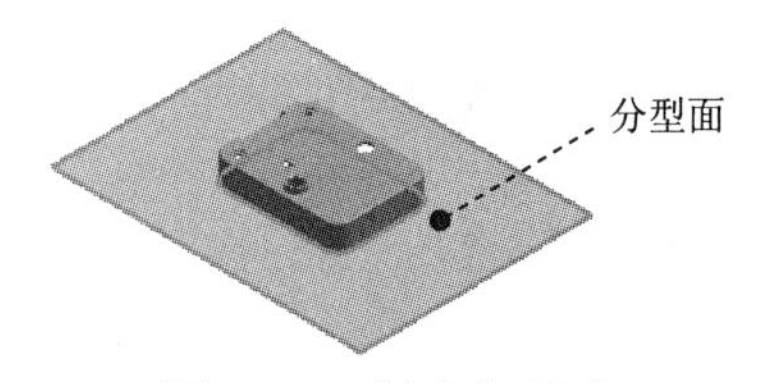

图 13.22 创建分型面

Stage4. 创建型腔和型芯

Step1. 在“分型管理器”对话框中单击“创建型腔和型芯”按钮，系统弹出“定义型腔和型芯”对话框。

Step2. 在“定义型腔和型芯”对话框中选取 选择片体 区域下的 All Regions 选项，单击 确定 按钮，系统弹出“查看分型结果”对话框，并在图形区显示出创建的型腔，结果如图 13.23 所示；单击“查看分型结果”对话框中的 确定 按钮，系统再一次弹出“查看分型结果”对话框，并在图形区显示出创建的型芯，结果如图 13.24 所示。

Step3. 在“查看分型结果”对话框中单击 确定 按钮，系统返回至“分型管理器”对话框，在“分型管理器”对话框中单击 关闭 按钮，关闭“分型管理器”对话框。

图 13.23　型腔　　图 13.24　型芯

Step4. 切换窗口。选择下拉菜单 窗口(O) → 1. housing_mold_core_013.prt 命令，将型芯零件显示出来。

Task7. 创建型芯镶件

Step1. 创建拉伸特征 1。选择下拉菜单 插入(S) → 设计特征(E) → 拉伸(E)... 命令，选择图 13.25 所示的三条边链为拉伸截面，在 指定矢量 下拉列表中选择 ZC 选项；在 限制 区域的 开始 下拉列表中选择 值 选项，并在其下的 距离 文本框中输入值-20；在 结束 下拉列表中选择 值 选项，并在其下的 距离 文本框中输入值 60。在 布尔 区域的 布尔 下拉列表中选择 无，在 设置 区域的 体类型 下拉列表中选择 片体 选项。完成拉伸特征 1 的创建；结果如图 13.26 所示。

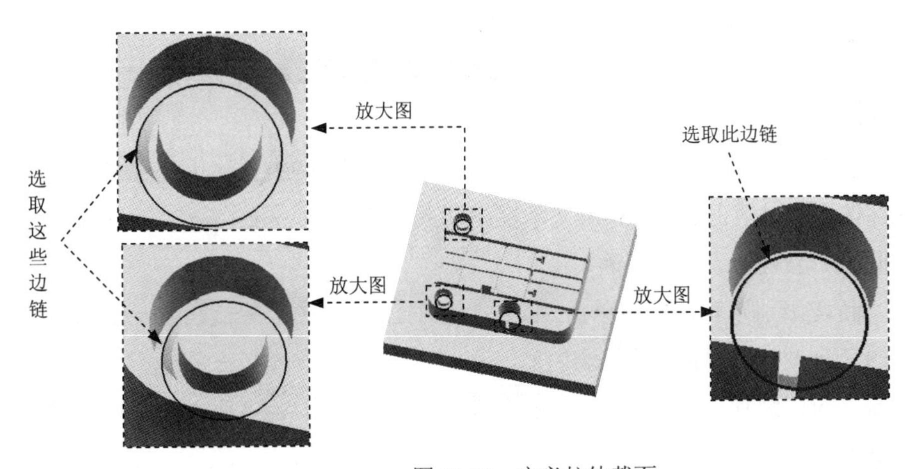

图 13.25　定义拉伸截面

Step2. 创建拆分体。选择下拉菜单 插入(S) → 修剪(T) → 拆分体(P)... 命令，选取图 13.27 所示的型芯为目标体，选取图 13.27 所示的面为目标面。单击 确定 按钮，完成拆分体特征的创建。

图 13.26 拉伸特征 1

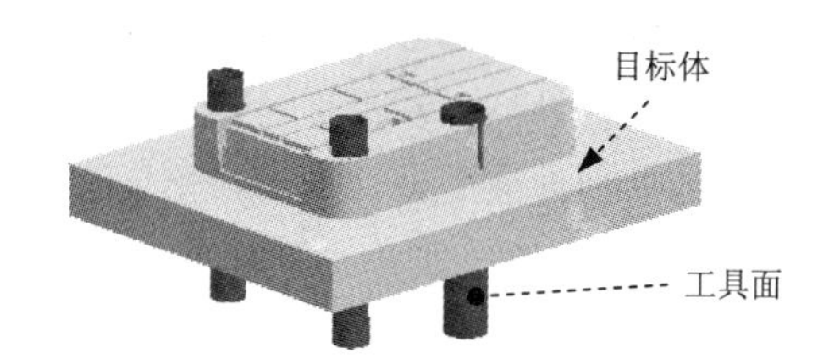

图 13.27 定义拆分对象

Step3. 创建剩余两个拆分体特征。参考 Step2 的操作步骤完成剩余两个拆分体的创建，结果如图 13.28 所示。

说明：

完成拆分体的创建后，隐藏 Step1 创建的拉伸曲面。隐藏型芯后的结果如图 13.29 所示。

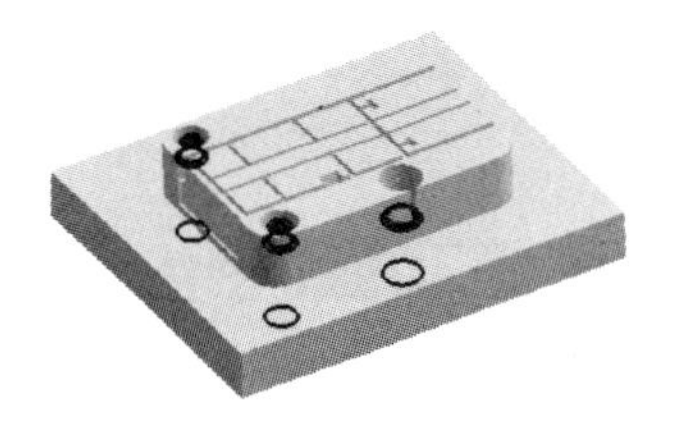

图 13.28 拆分体特征

图 13.29 型芯镶件

Step4. 将镶件转化为型芯的子零件。

（1）单击“装配导航器”中的选项卡，系统弹出“装配导航器”窗口，在该窗口中右击空白处，然后在弹出的菜单中，选择WAVE 模式选项。

（2）在“装配导航器”对话框中右击 boat_top_mlod_cavity_002，在弹出的菜单中选择WAVE ➡ 新建级别命令，系统弹出“新建级别”对话框。

（3）在“新建级别”对话框中单击指定部件名按钮，在弹出的“选择部件名”对话框的文件名(N):文本框中输入“housing_pin01.prt”，单击OK按钮，系统返回至“新建级别”对话框。

（4）在“新建级别”对话框中单击类选择按钮，选择拆分体得到的三个镶件，单击确定按钮。

（5）单击“新建级别”对话框中的确定按钮，此时在“装配导航器”对话框中显示出刚创建的镶件。

Step5. 移动至图层。

（1）单击装配导航器中的选项卡，在该选项卡中取消选中 housing_pin01 部件。

（2）移动至图层。选取前面拆分得到的三个镶件；选择下拉菜单格式(R) ➡ 移动至图层(M)...命令，系统弹出“图层移动”对话框。

注意：在选择前面拆分得到的三个镶件时，要确定在“选择条”的过滤器下拉菜单中选择的是实体选项。

（3）在目标图层或类别文本框中输入值 10，单击 确定 按钮，退出“图层设置”对话框，结果如图 13.30 所示。

注意：此时需要将图层 10 隐藏。

（4）单击“装配导航器”中的选项卡，在该选项卡中选中☑housing_pin01部件。

Step6. 将镶件转换为显示部件。

（1）单击“装配导航器”选项卡，系统弹出“装配导航器”窗口。

图 13.30　隐藏拆分体

（2）在☑housing_pin01选项上右击，在弹出的快捷菜单中选择设为显示部件命令，系统显示镶件零件。

Step7. 创建固定凸台。

（1）选择命令。选择下拉菜单插入(S) → 设计特征(E)▸ → 拉伸(E)...命令，系统弹出“拉伸”对话框。

（2）单击“拉伸”对话框中的“绘制截面”按钮，系统弹出“创建草图”对话框。

① 定义草图平面。选取图 13.31 所示的模型表面为草图平面，单击 确定 按钮。

② 进入草图环境，选择下拉菜单插入(S) → 偏置曲线(O)...命令，系统弹出“偏置曲线”对话框；选取图 13.32 所示的曲线为偏置对象；在偏置区域的距离文本框中输入值 2；单击 确定 按钮。

③ 单击完成草图按钮，退出草图环境。

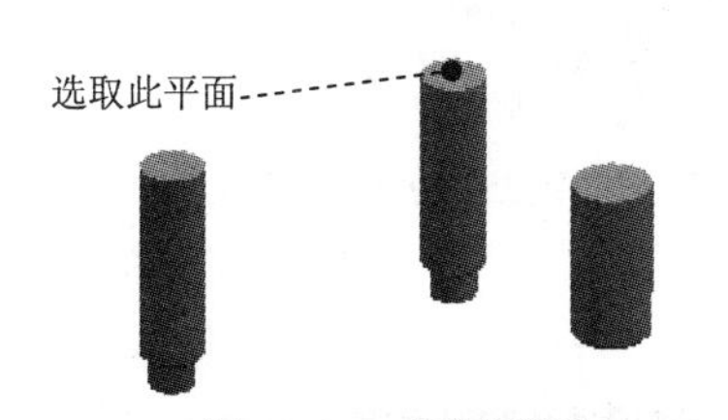

图 13.31　草图平面

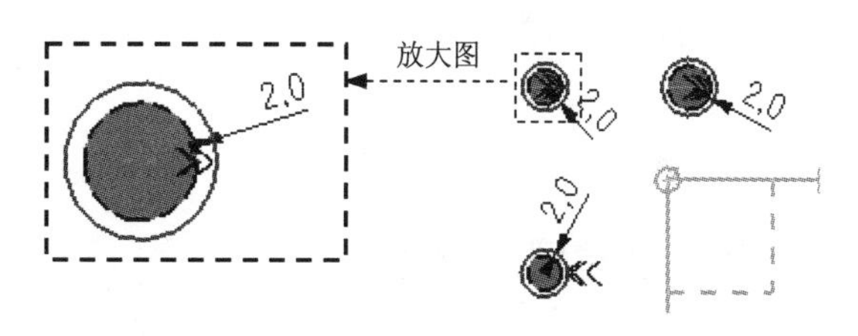

图 13.32　选取偏置曲线

说明：在选取偏置曲线时，若方向相反，可单击“反向”按钮，然后单击 应用 按钮，再选取另一条偏置曲线。

（3）确定拉伸开始值和结束值。单击“反向”按钮，在“拉伸”对话框限制区域的开始下拉列表中选择值选项，并在其下的距离文本框中输入值 0；在结束下拉列表中选择值选项，并在其下的距离文本框中输入值 6；其他采用系统默认设置值。

（4）在“拉伸”对话框中单击确定按钮，完成图 13.33 所示的固定凸台的创建。

Step8. 创建求和特征。

（1）选择下拉菜单插入(S) ➡ 组合体(B) ➡ 求和(U)...命令，选取图 13.33 所示的对象为目标体，选取图 13.33 所示的对象为工具体，单击应用按钮，完成求和特征的创建。

（2）参照步骤（1），创建其余两个求和特征。

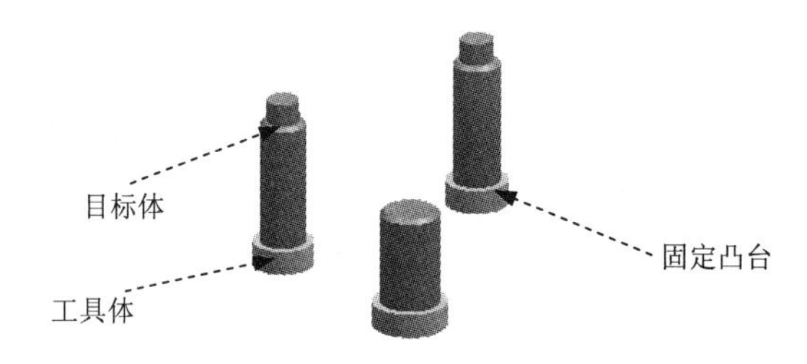

图 13.33　创建固定凸台

Step9. 保存零件。在标准工具条中单击图标，保存粘贴载入的镶件特征。

Step10. 将型芯转换为工作部件。单击“装配导航器”选项卡，系统弹出“装配导航器”窗口。在housing_mold_core_006选项上右击，在弹出的快捷菜单中选择设为工作部件命令。

Step11. 创建固定凸台装配避开位。在“注塑模向导”工具条中单击“腔体”按钮，在模式区域的下拉列表中减去材料，选取型腔零件为目标体，单击中键确认；在刀具区域的工具类型下拉列表中选择实线，选取图 13.34 所示的特征为工具体。单击确定按钮，完成固定凸台装配避开位的创建，如图 13.35 所示。

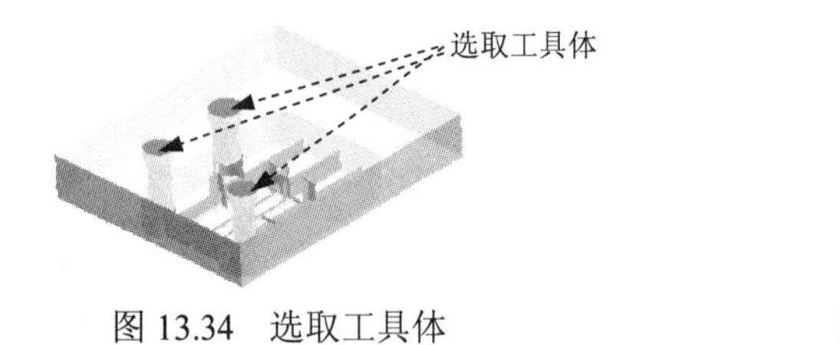

图 13.34　选取工具体

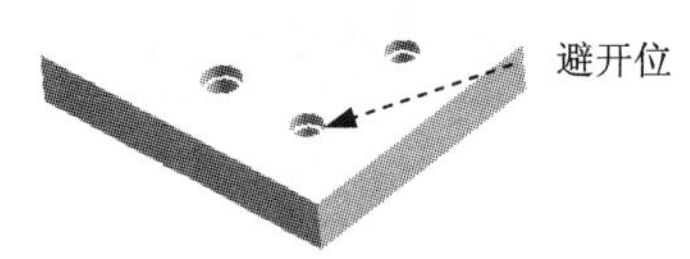

图 13.35　固定凸台装配避开位

Task8. 创建型腔镶件

Step1. 切换窗口。选择下拉菜单窗口(O) ➡ 3. housing_mold_cavity_011.prt命令，切换至型腔操作环境。

Step2. 创建拉伸特征 1。

（1）选择命令。选择下拉菜单插入(S) ➡ 设计特征(E)▸ ➡ 拉伸(E)...命令，系统弹出“拉伸”对话框。

（2）选择截面。选择图 13.36 所示的五条边链为拉伸截面。

（3）定义拉伸方向。在 指定矢量 下拉列表中选择 ZC↑ 选项。

（4）确定拉伸开始值和结束值。在“拉伸”对话框的限制区域的开始下拉列表中选择值选项，并在其下的距离文本框中输入值-30；在结束下拉列表中选择直到被延伸选项，选取图 13.37 所示的平面为直到延伸对象。

（5）定义布尔运算。在布尔区域的布尔下拉列表中选择无，其他采用系统默认设置值。

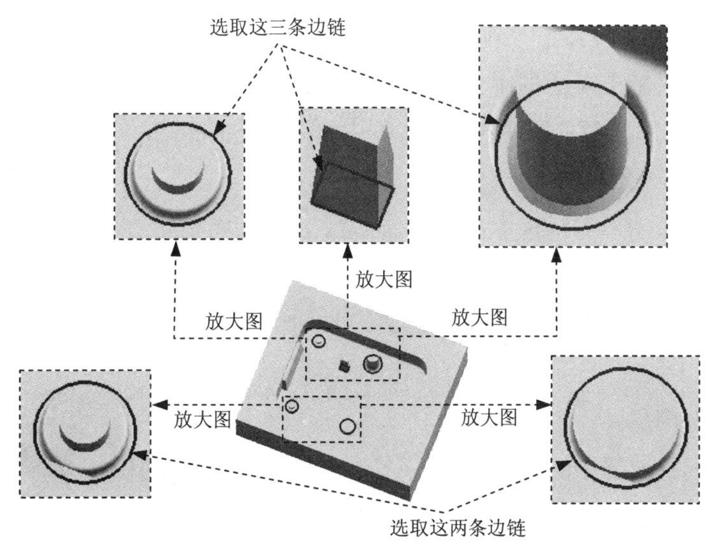

图 13.36　定义拉伸截面

（6）单击 确定 按钮，完成拉伸特征 1 的创建；结果如图 13.38 所示。

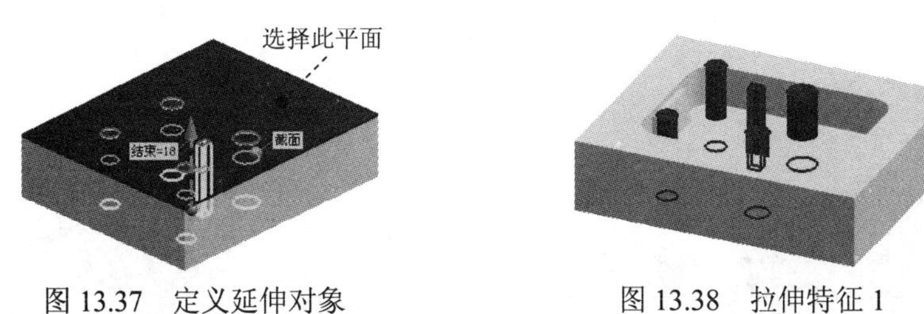

图 13.37　定义延伸对象　　图 13.38　拉伸特征 1

Step3. 创建求交特征。选择下拉菜单 插入(S) → 组合体(B) → 求交(I)... 命令，选取型腔为目标体，选取拉伸特征 1 为工具体，在设置区域中选中 ☑ 保持目标 复选框，其他采用系统默认设置值。单击 确定 按钮，完成求交特征的创建，结果如图 13.39 所示。

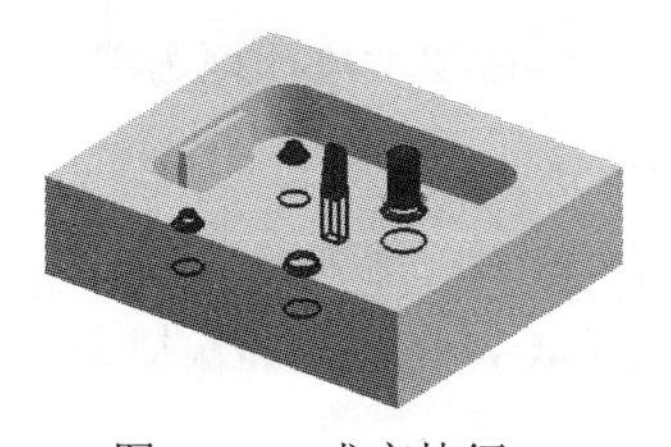

图 13.39　求交特征

Step4. 创建求差特征。选择下拉菜单插入(S) ➡ 组合体(B) ➡ 求差(S)...命令，选取型腔为目标体，选取求交特征得到的实体为工具体，在设置区域中选中☑ 保持工具复选框，单击确定按钮，完成求差特征的创建。

Step5. 将镶件转化为型腔的子零件。

（1）单击“装配导航器”中的选项卡，系统弹出“装配导航器”窗口，在该窗口中右击空白处，然后在弹出的菜单中选择WAVE 模式选项。

（2）在“装配导航器”对话框中右击☑ boat_top_mlod_cavity_002，在弹出的菜单中选择WAVE ➡ 新建级别命令，系统弹出“新建级别”对话框。

（3）在“新建级别”对话框中单击指定部件名按钮，在弹出的“选择部件名”对话框的文件名(N):文本框中输入“housing_pin02.prt”，单击OK按钮，系统返回至“新建级别”对话框。

（4）在“新建级别”对话框中单击类选择按钮，选择图 13.40 所示的五个镶件，单击确定按钮。

（5）单击“新建级别”对话框中的确定按钮，此时在“装配导航器”对话框中显示出刚创建的镶件。

Step6. 移动至图层。

（1）单击装配导航器中的选项卡，在该选项卡中取消选中☑ housing_pin02部件。

（2）移动至图层。选取前面求差得到的五个镶件；选择下拉菜单格式(R) ➡ 移动至图层(M)...命令，系统弹出“图层移动”对话框。

（3）在目标图层或类别文本框中输入值 10，单击确定按钮，退出“图层设置”对话框，结果如图 13.41 所示。

注意：此时将图层 10 隐藏。

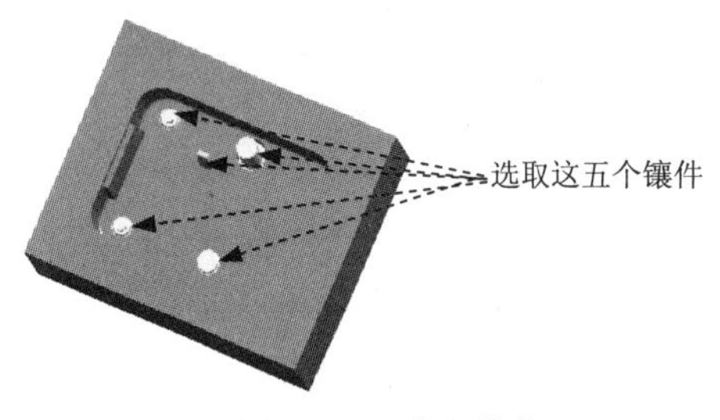

图 13.40 选取镶件

图 13.41 移至图层后

（4）单击“装配导航器”中的选项卡，在该选项卡中选中☑ housing_pin02部件。

Step7. 将镶件转换为显示部件。

（1）单击“装配导航器”选项卡，系统弹出“装配导航器”窗口。

（2）在☑ housing_pin02选项上右击，在弹出的快捷菜单中选择设为显示部件命令，系统显示镶件零件。

Step8. 创建固定凸台。

（1）选择命令。选择下拉菜单插入(S) → 设计特征(E) → 拉伸(E)...命令，系统弹出“拉伸”对话框。

（2）单击对话框中的“绘制截面”按钮，系统弹出“创建草图”对话框。

① 定义草图平面。选取图 13.42 所示的镶件底面为草图平面，单击确定按钮。

② 进入草图环境，选择下拉菜单插入(S) → 偏置曲线(O)...命令，系统弹出“偏置曲线”对话框；选取图 13.43 所示的曲线为偏置对象；在偏置区域的距离文本框中输入值 2；单击确定按钮。

③ 单击完成草图按钮，退出草图环境。

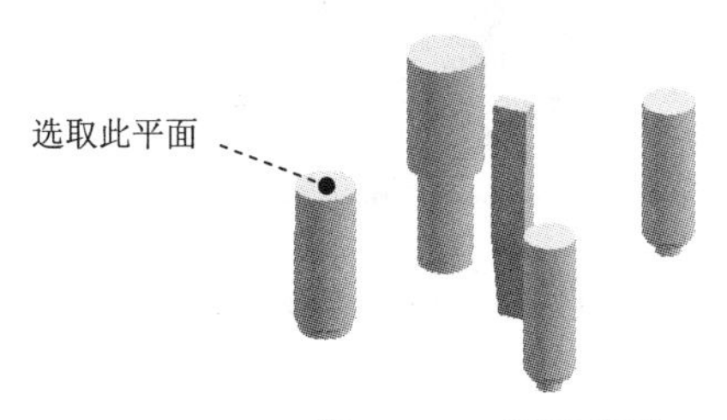

图 13.42　草图平面

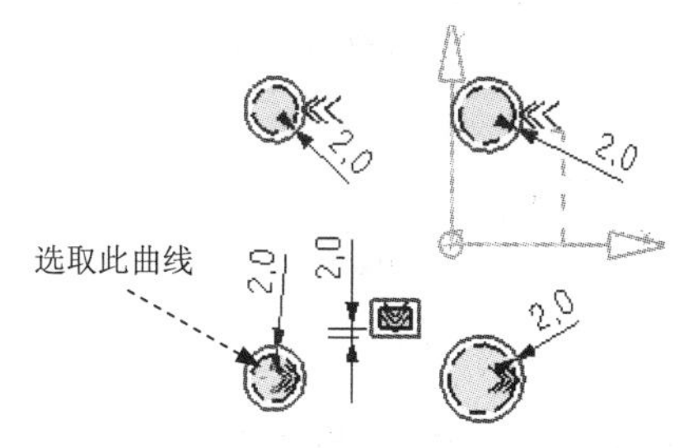

图 13.43　选取偏置曲线

（3）确定拉伸开始值和结束值。单击“反向”按钮，在“拉伸”对话框限制区域的开始下拉列表中选择值选项，并在其下的距离文本框中输入值 0；在结束下拉列表中选择值选项，并在其下的距离文本框中输入值 6；其他采用系统默认设置值。

（4）在“拉伸”对话框中单击确定按钮，完成图 13.44 所示的固定凸台的创建。

Step9. 创建求和特征。

（1）选择下拉菜单插入(S) → 组合体(B) → 求和(U)...命令，选取图 13.44 所示的对象为目标体，选取图 13.44 所示的对象为工具体，单击应用按钮，完成求和特征的创建。

（2）参照步骤（1），创建其余四个求和特征。

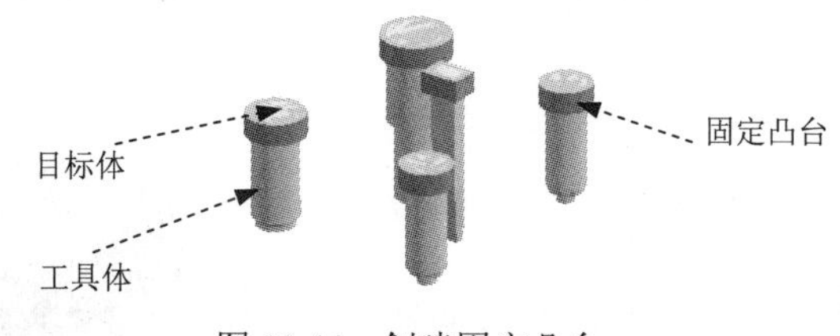

图 13.44　创建固定凸台

Step10. 保存零件。在标准工具条中单击图标，保存粘贴载入的镶件特征。

Step11. 切换窗口。选择下拉菜单窗口(O) → 4. housing_mold_cavity_011.prt命令，切换到型腔操作环境。

Step12. 将型腔转换为工作部件。单击“装配导航器”选项卡，系统弹出“装配导航器”窗口。在 housing_mold_cavity_002 选项上右击，在弹出的快捷菜单中选择设为工作部件命令。

Step13. 创建固定凸台装配避开位。在“注塑模向导”工具条中单击“腔体”按钮，在模式区域的下拉列表中选择减去材料，选取型腔零件为目标体，单击中键确认；在刀具区域的工具类型下拉列表中选择实线，选取图 13.45 所示的五个镶件为工具体。单击确定按钮，完成固定凸台装配避开位的创建，如图 13.46 所示。

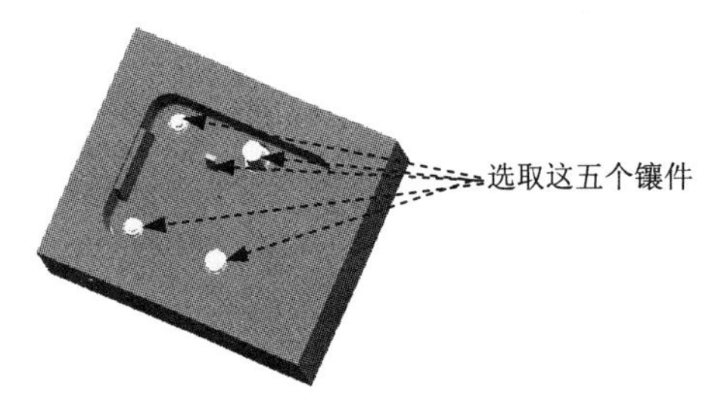

图 13.45　选取工具体

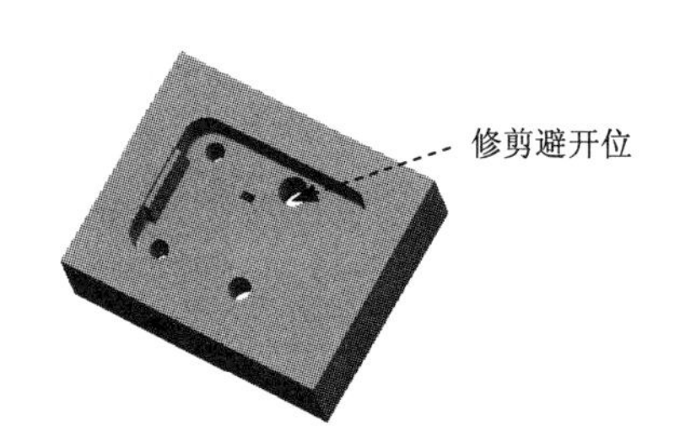

图 13.46　固定凸台装配避开位

Task9. 创建模具爆炸视图

Step1. 移动型腔。

（1）选择下拉菜单窗口(O) → 7. housing_mold_top_000.prt，在装配导航器中将部件转换成工作部件。

说明：隐藏片体、草图和基准平面。

（2）选择命令。选择下拉菜单装配(A) → 爆炸图(X) → 新建爆炸(N)...命令，系统弹出“创建爆炸图”对话框，接受默认的名字，单击确定按钮。

（3）选择命令。选择下拉菜单装配(A) → 爆炸图(X) → 编辑爆炸图(E)...命令，系统弹出“编辑爆炸图”对话框。

（4）选择对象。选取图 13.47 所示的型腔元件。

（5）在该对话框中选择移动对象单选项，沿 Z 方向向上移动 50mm，单击确定按钮，结果如图 13.48 所示。

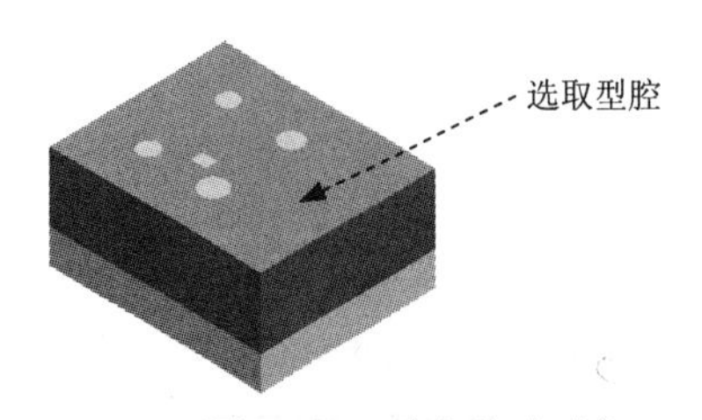

图 13.47　选取移动对象

图 13.48　型腔移动后

Step2. 移动型芯。选择下拉菜单装配(A) → 爆炸图(X) → 编辑爆炸图(E)...命令，系统弹出“编辑爆炸图”对话框。选取型芯（如图 13.49 所示），选择◉ 移动对象单选项，沿 Z 方向向上移动-50mm，单击 确定 按钮，结果如图 13.50 所示。

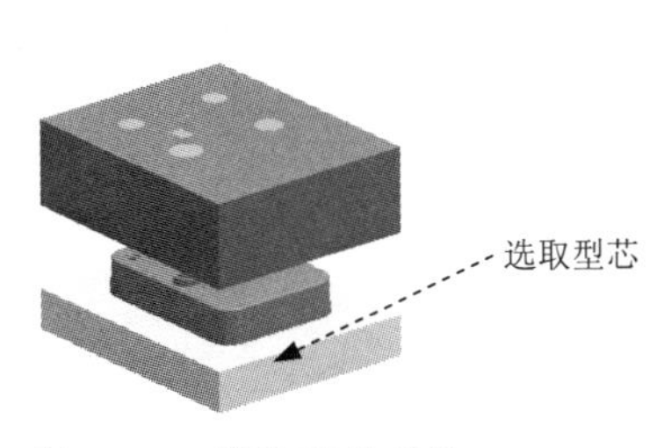

图 13.49　选取移动对象

图 13.50　型芯移动后

Step3. 移动型腔镶件。

参照 Step2，将型腔镶件沿 Z 方向向上移动 20mm，结果如图 13.51 所示。

Step4. 移动型芯镶件。

参照 Step2，将型芯镶件沿 Z 方向向上移动-20mm，结果如图 13.52 所示。

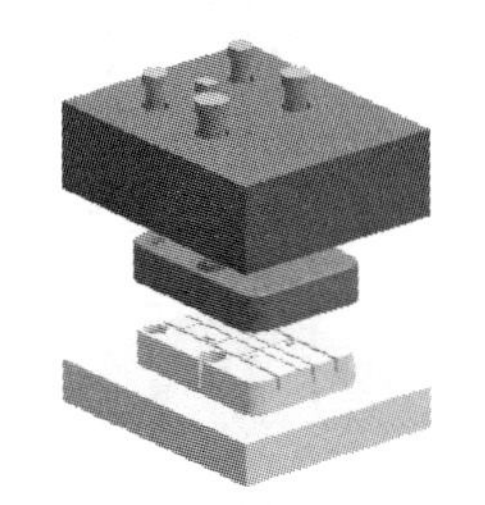

图 13.51　型腔镶件移动后

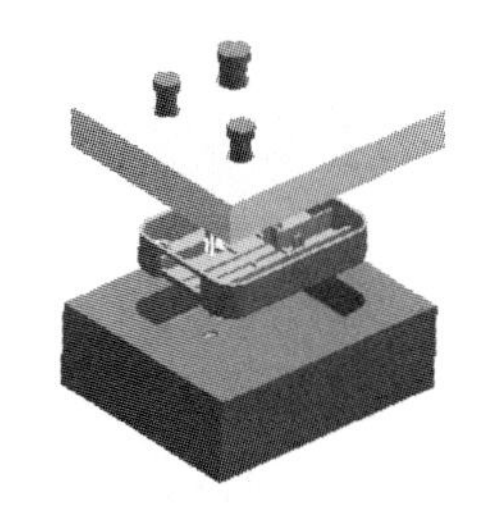

图 13.52　型芯镶件移动后

说明：将型腔和型芯的镶件移出，是为了显示整个模具的零件。

Step5. 保存文件。选择下拉菜单 文件(F) ➡ 全部保存(V) 命令，保存所有文件。

实例 14　带弯销内侧抽芯的模具设计

本实例将介绍一个带弯销内侧抽芯的模具设计，如图 14.1 所示，其中包括滑块的设计、弯销的设计以及内侧抽芯机构的设计。通过本实例的学习，希望读者能够熟练掌握带弯销内侧抽芯的模具设计的方法和技巧。下面介绍该模具的设计过程。

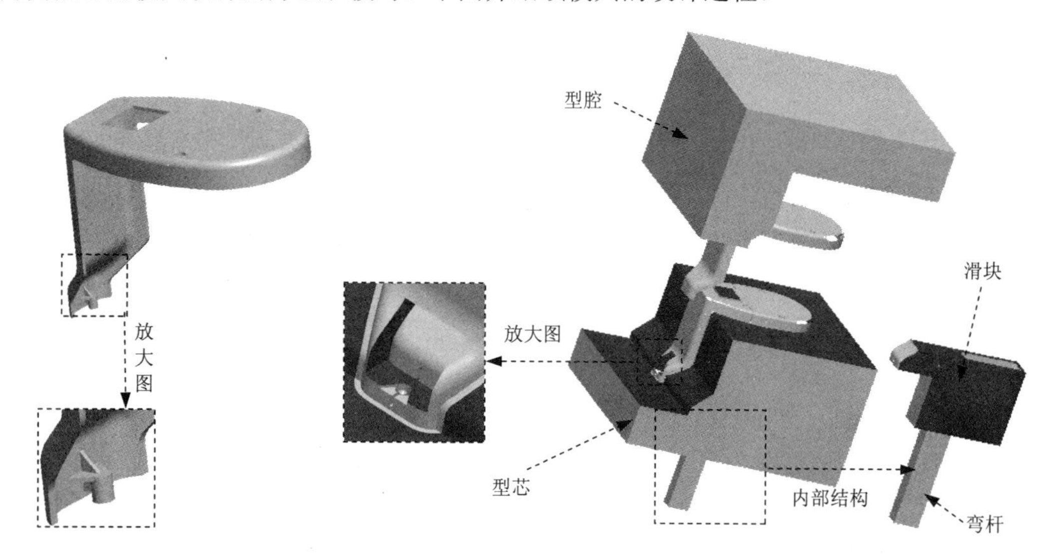

图 14.1　带弯销内侧抽芯的模具设计

Task1. 初始化项目

Step1. 加载模型。在“注塑模向导”工具条中单击“初始化项目”按钮，系统弹出“打开部件文件”对话框，选择 D:\ug6.6\work\ch14\bady_base.prt，单击 OK 按钮，载入模型后，系统弹出“初始化项目”对话框。

Step2. 定义投影单位。在“初始化项目” 对话框的项目单位下拉菜单中选择毫米选项。

Step3. 设置项目路径和名称。接受系统默认的项目路径，在“初始化项目”对话框的 Name 文本框中输入 bady_base_mold。

Step4. 在该对话框中单击确定按钮，完成初始化项目的设置。

Task2. 模具坐标系

Step1. 创建定向坐标系。选择下拉菜单 格式(R) → WCS▸ → 定向(N)... 命令，在“CSYS”对话框的类型下拉列表中，选择对象的 CSYS 选项；选取图 14.2 所示的面。单击确定按钮，完成定向坐标系的创建。

Step2. 旋转模具坐标系。选择下拉菜单 格式(R) → WCS▸ → 旋转(R)... 命令，在系统弹出“旋转 WCS 绕...”对话框中选择 ⊙ + XC 轴单选项，在角度文本框中输入值 180。单击确定按钮，完成坐标系的旋转。

Step3. 锁定模具坐标系。在“注塑模向导”工具条中单击“模具 CSYS”按钮，在系统弹出“模具 CSYS”对话框中选择⊙产品体中心单选项和选中☑锁定 Z 位置复选框。单击确定按钮，完成模具坐标系的定义，结果如图 14.3 所示。

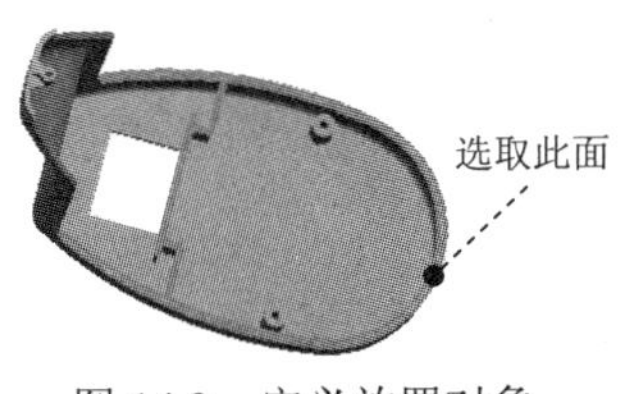

图 14.2　定义放置对象

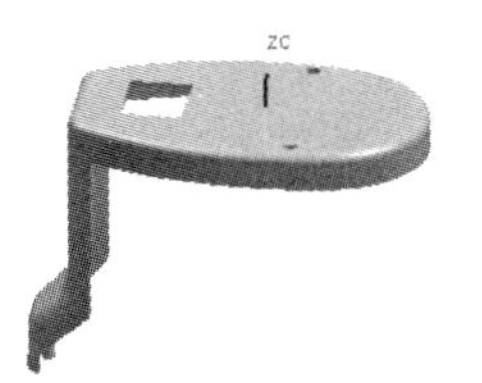

图 14.3　模具坐标系

Task3. 设置收缩率

Step1. 定义收缩率类型。在“注塑模向导”工具条中单击“收缩率”按钮，产品模型会高亮显示，在“缩放体”对话框的类型下拉列表中，选择均匀选项。

Step2. 定义缩放体和缩放点。接受系统默认的设置值。

Step3. 定义缩放体因子。在“缩放体”对话框的比例因子区域的均匀文本框中，输入收缩率 1.006。

Step4. 单击确定按钮，完成收缩率的设置。

Task4. 创建模具工件

Step1. 选择命令。在“注塑模向导”工具条中单击“工件”按钮，系统弹出“工件”对话框。

Step2. 定义类型和方法。在“工件”对话框的类型下拉菜单中选择产品工件选项，在工件方法下拉菜单中选择用户定义的块选项。

Step3. 定义尺寸。在“工件”对话框限制区域的开始和结束后的文本框中分别输入值 130 和 50，其余采用系统默认设置值。

Step4. 单击确定按钮，完成模具工件的创建，结果如图 14.4 所示。

Task5. 模具分型

Stage1. 设计区域

Step1. 在“注塑模向导”工具条中单击“分型”按钮，系统弹出“分型管理器”对话框。

Step2. 在“分型管理器”对话框中单击“设计区域”按钮，系统弹出“MPV 初始化”对话框，同时模型被加亮，并显示开模方向，如图 14.5 所示。单击确定按钮，系统弹出“塑模部件验证”对话框。

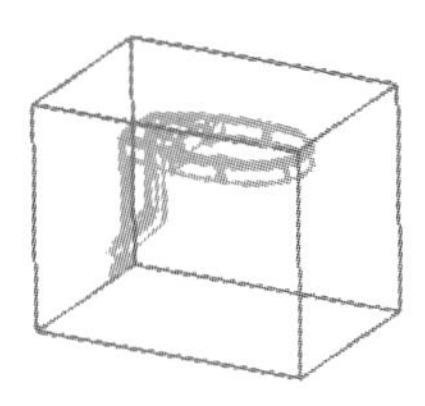

图 14.4 工件

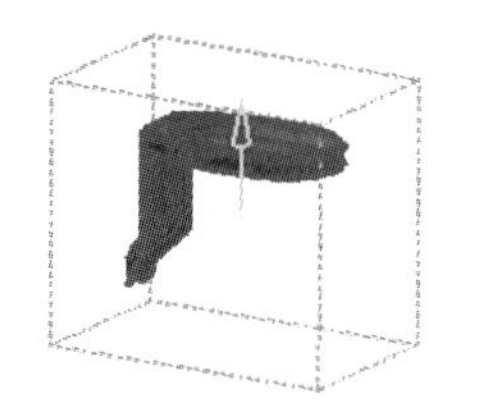

图 14.5 定义开模方向

Step3. 在“塑模部件验证”对话框中单击 设置 选项卡，在弹出的对话框中，取消选中 □ 内部环 、□ 分型边 和 □ 不完整的环 三个复选框。

Step4. 设置区域颜色。在“塑模部件验证”对话框中单击 区域 选项卡，然后单击 设置区域颜色 按钮。

Step5. 定义型腔区域。

（1）在“塑模部件验证”对话框中在 未定义的区域 中选中 ☑ 交叉竖直面 和 ☑ 交叉区域面 复选框，同时未定义的面被加亮。在 指派为 区域中选择 ⊙ 型腔区域 单选项，单击 应用 按钮。系统自动将未定义的区域指派到型腔区域，同时对话框中的 未定义的区域 显示为“0”。

（2）选取图 14.6 所示的面，在 指派为 区域中选择 ⊙ 型腔区域 单选项，单击 应用 按钮，完成型腔区域的定义。

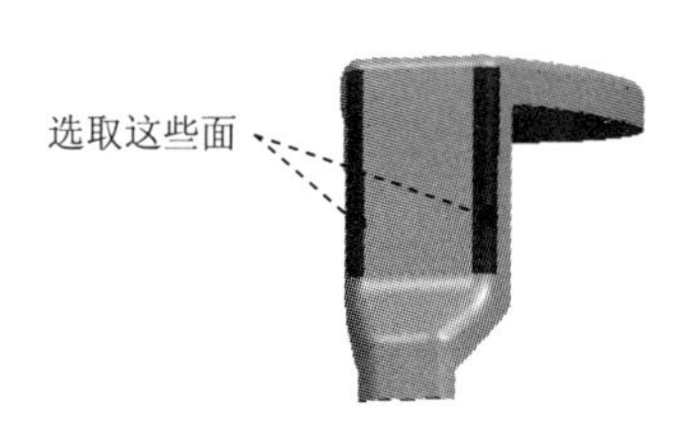

图 14.6 定义型腔区域

Step6. 定义型芯区域。选取图 14.7 所示的面，在 指派为 区域中选择 ⊙ 型芯区域 单选项，单击 应用 按钮，完成型芯区域的定义。

Step7. 在“塑模部件验证”对话框中单击 取消 按钮，系统返回至“分型管理器”对话框。

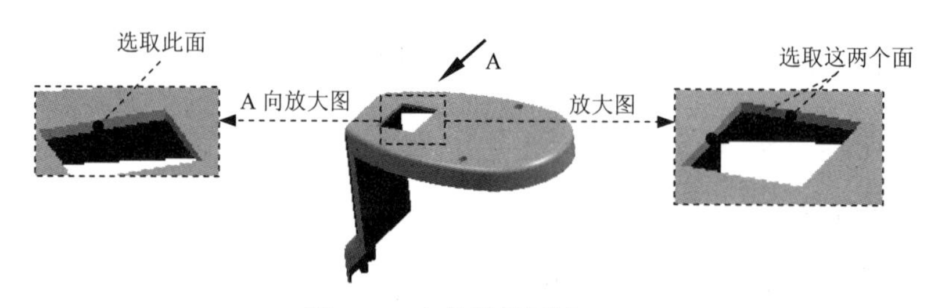

图 14.7 定义型芯区域

Stage2. 抽取分型线

Step1. 在“分型管理器”对话框中单击“抽取区域和分型线”按钮，系统弹出“定义区域”对话框。

Step2. 在“定义区域”对话框的设置区域中选中☑创建区域复选框和☑创建分型线复选框，单击确定按钮，完成区域和分型线的抽取，系统返回至“分型管理器”对话框，抽取分型线，如图 14.8 所示。

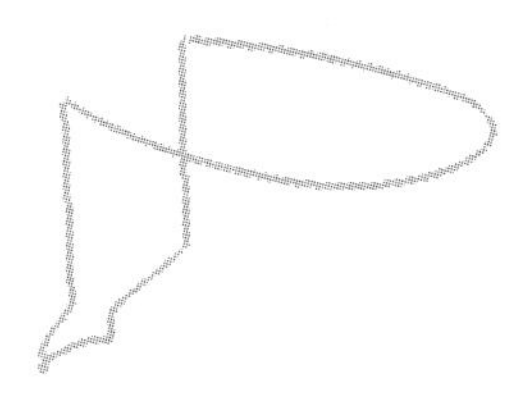

图 14.8　分型线

Stage3. 编辑过渡对象

Step1. 创建过渡点。选择下拉菜单插入(S) ➡ 基准/点(D) ➡ ＋ 点(P)... 命令，系统弹出“点”对话框，创建图 14.9 所示的四个点。

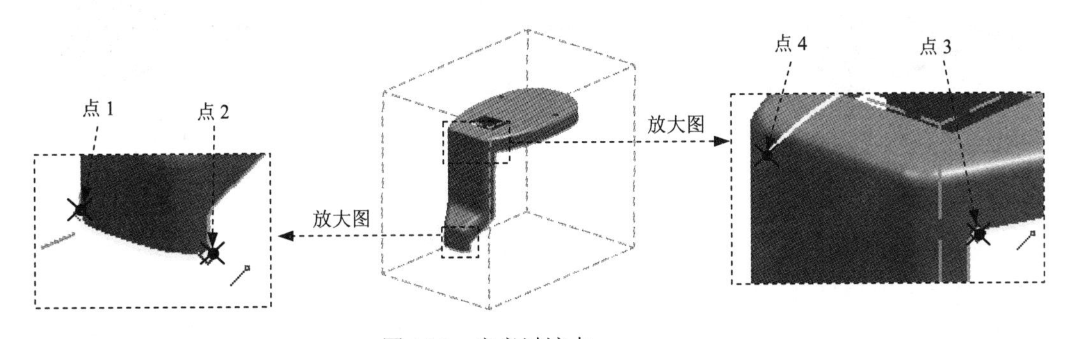

图 14.9　定义过渡点

Step2. 在“注塑模向导”工具条中单击“分型”按钮，在“分型管理器”对话框中，单击“编辑分型线”按钮，系统弹出“分型线”对话框。

Step3. 在“分型线”对话框中单击编辑过渡对象按钮，系统弹出“编辑过渡对象”对话框。

Step4. 选取过渡对象。选取 Step1 创建的四个点为过渡对象。

Step5. 在“编辑过渡对象”对话框中单击确定按钮，系统返回至“分型线”对话框。

Step6. 在该对话框中单击确定按钮，完成过渡对象的编辑。

Stage4. 创建分型面

Step1. 在“分型管理器”对话框中单击“创建/编辑分型面”按钮，系统弹出“创建分型面”对话框。

Step2. 在“创建分型面”对话框中接受系统默认的公差值；在距离文本框中输入值 180，单击创建分型面按钮，系统弹出“分型面”对话框。

Step3. 创建拉伸 1。在“分型面”对话框的曲面类型区域中选择⊙拉伸单选项，单击拉伸方向按钮，在系统弹出“矢量”对话框类型下拉列表中选取YC 轴选项，单击两次确定按钮，完成图 14.10 所示的拉伸 1 的创建。

Step4. 创建拉伸 2。在“分型面”对话框的曲面类型区域中选择 ⊙ 拉伸单选项，单击拉伸方向按钮，在系统弹出“矢量”对话框类型下拉列表中选择-XC 轴选项，单击两次确定按钮，完成图 14.11 所示的拉伸 2 的创建。

Step5. 创建拉伸 3。在“分型面”对话框的曲面类型区域中选择 ⊙ 拉伸单选项，单击拉伸方向按钮，在系统弹出“矢量”对话框类型下拉列表中选择-YC 轴选项，单击两次确定按钮，完成图 14.12 所示的拉伸 3 的创建，后退至“创建分型面”对话框。

图 14.10　拉伸 1

图 14.11　拉伸 2

图 14.12　拉伸 3

Step6. 编辑分型面。

（1）在“创建分型面”对话框中单击编辑分型面按钮，系统弹出“曲线/点选择”对话框。

（2）编辑分型面 1。选择前面创建的点 1，此时系统弹出“分型面”对话框，在曲面类型区域中选择 ⊙ 自动曲面单选项，单击编辑主要边按钮，此时系统弹出“编辑主要边”对话框，选择图 14.13 所示的边线 1 和边线 2，单击“分型面”对话框中的确定按钮，此时系统再次弹出“曲线/点选择”对话框，结果如图 14.14 所示。

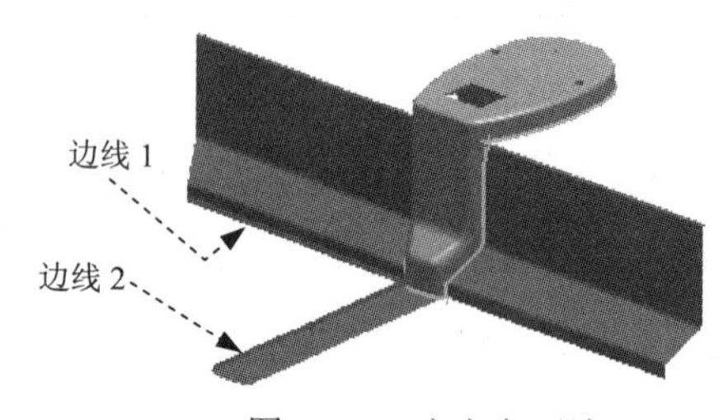

图 14.13　定义主要边

图 14.14　编辑分型面 1

（3）编辑分型面 2。选择前面创建的点 2，此时系统弹出“分型面”对话框，在曲面类型区域中选择 ⊙ 自动曲面单选项，单击编辑主要边按钮，此时系统弹出“编辑主要边”对话框，选择图 14.15 所示的边线 3 和边线 4，单击“分型面”对话框中的确定按钮，结果如图 14.16 所示，后退至“分型管理器”对话框。

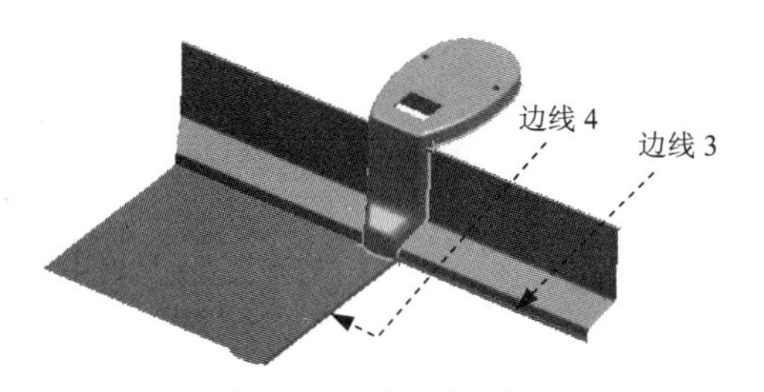

图 14.15　定义主要边

图 14.16　编辑分型面 2

Step7. 引导线设计。在“分型管理器”对话框中单击“引导线设计”按钮，选择图 14.17 所示的分型线，并在该对话框中单击 确定 按钮。

注意：鼠标点击的位置即箭头指向位置。

Step8. 创建条带曲面。

（1）在“分型管理器”对话框中单击“创建/编辑分型面”按钮，系统弹出“创建分型面”对话框。

（2）在“创建分型面”对话框中接受系统默认设置值，单击 创建分型面 按钮，系统弹出“分型面”对话框。

（3）在“分型面”对话框的 曲面类型 区域中选择 ⊙ 条带曲面 单选项。

（4）定义曲面延伸距离。将该对话框中的 曲面延伸距离 的游标向后拖到 160 左右。

说明：在此拖动游标可以改变分型面的创建尺寸；如果在此不把分型面的尺寸变小，用“条带曲面”所创建的分型面会大于上面用“拉伸”创建的分型面，这样就不利于下面的操作，甚至不能创建合适的分型面。

（5）单击 确定 按钮，完成条带曲面的创建，如图 14.18 所示，并关闭该对话框。

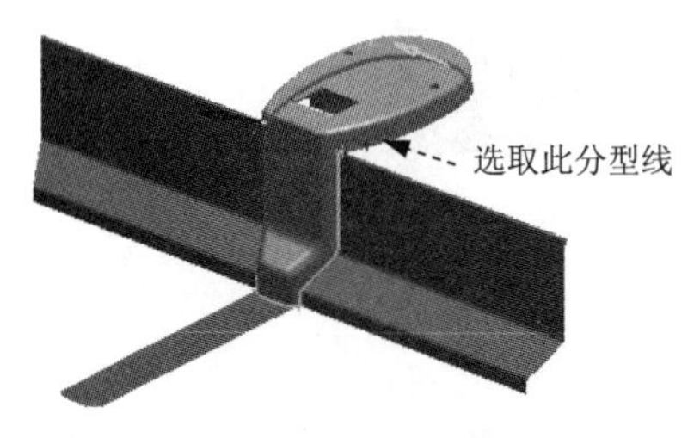

图 14.17　定义分型线

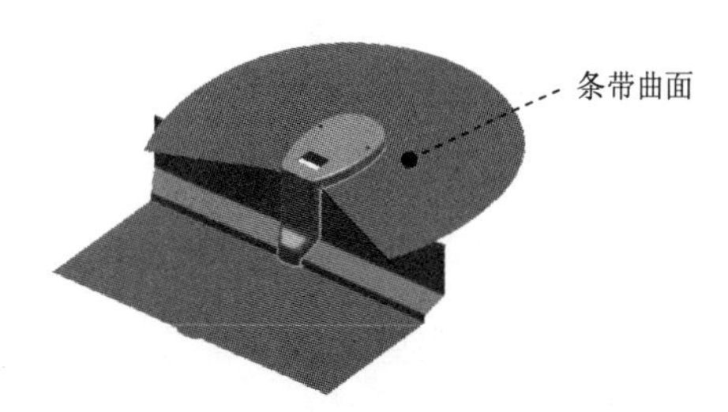

图 14.18　创建条带曲面

Step9. 修剪片体。

（1）选择命令。选择下拉菜单 开始 → 建模(M)... 命令，进入到建模环境中。

（2）选择下拉菜单 插入(S) → 修剪(T) → 修剪的片体(R)... 命令，在 区域 区域中选择 ⊙ 保持 单选项，选取图 14.19 所示的曲面为目标体，单击中键确认；选取图 14.19 所示的片体边界为边界对象。单击 确定 按钮，完成修剪特征的创建。

Step10. 删除多余分型面。

（1）在“注塑模向导”工具条中单击“分型”按钮，在“分型管理器”对话框中单击“创建/编辑分型面”按钮，系统弹出“创建分型面”对话框。

（2）在“创建分型面”对话框中接受系统默认设置值，单击 删除分型面 按钮，系统弹出“删除分型面”对话框。

（3）在该对话框的删除方法区域里选择 删除选择 单选项，并选取图 14.20 所示的分型面。

（4）单击 确定 按钮，完成分型面的删除，系统返回至“创建分型面”对话框。

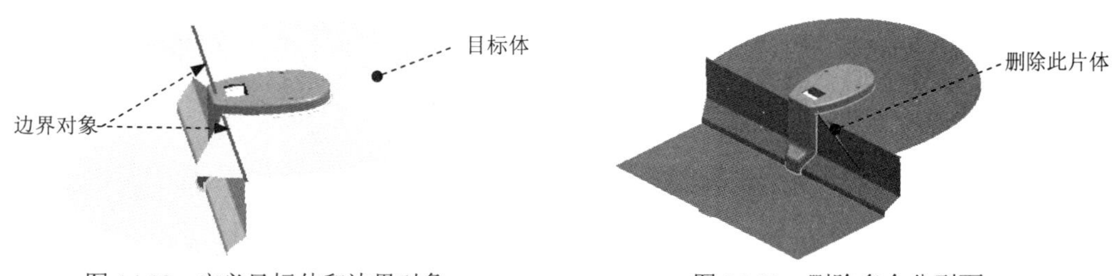

图 14.19 定义目标体和边界对象　　图 14.20 删除多余分型面

Stage5. 片体修补

Step1. 在“分型管理器”对话框中单击“创建/删除曲面补片”按钮，系统弹出 “补片环选择”对话框。

Step2. 完成自动修补。单击对话框中的 自动修补 按钮，修补结果如图 14.21 所示。

Step3. 单击 后退 按钮，完成模型修补。

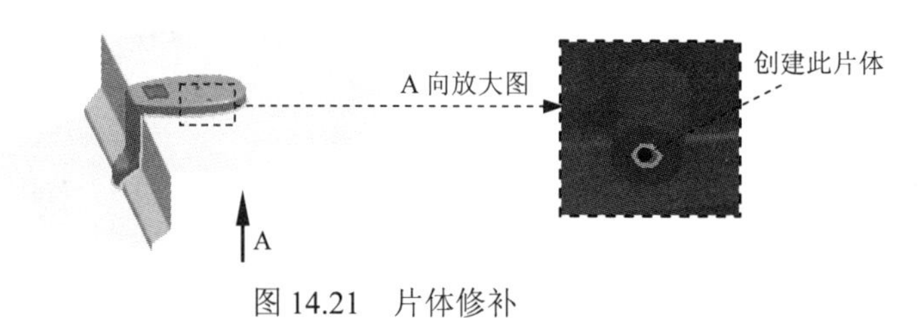

图 14.21 片体修补

Stage6. 创建型腔和型芯

Step1. 创建型腔。

（1）在“分型管理器”对话框中单击“创建型腔和型芯”按钮，系统弹出“定义型腔和型芯”对话框。

（2）在“定义型腔和型芯”对话框中选取选择片体区域下的 Cavity region 选项，选择图 14.22 所示的片体，单击 应用 按钮。系统弹出“查看分型结果”对话框，并在图形区显示出图 14.23 所示的型腔零件，单击“查看分型结果”对话框中的 确定 按钮，系统返回至“定义型腔和型芯”对话框。

Step2. 创建型芯。在“定义型腔和型芯”对话框中选取选择片体区域下的 Core region 选项，选择图 14.22 所示的片体，单击确定按钮。系统弹出“查看分型结果”对话框，并在图形区显示出图 14.24 所示的型芯零件，单击“查看分型结果”对话框中的确定按钮。

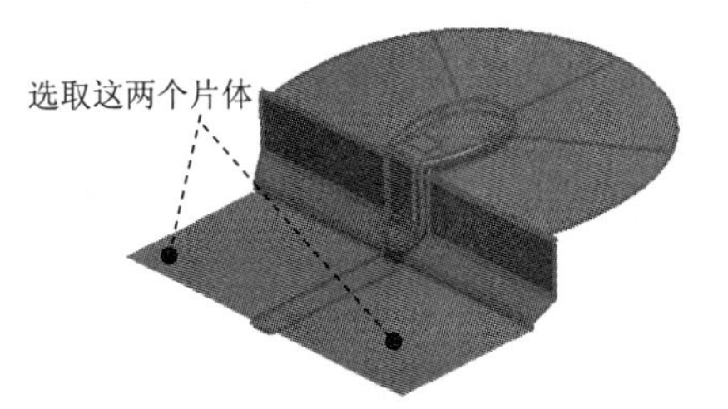

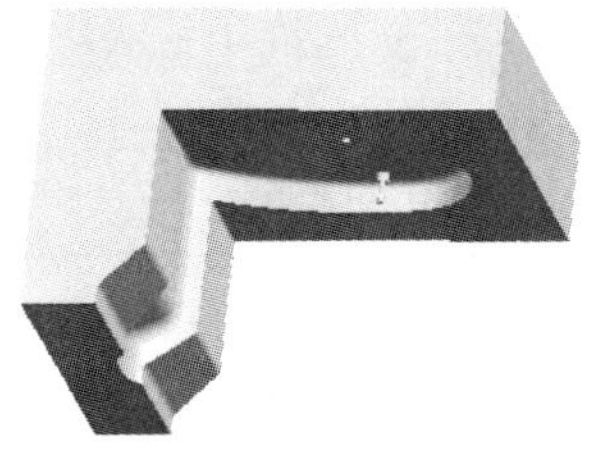

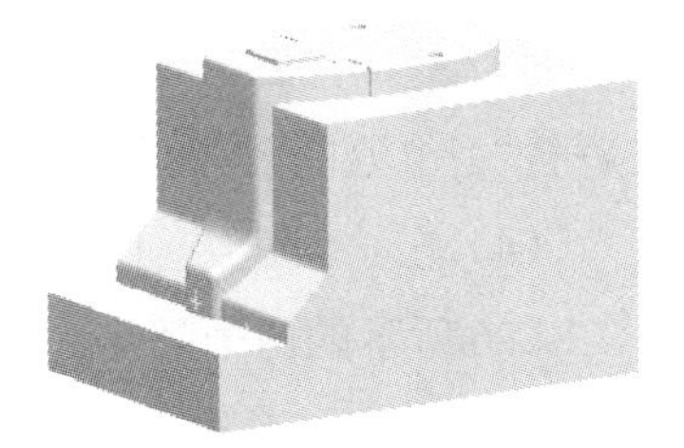

图 14.22　定义分型面

图 14.23　型腔零件

图 14.24　型芯零件

Task6. 创建型腔镶件

Stage1. 创建轮廓拆分

Step1. 选择下拉菜单 窗口(O) → bady_dase_mold_cavity_002.prt 命令，系统显示型腔工作零件。

Step2. 创建拉伸特征 1。选择下拉菜单 插入(S) → 设计特征(E) → 拉伸(E)... 命令，选择图 14.25 所示的两条边链为拉伸截面；在 * 指定矢量 的下拉列表中选择 ZC↑ 选项；在 限制 区域的 开始 下拉列表中选择 值 选项，并在其下的 距离 文本框中输入值-20；在 结束 下拉列表中选择 值 选项，并在其下的 距离 文本框中输入值 40。在 布尔 区域的 布尔 下拉列表中选择 无，单击确定按钮，完成拉伸特征 1 的创建。

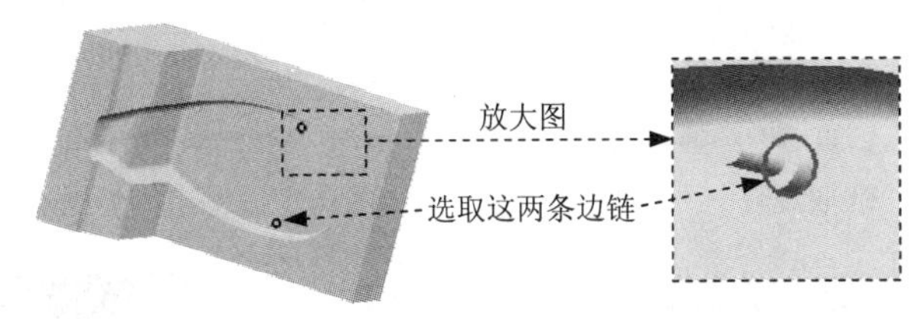

图 14.25　定义拉伸截面

Step3. 创建求交特征。选择下拉菜单 插入(S) → 组合体(B) → 求交(I)... 命令，选取型腔为目标体，选取拉伸特征 1 为工具体，在 设置 区域中选中 ☑ 保持目标 复选框，其他采用系统默认设置值。单击确定按钮，完成求交特征的创建。

Step4. 创建求差特征。选择下拉菜单 插入(S) → 组合体(B) → 求差(S)... 命令，选取型腔为目标体，选取求交特征得到的实体为工具体，在 设置 区域中选中 ☑ 保持工具 复选框，其他采用系统默认设置值。单击确定按钮，完成求差特征的创建。

Step5. 将镶件转化为型腔的子零件。

（1）单击“装配导航器”中的选项卡，系统弹出“装配导航器”窗口，在该窗口中右击空白处，然后在弹出的菜单中选择 WAVE 模式 选项。

（2）在“装配导航器”对话框中右击 ☑ bady_dase_mold_cavity_002，在弹出的菜单中选择 WAVE ➡ 新建级别命令，系统弹出“新建级别”对话框。

（3）在“新建级别”对话框中单击 指定部件名 按钮，在弹出的“选择部件名”对话框的 文件名(N): 文本框中输入“body_base_pin01.prt”，单击 OK 按钮，系统返回至“新建级别”对话框。

（4）在“新建级别”对话框中单击 类选择 按钮，选择图 14.26 所示的两个镶件，单击 确定 按钮。

（5）单击“新建级别”对话框中的 确定 按钮，此时在“装配导航器”对话框中显示出刚创建的镶件。

Step6. 移动至图层。

（1）单击装配导航器中的选项卡，在该选项卡中取消选中 ☑ body_base_pin01 部件。

（2）移动至图层。选取前面求差得到的两个镶件；选择下拉菜单 格式(R) ➡ 移动至图层(M)... 命令，系统弹出“图层移动”对话框。

（3）在 目标图层或类别 文本框中输入值 10，单击 确定 按钮，退出“图层设置”对话框，结果如图 14.27 所示。

注意：此时将图层 10 隐藏。

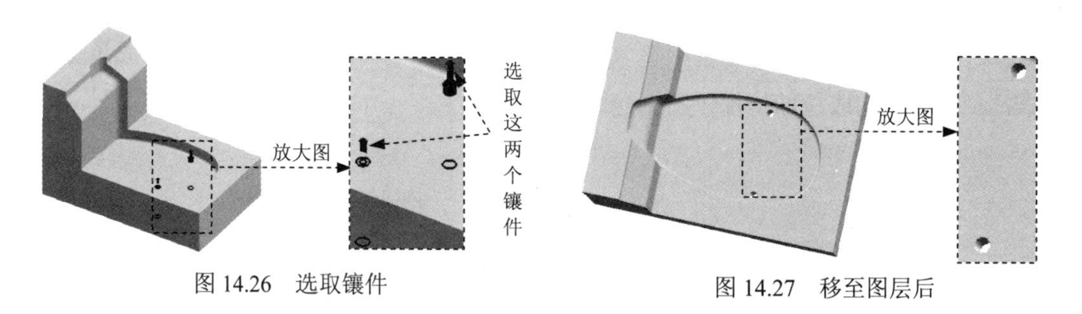

图 14.26　选取镶件　　　　图 14.27　移至图层后

（4）单击“装配导航器”选项卡，在该选项卡中选中 ☑ body_base_pin01 部件。

Step7. 将镶件转换为显示部件。单击“装配导航器”选项卡，系统弹出“装配导航器”窗口。在 ☑ body_base_pin01 选项上右击，在弹出的快捷菜单中选择 设为显示部件 命令，系统显示镶件零件。

Step8. 创建固定凸台。选择下拉菜单 插入(S) ➡ 设计特征(E) ➡ 拉伸(E)... 命令，选取图 14.28 所示的边为拉伸对象，在 指定矢量 下拉列表中选择 ZC 选项，在 限制 区域的 开始 下拉列表中选择 值 选项，并在其下的 距离 文本框中输入值 0；在 结束 下拉列表中选择 值 选项，并在其下的 距离 文本框中输入值-5；在 偏置 区域的 偏置 下拉菜单中选择 单侧 选项，并在 结束 文本框中输入值 2；在 布尔 区域的 布尔 下拉列表中选择 求和 选项，选取图 14.29 所示的实体为求和对象；单击 确定 按钮，完成拉伸特征的创建，如图 14.29 所示。

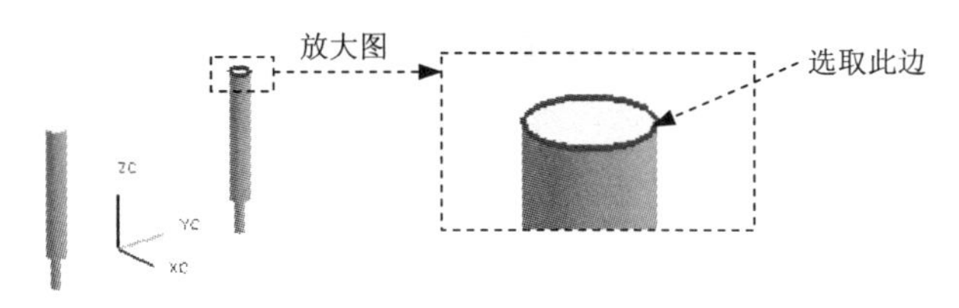

图 14.28　定义拉伸对象

Step9. 参见 Step4 的方法，创建图 14.30 所示的拉伸特征 2。

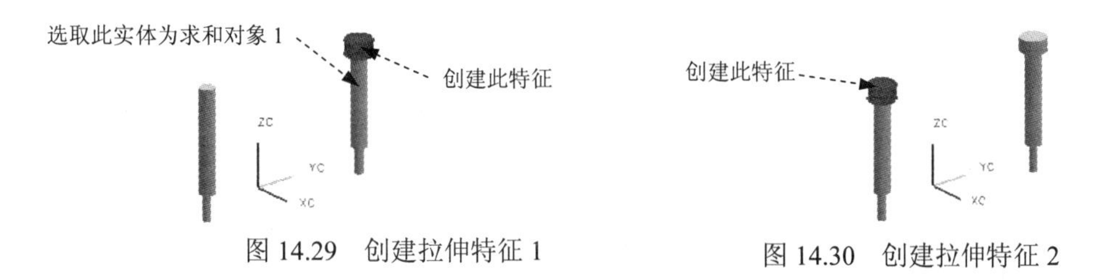

图 14.29　创建拉伸特征 1　　　图 14.30　创建拉伸特征 2

Step10. 切换窗口。选择下拉菜单 窗口(O) → bady_dase_mold_cavity_002.prt 命令，切换到型腔操作环境。

Step11. 将型腔转换为工作部件。单击“装配导航器”选项卡，系统弹出“装配导航器”窗口。在 bady_dase_mold_cavity_002 选项上右击，在弹出的快捷菜单中选择 设为工作部件 命令。

Step12. 创建固定凸台装配避开位。在“注塑模向导”工具条中单击“腔体”按钮，在 模式 区域的下拉列表中选择 减去材料，选取型腔零件为目标体，单击中键确认；在 刀具 区域的 工具类型 下拉列表中选择 实线，选取图 14.31 所示的两个镶件为工具体。单击 确定 按钮，完成镶件避开槽的创建。

Task7. 创建型芯滑块

Step1. 选择下拉菜单 窗口(O) → bady_dase_mold_core_006.prt 命令，系统显示型芯工作零件。

Step2. 创建拉伸特征。选择下拉菜单 插入(S) → 设计特征(E) → 拉伸(E)... 命令，单击按钮，选取 XC-ZC 基准平面为草图平面，绘制图 14.32 所示的截面草图；在 * 指定矢量 的下拉列表中选择选项，在 限制 区域的 开始 下拉列表中选择 对称值 选项，并在其下的 距离 文本框中输入值 12。在 布尔 区域的 布尔 下拉列表中选择 无，单击 确定 按钮，完成图 14.33 所示的拉伸特征的创建。

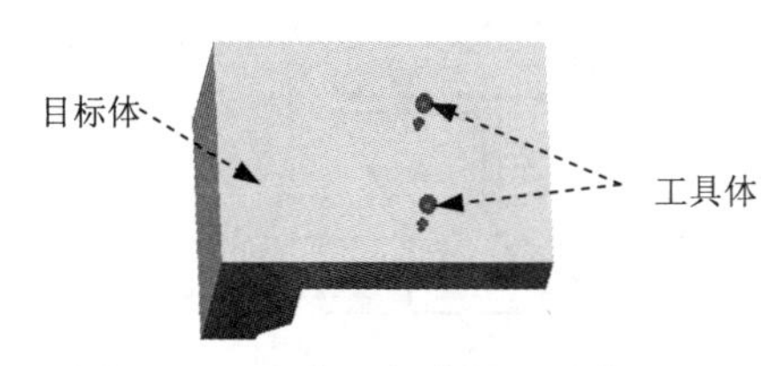

图 14.31　定义目标体和工具体

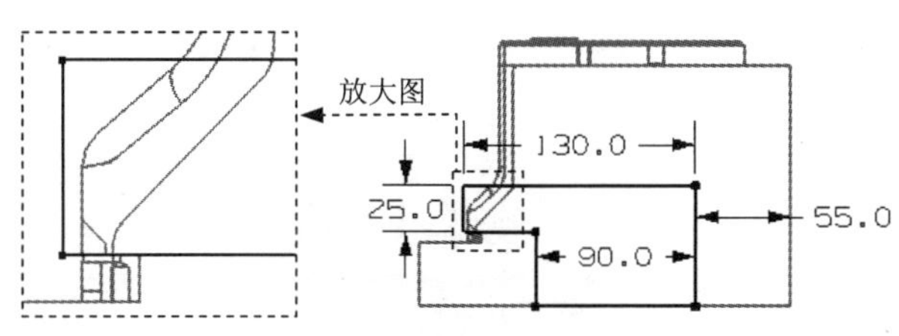

图 14.32　截面草图

Step3. 创建求交特征。选择下拉菜单插入(S) → 组合体(B) → 求交(I)...命令，选取图 14.34 所示的目标体和工具体；设置区域中选中☑ 保持工具复选框，单击确定按钮，完成求交特征的创建。

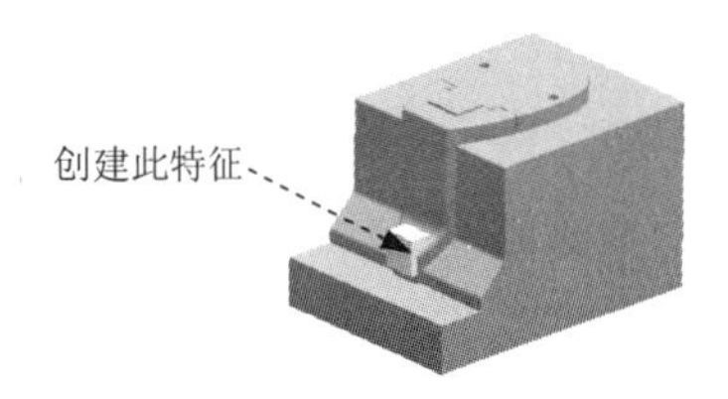

图 14.33 创建拉伸特征

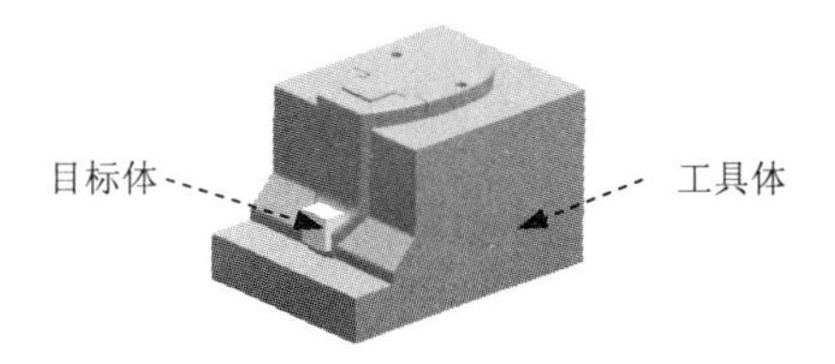

图 14.34 定义目标体和工具体

Step4. 创建求差特征。选择下拉菜单插入(S) → 组合体(B) → 求差(S)...命令，选取图 14.35 所示的目标体和工具体，在设置区域中选中☑ 保持工具复选框，单击确定按钮，完成求差特征的创建。

Step5. 将型芯滑块转为型芯子零件。

（1）选择命令。单击“装配导航器”按钮，系统弹出“装配导航器”对话框，在对话框中右击空白处，然后在弹出的菜单中选择WAVE 模式选项。

（2）在装配导航器中右击☑ bady_dase_mold_core_006，在弹出的菜单中选择WAVE → 新建级别命令，系统弹出“新建级别”对话框。

（3）在“新建级别”对话框中单击指定部件名按钮，在弹出的“选择部件名”的对话框中的文件名(N):文本框中输入“ body_base_mold_slide.prt”，单击OK按钮。

（4）在“新建级别”对话框中单击类选择按钮，选取滑块特征，单击确定按钮，系统返回“新建级别”对话框。

（5）单击“新建级别”对话框中的确定按钮，此时在“装配导航器”对话框中显示出刚创建的滑块的名字。

Step6. 创建拉伸求差特征。

（1）在装配导航器中右击☑ body_base_mold_slide在弹出的菜单中选择设为显示部件命令。

（2）选择下拉菜单插入(S) → 设计特征(E) → 拉伸(E)...命令，单击按钮，选取 ZC-XC 基准平面为草图平面，绘制图 14.36 所示的截面草图；在指定矢量的下拉列表中，选择选项；在限制区域的开始下拉列表中选择对称值选项，并在其下的距离文本框中输入值 7；在布尔下拉列表中选择求差选项。单击确定按钮，完成拉伸特征创建，如图 14.37 所示。

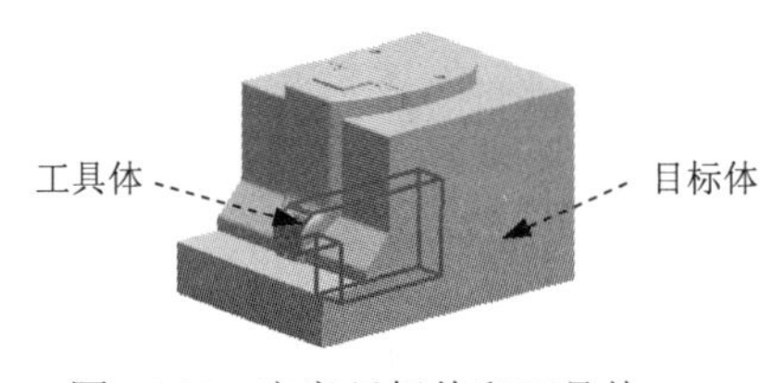

图 14.35 定义目标体和工具体

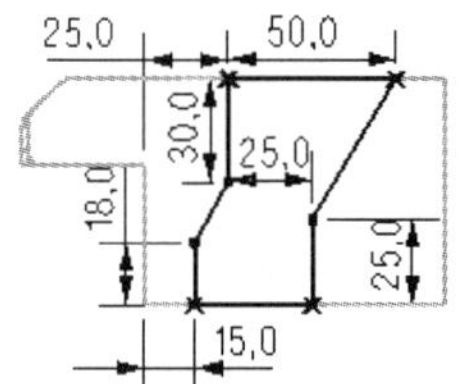

图 14.36 截面草图

Step7. 隐藏拉伸特征。

（1）选择下拉菜单 窗口(O) → bady_dase_mold_core_006.prt，系统显示型芯工作零件并将其设为工作部件。

（2）选取要移动的特征。单击“部件导航器”中的按钮，系统弹出“部件导航器”对话框，在该对话框中，选择 ☑ 拉伸 (14)。

（3）选择下拉菜单 格式(R) → 移动至图层(M)... 命令，系统弹出“图层移动”对话框，在该对话框的 目标图层或类别 下面的文本框中输入 10，单击 确定 按钮。

Step8. 隐藏滑块组件。在 装配导航器 中将 ☑ body_base_mold_slide 组件取消勾选。

Step9. 创建拉伸求差特征 2。选择下拉菜单 插入(S) → 设计特征(E) → 拉伸(E)... 命令，单击按钮，选取 XC-ZC 基准平面为草图平面，绘制图 14.38 所示的截面草图；在 * 指定矢量 的下拉列表中，选择选项。在 限制 区域的 开始 下拉列表中选择 对称值 选项，并在其下的 距离 文本框中输入值 12；在 布尔 区域的 布尔 下拉列表中选择 求差 选项。单击 确定 按钮，完成拉伸特征求差的创建。

图 14.37　创建拉伸求差特征

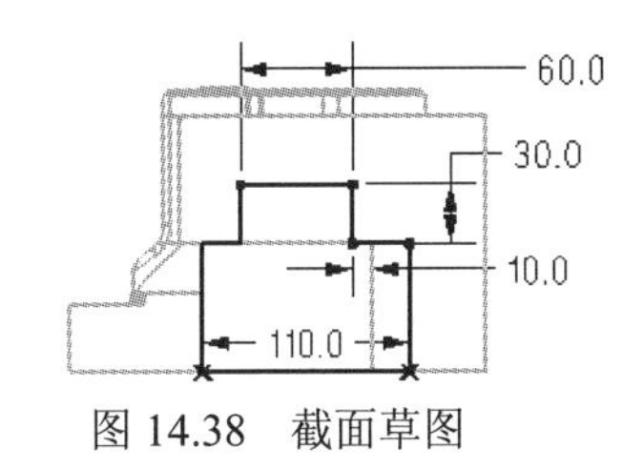

图 14.38　截面草图

Step10. 取消全部隐藏。选择下拉菜单 编辑(E) → 显示和隐藏(H) → 全部显示(A) 命令，或按快捷键 Ctrl+Shift+U。

Task8. 创建弯销

Step1. 创建弯销组件。

（1）在 装配导航器 中右击 ☑ bady_dase_mold_core_006，在弹出的菜单中选择 WAVE → 新建级别 命令，系统弹出“新建级别”对话框。

（2）在“新建级别”对话框中单击 指定部件名 按钮，在弹出的“选择部件名”对话框的 文件名(N): 文本框中输入“ body_base_mold_bend_pole.prt”，单击 OK 按钮。

（3）在“新建级别”对话框中单击 确定 按钮，此时在“装配导航器”对话框中显示出刚创建的滑块的名字。

Step2. 创建弯销特征。

（1）在 装配导航器 中右击 ☑ body_base_mold_slide，从弹出的下拉菜单中选择 设为工作部件 命令。

（2）选择下拉菜单 插入(S) → 设计特征(E) → 拉伸(E)... 命令，单击按钮，选取 XC-ZC 基准平面为草图平面，绘制图 14.39 所示的截面草图；在 * 指定矢量 的下拉列表中选择选项；在限制区域的开始下拉列表中选择对称值选项，并在其下的距离文本框中输入值 7。在布尔区域的布尔下拉列表中选择无，单击确定按钮，完成拉伸特征的创建，如图 14.40 所示。

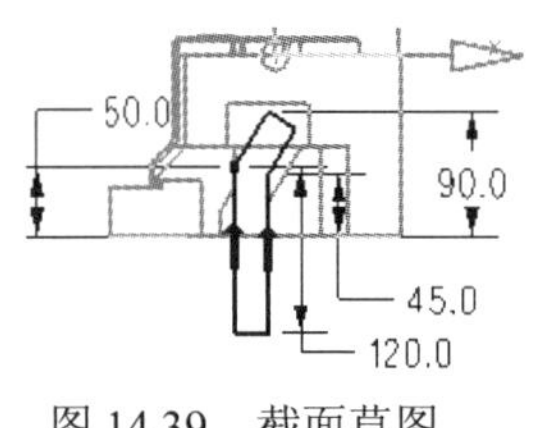

图 14.39　截面草图

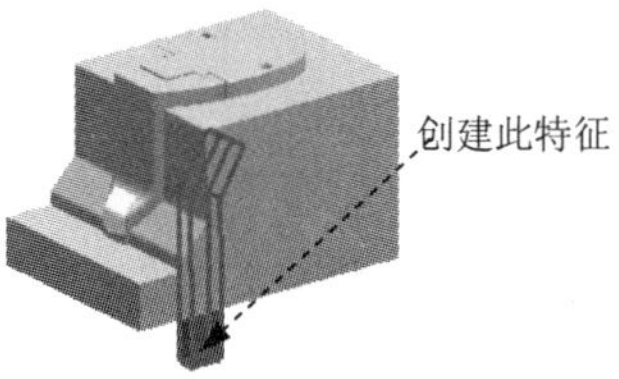

图 14.40　创建弯销特征

Step3. 创建几何链接。

（1）在装配导航器中右击 body_base_mold_bend_pole，从弹出的下拉菜单中选择设为工作部件命令。

（2）选择命令。选择下拉菜单插入(S) → 关联复制(A) → WAVE 几何链接器(W)...命令，系统弹出“WAVE 几何链接器”对话框。

（3）在该对话框的类型区域中选择体选项，在设置区域选中☑关联和☑隐藏原先的复选框。

（4）定义链接对象。选取图 14.41 所示的特征，单击确定按钮，完成弯销特征的几何链接。

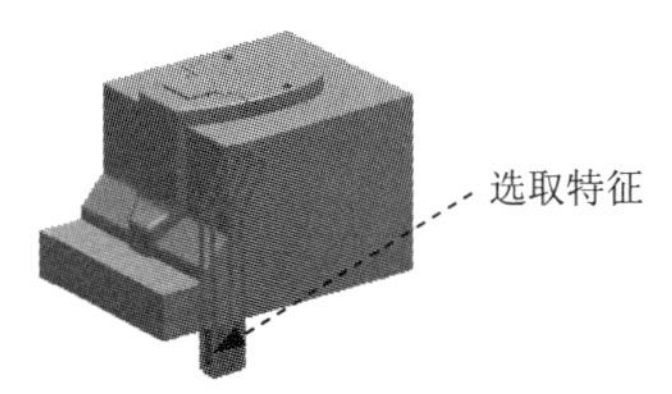

图 14.41　定义链接特征

Task9. 创建模具爆炸视图

Step1. 编辑显示隐藏。

（1）选择下拉菜单窗口(O) → 3. body_base_mold_top_038.prt 命令，在装配导航器中将部件转换成工作部件。

（2）选择命令。选择下拉菜单编辑(E) → 显示和隐藏(H) → 显示和隐藏(O)...命令，在系统弹出“显示和隐藏”对话框中单击坐标系后的 - 按钮。单击关闭按钮，完成编辑显示和隐藏的操作。

Step2. 移动原特征。

（1）在装配导航器中右击 body_base_mold_slide，从弹出的下拉菜单中选择设为工作部件命令。

（2）选取要移动的特征。单击“部件导航器”中的按钮，系统弹出“部件导航器”

对话框，在该对话框中选择☑拉伸(3)。

（3）选择下拉菜单格式(R) → 移动至图层(M)... 命令，系统弹出“图层移动”对话框，在该对话框的目标图层或类别下面的文本框中输入值 10，单击确定按钮。

（4）在装配导航器中右击☑bady_dase_mold_top_010，从弹出的下拉菜单中选择设为工作部件命令。

Step3. 移动弯销零件。

（1）创建爆炸图。选择下拉菜单装配(A) → 爆炸图(X) → 新建爆炸(N)...命令，系统弹出“创建爆炸图”对话框，接受默认的名字，单击确定按钮。

（2）编辑爆炸图。选择下拉菜单装配(A) → 爆炸图(X) → 编辑爆炸图(E)...命令，选取图 14.42 所示的滑块元件，然后选择⊙移动对象单选项，沿 Z 方向向上移动-35mm，单击确定按钮，完成滑块的移动。

Step4. 移动型芯滑块。选择下拉菜单装配(A) → 爆炸图(X) → 编辑爆炸图(E)...命令，选取图 14.43 所示的滑块元件，然后选择⊙移动对象单选项，沿 X 方向向上移动 10mm，单击确定按钮，完成滑块的移动。

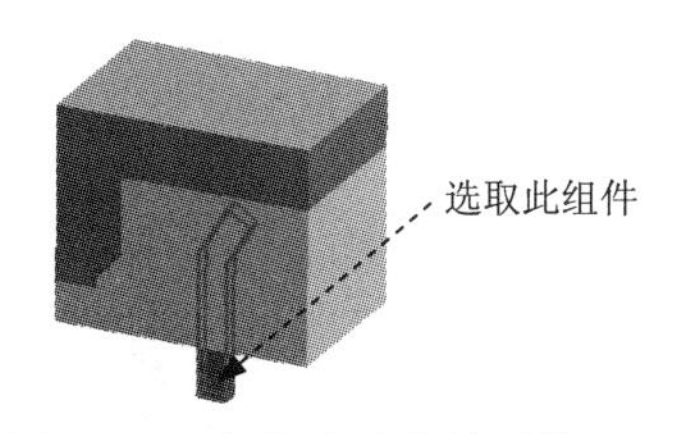

图 14.42　定义移动弯销零件

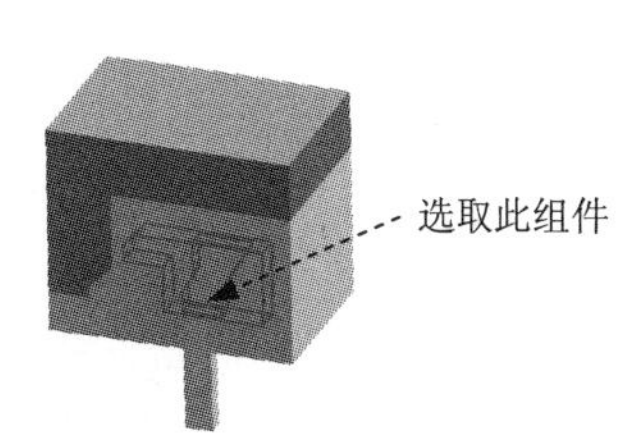

图 14.43　定义移动型芯滑块

Step5. 移动型腔。选择下拉菜单装配(A) → 爆炸图(X) → 编辑爆炸图(E)...命令，选取图 14.44 所示的型腔，然后选择⊙移动对象单选项，沿 Z 方向向上移动 100mm，单击确定按钮，完成滑块的移动，如图 14.45 所示。

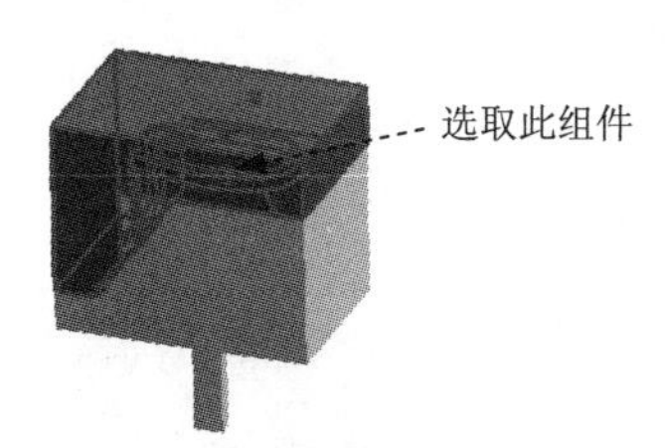

图 14.44　定义移动型腔特征

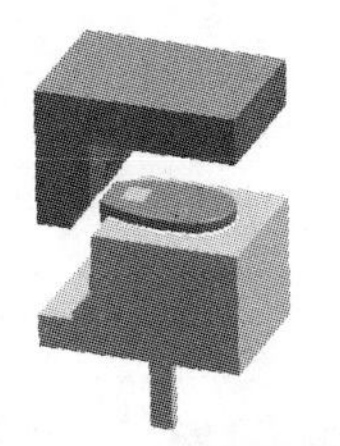

图 14.45　移动型腔

Step6. 移动产品。选择下拉菜单装配(A) → 爆炸图(X) → 编辑爆炸图(E)...命令，选取图 14.46 所示的产品元件，然后选择⊙移动对象单选项，沿 Z 方向向上移动 50mm，单击确定按钮，完成滑块的移动，如图 14.47 所示。

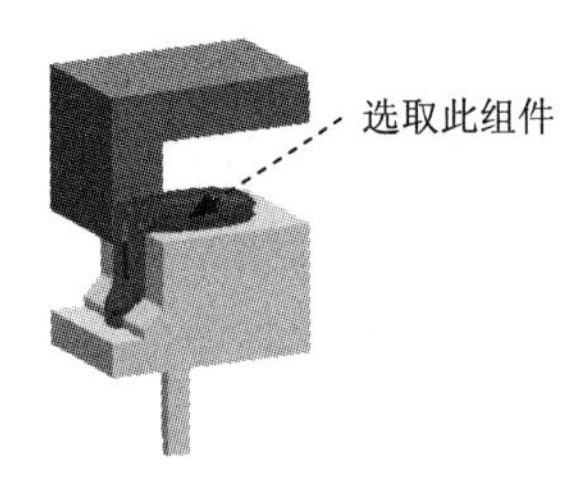

图 14.46　定义移动产品

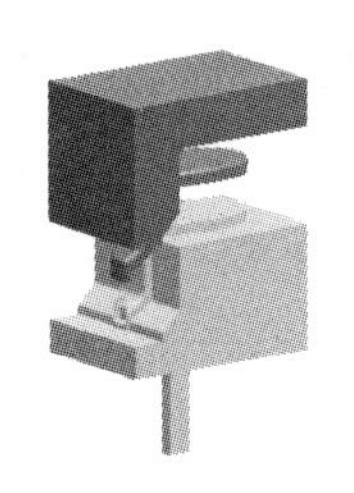

图 14.47　产品移动后

Step7. 保存设计结果。选择下拉菜单 文件(F) → 全部保存(V) 命令，保存模具设计结果。

实例 15　Mold Wizard 标准模架设计（一）

本实例将介绍一副完整的带斜导柱侧抽机构的模具设计过程（如图 15.1 所示），包括模具的分型、模架的加载、添加标准件、创建浇注系统、添加斜抽机构、创建顶出系统及模具的后期处理等。在完成本实例的学习后，希望读者能够熟练掌握带斜导柱侧抽机构模具设计的方法和技巧，并能够熟悉在模架中添加各个系统及组件的设计思路。下面介绍该模具的设计过程。

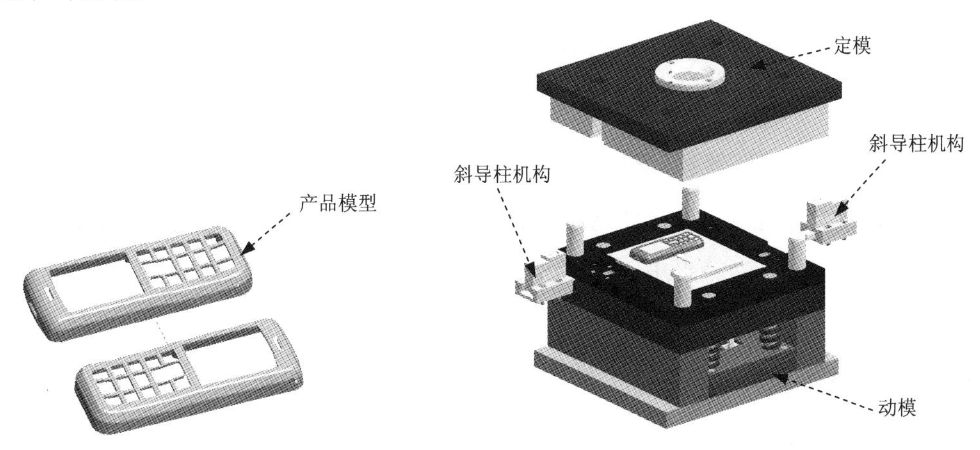

图 15.1　手机外壳的模具设计

Task1. 初始化项目

Step1. 加载模型。在“注塑模向导”工具条中单击“初始化项目”按钮，系统弹出“打开”对话框，选择 D:\ug6.6\work\ch15\phone_cover.prt，单击 OK 按钮，调入模型，系统弹出“初始化项目”对话框。

Step2. 定义投影单位。在“初始化项目”对话框的 项目单位 下拉菜单中选择 毫米 选项。

Step3. 设置项目路径和名称。接受系统默认的项目路径，在“初始化项目”对话框的 Name 文本框中，输入 phone_cover。

Step4. 设置部件材料。在“初始化项目”对话框的 材料 下拉列表中选择 ABS+PC 选项。

Step5. 在该对话框中单击 确定 按钮，完成初始化项目的设置。

Task2. 模具坐标系

Step1. 重定位 WCS 到新的坐标系。选择下拉菜单 格式(R) → WCS ▸ → 定向(N)... 命令，在“CSYS”对话框中选取 类型 下拉列表中的 自动判断 选项，然后选取图 15.2 所示的模型表面。单击 确定 按钮，完成重定位 WCS 到新的坐标系的操作。

注意：如果此时在消息区上方的过滤器中没有选择 整个装配 选项，用户是不能选取图 15.2

所示的模型表面的。

Step2. 旋转模具坐标系。选择下拉菜单格式(R) → WCS ▸ → 旋转(R)...命令，在系统弹出“旋转 WCS 绕...”对话框中选择 ⊙ + XC 轴 单选项，在角度文本框中输入值 180。单击 应用 按钮，在“旋转 WCS 绕...”对话框中选择 ⊙ + ZC 轴 单选项，在角度文本框中输入值-90。然后单击 确定 按钮，定义后的坐标系如图 15.3 所示。

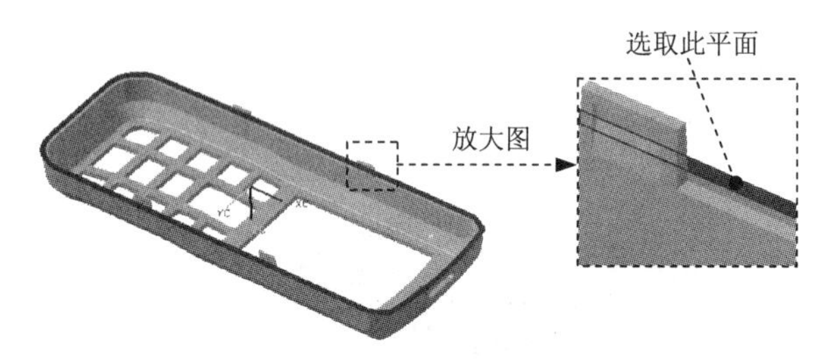

图 15.2 重定位 WCS 坐标系

图 15.3 定义后的模具坐标系

Step3. 锁定模具坐标系。在“注塑模向导”工具条中单击“模具 CSYS”按钮，在系统弹出“模具 CSYS”对话框中，选中 ⊙ 当前 WCS 单选项。单击 确定 按钮，完成坐标系的定义。

Task3. 创建模具工件

Step1. 在“注塑模向导”工具条中单击“工件”按钮，系统弹出“工件”对话框。

Step2. 在“工件”对话框的类型下拉列表中选择产品工件选项，在工件方法下拉列表中选择用户定义的块选项，其余采用系统默认设置值。

Step3. 修改尺寸。在定义工件区域的“绘制截面”按钮，系统进入草图环境，然后修改截面草图的尺寸，如图 15.4 所示。在“工件”对话框限制区域的开始和结束后的文本框中分别输入值 20 和 30。单击 确定 按钮，完成创建后的模具工件如图 15.5 所示。

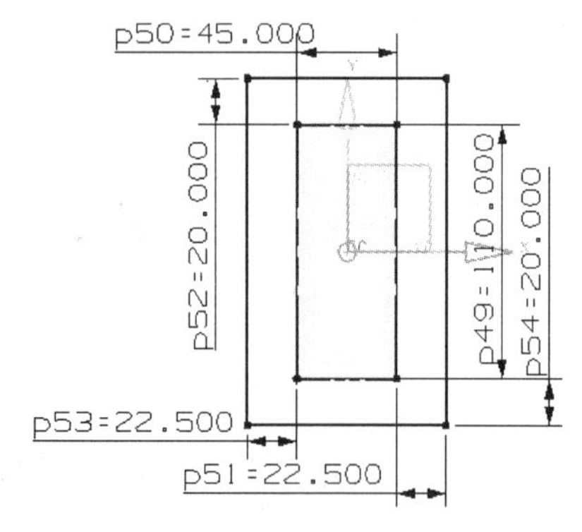

图 15.4 修改截面草图尺寸

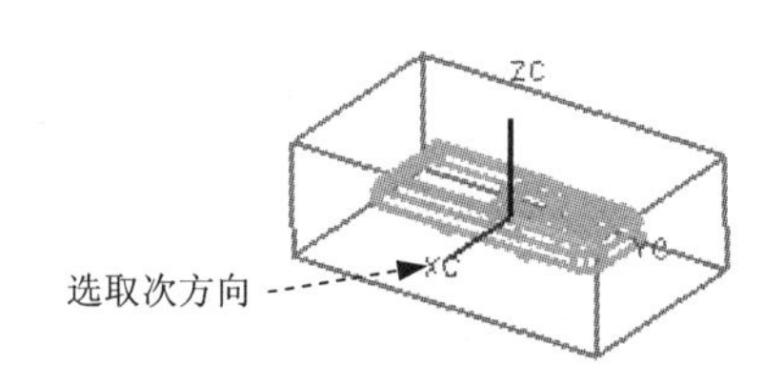

图 15.5 创建后的模具工件

Task4. 创建型腔布局

Step1. 在“注塑模向导”工具条中单击“型腔布局”按钮，系统弹出“型腔布局”

对话框。

Step2. 定义型腔数和间距。在“型腔布局”对话框的布局类型区域选择矩形选项和平衡单选项；在型腔数下拉列表中选择2，并在缝隙距离文本框中输入数值 0。

Step3. 在布局类型区域中单击* 指定矢量 (0)使其激活，然后选取图 15.5 所示的 X 方向作为布局方向，在生成布局区域中单击“开始布局”按钮，系统自动进行布局，此时在模型中显示布局方向箭头。

Step4. 在编辑布局区域单击“自动对准中心”按钮，使模具坐标系自动对中心，布局结果如图 15.6 所示，单击关闭按钮。

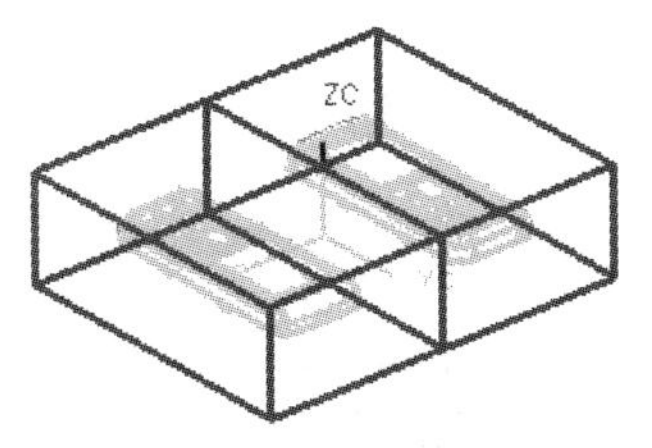

图 15.6　创建后的型腔布局

Task5. 模具分型

Stage1. 设计区域

Step1. 在“注塑模向导”工具条中单击“分型”按钮，系统弹出“分型管理器”对话框。

Step2. 在“分型管理器”对话框中单击“设计区域”按钮，系统弹出“MPV 初始化”对话框，同时模型被加亮，并显示开模方向，如图 15.7 所示。单击确定按钮，系统弹出“塑模部件验证”对话框。

Step3. 在“塑模部件验证”对话框中单击设置选项卡，在弹出的对话框中，取消选中□ 内部环、□ 分型边和□ 不完整的环三个复选框。

Step4. 面拆分。

（1）设置区域颜色。在“塑模部件验证”对话框中单击区域选项卡，然后单击设置区域颜色按钮，设置区域颜色。

（2）定义型腔区域。在未定义的区域区域中选中☑ 交叉区域面和☑ 未知的面类型复选框，然后选取图 15.8 所示的面，此时系统将所有的未定义区域面加亮显示；在指派为区域中，选择⊙ 型腔区域单选项，单击应用按钮，此时系统将加亮显示的未定义区域面指派到型腔区域。

（3）单击取消按钮，关闭“塑模部件验证”对话框，系统返回至“分型管理器”对话框。

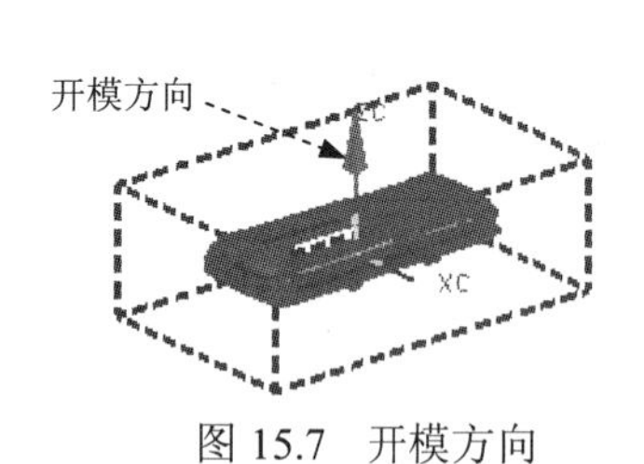

图 15.7 开模方向

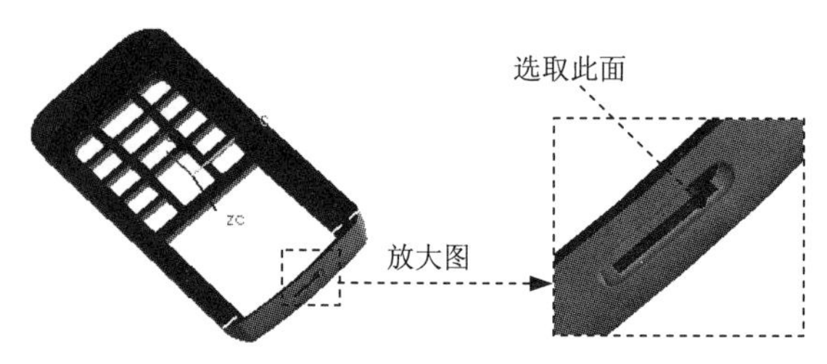

图 15.8 选择要转换的面

Stage2. 创建/删除曲面补片

Step1. 创建曲面补片。

（1）在“分型管理器”对话框中单击“创建/删除曲面补片”按钮，系统弹出“自动修补孔”对话框。

（2）在“自动修补孔”对话框中单击自动修补按钮，系统弹出“添加或移除面”对话框，单击确定按钮，创建部分面的修补，继续单击“添加或移除面”对话框中的确定按钮，直至系统重新弹出“自动修补孔”对话框，此时所有面都修补完成，如图 15.9 所示。

说明：利用自动修补命令创建的曲面补片有可能不能满足分模的要求，那时用户就需要手动去创建曲面补片，下面就要进行这样的操作。

Step2. 删除多余曲面补片。在“补片环选择”对话框中单击删除补片按钮，系统弹出“删除片体”对话框，选择图 15.10 所示的曲面片体，然后单击确定按钮，系统将自动删除多余曲面补片。然后单击后退按钮，完成多余片体的删除，系统返回至“分型管理器”对话框。

图 15.9 创建完成的修补面

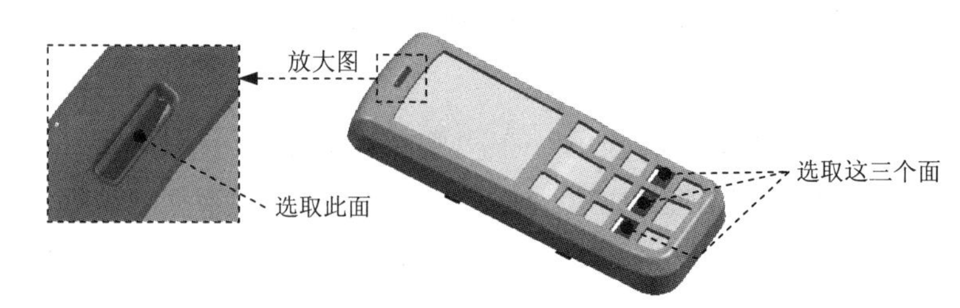

图 15.10 删除创建失败的面

Step3. 创建曲面 1。

（1）选择命令。选择下拉菜单开始 → 建模(M)...命令，进入建模环境。

说明：若已进入建模环境中，则不需此步操作。

（2）选择命令。选择下拉菜单插入(S) → 网格曲面(M) → 通过曲线网格(M)...命令，系统弹出“通过曲线网格”对话框。

（3）定义主曲线。选取图 15.11a 所示的曲线 1，单击中键；然后选取曲线 2，单击中键；完成主曲线的选取，单击中键。

（4）定义交叉曲线。选取图 15.11a 所示的曲线 3，单击中键；然后选取曲线 4，单击中键；完成交叉曲线的选取。

（5）单击 确定 按钮，完成曲面 1 的创建，结果如图 15.11b 所示。

（6）同样的方法创建另两个曲面的修补。

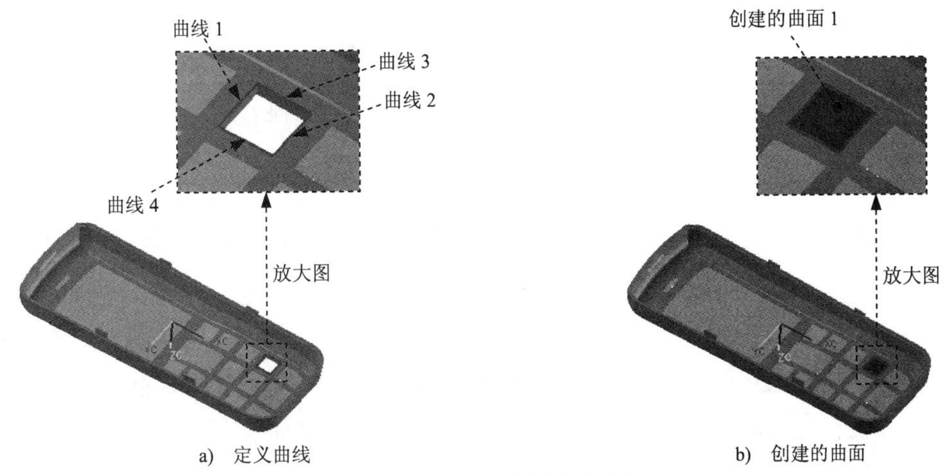

a)　定义曲线　　　b)　创建的曲面

图 15.11　创建的曲面 1

Step4. 创建曲面 2。选择下拉菜单 插入(S) → 网格曲面(M) → 通过曲线网格(M)... 命令，选取图 15.12a 所示的曲线 1，单击中键；然后选取曲线 2，单击中键；完成主曲线的选取，单击中键；选取图 15.12b 所示的曲线 3，单击中键；然后选取曲线 4，单击中键；完成交叉曲线的选取。单击 确定 按钮，完成曲面 2 的创建，结果如图 15.13 所示。

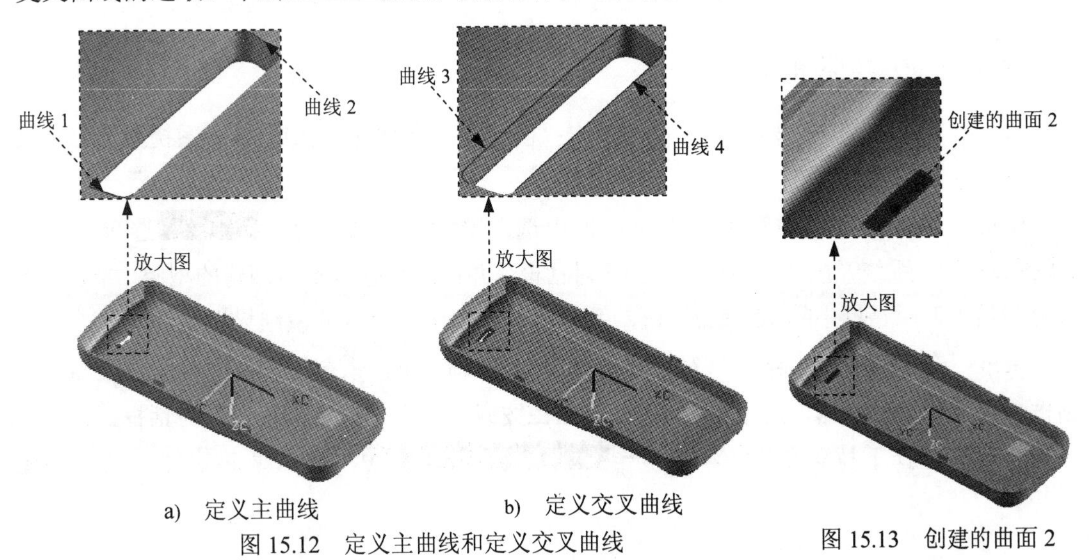

a)　定义主曲线　　　b)　定义交叉曲线

图 15.12　定义主曲线和定义交叉曲线

图 15.13　创建的曲面 2

Step5. 添加现有曲面。在“注塑模向导”工具条中单击“注塑模工具”按钮，在系统弹出的“注塑模工具”工具条中单击“现有曲面”按钮，系统弹出“选择片体”对话框，在图形区选择前面补的四个曲面。单击对话框中的确定按钮，完成曲面片的修补。

Stage3. 抽取区域和分型线

Step1. 在“注塑模向导”工具条中单击“分型”按钮，系统弹出“分型管理器”对话框。

Step2. 在“分型管理器”对话框中单击“抽取区域和分型线”按钮，系统弹出“定义区域”对话框。

Step3. 在“定义区域”对话框中选中设置区域的☑ 创建区域和☑ 创建分型线复选框，单击确定按钮，抽取分型线的结果如图 15.14 所示（已隐藏部分实体）。

Stage4. 创建分型面

Step1. 在”分型管理器”对话框中单击“创建/编辑分型面”按钮，系统弹出“创建分型面”对话框。

Step2. 在“创建分型面”对话框中接受系统默认的公差值；在距离文本框中输入值 80，单击创建分型面按钮，系统弹出“分型面”对话框。

Step3. 单击确定按钮，完成分型面的创建，如图 15.15 所示。

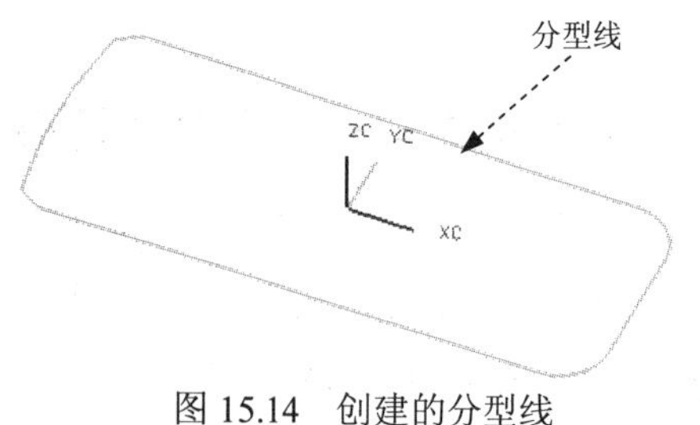

图 15.14 创建的分型线

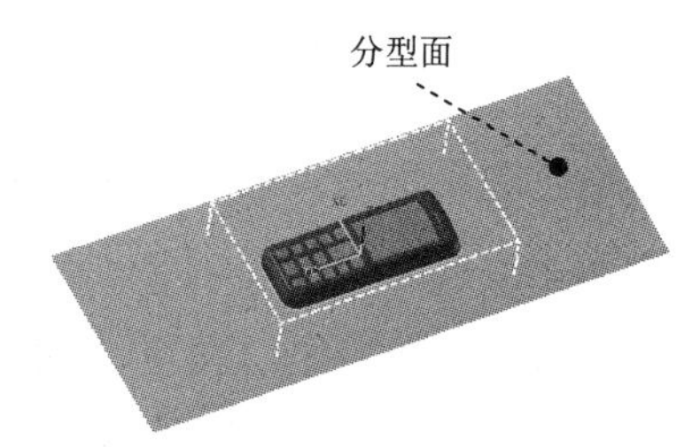

图 15.15 创建的分型面

Stage5. 创建型芯和型腔

Step1. 在“分型管理器”对话框中单击“创建型腔和型芯”按钮，系统弹出“定义型腔和型芯”对话框。

Step2. 在“定义型腔和型芯”对话框中选取选择片体区域下的All Regions选项，单击确定按钮，系统弹出“查看分型结果”对话框，并在图形区显示出创建的型腔，单击“查看分型结果”对话框中的确定按钮，系统再一次弹出“查看分型结果”对话框。

Step3. 在“查看分型结果”对话框中单击确定按钮，系统返回至”分型管理器”对话框，在“分型管理器”对话框中单击关闭按钮，关闭“分型管理器”对话框。

Step4. 选择下拉菜单窗口(O) ➡ cover_mold_core_006.prt，显示型芯零件，结果如图

15.16a 所示；选择下拉菜单窗口(O) ➡ cover_mold_cavity_002.prt，显示型腔零件，结果如图 15.16b 所示。

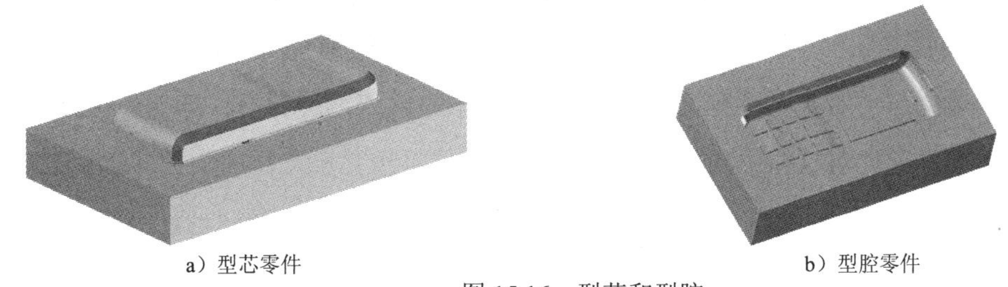

a）型芯零件　　b）型腔零件

图 15.16　型芯和型腔

Task6. 创建滑块

Step1. 创建拉伸特征。选择下拉菜单插入(S) ➡ 设计特征(E) ➡ 拉伸(E)...命令，选择图 15.17 所示的面为草图平面，绘制图 15.18 所示的草图，在限制区域的开始下拉列表中选择值选项，并在其下的距离文本框中输入值 0，在结束下拉列表中选择直到被延伸选项，选取图 15.19 所示的面为拉伸延伸面；在布尔下拉列表中选择无选项。单击确定按钮，完成拉伸特征的创建（如图 15.20 所示，已隐藏型腔实体）。

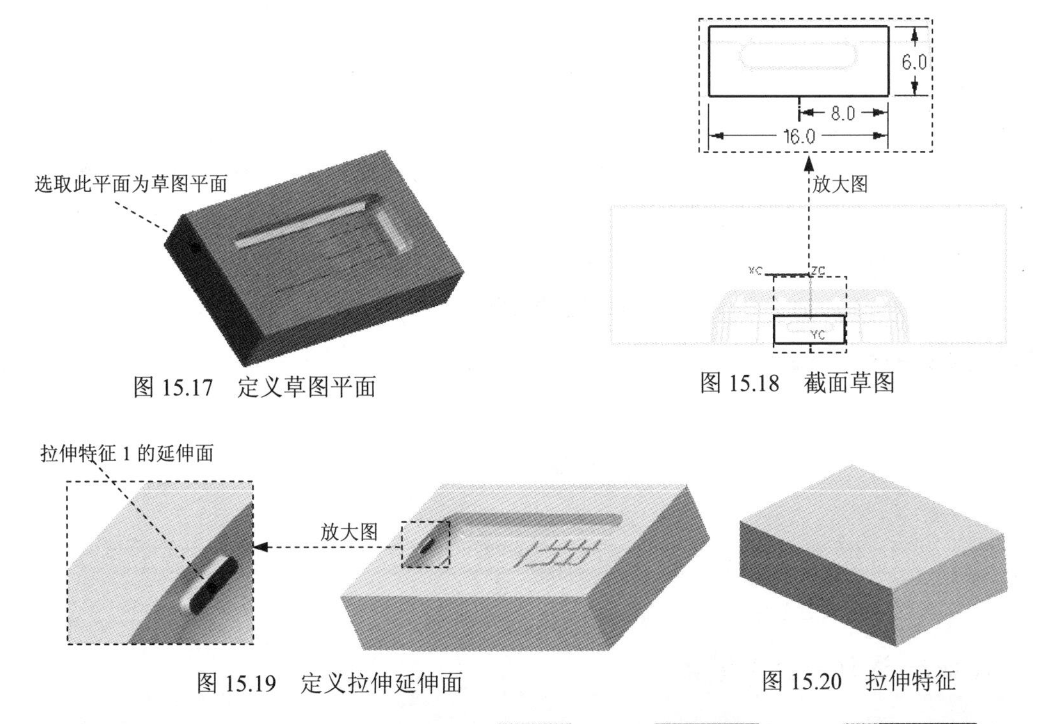

图 15.17　定义草图平面

图 15.18　截面草图

图 15.19　定义拉伸延伸面

图 15.20　拉伸特征

Step2. 创建求交特征 1。选择下拉菜单插入(S) ➡ 组合体(B) ➡ 求交(I)...命令，系统弹出“求交”对话框，在对话框的设置区域选中☑保持目标复选框，选择型腔实体为目标体，选择拉伸特征为刀具体，单击确定按钮。完成实体求交特征的操作（如图 15.21 所示，已隐藏型腔实体）。

Step3. 将滑块转化为型腔子零件。在“装配导航器”窗口中右击，在弹出的快捷菜单中选择 WAVE 模式 命令，右击 phone_cover_cavity_002 图标，在弹出的快捷菜单中选择 WAVE ▸ → 新建级别 子命令，系统弹出“新建级别”对话框，单击其中的 指定部件名 按钮，系统弹出“选择部件名”对话框，在 文件名(N): 文本框中输入部件名称：phone_cover_slide，单击“选择部件名”对话框中的 OK 按钮，系统重新弹出“新建级别”对话框，在图形区选择图 15.21 所示的求交特征，单击 确定 按钮，此时“装配导航器”窗口如图 15.22 所示。

图 15.21 求交特征 1

图 15.22 “装配导航器”窗口

Step4. 隐藏滑块。右击 phone_cover_slide 图标，在弹出的快捷菜单中选择 显示和隐藏 ▸ → 隐藏 命令。

Step5. 创建求差特征 1。选择下拉菜单 插入(S) → 组合体(B) ▸ → 求差(S)... 命令，系统弹出“求差”对话框，选择型腔实体为目标体，选取求交特征 1 为工具体，取消选中 保持工具 复选框，单击对话框中的 确定 按钮，完成求差特征 1 的创建（图 15.23）。

Step6. 显示滑块。右击 phone_cover_slide 图标，在弹出的快捷菜单中选择 显示和隐藏 ▸ → 显示 命令。

图 15.23 求差特征 1

Task7. 添加及完善模架

Stage1. 模架的加载和编辑

Step1. 切换窗口。选择下拉菜单 窗口(O) → phone_cover_top_010.prt 命令，系统显示总模型。

Step2. 将总模型转换为工作部件。单击“装配导航器”选项卡，系统弹出“装配导航器”窗口。在☑ phone_cover_top_010 选项上双击，即将总模型转换成工作部件。

Step3. 添加模架。

（1）在“注塑模向导”工具条中单击“模架”按钮，系统弹出“模架管理”对话框。

（2）定义模架类型和型号。在目录下拉列表中选择FUTABA_S选项，在TYPE下拉列表中选择SA选项，在长宽大小型号列表中选择2730选项。

（3）定义模架零部件尺寸。在表达式列表区选择AP_h = 30选项，在AP_h =文本框中输入值50，并按Enter键确认；在表达式列表区选择BP_h = 30选项，在BP_h =文本框中输入值20，并按Enter键确认；在表达式列表区选择CP_h = 70选项，在CP_h =文本框中输入值80，并按Enter键确认。

（4）单击“模架管理”对话框中的应用按钮，此时系统开始加载模架，并且在加载模架的过程中，系统会两次弹出“消息”对话框，在该对话框中单击确定按钮。

（5）旋转模架。完成模架的加载后，在“模架管理”对话框中单击按钮，对模架进行旋转，单击取消按钮，完成模架的旋转，如图 15.24 所示。

Stage2. 创建模仁刀槽

Step1. 在“注塑模向导”工具条中单击“型腔布局”按钮，系统弹出“型腔布局”对话框。

Step2. 在“型腔布局”对话框中单击“编辑插入腔”按钮，此时系统弹出“刀槽”对话框。

Step3. 在“刀槽”对话框的R下拉列表中选择5，然后在类型下拉列表中选择2，单击确定按钮；系统重新弹出“型腔布局”对话框，单击关闭按钮，完成刀槽的创建，如图 15.25 所示。

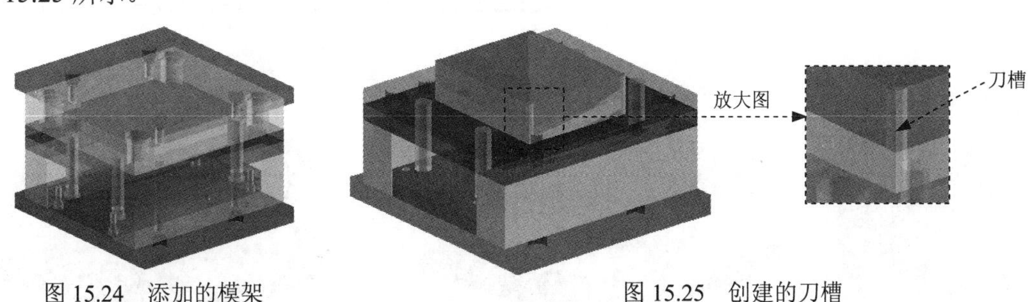

图 15.24　添加的模架　　图 15.25　创建的刀槽

Stage3. 创建新腔体

Step1. 在“注塑模向导”工具条中单击“腔体”按钮，系统弹出“腔体”对话框；在模式下拉列表中选择减去材料，在刀具区域的工具类型下拉列表中选择部件。

Step2. 定义目标体和工具体。选取图 15.26 所示的动模板和定模板为目标体，选取图 15.27 所示的刀槽为工具体。

Step3. 单击“腔体”对话框中的 确定 按钮，完成腔体的创建，如图 15.28 所示。

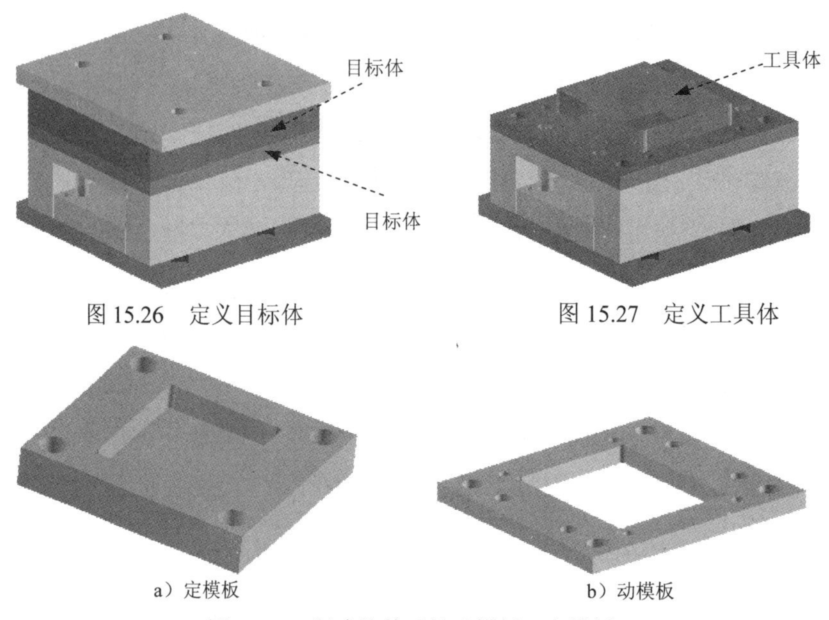

图 15.26　定义目标体　　　　图 15.27　定义工具体

a）定模板　　　　b）动模板

图 15.28　创建腔体后的动模板、定模板

Stage4. 添加滑块组件

Step1. 设置坐标系（隐藏定模板、定模座板和刀槽）。

（1）移动坐标系。选择下拉菜单 格式(R) → WCS▸ → 动态(D)... 命令，选择图 15.29 所示边线的中点为新坐标系的原点。

（2）旋转坐标系。选择下拉菜单 格式(R) → WCS▸ → 旋转(R)... 命令，选择 ⊙ +ZC 轴 单选项，在 角度 文本框中输入值 180，单击 确定 按钮，完成坐标系的设置，如图 15.30 所示。

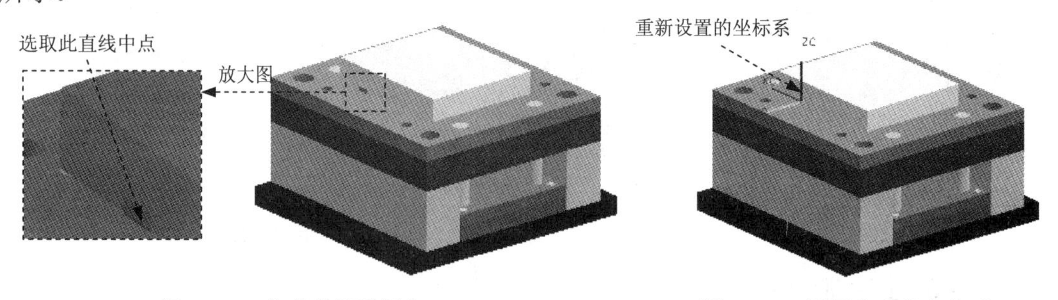

图 15.29　定义坐标系原点　　　　图 15.30　设置完成的坐标系

Step2. 添加滑块组件 1。

（1）在“注塑模向导”工具条中单击 按钮，系统弹出“滑块/浮升销设计”对话框。在相关类型的列表中选择 Single Cam-pin Slide 选项。

（2）选择“滑块/浮升销设计”对话框的尺寸选项卡，在相关尺寸的列表中将travel = 15的值修改为 11，按 Enter 键确认；将cam_pin_angle = 15的值修改为 18，按 Enter 键确认；将cam_pin_start = 25的值修改为 20，按 Enter 键确认；将gib_long = 100的值修改为 65，按 Enter 键确认；将gib_top = -0.25的值修改为 15，按 Enter 键确认；将heel_back = 40的值修改为 20，按 Enter 键确认；将heel_ht_1 = 40的值修改为 25，按 Enter 键确认；将heel_ht_2 = 25的值修改为 15，按 Enter 键确认；将heel_start = 50的值修改为 40，按 Enter 键确认；将heel_step_bk = 40的值修改为 30，按 Enter 键确认；将heel_tip_lvl = -10的值修改为 5，按 Enter 键确认；将pin_dia = 15的值修改为 10，按 Enter 键确认；将pin_hd_dia = 20的值修改为 15，按 Enter 键确认；将slide_bottom = -25的值修改为 0，按 Enter 键确认；将slide_long = 65的值修改为 48，按 Enter 键确认；将wide = 40的值修改为 20，按 Enter 键确认。

（3）对话框中的其他设置保持系统默认值，单击确定按钮，完成滑块组件的添加，如图 15.31 所示。

Step3. 创建腔体（显示定模板和定模座板）。在“注塑模向导”工具条中单击“腔体”按钮，系统弹出“腔体”对话框；在模式下拉列表中选择减去材料，在刀具区域的工具类型下拉列表中选择部件；选取图 15.32 所示的动模板、定模板为目标体；选取滑块组件（两个）为工具体，单击“腔体”对话框中的确定按钮，完成腔体的创建。

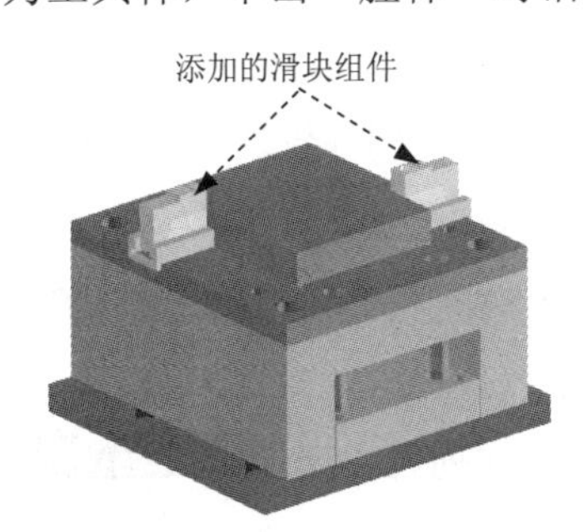

图 15.31　添加滑块组件

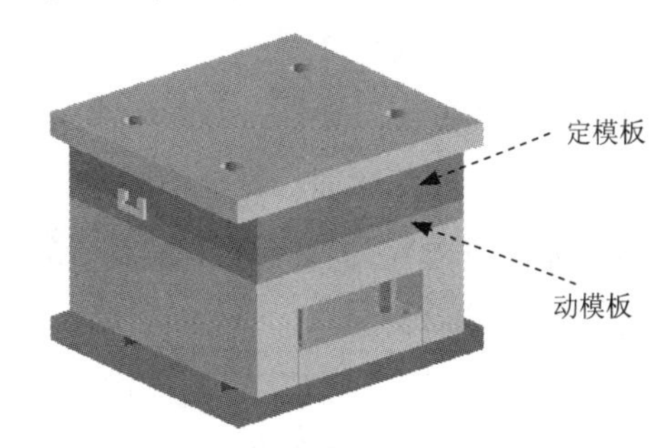

图 15.32　定义目标体

Step4. 添加滑块钉 1（隐藏定模板、定模座板、型腔和产品）。

（1）在“注塑模向导”工具条中单击按钮，系统弹出“标准件管理”对话框。

（2）在“标准件管理”对话框的目录下拉列表中选择DME_MM选项，在分类下拉列表中选择Screws选项，在目录列表区选择SHCS [Manual]选项，在SIZE下拉列表中选择6选项，在LENGTH下拉列表中选择20选项。

（3）选择“标准件管理”对话框中的尺寸选项卡，在表达式列表中选择PLATE_HEIGHT = 20选项，在PLATE_HEIGHT文本框中输入值 18，并按 Enter 键确认。

（4）“标准件管理”对话框中的其他设置保持系统默认值，单击确定按钮，系统弹出“选择一个面”对话框，在图形区选择图 15.33 所示的面 1，系统弹出“点”对话框，在“点”对话框的XC文本框中输入值 1.5，在YC文本框中输入值 15，单击确定按钮，系统弹出“消息”对话框，单击 确定(O) 按钮，此时系统弹出“位置”对话框，在该对话框中单击 确定 按钮，系统再次弹出“点”对话框，在 XC 文本框中输入值 1.5，在 YC 文本框中输入值-15，单击 确定 按钮，此时系统弹出“位置”对话框，在该对话框中单击 确定 按钮，系统弹出“点”对话框，单击 取消 按钮，完成图 15.34 所示的滑块钉 1 的添加。

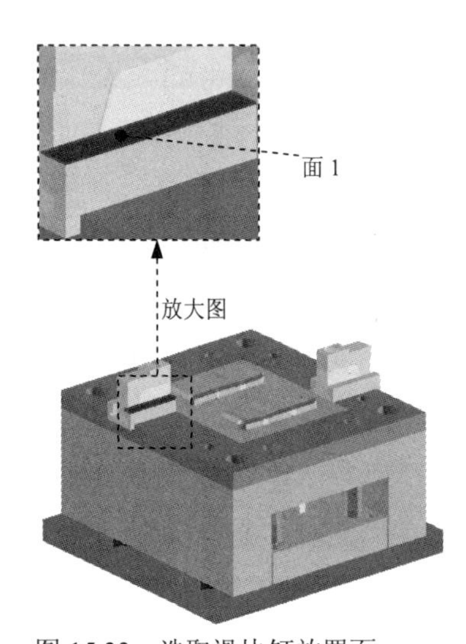

图 15.33　选取滑块钉放置面

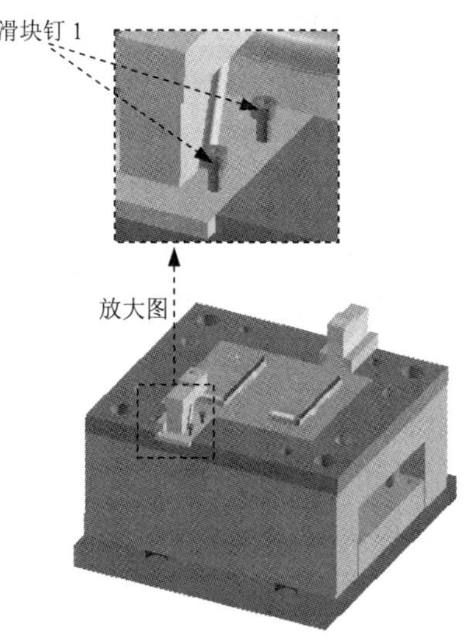

图 15.34　添加的滑块钉 1

Step5. 添加滑块钉 2。

（1）在“注塑模向导”工具条中单击 按钮，系统弹出“标准件管理”对话框。

（2）在“标准件管理”对话框的 目录 下拉列表中选择 DME_MM 选项，在 分类 下拉列表中选择 Screws 选项，在 目录 列表区选择 SHCS [Manual] 选项，在 SIZE 下拉列表中选择 6 选项，在 LENGTH 下拉列表中选择 20 选项。

（3）选择“标准件管理”对话框中的 尺寸 选项卡，在表达式列表中选择 PLATE_HEIGHT = 20 选项，在 PLATE_HEIGHT 文本框中输入值 18，并按 Enter 键确认。

（4）“标准件管理”对话框中的其他设置保持系统默认值，单击 确定 按钮，系统弹出“选择一个面”对话框。

（5）定义放置面。在图形区选择图 15.35 所示的面 2，系统弹出“点”对话框。

（6）定义中心点。在“点”对话框的 XC 文本框中输入值-1.5，在 YC 文本框中输入值 15，单击 确定 按钮，系统弹出“消息”对话框，单击 确定(O) 按钮，系统再次弹出“点”对话框，在 XC 文本框中输入值-1.5，在 YC 文本框中输入值-15，单击 确定 按钮，系统弹出“点”对话框，单击 取消 按钮，完成图 15.36 所示的滑块钉 2 的添加。

Step6. 添加滑块钉 3。

（1）在“注塑模向导”工具条中单击 按钮，系统弹出“标准件管理”对话框。

（2）在“标准件管理”对话框的 分类 下拉列表中选择 Screws 选项，在 目录 列表中选择 SHCS [Manual] 选项，在 SIZE 下拉列表中选择 6 选项，在 LENGTH 下拉列表中选择 20 选项。

（3）选择“标准件管理”对话框中的 尺寸 选项卡，在表达式列表中选择 PLATE_HEIGHT = 20 选项，在 PLATE_HEIGHT 文本框中输入值 18，并按 Enter 键确认。

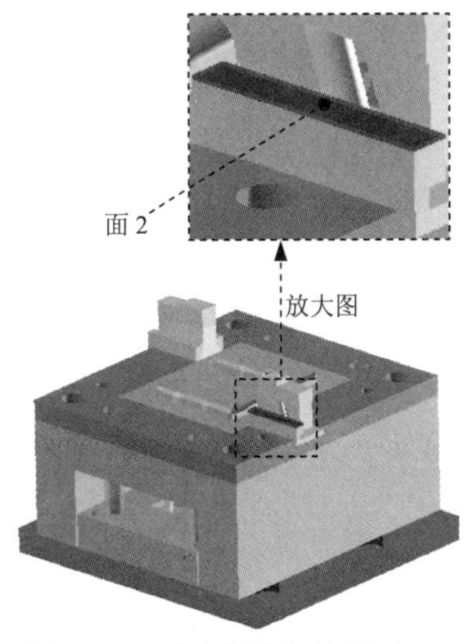

图 15.35　选取滑块钉放置面

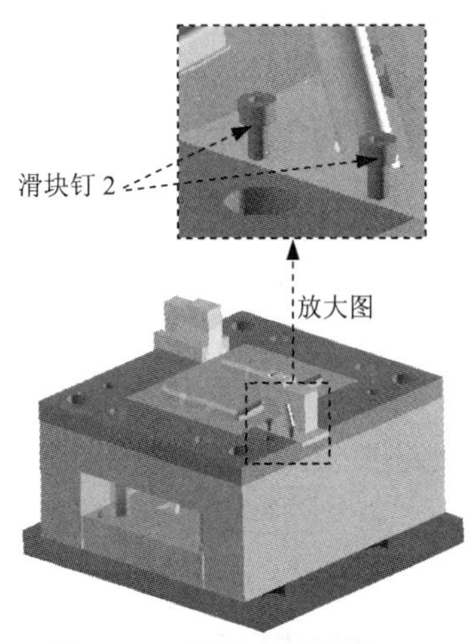

图 15.36　添加的滑块钉 2

（4）“标准件管理”对话框中的其他设置保持系统默认值，单击 确定 按钮，系统弹出“选择一个面”对话框，在图形区选择图 15.37 所示的面 3，系统弹出“点”对话框，在“点”对话框的 XC 文本框中输入值-1.5，在 YC 文本框中输入值 15，单击 确定 按钮，系统弹出“消息”对话框，单击 确定(O) 按钮，此时系统弹出“位置”对话框，在该对话框中单击 确定 按钮，系统再次弹出“点”对话框，在 XC 文本框中输入值-1.5，在 YC 文本框中输入值-15，单击 确定 按钮，系统弹出“点”对话框，单击 取消 按钮，完成图 15.38 所示的滑块钉 3 的添加。

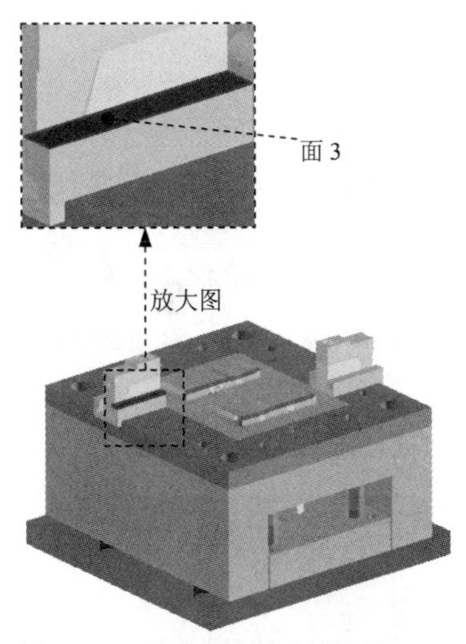

图 15.37　选取滑块钉放置面

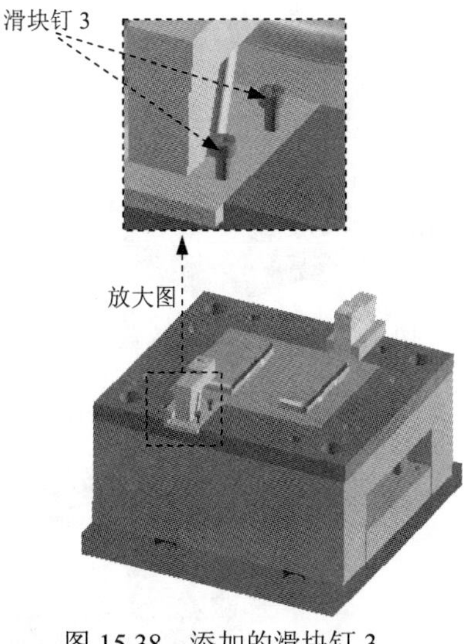

图 15.38　添加的滑块钉 3

Step7. 添加滑块钉 4。

（1）在“注塑模向导”工具条中单击按钮，系统弹出“标准件管理”对话框。

（2）在“标准件管理”对话框的分类下拉列表中选择Screws选项，在目录列表中选择SHCS [Manual]选项，在SIZE下拉列表中选择6选项，在LENGTH下拉列表中选择20选项。

（3）选择“标准件管理”对话框中的尺寸选项卡，在表达式列表中选择PLATE_HEIGHT = 20选项，在PLATE_HEIGHT文本框中输入值 18，并按 Enter 键确认。

（4）“标准件管理”对话框中的其他设置保持系统默认值，单击确定按钮，系统弹出“选择一个面”对话框，在图形区选择图 15.39 所示的面 4，系统弹出“点”对话框，在“点”对话框的XC文本框中输入值 1.5，在YC文本框中输入值 15，单击确定按钮，系统弹出“消息”对话框，单击确定(O)按钮，此时系统弹出“位置”对话框，在该对话框中单击确定按钮，系统再次弹出“点”对话框，在XC文本框中输入值 1.5，在YC文本框中输入值-15，单击确定按钮，系统弹出“点”对话框，单击取消按钮，完成图 15.40 所示的滑块钉 4 的添加。

Step8. 创建新腔体。在“注塑模向导” 工具条中单击按钮，系统弹出“腔体”对话框；在模式下拉列表中选择减去材料，在刀具区域的工具类型下拉列表中选择部件；选择图 15.41 所示的四块模板为目标体，在目标体上选择 Step4 ～Step7 中添加的 4 个滑块钉为工具体。单击确定按钮，完成腔体的创建。

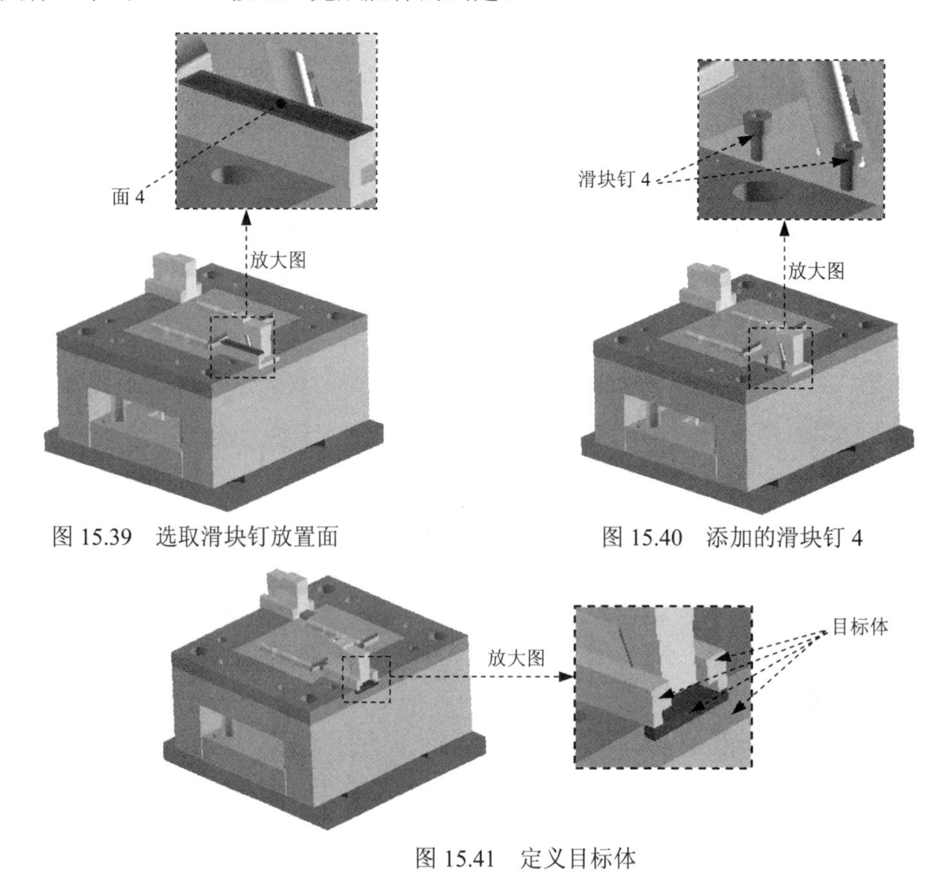

图 15.39　选取滑块钉放置面

图 15.40　添加的滑块钉 4

图 15.41　定义目标体

Step9. 创建滑块的链接。

（1）将滑块转换为工作部件。在部件导航器中依次单击 phone_cover_prod_003 → phone_cover_sld_079 前的节点，然后选中其节点下的 phone_cover_bdy_074 并右击，在弹出的快捷菜单中选择 设为工作部件(W) 命令。

（2）显示组件。在部件导航器中取消勾选 phone_cover_cavity_002，再单击 phone_cover_cavity_002 前的节点，在展开的组件中勾选 phone_cover_slide，将其显示出来。

（3）选择命令。选择下拉菜单 插入(S) → 关联复制(A) → WAVE 几何链接器(W)... 命令，系统弹出“WAVE 几何链接器”对话框。

（4）设置对话框参数。在 类型 下拉列表中选择 体 选项，并在区域中选中 关联 复选框和 隐藏原先的 复选框。

（5）定义链接对象。选取图 15.42 所示的小型芯为链接对象。

（6）单击 确定 按钮，完成滑块的链接。

Step10. 创建求和特征。选择下拉菜单 插入(S) → 组合体(B) → 求和(U)... 命令，选取滑块组件为目标体，选取小型芯为工具体，单击 确定 按钮，完成求和特征的创建，链接后的滑块如图 15.43 所示。

Step11. 设置工作部件。在部件导航器中选中 phone_cover_top_035 并右击，在弹出的快捷菜单中选择 设为工作部件(W) 命令。

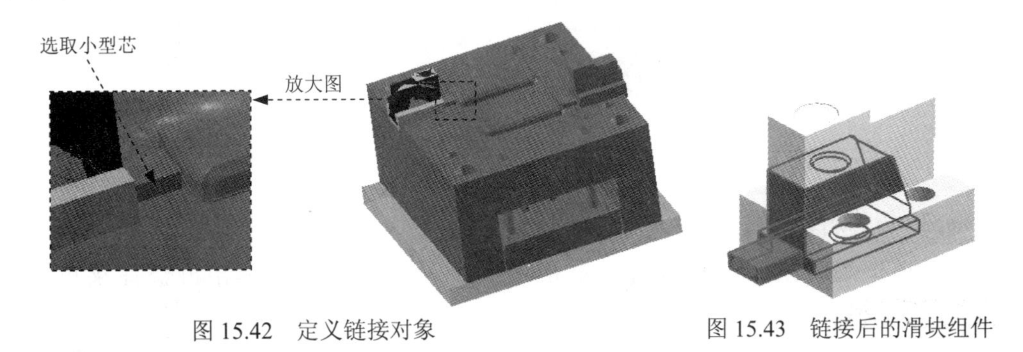

图 15.42　定义链接对象　　图 15.43　链接后的滑块组件

Stage5. 添加斜顶组件

Step1. 设置坐标系。

（1）移动坐标系。选择下拉菜单 格式(R) → WCS → 动态(D)... 命令，选择图 15.44 所示边线的中点为新坐标系的原点，单击中键确认。

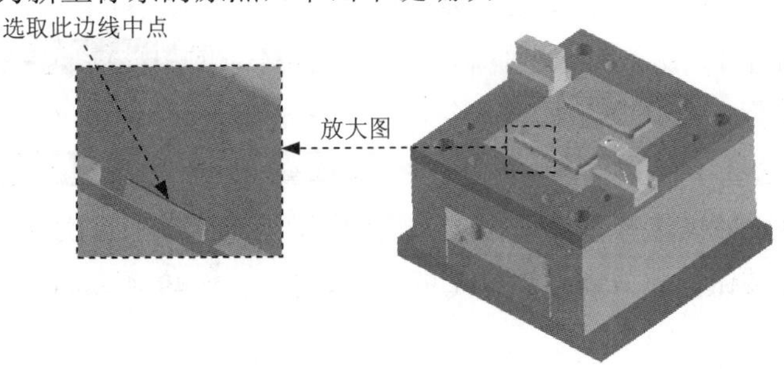

图 15.44　定义坐标系原点

（2）旋转坐标系。（注：本步的详细操作过程请参见随书光盘中 video\ch15\reference\文件下的语音视频讲解文件 phone_cover-r01.avi）。

Step2. 添加斜顶组件 1。

（1）在“注塑模向导”工具条中单击按钮，系统弹出“滑块/浮升销设计”对话框。在目录列表中选择Dowel Lifter选项。

（2）选择“滑块/浮升销设计”对话框的尺寸选项卡，在相关尺寸的列表中将riser_angle = 5的值修改为 8，按 Enter 键确认；将dowel_dia = 2的值修改为 4，按 Enter 键确认；将guide_width = 30的值修改为 20，按 Enter 键确认；将hole thick = 1的值修改为 5，按 Enter 键确认；将riser_thk = 10的值修改为 5，按 Enter 键确认；将riser_top = 2的值修改为 11，按 Enter 键确认；将wear_pad_wide = 10的值修改为 5，按 Enter 键确认；将wear_rr_thk = 10的值修改为 5，按 Enter 键确认；将wear_thk = 2的值修改为 5，按 Enter 键确认；将wide = 10的值修改为 8，按 Enter 键确认。

（3）对话框中的其他设置保持系统默认值，单击确定按钮，完成斜顶组件 1 的添加，如图 15.45 所示。

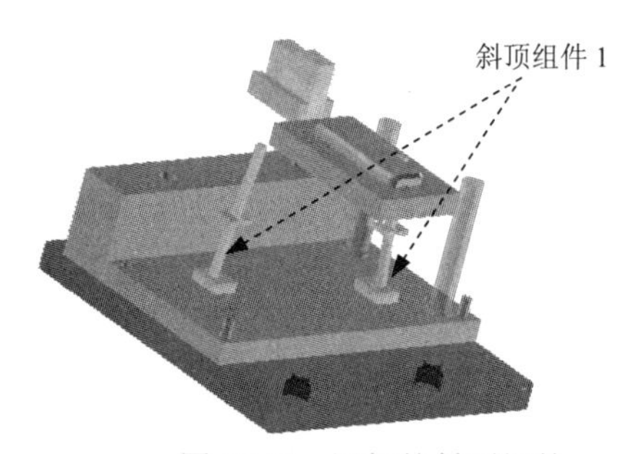

图 15.45 添加的斜顶组件

Step3. 镜像斜顶组件 1。

（1）将型芯转换为工作部件。在图形区型芯上右击，在弹出的快捷菜单中选择设为工作部件(W)命令。

（2）创建图 15.46 所示的基准平面 1。选择下拉菜单插入(S) → 基准/点(D) → 基准平面(D)...命令，系统弹出“基准平面”对话框，在对话框的类型下拉列表中选择平分选项，选取图 15.47 所示的两个面为参考对象，在“基准平面”对话框中单击确定按钮，完成基准平面 1 的创建。

说明： 创建基准平面前，需将型芯部分转化为工作部件。

（3）镜像斜顶组件 1。在“装配导航器”窗口中选择phone_cover_prod_003并右击，在弹出的快捷菜单中选择设为工作部件(W)命令（如图 15.48 所示），选中phone_cover_lift_073选项（斜顶组件），选择下拉菜单装配(A) → 组件(C) → 镜像装配(I)...命令，系统弹出“镜像装配向导”对话框，选择基准平面 1 为镜像平面，连续单击三次对话框中的下一步 >按钮，单击精加工按钮，完成斜顶组件 1 的镜像，如图 15.49 所示。

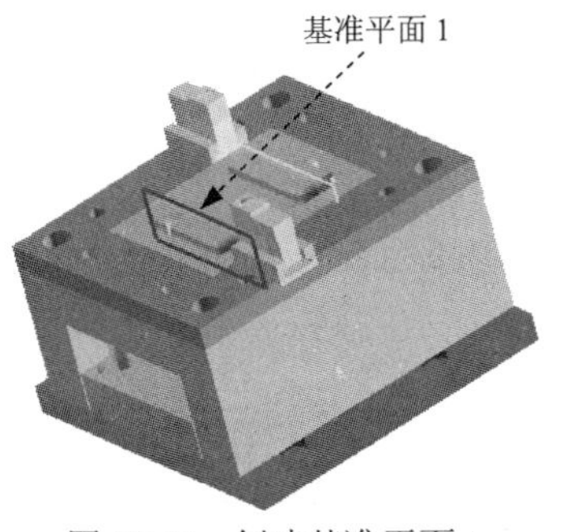

图 15.46　创建基准平面 1

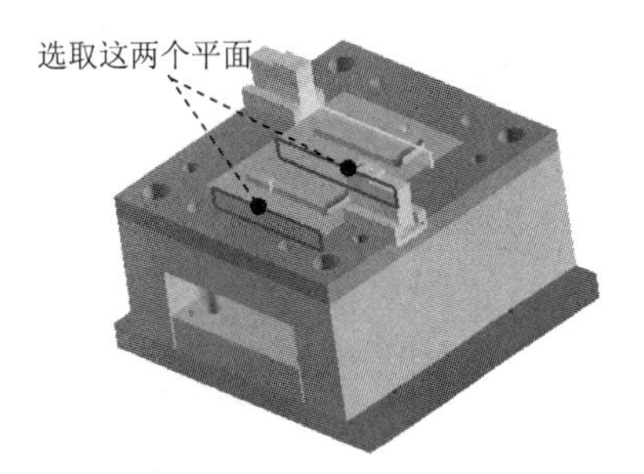

图 15.47　定义参考平面

Step4. 修剪斜顶组件 1。

（1）在“注塑模向导”工具条中单击按钮，系统弹出“模具修剪管理”对话框，选择图 15.50 所示的实体为修剪目标体。

（2）对话框中的设置保持系统默认，单击**确定**按钮，系统弹出“选择方向”对话框，接受系统修剪方向，单击**确定**按钮，完成斜顶组件 1 的修剪，如图 15.51 所示。

图 15.48　定义工作部件

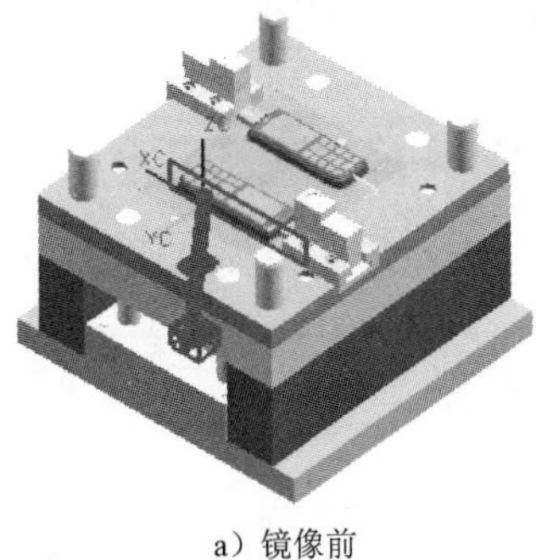

a）镜像前

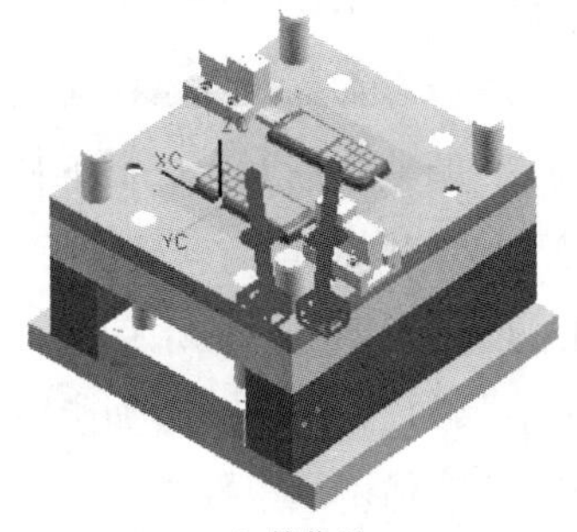

b）镜像后

图 15.49　镜像特征

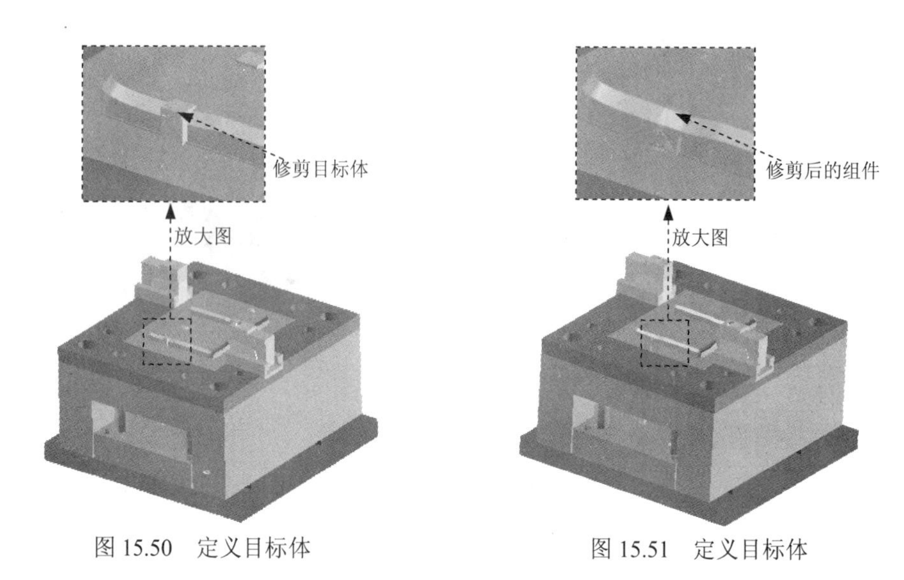

图 15.50　定义目标体　　　图 15.51　定义目标体

Step5. 创建新腔体。在“注塑模向导”工具条中单击按钮，系统弹出“腔体”对话框；在模式下拉列表中选择减去材料，在刀具区域的工具类型下拉列表中选择部件，选择图 15.52 所示的模板及型芯部件为目标体，选择斜顶组件（图 15.53 所示的 4 个）为工具体。单击确定按钮，完成腔体的创建。

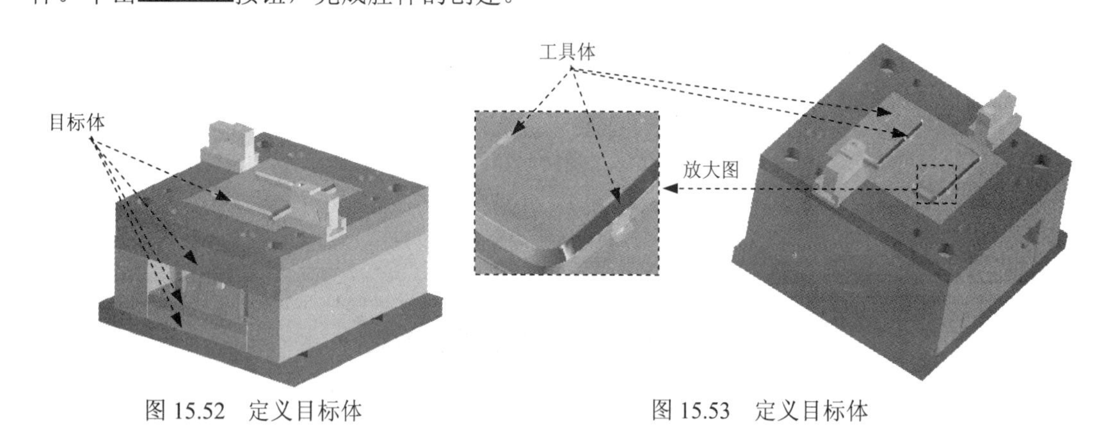

图 15.52　定义目标体　　　图 15.53　定义目标体

Step6. 设置工作部件。在部件导航器中选中phone_cover_top_035并右击，在弹出的快捷菜单中选择设为工作部件(W)命令。

Step7. 调整坐标系。选择下拉菜单格式(R) → WCS → 动态(D)...命令，选择图 15.54 所示边线的中点为新坐标系的原点，单击中键确认，调整后的坐标系如图 15.55 所示。

Step8. 添加图 15.56 所示的斜顶组件 2。

说明：斜顶组件 2 的添加步骤及参数请参见 Step2。

Step9. 镜像斜顶组件 2，如图 15.57 所示。

说明：镜像斜顶组件 2 的操作步骤及镜像平面请参见 Step3，镜像平面为基准平面 1。

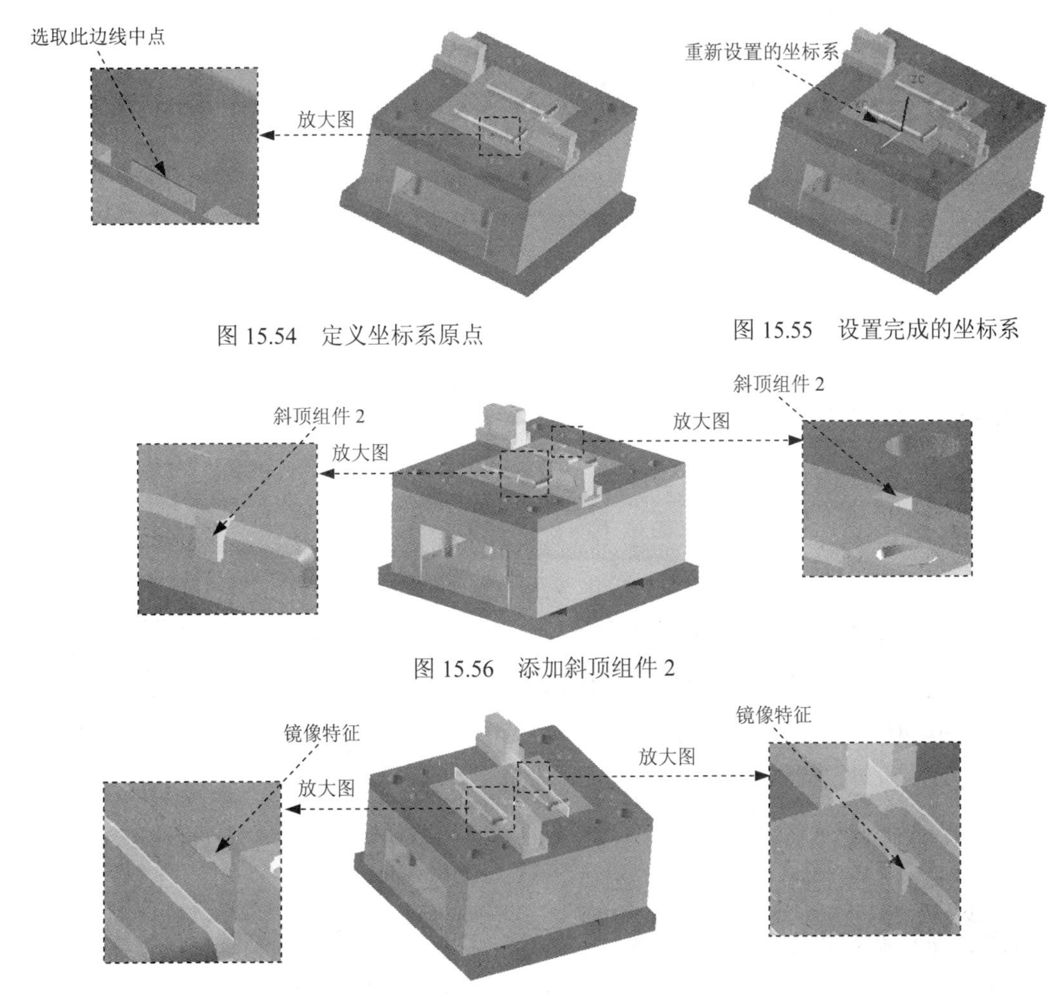

图 15.54　定义坐标系原点

图 15.55　设置完成的坐标系

图 15.56　添加斜顶组件 2

图 15.57　镜像斜顶组件 2

Step10. 修剪斜顶组件 2，结果如图 15.58 所示。

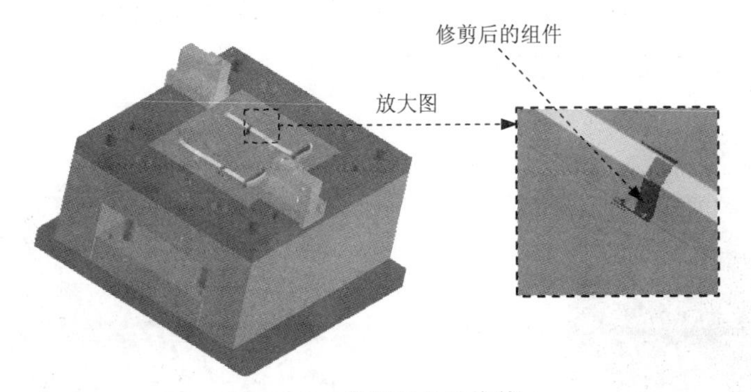

图 15.58　斜顶组件的修剪

说明：斜顶组件 2 的修剪步骤及参数请参见 Step4。

Step11. 创建新腔体。选择图 15.59 所示的模板和型芯为目标体，选择斜顶组件 2（4 个）

为工具体（具体操作步骤可参见 Step5）。

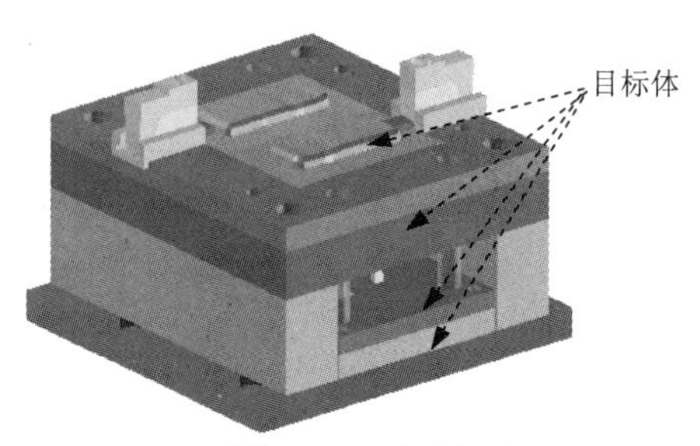

图 15.59 定义目标体

Stage6. 添加浇注系统

Step1. 添加定位圈（显示模架并激活）。

（1）在“注塑模向导”工具条中单击“标准件”按钮，系统弹出“标准件管理”对话框。

（2）选择定位圈类型。在“标准件管理”对话框的目录下拉列表中选择FUTABA_MM选项；在分类下拉列表中选择Locating Ring Interchangeable选项；在TYPE下拉列表中选择M_LRB选项；在BOTTOM_C_BORE_DIA下拉列表中选择50选项，选择“标准件管理”对话框中的尺寸选项卡，在表达式列表中选择SHCS_LENGTH = 12选项，在SHCS_LENGTH =文本框中输入值 18，并按 Enter 键确认。

（3）加载定位圈。对话框中的其他设置保持系统默认值，单击确定按钮，完成定位圈的添加，如图 15.60 所示。

说明： 系统在加载定位圈时会弹出“消息”对话框，此时单击确定按钮。

（4）创建腔体。在“注塑模向导”工具条中单击“腔体”按钮，系统弹出“腔体”对话框；在模式下拉列表中选择减去材料，在刀具区域的工具类型下拉列表中选择部件，选取图 15.61 所示的实体为目标体，单击中键确认；选取加载后的定位圈为工具体。单击“腔体”对话框中的确定按钮，完成腔体的创建。

图 15.60 加载定位圈

图 15.61 定义目标体

Step2. 添加浇口套

（1）在“注塑模向导”工具条中单击“标准件”按钮，系统弹出“标准件管理”对话框。

（2）选择浇口套类型。在“标准件管理”对话框的目录下拉列表中选择FUTABA_MM选项；在分类下拉列表中选择Sprue Bushing选项；在CATALOG_LENGTH下拉列表中选择80选项，选择“标准件管理”对话框中的尺寸选项卡，在表达式列表中选择CATALOG_LENGTH = 80选项，在CATALOG_LENGTH =文本框中输入值 65，并按 Enter 键键确认。

（3）添加浇口套。“标准件管理”对话框中的其他设置保持系统默认值，单击确定按钮，完成浇口套的添加，如图 15.62 所示。

（4）创建腔体。在“注塑模向导”工具条中单击“腔体”按钮，系统弹出“腔体”对话框；在模式下拉列表中选择减去材料，在刀具区域的工具类型下拉列表中选择部件，选取图 15.63 所示的两个实体和型腔为目标体，单击中键确认；选取加载后的浇口套为工具体。单击“腔体”对话框中的确定按钮，完成腔体的创建。

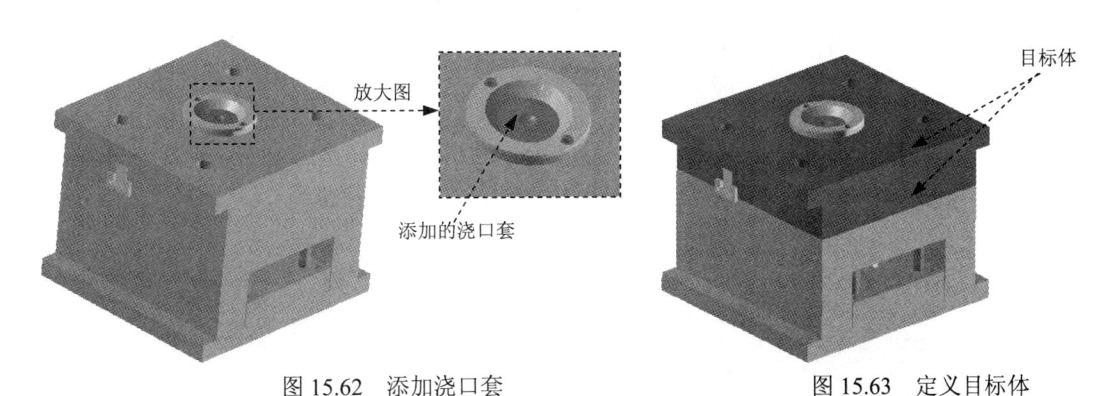

图 15.62　添加浇口套　　　　图 15.63　定义目标体

Step3. 设置坐标系（隐藏固定板、定模板、产品和型腔）。

（1）移动坐标系。选择下拉菜单格式(R) ➡ WCS ➡ 动态(D)...命令，选择图 15.64 所示边线的圆心为新坐标系的原点。

（2）旋转坐标系。（注：本步的详细操作过程请参见随书光盘中 video\ch15\reference\文件下的语音视频讲解文件 phone_cover-r02.avi）。

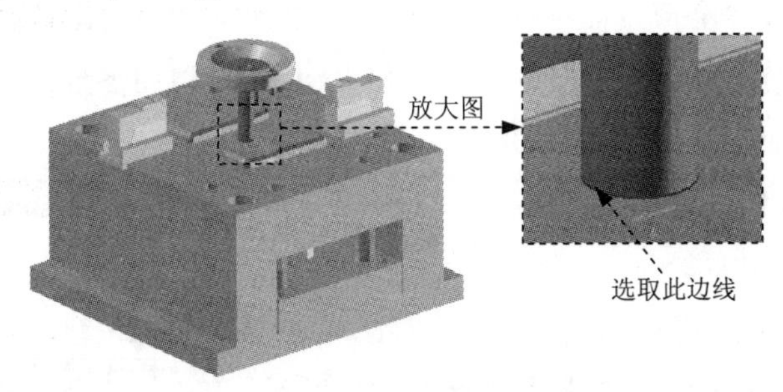

图 15.64　定义坐标原点

Step4. 创建流道。

（1）选择命令。在“注塑模向导”工具条中单击“流道”按钮，系统弹出“流道设计”对话框。

（2）设置流道尺寸。在“流道设计”对话框中的A=文本框中输入数值 35，并按 Enter 键；单击应用按钮，定义后的引导线串如图 15.65 所示。

（3）在“流道设计”对话框中，单击设计步骤区域的图标，在横截面下拉列表中选择选项，在A文本框中输入 8.0。

（4）“流道设计”对话框中的其他设置保持系统默认值，单击确定按钮，完成流道体的创建，如图 15.66 所示。

（5）在“装配导航器”中显示型腔，在“注塑模向导”工具条中单击“腔体”按钮，系统弹出“腔体”对话框；在模式下拉列表中选择减去材料，在刀具区域的工具类型下拉列表中选择部件；选择型芯、型腔和浇口套为目标体，选择流道体为工具体，单击确定按钮，完成流道通道的创建（隐藏型腔）。

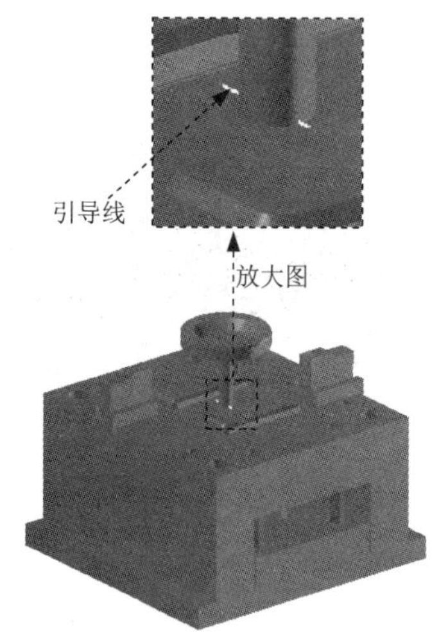

图 15.65 流道引导线

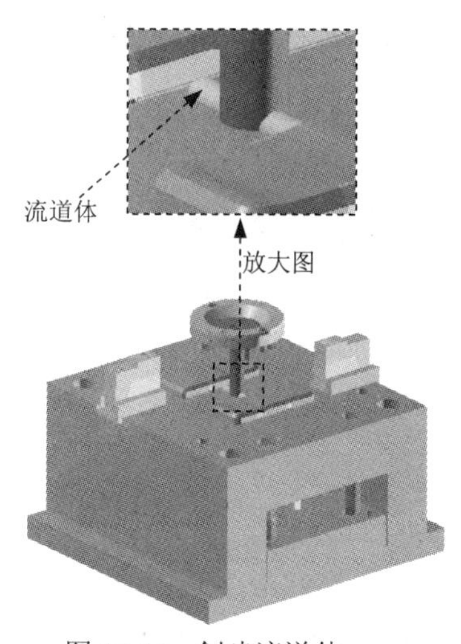

图 15.66 创建流道体

Step5. 创建浇口。

（1）在“注塑模向导”工具条中单击“浇口”按钮，系统弹出“浇口设计”对话框。

（2）定义位置。在“浇口设计”对话框位置的区域中选择型腔单选项。

（3）选择类型。在“浇口设计”对话框类型的下拉列表中选择rectangle项。

（4）定义尺寸。分别将“L”、“H”、“B”和“OFFSET”的参数改为 1、0.5、5.5 和 7，并分别按 Enter 键键确认，单击应用按钮，系统弹出“点”对话框。

（5）定义浇口起始点。在“点”对话框的类型下拉列表中选择圆弧中心/椭圆中心/球心，选取图 15.67 所示的圆弧边线。

（6）在系统弹出的“矢量”对话框中单击对话框中的-XC 轴按钮，并单击确定按钮。

（7）在流道末端创建的浇口体特征如图 15.68 所示，单击取消按钮，退出“浇口设计”对话框。

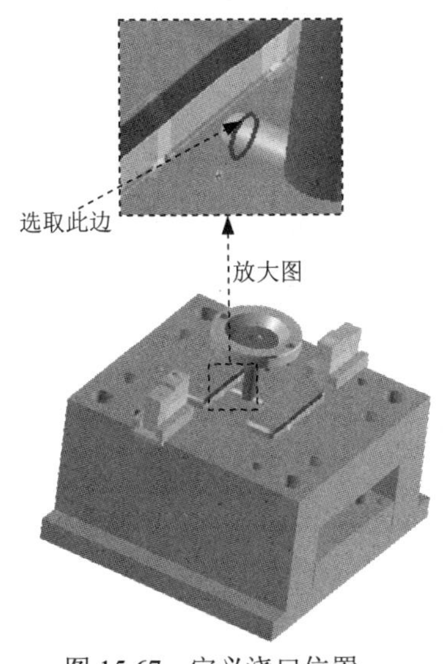

图 15.67 定义浇口位置

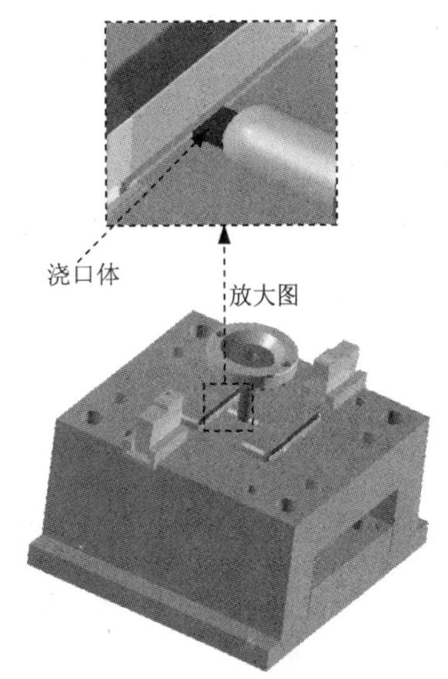

图 15.68 添加浇口体

（8）创建浇口腔体（显示型腔）。在“注塑模向导”工具条中单击“腔体”按钮，在模式下拉列表中选择减去材料，在刀具区域的工具类型下拉列表中选择部件，选取型腔为目标体，然后单击鼠标中键；选取浇口特征为工具体，单击确定按钮，完成浇口的创建（隐藏型腔）。

Stage7. 加载顶杆

Step1. 在“注塑模向导”工具条中单击“标准件”按钮，系统弹出“标准件管理”对话框。

Step2. 定义顶杆类型。在“标准件管理”对话框的目录下拉列表中选择DME_MM选项；在分类下拉列表中，选择Ejection选项；在“分类”列表框中，选择Ejector Pin [Straight]选项；在MATERIAL下拉列表中，选择NITRIDED选项；在CATALOG_DIA下拉列表中，选择4选项；在CATALOG_LENGTH下拉列表中，选择160选项，在HEAD_TYPE下拉列表中，选择3选项。在尺寸选项卡，在表达式列表中选择CATALOG_LENGTH = 160选项，在CATALOG_LENGTH =文本框中输入值 140，并按 Enter 键键确认。

Step3.“标准件管理”对话框中的其他选项保持系统默认值，单击确定按钮，系统弹出“点”对话框。

Step4. 定义顶杆的位置。在“点”对话框的XC文本框中输入值-30，在YC文本框中输入值 2。单击确定按钮，系统添加第 1 个顶杆并重新弹出“点”对话框，在“点”对话框的XC文本框中输入值-30，在YC文本框中输入值 50。单击确定按钮，系统添加第 2 个顶杆并重新弹出“点”对话框，在“点”对话框的XC文本框中输入值-30，在YC文本框中输入值-50。单击确定按钮，系统添加第 3 个顶杆并重新弹出“点”对话框，在“点”对话框的XC文本框中输入值-60，在YC文本框中输入值-50。单击确定按钮，系统添加第 4

个顶杆并重新弹出“点”对话框，在“点”对话框的XC文本框中输入值-60，在YC文本框中输入值 2。单击确定按钮，系统添加第 5 个顶杆并重新弹出“点”对话框，在“点”对话框的XC文本框中输入值-60，在YC文本框中输入值 50。单击确定按钮，系统添加第 6 个顶杆并重新弹出“点”对话框，单击取消按钮，退出“点”对话框，并完成顶杆的加载，如图 15.69 所示。

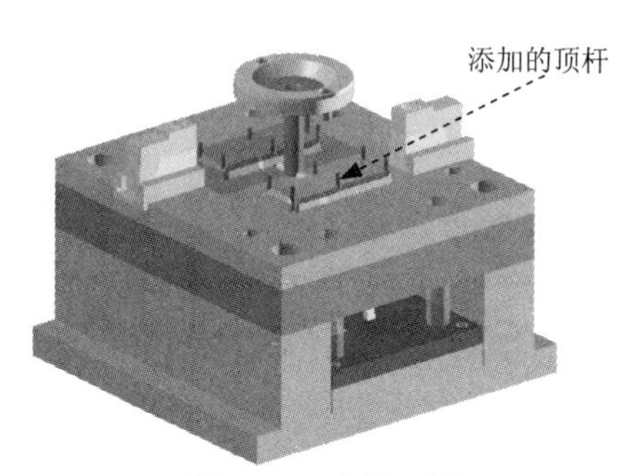

图 15.69 添加顶杆

Step5. 修剪顶杆。在“注塑模向导”工具条中单击“顶杆后处理”按钮，在图形区选择图 15.70a 所示的顶杆（6 个），其他设置保持系统默认值，单击确定按钮，完成顶杆修剪，如图 15.70b 所示。

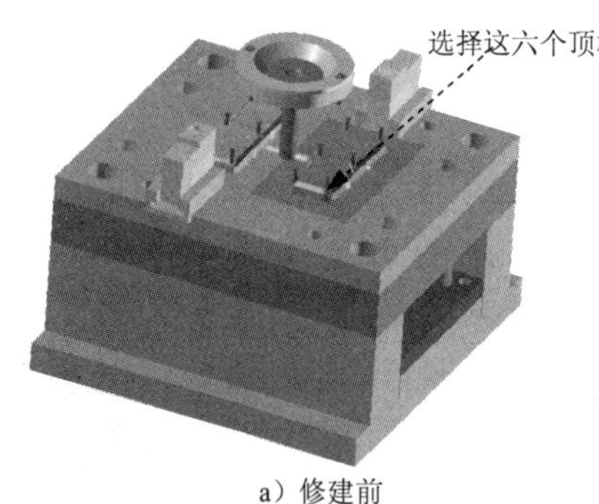

a）修建前

b）修剪后

图 15.70 修剪顶杆

Step6. 创建腔体。在“注塑模向导”工具条中单击“腔体”按钮，系统弹出“腔体”对话框；在模式下拉列表中选择减去材料，在刀具区域的工具类型下拉列表中选择部件，选取图 15.71 所示的实体为目标体，单击中键确认；选取加载后的顶杆（12 个）为工具体。单击“腔体”对话框中的确定按钮，完成腔体的创建（隐藏定位圈、浇口衬套和流道）。

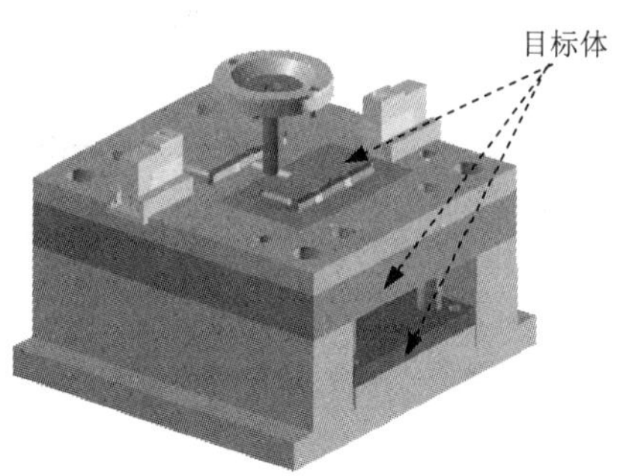

图 15.71 定义目标体

Stage8．加载拉料杆

Step1．在“注塑模向导”工具条中单击“标准件”按钮，系统弹出“标准件管理”对话框。

Step2．定义拉料杆类型。在“标准件管理”对话框的目录下拉列表中选择DME_MM选项；在分类下拉列表中，选择Ejection选项；在MATERIAL下拉列表中，选择NITRIDED选项；在CATALOG_DIA下拉列表中，选择6选项；在CATALOG_LENGTH下拉列表中，选择100选项。

Step3．修改拉料杆尺寸。选择“标准件管理”对话框中的尺寸选项卡，在“尺寸表达式”列表中选择CATALOG LENGTH = 100选项，在CATALOG_LENGTH1文本框中输入值 120，并按 Enter 键确认。

Step4．加载拉料杆。“标准件管理”对话框中的其他选项保持系统默认值，单击确定按钮，系统弹出“点”对话框，定义坐标原点为拉料杆加载位置。在“点”对话框中单击取消按钮，完成拉料杆的加载，如图 15.72 所示。

Step5．创建腔体。在“注塑模向导”工具条中单击“腔体”按钮，系统弹出“腔体”对话框；在模式下拉列表中选择减去材料，在刀具区域的工具类型下拉列表中选择部件，选取图 15.73 所示的实体为目标体，单击中键确认；选取加载后的拉料杆为工具体。单击“腔体”对话框中的确定按钮，完成腔体的创建。

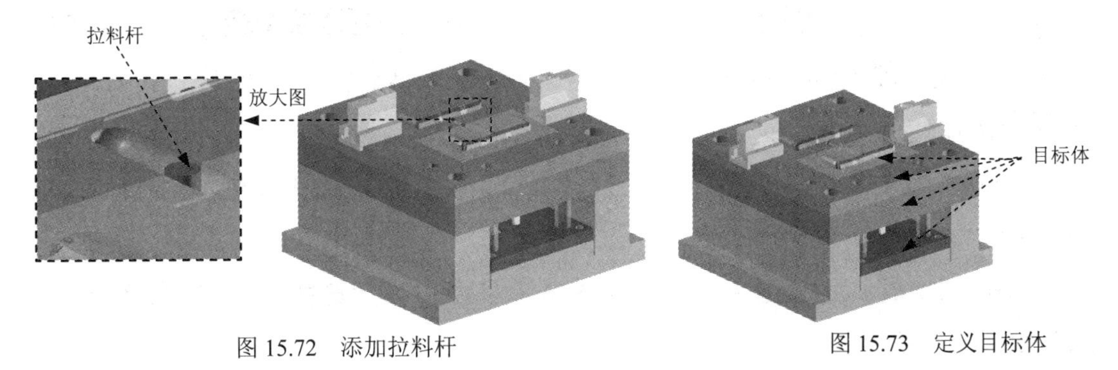

图 15.72　添加拉料杆　　图 15.73　定义目标体

Step6．修整拉料杆。

（1）在图形区拉料杆上右击，在弹出的快捷菜单中选择转为显示部件(D)命令，系统将拉料杆在单独窗口中打开。

（2）选择下拉菜单插入(S) → 设计特征(E) → 拉伸(E)...命令，系统弹出“拉伸”对话框，选择 ZC-YC 基准平面为草图平面，绘制图 15.74 所示的截面草图。

（3）在“拉伸”对话框限制区域的开始下拉列表中选择对称值选项，并在其下的距离文本框中输入值 3；在布尔区域的下拉列表中，选择求差选项，然后选取拉料杆为求差对象。

（4）“拉伸”对话框的其他设置保持系统默认值，单击确定按钮，完成拉料杆的修整，如图 15.75 所示。

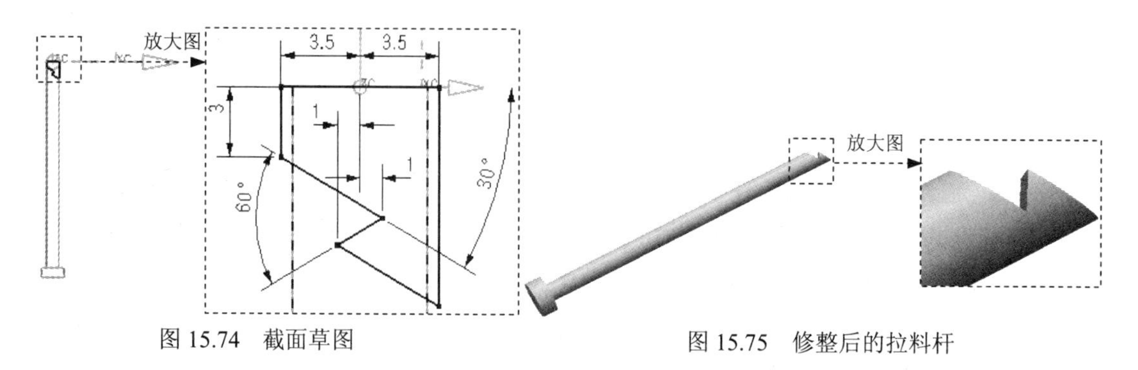

图 15.74 截面草图　　图 15.75 修整后的拉料杆

Step7. 转换显示模型。在“装配导航器”窗口中的phone_cover_ej_pin_097节点上右击，在弹出的快捷菜单中，选择显示父项命令下的phone_cover_top_000子命令，并在“装配导航器”窗口中的phone_cover_top_000上双击，使整个装配部件为工作部件。

Stage9. 加载弹簧

Step1. 在“注塑模向导”工具条中单击“标准件”按钮，系统弹出“标准件管理”对话框。

Step2. 定义弹簧类型。在“标准件管理”对话框的目录下拉列表中选择FUTABA_MM选项；在分类下拉列表中选择Springs选项；在“分类”列表框中选择Spring [M-FSB]选项；在DIAMETER下拉列表中选择32.5选项；在CATALOG_LENGTH下拉列表中选择60选项；在DISPLAY下拉列表中选择DETAILED选项。

Step3. 加载弹簧。“标准件管理”对话框中的其他设置保持系统默认值，单击确定按钮，系统弹出“选择一个面”对话框。

Step4. 定义放置面。在图形区选择图 15.76 所示的面，在“选择一个面”对话框中单击确定按钮；系统弹出“点”对话框。

Step5. 定义弹簧位置。在“点”对话框中单击按钮，选择图 15.77 所示的圆弧 1，系统弹出“位置”对话框，单击此对话框的确定按钮，系统重新弹出“点”对话框，依次选择图 15.77 所示的圆弧 2、圆弧 3 和圆弧 4，加载后的弹簧如图 15.78 所示。

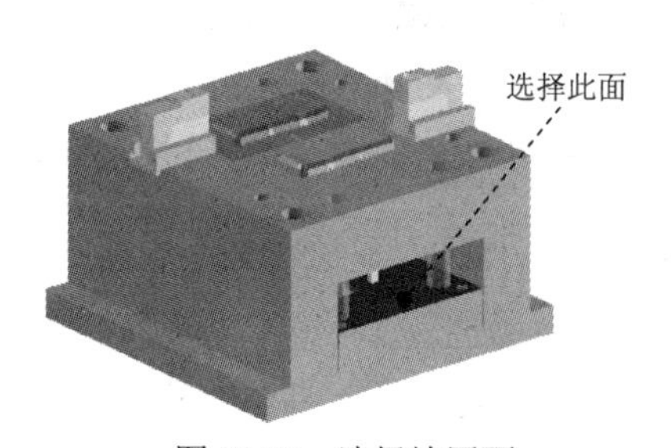

图 15.76 选择放置面

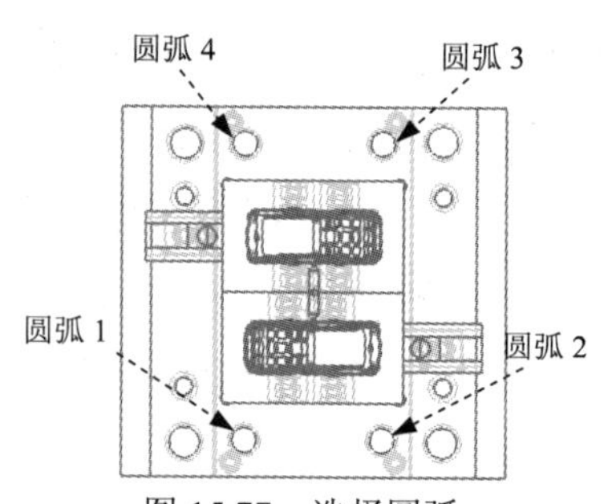

图 15.77 选择圆弧

说明：每次选择圆弧后，系统弹出“位置”对话框时，都要在“位置”对话框中单击 确定 按钮。

Step6. 创建腔体。在“注塑模向导”工具条中单击“腔体”按钮，系统弹出“腔体”对话框；在 模式 下拉列表中选择 减去材料，在 刀具 区域的 工具类型 下拉列表中选择 部件，选取图 15.79 所示的实体为目标体，单击中键确认；选取加载后的弹簧（4 个）为工具体。单击“腔体”对话框中的 确定 按钮，完成腔体的创建。

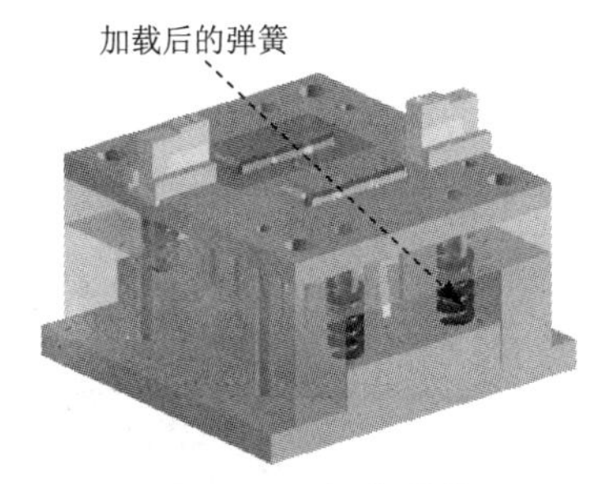

图 15.78　加载弹簧

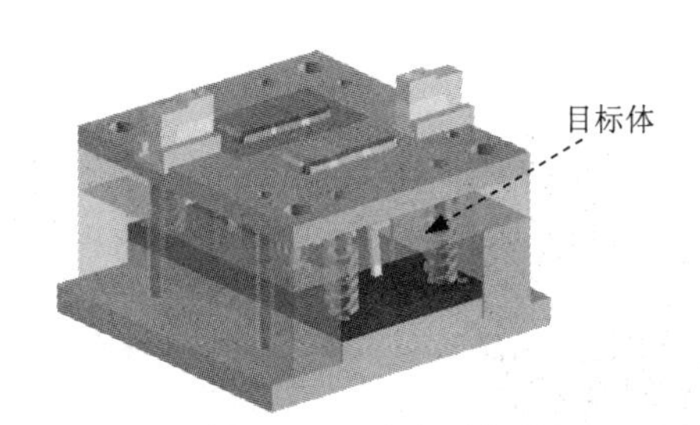

图 15.79　定义目标体

Task8．保存零件模型

至此，标准件的添加及修改已经完成。选择下拉菜单 文件(F) → 全部保存(V) 命令，即可保存零件模型。

实例 16　Mold Wizard 标准模架设计（二）

本实例将介绍一个带内螺纹的模具设计过程（如图 16.1 所示），其设计思路是将产品模型中的内螺纹在圆周上平分为三个局部段，从而在这三个局部段处创建三个内侧抽滑块；并且在设计滑块后还添加了标准模架及浇注系统的设计，希望读者能够熟练掌握 Mold Wizard 模具设计的方法，并能掌握在模架中添加标准件的设计思路。下面介绍该模具的设计过程。

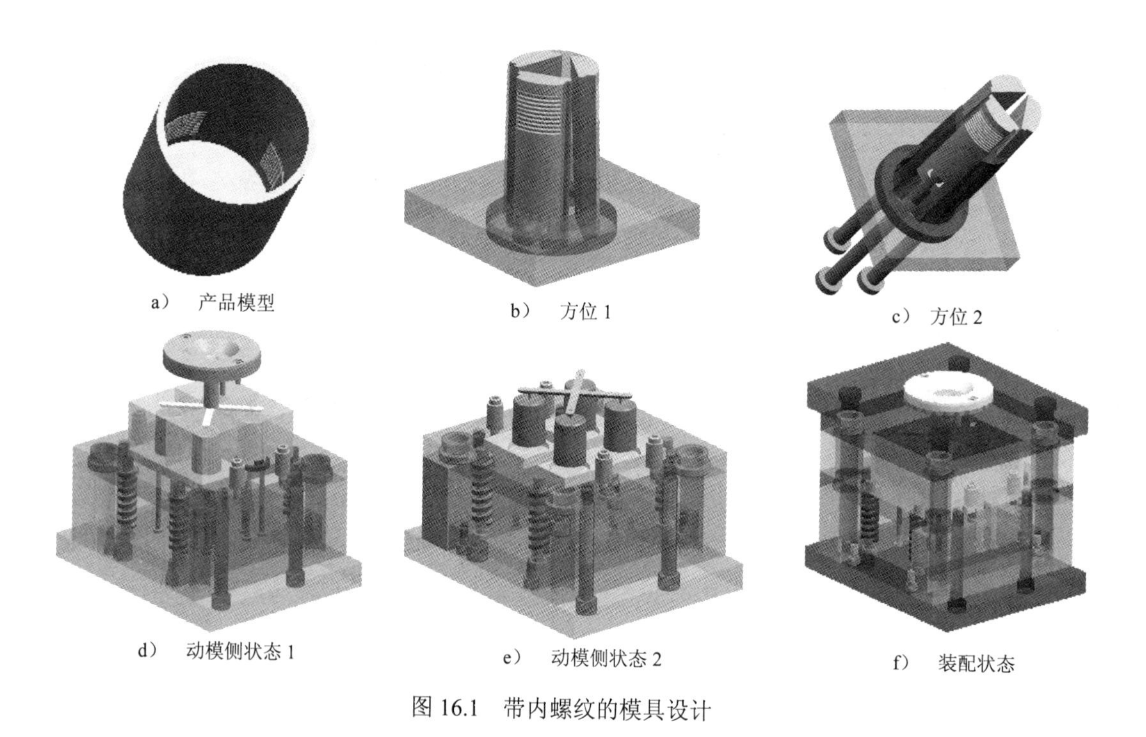

a）　产品模型　b）　方位 1　c）　方位 2

d）　动模侧状态 1　e）　动模侧状态 2　f）　装配状态

图 16.1　带内螺纹的模具设计

Task1. 初始化项目

Step1. 加载模型。在“注塑模向导”工具条中单击“初始化项目”按钮，系统弹出“打开”对话框，选择 D:\ug6.6\work\ch16\cover.prt，单击 OK 按钮，加载模型，系统弹出“初始化项目”对话框。

Step2. 单击 编辑材料数据库 后的按钮，系统弹出“mw_material”图表。

Step3. 在 MATERIAL 列最后输入 HDPE，在 SHRINKAGE 列最后输入 1.02，结果如图 16.2 所示。

MATERIAL	SHRINKAGE
NONE	1.000
NYLON	1.016
ABS	1.006
PPO	1.010
PS	1.006
PC+ABS	1.0045
ABS+PC	1.0055
PC	1.0045
PC	1.006
PMMA	1.002
PA+60%GF	1.001
PC+10%GF	1.0035
HDPE	1.02

图 16.2　mw_material 图表

Step4. 单击按钮，保存图表并退出图表。

Step5. 在“初始化项目”对话框中单击 取消 按钮，退出“初始化项目”对话框。

Step6. 在“注塑模向导”工具条中单击“初始化项目”按钮，系统弹出“打开”对话框，选择 D:\ug6.6\work\ch16\cover.prt，单击 OK 按钮，加载模型，系统弹出“初始化项目”对话框。

Step7. 定义投影单位。在“初始化项目”的 项目单位 下拉菜单中选择 毫米 选项。

Step8. 设置项目路径、名称和材料。接受系统默认的项目路径；在“初始化项目”对话框的 Name 文本框中，输入 cover_mlod。在 材料 下拉列表中选择 HDPE 选项，其他采用系统默认设置值（默认收缩率为 1.02）。

Step9. 在该对话框中单击 确定 按钮，完成项目路径和名称的设置。

Task2. 模具坐标系

在“注塑模向导”工具条中单击“模具 CSYS”按钮，在系统弹出“模具 CSYS”对话框中选择 当前 WCS 单选项。单击 确定 按钮，完成坐标系的定义。

Task3. 创建模具工件

Step1. 在“注塑模向导”工具条中单击“工件”按钮，系统弹出“工件”对话框。

Step2. 在“工件”对话框的 类型 下拉菜单中选择 产品工件 选项，在 工件方法 下拉菜单中选择 用户定义的块 选项，其余采用系统默认设置值。

Step3. 修改尺寸。单击 定义工件 区域的“绘制截面”按钮，系统进入草图环境，然后修改截面草图的尺寸，如图 16.3 所示。在“工件”对话框 限制 区域的 开始 和 结束 后的文本框中分别输入值 10 和 50。

Step4. 单击 确定 按钮，完成创建后的模具工件如图 16.4 所示。

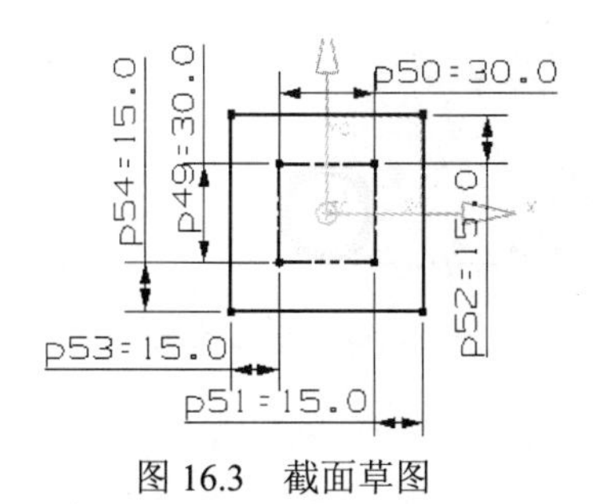

图 16.3　截面草图

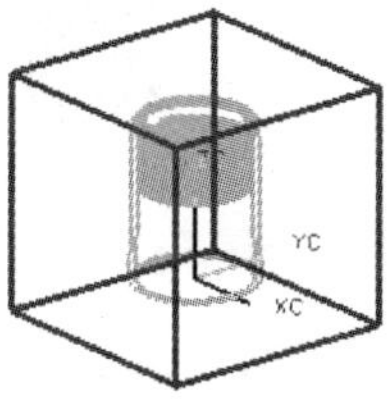

图 16.4　创建后的模具工件

Task4. 创建型腔布局

Step1. 在“注塑模向导”工具条中单击“型腔布局”按钮，系统弹出“型腔布局”对话框。

Step2. 定义型腔数和间距。在“型腔布局”对话框的布局类型区域选择矩形选项和◉平衡单选项；在型腔数下拉列表中选择4，并在第一距离和第二距离文本框中输入数值 0。

Step3. 选取 X 轴正方向的箭头，此时在模型中显示图 16.5 所示的布局方向箭头，单击生成布局区域中的“开始布局”按钮，系统自动进行布局。

Step4. 在编辑布局区域单击“自动对准中心”按钮，使模具坐标系自动对中心，布局结果如图 16.6 所示，单击关闭按钮。

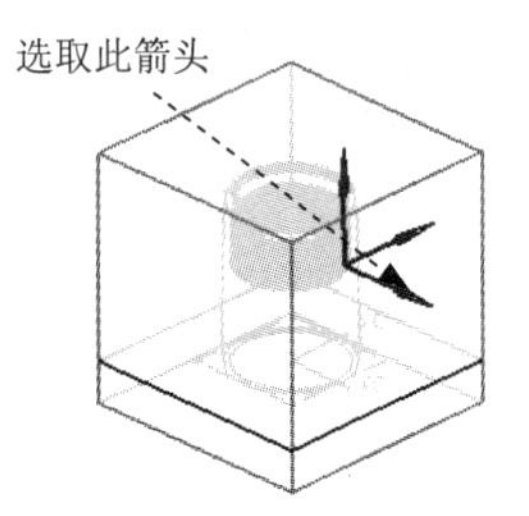

图 16.5 定义型腔布局方向

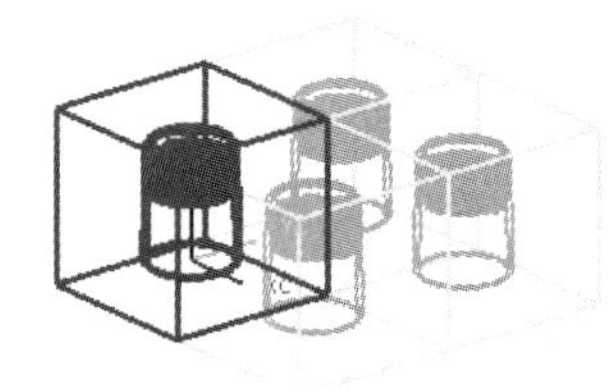

图 16.6 型腔布局

Task5. 模具分型

Stage1. 设计区域

Step1. 在“注塑模向导”工具条中单击“分型”按钮，系统弹出“分型管理器”对话框。

Step2. 在“分型管理器”对话框中单击“设计区域”按钮，系统弹出“MPV 初始化”对话框，同时模型被加亮，并显示开模方向，如图 16.7 所示。单击确定按钮，系统弹出“塑模部件验证”对话框。

Step3. 单击设置区域颜色按钮，设置区域颜色，如图 16.8 所示。

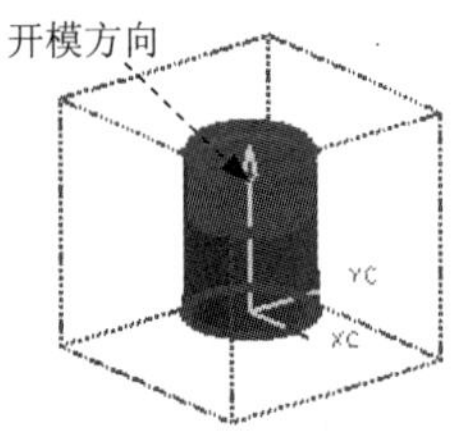

图 16.7 开模方向

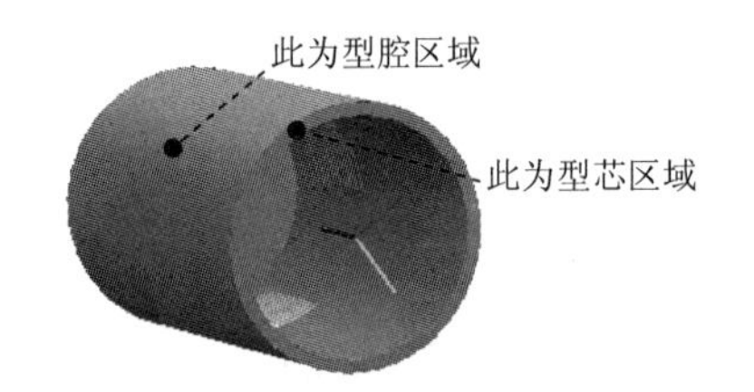

图 16.8 定义型腔区域和型芯区域颜色

Step4. 在“塑模部件验证”对话框中单击取消按钮，系统返回至“分型管理器”对话框。

Stage2. 抽取分型线

Step1. 在“分型管理器”对话框中单击“抽取区域和分型线”按钮，系统弹出“定义区域”对话框。

Step2. 在“定义区域”对话框中选中 设置 区域的 ☑ 创建区域 和 ☑ 创建分型线 复选框，单击 确定 按钮，完成型腔/型芯区域分型线的抽取，系统返回至“分型管理器”对话框，抽取分型线，如图 16.9 所示。

Stage3. 创建分型面

Step1. 在“分型管理器”对话框中单击“创建/编辑分型面”按钮，系统弹出“创建分型面”对话框。

Step2. 在“创建分型面”对话框中接受系统默认的公差值和距离值；单击 创建分型面 按钮，系统弹出“分型面”对话框。

Step3. 创建有界平面。在“分型面”对话框中选择 ⊙ 有界平面 单选项，单击 确定 按钮，系统自动完成分型面的创建，如图 16.10 所示。

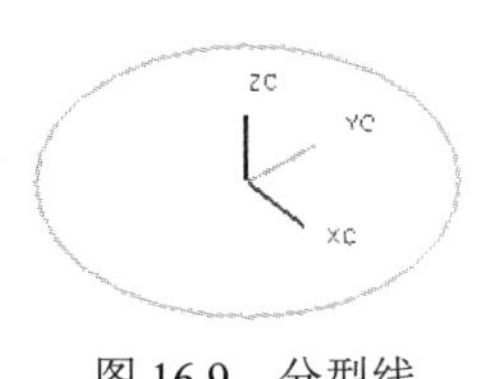

图 16.9　分型线

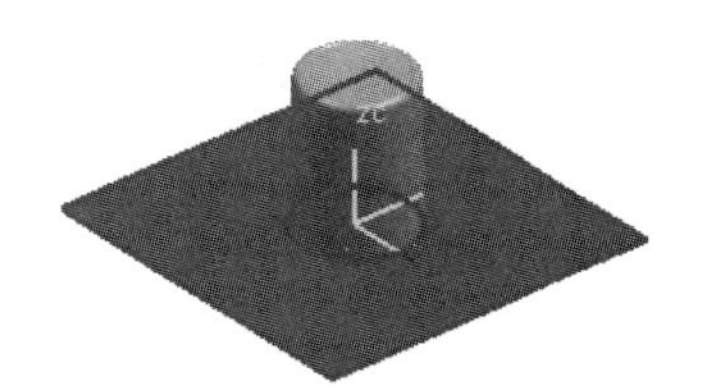

图 16.10　分型面

Stage4. 创建型腔和型芯

Step1. 在“分型管理器”对话框中单击“创建型腔和型芯”按钮，系统弹出“定义型腔和型芯”对话框。

Step2. 在“定义型腔和型芯”对话框中选取 选择片体 区域下的 All Regions 选项，单击 确定 按钮，系统弹出“查看分型结果”对话框，并在图形区显示出创建的型腔，单击“查看分型结果”对话框中的 确定 按钮，系统再一次弹出“查看分型结果”对话框。

Step3. 在“查看分型结果”对话框中单击 确定 按钮，系统返回至“分型管理器”对话框，在“分型管理器”对话框中单击 关闭 按钮，关闭“分型管理器”对话框。

Step4. 选择下拉菜单 窗口(O) → cover_mlod_cavity_002.prt 命令，系统显示型腔工作零件，如图 16.11 所示；选择下拉菜单 窗口(O) → cover_mlod_core_006.prt 命令，系统显示型芯工作零件，如图 16.12 所示。

图 16.11　型腔工作零件

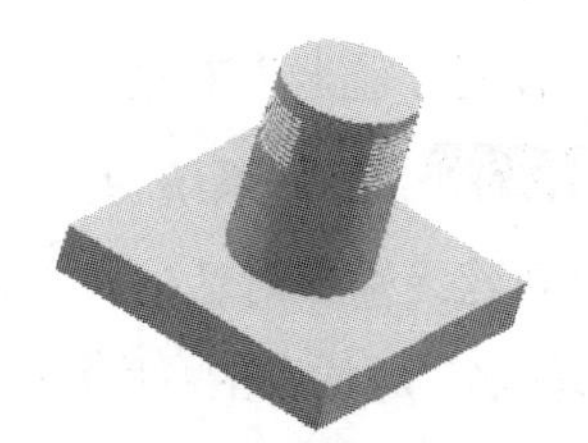

图 16.12　型芯工作零件

Task6. 创建型芯镶件

Step1. 创建拉伸特征。选择下拉菜单 插入(S) → 设计特征(E) → 拉伸(E)... 命令，选取图 16.13 所示的边为拉伸截面曲线，在限制区域的开始下拉列表中选择直到被延伸选项，选取图 13.14 所示的型芯的上表面为拉伸终止面；在限制区域的 结束 下拉列表中选择直到被延伸选项，选取图 13.15 所示的型芯的下表面为拉伸终止面.；并在布尔下拉列表中选择 无 选项。单击 确定 按钮，完成拉伸特征的创建。

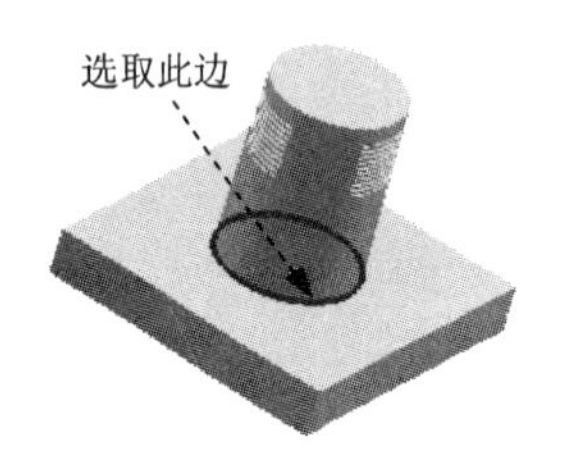

图 16.13 定义拉伸截面曲线

图 16.14 选取拉伸终止面

Step2. 创建求交特征。选择下拉菜单 插入(S) → 组合体(B) → 求交(I)... 命令，选取图 16.16 所示的型芯为目标体，选取拉伸特征为工具体，并选中 ☑ 保持目标 复选框。单击 确定 按钮，完成求交特征的创建。

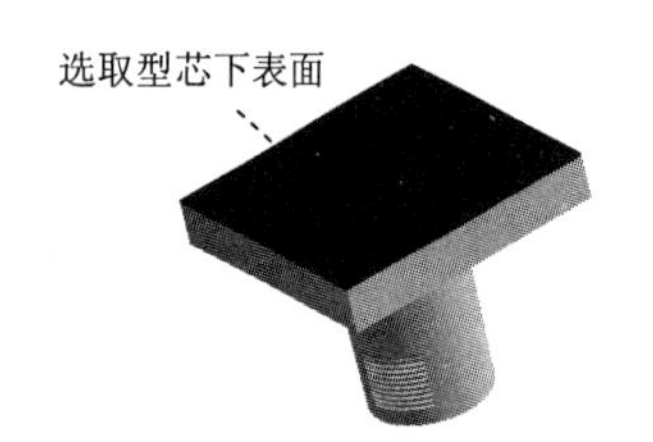

图 16.15 选取拉伸终止面

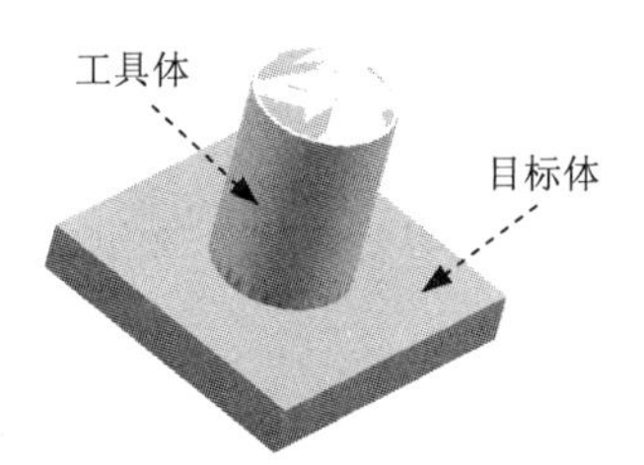

图 16.16 选取特征

Step3. 求差特征。选择下拉菜单 插入(S) → 组合体(B) → 求差(S)... 命令，选取型芯为目标体，选取 Step3 中创建的求交特征为工具体，并选中 ☑ 保持工具 复选框。单击 确定 按钮，完成求差特征的创建。

Step4. 将镶件转化为型芯的子零件。

（1）单击“装配导航器”中的选项卡，系统弹出“装配导航器”窗口，在该窗口中右击空白处，然后在弹出的快捷菜单中选择 WAVE 模式 选项。

（2）在“装配导航器”对话框中右击 ☑ cover_mlod_core_006，在弹出的快捷菜单中选择 WAVE → 新建级别 命令，系统弹出“新建级别”对话框。

（3）在“新建级别”对话框中单击 指定部件名 按钮，在弹出的“选择部件名”对话框的 文件名(N): 文本框中输入“cover_mold_insert”，单击 OK 按钮，系统返回至“新建级别”对话框。

（4）在“新建级别”对话框中单击 类选择 按钮，选择图 16.16 所示的工具体，单击两次 确定 按钮。

Step5. 移动至图层。

（1）单击“装配导航器”中的选项卡，在该选项卡中取消选中 cover_mold_insert 部件。

（2）选择创建的求差特征；选择下拉菜单 格式(R) ➡ 移动至图层(M)... 命令，系统弹出“图层移动”对话框；在 图层 区域中选择 10，单击 确定 按钮，退出“图层设置”对话框。

（3）单击装配导航器中的选项卡，在该选项卡中选中 cover_mold_insert 部件（注意隐藏模型中的片体）。

Step6. 将镶件转换为显示部件。单击“装配导航器”中的选项卡，在该选项卡中的 cover_mold_insert 选项上右击，在弹出的快捷菜单中选择 设为显示部件 命令。

Step7. 创建固定凸台。选择下拉菜单 插入(S) ➡ 设计特征(E) ➡ 拉伸(E)... 命令，单击按钮，选取图 16.17 所示的模型表面为草图平面。绘制图 16.18 所示的截面草图；在 限制 区域的 开始 下拉列表中选择 值 选项，并在其下的 距离 文本框中输入值 0；在 结束 下拉列表中选择 值 选项，并在其下的 距离 文本框中输入值 5，单击按钮；在 布尔 区域的 布尔 下拉列表中选择 求和 选项。单击 确定 按钮，完成固定凸台的创建。

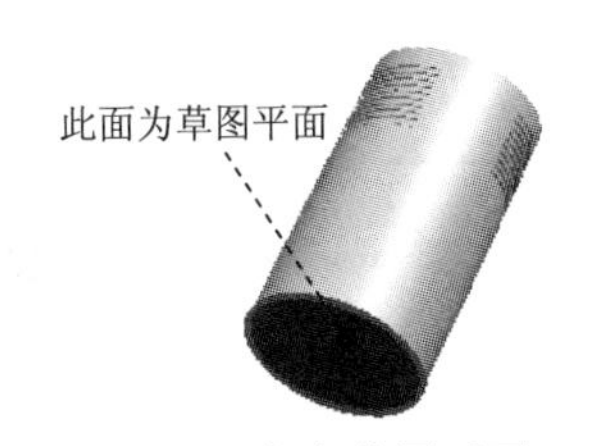

图 16.17 定义草图平面

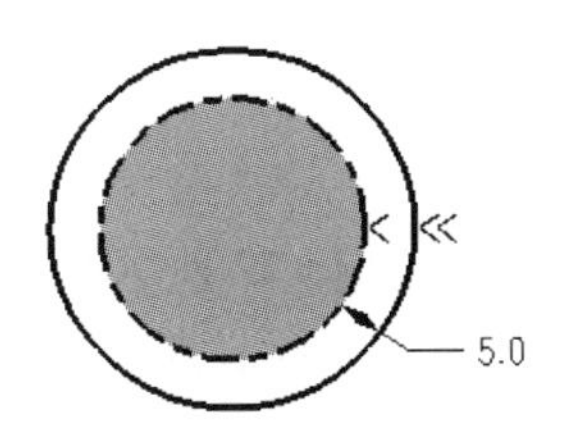

图 16.18 截面草图

Step8. 保存零件。选择下拉菜单 文件(F) ➡ 保存(S) 命令，保存零件。

Step9. 选择窗口。选择下拉菜单 窗口(O) ➡ cover_mlod_core_006.prt 命令，系统显示型芯零件。

Step10. 将型腔转换为工作部件。单击“装配导航器”选项卡，系统弹出“装配导航器”窗口。在 cover_mlod_core_006 选项上右击，在弹出的快捷菜单中选择 设为工作部件(W) 命令。

Step11. 创建镶件避开槽。在“注塑模向导”工具条中单击“腔体”按钮，选取型芯零件为目标体，单击中键确认；在 工具类型 下拉列表中选择 实线 选项，然后选取镶件为工具体。单击 确定 按钮，完成镶件避开槽的创建，如图 16.19 所示，为了观察清楚，镶件被隐藏）。

Step12. 保存型芯模型。选择下拉菜单文件(F) ➡ 保存(S)命令，保存所有文件。

Task7. 创建型芯滑块

Step1. 选择窗口。选择下拉菜单窗口(O) ➡ cover_mold_insert.prt命令，系统显示镶件零件。

Step2. 创建图 16.20 所示的草图 1。（注：本步的详细操作过程请参见随书光盘中 video\ch16\reference\文件下的语音视频讲解文件 cover-r01.avi）。

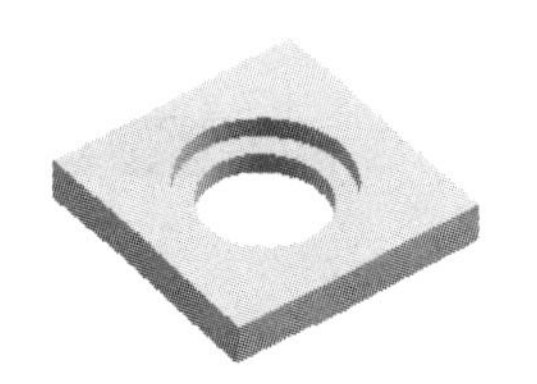

图 16.19 镶件避开槽

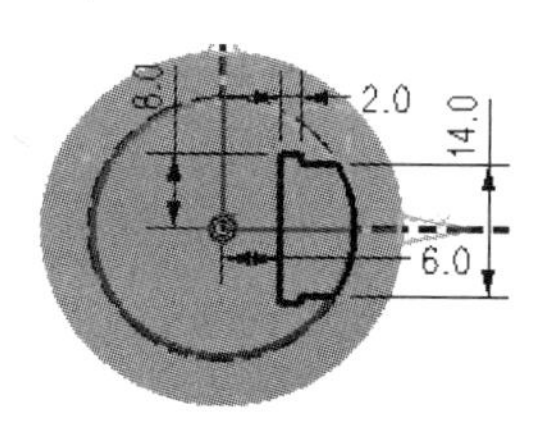

图 16.20 草图 1

Step3. 创建图 16.21 所示的草图 2。（注：本步的详细操作过程请参见随书光盘中 video\ch16\reference\文件下的语音视频讲解文件 cover-r02.avi）。

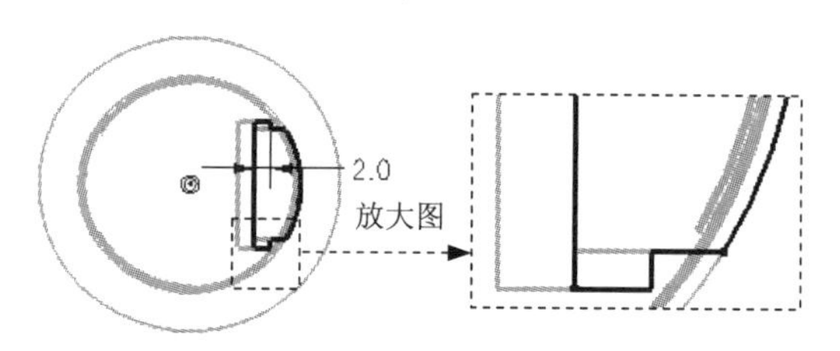

图 16.21 草图 2

Step4. 创建图 16.22 所示的直纹面特征 1。选择下拉菜单插入(S) ➡ 网格曲面(M) ➡ 直纹面(R)...命令，选取草图 1 为截面线串 1，单击中键确认；选取草图 2 为截面线串 2。单击确定按钮，完成直纹面特征 1 的创建。

注意：创建直纹面前，应在“建模首选项”对话框的体类型区域中选择 ⊙ 实体单选项，这样创建出来的直纹面为实体。

Step5. 创建图 16.23 所示的移动对象特征 1。选择下拉菜单编辑(E) ➡ 移动对象(O)...命令，选择直纹面特征 1 为要移动的对象，在变换区域下选择运动下拉列表的角度选项，然后选择 Z 轴为旋转中心轴；在变换区域下的角度文本框中输入值 120；在结果区域先选中 ⊙ 复制原先的单选项，然后在非关联副本数文本框中输入值 2。单击确定按钮，完成“移动对象”特征 1 的创建。

图 16.22 直纹面特征 1

图 16.23 移动对象特征 1

Step6. 创建求交特征 1。选择下拉菜单插入(S) → 组合体(B) → 求交(I)...命令，选取镶块零件为目标体，选取图 16.24 所示的实体（直纹面特征 1）为工具体。在设置区域选中☑ 保持目标复选框。单击确定按钮，完成求交特征 1 的创建。

Step7. 创建求差特征 1。选择下拉菜单插入(S) → 组合体(B) → 求差(S)...命令，选取镶块零件为目标体，选取图 16.25 所示的实体为工具体。在设置区域选中☑ 保持工具复选框。单击确定按钮，完成求差特征 1 的创建。

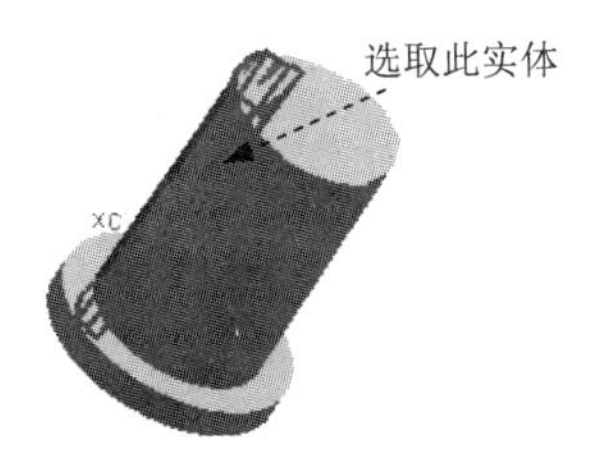

图 16.24　定义工具体

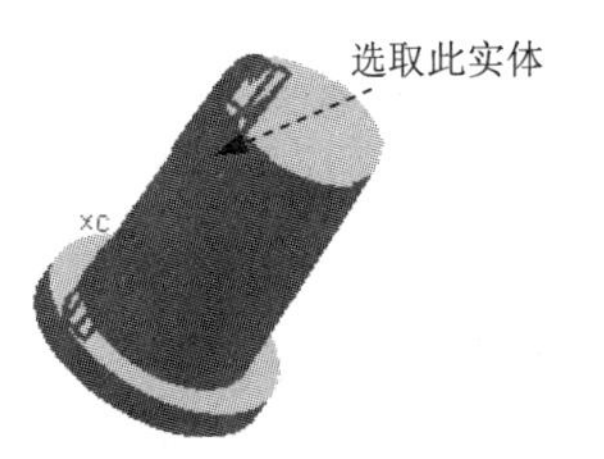

图 16.25　定义工具体

Step8. 参照 Step6～Step7，创建变换特征 1 的求交特征和求差特征。

Step9. 创建图 16.26 所示的拉伸特征 1。选择下拉菜单插入(S) → 设计特征(E) → 拉伸(E)...命令，单击按钮，选取 YC-ZC 基准平面为草图平面；绘制图 16.27 所示的截面草图。在限制区域的开始下拉列表中选择值选项，并在其下的距离文本框中输入值 0；在结束的下拉列表中选择值选项，并在其下的距离文本框中输入值 15；在布尔下拉列表中选择无选项，单击确定按钮，完成拉伸特征 1 的创建。

图 16.26　拉伸特征 1

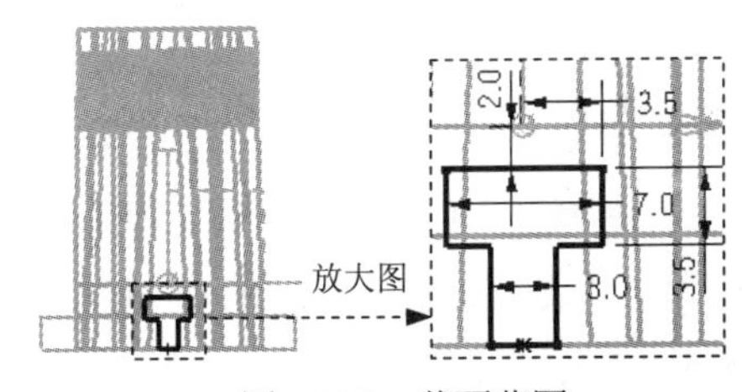

图 16.27　截面草图

Step10. 创建图 16.28 所示的移动对象特征 2。选择下拉菜单编辑(E) → 移动对象(O)...命令，选择拉伸特征 1 为要移动的对象，在变换区域下选择运动下拉列表下的角度选项，然后选择 Z 轴为旋转中心轴；在变换区域下的角度文本框中输入值 120；在结果区域先选中⊙ 复制原先的单选项，然后在非关联副本数文本框中输入值 2。单击确定按钮，完成“移动对象”特征 2 的创建。

Step11. 创建图 16.29 所示的求差特征 2。选择下拉菜单插入(S) → 组合体(B) → 求差(S)...命令，选取图 16.30 所示的实体分别为目标体和工具体，在设置区域取消选中□ 保持工具复选框。单击确定按钮，完成求差特征 2 的创建。

Step12. 参照 Step11，创建其余两个相同的求差特征。

图 16.28 移动对象特征 2

图 16.29 求差特征 2

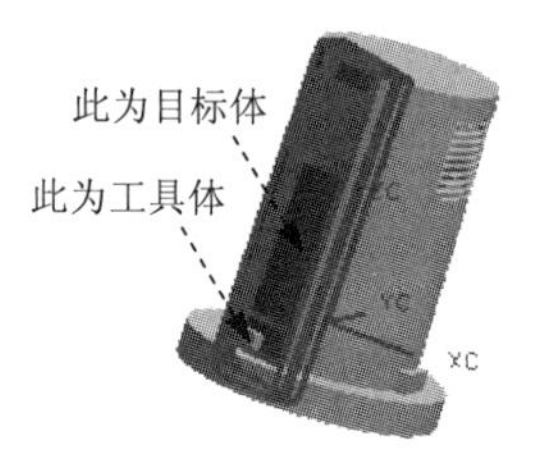

图 16.30 定义目标体和工具体

Step13. 将滑块转化为镶件的子零件。

（1）单击“装配导航器”中的选项卡，系统弹出“装配导航器”窗口，在该窗口中右击空白处，然后在弹出的菜单中选择WAVE 模式选项。

（2）在“装配导航器”对话框中右击cover_mold_insert，在弹出的菜单中选择WAVE ➡ 新建级别命令，系统弹出“新建级别”对话框。

（3）单击“新建级别”对话框中单击指定部件名按钮，在弹出的“选择部件名”对话框的文件名(N):文本框中输入“cover_mold_slide_01.prt”，单击OK按钮，系统返回至“新建级别”对话框。

（4）在“新建级别”对话框中单击类选择按钮，选择三个滑块中的一个滑块为复制对象，单击确定按钮。

（5）单击“新建级别”对话框中的确定按钮，此时在“装配导航器”对话框中显示出刚创建的滑块特征。

Step14. 移动至图层。

（1）单击“装配导航器”中的选项卡，在该选项卡中取消选中cover_mold_slide_01部件。

（2）移动至图层。选取上一步骤的复制对象；选择下拉菜单格式(R) ➡ 移动至图层(M)...命令，系统弹出“图层移动”对话框。

（3）在目标图层或类别文本框中输入值 10，单击确定按钮，退出“图层设置”对话框。

（4）单击“装配导航器”中的选项卡，在该选项卡中选中cover_mold_slide_01部件。

Step15. 参照 Step13~ Step14，将其余两个滑块转化为镶件的子零件，其部件名分别为 cover_mold_slide_02.prt 和 cover_mold_slide_03.prt。

Step16. 保存文件。选择下拉菜单文件(F) ➡ 全部保存(V)命令，保存所有文件。

Task8. 创建模架

Step1. 选择窗口。选择下拉菜单窗口(O) ➡ cover_mlod_top_010.prt命令，系统显示总模型。

Step2. 将总模型转换为工作部件。单击“装配导航器”选项卡，系统弹出“装配导航器”窗口。在cover_mlod_top_010选项上右击，在弹出的快捷菜单中选择设为工作部件(W)命令。

Step3. 添加模架。

（1）在“注塑模向导”工具条中单击“模架”按钮，系统弹出“模架管理”对话框。

（2）在目录的下拉列表中选择FUTABA_FG选项，在TYPE下拉列表中选择FC选项，在长宽大小型号列表中选择2020选项，在AP_h下拉列表中选择50选项，在BP_h下拉列表中选择20选项，在CP_h下拉列表中选择80选项，其他采用系统默认设置值。

（3）单击确定按钮，完成模架的添加，如图 16.31 所示。

图 16.31　模架

Task9. 添加浇注系统

Step1. 添加定位圈。

（1）在“注塑模向导”工具条中单击“标准件”按钮，系统弹出“标准件管理”对话框。

（2）在目录下拉列表中选择FUTABA_MM选项，在分类下拉列表中选择Locating Ring Interchangeable选项，在TYPE下拉列表中选择M_LRB选项，在BOTTOM_C_BORE_DIA下拉列表中选择50选项。

（3）单击尺寸选项卡，在相关的尺寸列表中将SHCS_LENGTH的值修改为 16，按 Enter 键确认。

（4）单击确定按钮，然后在弹出的“消息”对话框中单击三次确定按钮，完成定位圈的添加，如图 16.32 所示。

Step2. 创建定位圈避开槽。在“注塑模向导”工具条中单击“腔体”按钮，选取定模座板为目标体，单击中键确认；在工具类型下拉列表中选择部件选项，选取定位圈为工具体。单击确定按钮，完成定位圈避开槽的创建，如图 16.33 所示。

Step3. 添加浇口衬套。在“注塑模向导”工具条中单击“标准件”按钮，系统弹出“标准件管理”对话框。在相关类型的列表中选择Sprue Bushing选项。单击确定按钮，完成浇口衬套的添加，如图 16.34 所示。

图 16.32　定位圈

图 16.33　定位圈避开槽

Step4. 创建浇口衬套避开槽。在“注塑模向导”工具条中单击“腔体”按钮，选取定模座板和拉料板为目标体，单击中键确认；选取浇口衬套为工具体。单击确定按钮，完成浇口衬套避开槽的创建，如图 16.35 所示。

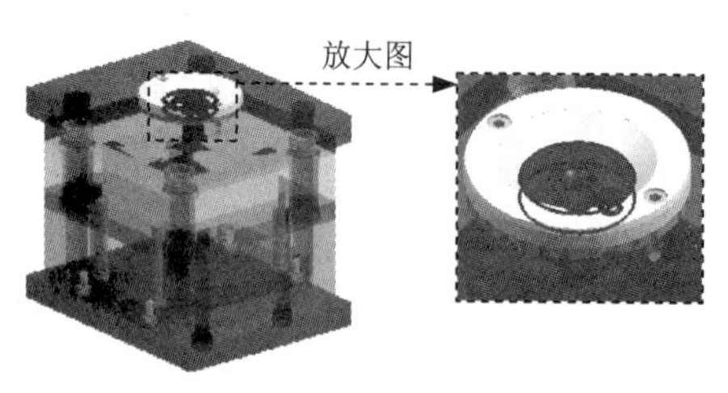

图 16.34　浇口衬套

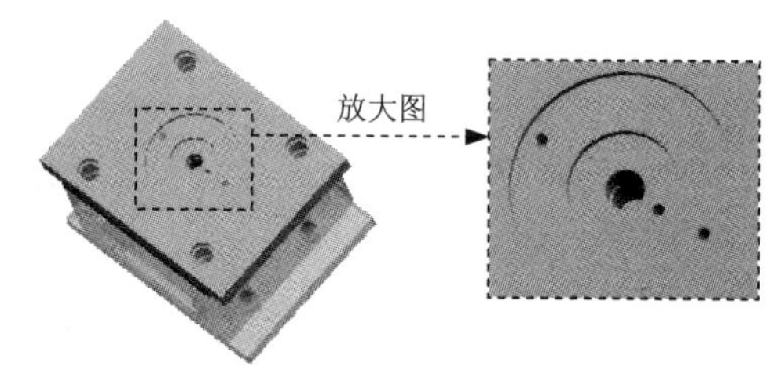

图 16.35　浇口衬套避开槽

Step5. 创建型腔刀槽（隐藏定模座板、拉料板、定位圈和浇口衬套）。在“注塑模向导”工具条中单击“型腔布局”按钮，然后单击“编辑插入腔”按钮，在R下拉列表中选择5选项，在类型下拉列表中选择2选项。单击确定按钮，完成型腔刀槽的创建（如图 16.36 所示），同时系统弹出“型腔布局”对话框。单击关闭按钮，关闭“型腔布局”对话框。

Step6. 创建刀槽避开槽。在“注塑模向导”工具条中单击“腔体”按钮，选取中间板和型芯固定板为目标体，单击中键确认；选取刀槽为工具体。单击确定按钮，完成刀槽避开槽的创建，如图 16.37 所示。

图 16.36　型腔刀槽

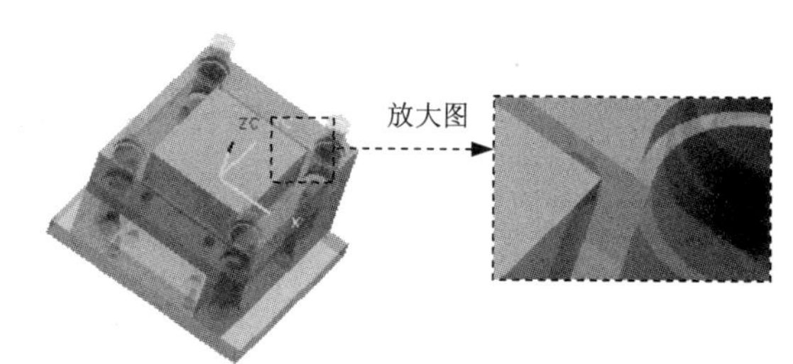

图 16.37　刀槽避开槽

Step7. 定义坐标原点（隐藏中间板和刀槽）。选择下拉菜单格式(R) → WCS → 原点(O)...命令，在坐标区域的XC、YC和ZC文本框中分别输入值 0、0 和 50。单击确定按钮，完成坐标原点的定义（如图 16.38 所示），并关闭“点”对话框。

Step8. 添加流道 1。

（1）在“注塑模向导”工具条中单击“流道”按钮，系统弹出“流道设计”对话框。

（2）设置对话框参数。在A=文本框中输入值 100，按 Enter 键确认。

（3）定位流道引导线。

① 单击按钮，“曲线通过点”功能被激活。

② 单击点子功能按钮，系统弹出“点”对话框。

③ 在坐标区域的XC、YC和ZC文本框中分别输入值 35、35 和 0，单击确定按钮，系

统重新弹出“点”对话框；在坐标区域的XC、YC和ZC文本框中分别输入值-35、-35 和 0，单击确定按钮，完成流道引导线的定位（图 16.39），同时系统返回至“流道设计”对话框。

（4）单击“创建流道通道”按钮，在横截面下拉列表中选择选项，在R文本框中输入值 4。

（5）单击确定按钮，完成流道 1 的创建，如图 16.40 所示。

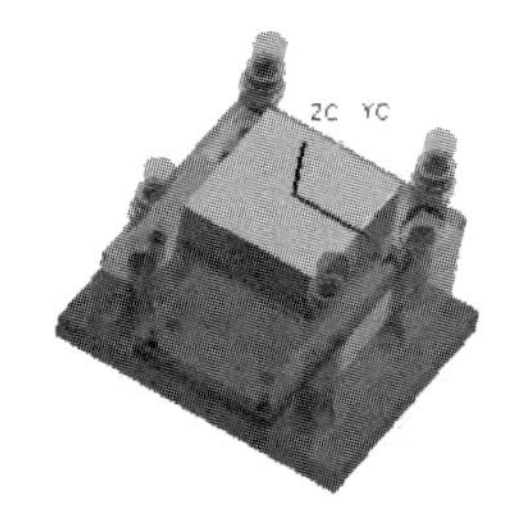

图 16.38　定位坐标原点

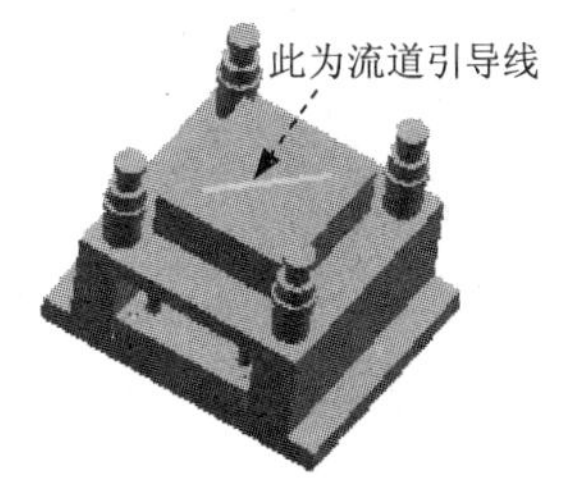

图 16.39　定位流道引导线

图 16.40　流道 1

Step9. 添加流道 2。

（1）在“注塑模向导”工具条中单击“流道”按钮，系统弹出“流道设计”对话框。

（2）设置对话框参数。在A=的文本框中输入值 100，按 Enter 键确认。

（3）定位流道引导线。

① 单击按钮，“曲线通过点”功能被激活。

② 单击点子功能按钮，系统弹出“点”对话框。

③ 在坐标区域的XC、YC和ZC文本框中分别输入值-35、35 和 0，单击确定按钮，系统重新弹出“点”对话框；在坐标区域的XC、YC和ZC文本框中分别输入值 35、-35 和 0，单击确定按钮，完成流道引导线的定位（图 16.41），同时系统返回至“流道设计”对话框。

（4）单击“创建流道通道”按钮，在横截面下拉列表中选择选项，在R文本框中输入值 4。

（5）单击确定按钮，完成流道 2 的创建（图 16.42）。

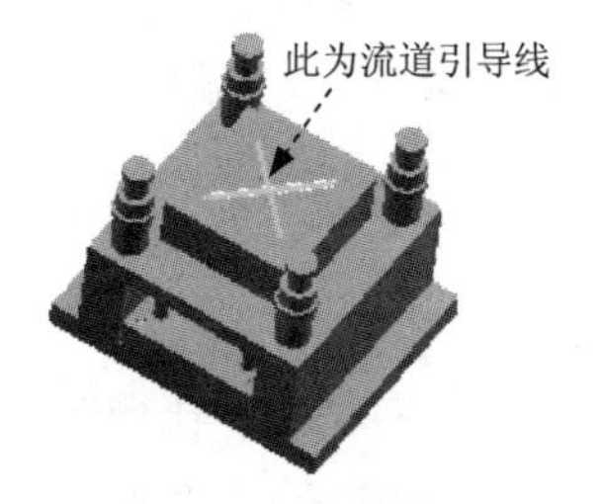

图 16.41　定位流道引导线

图 16.42　流道 2

Step10. 创建点浇口（隐藏模架、型芯和产品）。

（1）在“注塑模向导”工具条中单击“浇口”按钮，系统弹出“浇口设计”对话框。

（2）在位置区域选择⊙ 型腔单选项；在类型下拉列表中选择pin point选项，在相关的尺寸列表中将d2的值修改为 5，按 Enter 键确认；将BHT的值修改为 10，按 Enter 键确认；将A的值修改为 12，按 Enter 键确认；将OFFSET的值修改为 1，按 Enter 键确认；单击应用按钮，系统弹出“点”对话框。

（3）在类型区域的下拉列表中选择圆弧中心/椭圆中心/球心选项，选取图 16.43 所示的圆弧，系统弹出“矢量”对话框。

（4）在类型区域的下拉列表中选择-ZC 轴选项，单击确定按钮，完成浇口的创建（图 16.44），同时系统返回至“浇口设计”对话框。

（5）单击取消按钮，关闭该对话框。

Step11. 创建浇口和流道避开槽。在“注塑模向导”工具条中单击“腔体”按钮，选取型腔为目标体，单击中键确认；选取浇口和流道为工具体。单击确定按钮，完成浇口避开槽的创建（图 16.45）。

Step12. 旋转型腔 1。

（1）在“注塑模向导”工具条中单击“型腔布局”按钮，系统弹出“型腔布局”对话框。

（2）定义要旋转的型腔。选取图 16.46 所示的型腔。

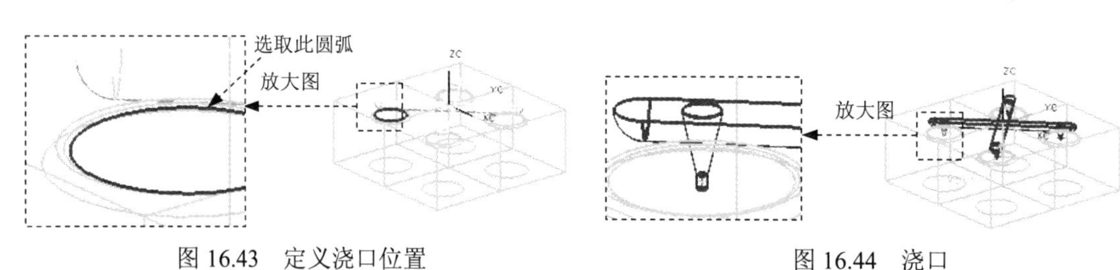

图 16.43　定义浇口位置　　　　图 16.44　浇口

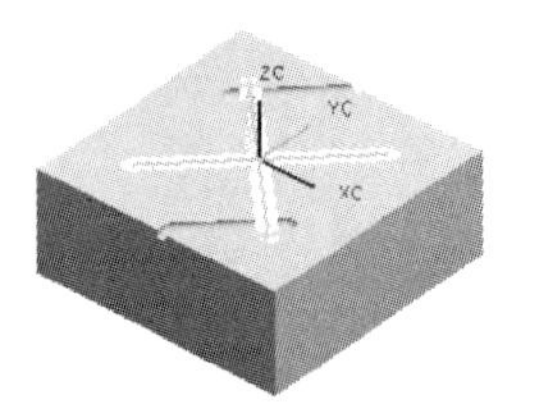

图 16.45　浇口和流道避开槽

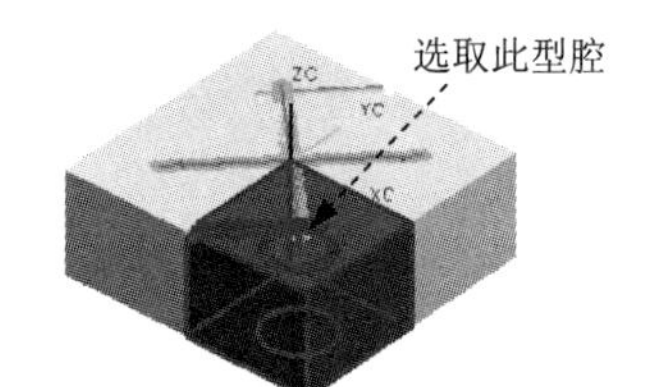

图 16.46　定义要旋转的型腔

（3）单击“变换”按钮，系统弹出“变换”对话框；在“变换”对话框的变换类型下拉列表中选择旋转选项。

（4）定义旋转点。单击“点构造器”按钮，系统弹出“点”对话框；在坐标区域的XC、YC和ZC文本框中分别输入值 30、-30 和 0，单击确定按钮，系统返回至“变换”对话框。

（5）设置对话框参数。在“旋转型腔”对话框中选择⊙ 移动原先的单选项，在仅有的文本框中输入值-90，单击确定按钮，完成型腔 1 的旋转操作（如图 16.47 所示），同时系统返回至“型腔布局”对话框。

（6）单击 关闭 按钮，关闭该对话框。

Step13. 旋转型腔 2。

（1）在“注塑模向导”工具条中单击“型腔布局”按钮，系统弹出“型腔布局”对话框。

（2）定义要旋转的型腔。选取图 16.48 所示的型腔。

（3）单击“变换”按钮，系统弹出“变换”对话框；在“变换”对话框的 变换类型 下拉列表中选择 旋转 选项。

（4）定义旋转点。单击“点构造器”按钮，系统弹出“点”对话框；在 坐标 区域的 XC、YC 和 ZC 文本框中分别输入值-30、30 和 0，单击 确定 按钮，系统返回至“变换”对话框。

（5）设置对话框参数。在“旋转型腔”对话框中选择 移动原先的 单选项，在仅有的文本框中输入值-90，单击 确定 按钮，完成型腔 2 的旋转操作（图 16.49），同时系统返回至“型腔布局”对话框。

（6）单击 关闭 按钮，关闭该对话框（隐藏浇口和流道）。

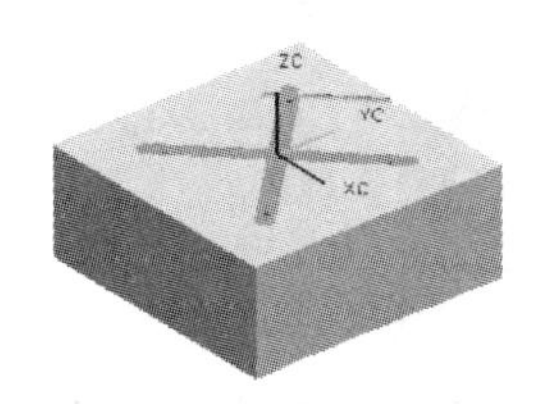

图 16.47　旋转型腔 1

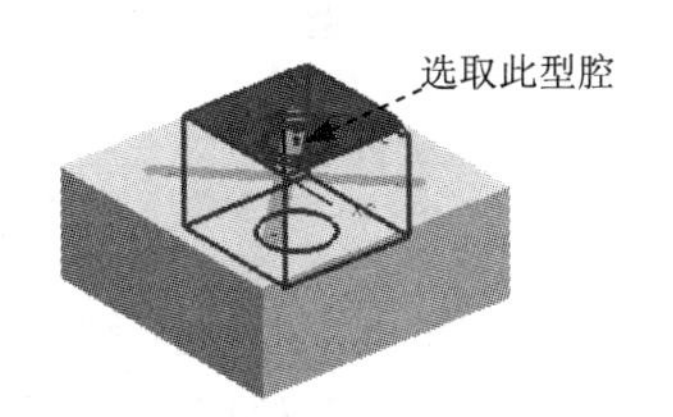

图 16.48　定义要旋转的型腔

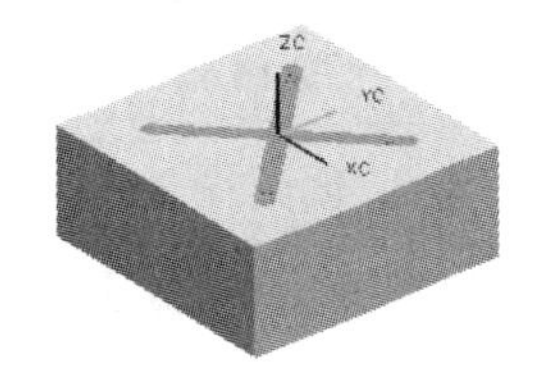

图 16.49　旋转型腔 2

Step14. 创建冷料穴。

（1）创建回转特征。选择下拉菜单 插入(S) → 设计特征(E) → 回转(R)... 命令，单击按钮，选取 YC-ZC 基准平面为草图平面，绘制图 16.50 所示的截面草图；在绘图区域中选取图 16.50 所示的直线为旋转轴。在“回转”对话框 限制 区域的 开始 下拉列表中选择 值 选项，在 角度 文本框输入值 0，在 结束 下拉列表中选择 值 选项，并在 角度 文本框输入值 360。单击 确定 按钮，完成冷料穴的创建，如图 16.51 所示。

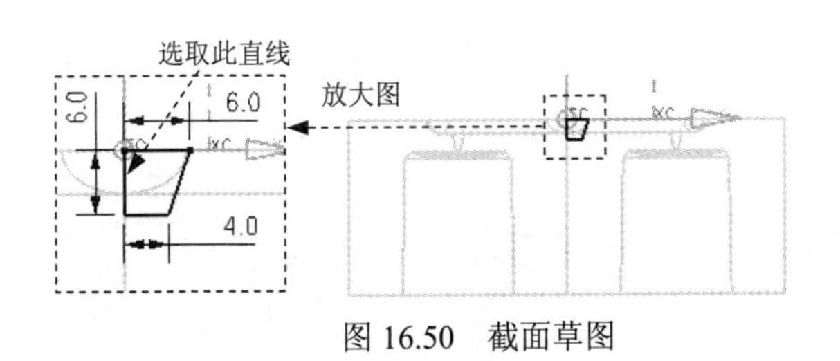

图 16.50　截面草图

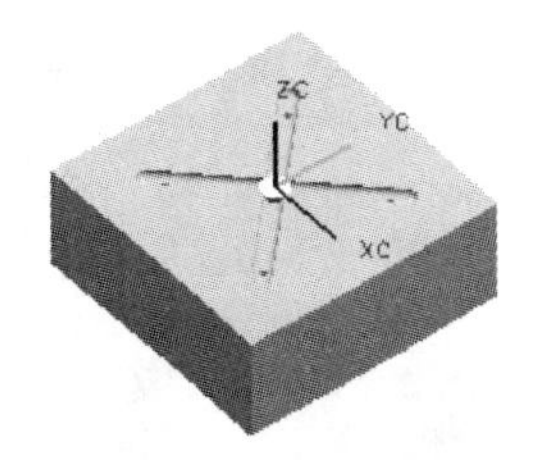

图 16.51　冷料穴

（2）创建冷料穴。在“注塑模向导”工具条中单击“腔体”按钮，选取型腔为目标体，单击中键确认；在 工具类型 下拉列表中选择 实线 选项，选取回转特征为工具体。单击确定按钮，完成冷料穴的创建。

（3）移动至图层。选取回转特征；选择下拉菜单格式(R) ➡ 移动至图层(M)...命令，在系统弹出“图层移动”对话框目标图层或类别文本框中输入值 10。单击确定按钮，退出“图层设置”对话框。

Task10. 添加顶杆

Step1. 创建直线（显示型芯和产品）。将图 16.52 所示的滑块转为工作部件。选中图 16.52 所示的滑块，右击，在弹出的快捷菜单中选择设为工作部件(W)命令（或双击鼠标）。选择下拉菜单插入(S) ➡ 曲线(C) ➡ 直线(L)...命令，创建图 16.53 所示直线（直线的端点在相应的临边中点上）。单击确定按钮，完成直线的创建。

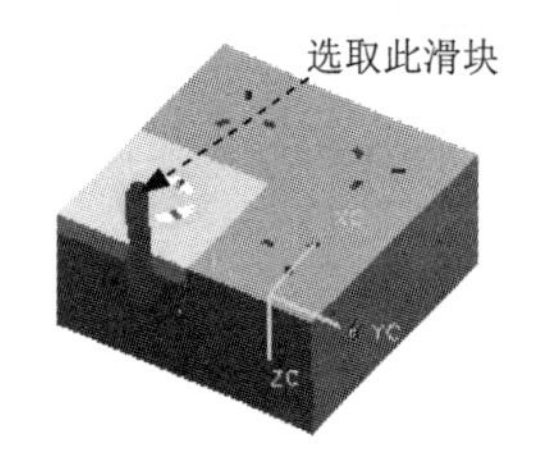

图 16.52 滑块

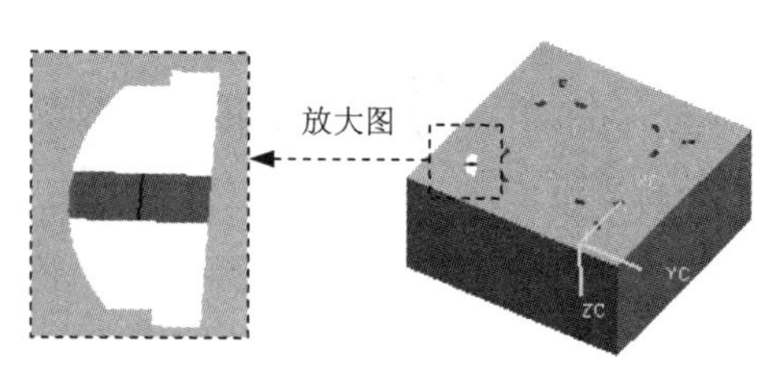

图 16.53 直线

Step2. 创建图 16.54 所示的另两条直线。

Step3. 添加顶杆 1。

（1）在“注塑模向导”工具条中单击“标准件”按钮，系统弹出“标准件管理”对话框。

（2）在目录下拉列表中选择DME_MM选项，并在其下的下拉列表中选择Ejection选项，在CATALOG_DIA下拉列表中选择5.5选项。

（3）单击尺寸选项卡，将CATALOG_LENGTH的值修改为 82.5，按 Enter 键确认，单击确定按钮，系统弹出“点”对话框。

（4）在类型区域的下拉列表中选择自动判断的点选项，选取图 16.55 所示的直线的中点，系统自动创建顶杆并返回至“点”对话框。

注意：在选取点时，要先单击一下中键。

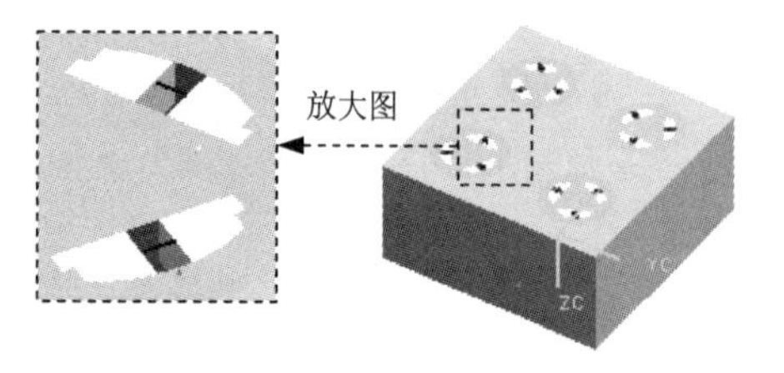

图 16.54 另两条直线

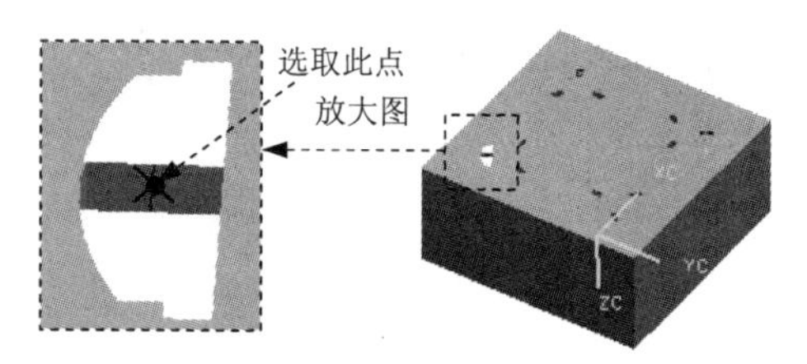

图 16.55 定义顶杆中点

（5）单击取消按钮，完成顶杆 1 的添加。

Step4. 添加顶杆 2。

（1）在“注塑模向导”工具条中单击“标准件”按钮，系统弹出“标准件管理”对话框。

（2）在目录下拉列表中选择DME_MM选项，并在其下的下拉列表中选择Ejection选项，在CATALOG_DIA下拉列表中选择5.5选项。

（3）单击尺寸选项卡，在相关尺寸的列表中将CATALOG_LENGTH的值修改为 82.5，按 Enter 键确认，单击确定按钮，系统弹出“点”对话框。

（4）在类型区域的下拉列表中选择自动判断的点选项，选取图 16.56 所示的直线的中点，系统自动创建顶杆并返回至“点”对话框。

（5）单击取消按钮，完成顶杆 2 的添加。

Step5. 添加顶杆 3。

（1）在“注塑模向导”工具条中单击“标准件”按钮，系统弹出“标准件管理”对话框。

（2）在目录下拉列表中选择DME_MM选项，并在其下的下拉列表中选择Ejection选项，在CATALOG_DIA下拉列表中选择5.5选项。

（3）单击尺寸选项卡，在相关尺寸的列表中将CATALOG_LENGTH的值修改为 82.5，按 Enter 键确认，单击确定按钮，系统弹出“点”对话框。

（4）在类型区域的下拉列表中选择自动判断的点选项，选取图 16.57 所示的直线的中点，系统自动创建顶杆并返回至“点”对话框。

（5）单击取消按钮，完成顶杆 3 的添加，如图 16.58 所示。

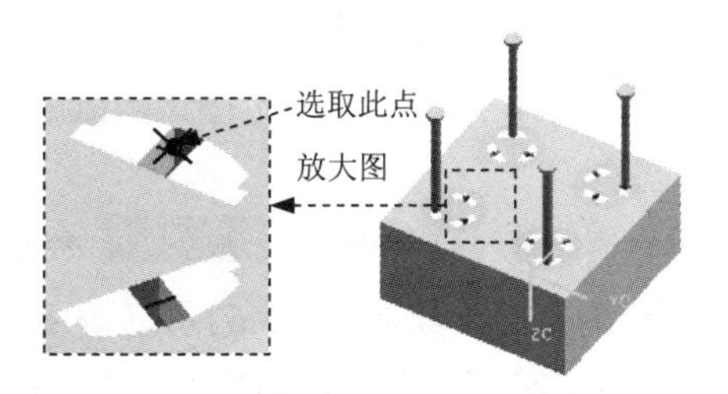

图 16.56　定义顶杆中点

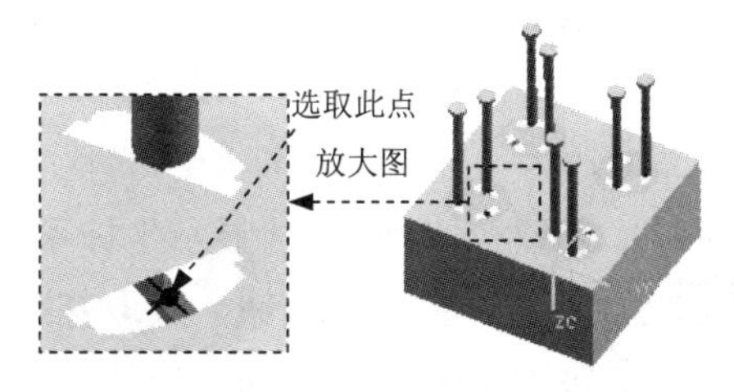

图 16.57　定义顶杆中点

说明： 系统会自动创建另外三个型芯的顶杆。

Step6. 创建拉伸特征 1。

（1）将总模型转为工作部件。单击“装配导航器”选项卡，系统弹出“装配导航器”窗口。在cover_mlod_top_010选项上右击，在弹出的快捷菜单中选择设为工作部件(W)命令。

（2）选择下拉菜单插入(S) ➡ 设计特征(E) ➡ 拉伸(E)...命令，单击按钮，选取 XC-ZC 基准平面为草图平面；绘制图 16.59 所示的截面草图；在指定矢量(1)下拉列表中选择选项。在“拉伸”对话框的限制区域的开始下拉列表中选择值选项，并在其下的距离文本框中输入值 0；在结束下拉列表中选择值选项，并在其下的距离文本框中输入值 25；然后单击“反向”按钮，并在布尔下拉列表中选择无选项；单击确定按钮，完成图 16.60 所示的拉伸特征 1 的创建。

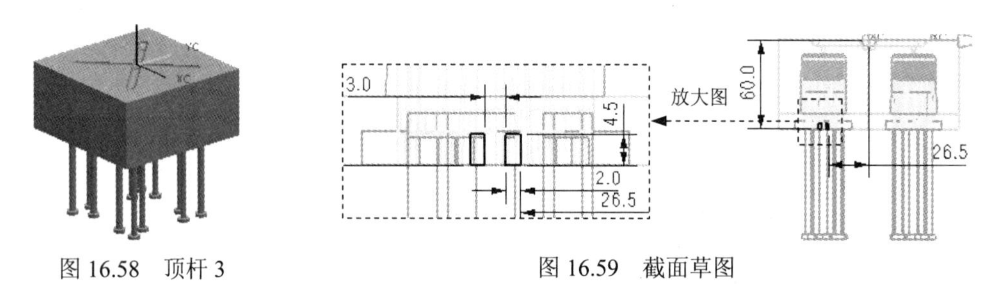

图 16.58　顶杆 3　　　　图 16.59　截面草图

Step7. 创建顶杆的滑块避开槽 1。在“注塑模向导”工具条中单击“腔体”按钮，选取图 16.61 所示的顶杆为目标体，在工具类型的下拉列表中选择实线选项，选取拉伸特征 1 为工具体。单击确定按钮，完成顶杆的滑块避开槽 1 的创建。

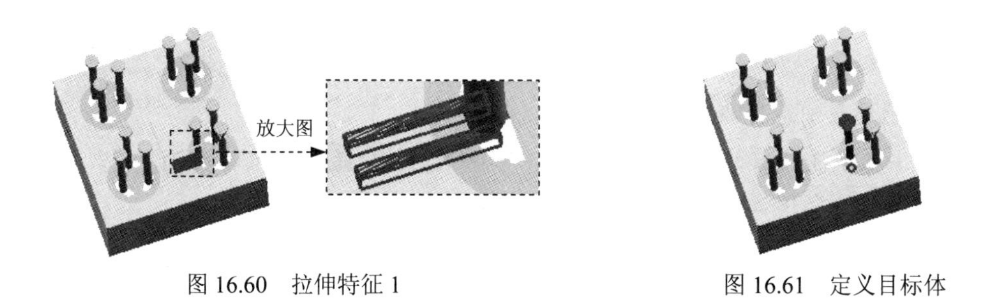

图 16.60　拉伸特征 1　　　　图 16.61　定义目标体

Step8. 创建基准平面 1。选择下拉菜单插入(S) → 基准/点(D) → 基准平面(D)...命令，在类型区域的下拉列表中选择成一角度选项，选取 YC-ZC 基准平面为参考平面，选取 ZC 轴为通过轴。在角度区域的角度选项下拉列表中选择值选项，在角度文本框中输入值 30。单击确定按钮，完成图 16.62 所示的基准平面 1 的创建。

Step9. 创建拉伸特征 2（显示坐标系）。选择下拉菜单插入(S) → 设计特征(E) → 拉伸(E)...命令，单击按钮，选取基准平面 1 为草图平面，绘制图 16.63 所示的截面草图；单击按钮调整拉伸方向，调整后的效果如图 16.64 所示。在“拉伸”对话框的限制区域的开始下拉列表中选择值选项，并在其下的距离文本框中输入值 40；在结束下拉列表中选择值选项，并在其下的距离文本框中输入值 70；单击确定按钮，完成图 16.64 所示的拉伸特征 2 的创建。

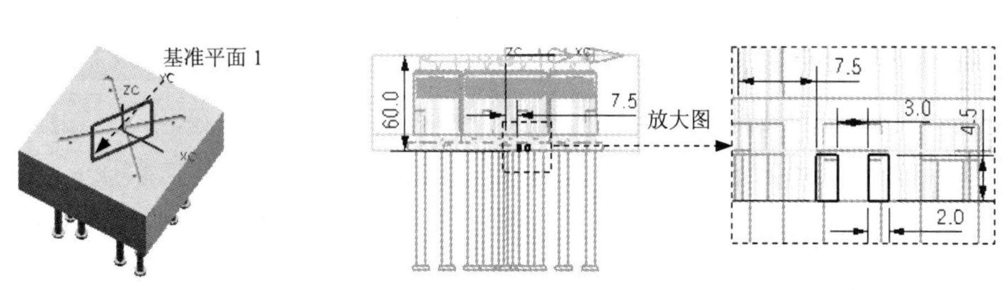

图 16.62　基准平面 1　　　　图 16.63　截面草图

Step10. 创建顶杆的滑块避开槽 2。在“注塑模向导”工具条中单击“腔体”按钮，选取图 16.65 所示的顶杆为目标体，单击中键确认；在工具类型的下拉列表中选择实线选项，选取拉伸特征 2 为工具体。单击确定按钮，完成顶杆的滑块避开槽 2 的创建。

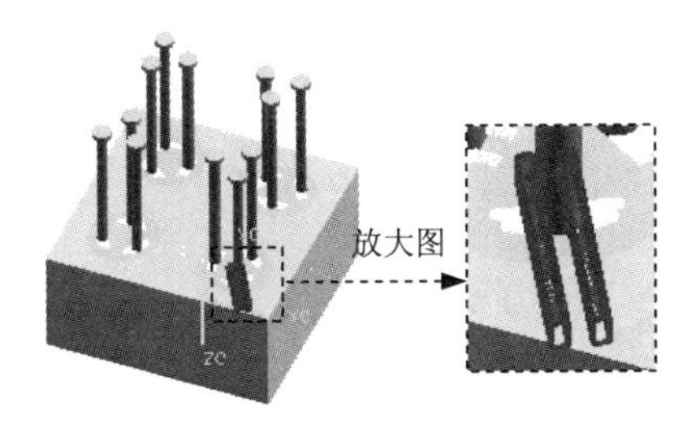

图 16.64 拉伸特征 2

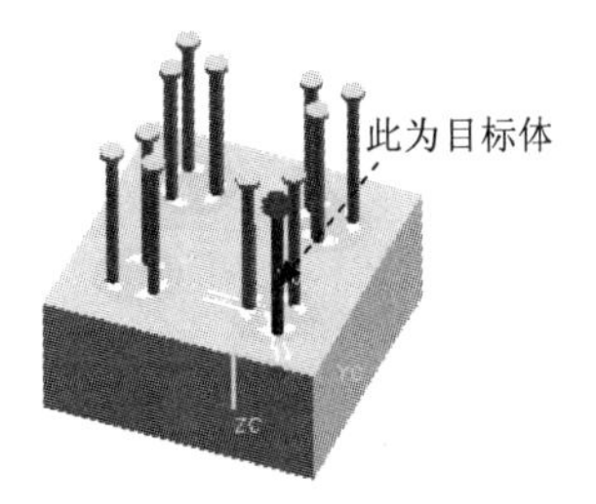

图 16.65 定义目标体

Step11. 创建基准平面 2。选择下拉菜单插入(S) → 基准/点(D) → 基准平面(D)...命令，在类型区域的下拉列表中选择成一角度选项，选取 XC-ZC 基准平面为参考平面，选取 ZC 轴为通过轴。在角度区域的角度选项下拉列表中选择值选项，在角度文本框中输入值 60。单击确定按钮，完成图 16.66 所示的基准平面 2 的创建。

Step12. 创建拉伸特征 3。选择下拉菜单插入(S) → 设计特征(E) → 拉伸(E)...命令，单击按钮，选取基准平面 2 为草图平面，绘制图 16.67 所示的截面草图；单击按钮调整拉伸方向，调整后的效果如图 16.68 所示。在“拉伸”对话框的限制区域的开始下拉列表中选择值选项，并在其下的距离文本框中输入值-10；在结束下拉列表中选择值选项，并在其下的距离文本框中输入值 20；单击确定按钮，完成图 16.68 所示的拉伸特征 3 的创建。

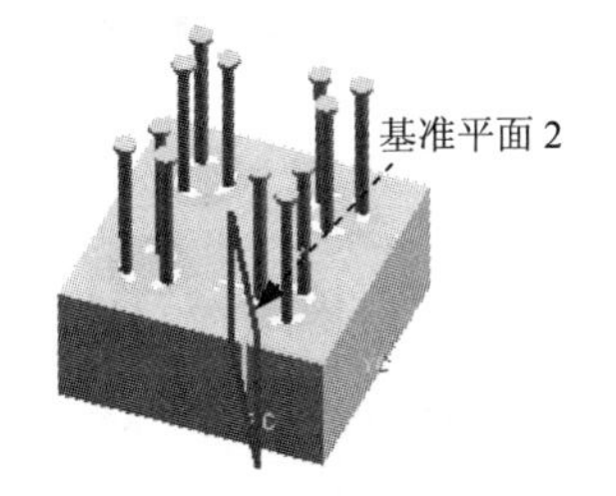

图 16.66 基准平面 2

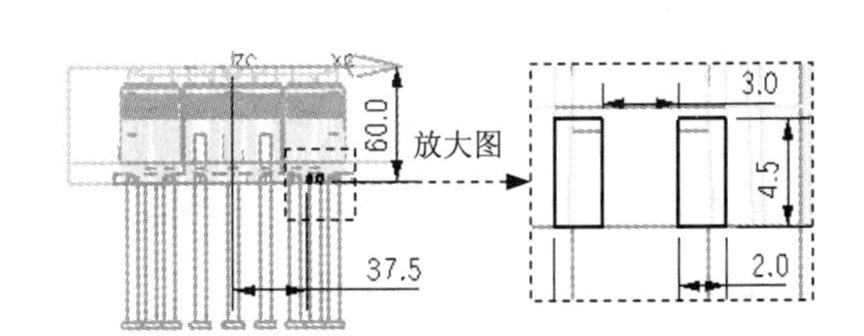

图 16.67 截面草图

Step13. 创建顶杆的滑块避开槽 3。在“注塑模向导”工具条中单击“腔体”按钮，选取图 16.69 所示的顶杆为目标体，单击中键确认；在工具类型的下拉列表中选择实线选项，选取拉伸特征 3 为工具体。单击确定按钮，完成顶杆的滑块避开槽 3 的创建。

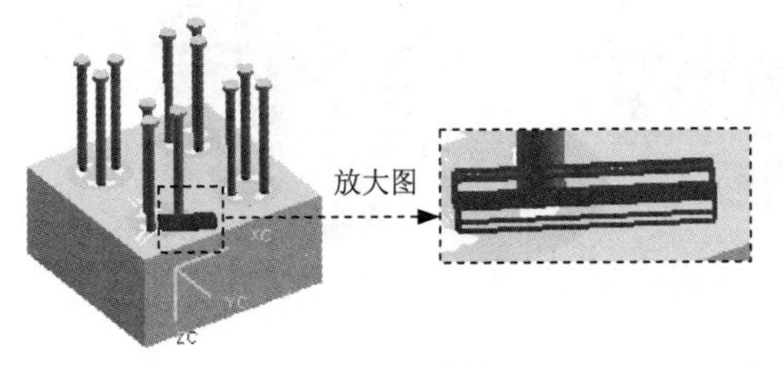

图 16.68 拉伸特征 3

图 16.69 定义目标体

Step14. 移动至图层。选取拉伸特征 1、拉伸特征 2 和拉伸特征 3 为移动对象；选择下拉菜单格式(R) ➡ 移动至图层(M)...命令，在系统弹出“图层移动”对话框目标图层或类别文本框中输入值 10，单击确定按钮，退出“图层设置”对话框。

Step15. 创建顶杆避开槽（显示所有组件）。在“注塑模向导”工具条中单击“腔体”按钮，选取图 16.70 所示的型芯固定板和推杆固定板为目标体，单击中键确认；选取所有顶杆为工具体。单击确定按钮，完成顶杆避开槽的创建。

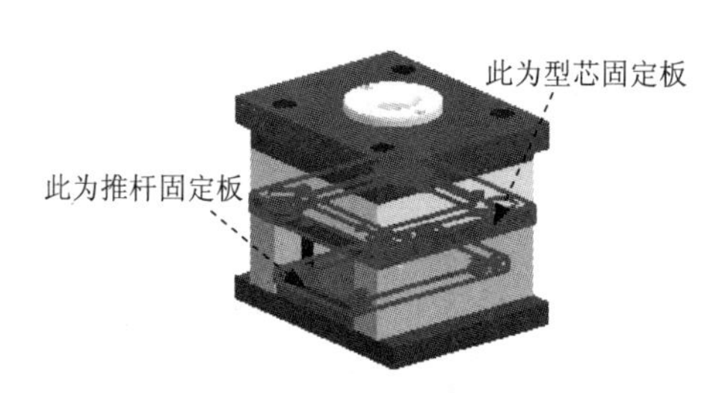

图 16.70　定义目标体

Task11. 模具后处理

Step1. 添加弹簧。

（1）在“注塑模向导”工具条中单击“标准件”按钮，系统弹出“标准件管理”对话框。

（2）在目录下拉列表中选择FUTABA_MM选项，在分类下拉列表中选择Springs选项，在相关的类型列表中选择Spring [M-FSB]选项，在DIAMETER下拉列表中选择21.5选项，在CATALOG_LENGTH下拉列表中选择60选项，在DISPLAY下拉列表中选择DETAILED选项，取消选中□ 关联位置复选框；单击确定按钮，系统弹出“选择一个面”对话框。

（3）定义放置面。选取图 16.71 所示的面为放置面，系统弹出“点”对话框。

（4）在类型区域的下拉列表中选择圆弧中心/椭圆中心/球心选项，选取图 16.72 所示的圆弧 1，系统返回至“点”对话框；选取图 16.72 所示的圆弧 2，系统返回至“点”对话框；选取图 16.72 所示的圆弧 3，系统返回至“点”对话框；选取图 16.72 所示的圆弧 4，系统返回至“点”对话框。

（5）单击取消按钮，完成弹簧的添加，如图 16.73 所示。

图 16.71　定义放置面

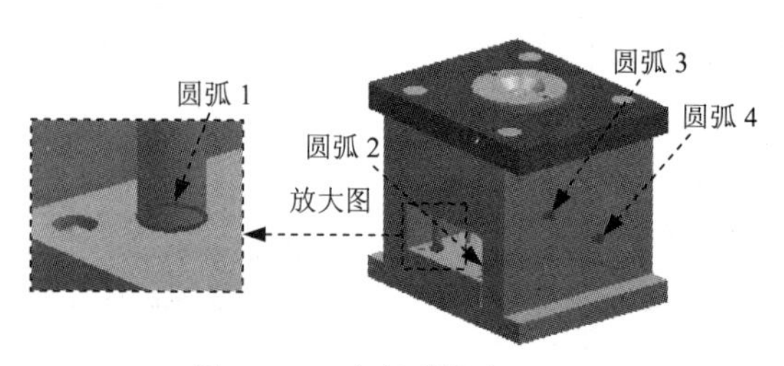

图 16.72　定义弹簧中心

图 16.73　弹簧

Step2. 创建弹簧避开槽（显示所有零件）。在“注塑模向导”工具条中单击“腔体”按钮，选取型芯固定板为目标体，单击中键确认；选取所有弹簧（共 4 个）为工具体。单击确定按钮，完成弹簧避开槽的后处理。

Step3. 添加开闭器。

（1）在“注塑模向导”工具条中单击“标准件”按钮，系统弹出“标准件管理”对话框。

（2）在目录下拉列表中选择FUTABA_MM选项，在分类下拉列表中选择Pull Pin选项，在DIAMETER下拉列表中选择16选项，取消选中□ 关联位置复选框，单击确定按钮，系统弹出“选择一个面”对话框。

（3）定义放置面。选取图 16.74 所示的面为放置面，系统弹出“点”对话框。

（4）在坐标区域的XC、YC和ZC文本框中分别输入值-80、30 和 0，单击确定按钮，系统重新弹出“点”对话框；在坐标区域的XC、YC和ZC文本框中分别输入值-80、-30 和 0，单击确定按钮，系统重新弹出“点”对话框；在坐标区域的XC、YC和ZC文本框中分别输入值 80、-30 和 0，单击确定按钮，系统重新弹出“点”对话框；在坐标区域的XC、YC和ZC文本框中分别输入值 80、30 和 0，单击确定按钮，系统重新弹出“点”对话框。

（5）单击取消按钮，完成开闭器的添加，如图 16.75 所示。

图 16.74　定义放置面

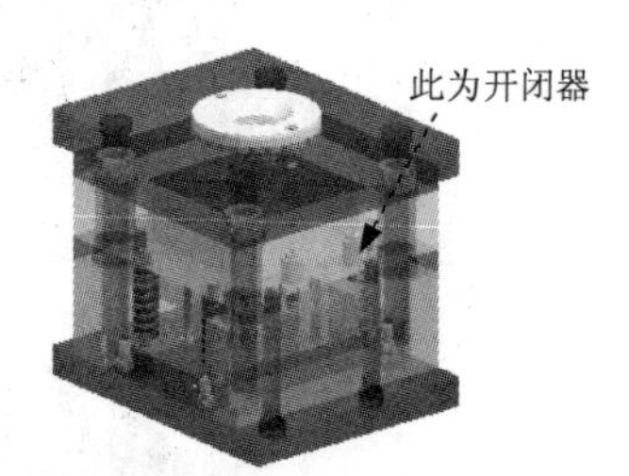

图 16.75　开闭器

Step4. 创建限位钉避开槽。在“注塑模向导”工具条中单击“腔体”按钮，选取型芯固定板和中间板为目标体，单击中键确认；选取四个开闭器为工具体。单击确定按钮，完成限位钉避开槽的创建。

Step5. 保存文件。选择下拉菜单文件(F) ➡ 全部保存(V)命令，保存所有文件。

实例 17　一模两件模具设计

本实例将介绍一模两件模具设计的一般过程如图 17.1 所示。在学习过本实例之后，希望读者能够熟练掌握一模两件模具的设计方法和技巧，该模具是采用潜伏式浇口进行设计的。下面是具体的操作过程。

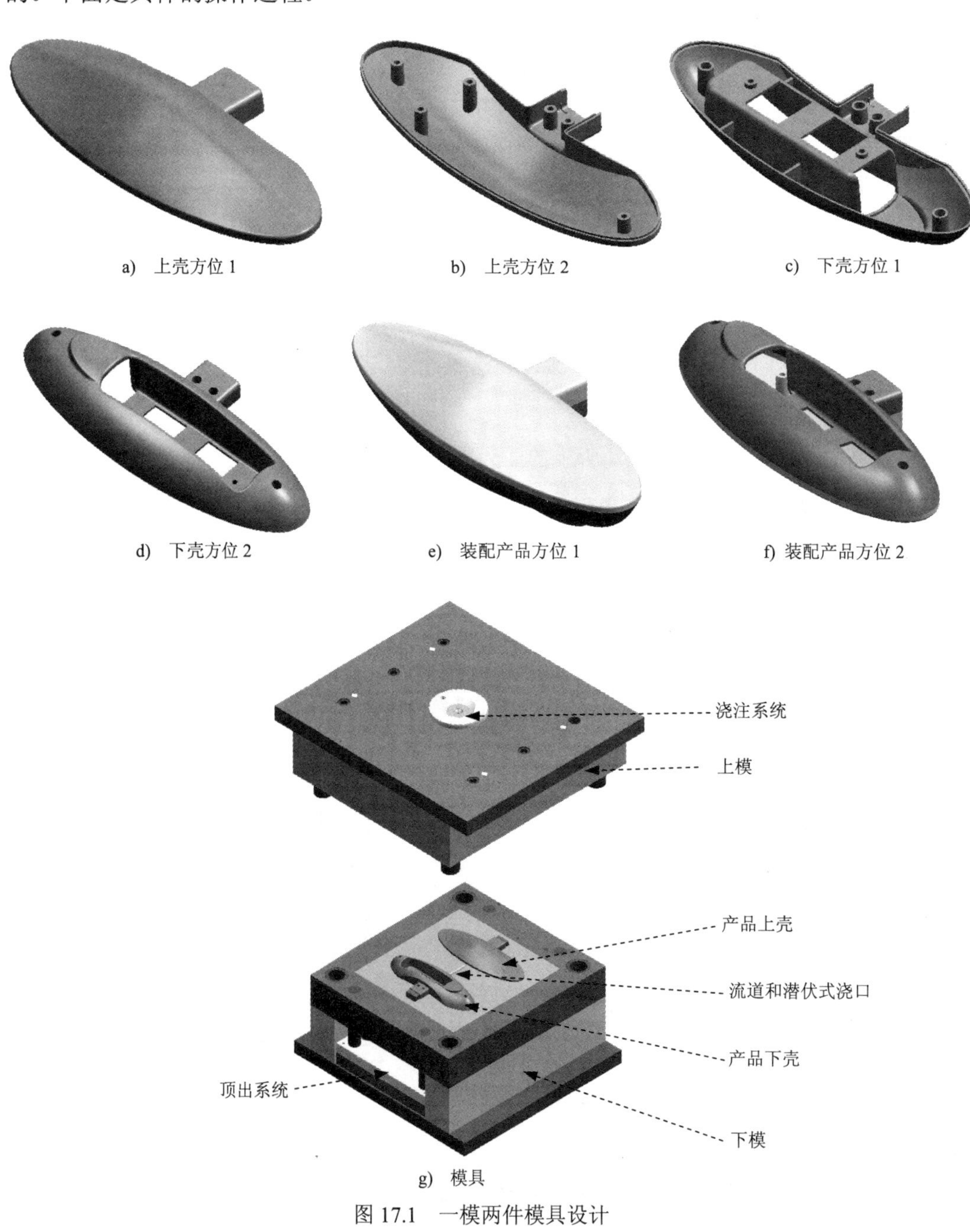

g)　模具

图 17.1　一模两件模具设计

Task1. 引入产品

Stage1. 引入产品上壳

Step1. 加载模型。在“注塑模向导”工具条中单击“初始化项目”按钮，系统弹出“打开”对话框，选择 D:\ug6.6\work\ch17\lampshade_back.prt，单击 OK 按钮，调入模型，系统弹出“初始化项目”对话框。

Step2. 定义投影单位。在“初始化项目”对话框的设置区域的项目单位下拉菜单中选择毫米选项。

Step3. 设置项目路径和名称。接受系统默认的项目路径；在“初始化项目”对话框的项目设置区域的Name文本框中输入 lampshade_mold。

Step4. 在该对话框中单击确定按钮，完成项目路径和名称的设置，结果如图 17.2 所示。

Step5. 单击“装配导航器”按钮，打开“装配导航器”窗口，展开 lampshade_mold_layout_xxx（后缀名不相同），如图 17.3 所示。

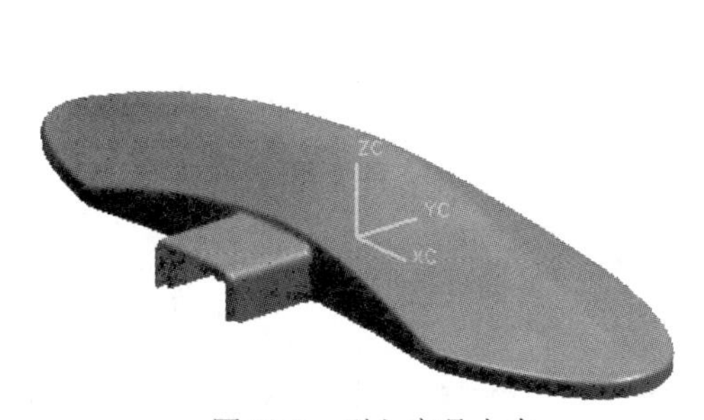

图 17.2　引入产品上壳

装配导航器

描述性部件名	信息	只	已	位	数量
截面					
lampshade_mold_top_010					26
lampshade_mold_var_011					
lampshade_mold_cool_001					3
lampshade_mold_fill_014					
lampshade_mold_misc_005					3
lampshade_mold_layout_022					17
lampshade_mold_combined_013					4
lampshade_mold_prod_003					12

图 17.3　“装配导航器”窗口

Stage2. 引入产品下壳

Step1. 加载模型。在“注塑模向导”工具条中单击“初始化项目”按钮，系统弹出“打开”对话框，选择 D:\ug6.6\work\ch17\lampshade_front.prt，单击 OK 按钮，系统弹出如图 17.4 所示的“部件名管理”对话框，单击确定按钮。加载后的下壳如图 17.5 所示。

Step2. 单击“装配导航器”按钮，打开“装配导航器”窗口，展开 lampshade_mold_layout_xxx（后缀名不相同），如图 17.6 所示。

Task2. 设置收缩率

Stage1. 设置上壳收缩率

Step1. 设置活动部件为 lampshade_back 零件。

Step2. 定义产品上壳收缩率。在“注塑模向导”工具条中单击“收缩率”按钮，产品模型会高亮显示，在“缩放体”对话框的类型下拉列表中选择均匀选项。在比例因子区域的均匀文本框中输入数值 1.006。单击确定按钮，完成产品上壳收缩率的设置。

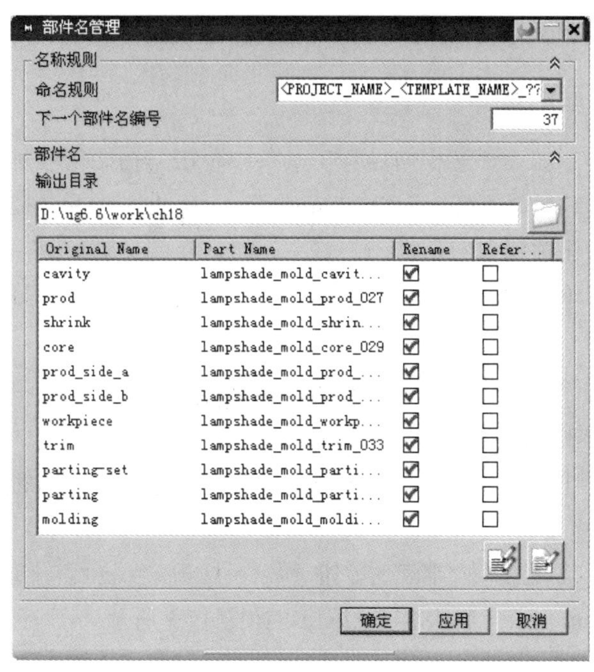

图 17.4　“部件名管理”对话框

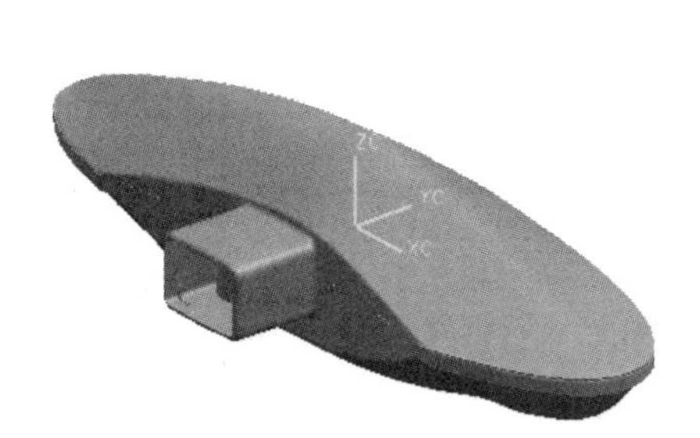

图 17.5　引入产品下壳

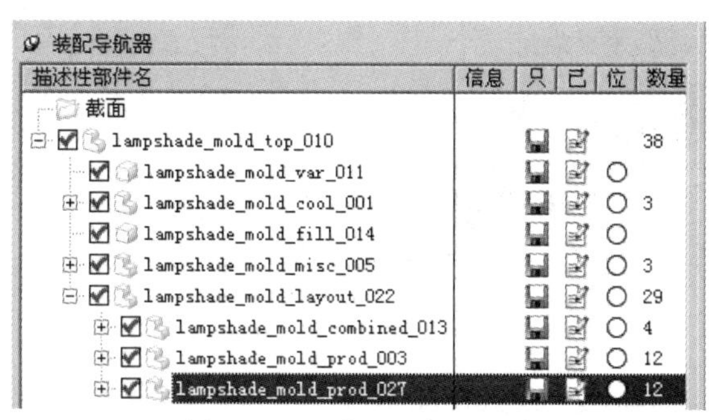

图 17.6　“装配导航器”窗口

Stage2. 设置下壳收缩率

Step1. 设置活动部件为 lampshade_front 零件。

Step2. 定义产品下壳收缩率。在“注塑模向导”工具条中单击“收缩率”按钮，产品模型会高亮显示，在“缩放体”对话框的类型下拉列表中选择 均匀 选项。在比例因子区域的均匀文本框中输入数值 1.006。单击 确定 按钮，完成产品下壳收缩率的设置。

Task3. 模具坐标系

Stage1. 设置上壳模具坐标系

Step1. 隐藏下壳。在装配导航器中取消选中 lampshade_mold_prod_027。

Step2. 设置活动部件。单击“注塑模向导”工具条中的“多腔模设置”按钮，此时系统弹出图 17.7 所示的“多腔模设计”对话框。在该对话框中选择 lampshade_back，单击 确定按钮。

Step3. 重定位 WCS 到新的坐标系。

（1）选择命令。选择下拉菜单 格式(R) ➡ WCS▸ ➡ 定向(N)... 命令，系统弹出“CSYS”对话框。

（2）在“CSYS”对话框的 类型 下拉列表中选择 自动判断，然后选取图 17.8 所示的模型表面。

注意：在选择模型表面时，要确定在“选择条”下拉菜单中选择的是 整个装配 选项。

（3）单击 确定 按钮，完成重定位 WCS 到新的坐标系的操作。

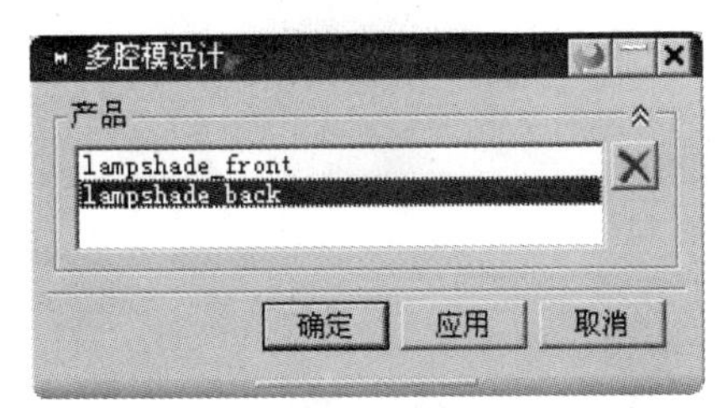

图 17.7　“多腔模设计”对话框

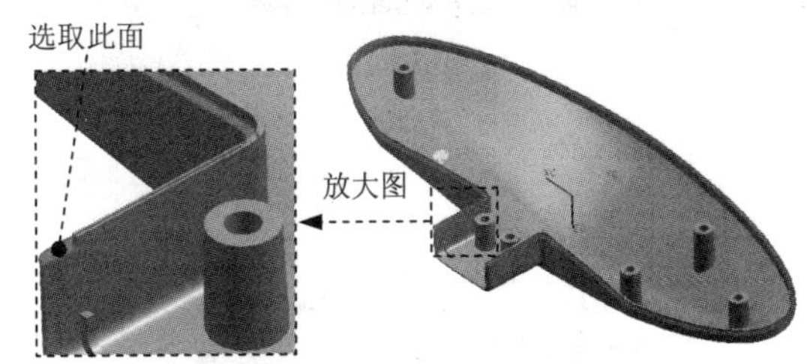

图 17.8　重定位 WCS 坐标系

Step4. 旋转模具坐标系（注：本步的详细操作过程请参见随书光盘中 video\ch17\reference\文件下的语音视频讲解文件 lampshade_back-r01.avi）。

Step5. 锁定模具坐标系。在“注塑模向导”工具条中，单击“模具 CSYS”按钮，在系统弹出的“模具 CSYS”对话框中选择 当前 WCS 单选项。单击 确定 按钮，完成坐标系的定义，结果如图 17.9 所示。

Stage2. 设置下壳模具坐标系

Step1. 隐藏上壳。在装配导航器中取消选中 lampshade_mold_prod_003。

Step2. 设置活动部件。单击“注塑模向导”工具条中的“多腔模设置”按钮，此时系统弹出图 17.7 所示的“多腔模设计”对话框。在该对话框中选择 lampshade_front，单击 确定 按钮。

Step3. 旋转模具坐标系（注：本步的详细操作过程请参见随书光盘中 video\ch17\reference\文件下的语音视频讲解文件 lampshade_back-r02.avi）。

Step4. 锁定坐标系。在“注塑模向导”工具条中单击“模具 CSYS”按钮，在系统弹出的“模具 CSYS”对话框中选择 当前 WCS 单选项。单击 确定 按钮，完成坐标系的定义，结果如图 17.10 所示。

图 17.9　锁定上壳后的模具坐标系

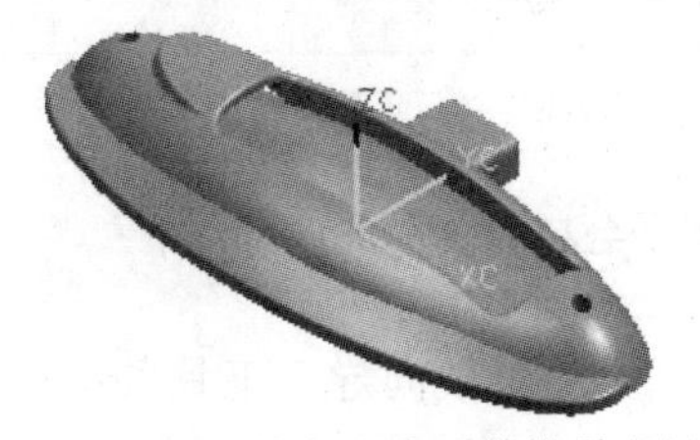

图 17.10　锁定下壳后的模具坐标系

Task4. 创建模具工件

Stage1. 创建上壳工件

Step1. 设置活动部件为lampshade back零件。

Step2. 创建产品上壳零件的工件。在“注塑模向导”工具条中单击“工件”按钮，系统弹出图 17.11 所示的“工件”对话框。单击对话框中的“绘制截面”按钮，进入草图环境，修改草图尺寸如图 17.12 所示。在“尺寸”对话框限制区域的开始文本框中输入30，在结束文本框中输入 60；单击确定按钮，完成产品上壳工件的创建。

图 17.11　“工件”对话框

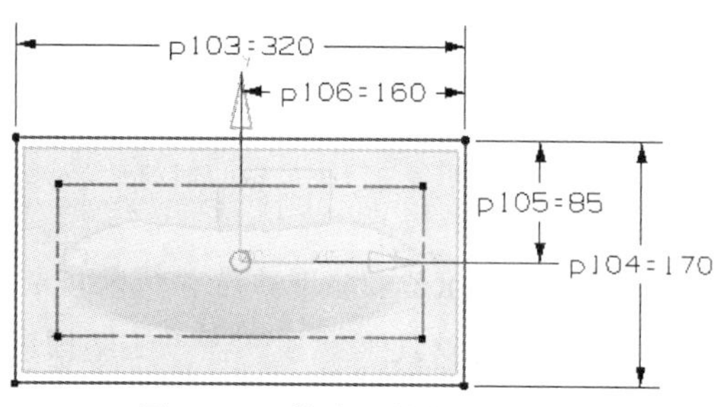

图 17.12　修改工件草图尺寸

Stage2. 创建下壳工件

Step1. 设置活动部件为lampshade_front零件。

Step2. 创建产品下壳零件的工件。在“注塑模向导”工具条中单击“工件”按钮，单击“绘制截面”按钮，进入草图环境，修改工件草图尺寸，如图 17.13 所示。在“尺寸”对话框限制区域的开始文本框中输入 30，在结束文本框中输入 60；单击确定按钮，完成产品下壳工件的创建，结果如图 17.14 所示。

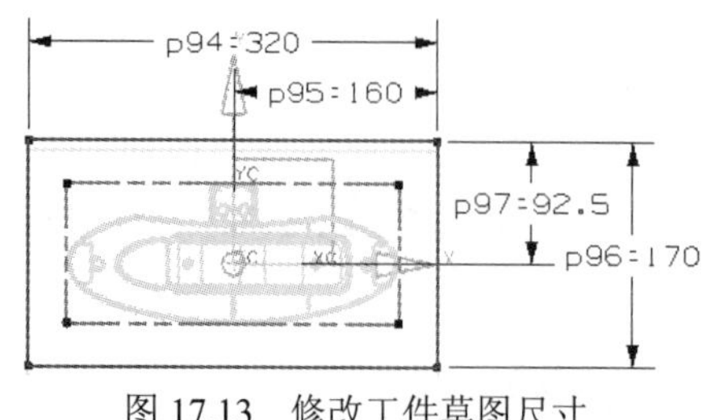

图 17.13　修改工件草图尺寸

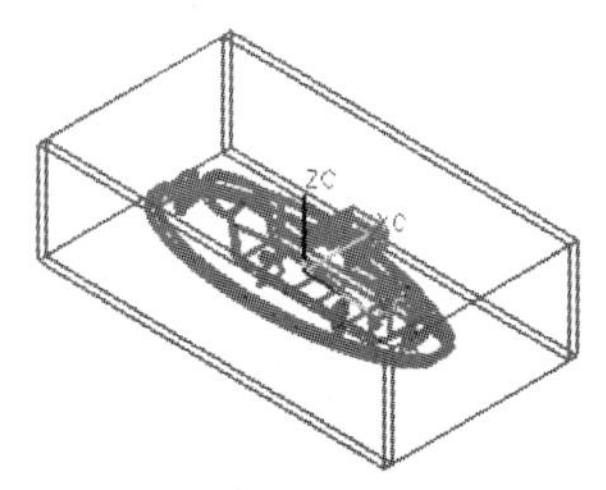

图 17.14　产品工件

Task5. 定位工件

Step1. 在“注塑模向导”工具条中单击“型腔布局”按钮，系统弹出“型腔布局”

对话框，此时图形区高亮显示被激活的下壳和下壳工件。

Step2. 定位工件。

（1）旋转工件。单击“型腔布局”对话框上的“变换”按钮，此时系统弹出图 17.15 所示的“变换”对话框；在该对话框的结果区域中选择◉ 移动原先的单选项；在变换类型下拉列表中选择旋转选项；在旋转区域的角度文本框中输入 180，激活旋转区域的* 指定枢轴点 (0)，再选择图 17.16 所示的点；单击确定按钮；此时系统回到“型腔布局”对话框；结果如图 17.17 所示。

图 17.15　“变换”对话框

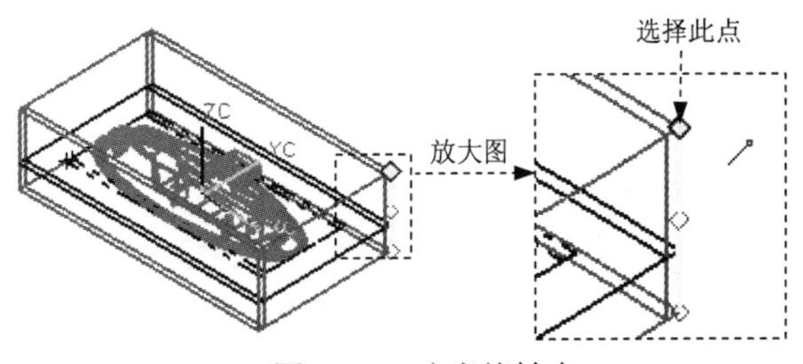

图 17.16　定义旋转点

（2）移动工件。单击“型腔布局”对话框上的“变换”按钮，此时系统弹出图 17.15 所示的“变换”对话框；在该对话框的结果区域中选择◉ 移动原先的单选项；在变换类型下拉列表中选择点到点选项；再选择图 17.17 所示的点 1 和点 2；单击确定按钮；此时系统回到“型腔布局”对话框，再单击“自动对准中心”按钮；单击关闭按钮；结果如图 17.18 所示。

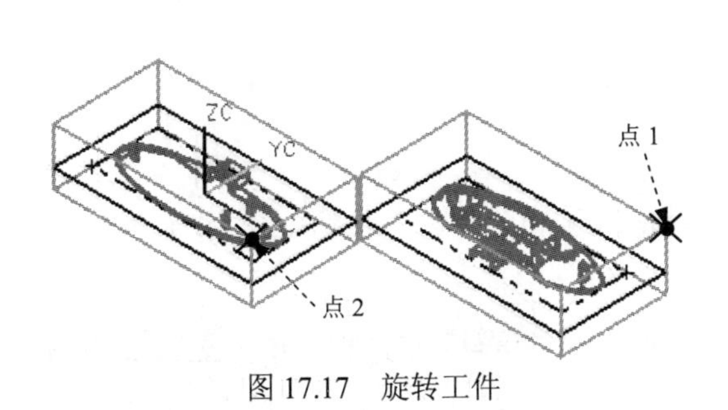

图 17.17　旋转工件

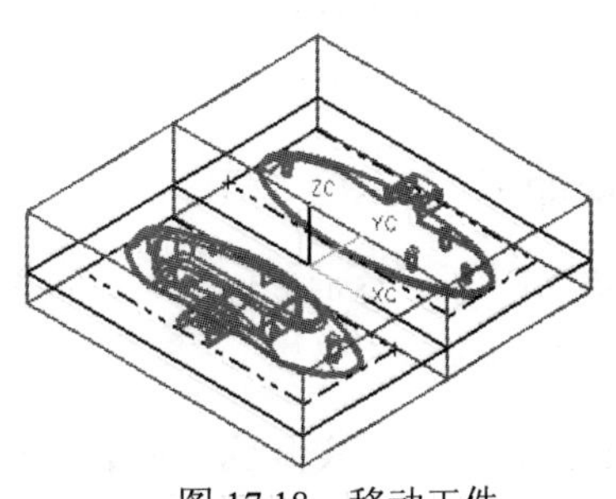

图 17.18　移动工件

Task6. 分型产品上壳零件

Stage1. 设计区域

Step1. 设置活动部件为 lampshade_back 零件。

Step2. 在“注塑模向导”工具条中单击“分型”按钮，系统弹出“分型管理器”对话框。

Step3. 在“分型管理器”对话框中单击“设计区域”按钮，系统弹出“MPV 初始化”对话框，同时模型被加亮，并显示开模方向，如图 17.19 所示。单击 确定 按钮，系统弹出“塑模部件验证”对话框。

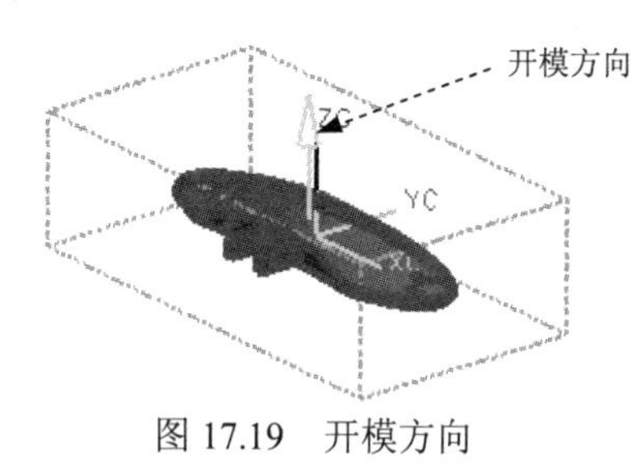

图 17.19 开模方向

说明：图 17.19 所示的开模方向，可以通过“MPV 初始化”对话框中的“点构建器”按钮来更改。本实例中，由于在建模时已经确定了坐标系，所以系统会自动识别出产品模型的开模方向。

Step4. 在“塑模部件验证”对话框中单击 设置 选项卡，在弹出的对话框中，取消选中 □ 内部环 、□ 分型边 和 □ 不完整的环 三个复选框。

Step5. 定义区域。

（1）设置区域颜色。在“塑模部件验证”对话框中单击 区域 选项卡，然后单击 设置区域颜色 按钮，来设置区域颜色。

（2）定义型腔区域。在 未定义的区域 区域中选中 ☑ 交叉区域面 复选框、☑ 交叉竖直面 复选框和 ☑ 未知的面类型 复选框，此时系统将所有的未定义区域面加亮显示；在 指派为 区域中选择 ⊙ 型腔区域 单选项，单击 应用 按钮，此时系统将加亮显示的未定义区域面指派到型腔区域。

（3）单击 取消 按钮，关闭“塑模部件验证”对话框，系统返回至“分型管理器”对话框。

Stage2. 抽取区域面

Step1. 在“分型管理器”对话框中单击“抽取区域和分型线”按钮，系统弹出“定义区域”对话框。

Step2. 在“定义区域”对话框的 设置 区域中选中 ☑ 创建区域 复选框，单击 确定 按钮，完成型腔/型芯区域面的抽取，系统返回至“分型管理器”对话框，单击 关闭 按钮。

Stage3. 创建图 17.20 所示的边缘补片

Step1. 选择命令。在“注塑模向导”工具条中单击“注塑模工具”按钮，在系统弹出的“注塑模工具”工具条中，单击“边缘补片”按钮，此时系统弹出“开始遍历”对话框。

Step2. 选择轮廓边界。取消选中 按面的颜色遍历 复选框，选择图 17.21 所示的边线为起始边线，系统弹出“曲线/边选择”对话框。单击 接受 和 下一个路径 按钮，选取图 17.21 所示的轮廓曲线，再通过 关闭环 按钮完成封闭曲线的选取，系统将自动生成图 17.20 所示的片体曲面，关闭“曲线/边选择”对话框。

说明：在任意选取第一条轮廓线时，系统会弹出“曲线/边选择”对话框，通过单击对话框中的 接受 和 下一个路径 按钮，完成补片体轮廓线的选取。

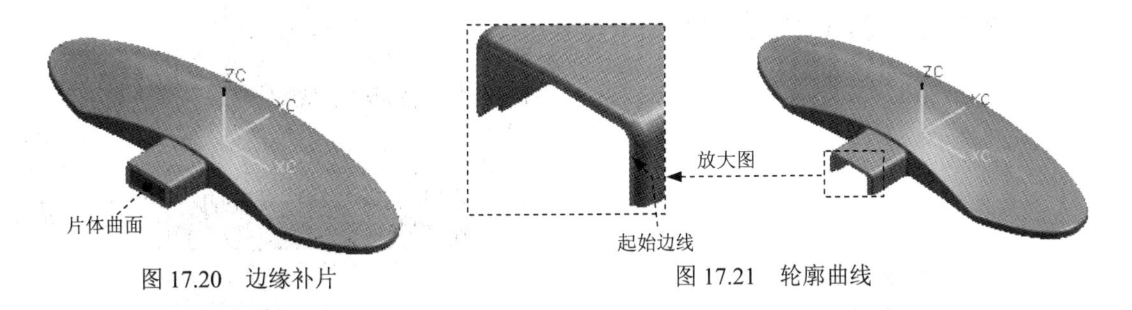

图 17.20　边缘补片　　图 17.21　轮廓曲线

Stage4. 创建分型线和分型面

Step1. 在“注塑模向导”工具条中单击“分型”按钮，系统弹出“分型管理器”对话框。

Step2. 在“分型管理器”对话框中单击“编辑分型线”按钮，系统弹出“分型线”对话框。

Step3. 在“分型线”对话框中单击 遍历环 按钮，系统弹出“开始遍历”对话框。

Step4. 选择遍历边线。取消选中 按面的颜色遍历 复选框，选择图 17.22 所示的边线为起始边线，系统弹出“曲线/边选择”对话框。单击 接受 和 下一个路径 按钮，选取图 17.22 所示的轮廓曲线，单击 确定 按钮，此时系统生成图 17.23 所示的分型线；在“分型线”对话框中单击 确定 按钮，系统返回至“分型管理器”对话框。

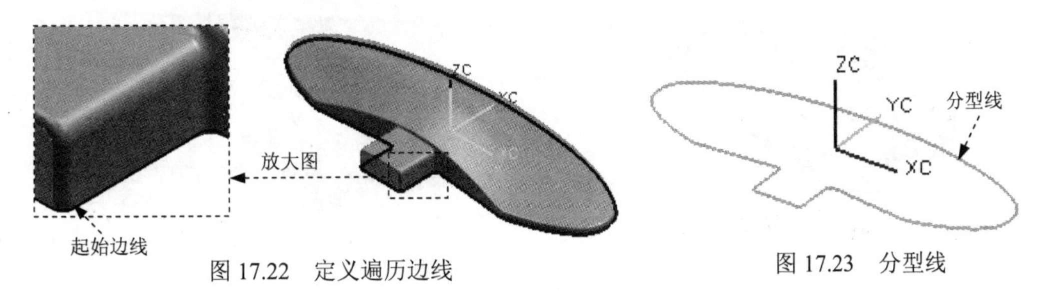

图 17.22　定义遍历边线　　图 17.23　分型线

Step5. 在“分型管理器”对话框中单击“创建/编辑分型面”按钮，系统弹出“创建分型面”对话框。

Step6. 在“创建分型面”对话框中接受系统默认的公差值；在距离文本框中输入值 100，单击创建分型面按钮，系统弹出“分型面”对话框。

Step7. 在“分型面”对话框中选择有界平面单选项，单击确定按钮，此时系统返回至“分型管理器” 对话框，完成图 17.24 所示的分型面的创建。

Stage5. 创建型腔和型芯

Step1. 在“分型管理器”对话框中单击“创建型腔和型芯”按钮，系统弹出“定义型芯和型腔”对话框。

Step2. 按住 Ctrl 键，在该对话框的选择片体区域中选择 Cavity region 和 Core region，如图 17.25 所示，单击确定按钮。

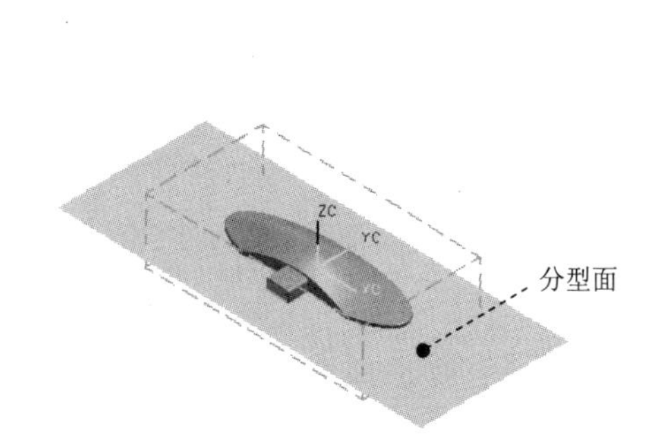

图 17.24　分型面

图 17.25　“定义型腔和型芯”对话框

Step3. 系统弹出“查看分型结果”对话框，并在绘图区中显示型腔（图 17.26），单击确定按钮；系统再次弹出“查看分型结果”对话框，并在绘图区中显示型芯（图 17.27），单击确定按钮；系统返回至“分型管理器” 对话框， 单击关闭按钮，完成型芯型腔的创建。

Step4. 查看型芯型腔的另外一种方法：选择下拉菜单窗口(O) → lampshade_mold_core_006.prt，显示型芯零件；选择下拉菜单窗口(O) → lampshade_mold_cavity_002.prt，显示型腔零件。

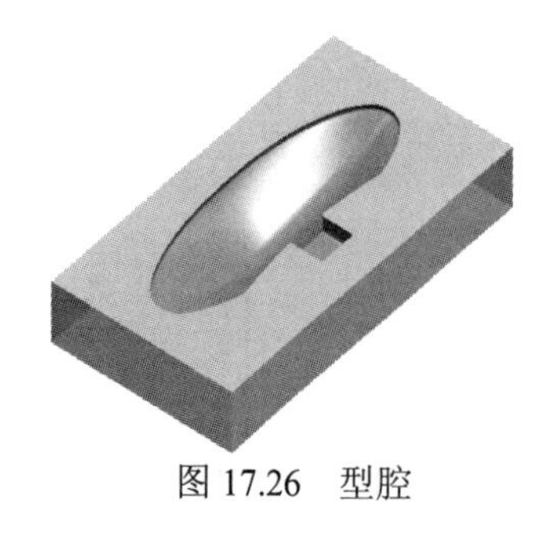
图 17.26　型腔

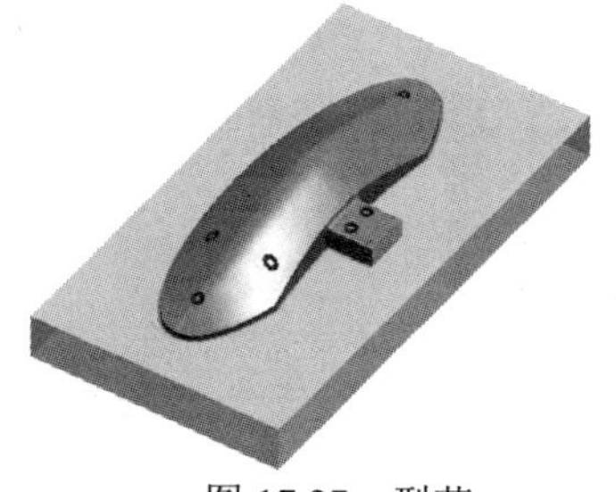
图 17.27　型芯

Task7. 分型产品下壳零件

Stage1. 设计区域

Step1. 设置活动部件。单击“注塑模向导”工具条中的“多腔模设置”按钮，此时系统弹出“多腔模设计”对话框。在该对话框中选择lampshade_front，单击确定按钮。

Step2. 在“注塑模向导”工具条中单击“分型”按钮，系统弹出“分型管理器”对话框。

Step3. 在“分型管理器”对话框中单击“设计区域”按钮，系统弹出“MPV 初始化”对话框，同时模型被加亮，并显示开模方向，如图 17.28 所示。单击确定按钮，系统弹出“塑模部件验证”对话框。

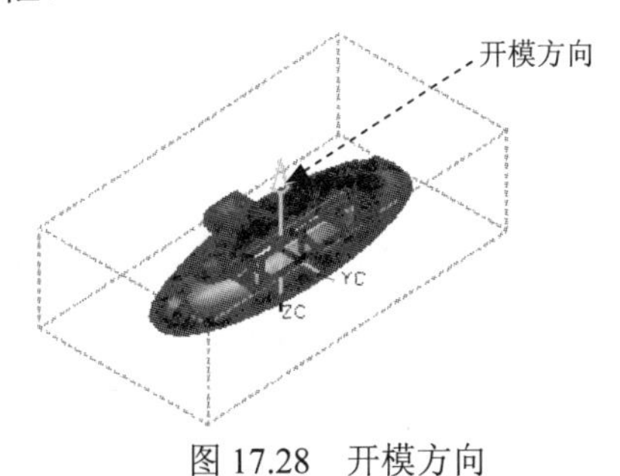

图 17.28　开模方向

说明：图 17.28 所示的开模方向，可以通过“MPV 初始化”对话框中的“点构建器”按钮来更改。本实例中，由于在建模时已经确定了坐标系，所以系统会自动识别出产品模型的开模方向。

Step4. 在“塑模部件验证”对话框中单击设置选项卡，在弹出的对话框中，取消选中□ 内部环、□ 分型边和□ 不完整的环三个复选框。

Step5. 定义区域。

（1）设置区域颜色。在“塑模部件验证”对话框中单击区域选项卡，然后单击设置区域颜色按钮，设置区域颜色。

（2）定义型腔区域。在未定义的区域区域中选中☑ 交叉区域面复选框、☑ 交叉竖直面复选框和☑ 未知的面类型复选框，在指派为区域中选择⊙ 型腔区域单选项，单击应用按钮。

（3）定义型芯区域。在指派为区域中选择⊙ 型芯区域单选项，再选中图 17.29 所示的面，单击应用按钮。

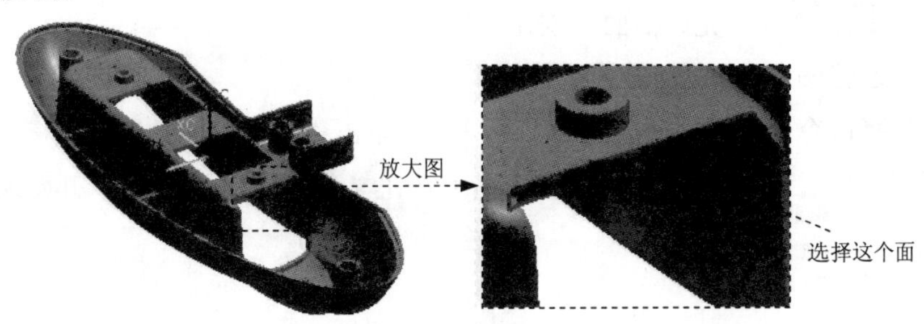

图 17.29　定义型芯区域面

（4）单击 取消 按钮，关闭“塑模部件验证”对话框，系统返回至“分型管理器”对话框。

Stage2. 抽取区域面

Step1. 在“分型管理器”对话框中单击“抽取区域和分型线”按钮，系统弹出“定义区域”对话框。

Step2. 在“定义区域”对话框的 设置 区域中选中 ☑ 创建区域 复选框，单击 确定 按钮，完成型腔/型芯区域面的抽取，系统返回至“分型管理器”对话框。

Stage3. 创建曲面补片

Step1. 自动修补。

（1）在“分型管理器”对话框中单击“创建/删除曲面补片”按钮，系统弹出“补片环选择”对话框。

（2）在“补片环选择”对话框的 环搜索方法 区域中选择 ⊙ 区域 单选项，在 显示环类型 区域中选择 ⊙ 内部环边缘 单选项；单击 自动修补 按钮，系统自动修补孔，结果如图 17.30 所示。

（3）单击 后退 按钮，系统返回至“分型管理器”对话框，单击 关闭 按钮。

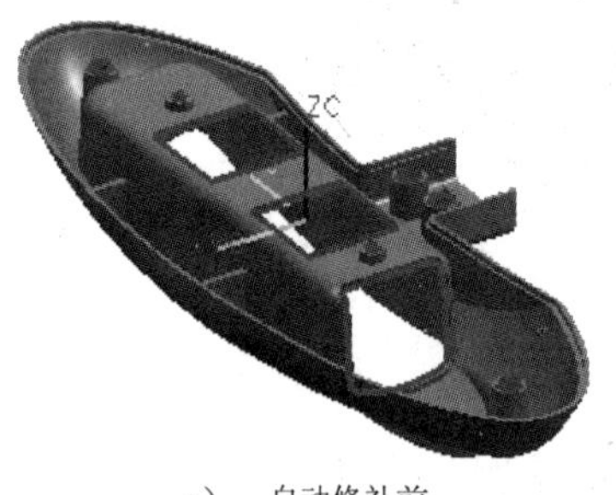

a） 自动修补前

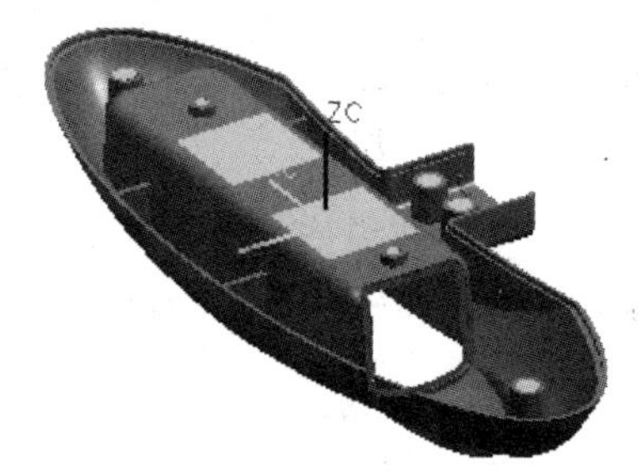

b） 自动修补后

图 17.30 创建曲面补片

Step2. 手动修补。选择下拉菜单 插入(S) → 网格曲面(M) → 通过曲线网格(M)... 命令，选取图 17.31 所示的边链 1 为一条主曲线，选取边链 2 为另一条主曲线，并分别单击中键确认；单击中键后，选取图 17.31 所示的边链 3 和边链 4 为交叉曲线，并分别单击中键确认。单击 确定 按钮，完成曲面的创建，如图 17.31 所示。

Step3. 创建图 17.32 所示的边缘补片。

（1）选择命令。在“注塑模向导”工具条中单击“注塑模工具”按钮，在系统弹出的“注塑模工具”工具条中单击“边缘补片”按钮，此时系统弹出“开始遍历”对话框。

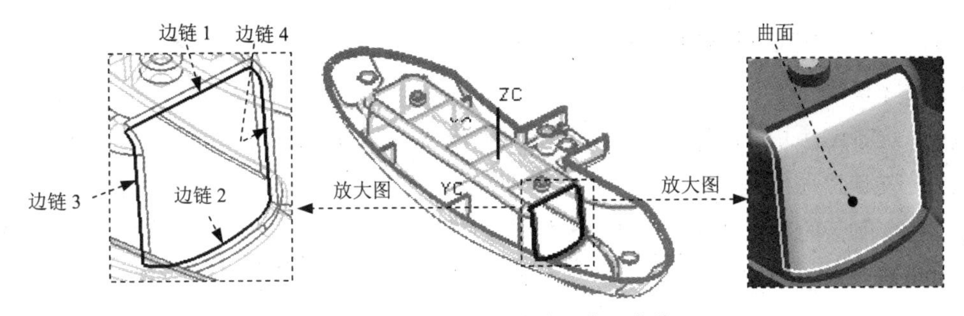

图 17.31　定义主曲线和交叉曲线

（2）选择轮廓边界。取消选中□按面的颜色遍历复选框，选择图 17.33 所示的边线为起始边线，系统弹出“曲线/边选择”对话框。单击接受和下一个路径按钮，选取图 17.33 所示的轮廓曲线，再通过关闭环按钮完成封闭曲线的选取，系统将自动生成图 17.32 所示的片体曲面，关闭“曲线/边选择”对话框。

说明：在任意选取第一条轮廓线时，系统会弹出“曲线/边选择”对话框，通过单击对话框中的接受和下一个路径按钮，完成补片体轮廓线的选取。

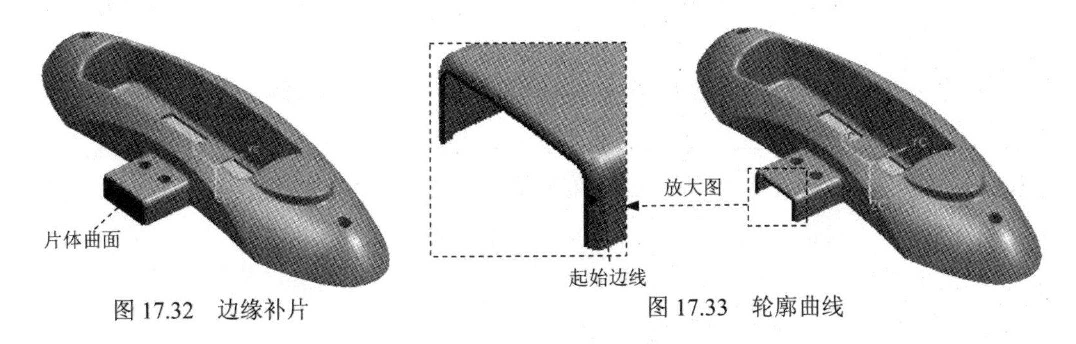

图 17.32　边缘补片　　　　图 17.33　轮廓曲线

Step4. 添加现有曲面。

（1）在“注塑模向导”工具条中单击“分型”按钮，系统弹出“分型管理器”对话框。

（2）在“分型管理器”对话框中单击“创建/删除曲面补片”按钮，系统弹出“自动孔修补”对话框。

（3）在“自动孔修补”对话框中单击添加现有曲面按钮，系统弹出“选取片体”对话框，选取图 17.31 所示的曲面(前面创建的曲面)，单击“选取片体”对话框中的确定按钮，返回至“补片环选择”对话框。

（4）单击后退按钮，系统返回至“分型管理器”对话框。

Stage4. 创建分型线和分型面

Step1. 在“分型管理器”对话框中单击“编辑分型线”按钮，系统弹出“分型线”对话框。

Step2. 在“分型线”对话框中单击 遍历环 按钮，系统弹出“开始遍历”对话框。

Step3. 选择遍历边线。取消选中 □ 按面的颜色遍历 复选框，选择图 17.34 所示的边线为起始边线，系统弹出“曲线/边选择”对话框。单击 接受 和 下一个路径 按钮，选取图 17.34 所示的轮廓曲线，单击 确定 按钮，此时系统生成图 17.35 所示的分型线；在“分型线”对话框中单击 确定 按钮，系统返回至“分型管理器”对话框。

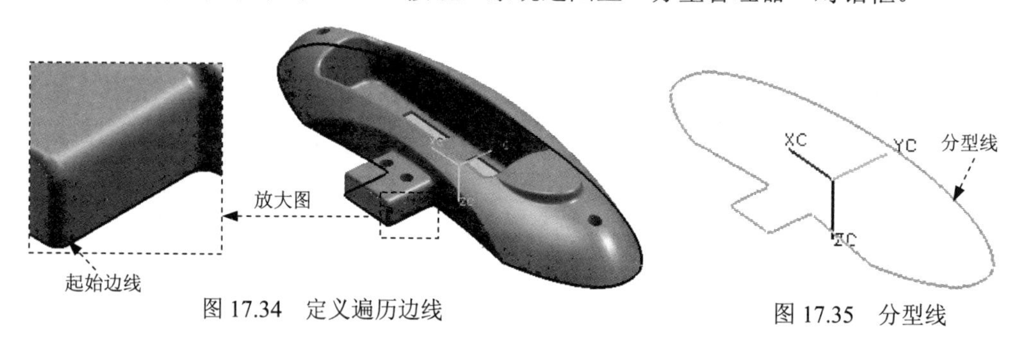

图 17.34　定义遍历边线　　图 17.35　分型线

Step4. 在“分型管理器”对话框中单击“创建/编辑分型面”按钮，系统弹出“创建分型面”对话框。

Step5. 在“创建分型面”对话框中接受系统默认的公差值；在 距离 文本框中输入值 100，单击 创建分型面 按钮，系统弹出“分型面”对话框。

Step6. 在“分型面”对话框中选择 ⊙ 有界平面 单选项，单击 确定 按钮，此时系统返回至“分型管理器” 对话框，完成图 17.36 所示的分型面的创建。

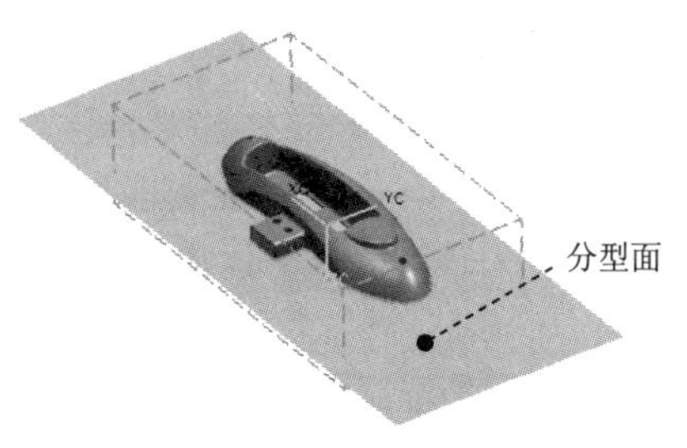

图 17.36　分型面

Stage5. 创建型腔和型芯

Step1. 创建型腔。

（1）在“分型管理器”对话框中单击“创建型腔和型芯”按钮，系统弹出“定义型腔和型芯”对话框。

（2）在“定义型腔和型芯”对话框中选取 选择片体 区域下的 Cavity region 选项，单击 应用 按钮。系统弹出“查看分型结果”对话框，并在图形区显示出图 17.37 所示的型腔零件，单击“查看分型结果”对话框中的 确定 按钮，系统返回至“定义型腔和型芯”对话框。

Step2. 创建型芯。在“定义型腔和型芯”对话框中选取 选择片体 区域下的 Core region 选项，单击 确定 按钮，系统弹出“查看分型结果”对话框，并在图形区显示出图 17.38 所示的型芯零件。

Step3. 在“查看分型结果”对话框中单击 确定 按钮，系统返回至“分型管理器”对话框，在“分型管理器”对话框中单击 关闭 按钮，关闭“分型管理器”对话框。

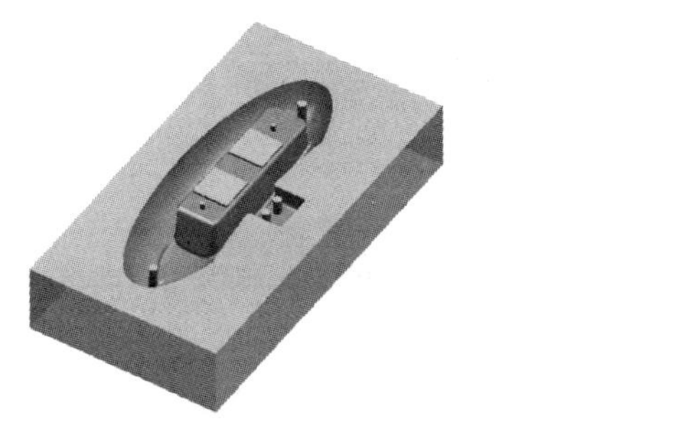

图 17.37　型腔零件

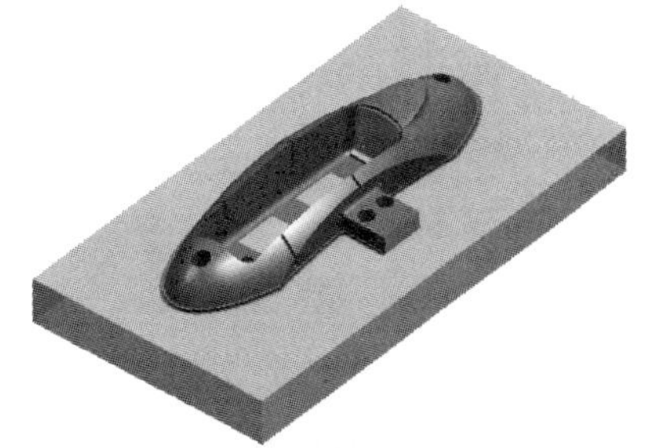

图 17.38　型芯零件

Step4. 查看型芯型腔的另外一种方法：选择下拉菜单 窗口(O) ➡ lampshade_mold_core_029.prt，显示型芯零件；选择下拉菜单 窗口(O) ➡ lampshade_mold_cavity_026.prt，显示型腔零件。

Task8. 添加虎口结构

Stage1. 添加上壳零件模仁虎口结构

Step1. 选择下拉菜单 窗口(O) ➡ lampshade_mold_cavity_002.prt，系统在工作区中显示出上壳型腔工作零件。

Step2. 创建拉伸特征。选择下拉菜单 插入(S) ➡ 设计特征(E) ➡ 拉伸(E)... 命令，选择图 17.39 所示的边链为拉伸截面；在 * 指定矢量 下拉列表中选择 YC 选项。在“拉伸”对话框 限制 区域的 开始 下拉列表中选择 值 选项，并在其下的 距离 文本框中输入值 0；在 结束 下拉列表中选择 值 选项，并在其下的 距离 文本框中输入值 15。在 布尔 区域的 布尔 下拉列表中选择 求差，再选择上壳型腔零件，单击 确定 按钮，完成拉伸特征的创建，结果如图 17.40 所示。

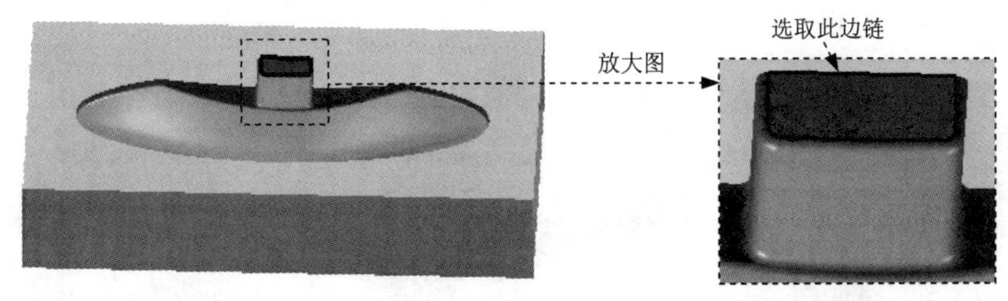

图 17.39　定义拉伸截面

Step3. 创建拔模特征。选择下拉菜单 插入(S) ➡ 细节特征(L) ➡ 拔模(T)... 命令，在 类型 下拉列表中选择 从平面；激活 脱模方向 区域的 * 指定矢量 (1)，选择图 17.41 所示的平面 1；激活 固定面 区域的 * 选择平面 (0)，选择图 17.41 所示的平面 1；激活 要拔模的面 区域的 * 选择面 (0)，选择图 17.41 所示的平面 2，在 角度 1 文本框中输入值 15。单击 确定 按钮，完成拔模特征的创建，结果如图 17.42 所示。

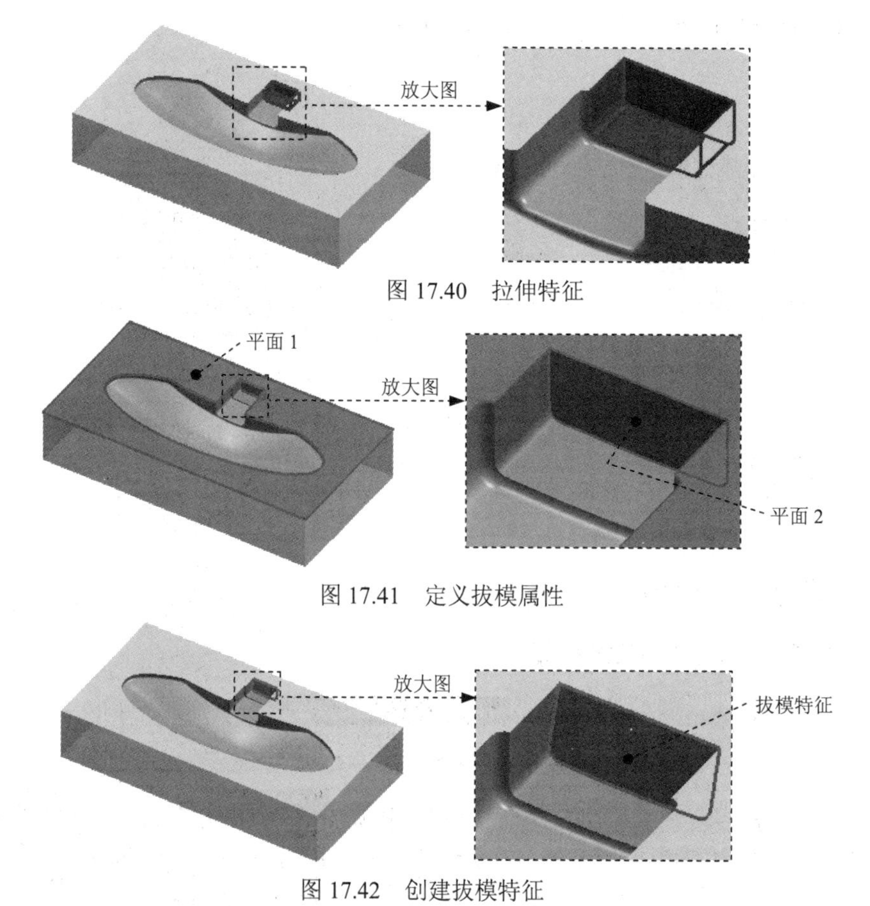

图 17.40 拉伸特征

图 17.41 定义拔模属性

图 17.42 创建拔模特征

Step4. 创建图 17.43 所示的边倒圆特征。选择下拉菜单 插入(S) → 细节特征(L) → 边倒圆(E)... 命令，选择图 17.43 所示的边链为圆角边；在 Radius 1 文本框中输入值 2。单击 确定 按钮，完成边倒圆特征的创建，结果如图 17.43 所示。

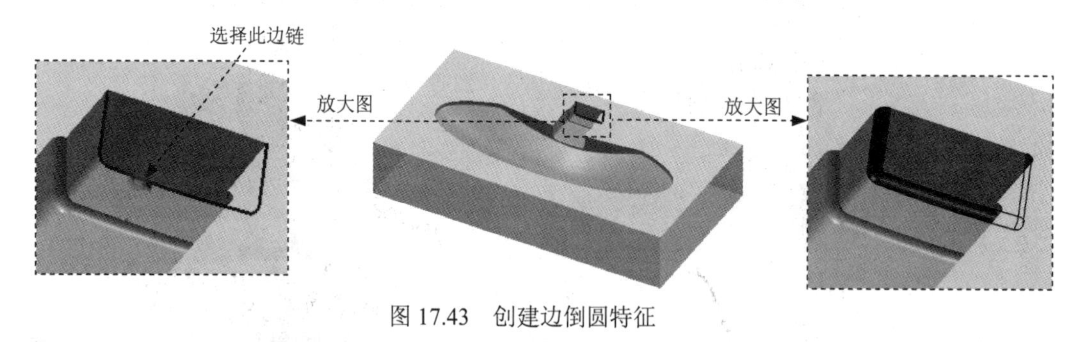

图 17.43 创建边倒圆特征

Step5. 选择下拉菜单 窗口(O) → lampshade_mold_core_006.prt，系统在工作区中显示出上壳

型芯工作零件。

Step6. 创建拉伸特征。选择下拉菜单插入(S) → 设计特征(E) → 拉伸(E)...命令，选择图 17.44 所示的边链为拉伸截面；在指定矢量下拉列表中选择 选项，在“拉伸”对话框限制区域的开始下拉列表中选择值选项，并在其下的距离文本框中输入值 0；在结束下拉列表中选择值选项，并在其下的距离文本框中输入值 15。在布尔区域的布尔下拉列表中选择求和，再选择上壳型芯零件，单击确定按钮，完成拉伸特征的创建，结果如图 17.45 所示。

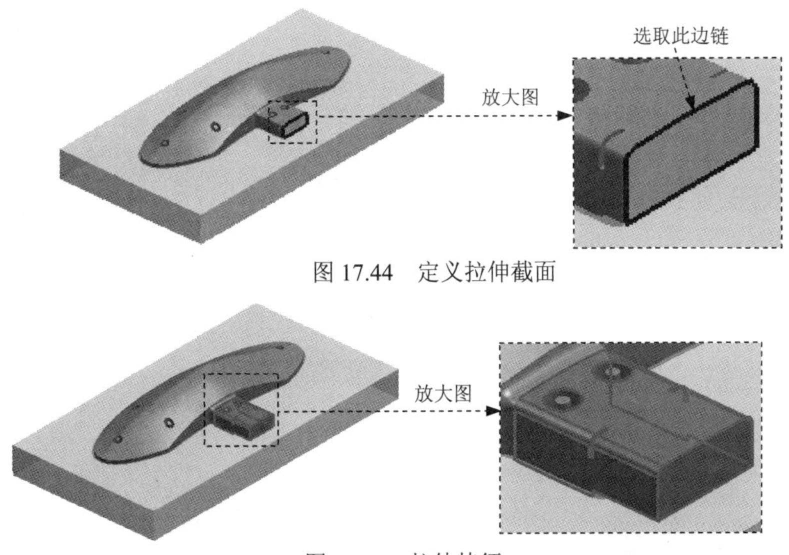

图 17.44　定义拉伸截面

图 17.45　拉伸特征

Step7. 创建拔模特征。选择下拉菜单插入(S) → 细节特征(L) → 拔模(T)...命令，在类型下拉列表中选择从平面；激活脱模方向区域的指定矢量 (1)，选择图 17.46 所示的平面 1；激活固定面区域的选择平面 (0)，选择图 17.41 所示的平面 1；激活要拔模的面区域的选择面 (0)，选择图 17.46 所示的平面 2，在角度 1 文本框中输入值 15。单击确定按钮，完成拔模特征的创建，结果如图 17.47 所示。

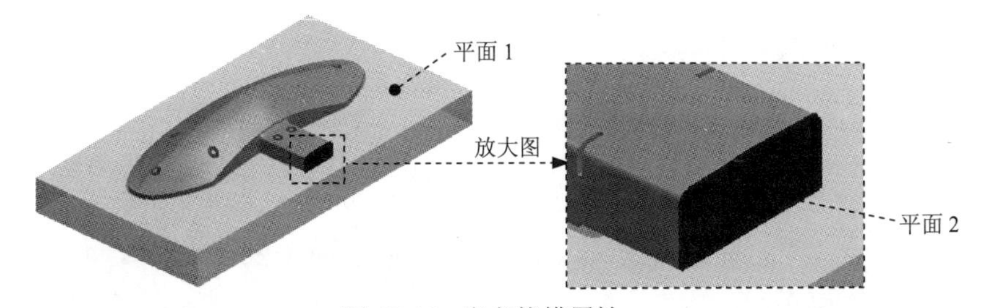

图 17.46　定义拔模属性

Step8. 创建图 17.48 所示的边倒圆特征。选择图 17.48 所示的边链为圆角边；圆角半径值为 2。

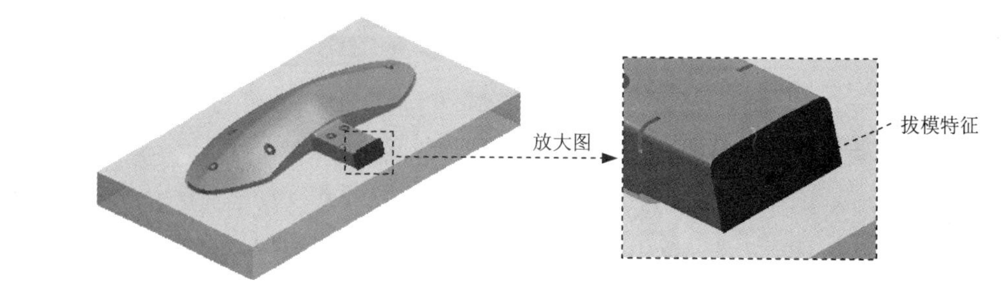

图 17.47 创建拔模特征

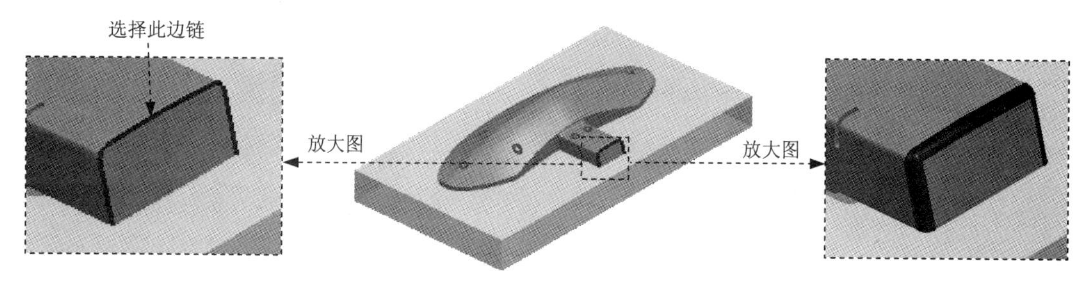

图 17.48 创建边倒圆特征

Step9. 选择下拉菜单 窗口(O) → lampshade_mold_top_010.prt，回到总装配环境下并设为工作部件，完成上壳零件模仁虎口结构的创建，结果如图 17.49 所示。

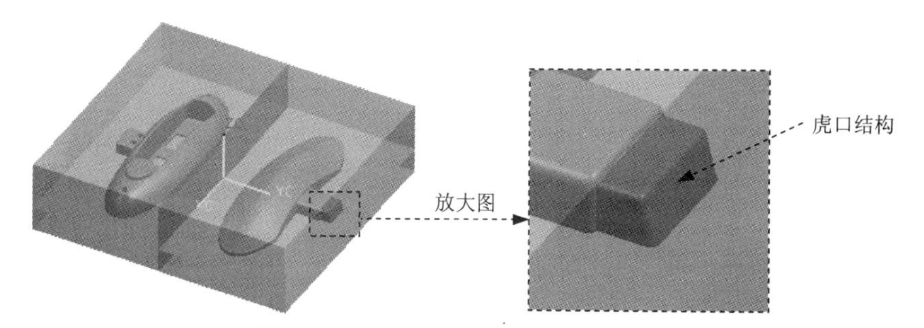

图 17.49 上壳零件模仁虎口结构

Stage2. 参照 Stage1 的方法和参数，完成下壳零件模仁虎口结构的创建

结果如图 17.50 所示。

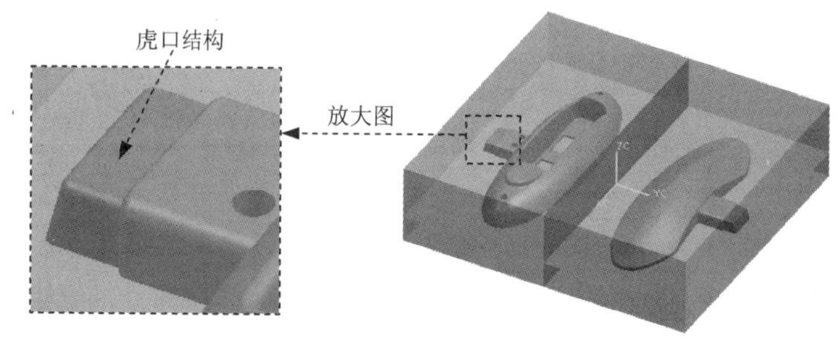

图 17.50 下壳零件模仁虎口结构

Task9. 添加模架

Stage1. 模架的加载和编辑

Step1. 选择下拉菜单 窗口(O) → lampshade_mold_top_010.prt，回到总装配环境下并设为工作部件。

Step2. 在“注塑模向导”工具条中单击“模架”按钮，系统弹出“模架管理”对话框。

Step3. 选择目录和类型。在 目录 下拉列表中选择 LKM_SG 选项，然后在 TYPE 下拉列表中选择 C 选项。

Step4. 定义模架的编号及标准参数。在模型编号的列表中选择 4550；在标准参数区域中选择相应的参数，结果如图 17.51 所示。

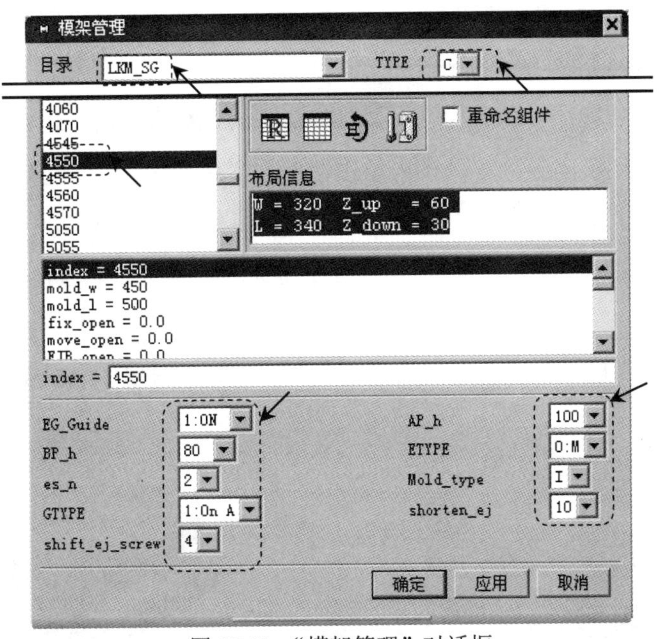

图 17.51　“模架管理”对话框

Step5. 在“模架管理”对话框中，单击 确定 按钮，加载后的模架如图 17.52 所示。

说明：*在加载模架的过程中，系统会弹出“更新失败”对话框，在弹出的对话框中单击 抑制 按钮。*

Stage2. 创建模仁腔体

Step1. 在“注塑模向导”工具条中单击“型腔布局”按钮，系统弹出“型腔布局”对话框。

Step2. 在“型腔布局”对话框中单击“编辑插入腔”按钮，此时系统弹出“刀槽”对话框。

Step3. 在“刀槽”对话框的 R 下拉列表中选择 10，然后在 类型 下拉列表中选择 2，单

击 确定 按钮；返回至“型腔布局”对话框，单击 关闭 按钮，完成腔体的创建，结果如图 17.53 所示。

图 17.52　模架加载后

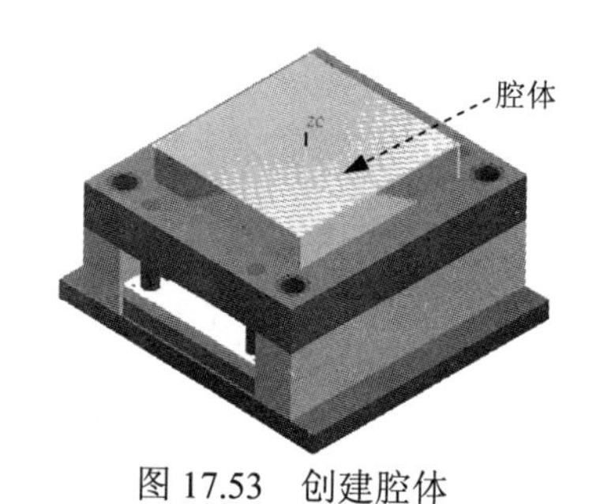

图 17.53　创建腔体

Stage3. 在动模板上开槽

Step1. 单击“装配导航器”按钮，在展开的“装配导航器”对话框中单击 lampshade_mold_moldbase_mm_019 图标前的节点。

Step2. 在展开的组件中取消 lampshade_mold_fixhalf_003 勾选，将定模侧模架组件隐藏。

Step3. 在“注塑模向导”工具条中单击“腔体”按钮，系统弹出“腔体”对话框；在 模式 下拉列表中选择 减去材料，在 刀具 区域的 工具类型 下拉列表中选择 部件，选取图 17.54 所示的动模板为目标体，然后单击鼠标中键；最后选取图 17.54 所示的腔体为工具体，单击 确定 按钮。

说明：观察结果时，可将模仁和腔体隐藏起来，结果如图 17.55 所示。

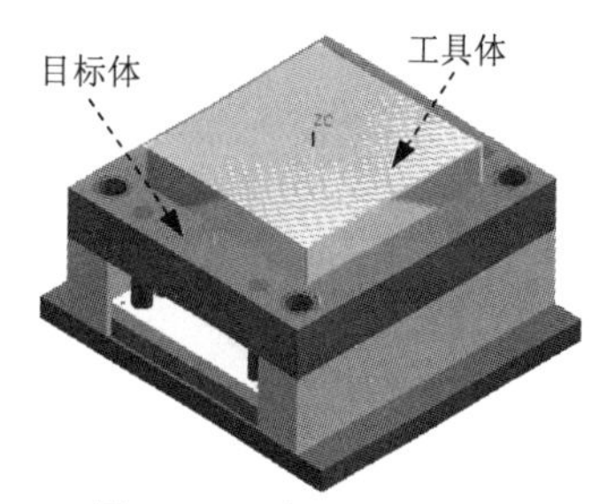

图 17.54　定义选取特征

图 17.55　动模板开槽

Stage4. 在定模板上开槽

Step1. 单击“装配导航器”按钮，在展开的“装配导航器”对话框中单击 lampshade_mold_moldbase_mm_019 图标前的节点。

Step2. 在展开的组件中选中 lampshade_mold_fixhalf_003 勾选，将定模侧模架组件显示出来，同时在展开的组件中取消 lampshade_mold_movehalf_007 勾选，将动模侧模架组件隐藏。

Step3. 在“注塑模向导”工具条中单击“腔体”按钮，系统弹出“腔体”对话框；在 模式 下拉列表中选择 减去材料，在 刀具 区域的 工具类型 下拉列表中选择 部件；选取图

17.56 所示的定模板为目标体，然后单击鼠标中键；然后选取图 17.56 所示的腔体为工具体，单击 确定 按钮。

说明： 观察结果时，可将模仁和腔体隐藏起来，结果如图 17.57 所示。

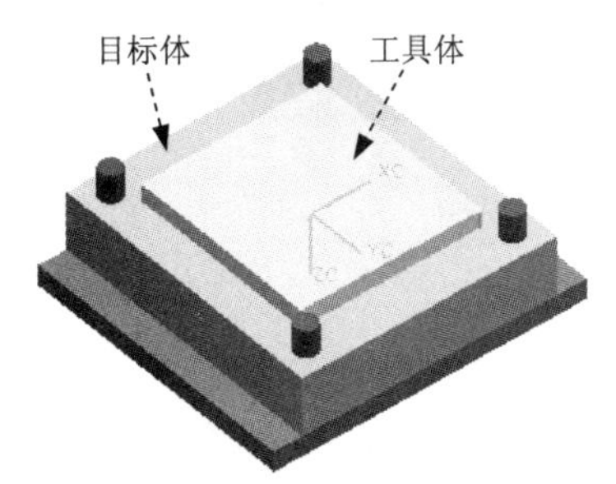

图 17.56　定义选取特征

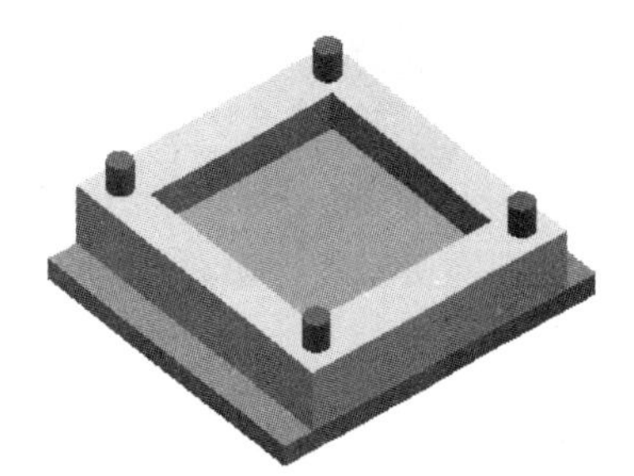

图 17.57　定模板开槽

Task10. 添加标准件

Stage1. 加载定位圈

Step1. 将动模侧模架和模仁组件显示出来。

Step2. 在“注塑模向导”工具条中单击“标准件”按钮，系统弹出“标准件管理”对话框。

Step3. 选择目录和类别。在 目录 下拉列表中选择 FUTABA_MM 选项，然后在 分类 下拉列表中选择 Locating Ring Interchangeable 选项。

Step4. 定义定位圈的类型和参数。在参数列表区的下拉列表中选择相应的参数，结果如图 17.58 所示；单击 尺寸 选项卡，在相关的尺寸列表中将 SHCS_LENGTH 的值修改为 18，按 Enter 键确认。

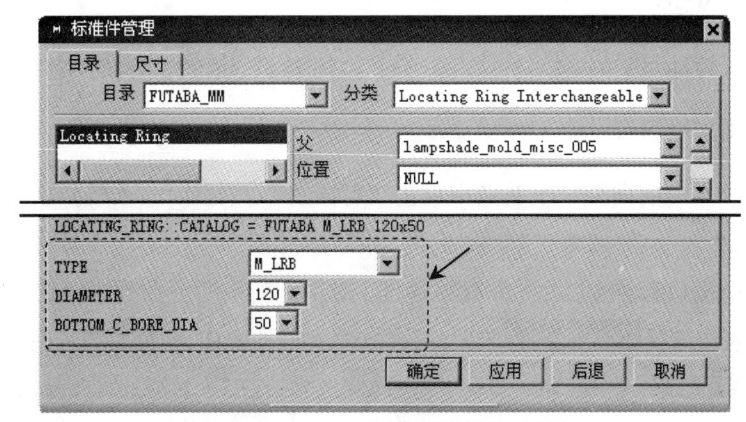

图 17.58　“标准件管理”对话框

Step5. 其他保持系统默认设置值，单击 确定 按钮，加载定位圈后的结果如图 17.59 所示。

说明：系统在加载定位圈时，会弹出“消息”对话框，此时单击 确定 按钮。

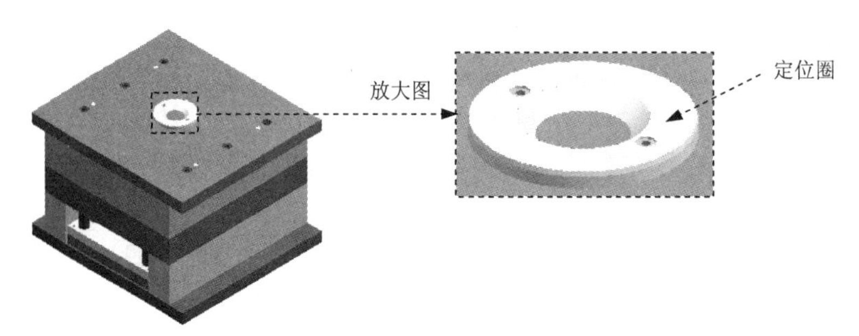

图 17.59　加载定位圈

Stage2. 创建定位圈槽

Step1. 在“注塑模向导”工具条中单击“腔体”按钮，系统弹出“腔体”对话框；在 模式 下拉列表中选择 减去材料 ，在 刀具 区域的 工具类型 下拉列表中选择 部件 。

Step2. 选取目标体。选取图 17.60 所示的定模座板为目标体，然后单击鼠标中键。

Step3. 选取工具体。选取图 17.60 所示的定位圈为工具体。

Step4. 单击 确定 按钮，完成定位圈槽的创建。

说明：观察结果时可将定位圈隐藏，结果如图 17.61 所示。

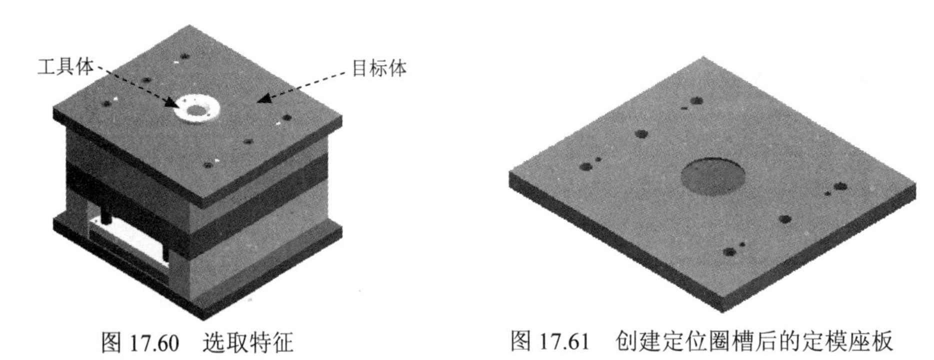

图 17.60　选取特征　　图 17.61　创建定位圈槽后的定模座板

Stage3. 添加浇口套

Step1. 在“注塑模向导”工具条中单击“标准件”按钮，系统弹出“标准件管理”对话框。

Step2. 选择浇口套类型。在“标准件管理”对话框的 目录 下拉列表中选择 FUTABA_MM 选项；在 分类 下拉列表中选择 Sprue Bushing 选项；在 CATALOG 下拉列表中选择 M-SBI 选项；在 CATALOG_DIA 下拉列表中选择 16 选项；在 0 下拉列表中选择 3.5 选项；在 R 下拉列表中选择 12 选项；其他采用系统默认设置值。

Step3. 修改浇口套尺寸。单击“标准件管理”对话框中的 尺寸 选项卡，在“尺寸表达式”列表中选择 CATALOG_LENGTH = 40.0 选项，在 CATALOG_LENGTH1 文本框中输入值 115，并按 Enter

键确认。

Step4. 单击 确定 按钮，完成浇口套的添加，如图 17.62 所示。

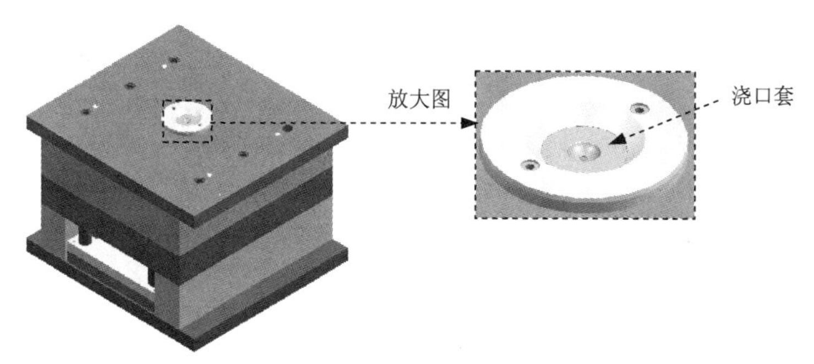

图 17.62　加载浇口套

Stage4. 创建浇口套槽

Step1. 隐藏动模、型芯和产品，隐藏后的结果如图 17.63 所示。

Step2. 在“注塑模向导”工具条中单击“腔体”按钮，系统弹出“腔体”对话框；在 模式 下拉列表中选择 减去材料，在 刀具 区域的 工具类型 下拉列表中选择 部件。

Step3. 选取目标体。选取图 17.63 所示的定模仁、定模板和定模固定板为目标体，然后单击鼠标中键。

Step4. 选取工具体。选取浇口套为工具体。

Step5. 单击 确定 按钮，完成浇口套槽的创建。

说明：观察结果时可将浇口套隐藏，结果如图 17.64 和图 17.65 所示。

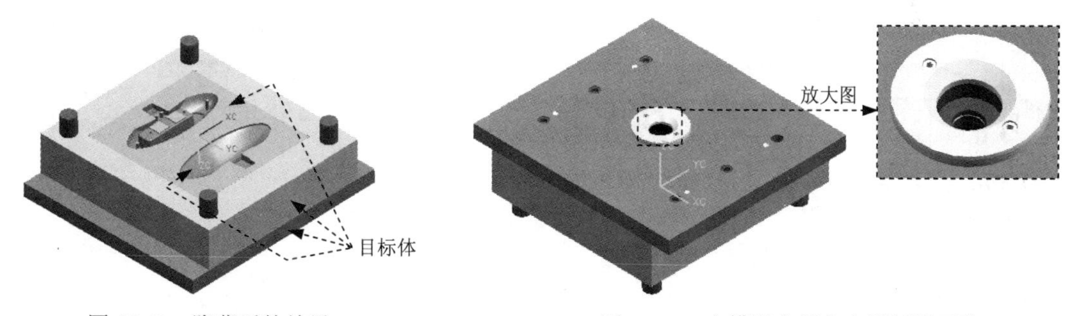

图 17.63　隐藏后的结果　　图 17.64　定模固定板和定模板避开孔

Task11. 添加顶杆

Stage1. 创建顶杆定位草图

Step1. 隐藏和显示组件，结果如图 17.66 所示。

Step2. 选择命令。选择下拉菜单 插入(S) → 草图(S)... 命令，此时系统弹出“创建草图”对话框，接受系统默认的 XC-YC 基准平面为草图平面。

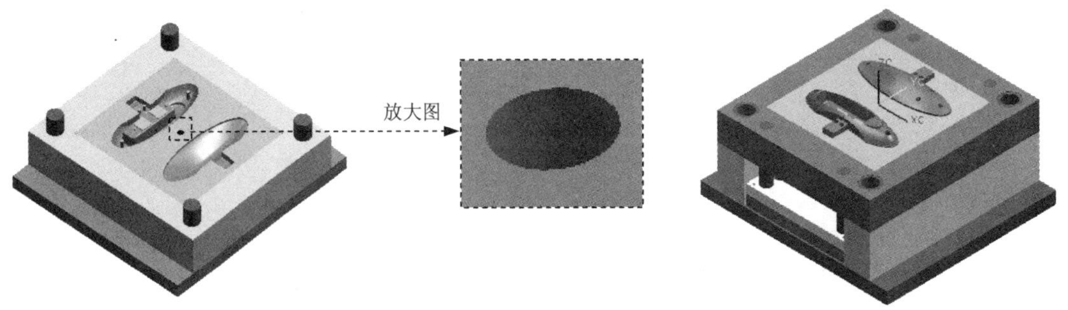

图 17.65　定模仁避开孔　　　　图 17.66　隐藏和显示组件后

Step3. 绘制草图。绘制图 17.67 所示的截面草图。

说明：截面草图为 29 个点，其中添加尺寸 45 的两个点（点 1 和点 2）必须为完全约束，对其他 27 个点，读者可根据图中位置大致给出。

Step4. 单击 完成草图 按钮，退出草图环境，完成顶杆定位草图的创建。

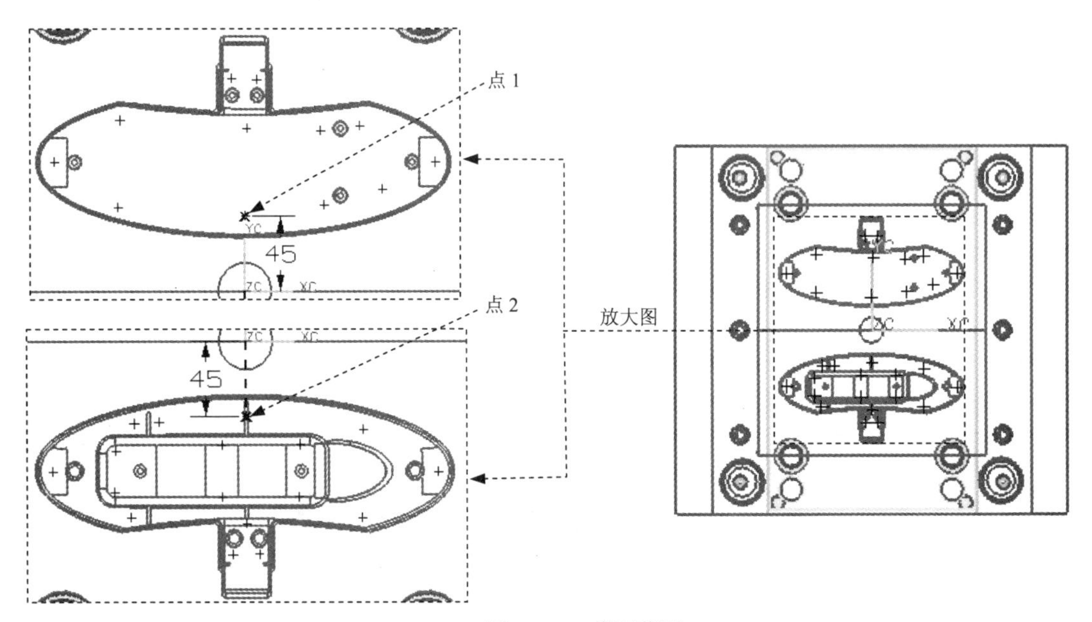

图 17.67　截面草图

Stage2. 添加上壳零件上的顶杆

Step1. 设置活动部件。设置活动部件为 lampshade_back 零件。

Step2. 添加顶杆 01。

（1）在“注塑模向导”工具条中单击“标准件”按钮，系统弹出“标准件管理”对话框。

（2）定义顶杆类型。在“标准件管理”对话框的 目录 下拉列表中选择 FUTABA_MM 选项；在 分类 下拉列表中选择 Ejector Pin 选项；在 CATALOG 下拉列表中选择 EJ 选项；在 CATALOG_DIA 下拉列表中选择8.0选项；在CATALOG_LENGTH下拉列表中选择200选项；在HEAD_TYPE下拉列表中选择4选项。

（3）修改顶杆尺寸。选择“标准件管理”对话框中的尺寸选项卡，在“尺寸表达式”列表中选择CATALOG_LENGTH = 200选项，在CATALOG_LENGTH1文本框中输入值 190，并按 Enter 键确认；单击确定按钮，系统弹出“点”对话框。

（4）在“点”对话框的类型下拉列表中选择现有点选项，选择 Stage1 创建草图中的点 1，此时系统返回至“点”对话框，单击取消按钮。

（5）完成顶杆 01 放置位置的定义，结果如图 17.68 所示。

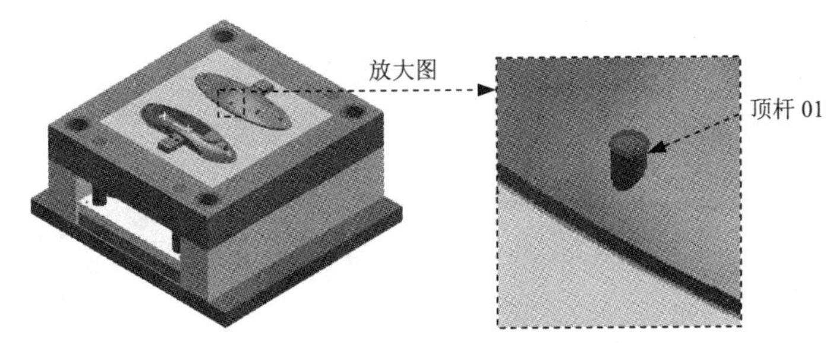

图 17.68　添加顶杆 01

Step3. 添加顶杆 02。

（1）在“注塑模向导”工具条中单击“标准件”按钮，系统弹出“标准件管理”对话框。

（2）定义顶杆类型。在“标准件管理”对话框的目录下拉列表中选择FUTABA_MM选项；在分类下拉列表中选择Ejector Pin选项；在CATALOG下拉列表中选择EJ选项；在CATALOG_DIA下拉列表中选择4.0选项；在CATALOG_LENGTH下拉列表中选择200选项；在HEAD_TYPE下拉列表中选择4选项。

（3）修改顶杆尺寸。选择“标准件管理”对话框中的尺寸选项卡，在“尺寸表达式”列表中选择CATALOG_LENGTH = 200选项，在CATALOG_LENGTH1文本框中输入值 195，并按 Enter 键确认；单击确定按钮，系统弹出“点”对话框。

（4）在“点”对话框的类型下拉列表中选择现有点选项，分别选择 Stage1 创建的草图中的上壳零件上的 11 个点（除点 1 后），此时系统返回至“点”对话框，单击取消按钮。

（5）完成顶杆 02 放置位置的定义，结果如图 17.69 所示。

Step4. 修剪顶杆 01 和顶杆 02。在“注塑模向导”工具条中单击“顶杆后处理”按钮，选取上壳零件上的 12 根顶杆为目标体。单击确定按钮，完成顶杆的修剪，结果如图 17.70 所示。

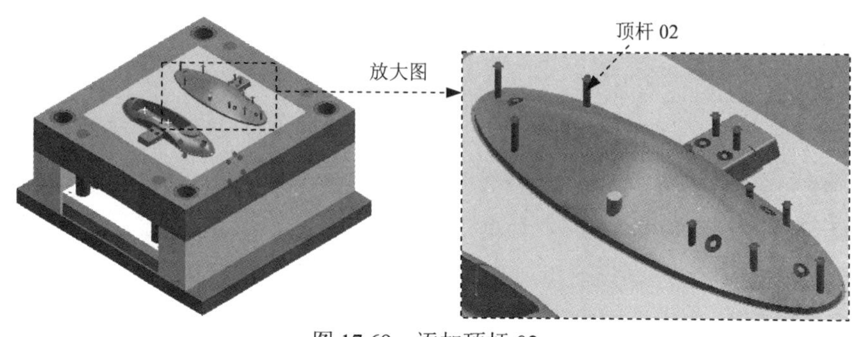

图 17.69 添加顶杆 02

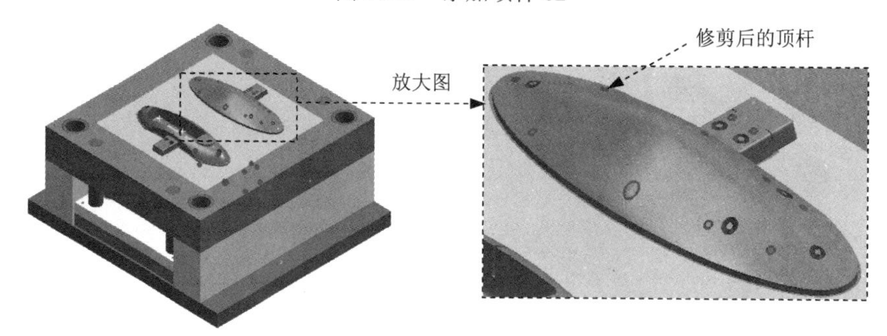

图 17.70 修剪后的顶杆

Stage3. 添加下壳零件上的顶杆

Step1. 设置活动部件。设置活动部件为 lampshade_front 零件。

Step2. 添加顶杆 03。

（1）在“注塑模向导”工具条中单击“标准件”按钮，系统弹出“标准件管理”对话框。

（2）定义顶杆类型。在“标准件管理”对话框的 目录 下拉列表中选择 FUTABA_MM 选项；在 分类 下拉列表中选择 Ejector Pin 选项；在 CATALOG 下拉列表中选择 EJ 选项；在 CATALOG_DIA 下拉列表中选择 8.0 选项；在 CATALOG_LENGTH 下拉列表中选择 200 选项；在 HEAD_TYPE 下拉列表中选择 4 选项。

（3）修改顶杆尺寸。选择“标准件管理”对话框中的 尺寸 选项卡，在“尺寸表达式”列表中选择 CATALOG_LENGTH = 200 选项，在 CATALOG_LENGTH1 文本框中输入值 195，并按 Enter 键确认；单击 确定 按钮，系统弹出“点”对话框。

（4）在“点”对话框的 类型 下拉列表中选择 现有点 选项，选择 Stage1 创建的草图中的点 2，此时系统返回至“点”对话框，单击 取消 按钮。

（5）完成顶杆 03 放置位置的定义，结果如图 17.71 所示。

Step3. 添加顶杆 04。

（1）在“注塑模向导”工具条中单击“标准件”按钮，系统弹出“标准件管理”对话框。

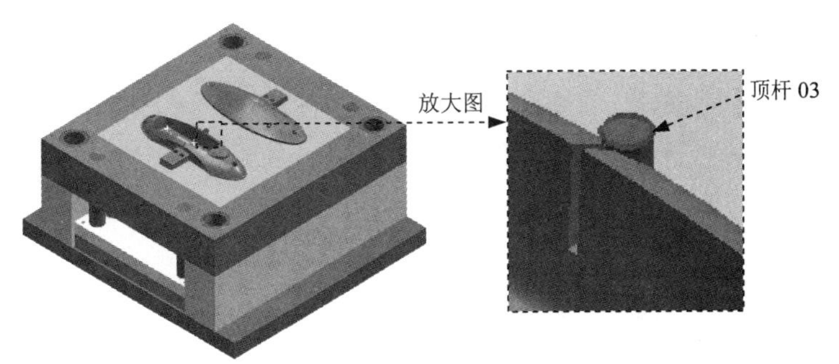

图 17.71　添加顶杆 03

（2）定义顶杆类型。在“标准件管理”对话框的目录下拉列表中选择FUTABA_MM选项；在分类下拉列表中选择Ejector Pin选项；在CATALOG下拉列表中选择EJ选项；在CATALOG_DIA下拉列表中选择4.0选项；在CATALOG_LENGTH下拉列表中选择200选项；在HEAD_TYPE下拉列表中选择4选项。

（3）修改顶杆尺寸。选择“标准件管理”对话框中的尺寸选项卡，在“尺寸表达式”列表中选择CATALOG_LENGTH = 200选项，在CATALOG_LENGTH1文本框中输入值 195，并按 Enter 键确认；单击确定按钮，系统弹出“点”对话框。

（4）在“点”对话框的类型下拉列表中选择现有点选项，分别选择 Stage1 创建的草图中的下壳零件上的 16 个点（除点 2 后），此时系统返回至“点”对话框，单击取消按钮。

（5）完成顶杆 04 放置位置的定义，结果如图 17.72 所示。

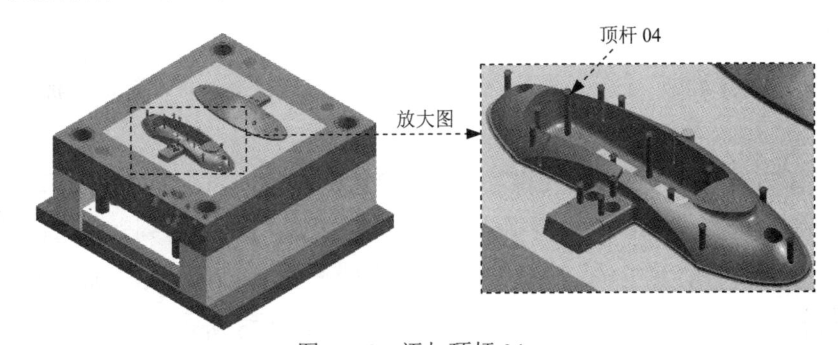

图 17.72　添加顶杆 04

Step4. 修剪顶杆 03 和顶杆 04。在“注塑模向导”工具条中，单击“顶杆后处理”按钮，选取下壳零件上的 17 根顶杆为目标体，单击确定按钮，完成顶杆的修剪，结果如图 17.73 所示。

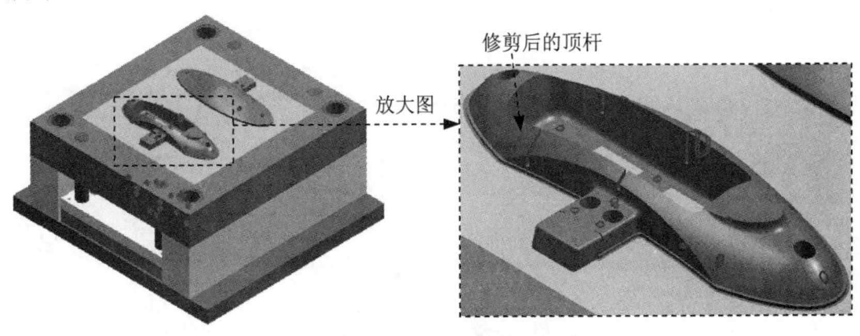

图 17.73　修剪后的顶杆

Stage4. 创建顶杆腔

Step1. 在“注塑模向导”工具条中单击“型腔设计”按钮，系统弹出“腔体”对话框；在模式下拉列表中选择减去材料，在刀具区域的工具类型下拉列表中选择部件。

Step2. 选取目标体。选取动模板、推板固定板和型芯为目标体，如图 17.74 所示，然后单击鼠标中键。

Step3. 选取工具体。选取所有顶杆为工具体。

Step4. 单击确定按钮，完成顶杆腔的创建。

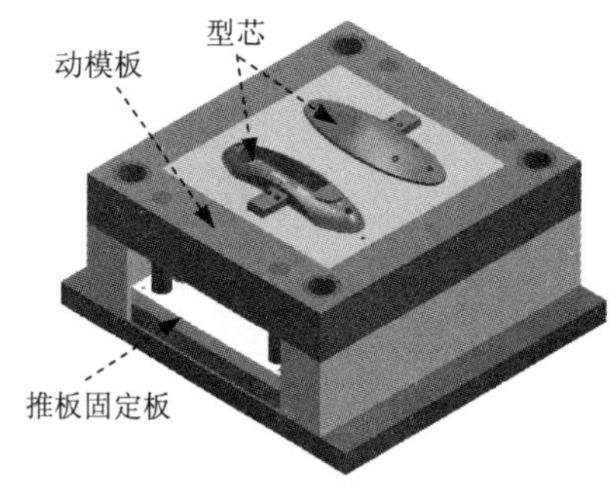

图 17.74　选取目标体

Task12. 创建浇注系统

Stage1. 创建分流道

Step1. 在“注塑模具向导”工具条中单击“流道”按钮，系统弹出“流道设计”对话框。

Step2. 定义引导线串。在“流道设计”对话框的设计步骤区域中选择“定义引导线串”按钮；在定义方式区域中选择“草图模式”按钮；在可用图样下拉列表中选择2 腔选项；在A=文本框中输入值 50，按 Enter 键确认；在angle_rotate=文本框中输入值 90，按 Enter 键确认。单击应用按钮，完成引导线串的定义，结果如图 17.75 所示。

Step3. 定义流道通道。在设计步骤区域中单击“创建流道截面”按钮，在弹出的横截面下拉列表中选择选项。在流道直径A文本框中输入值 8，并按 Enter 键确认。在流道位置区域中选择⊙ 型芯单选项。

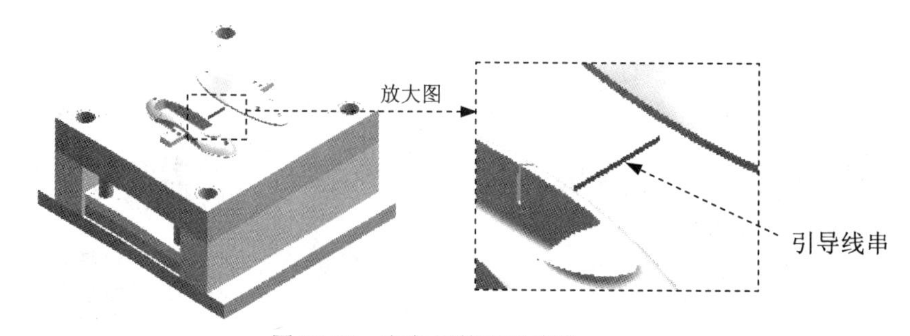

图 17.75　定义后的引导线串

Step4. 单击 确定 按钮，完成分流道的创建，结果如图 17.76 所示。

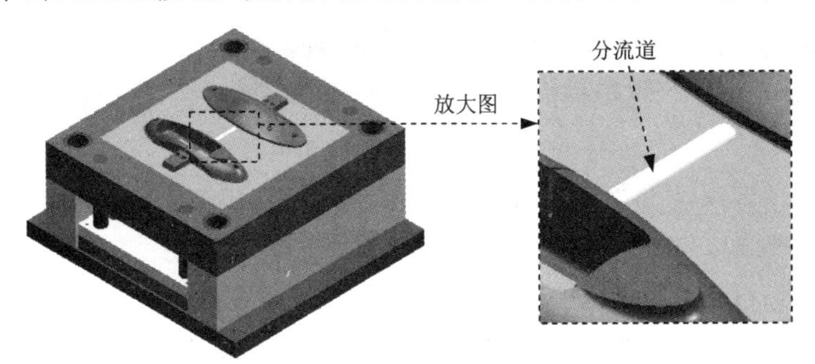

图 17.76　创建分流道

Stage2. 创建分流道槽

Step1. 显示定模仁和浇口套。

说明：要显示两组定模模仁。

Step2. 在“注塑模向导”工具条中单击“腔体”按钮，系统弹出“腔体”对话框；在 模式 下拉列表中选择 减去材料，在 刀具 区域的 工具类型 下拉列表中选择 部件。

Step3. 选取目标体。选取定模仁、动模仁和浇口套为目标体，然后单击鼠标中键。

Step4. 选取工具体。选取分流道为工具体。

Step5. 单击 确定 按钮，完成分流道槽的创建。

说明：在选取目标体时，可将视图调整到带有暗边线框的状态，以便选取。只需选取一个腔中的模仁，观察结果时可将分流道隐藏。结果如图 17.77 和图 17.78 所示。

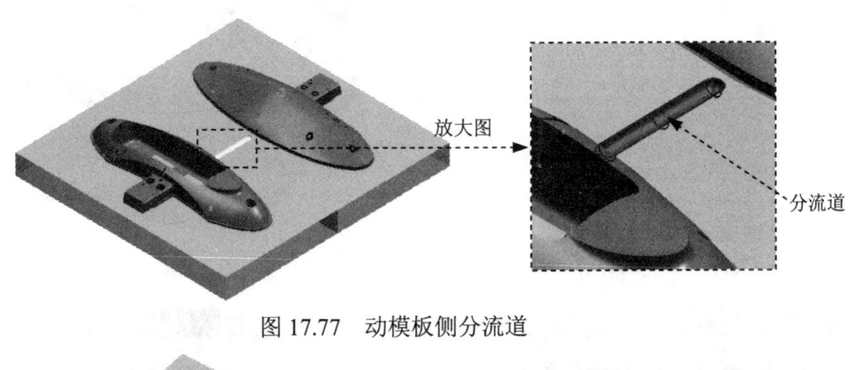

图 17.77　动模板侧分流道

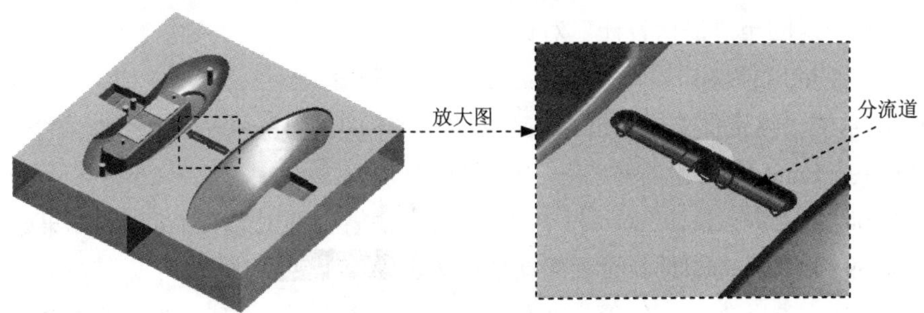

图 17.78　定模板侧分流道

Stage3. 创建潜伏式浇口

Step1. 设置活动部件。设置活动部件为lampshade_back零件。

Step2. 选择命令。在“注塑模向导”工具条中单击按钮，系统弹出“浇口设计”对话框。

Step3. 定义浇口属性。在“浇口设计”对话框的平衡区域中选择是单选项；在位置区域中选择型芯单选项；在类型区域中选择submarine选项；定义参数，如图 17.79 所示。

Step4. 在“浇口设计”对话框中单击应用按钮，系统自动弹出“点”对话框。

Step5. 定义浇口位置。在“点”对话框中单击选项，选取图 17.80 所示的圆弧 1，系统自动弹出“矢量”对话框。

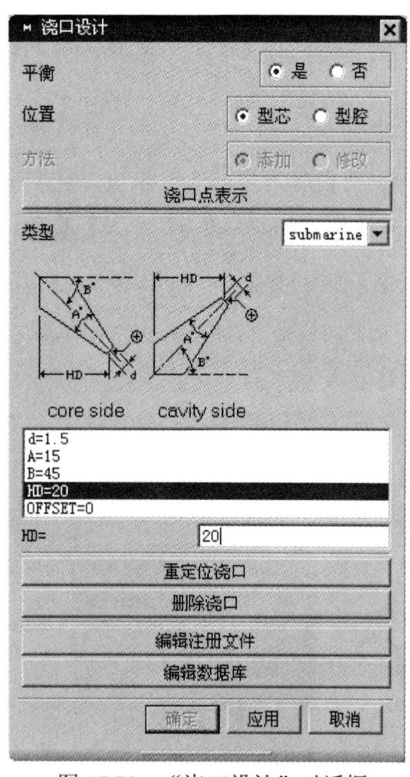

图 17.79　“浇口设计”对话框

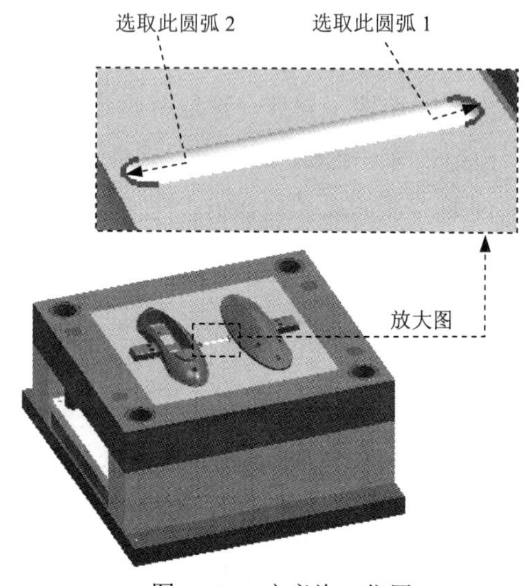

图 17.80　定义浇口位置

Step6. 定义矢量。在“矢量”对话框的类型下拉列表中选择YC 轴选项，然后单击确定按钮，系统返回至“浇口设计”对话框。

Step7. 重定位浇口。单击重定位浇口按钮，此时系统弹出如图 17.81 所示的“重定位”对话框，在Y文本框中输入值 18 并按 Enter 键，在Z文本框中输入值-18 并按 Enter 键；在“重定位”对话框中单击确定按钮。

Step8. 在“浇口设计”对话框中单击取消按钮，完成浇口的创建，结果如图 17.82 所示。

Step9. 设置活动部件。设置活动部件为lampshade_front零件。

Step10. 选择命令。在“注塑模向导”工具条中单击按钮，系统弹出“浇口设计”对话框。

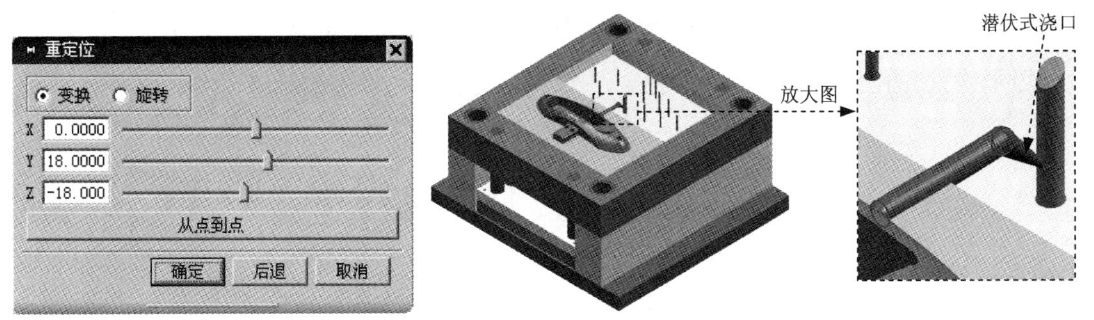

图 17.81　“重定位”对话框　　图 17.82　创建潜伏式浇口

Step11. 定义浇口属性。在“浇口设计”对话框的平衡区域中选择⊙是单选项；在位置区域中选择⊙型芯单选项；在类型区域中选择submarine选项。定义参数，如图 17.79 所示。

Step12. 在“浇口设计”对话框中单击应用按钮，系统自动弹出“点”对话框。

Step13. 定义浇口位置。在“点”对话框中单击⊙选项，选取图 17.80 所示的圆弧 2，系统自动弹出“矢量”对话框。

Step14. 定义矢量。在“矢量”对话框的类型下拉列表中选择-YC 轴选项，然后单击确定按钮，系统返回至“浇口设计”对话框。

Step15. 重定位浇口。单击重定位浇口按钮，此时系统弹出“重定位”对话框，在Y文本框中输入值-18 并按 Enter 键，在Z文本框中输入值-18 并按 Enter 键；在“重定位”对话框中单击确定按钮。

Step16. 然后单击取消按钮，完成浇口的创建，结果如图 17.83 所示。

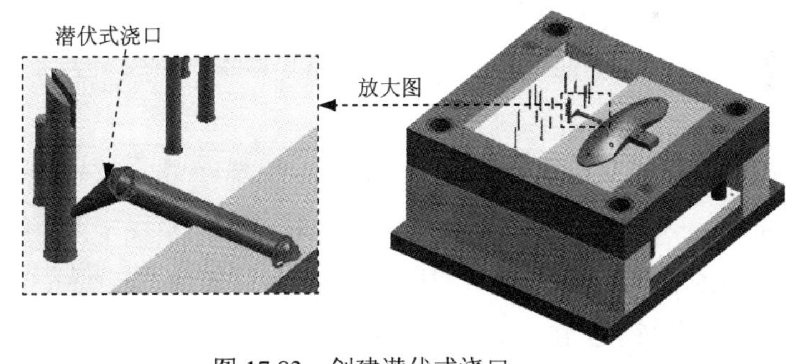

图 17.83　创建潜伏式浇口

Step17. 选择下拉菜单窗口(O) ➡ lampshade_mold_top_010.prt，回到总装配环境下并设为工作部件。

Step18. 在顶杆 01 上创建流道。

（1）将顶杆 01 转化为显示部件。选择下拉菜单插入(S) ➡ 设计特征(E)▸ ➡ 回转(R)...命令，单击按钮，选取 YC-ZC 基准平面为草图平面。绘制图 17.84 所示的截面草图；在绘图区域中选取图 17.84 所示的直线为回转轴；在限制区域的开始下拉列表中选择值选项，并在角度文本框输入 0，在结束下拉列表中选择值选项，并在角度文本框输入

360。在布尔区域的布尔下拉列表中选择求差，选取顶杆 01 为求差对象，单击确定按钮，完成回转特征的创建。

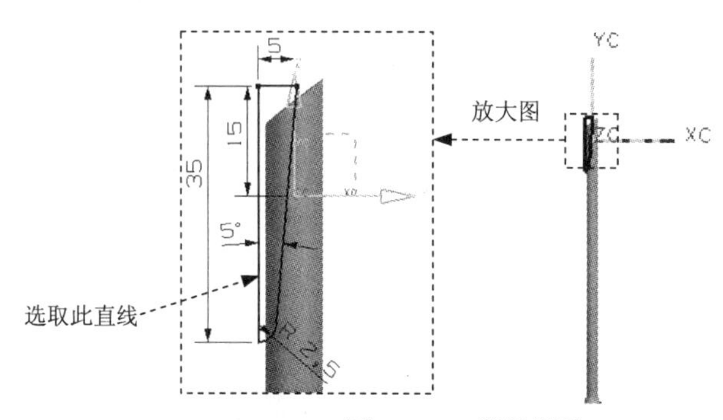

图 17.84 截面草图

（2）选择下拉菜单窗口(O) → lampshade_mold_top_010.prt，回到总装配环境下并设为工作部件，结果如图 17.85 所示。

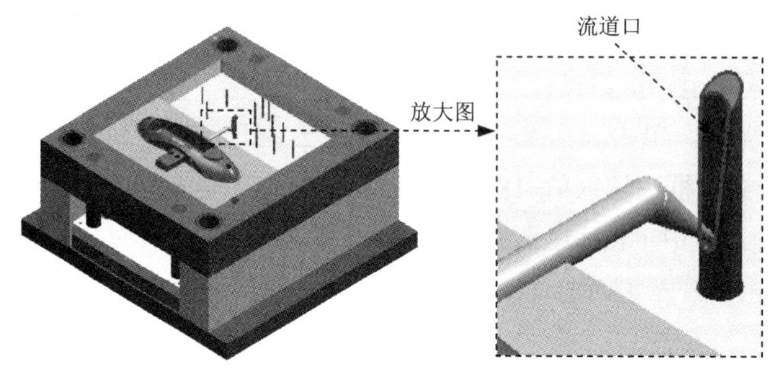

图 17.85 顶杆 01 上的流道口

Step19. 在顶杆 03 上创建流道。

（1）将顶杆 03 转化为显示部件。选择下拉菜单插入(S) → 设计特征(E) → 回转(R)...命令，单击按钮，选取 YC-ZC 基准平面为草图平面，绘制图 17.86 所示的截面草图；在绘图区域中选取图 17.86 所示的直线为旋转轴。在限制区域的开始下拉列表中选择值选项，并在角度文本框输入 0，在结束下拉列表中选择值选项，并在角度文本框输入 360。在布尔区域的布尔下拉列表中选择求差，选取顶杆 03 为求差对象，单击确定按钮，完成回转特征的创建。

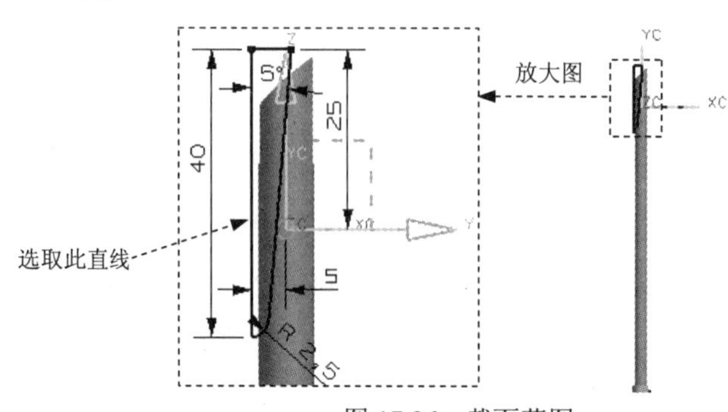

图 17.86 截面草图

（2）选择下拉菜单 窗口(O) → lampshade_mold_top_010.prt，回到总装配环境下并设为工作部件，结果如图 17.87 所示。

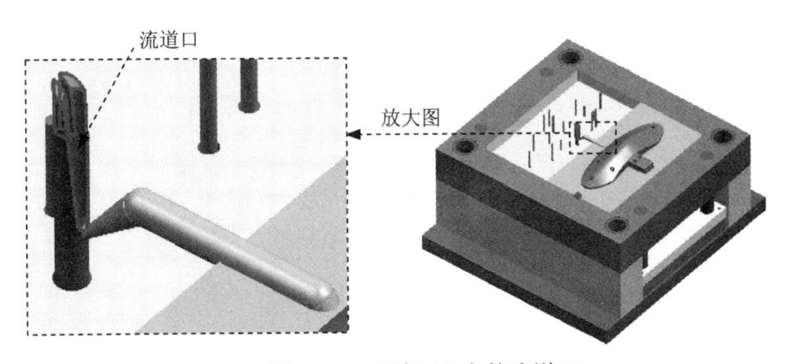

图 17.87　顶杆 03 上的流道口

Stage4. 创建浇口槽

Step1. 在“注塑模向导”工具条中单击“腔体”按钮，系统弹出“腔体”对话框；在 模式 下拉列表中选择 减去材料，在 刀具 区域的 工具类型 下拉列表中选择 部件。

Step2. 选取目标体。选取定模仁和动模仁为目标体，然后单击鼠标中键。

Step3. 选取工具体。选取浇口为工具体。

Step4. 单击 确定 按钮，完成浇口槽的创建。

说明：观察结果时，可将浇口隐藏，结果如图 17.88 所示。

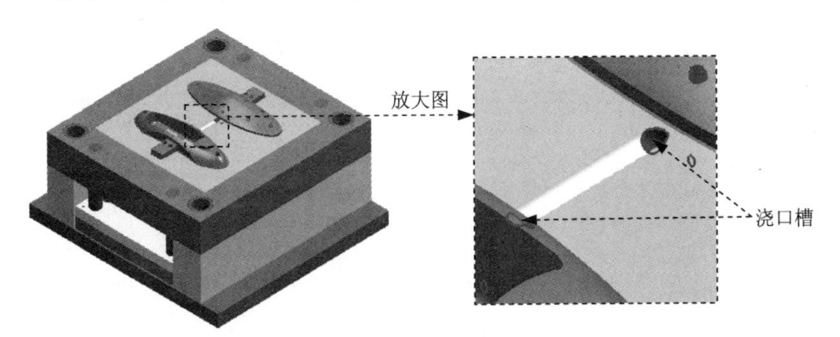

图 17.88　创建浇口槽

Step5. 显示模具所有结构。

说明：对于其他标准零部件的添加和创建，就不再介绍了，读者可以根据前面的例子自行添加。

读者意见反馈卡

尊敬的读者：

感谢您购买机械工业出版社出版的图书！

我们一直致力于 CAD、CAPP、PDM、CAM 和 CAE 等相关技术的跟踪，希望能将更多优秀作者的宝贵经验与技巧介绍给您。当然，我们的工作离不开您的支持。如果您在看完本书之后，有好的意见和建议，或是有一些感兴趣的技术话题，都可以直接与我联系。

策划编辑：管晓伟

注：本书的随书光盘中含有该“读者意见反馈卡”的电子文档，您可将填写后的文件采用电子邮件的方式发给本书的责任编辑或主编。

E-mail: 展迪优 zhanygjames@163.com ；　管晓伟 guancmp@163.com。

请认真填写本卡，并通过邮寄或 *E-mail* 传给我们，我们将奉送精美礼品或购书优惠卡。

书名：《UG NX 6.0 模具设计实例精解（修订版）》

1. 读者个人资料：

姓名：_________性别：___年龄：____职业：________职务：________学历：______

专业：_______单位名称：___________________电话：__________手机：__________

邮寄地址：_________________________邮编：____________E-mail：____________

2. 影响您购买本书的因素（可以选择多项）：

□内容　□作者　□价格

□朋友推荐　□出版社品牌　□书评广告

□工作单位（就读学校）指定　□内容提要、前言或目录　□封面封底

□购买了本书所属丛书中的其他图书　□其他____________

3. 您对本书的总体感觉：

□很好　□一般　□不好

4. 您认为本书的语言文字水平：

□很好　□一般　□不好

5. 您认为本书的版式编排：

□很好　□一般　□不好

6. 您认为 UG 其他哪些方面的内容是您所迫切需要的？

____

7. 其他哪些 CAD/CAM/CAE 方面的图书是您所需要的？

____

8. 认为我们的图书在叙述方式、内容选择等方面还有哪些需要改进的？

如若邮寄，请填好本卡后寄至：

北京市百万庄大街 22 号机械工业出版社汽车分社　管晓伟（收）

邮编：100037　联系电话：（010）88379949　传真：（010）68329090

如需本书或其他图书，可与机械工业出版社网站联系邮购：

http://www.golden-book.com　**咨询电话：**（010）88379639。